土木工程
结构设计指导

皮凤梅　杨洪渭　戎贤　王丽玫　编著

中国水利水电出版社
www.waterpub.com.cn

内 容 提 要

本书以一个结构设计人员的角度，对当前结构设计人员面临的挑战和应该具备的品质进行了表述，对结构设计中的基本概念进行了深入的阐述，包括荷载和作用、建筑材料特性、刚度在结构设计中的应用和结构延性。本书以"基本概念——设计方法——设计实例——设计中常见问题"的模式对结构设计中常见的结构知识详细介绍，包括砌体结构、框架结构、框架—剪力墙结构、剪力墙结构、轻钢结构、排架厂房、钢屋架、地基基础、地基处理和楼梯的设计，并附有详细的实际工程图纸和算例。此外还介绍了工程设计现场服务内容及施工常遇质量问题的处理方法。

本书可作为土木工程类、工程管理类及建筑类等专业技术人员的参考用书，尤其适合刚参加工作的年轻工程师使用，也会对经验丰富的工程师们有所启迪和帮助，同时也可作为上述专业高等院校、成人教育、函授教育、网络教育学生的参考用书。

图书在版编目（C I P）数据

土木工程结构设计指导 / 皮凤梅等编著. -- 北京：
中国水利水电出版社，2012.7
ISBN 978-7-5084-9990-1

Ⅰ. ①土… Ⅱ. ①皮… Ⅲ. ①土木工程－工程结构－
结构设计 Ⅳ. ①TU318

中国版本图书馆CIP数据核字(2012)第159350号

书　　名	**土木工程结构设计指导**
作　　者	皮凤梅　杨洪渭　戎贤　王丽玫　编著
出版发行	中国水利水电出版社
	（北京市海淀区玉渊潭南路1号D座　100038）
	网址：www.waterpub.com.cn
	E-mail：sales@waterpub.com.cn
	电话：(010) 68367658（发行部）
经　　售	北京科水图书销售中心（零售）
	电话：(010) 88383994、63202643、68545874
	全国各地新华书店和相关出版物销售网点
排　　版	中国水利水电出版社微机排版中心
印　　刷	北京嘉恒彩色印刷有限责任公司
规　　格	210mm×285mm　16开本　32.25印张　1014千字　4插页
版　　次	2012年7月第1版　2012年7月第1次印刷
印　　数	0001—3000册
定　　价	**65.00**元

凡购买我社图书，如有缺页、倒页、脱页的，本社发行部负责调换

编 写 委 员 会

皮凤梅　杨洪渭　戎　贤　王丽玫　编著

参 编 人 员
(排名不分前后)

皮凤梅	廊坊师范学院
杨洪渭	铸鼎建设集团股份有限公司
戎　贤	河北工业大学
王丽玫	廊坊师范学院
陈海雨	中油管道建设工程有限公司
赵青山	河北拓为工程设计有限公司
张成斌	中国石油天然气管道工程有限公司
刘　晋	河北工业大学廊坊分院
颜　华	廊坊师范学院
贺　云	廊坊师范学院
李艳艳	河北工业大学
池　鑫	北京市建筑设计研究院
王玉良	荣盛建设工程有限公司
刘慧芳	廊坊市盛世华章建设工程设计有限公司
梅　黎	廊坊市建设局
刘会敏	华北油田公司华兴综合服务处

前　言

　　作为一个拥有多年施工、设计、教学、工程管理、图纸审查工作经验的结构工程师，不但接触过很多刚进入设计行业的年经人，也带过很多届的毕业设计和毕业实习，突出的感觉就是普通高校专业教育与实际严重脱节，普通高校专业教育的实践环节滞后于生产实际，直接导致学生毕业之后无法立刻投入到工作中去，往往需要很长的时间才能独当一面。

　　对于即将参加土木工程结构设计工作的在校学生和刚参加工作的年轻结构工程师而言，面对的最大问题就是如何将学校学到的知识和实际工作联系起来，如何将自己的专业知识融会贯通、合理应用。为了让他们能够更快地融入到今后的工作中去，本书以产学研相结合的方式，汇集了教学、设计、施工和监管一线的相关人员的实践经验，结合工程实例，对土木工程结构设计中常见的结构形式给予了详细的介绍。

　　限于编者的水平和经验，书中难免有不妥之处，恳请读者和专家批评指正。

　　谨以此书献给依然奋斗在设计一线的同志们。

编者

2012 年 1 月

目　录

第一章　绪　论

第一节　结构设计人员是什么样的人

多年以前看过一本外国人写的关于结构静力计算的书，虽然记不得书名和作者了，但是这本书开篇的几句话却给我留下了极其深刻的印象，作者在开篇写道："结构工程师是这样的一种人，他们在不知道确切荷载和作用的情况下，利用不知道确切属性的材料，按照极其不完善的理论，来保证建筑物的使用安全"。这段话非常精确地表述了作为一名结构设计人员所面对的挑战，我们试着详细论述一下这句话包含的深层次的内容。

一、知道建筑所承受的确切的荷载和作用吗

结构设计时常说，这个房间活荷载 $2.0kN/m^2$，那个房间活荷载 $3.0kN/m^2$，这是指这个房间内的地面上始终承受这么大的荷载吗？也常说结构承受的地震作用是多少多少，地震时地震作用真的就是这么多吗？钢筋混凝土随着里面钢筋的含钢量的变化，它的容重一直保持不变吗？如果仔细思考一下，就会发现精确地确定建筑承受的荷载和作用是不现实而且也不可能的，这就好比不可能去限定地面怎么运动，风如何去吹一样。同时也会发现，设计时所采用的荷载和作用的数值，并不是其最大值，而是综合考虑安全、经济等因素之后给出的荷载或作用代表值，它没有反映荷载作为随机过程而具有随时间变异的特性。

《建筑结构荷载规范》（GB 50009—2001）3.1.2 条的条文说明中这样写道："虽然任何荷载都具有不同性质的变异性，但在设计中，不可能直接引用反映荷载变异性的各种统计参数，通过复杂的概率运算进行具体设计。因此，在设计时，除了采用能便于设计者使用的设计表达式外，对荷载仍应赋予一个规定的量值，称为荷载代表值。荷载可根据不同的设计要求，规定不同的代表值，以使之能更确切地反映它在设计中的特点。本规范给出荷载的四种代表值：标准值、组合值、频遇值和准永久值，其中，频遇值是新增添的。荷载标准值是荷载的基本代表值，而其他代表值都可在标准值的基础上乘以相应的系数后得出"。

看完《建筑结构荷载规范》（GB 50009—2001）和《建筑结构可靠度设计统一标准》（GB 50068—2001）这两本规范之后，可以很清醒地认识到，我们并不知道确切的荷载和作用，采用的只是概率统计意义上具有一定保证率的代表值。

二、知道建筑所用材料的确切属性吗

常用的建筑材料主要有钢材和钢筋、混凝土、砌体三种，在这三种材料中，一般来讲砌体的强度最低，偏差最大，混凝土次之，钢材和钢筋最好。但是做结构试验我们就会发现，同样强度等级的钢筋，不同的钢筋通过拉拔试验，强度值是不一样的，有时相差还比较多。同样在压混凝土标准试块时，同一批次、同一材料、相同养护条件下的试块，强度也不一样，有时也会相差很多。至于说砌体材料，由于块体材料、砌筑砂浆、砌筑工艺、内部缺陷等因素的影响，强度差别更为明显。

《混凝土结构设计规范》（GB 50010—2010）4.1.1 条规定："混凝土强度等级应按立方体抗压强度标准值确定。立方体抗压强度标准值是指按标准方法制作养护的边长为 150mm 的立方体试件，在规定龄期用标准试验方法测得的，具有 95％保证率的抗压强度值。"4.2.2 条规定："钢筋的强度标

准值应具有不小于95%的保证率"。从《砌体结构设计规范》（GB 50010—2010）第3章的条文说明中可以看出来，砌体强度同样是基于概率统计及分析得出。

由于建筑材料不均匀的特性，在结构设计中无法取得并使用材料的确切属性，不光建筑材料的强度不是其真实的强度，建筑材料的其他特性，比如弹性模量、线膨胀系数、泊松比、应力—应变曲线、恢复力模型等参数都是采用给定的代表值，建筑材料的属性同建筑所承受的荷载和作用一样，同样存在着超出其安全取值的可能。

三、所采用的设计理论是否完善吗

这是一个很有颠覆性的问题，我们的设计的基础是否正确，这似乎关系到计算是否有继续存在的意义。先思考以下四点。

1. 目前常用的计算方法

我们目前常用的计算方法中，从结构整体分析一直到杆件内力的求得始终是采用弹性理论，但是计算构件配筋及应力时，采用的却是弹塑性理论，换句话说就是目前的结构设计时结构整体分析未考虑杆件弹塑性变形的影响。但在结构受力过程中，结构杆件不可能始终在弹性范围工作，结构杆件局部进入塑性后必然会引起结构刚度、荷载和作用分配模式的一系列改变，但是在实际结构设计工作中，无法考虑这部分的影响。

2. 结构设计中的简化

由于计算手段和计算能力的限制，在将实际的建筑转化为计算模型的过程中引入了大量的简化，比如：

（1）不考虑上部结构与基础的共同工作。实际上上部结构的荷载和刚度影响了下部基础的变形，下部基础的变形同样在上部结构中产生附加应力，但是限于计算能力和计算手段，目前大部分结构计算程序不考虑此部分影响。

（2）未考虑现浇楼板与梁的共同作用。在结构计算模型中，梁截面是按照矩形截面输入的，但是在实际施工中，现浇楼板与框架梁、连梁均浇注为一个整体，现浇楼板作为梁的翼缘，共同受力。结构设计时为考虑此部分影响，引入了一个"中梁刚度放大系数"的参数，对梁的刚度进行调整，但是由于楼板跨度、厚度、梁截面的千差万别，这个参数只是定性，没能定量地反映现浇楼板对梁刚度的放大。同时这仅仅是考虑对梁刚度的放大，并未考虑到对梁承载力的影响，尤其是抗震设计时，由于现浇楼板的存在，框架梁承载力提高，这使得"强柱弱梁"这一设计原则变得很难实现。

（3）未考虑填充墙的影响。无论是轻质混凝土砌块填充墙还是空心砖砌体填充墙的加入，结构的受力性能都会发生改变，尤其是对刚度较小的框架结构影响更大，整个结构的质量、刚度、自振周期以及整体变形和位移较纯框架结构都会有较大的不同，而在现有设计方法中往往都没有考虑这些不利影响，只是把填充墙作为一种均布荷载输入到结构计算软件中，并简单地用周期折减来考虑填充墙对框架结构的影响。这样的简化是很不合理的，也是很不安全的。

在结构设计中，这样的简化还有很多，简化的原因都是这些因素只能定性地分析而无法精确地进行定量分析，这样的状况还会持续很长时间。

3. 参数的选取

在结构设计过程中经常会选取一些参数，这些参数中，大部分数值让人觉得没有道理，至少是没有严密的理论基础，往往是工程经验上所采用的数值。比如《建筑抗震设计规范》（GB 50011—2010）6.2.5条规定对框架结构中的柱剪力进行放大，一级、二级、三级、四级时分别取1.5、1.3、1.2、1.1，那么这些取值为什么不是1.6、1.4、1.3、1.2，能不能是1.4、1.2、1.1、1.05呢？《砌体结构设计规范》（GB 50003—2001）3.2.3条第3款，当砌体砂浆为水泥砂浆时，强度表中数值要乘以折减系数0.9，那么这个取值为什么不是0.8，能不能是0.95呢？《钢结构设计规范》（GB 50017—2003）3.4.2条第1款，当单面连接的角钢按轴心受力计算强度和连接时，强度设计值要乘以折减系数 0.85，那么这个取值为什么不是 0.8，能不能是 0.9 呢？

这些参数同样也是因为这些因素只能定性的分析而无法精确地进行定量分析，为了保证规范和这种设计方法具有可操作性，通过对既有工程的研究和分析或者通过试设计，总结出经验公式，计算及确定出这些参数的取值。

4. 结构静力弹塑性分析

结构静力弹塑性分析（也称 Pushover 分析）将非线性静力计算结果和弹性分析谱结合起来，用静力分析的方法来预测结构在地震作用下的动力反应和抗震性能，它作为抗震性能分析的方法之一，得到了广泛的研究和应用。

但是这种分析方法是基于以下两个假设：

（1）实际结构的地震反应与某一等效单自由度体系的反应相关，也就是说结构的地震反应由某一振型起主要控制作用（一般认为是结构第一振型），其他振型的影响可以忽略。

（2）在分析过程中，不论结构变形大小，分析所假定的结构沿高度方向的形状向量都保持不变。

以上两个假设在理论上讲是不严密的，并且这种方法也无法考虑地震作用持续时间、能量耗散、结构阻尼、材料的动态性能、承载力衰减等影响因素，也难以反映实际结构在地震作用下大量不确定因素的影响。同时，这种方法对于二维不规则结构分析还有不小的难度，对于三维结构以及如何考虑两个方向的扭转效应等都还需要进一步研究。

以上的四点只是抛砖引玉，仔细思考一下就会发现，由于不确定的因素太多，目前的结构设计理论并不如物理学上的力学定理那样严密，还是很不完善的，同时还要考虑设计方法的易用性和可操作性，结构设计所用规范的制订更多的是基于工程经验及结构试验的结果。规范及计算方法的可操作性是规范制订的一个重要的考虑因素，一个计算方法或者理论不管它的计算理论如何严密，计算结果如何精确，和实际如何地吻合，如果它的计算过于繁琐或需要太复杂和高深的专业知识，那么它的应用就会受到限制。结构设计的主体是人，辅助设计的工具是计算机，如果计算方法或者理论所需要的能力超出了人或计算机的能力，那么这种计算方法或者理论注定得不到广泛应用。比如弹塑性时程分析是一种直接基于结构动力方程的数值方法，可以得到结构在地震作用下各时刻各个质点的位移、速度、加速度和构件的内力，给出开裂和屈服的顺序，发现应力和变形集中的部位，获得结构的弹塑性变形和延性要求，进而判明结构的屈服机制、薄弱环节和可能的破坏类型，还可以反映地面运动的方向、特性和持续时间的影响，也可以考虑结构的各种复杂非线性因素以及分块阻尼等问题。这种方法很好很先进，但是由于这种设计方法的复杂性及计算量的巨大，只能在特殊的重要的复杂结构或者大跨度结构中采用，想象一下如果一栋住宅楼需要数十名具有很高素质的结构设计人员辛勤工作半年甚至更长时间才能完成它的结构设计的话，我们就会知道它是不可能被大范围采用。复杂永远是工程界的天敌，做工程更需要的是在有限精度上的简单、高效。

四、要保证建筑物的使用安全

这里所说的安全不是指绝对的安全，不是指什么情况下结构都不会破坏，这里说的安全指的是在适用的条件下，考虑经济因素的安全。结构设计时需要反复考虑的就是适用、安全、经济之间的平衡，为了经济而不考虑安全是不对的，但同时过分追求安全而忽略适用和经济因素也是不正确的。

适用性是一栋建筑物存在的意义，试想一下，由于使用功能的要求，需要建造一个 $200m \times 300m$ 的大空间存放飞机，结构设计人员说："对不起，我们只能做出来 $80m \times 80m$ 的"，那我们还会建造 $80m \times 80m$ 的建筑吗，当然不会，因为无法达成使用条件的建筑是没有建造的意义的。

我们会为了所有建筑的安全而不计代价吗？答案是当然不会，经济因素始终是制约着建筑安全指标的一个关键因素，由于新建建筑的数量巨大，建筑安全指标的一小部分提高都会引起建筑总体造价的巨大增长。新中国成立初期，社会经济总量较少，当时的建筑形式及安全指标就较低，随着社会的发展，经济实力的提高，建筑安全指标也随着逐渐的提高，这集中体现在历次规范的修改上，每一次规范修改，建筑结构的安全度都会有所提高，建筑结构的造价也会有相应的提高。建筑安全度不会脱离社会经济承受能力这个基础。

用一个不是很恰当但是很形象的比喻来形容适用、安全、经济之间的关系，那就是适用就好比一个人的头皮，安全是头发，经济是头发的数量。"皮之不存、毛将焉附"，头发稀少好像也不甚健康美观。可以看出，结构设计人员所追求的安全，是在与适用性、经济性之间平衡之后的一种相对的安全。

所以说结构工程师是这样的一种人，他们在不知道确切的荷载和作用的情况下（利用统计资料和概率理论，综合各种因素，针对不同情况采用不同的荷载和作用代表值），在不知道所用材料确切属性的情况下（利用大量的实验数据和概率理论，提出各种材料在不同计算目的下强度及其他特性的代表值，并且用产品出厂检验、施工现场检验等手段加以保证），在设计理论极其不完善的情况下（利用大量的实际工程经验和实验数据，总结并不断完善了一套简单可行的，以当前现行结构规范为底线，以简单的结构计算为参考的设计方法），来保证建筑物的（在满足适用的条件下，考虑了经济因素的情况下的适当的）使用安全。

第二节　结构设计人员应该具有的品质

由于建筑结构设计的复杂性和不确定性，一个合格的结构设计人员除了应该具有相应的专业知识以外，还应该具有以下的优秀品质。

一、要有责任心

责任心是指对事情能敢于负责、主动负责的态度。一说起责任心，很多人认为非常容易达到，但实际上目前的结构设计人员，尤其是现在刚毕业进入设计行业的同志，并没有足够的责任心来完成好设计任务。这主要表现在两个方面，一是有的设计人员对结构设计充满了恐惧，在害怕楼塌了的心理阴影下极力增加荷载取值，选用设计参数偏严，没有理由地放大构件截面及配筋，造成了极大浪费；二是有的设计人员得过且过，粗心大意，对自己的计算模型及施工图纸不进行仔细核对，漏洞百出，造成很多安全隐患甚至直接导致工程出现问题，给建设单位造成重大的经济损失。

在结构设计中，有的人仔细考虑结构方案，反复调整结构布置，在付出较多劳动的同时得到了合理的结构性能和结构造价；而有的人粗略地提出结构方案后，结构布置只要能满足规范最低要求即可，不管建设单位投资如何，不管最终结构安全性能怎样，在有可能造成浪费和结构安全性降低的前提下使自己很快地完成设计任务。有的人踏实工作，积极思考，对结构新材料、新工艺、新理论不断进行摸索，努力提高自己的业务水平；而有的人常把"我不会"、"我不敢"、"我没做过"这样的话挂在嘴边，墨守成规，不思进取。有的人细致严谨，把整个结构方案、计算模型、施工图纸整个串联起来形成一个整体，能保证三者相互一致，对各种简化或者偏差做到心中有数，在施工图中进行相应调整；而有的人得过且过，粗心大意，结构模型和实际不符，结构施工图纸与结构计算模型不符，发现过建筑方案调整增加一层，而结构设计人员为图省事，不重新进行计算，直接在施工图上修改的情况，也发现过"图在模先"的情况。有的人考虑周到，在设计过程中深入考虑施工因素，在施工图纸中避免出现无法施工或者施工困难的情况，同时对施工过程中形成的薄弱环节在设计过程中予以加强；而有的人不管不顾，一味蛮干，经常用"规范安全余量很大"、"材料强度余量很大"、"荷载不会达到设计值那么多"等不科学的结论安慰自己，造成结构设计及施工中一个又一个安全隐患。

一个人的责任心如何，决定着他在工作中的态度，决定着其工作的好坏和成败。有了责任心，才会认真地思考，勤奋地工作，细致踏实，实事求是；才会按时、按质、按量完成任务，圆满解决问题；才能主动处理好分内与分外的相关工作，从事业出发，以工作为重，有人监督与无人监督都能主动承担责任而不推卸责任。每一名合格的结构设计人员都应该有充足的责任心，在结构设计中尽心尽力而为，要牢记自己的设计成果会被用于真正的施工，自己的设计成果决定了建设单位数量巨大的投资有没有被浪费，决定了使用方得没得到应有的使用功能和安全水平。

二、要善于思考

由于结构设计的影响因素很多，以"确定作用"——"建立模型"——"效应计算"——"结果判断"——"特殊分析"——"施工图绘制"为顺序，整个结构设计过程中以相关专业知识为基础，应用了大量的假设、简化，在各个参数的选取、计算结果合理性的判定时也需要考虑它们之间的相互影响和取舍，这是一个大量思考的过程，一个合格的结构设计人员一定是一个善于思考、勤于思考的人。

以经常提到的概念设计为例，所谓的概念设计就是运用清晰的结构概念，不经数值计算，依据整体结构体系与分体系之间的力学关系、结构破坏机理、震害、实验现象和工程经验所获得的基本设计原则和设计思想，对结构及计算结果进行正确的分析，并考虑结构实际受力状况与计算假设间的差异，对结构和构造进行设计，使建筑物受力更合理、安全、协调。概念设计主要从两个方面对结构设计进行宏观控制，一是在方案设计满足建筑要求的前提下，从宏观的角度考虑结构整体性及主要分体的相互协调关系，确定总体设计方案；二是在理论设计过程中综合考虑工程条件、计算理论、材料性能等各种因素对计算结果的影响，判断理论设计的准确性，并对一些工程中难以作出精确理性分析或在规范中难以规定的问题，根据实际经验采用一些结构构造措施进行处理。换句话说，概念设计是运用人的判断和思维能力，从宏观解决结构设计的基本问题、概念设计是一种思路，是一种定性的设计，它不以精确的力学分析、生搬硬套的规范条文为依据，而是对工程进行概括性的分析，制定设计目标，采取相应结构措施。具体到设计过程，就是根据特定的建筑空间和地理条件，结合建筑的功能要求，考虑结构安全、适用、经济、美观、施工方便等各种因素后，确定结构的总体方案，按照结构的破坏机理和破坏过程，灵活且能有意识地利用整体结构体系与基本杆件间的力学特性与关系、设计准则、工程现场实时的资源条件，全面合理地解决结构设计的基本问题。既要注意到总体布置的大原则，又要顾及到关键部位的细节，从根本上提高结构的可靠度。概念设计的目的是力求使设计方案安全、可靠、经济、合理，是一个优化的过程，是一个不断思考的过程，结构设计同样也是。

三、不盲目信从

由于未能将学校所学专业知识和实际工程紧密联系起来，未能将专业知识融会贯通，刚从事结构设计的同志往往会盲目信从，一是偏信结构计算软件，二是偏信网络上或者实际中前辈们的经验。

随着计算机结构分析软件的广泛应用和普及，它使人们摆脱了过去必须进行的大量的手工计算，使得采用空间模型的结构计算方法成为可能，使结构设计人员的工作效率得到大幅度的提高。但与此同时，结构设计人员，尤其是刚刚从事结构设计行业的同志，对结构计算软件的依赖性也越来越大，有时甚至过分地相信计算软件，提出了"用它就要相信它"的观点。我们需要清醒认识的是，结构计算软件只是一种程序，它只能将输入的数据按照预先指定的方法和方式转化为输出的结果，错误的输入不会得到正确的结果，由于软件也有其适用的条件，超出其使用条件的输入，也不会得到正确的结果。曾经有一位结构设计人员，设计一栋办公楼时，将由变形缝分隔的两个部分一起输入到模型内，在并没有做任何调整及特殊指定的情况下，由计算机辅助完成了结构计算及施工图绘制。未特殊指定时，程序默认此模型只有一个刚心和质心，但实际上这两部分应该各自拥有独立的刚心和质心，如此计算下来结构周期的大小、地震作用的大小及分配方式都是错误的。由此可见，当我们运用计算软件来进行辅助设计时首先要明确软件的适用条件、正确的使用方法，然后在保证模型正确简化的基础上将数据正确输入，最后一定要运用专业知识对计算结果的正确性进行判断。并且，由于目前的结构计算软件总是存在着一定的局限性、适用性和近似性，应该从整体上来把握和控制结构体系的各项性能，应从明确的结构概念出发来分析和处理，从而确保结构的安全性。结构工程师应对基本假定、力学模型及其适用范围有所了解，并应对计算结果进行分析判断，确认其正确合理、有效后方可用于工程设计。

对于刚参加工作的同志而言，网络上或者实际中前辈们的经验往往是其唯一能够获得的技术支持，盲听盲信，但是由于他们水平的参差不齐或者对事物的认识深度不同，经验往往具有局限性和相对性。对于刚参加工作的同志，应该根据具体的工程实际，结合自己的专业知识，对这些经验和建议进行分析，认真思考，切忌盲听盲信。

四、要习惯接受新事物

由于我们所从事的行业的理论基础还很不完备，还在不断地进行相关研究；结构形式在前人的基础上始终在持续创新，不断会有新的结构形式出现；材料科学的蓬勃发展，新型建筑材料不断涌现。这就决定了作为结构设计人员，必须习惯接受新事物，也要敢于尝试新事物。有的设计人员现在还抱着 20 世纪 70 年代的料仓计算手册不放，将其引为至宝，完全不知道目前的计算手段已经可以较为精确地进行分析计算，而沿用老式的简化计算方法；有的设计人员将轻钢结构、短肢剪力墙结构、复合地基、型钢混凝土等相对较为新型的结构形式完全排除在自己的专业知识体系之外，只在自己熟悉的范围内进行设计，知识没有更新、相互不能借鉴、框框不敢突破，这样的设计人员注定会被淘汰。有的设计人员在结构设计中还在坚持采用 HPB235、HRB335 级钢筋，不理睬国家节能减排的政策，不理会建设单位合理减少投资的要求，完全没有看到 HRB400 乃至 HRB500 级高强钢筋的优点，而最新的《混凝土结构设计规范》（GB 50010—2010）中已经取消了 HPB235 级钢筋，希望能对他们有所警醒。

只有不断接受新事物、新知识、新观念，才能目光远大，思维灵活，才能对发展变化的事物作出正确地分析判断，才能真正成为一名合格的结构设计人员。

第二章 结构设计概论

在结构设计中，有着四个非常重要的基本概念，分别是荷载和作用、建筑材料特性、刚度、延性。首先，结构所受的荷载和作用是结构设计的前提，不能明确结构所受的荷载和作用，结构设计就无从谈起；其次，建筑材料的特性是结构设计的根本，建筑材料的特性决定了其计算方法、构造措施及做法，不对建筑材料进行深入的研究，就不能保证结构的安全；第三，刚度是结构内力计算的基础，不管是竖向荷载在水平受力构件（如梁、板）内的分配，还是水平荷载在竖向受力构件（如柱、剪力墙）内的分配，无一不和构件的刚度有关，简单地说就是"荷载和作用按刚度分配"，不知道构件刚度，就不能求解出构件中的内力，结构设计就无法进行；第四，延性则是当前保证结构抗震性能的主要手段，"小震不坏，中震可修，大震不倒"是目前抗震设防的三个标准，其中依靠结构抗力抵抗的只是小震，中震和大震则是需要结构拥有足够的延性，在变形及局部破坏的过程中对地震能量进行耗散，由此可见，足够的延性对结构的抗震性能具有决定性的意义。以下分别对这四个基本概念进行简单的论述。

第一节 荷载和作用

一、结构上的荷载

结构上的荷载分为下列三类：

（1）永久荷载。如结构自重、土压力、预应力等。

（2）可变荷载。如楼面活荷载、屋面活荷载和积灰荷载、吊车荷载、风荷载、雪活载等。

（3）偶然荷载。如爆炸力、撞击力等。

建筑结构设计时，对不同荷载应采用不同的代表值。

对永久荷载应采用标准值作为代表值。

对可变荷载应根据设计要求，采用标准值、组合值、频遇值或准永久值作为代表值。

对偶然荷载应按建筑结构使用的特点确定其代表值。

二、荷载组合

建筑结构设计应根据使用过程中在结构上可能同时出现的荷载，按承载能力极限状态和正常使用极限状态分别进行荷载（效应）组合，并应取各自的最不利的效应组合进行设计。

对于承载能力极限状态，应按荷载效应的基本组合或偶然组合进行荷载（效应）组合。

$$\gamma_0 S \leqslant R \tag{2-1}$$

式中　γ_0——结构重要性系数；

　　　S——荷载效应组合的设计值；

　　　R——结构构件抗力的设计值。

对于基本组合，荷载效应组合的设计值 S 应从下列组合值中取最不利值确定：

1. 由可变荷载效应控制的组合

$$S = \gamma_G S_{GK} + \gamma_{Q1} S_{Q1K} + \sum_{i=2}^{n} \gamma_{Qi} \psi_{ci} S_{QiK} \qquad (2-2)$$

式中 γ_G——永久荷载的分项系数;

γ_{Qi}——第 i 个可变荷载的分项系数,其中 γ_{Q1} 为可变荷载 Q_1 的分项系数;

S_{GK}——按永久荷载标准值 G_K 计算的荷载效应值;

S_{QiK}——按可变荷载标准值 Q_{ik} 计算的荷载效应值,其中 S_{Q1K} 为诸可变荷载效应中起控制作用者;

ψ_{ci}——可变荷载 Q_i 的组合值系数;

n——参与组合的可变荷载数。

2. 由永久荷载效应控制的组合

$$S = \gamma_G S_{GK} + \sum_{i=1}^{n} \gamma_{Qi} \psi_{ci} S_{QiK} \qquad (2-3)$$

3. 基本组合的荷载分项系数

(1) 永久荷载的分项系数。

1) 当其效应对结构不利时:

对由可变荷载效应控制的组合,应取 1.2;

对由永久荷载效应控制的组合,应取 1.35。

2) 当其效应对结构有利时:

一般情况下应取 1.0;

对结构的倾覆、滑移或漂浮验算,应取 0.9。

(2) 可变荷载的分项系数。

一般情况下应取 1.4;

对标准值大于 4kN/m² 的工业房屋楼面结构活荷载应取 1.3。

对于偶然组合,荷载效应组合的设计值宜按下列规定确定:偶然荷载的代表值不乘分项系数;与偶然荷载同时出现的其他荷载可根据观测资料和工程经验采用适当的代表值。

民用建筑楼面均布活荷载标准值及其组合值、频遇值和准永久值系数见表 2-1。

表 2-1 　　　　民用建筑楼面均布活荷载标准值及其组合值、频遇值和准永久值系数

项次	类　　别	标准值 (kN/m²)	组合值系数 ψ_c	频遇值系数 ψ_f	准永久值系数 ψ_q
1	(1) 住宅、宿舍、旅馆、办公楼、医院病房、托儿所、幼儿园			0.5	0.4
	(2) 教室、试验室、阅览室、会议室、医院门诊室	2.0	0.7	0.6	0.5
2	食堂、餐厅、一般资料档案室	2.5	0.7	0.6	0.5
3	(1) 礼堂、剧场、影院、有固定座位的看台	3.0	0.7	0.5	0.3
	(2) 公共洗衣房	3.0	0.7	0.5	0.3
4	(1) 商店、展览厅、车站、港口、机场大厅及其旅客等候室	3.5	0.7	0.6	0.5
	(2) 无固定座位的看台	3.5	0.7	0.5	0.3
5	(1) 健身房、演出舞台	4.0	0.7	0.6	0.5
	(2) 舞厅	4.0	0.7	0.6	0.3
6	(1) 书库、档案库、贮藏室	5.0	0.9	0.9	0.8
	(2) 密集柜书库	12.0	0.9	0.9	0.8
7	通风机房、电梯机房	7.0	0.9	0.9	0.8

项次	类　　别	标准值 (kN/m²)	组合值系数 ψ_c	频遇值系数 ψ_f	准永久值系数 ψ_q
8	汽车通道及停车库： (1) 单向板楼盖（板跨不小于2m） 　客车 　消防车 (2) 双向板楼盖和无梁楼盖（柱网尺寸不小于6m×6m） 　客车 　消防车	 4.0 35.0 2.5 20.0	 0.7 0.7 0.7 0.7	 0.7 0.7 0.7 0.7	 0.6 0.6 0.6 0.6
9	厨房： (1) 一般的 (2) 餐厅的	 2.0 4.0	 0.7 0.7	 0.6 0.7	 0.5 0.7
10	浴室、厕所、盥洗室： (1) 第1项中的民用建筑 (2) 其他民用建筑	 2.0 2.5	 0.7 0.7	 0.5 0.6	 0.4 0.5
11	走廊、门厅、楼梯： (1) 宿舍、旅馆、医院病房托儿所、幼儿园、住宅 (2) 办公楼、教室、餐厅、医院门诊部 (3) 消防疏散楼梯，其他民用建筑	 2.0 2.5 3.5	 0.7 0.7 0.7	 0.5 0.6 0.5	 0.4 0.5 0.3
12	阳台： (1) 一般情况 (2) 当人群有可能密集时	 2.5 3.5	 0.7	 0.6	 0.5

注 1. 本表所给各项活荷载适用于一般使用条件，当使用荷载较大或情况特殊时，应按实际情况采用。

2. 第6项书库活荷载当书架高度大于2m时，书库活荷载尚应按每米书架高度不小于2.5kN/m²确定。

3. 第8项中的客车活荷载只适用于停放载人少于9人的客车；消防车活荷载是适用于满载总重为300kN的大型车辆；当不符合本表的要求时，应将车轮的局部荷载按结构效应的等效原则，换算为等效均布荷载。

4. 第11项楼梯活荷载，对预制楼梯踏步平板，尚应按1.5kN集中荷载验算。

5. 本表各项荷载不包括隔墙自重和二次装修荷载。对固定隔墙的自重应按恒荷载考虑，当隔墙位置可灵活自由布置时，非固定隔墙的自重应取每延米长墙重（kN/m）的1/3作为楼面活荷载的附加值（kN/m²）计入，附加值不小于1.0kN/m²。

设计楼面梁、墙、柱及基础时，表2-1中的楼面活荷载标准值在下列情况下应乘以规定的折减系数。

4. 设计楼面梁时的折减系数

(1) 第1（1）项当楼面梁从属面积超过25m²时，应取0.9。

(2) 第1（2）～7项当楼面梁从属面积超过50m²时应取0.9。

(3) 第8项对单向板楼盖的次梁和槽形板的纵肋应取0.8；对单向板楼盖的主梁应取0.6；对双向板楼盖的梁应取0.8。

(4) 第9～12项应采用与所属房屋类别相同的折减系数。

5. 设计墙、柱和基础时的折减系数

(1) 第1（1）项应按表2-2规定采用。

(2) 第1（2）～7项应采用与其楼面梁相同的折减系数。

(3) 第8项对单向板楼盖应取0.5；对双向板楼盖和无梁楼盖应取0.8。

(4) 第9～12项应采用与所属房屋类别相同的折减系数。

注：楼面梁的从属面积应按梁两侧各延伸二分之一梁间距的范围内的实际面积确定。

表2-2　　　　　　　　　　　活荷载按楼层的折减系数

墙、柱、基础计算截面以上的层数	1	2～3	4～5	6～8	9～20	>20
计算截面以上各楼层活荷载总和的折减系数	1.00 (0.90)	0.85	0.70	0.65	0.60	0.55

注 当楼面梁的从属面积超过25m²时，应采用括号内的系数。

楼面结构上的局部荷载可换算为等效均布活荷载。

三、屋面活荷载

水平投影面上的屋面均布活荷载，按表 2-3 采用。屋面均布活荷载，不应与雪荷载同时组合。

表 2-3   屋 面 均 布 活 荷 载

项　次	类　　　别	标准值 （kN/m²）	组合值系数 ψ_b	频遇值系数 ψ_f	准永久值系数 ψ_q
1	不上人的屋面	0.5	0.7	0.5	0
2	上人的屋面	2.0	0.7	0.5	0.4
3	屋顶花园	3.0	0.7	0.6	0.5

注　1. 不上人的屋面，当施工或维修荷载较大时，应按实际情况采用；对不同结构应按有关设计规范的规定，将标准值作 0.2 kN/m² 的增减。

　　2. 上人的屋面，当兼作其他用途时，应按相应楼面活荷载采用。

　　3. 对于因屋面排水不畅、堵塞等引起的积水荷载，应采取构造措施加以防止；必要时，应按积水的可能深度确定屋面活荷载。

　　4. 屋顶花园活荷载不包括花圃土石等材料自重。

四、施工和检修荷载及栏杆水平荷载

（1）设计屋面板、檩条、钢筋混凝土挑檐、雨篷和预制小梁时，施工或检修集中荷载（人和小工具的自重）应取 1.0kN，并应在最不利位置处进行验算。

1）对于轻型构件或较宽构件，当施工荷载超过上述荷载时，应按实际情况验算，或采用加垫板、支撑等临时设施承受。

2）当计算挑檐、雨篷承载力时，应沿板宽每隔 1.0m 取一个集中荷载；在验算挑檐、雨篷倾覆时，应沿板宽每隔 2.5～3.0m 取一个集中荷载。

（2）楼梯、看台、阳台和上人屋面等的栏杆顶部水平荷载，应按下列规定采用：

1）住宅、宿舍、办公楼、旅馆、医院、托儿所、幼儿园，应取 0.5kN/m。

2）学校、食堂、剧场、电影院、车站、礼堂、展览馆或体育馆，应取 1.0kN/m。

当采用荷载准永久组合时，可不考虑施工和检修荷载及栏杆水平荷载。

五、动力系数

（1）建筑结构设计的动力计算，在有充分依据时，可将重物或设备的自重乘以动力系数后按静力计算进行。

（2）搬运和装卸重物以及车辆起动和刹车的动力系数，可采用 1.1～1.3，其动力作用只考虑传至楼板和梁。

（3）直升飞机在屋面上的荷载，也应乘以动力系数，对具有液压轮胎起落架的直升飞机可取 1.4；其动力荷载只传至楼板和梁。

六、雪荷载

屋面水平投影面上的雪荷载标准值，按式（2-4）计算：

$$s_k = \mu_r s_0 \tag{2-4}$$

式中　s_k——雪荷载标准值，kN/m²；

　　　μ_r——屋面积雪分布系数（表 2-4）；

　　　s_0——基本雪压，kN/m²。

表 2 - 4 　　　　　　　　　　　　　　　　　屋 面 积 雪 分 布 系 数

项次	类　别	屋面形式及积雪分布系数 μ_r
1	单跨单坡屋面	 　α　｜ $\leqslant 25°$ ｜ $30°$ ｜ $35°$ ｜ $40°$ ｜ $45°$ ｜ $\geqslant 50°$ μ_r ｜ 1.0 ｜ 0.8 ｜ 0.6 ｜ 0.4 ｜ 0.2 ｜ 0
2	单跨双坡屋面	均匀分布的情况　　　　　　　　　　μ_r 不均匀分布的情况 $0.75\mu_r$ 　　　$1.25\mu_r$ μ_r 按第一项规定采用
3	拱形屋面	$\mu_r = \dfrac{1}{8f}$ $(0.4 \leqslant \mu_r \leqslant 1.0)$
4	带天窗的屋面	均匀分布的情况　　　　　1.0 不均匀分布的情况　1.1　0.8　1.1
5	带天窗有挡风板的屋面	均匀分布的情况　　　　　　1.0 不均匀分布的情况　1.0 1.4　0.8　1.4 1.0
6	多跨单坡屋面（锯齿形屋面）	均匀分布的情况　　　　　　　1.0 不均匀分布的情况　0.6　1.4　0.6　0.6　1.4
7	双跨双坡或拱形屋面	均匀分布的情况　　　　　　1.0 不均匀分布的情况　μ_r　1.4　μ_r μ_r 按第 1 或 3 项规定采用

11

项次	类 别	屋面形式及积雪分布系数 μ_r
8	高低屋面	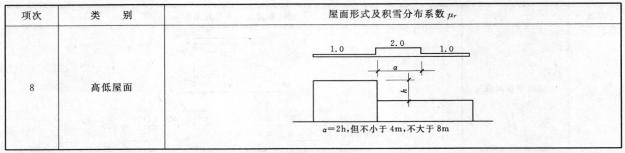

注 1. 第 2 项单跨双坡屋面仅当 $20°{\leqslant}\alpha{\leqslant}30°$时，可采用不均匀分布情况。

2. 第 4、5 项只适用于坡度 $\alpha{\leqslant}25°$的一般工业厂房屋面。

3. 第 7 项双跨双坡或拱形屋面，当 $\alpha{\leqslant}25°$或 $f/L{\leqslant}0.1$ 时，只采用均匀分布情况。

4. 多跨层面的积雪分布系数，可参照第 7 项的规定采用。

设计建筑结构及屋面的承重构件时，可按下列规定采用积雪的分布情况。

（1）屋面板和檩条按积雪不均匀分布的最不利情况采用。

（2）屋架和拱壳可分别按积雪全跨均匀分布情况、不均匀分布的情况和半跨的均匀分布的情况采用。

（3）框架和柱可按积雪全跨的均匀分布情况采用。

七、风荷载

风受到地面上各种建筑物的阻碍和影响，风速会改变，并在建筑物表面上形成压力或吸力，这种风力的作用称为风荷载。风力在整个建筑物表面的分布情况随房屋尺寸的大小、体积和表面情况的不同而异，并随风速、风向和气流的不断变化而不停地改变着。风荷载实质上是一种随时间变化的动力荷载，它使建筑结构产生动力反应。在实际工程设计中，通常将风荷载看成等效静力荷载，但在高度较大的建筑中要考虑动力效应影响。

垂直于建筑物表面上的风荷载标准值，按式（2-5）计算：

（1）当计算主要承重结构时。

$$\omega_k = \beta_z \mu_s \mu_z \omega_0 \qquad (2-5)$$

式中 　ω_k——风荷载标准值，kN/m^2；

　　　β_z——高度 z 处的风振系数；

　　　μ_s——风荷载体型系数；

　　　μ_z——风压高度变化系数；

　　　ω_0——基本风压，kN/m^2。

（2）当计算围护结构时。

$$\omega_k = \beta_{gz} \mu_{sl} \mu_z \omega_0 \qquad (2-6)$$

式中 　β_{gz}——高度 z 处的阵风系数；

　　　μ_{sl}——局部风压体型系数。

基本风压值 ω_0 是以当地比较空旷平坦地面上离地 10m 高统计所得的重现期为 50 年一遇 10min 平均最大风速 v_0（m/s）为标准，按 $\omega_0 = v_0^2/1600$ 确定的风压值，应按《建筑结构荷载规范》（GB 50009—2001）给出的 50 年一遇的风压采用，但不得小于 $0.3kN/m^2$。对于高层建筑、高耸结构以及对风荷载比较敏感的其他结构，基本风压应适当提高，并应由有关的结构设计规范具体规定。

（3）风载体型系数 μ_3 是指实际风压与基本风压的比值。其描述的是建筑物表面在稳定风压作用下静态压力的分布规律，主要与建筑物的体型与尺度有关，也与周围环境和地面粗糙度有关。当风流经建筑物时，对建筑物不同部位会产生不同的效果，即产生压力和吸力。

（4）风对建筑结构的作用是不规则的，通常把风作用的平均值看成稳定风压（即平均风压），实际风压是在平均风压上下波动的。平均风压使建筑物产生一定的侧移，而波动风压使建筑物在平均侧移附近振动。对于高度较大、刚度较小的高层建筑，波动风压会产生不可忽略的动力效应，使振幅加大，在设计中必须考虑。目前采用加大风载的办法来考虑这个动力效应，在风压值上乘以风振系数 β_z。

八、地震作用

结构的地震作用计算是建筑抗震设计的重要内容，是确定所设计的结构满足最低抗震设防要求的关键步骤。地震时由于地面运动使原来处于静止的结构受到动力作用，产生强迫震动。我们将地震时由于地面加速度在结构上产生的惯性力称为结构的地震作用。地震作用下在结构中产生的内力、变形和位移等称为结构的地震反应，或称为结构的地震作用效应。建筑结构抗震设计首先要计算结构的地震作用，由此求出结构和构件的地震作用效应，然后验算结构和构件的抗震承载力及变形。

地震作用与一般荷载不同，它不仅与地面加速度的大小、持续时间及强度有关，而且还与结构的动力特性，如结构的自振频率、阻尼等有密切的关系。由于地震时地面运动是一种随机过程，运动极不规则，且工程结构物一般是由各种构件组成的空间体系，其动力特性十分复杂，所以确定地震作用要比确定一般荷载复杂得多。

目前，在我国和其他许多国家的抗震设计规范中，广泛采用反应谱理论来确定地震作用，其中以加速度反应谱应用最多。所谓加速度反应谱，就是单质点弹性体系在一定的地面运动作用下，最大反应加速度（一般用相对值）与体系自振周期的变化曲线。如果已知体系的自振周期，利用反应谱曲线和相应计算公式，就可很方便地确定体系的反应加速度，进而求出地震作用。应用反应谱理论不仅可以解决单质点体系的地震反应计算问题，而且通过振型分解法还可以计算多质点体系的地震反应。在工程上，除采用反应谱计算结构地震作用外，对于高层建筑和特别不规则建筑等，还常采用时程分析法来计算结构的地震反应。这个方法先选定地震地面加速度图，然后用数值积分方法求解运动方程，算出每一时间增量处的结构反应，如位移、速度和加速度反应。

（1）各类建筑结构的抗震计算，应采用下列方法。

1）高度不超过 40m、以剪切变形为主且质量和刚度沿高度分布比较均匀的结构，以及近似于单质点体系的结构，可采用底部剪力法等简化方法。

2）除 1）款外的建筑结构，宜采用振型分解反应谱法。

3）特别不规则的建筑、甲类建筑和表 2-5 所列高度范围的高层建筑，应采用时程分析法进行多遇地震下的补充计算；当取 3 组加速度时程曲线输入时，计算结果宜取时程法的包络值和振型分解反应谱法的较大值；当取 7 组及 7 组以上的时程曲线时，计算结果可取时程法的平均值和振型分解反应谱法的较大值。

采用时程分析法时，应按建筑场地类别和设计地震分组选用实际强震记录和人工模拟的加速度时程曲线，其中实际强震记录的数量不应少于总数的 2/3，多组时程曲线的平均地震影响系数曲线应与振型分解反应谱法所采用的地震影响系数曲线在统计意义上相符，其加速度时程的最大值可按表 2-6 采用。弹性时程分析时，每条时程曲线计算所得结构底部剪力不应小于振型分解反应谱法计算结果的 65%，多条时程曲线计算所得结构底部剪力的平均值不应小于振型分解反应谱法计算结果的 80%。

表 2-5 　　　　　　　　　　　　　采用时程分析的房屋高度范围　　　　　　　　　　　　　单位：m

烈度、场地类别	房屋高度范围
8 度Ⅰ、Ⅱ类场地和 7 度	>100
8 度Ⅲ、Ⅳ类场地	>80
9 度	>60

表 2-6	时程分析所用地震加速度时程的最大值			单位：cm/s²
地震烈度影响	6 度	7 度	8 度	9 度
多遇地震	18	35（55）	70（110）	140
设防地震	50	100（150）	200（300）	400
罕遇地震	125	220（310）	400（510）	620

注 括号内数值分别用于设计基本地震加速度为 0.15g 和 0.30g 的地区。

4）平面投影尺度很大的空间结构，应根据结构形式和支承条件，分别按单点一致、多点、多向单点或多向多点输入进行抗震计算。按多点输入计算时，应考虑地震行波效应和局部场地效应。6 度和 7 度Ⅰ、Ⅱ类场地的支承结构、上部结构和基础的抗震验算可采用简化方法，根据结构跨度、长度不同，其短边构件可乘以附加地震作用效应系数 1.15～1.30；7 度Ⅲ、Ⅳ类场地和 8、9 度时，应采用时程分析方法进行抗震验算。

（2）各类建筑结构的地震作用，应符合下列规定。

1）一般情况下，应至少在建筑结构的两个主轴方向分别计算水平地震作用，各方向的水平地震作用应由该方向抗侧力构件承担。

2）有斜交抗侧力构件的结构，当相交角度大于 15°时，应分别计算各抗侧力构件方向的水平地震作用。

3）质量和刚度分布明显不对称的结构，应计入双向水平地震作用下的扭转影响；其他情况，应允许采用调整地震作用效应的方法计入扭转影响。

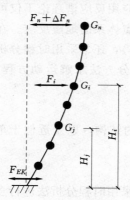

图 2-1 结构水平地震
作用计算简图

4）8、9 度时的大跨度和长悬臂结构及 9 度时的高层建筑，应计算竖向地震作用。

8、9 度时采用隔震设计的建筑结构，应按有关规定计算竖向地震作用。

（3）水平地震作用计算。

1）采用底部剪力法时，各楼层可仅取一个自由度，结构的水平地震作用标准值，应按下列公式确定（图 2-1）：

$$F_{EK} = \alpha_1 G_{eq}$$

$$F_i = \frac{G_i H_i}{\sum_{j=1}^{n} G_j H_j} F_{EK}(1 - \delta_n) \quad (i = 1, 2, \cdots n)$$

$$\Delta F_n = \delta_n F_{EK} \qquad (2-7)$$

上各式中 F_{EK}——结构总水平地震作用标准值；

α_1——相应于结构基本自振周期的水平地震影响系数值，多层砌体房屋、底部框架砌体房屋，宜取水平地震影响系数最大值；

G_{eq}——结构等效总重力荷载，单质点应取总重力荷载代表值，多质点可取总重力荷载代表值的 85%；

F_i——质点 i 的水平地震作用标准值；

G_i、G_j——集中于质点 i、j 的重力荷载代表值；

H_i、H_j——质点 i、j 的计算高度；

δ_n——顶部附加地震作用系数，多层钢筋混凝土和钢结构房屋可按表 2-7 采用，其他房屋可采用 0.0；

ΔF_n——顶部附加水平地震作用。

表 2-7 顶部附加地震作用系数

T_g（s）	$T_1 > 1.4 T_g$	$T_1 \leqslant 1.4 T_g$
$T_g \leqslant 0.35$	$0.08T_1 + 0.07$	
$0.35 < T_g \leqslant 0.55$	$0.08T_1 + 0.01$	0.0
$T_g > 0.55$	$0.08T_1 - 0.02$	

注 T_1 为结构基本自振周期。

2）计算地震作用时，建筑的重力荷载代表值应取结构和构配件自重标准值和各可变荷载组合值之和。各可变荷载的组合值系数，应按表 2-8 采用。

表 2-8 组 合 值 系 数

可变荷载种类		组 合 值 系 数
雪荷载		0.5
屋面积灰荷载		0.5
屋面活荷载		不计入
按实际情况计算的楼面活荷载		1.0
按等效均布荷载计算的楼面活荷载	藏书库、档案库	0.8
	其他民用建筑	0.5
起重机悬吊物重力	硬钩吊车	0.3
	软钩吊车	不计入

注 硬钩吊车的吊重较大时，组合值系数应按实际情况采用。

3）建筑结构的地震影响系数应根据烈度、场地类别、设计地震分组和结构自振周期以及阻尼比确定由图 2-2 求得。其水平地震影响系数最大值应按表 2-9 采用；特征周期应根据场地类别和设计地震分组按表 2-10 采用，计算罕遇地震作用时，特征周期应增加 0.05s。

注：周期大于 6.0s 的建筑结构所采用的地震影响系数应专门研究。

表 2-9 水平地震影响系数最大值

地震烈度影响	6 度	7 度	8 度	9 度
多遇地震	0.04	0.08（0.12）	0.16（0.24）	0.32
罕遇地震	0.28	0.50（0.72）	0.90（1.20）	1.40

注 括号中数值分别用于设计基本地震加速度为 0.15g 和 0.30g 的地区。

表 2-10 特 征 周 期 值 单位：s

设计地震分组	场 地 类 别				
	I₀	I₁	II	III	IV
第一组	0.20	0.25	0.35	0.45	0.65
第二组	0.25	0.30	0.40	0.55	0.75
第三组	0.30	0.35	0.45	0.65	0.90

4）建筑结构地震影响系数曲线（图 2-2）的阻尼调整和形状参数应符合下列要求。

除有专门规定外，建筑结构的阻尼比应取 0.05，地震影响系数曲线的阻尼调整系数应按 1.0 采用，形状参数应符合下列规定：

①直线上升段，周期小于 0.1s 的区段。

②水平段，自 0.1s 至特征周期区段，应取最大值（α_{max}）。

③曲线下降段，自特征周期至 5 倍特征周期区段，衰减指数应取 0.9。

④直线下降段，自 5 倍特征周期至 6s 区段，下降斜率调整系数应取 0.02。

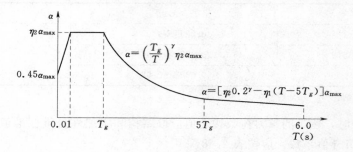

图 2-2　地震影响系数曲线

α—地震影响系数；$\alpha_{\max}$—地震影响系数最大值；η_1—直线下降
段的下降斜率调整系数；γ—衰减指数；T_g—特征
周期；η_2—阻尼调整系数；T—结构自振周期

5）当建筑结构的阻尼比按有关规定不等于 0.05 时，地震影响系数曲线的阻尼调整系数和形状参数应符合下列规定。

①曲线下降段的衰减指数应按式（2-8）确定：

$$\gamma = 0.9 + (0.05 - \zeta)/(0.3 + 6\zeta) \tag{2-8}$$

式中　γ——曲线下降段的衰减指数；

　　　ζ——阻尼比。

②直线下降段的下降斜率调整系数应按式（2-9）确定：

$$\eta_1 = 0.02 + (0.05 - \zeta)/(4 + 32\zeta) \tag{2-9}$$

式中　η_1——直线下降段的下降斜率调整系数，小于 0 时取 0。

③阻尼调整系数应按式（2-10）确定：

$$\eta_2 = 1 + (0.05 - \zeta)/(0.08 + 1.6\zeta) \tag{2-10}$$

式中　η_2——阻尼调整系数，当小于 0.55 时，应取 0.55。

6）采用底部剪力法时，突出屋面的屋顶间、女儿墙、烟囱等的地震作用效应，宜乘以增大系数 3，此增大部分不应往下传递，但与该突出部分相连的构件应予计入；采用振型分解法时，突出屋面部分可作为一个质点；单层厂房突出屋面天窗架的地震作用效应的增大系数，应按抗震规范第 9 章的有关规定采用。

7）当采用振型分解反应谱法时，不进行扭转耦联计算的结构，应按下列规定计算其地震作用和作用效应。

结构 j 振型 i 质点的水平地震作用标准值，应按式（2-11）确定：

$$F_{ji} = \alpha_j \gamma_j X_{ji} G_i \quad (i = 1, 2, \cdots, n, \ j = 1, 2, \cdots, m)$$

$$\gamma_j = \sum_{i=1}^{n} X_{ji} G_i \Big/ \sum_{i=1}^{n} X_{ji}^2 G_i \tag{2-11}$$

式中　F_{ji}——j 振型 i 质点的水平地震作用标准值；

　　　α_j——相应于 j 振型自振周期的地震影响系数；

　　　X_{ji}——j 振型 i 质点的水平相对位移；

　　　γ_j——j 振型的参与系数。

水平地震作用效应（弯矩、剪力、轴向力和变形），当相邻振型的周期比小于 0.85 时，可按式（2-12）确定：

$$S_{EK} = \sqrt{\sum S_j^2} \tag{2-12}$$

式中　S_{EK}——水平地震作用标准值的效应；

S_j——j 振型水平地震作用标准值的效应,可只取前 2~3 个振型,当基本自振周期大于 1.5s 或房屋高宽比大于 5 时,振型个数应适当增加。

8）水平地震作用下,建筑结构的扭转耦联地震效应应符合下列要求。

规则结构不进行扭转耦联计算时,平行于地震作用方向的两个边榀各构件,其地震作用效应应乘以增大系数。一般情况下,短边可按 1.15 采用,长边可按 1.05 采用;当扭转刚度较小时,周边各构件宜按不小于 1.3 采用。角部构件宜同时乘以两个方向各自的增大系数。

按扭转耦联振型分解法计算时,各楼层可取两个正交的水平位移和一个转角共三个自由度,并应按下列公式计算结构的地震作用和作用效应。确有依据时,尚可采用简化计算方法确定地震作用效应。

①j 振型 i 层的水平地震作用标准值,应按式（2-13）确定:

$$F_{xji} = \alpha_j \gamma_{tj} X_{ji} G_i$$
$$F_{yji} = \alpha_j \gamma_{tj} Y_{ji} G_i \quad (i=1,2,\cdots,n, j=l,2,\cdots,m)$$
$$F_{tji} = \alpha_j \gamma_{tj} r_i^2 \phi_{ji} G_i \tag{2-13}$$

上各式中 F_{xji}、F_{yji}、F_{tji}——j 振型 i 层的 x 方向、y 方向和转角方向的地震作用标准值;

X_{ji}、Y_{ji}——j 振型 i 层质心在 x、y 方向的水平相对位移;

ϕ_{ji}——j 振型 i 层的相对扭转角;

r_i——层转动半径,可取 i 层绕质心的转动惯量除以该层质量的商的正二次方根;

γ_{tj}——计入扭转的 j 振型的参与系数,可按式（2-14）~式（2-16）确定。

当仅取 x 方向地震作用时:

$$\gamma_{tj} = \sum_{i=1}^{n} X_{ji} G_i / \sum_{i=1}^{n} (X_{ji}^2 + Y_{ji}^2 + \phi_{ji}^2 r_i^2) G_i \tag{2-14}$$

当仅取 y 方向地震作用时:

$$\gamma_{tj} = \sum_{i=1}^{n} Y_{ji} G_i / \sum_{i=1}^{n} (X_{ji}^2 + Y_{ji}^2 + \phi_{ji}^2 r_i^2) G_i \tag{2-15}$$

当取与 x 方向斜交的地震作用时:

$$\gamma_{tj} = \gamma_{xj} \cos\theta + \gamma_{yj} \sin\theta \tag{2-16}$$

式中 γ_{xj}、γ_{yj}——由式（2-14）、式（2-15）求得的参与系数;

θ——地震作用方向与 x 方向的夹角。

②单向水平地震作用下的扭转耦联效应,可按式（2-17）确定:

$$S_{EK} = \sqrt{\sum_{j=1}^{m} \sum_{k=1}^{m} \rho_{jk} S_j S_k}$$
$$\rho_{jk} = \frac{8\sqrt{\zeta_j \zeta_k}(\zeta_j + \lambda_T \zeta_k)\lambda_T^{1.5}}{(1+\lambda_T^2)^2 + 4\zeta_j \zeta_k(1+\lambda_T^2)\lambda_T + 4(\zeta_j^2 + \zeta_k^2)\lambda_T^2} \tag{2-17}$$

上各式中 S_{EK}——地震作用标准值的扭转效应;

S_j、S_k——j、k 振型地震作用标准值的效应,可取前 9~15 个振型;

ζ_j、ζ_k——j、k 振型的阻尼比;

ρ_{jk}——j 振型与 k 振型的耦联系数;

λ_T——k 振型与 j 振型的自振周期比。

③双向水平地震作用下的扭转耦联效应,可按式（2-18）中的较大值确定:

$$S_{EK} = \sqrt{S_x^2 + (0.85 S_y)^2} \tag{2-18}$$

或

$$S_{EK} = \sqrt{S_y^2 + (0.85 S_x)^2}$$

式中 S_x、S_y——x 向、y 向单向水平地震作用计算的扭转效应。

9）抗震验算时，结构任一楼层的水平地震剪力应符合式（2-19）要求：

$$V_{eki} = \lambda \sum_{j=1}^{n} G_j \tag{2-19}$$

式中　V_{eki}——第 i 层对应于水平地震作用标准值的楼层剪力；

λ——剪力系数，不应小于表 2-11 规定的楼层最小地震剪力系数值，对竖向不规则结构的薄弱层，尚应乘以 1.15 的增大系数；

G_j——第 j 层的重力荷载代表值。

表 2-11　　　　　　　　　楼层最小地震剪力系数值

类　别	6 度	7 度	8 度	9 度
扭转效应明显或基本周期小于 3.5s 的结构	0.008	0.016（0.024）	0.032（0.048）	0.064
基本周期大于 5.0s 的结构	0.006	0.012（0.018）	0.024（0.036）	0.048

注　1. 基本周期介于 3.5s 和 5s 之间的结构，按插入法取值；

　　2. 括号内数值分别用于设计基本地震加速度为 0.15g 和 0.30g 的地区。

（4）竖向地震作用计算。

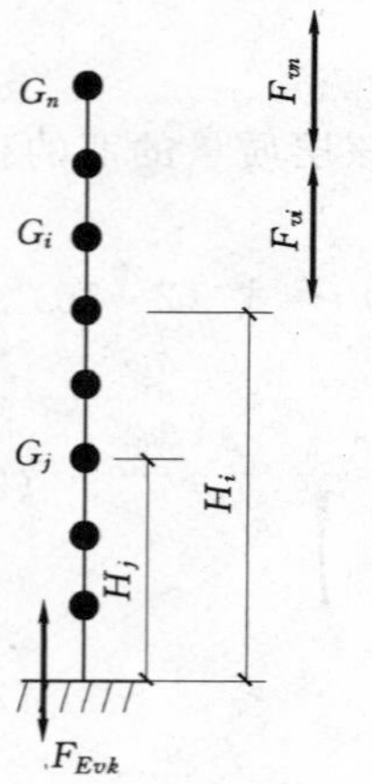

1）9 度时的高层建筑，其竖向地震作用标准值应按下列公式确定（图 2-3）；楼层的竖向地震作用效应可按各构件承受的重力荷载代表值的比例分配，并宜乘以增大系数 1.5。

$$F_{Evk} = \alpha_{vmax} G_{eq}$$

$$F_{vi} = \frac{G_i H_i}{\sum G_j H_j} F_{Evk} \tag{2-20}$$

图 2-3　结构竖向地震作用计算简图

上各式中　F_{Evk}——结构竖向地震作用标准值；

F_{vi}——质点 i 的竖向地震作用标准值；

α_{vmax}——竖向地震影响系数的最大值，可取水平地震影响系数最大值的 65%；

G_{eq}——结构等效总重力荷载，可取其重力荷载代表值的 75%。

2）跨度小于 120m，长度小于 300m，且规则的平板型网架屋盖和跨度大于 24m 的屋架、屋盖横梁及托架的竖向地震作用标准值，宜取其重力荷载代表值和竖向地震作用系数的乘积；竖向地震作用系数可按表 2-12 采用。

表 2-12　　　　　　　　　竖向地震作用系数

结构类型	烈度	场地类别		
		Ⅰ	Ⅱ	Ⅲ、Ⅳ
平板型网架、钢屋架	8	可不计算（0.10）	0.08（0.12）	0.10（0.15）
	9	0.15	0.15	0.20
钢筋混凝土屋架	8	0.10（0.15）	0.13（0.19）	0.13（0.19）
	9	0.20	0.25	0.25

注　括号中数值用于设计基本地震加速度为 0.30g 的地区。

3）长悬臂构件和不属于上述条件的大跨结构的竖向地震作用标准值，8 度和 9 度可分别取该结构、构件重力荷载代表值的 10% 和 20%，设计基本地震加速度为 0.30g 时，可取该结构、构件重力荷载代表值的 15%。

4）大跨度空间结构的竖向地震作用，尚可按竖向振型分解反应谱方法计算。其竖向地震影响系数可采用水平地震影响系数的 65%，但特征周期可均按设计第一组采用。

（5）结构构件的地震作用效应和其他荷载效应的基本组合，应按式（2-21）计算：

$$S = \gamma_G S_{GE} + \gamma_{Eh} S_{Ehk} + \gamma_{Gv} S_{Evk} + \psi_w \gamma_w S_{wE} \qquad (2-21)$$

式中 S——结构构件内力组合的设计值，包括组合的弯矩、轴向力和剪力设计值等；

γ_G——重力荷载分项系数，一般情况应采用 1.2，当重力荷载效应对构件承载能力有利时，不应大于 1.0；

γ_{Eh}、γ_{Gv}——水平、竖向地震作用分项系数，应按表 2-13 采用；

γ_w——风荷载分项系数，应采用 1.4；

S_{GE}——重力荷载代表值的效应，可按本规范第 5.1.3 条采用，但有吊车时，尚应包括悬吊物重力标准值的效应；

S_{Ehk}——水平地震作用标准值的效应，尚应乘以相应的增大系数或调整系数；

S_{Evk}——竖向地震作用标准值的效座，尚应乘以相应的增大系数或调整系数；

S_{wE}——风荷载标准值的效应；

ψ_w——风荷载组合值系数，一般结构取 0.0，风荷载起控制作用的建筑应采用 0.20。

表 2-13　　　　　　　　　　　　地 震 作 用 分 项 系 数

地 震 作 用	γ_{Eh}	γ_{Ev}
仅计算水平地震作用	1.3	0.0
仅计算竖向地震作用	0.0	1.3
同时计算水平与竖向地震作用（水平地震为主）	1.3	0.5
同时计算水平与竖向地震作用（竖向地震为主）	0.5	1.3

（6）结构构件的截面抗震验算，应采用设计表达式（2-22）：

$$S \leqslant R / \gamma_{RE} \qquad (2-22)$$

式中 γ_{RE}——承载力抗震调整系数，除另有规定外，应按表 2-14 采用；

R——结构构件承载力设计值。

表 2-14　　　　　　　　　　　　承 载 力 抗 震 调 整 系 数

材　　料	结 构 构 件	受力状态	γ_{RE}
钢	柱，梁，支撑，节点板件，螺栓，焊缝	强度	0.75
	柱，支撑	稳定	0.80
砌体	两端均有构造柱、芯柱的抗震墙	受剪	0.9
	其他抗震墙	受剪	1.0
混凝土	梁	受弯	0.75
	轴压比小于 0.15 的柱	偏压	0.75
	轴压比不小于 0.15 的柱	偏压	0.80
	抗震墙	偏压	0.85
	各类构件	受剪、偏拉	0.85

当仅计算竖向地震作用时，各类结构构件承载力抗震调整系数均应采用 1.00。

第二节　建 筑 材 料 特 性

建筑结构常用材料无非以下四种：砌体、混凝土、钢筋、钢材。

一、砌体材料的强度等级及设计要求

砌体由砖、石和砌块等块体材料用胶结材料砂浆等砌筑而成。

1. 块体的强度等级

块体的强度等级是根据标准试验方法所得到的抗压极限强度划分的。块体的强度等级是根据抗压强度平均值确定的，与混凝土不同。砖的强度等级的确定除了要考虑抗压强度外，还要考虑抗折强度。

强度等级用符号 MU 表示，如 MU10，MU 表示砌体中的块体强度等级的符号，其后数字表示块体强度的大小，单位为 N/mm^2。

烧结普通砖、烧结多孔砖等的强度等级：MU30、MU25、MU20、MU15 和 MU10。

蒸压灰砂砖、蒸压粉煤灰砖的强度等级：MU25、MU20、MU15 和 MU10。

砌块的强度等级：MU20、MU15、MU10、MU7.5 和 MU5。

石材的强度等级：MU100、MU80、MU60、MU50、MU40、MU30 和 MU20。

2. 砂浆的强度等级

砂浆的种类分为水泥砂浆和混合砂浆。砂浆的强度等级系采用 70.7mm 立方体标准试块，在温度为 15～25℃ 环境下硬化，龄期为 28d 的极限抗压强度平均值确定。砂浆试块的底模对砂浆强度的影响颇大，砂浆标准中规定采用烧结黏土砖的干砖作底模。对于非黏土砖砌体，有些技术标准要求用相应的块材作底模。

砂浆的强度等级用字母 M 表示，其后的数字表示砂浆强度大小，单位为 N/mm^2。砂浆的强度等级：M15、M10、M7.5、M5 和 M2.5。

3. 砌体的强度

（1）砌体受压破坏过程。

砌体受压破坏过程分为三个阶段：

1）从加载到个别砖出现裂缝，大约在极限荷载的 50%～70% 时，其特点为不加载，裂缝不发展。

2）形成贯通的裂缝，大约在极限荷载的 80%～90% 时，特点是不加载裂缝继续发展，最终可能发生破坏。

3）破坏，被竖向裂缝分割成的小柱失稳破坏。

各类砌体受压破坏的过程是一样的，只不过到达各阶段时的荷载不同。根据实验发现，砌体的抗压强度比块体的抗压强度低，原因是砌体内的块体受力比较复杂，它要受弯矩、剪力、拉力和应力集中的作用，与测量砖的强度等级时砖的受力状态不同。由于砂浆层高低不平，砌体内块体的受力如同连续梁。块体的抗拉和抗剪强度比较低，容易开裂出现裂缝，因此，砌体的抗压强度比块体的抗压强度低。

（2）影响砌体强度的主要因素。

1）块材和砂浆的强度等级。

块材和砂浆的强度等级是影响砌体强度的主要因素。强度越高，砌体的强度亦高，但两者影响程度不同，块体影响程度大于砂浆的影响程度。

2）砂浆的弹性模量和流动性（和易性）。

砂浆的弹性模量越低，砌体的强度越低，原因是砌体内的块体受到的拉力越大。砂浆的和易性好，砌体的强度高，原因是砂浆的流动性好，砌筑时砂浆比较平整，块体所受的弯矩和剪力小。这是规范对采用水泥砂浆砌筑的砌体强度进行折减的原因。

3）块材高度和块材外形。

砌体强度随块材高度增加而增加。当砂浆强度相同时，块材高度大的砌体不但有较高的砌体强

度，而且随块材强度提高，砌体强度提高得也快。

块材的外形比较规则、平整，块材内弯矩、剪力的不利影响相对较小，从而使砌体强度相对较高。

4）砌筑质量。

砌筑质量优劣的标准之一是灰缝的质量，包括灰缝的均匀性和饱满程度。砌体结构施工及验收规范中，要求水平灰缝砂浆饱满度大于80%。

灰缝厚度对砌体强度也有明显影响。对表面平整的块材，砌体强度将随着灰缝厚度的加大而降低。砂浆厚度太薄，砌体的强度也将降低，原因是砂浆层不平整。通常要求砖砌体的水平灰缝厚度为8～12mm。另外在施工时不得采用包心砌法，也不得干砖上墙。

（3）砌体的强度取值。

1）各类砌体的抗压强度取值如表2-15～表2-19所示。

表 2-15　　　　　　　烧结普通砖和烧结多孔砖砌体的抗压强度设计值　　　　　　单位：MPa

砖强度等级	砂 浆 强 度 等 级					砂浆强度
	M15	M10	M7.5	M5	M2.5	0
MU30	3.94	3.27	2.93	2.59	2.26	1.15
MU25	3.60	2.98	2.68	2.37	2.06	1.05
MU20	3.22	2.67	2.39	2.12	1.84	0.94
MU15	2.79	2.31	2.07	1.83	1.60	0.82
MU10	—	1.89	1.69	1.50	1.30	0.67

表 2-16　　　　　　　蒸压灰砂砖和蒸压粉煤灰砖砌体的抗压强度设计值　　　　　　单位：MPa

砖强度等级	砂 浆 强 度 等 级				砂浆强度
	M15	M10	M7.5	M5	0
MU25	3.60	2.98	2.68	2.37	1.05
MU20	3.22	2.67	2.39	2.12	0.94
MU15	2.79	2.31	2.07	1.83	0.82
MU10	—	1.89	1.69	1.50	0.67

表 2-17　　　　　　单排孔混凝土和轻骨料混凝土砌块砌体的抗压强度设计值　　　　单位：MPa

砌块强度等级	砂 浆 强 度 等 级				砂浆强度
	M15	M10	M7.5	M5	0
MU20	5.68	4.95	4.44	3.94	2.33
MU15	4.61	4.02	3.61	3.20	1.89
MU10	—	2.79	2.50	2.22	1.31
MU7.5	—	—	1.93	1.71	1.01
MU5	—	—	—	1.19	0.70

注　1. 对错孔砌筑的砌体，应按表中数值乘以0.8；
　　2. 对独立柱或厚度为双排组砌的砌块砌体，应按表中数值乘以0.7；
　　3. 对T形截面砌体，应按表中数值乘以0.85；
　　4. 表中轻骨料混凝土砌块为煤矸石和水泥煤渣混凝土砌块。

表 2－18 　　　　　　　轻骨料混凝土砌块砌体的抗压强度设计值　　　　　　　单位：MPa

砌块强度等级	砂浆强度等级			砂浆强度
	M10	M7.5	M5	0
MU10	3.08	2.76	2.45	1.44
MU7.5	—	2.13	1.88	1.12
MU5	—	—	1.31	0.78

注　1. 表中的砌块为火山渣、浮石和陶粒轻骨料混凝土砌块；
　　2. 对厚度方向为双排组砌的轻骨料混凝土砌块砌体的抗压强度设计值，应按表中数值乘以 0.8。

表 2－19 　　　　　　　　　毛石砌体的抗压强度设计值　　　　　　　　　单位：MPa

毛石强度等级	砂浆强度等级			砂浆强度
	M7.5	M5	M2.5	0
MU100	1.27	1.12	0.98	0.34
MU80	1.13	1.00	0.87	0.30
MU60	0.98	0.87	0.76	0.26
MU50	0.90	0.80	0.69	0.23
MU40	0.80	0.71	0.62	0.21
MU30	0.69	0.61	0.53	0.18
MU20	0.56	0.51	0.44	0.15

　2）各类砌体的轴心抗拉强度设计值、弯曲抗拉强度设计值和抗剪强度设计值如表 2－20 所示。

表 2－20 　　　沿砌体灰缝截面破坏时砌体的轴心抗拉强度设计值、弯曲抗拉
　　　　　　　　　　　强度设计值和抗剪强度设计值　　　　　　　　　　单位：MPa

强度类别	破坏特征及砌体种类		砂浆强度等级			
			≥M10	M7.5	M5	M2.5
轴心抗拉	沿齿缝	烧结普通砖、烧结多孔砖	0.19	0.16	0.13	0.09
		蒸压灰砂砖、蒸压粉煤灰砖	0.12	0.10	0.08	0.06
		混凝土砌块	0.09	0.08	0.07	
		毛石	0.08	0.07	0.06	0.04
弯曲抗拉	沿齿缝	烧结普通砖、烧结多孔砖	0.33	0.29	0.23	0.17
		蒸压灰砂砖、蒸压粉煤灰砖	0.24	0.20	0.16	0.12
		混凝土砌块	0.11	0.09	0.08	
		毛石	0.13	0.11	0.09	0.07
	沿通缝	烧结普通砖、烧结多孔砖	0.17	0.14	0.11	0.08
		蒸压灰砂砖、蒸压粉煤灰砖	0.12	0.10	0.08	0.06
		混凝土砌块	0.08	0.06	0.05	

强度类别	破坏特征及砌体种类	砂浆强度等级			
		≥M10	M7.5	M5	M2.5
抗剪	烧结普通砖、烧结多孔砖	0.17	0.14	0.11	0.08
	蒸压灰砂砖、蒸压粉煤灰砖	0.12	0.10	0.08	0.06
	混凝土砌块	0.09	0.08	0.06	
	毛石	0.21	0.19	0.16	0.11

注 1. 对于用形状规则的块体砌筑的砌体，当搭接长度与块体高度的比值小于1时，其轴心抗拉强度设计值 f_t 和弯曲抗拉强度设计值 f_{tm} 应按表中数值乘以搭接长度与块体高度比值后采用；

2. 对孔洞率不大于35%的双排孔或多排孔轻骨料混凝土砌块砌体的抗剪强度设计值，可按表中混凝土砌块砌体抗剪强度设计值乘以1.1；

3. 对蒸压灰砂砖、蒸压粉煤灰砖砌体，当有可靠的试验数据时，表中强度设计值，允许作适当调整；

4. 对烧结页岩砖、烧结煤矸石砖、烧结粉煤灰砖砌体，当有可靠的试验数据时，表中强度设计值，允许作适当调整。

（4）砌体强度调整。

下列情况的各类砌体，其砌体强度设计值应乘以调整系数 γ_a：

1）有吊车房屋砌体、跨度不小于9m的梁下烧结普通砖砌体、跨度不小于7.5m的梁下烧结多孔砖、蒸压灰砂砖、蒸压粉煤灰砖砌体，混凝土和轻骨料混凝土砌块砌体，γ_a 为0.9。

2）对无筋砌体构件，其截面面积小于 $0.3m^2$ 时，γ_a 为其截面面积加0.7。对配筋砌体构件，当其中砌体截面面积小于 $0.2m^2$ 时，γ_a 为其截面面积加0.8。构件截面面积以 m^2 计。

3）当砌体用水泥砂浆砌筑时，对抗压强度表中的数值，γ_a 为0.9；对轴心抗拉强度设计值、弯曲抗拉强度设计值和抗剪强度设计值，γ_a 为0.8；对配筋砌体构件，当其中的砌体采用水泥砂浆砌筑时，仅对砌体的强度设计值乘以调整系数 γ_a。

4）当施工质量控制等级为C级时，γ_a 为0.89。

5）当验算施工中房屋的构件时，γ_a 为1.1。

配筋砌体不允许采用C级。

4. 抗震设计要求

砌体结构材料应符合下列规定。

（1）普通砖和多孔砖的强度等级不应低于MU10，其砌筑砂浆强度等级不应低于M5；

（2）混凝土小型空心砌块的强度等级不应低于MU7.5，其砌筑砂浆强度等级不应低于M7.5。

二、混凝土的强度等级及设计要求

混凝土是由水泥、砂、石材料用水拌合硬化后形成的人工石材，是一种不均匀、不密实的混合体，且其内部结构复杂。

1. 混凝土的强度等级划分

我国国家标准《普通混凝土力学性能试验方法》（GB/T 50081—2002）规定以边长为150mm的立方体为标准试件，标准立方体试件在 (20 ± 3)℃的温度和相对湿度90%以上的潮湿空气中养护28d，按照标准试验方法测得的具有95%保证率的立方体抗压强度作为混凝土的立方体抗压强度标准值，用符号 $f_{cu,k}$ 表示，单位为 N/mm^2。

在工程实际中，不同类型的构件和结构对混凝土强度的要求是不同的。为了应用的方便，我国《混凝土结构设计规范》（GB 50010—2010）按立方体抗压强度标准值 $f_{cu,k}$ 将混凝土强度等级划分有C15、C20、C25、C30、C35、C40、C45、C50、C55、C60、C65、C70、C75和C80，共14个等级。14个等级中的数字部分即表示以 N/mm^2 为单位的立方体抗压强度标准值。例如，C35表示立方体抗压强度标准值为 $35N/mm^2$。其中，C50～C80属高强度混凝土范畴。

2. 混凝土强度要求

钢筋混凝土结构的混凝土强度等级不应低于 C15；当采用 HRB335 级钢筋时，混凝土强度等级不宜低于 C20；当采用 HRB400 和 RRB400 级钢筋以及承受重复荷载的构件，混凝土强度等级不得低于 C20。

3. 混凝土性能指标

混凝土轴心抗压，轴心抗拉强度标准值 f_{ck}，f_{tk} 应按表 2-21 采用。

表 2-21　　　　　　　　　　混 凝 土 强 度 标 准 值　　　　　　　　　单位：N/mm²

强度种类	混凝土强度等级													
	C15	C20	C25	C30	C35	C40	C45	C50	C55	C60	C65	C70	C75	C80
f_{ck}	10.0	13.4	16.7	20.1	23.4	26.8	29.6	32.4	35.5	38.5	41.5	44.5	47.4	50.2
f_{tk}	1.27	1.54	1.78	2.01	2.20	2.39	2.51	2.64	2.74	2.85	2.93	2.99	3.05	3.11

混凝土轴心抗压，轴心抗拉强度设计值 f_c，f_t 应按表 2-22 采用。

表 2-22　　　　　　　　　　混 凝 土 强 度 设 计 值　　　　　　　　　单位：N/mm²

强度种类	混凝土强度等级													
	C15	C20	C25	C30	C35	C40	C45	C50	C55	C60	C65	C70	C75	C80
f_c	7.2	9.6	11.9	14.3	16.7	19.1	21.1	23.1	25.3	27.5	29.7	31.8	33.8	35.9
f_t	0.91	1.10	1.27	1.43	1.57	1.71	1.80	1.89	1.96	2.04	2.09	2.14	2.18	2.22

注　1. 计算现浇钢筋混凝土轴心受压及偏心受压构件时，如截面的长边或直径小于 300mm，则表中混凝土的强度设计值应乘以系数 0.8；当构件质量（如混凝土成型、截面和轴线尺寸等）确有保证时，可不受此限制；
　　2. 离心混凝土的强度设计值应按专门标准取用。

混凝土受压或受拉的弹性模量 E_c 应按表 2-23 采用。

表 2-23　　　　　　　　　　混 凝 土 弹 性 模 量　　　　　　　　　单位：10⁴ N/mm²

混凝土强度等级	C15	C20	C25	C30	C35	C40	C45	C50	C55	C60	C65	C70	C75	C80
E_c	2.20	2.55	2.80	3.00	3.15	3.25	3.35	3.45	3.55	3.60	3.65	3.70	3.75	3.80

4. 抗震设计要求

（1）混凝土的强度等级应符合下列规定：框支梁、框支柱及抗震等级为一级的框架梁、柱、节点核芯区，不应低于 C30；构造柱、芯柱、圈梁及其他各类构件不应低于 C20。

（2）混凝土结构的混凝土强度等级，抗震墙不宜超过 C60，其他构件，9 度时不宜超过 C60，8 度时不宜超过 C70。

三、钢筋的强度等级及设计要求

1. 钢筋的形式

钢筋混凝土结构中所采用的钢筋，有光圆钢筋与变形钢筋，变形钢筋有螺纹形、人字纹形和月牙纹形等，见图 2-4 所示。

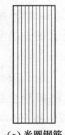  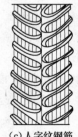 

（a）光圆钢筋　　　（b）螺纹钢筋　　　（c）人字纹钢筋　　　（d）月牙纹钢筋

图 2-4　钢筋的各种形式

光圆钢筋直径通常为 6～20mm，变形钢筋的直径通常为 6～50mm。当钢筋直径在 12mm 以上时，通常采用变形钢筋。当钢筋直径在 6～12mm 时，可采用变形钢筋，也可采用光圆钢筋。直径小于 6mm 的常称为钢丝，钢丝外形多为光圆，但因强度很高，故也有在表面上刻痕以加强钢丝与混凝土的粘结作用。

2. 钢筋的力学性能

　　钢筋的力学性能有强度和变形。单向拉伸试验是确定钢筋性能的主要手段。经过钢筋的拉伸试验可以看到，钢筋的拉伸应力—应变关系曲线可分为两类：有明显流幅的（图 2-5）和没有明显流幅的（图 2-6）。

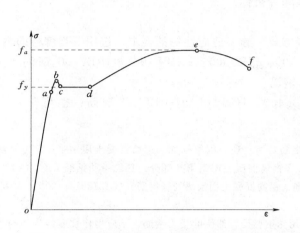

图 2-5　有明显流幅的钢筋应力—应变曲线

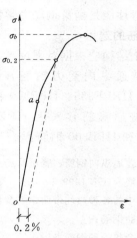

图 2-6　没明显流幅的钢筋的应力—应变曲线

　　图 2-5 表示了一条有明显流幅的钢筋的应力应变曲线。在图 2-5 中：oa 为一段斜直线，其应力与应变之比为常数，应变在卸荷后能完全消失，称为弹性阶段，与 a 点相应的应力称为比例极限（或弹性极限）。应力超过 a 点之后，钢筋应变较应力增长得快，除弹性应变外，还有卸荷后不能消失的塑性变形。到达 b 点后，钢筋开始屈服，即使荷载不增加，应变却继续发展，增加很多，a′点位置与加载速度、断面形式、表面光洁度等因素有关，称为屈服上限；达到 b 点时，ε 出现塑性流动现象，降至 c 点后，σ 不增加而 ε 急剧增加，σ—ε 关系接近水平，直至 d 点，c 点称为屈服下限，水平段 cd 称为屈服台阶；c 点则称屈服点，与 c 点相应的应力称为屈服强度。d 点以后，σ 随 ε 的增加而继续增加，钢筋内部晶粒经调整重新排列，抵抗外荷载的能力又有所提高，至 e 点 σ 达最大值，而与 e 点应力相应的荷载是试件所能承受的最大荷载称为极限荷载，e 点对应的 σ 称为钢筋的极限强度，de 段称为强化阶段。e 点以后，在试件的最薄弱截面出现横向收缩，截面逐渐缩小，塑性变形迅速增大，称为颈缩现象，此时应力随之降低，直至 f 点试件拉断。

　　对于有明显流幅的钢筋，一般取屈服点作为钢筋设计强度的依据。因为屈服之后，钢筋的塑性变形将急剧增加，钢筋混凝土构件将出现很大的变形和过宽的裂缝，以致不能正常使用。在实际工程中，构件大多在钢筋尚未或刚进入强化阶段时就产生破坏，只在个别意外的情况和抗震结构中，受拉钢筋可能进入强化阶段，因此钢筋的抗拉强度也不能过低，与屈服强度太接近是很危险的。含碳量低的低碳钢也称为软钢，含碳量愈低则钢筋的流幅愈长、伸长率愈大，即标志着钢筋的塑性指标好。这样的钢筋不致突然发生危险的脆性破坏，由于断裂前钢筋有相当大的变形，足够给出构件即将破坏的预告。因此，强度和塑性这两个方面的要求，都是选用钢筋的必要条件。

　　图 2-6 表示没有明显流幅的钢筋的应力—应变曲线，a 点相应的应力称为比例极限，约为 $0.65\sigma_b$。a 点前的应力—应变关系为线弹性，而 a 点后，应力—应变关系为非线性，有一定塑性变形，且没有明显的屈服点。此类钢筋的比例极限大约相当于其抗拉强度的 65%。一般取抗拉强度的

80%，即残余应变为 0.2% 时的应力作为条件屈服点。一般来说，含碳量高的钢筋，质地较硬，没有明显的流幅，其强度高，但伸长率低，下降段极短促，其塑性性能较差。

伸长率是反映钢筋塑性性能的指标。钢筋拉断后的伸长值与原长的比率称为伸长率。伸长率越大，表明钢筋在拉断前有足够预兆，延性越好。国家标准规定了各种钢筋所必须达到的伸长率的最小值，有关参数可参照相应的国家标准。

冷弯性能是检验钢筋塑性性能的另一项指标。为使钢筋在加工、使用时不开裂、弯断或脆断，可对钢筋试件进行冷弯试验，要求钢筋弯绕一辊轴弯心而不产生裂缝、鳞落或断裂现象。弯转角度愈大、弯心直径 D 愈小，钢筋的塑性就愈好。冷弯试验较受力均匀的拉伸试验能更有效地揭示材质的缺陷，冷弯性能是衡量钢筋力学性能的一项综合指标。

3. 钢筋的选用

混凝土结构应根据对强度、延性、连接方式、施工适应性等的要求，选用下列牌号的钢筋：

（1）普通纵向受力钢筋宜采用 HRB400、HRB500、HRBF400、HRBF500 钢筋；也可采用 HRB335、HRBF335、HPB300 和 RRB400 钢筋。

（2）普通箍筋宜采用 HRB400、HRBF400、HRB500、HRBF500 钢筋；也可采用 HRB335、HRBF335 和 HPB300 钢筋。

注：1. 普通纵向钢筋、普通箍筋总称钢筋。钢筋是指：现行国家标准《钢筋混凝土用钢第 1 部分：热轧光圆钢筋》（GB 1499.1—2008）的光圆钢筋、《钢筋混凝土用钢第 2 部分：热轧带肋钢筋》（GB 1499.2—2007）中的各种热轧带肋钢筋及现行国家标准《钢筋混凝土用余热处理钢筋》（GB 13014—2007）中的 KL400 带肋钢筋；

2. 余热处理钢筋 KL400 不宜焊接；不宜用作重要受力部位的受力钢筋；不应用作抗震结构中的主要受力钢筋；不得用于承受疲劳荷载的构件。

4. 钢筋的性能指标

钢筋的强度标准值应具有不小于 95% 的保证率。

钢筋屈服强度、抗拉强度的标准值及极限应变应按表 2-24 采用：

表 2-24 　　　　　　　　　　　　　普通钢筋强度标准值　　　　　　　　　　　　　单位：N/mm²

牌号	符号	公称直径 d(mm)	屈服强度标准值 f_{yk}	极限强度标准值 f_{stk}
HPB300	Φ	6～22	300	420
HRB335 HRBF335	$\underline{\Phi}$ $\underline{\Phi}^F$	6～50	335	455
HRB400 HRBF400 RRB400	$\underline{\Phi}$ $\underline{\Phi}^F$ $\underline{\Phi}^R$	6～50	400	540
HRB500 HRBF500	Φ Φ^F	6～50	500	630

钢筋的抗拉强度设计值 f_y 及抗压强度设计值 f_y' 应按表 2-25 采用；当构件中配有不同种类的钢筋时，每种钢筋应采用各自的强度设计值计算。

表 2-25 　　　　　　　　　　　　　钢 筋 强 度 设 计 值　　　　　　　　　　　　　单位：N/mm²

牌　　号	抗拉强度设计值 f_y	抗压强度设计值 f_y'
HPB300	270	270
HRB335、HRBF335	300	300
HRB400、HRBF400、RRB400	360	360
HRB500、HRBF500	435	410

钢筋的弹性模量 E_g 应按表 2-26 采用。

表 2-26　　　　　　　　　　　　　钢 筋 的 弹 性 模 量　　　　　　　　　单位：10^5N/mm^2

牌 号 或 各 类	弹性模量 E_g
HPB300 钢筋	2.10
HRB335、HRB400、HRB500 钢筋 HRBF335、HRBF400、HRBF500 钢筋 RRB400 钢筋 预应力螺纹钢筋	2.00
清除应力钢丝、中强度预应力钢丝	2.05
钢绞线	1.95

注　必要时可采用实测的弹性模量。

普通钢筋在最大力下的总伸长率 δ_{gt} 不应小于表 2-27 规定的数值。

表 2-27　　　　　　　　　　　钢筋在最大力下的总伸长率限值

钢筋品种	普 通 钢 筋			预应力筋
	HPB300	HRB335、HRBF335、HRB400、HRBF400、HRB500、HRBF500	RRB400	
δ_{gt}（%）	10.0	7.5	5.0	3.5

5. 抗震设计要求

（1）抗震等级为一级、二级、三级的框架和斜撑构件（含梯段），其纵向受力钢筋采用普通钢筋时，钢筋的抗拉强度实测值与屈服强度实测值的比值不应小于 1.25；钢筋的屈服强度实测值与屈服强度标准值的比值不应大于 1.3，且钢筋在最大拉力下的总伸长率实测值不应小于 9%。

（2）普通钢筋宜优先采用延性、韧性和焊接性较好的钢筋；普通钢筋的强度等级，纵向受力钢筋宜选用符合抗震性能指标的不低于 HRB400 级的热轧钢筋，也可采用符合抗震性能指标的 HRB335 级热轧钢筋；箍筋宜选用符合抗震性能指标的不低于 HRB335 级的热轧钢筋，也可选用 HPB300 级热轧钢筋。钢筋的检验方法应符合现行国家标准《混凝土结构工程施工质量验收规范》GB 50204—2002 的规定。

（3）在施工中，当需要以强度等级较高的钢筋替代原设计中的纵向受力钢筋时，应按照钢筋受拉承载力设计值相等的原则换算，并应满足最小配筋率要求。

四、钢材的强度等级及设计要求

《钢结构设计规范》（GB 50017—2003）推荐碳素结构钢中的 Q235 和低合金高强度结构钢中的 Q345、Q390 和 Q420。钢材的性能与其化学成分、组织构造、冶炼和成型方法等内在因素密切相关，同时也受到荷载类型、结构形式、连接方法和工作环境等外界因素的影响。

1. 钢材性能的影响因素

（1）化学成分。

含碳量高，强度高，塑性和韧性下降，冷弯性能和抗锈蚀性能变差。低碳钢：小于 0.25%；中碳钢：0.25%～0.6%；高碳钢：大于 0.6%。超过 0.3%，抗拉强度高，无明显屈服点；超过 0.2%，焊接性能开始恶化。《钢结构设计规范》（GB 50017—2003）规定，不超过 0.22%，焊接结构 0.2% 以内。

含硫量高在 800～1000℃ 时，热脆，有害。

磷可以提高强度，抗锈蚀。但是严重降低塑性、韧性、冷弯性能、焊接性能。冷脆。

锰、硅，提高强度，不显著降低塑性、韧性。锰对焊接性能不利，硅对焊接性能和抗锈蚀不利。

（2）焊接性能。

含碳量在 0.12%～0.20% 时，最好。超过时，焊缝及热影响区容易变脆。

（3）应力集中。

应力集中越严重，脆性破坏的危险性就越大。钢结构设计中，构件和连接节点的形状和构造合理，防止截面突然改变。

（4）循环的影响。

钢材在连续交变荷载作用下，会逐渐累积损伤、产生裂纹及裂纹逐渐扩展，直到最后破坏，破坏荷载远低于极限荷载。

（5）温度的影响。

蓝脆现象：在250℃左右，抗拉强度有局部性提高，伸长率和断面收缩率均降至最低。300～600℃，强度下降，塑性上升。600℃时，热塑性状态，强度几乎为零。

低温冷脆：当温度低于常温时，随着温度的降低，钢材的强度提高，而塑性和韧性降低，逐渐变脆。

2. 钢材的分类

（1）碳素结构钢。

按国家标准《碳素结构钢》（GB/T 700）生产的钢材共有Q195、Q215、Q235、Q255和Q275种品牌，板材厚度不大于16mm的相应牌号钢材的屈服点分别为195N/m²、215N/m²、235N/m²、275N/m²。其中Q235含碳量在0.22%以下，属于低碳钢，钢材的强度适中，塑性、韧性均较好。该牌号钢材又根据化学成分和冲击韧性的不同划分为A、B、C、D共4个质量等级，按字母顺序由A到D，表示质量等级由低到高。除A级外，其他三个级别的含碳量均在0.20%以下，焊接性能也很好。因此，规范将Q235牌号的钢材选为承重结构用钢。Q235钢的化学成分和脱氧方法、拉伸和冲击试验以及冷弯试验结果均应符合表2-28、表2-29和表2-30的规定。

碳素结构钢的钢号由代表屈服点的字母Q、屈服点数值（N/mm²）、质量等级符号、脱氧方法符号四个部分组成。符号"F"代表沸腾钢，"b"代表半镇静钢，符号"Z"和"TZ"分别代表镇静钢和特种镇静钢。在具体标注时"Z"和"TZ"可以省略。例如Q235B代表屈服点为235N/mm²的B级镇静钢。

表2-28　　　　　　　　　　　　　　　　　　　Q235钢的化学成分和脱氧方法

牌号	等级	化学成分（%）					脱氧方法
		C	Mn	Si	S	P	
					不大于		
Q235	A	0.14～0.22	0.30～0.55	0.30	0.050	0.045	F、b、Z
	B	0.12～0.20	0.30～0.70		0.045	0.045	F、b、Z
	C	≤0.18	0.35～0.80		0.040	0.040	Z
	D	≤0.17	0.35～0.80		0.035	0.035	TZ

表2-29　　　　　　　　　　　　　　　　　　　Q235钢的拉伸试验和冲击试验要求

牌号	等级	拉伸试验													冲击试验	
		屈服点 σ_s（N/mm²）						抗拉强度 σ_b（N/mm²）	伸长率 δ_s（%）						温度（℃）	V型冲击功（纵向）（J）
		钢板厚度（直径）（mm）							钢板厚度（直径）（mm）							
		≤16	>16～40	>40～60	>60～100	>100～150	>150		≤16	>16～40	>40～60	>60～100	>100～150	>150		
		不小于							不小于							不小于
Q235	A	235	225	215	205	195	185	375～460	26	25	24	23	22	21	—	—
	B														20	27
	C														0	
	D														−20	

表 2-30   Q235 钢冷弯试验结果要求

牌　号	试样方向	冷弯试验 B=2a 180°		
		a，钢材厚度（直径）（mm）		
		60	>60~100	>100~200
		弯心直径 d		
Q235	纵向	a	$2a$	$2.5a$
	横向	$1.5a$	$2.5a$	$3a$

（2）低合金高强度结构钢。

按国家标准《低合金高强度结构钢》（GB/T 1591—2008）生产的钢材共有 Q295、Q345、Q390、Q420 和 Q460 等 5 种牌号，板材厚度不大于 16mm 的相应牌号钢材的屈服点分别为 295N/m²、345N/m²、390N/m²、460N/m²。这些钢的含碳量都在 0.20% 以下，强度的提高主要依靠添加少量几种合金元素来达到，合金元素的总量低于 5%，故称为低合金高强度钢。其中 Q345、Q390 和 Q420 均按化学成分和冲击韧性各划分为 A、B、C、D、E 共 5 个质量等级，字母顺序越靠后的钢材质量越高。这三种牌号的钢材均有较高的强度和较好的塑性、韧性、焊接性能，被规范选为承重结构用钢。这三种低合金高强度钢的牌号命名与碳素结构钢的类似，只是前者的 A、B 级为镇静钢，C、D、E 级为特种镇静钢，故可不加脱氧方法的符号。这三种牌号钢材的化学成分和拉伸、冲击、冷弯试验结果应符合表 2-31、表 2-32 的规定。

表 2-31   低合金高强度钢的化学成分规定

牌号	质量等级	化学成分（%）										
		C≤	Mn	Si≤	P≤	S≤	V	Nb	Ti	Al≥	Cr≤	Ni≤
Q345	A	0.20	1.00~1.60	0.55	0.045	0.045	0.02~0.15	0.015~0.060	0.02~0.20	—		
	B	0.20	1.00~1.60	0.55	0.040	0.040	0.02~0.15	0.015~0.060	0.02~0.20	—		
	C	0.20	1.00~1.60	0.55	0.035	0.035	0.02~0.15	0.015~0.060	0.02~0.20	0.015		
	D	0.18	1.00~1.60	0.55	0.030	0.030	0.02~0.15	0.015~0.060	0.02~0.20	0.015		
	E	0.18	1.00~1.60	0.55	0.025	0.025	0.02~0.15	0.015~0.060	0.02~0.20	0.015		
Q390	A	0.20	1.00~1.60	0.55	0.045	0.045	0.02~0.20	0.015~0.060	0.02~0.20	—	0.30	0.70
	B	0.20	1.00~1.60	0.55	0.040	0.040	0.02~0.20	0.015~0.060	0.02~0.20	—	0.30	0.70
	C	0.20	1.00~1.60	0.55	0.035	0.035	0.02~0.20	0.015~0.060	0.02~0.20	0.015	0.30	0.70
	D	0.20	1.00~1.60	0.55	0.030	0.030	0.02~0.20	0.015~0.060	0.02~0.20	0.015	0.30	0.70
	E	0.20	1.00~1.60	0.55	0.025	0.025	0.02~0.20	0.015~0.060	0.02~0.20	0.015	0.30	0.70
Q420	A	0.20	1.00~1.70	0.55	0.045	0.045	0.02~0.20	0.015~0.060	0.02~0.20	—	0.40	0.70
	B	0.20	1.00~1.70	0.55	0.040	0.040	0.02~0.20	0.015~0.060	0.02~0.20	—	0.40	0.70
	C	0.20	1.00~1.70	0.55	0.035	0.035	0.02~0.20	0.015~0.060	0.02~0.20	0.015	0.40	0.70
	D	0.20	1.00~1.70	0.55	0.030	0.030	0.02~0.20	0.015~0.060	0.02~0.20	0.015	0.40	0.70
	E	0.20	1.00~1.70	0.55	0.025	0.025	0.02~0.20	0.015~0.060	0.02~0.20	0.015	0.40	0.70

表 2-32   低合金高强度钢的力学性能要求

牌号	质量等级	屈服点 σ_s（N/mm²）				抗拉强度 σ_b（N/mm²）	伸长率 σ_s（%）	冲击功（AkV）；纵向（J）				180 弯曲试验 d=弯心直径；a=试样厚度（直径）	
		钢板厚度（直径）（mm）						+20℃	0℃	-20℃	-40℃	钢材厚度（直径）（mm）	
		≤16	>16~35	>35~50	>50~100							≤16	>16~100
		不小于						不小于					
Q345	A	345	325	295	275	470~630	21					$d=2a$	$d=3a$
	B	345	325	295	275	470~630	21	34				$d=2a$	$d=3a$
	C	345	325	295	275	470~630	22		34			$d=2a$	$d=3a$
	D	345	325	295	275	470~630	22			34		$d=2a$	$d=3a$
	E	345	325	295	275	470~630	22				27	$d=2a$	$d=3a$

牌号	质量等级	屈服点 σ_s（N/mm²）				抗拉强度 σ_b （N/mm²）	伸长率 σ_s（%）	冲击功（AkV）；纵向（J）				180弯曲试验 $d=$弯心直径；$a=$试样厚度（直径）	
		钢板厚度（直径）（mm）										钢材厚度（直径）（mm）	
		≤16	>16～35	>35～50	>50～100			+20℃	0℃	-20℃	-40℃	≤16	>16～100
		不小于					不小于						
Q390	A	390	370	350	330	490～650	19					$d=2a$	$d=3a$
	B	390	370	350	330	490～650	19	34				$d=2a$	$d=3a$
	C	390	370	350	330	490～650	20		34			$d=2a$	$d=3a$
	D	390	370	350	330	490～650	20			34		$d=2a$	$d=3a$
	E	390	370	350	330	490～650	20				27	$d=2a$	$d=3a$
Q420	A	420	400	380	360	520～680	18					$d=2a$	$d=3a$
	B	420	400	380	360	520～680	18	34				$d=2a$	$d=3a$
	C	420	400	380	360	520～680	19		34			$d=2a$	$d=3a$
	D	420	400	380	360	520～680	19			34		$d=2a$	$d=3a$
	E	420	400	380	360	520～680	19				27	$d=2a$	$d=3a$

（3）优质碳素结构钢。

优质碳素结构钢与碳素结构钢的主要区别在于钢中含杂质元素较少，磷、硫等有害元素的含量均不大于0.035%，其他缺陷的限制也较严格，具有较好的综合性能。按照国家标准《优质碳素结构钢技术条件》（GB/T 699—1999）生产的钢材共有两大类：一类为普通含锰量的钢，另一类为较高含锰量的钢，两类的钢号均用两位数字表示，它表示钢中的平均含碳量的万分数，前者数字后不加Mn，后者数字后加Mn，如45号钢，表示平均含碳量为0.45%的优质碳素钢；45Mn号钢，则表示同样含碳量、但锰的含量也较高的优质碳素钢。可按不热处理和热处理（正火、淬火、回火）状态交货，用做压力加工用钢（热压力加工、顶锻及冷拔坯料）和切削加工用钢。由于价格较高，钢结构中使用较少，仅用经热处理的优质碳素结构钢冷拔高强钢丝或制作高强螺栓、自攻螺钉等。

3. 钢材的规格

钢结构所用钢材主要为热轧成型的钢板和型钢，以及冷加工成型的冷轧薄钢板和冷弯薄壁型钢等。为了减少制作工作量和降低造价，钢结构的设计和制作者应对钢材的规格有较全面的了解。

（1）钢板。

钢板有厚钢板、薄钢板、扁钢（或带钢）之分。厚钢板常用做大型梁、柱等实腹式构件的翼缘和腹板，以及节点板等；薄钢板主要用来制造冷弯薄壁型钢；扁钢可用做焊接组合梁、柱的翼缘板、各种连接板、加劲肋等，钢板截面的表示方法为在符号"一"后加"宽度×厚度"，如—200×20等。钢板的供应规格如下：

厚钢板：厚度4.5～60mm，宽度600～3000mm，长度4～12m。

薄钢板：厚度0.35～4mm，宽度500～1500mm，长度0.5～4m。

扁钢：厚度4～60mm，宽度12～200mm，长度3～9m。

（2）热轧型钢。

常用的有角钢、工字钢、槽钢等，见图2-7（a）～（f）。

角钢分为等边（也叫等肢）的和不等边（也叫不等肢）的两种，主要用来制作桁架等格构式结构的杆件和支撑等连接杆件。角钢型号的表示方法为在符号"L"后加"长边宽×短边宽×

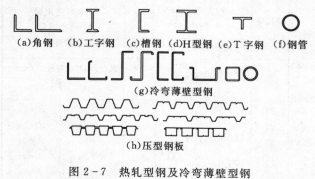

（a）角钢　（b）工字钢　（c）槽钢　（d）H型钢　（e）T字钢　（f）钢管

（g）冷弯薄壁型钢

（h）压型钢板

图2-7　热轧型钢及冷弯薄壁型钢

厚度"（对不等边角钢，如∟125×80×8），或加"边长×厚度"（对等边角钢，如∟125×8）。目前我国生产的角钢最大边长为200mm，角钢的供应长度一般为4～19m。

工字钢有普通工字钢、轻型工字钢和H型钢三种。普通工字钢和轻型工字钢的两个主轴方向的惯性矩相差较大，不宜单独用作受压构件，而宜用作腹板平面内受弯的构件，或由工字钢和其他型钢组成的组合构件或格构式构件。宽翼缘H型钢平面内外的回转半径较接近，可单独用作受压构件。

普通工字钢的型号用符号"I"后加截面高度的厘米数来表示，20号以上的工字钢，又按腹板的厚度不同，分为a、b或a、b、c等类别，例如I20a表示高度为200mm，腹板厚度为a类的工字钢。轻型工字钢的翼缘要比普通工字钢的翼缘宽而薄，回转半径较大。普通工字钢的型号为10～63号，轻型工字钢为10～70号，供应长度均为5～19m。

H型钢与普通工字钢相比，其翼缘板的内外表面平行，便于与其他构件连接。H型钢的基本类型可分为宽翼缘（HW）、中翼缘（HM）及窄翼缘（HN）三类。还可剖分成T型钢供应，代号分别为TW、TM、TN。H型钢和相应的T型钢的型号分别为代号后加"高度H×宽度B×腹板厚度t_1×翼缘厚度t_2"，例如HW400×400×13×21和TW200×400×13×21等。宽翼缘和中翼缘H型钢可用于钢柱等受压构件，窄翼缘H型钢则适用于钢梁等受弯构件。目前国内生产的最大型号H型钢为HN700×300×13×24。供货长度可与生产厂家协商，长度大于24m的H型钢不成捆交货。

槽钢有普通槽钢和轻型槽钢二种。适于作檩条等双向受弯的构件，也可用其组成组合或格构式构件。槽钢的型号与工字钢相似，例如[32a指截面高度320mm，腹板较薄的槽钢。目前国内生产的最大型号为[40c。供货长度为5～19m。

钢管有无缝钢管和焊接钢管两种。由于回转半径较大，常用作桁架、网架、网壳等平面和空间格构式结构的杆件；在钢管混凝土柱中也有广泛的应用。型号可用代号"D"后加"外径d×壁厚t"表示，如D180×8等。国产热轧无缝钢管的最大外径可达630mm。供货长度为3～12m。焊接钢管的外径可以做得更大，一般由施工单位卷制。

（3）冷弯薄壁型钢。

采用1.5～6mm厚的钢板经冷弯和辊压成型的型材［见图2-7（g）］，和采用0.4～1.6mm的薄钢板经辊压成型的压型钢板［见图2-7（h）］，其截面形式和尺寸均可按受力特点合理设计，能充分利用钢材的强度、节约钢材，在国内外轻钢建筑结构中被广泛地应用。近年来，冷弯高频焊接圆管和方、矩形管的生产和应用在国内有了很大的进展，冷弯型钢的壁厚已达12.5mm（部分生产厂的产品可达22mm，国外为25.4mm）。

4. 抗震设计要求

（1）钢结构的钢材应符合下列规定：

1）钢材的屈服强度实测值与抗拉强度实测值的比值不应大于0.85。

2）钢材应有明显的屈服台阶，且伸长率不应小于20%。

3）钢材应有良好的焊接性和合格的冲击韧性。

（2）钢结构的钢材宜采用Q235等级B、C、D的碳素结构钢及Q345等级B、C、D、E的低合金高强度结构钢；当有可靠依据时，尚可采用其他钢种和钢号。

（3）采用焊接连接的钢结构，当接头的焊接拘束度较大、钢板厚度不小于40mm且承受沿板厚方向的拉力时，钢板厚度方向截面收缩率不应小于国家标准《厚度方向性能钢板》（GB/T 5313—2010）关于Z15级规定的容许值。

第三节 刚 度

一、什么是刚度

刚度是材料力学中的名词，定义为施力与所产生变形量的比值，表示材料或结构抵抗变形的能力。工程结构设计中常涉及到的构件的截面刚度有抗轴力刚度和抗弯刚度。

1. 轴向变形、构件截面的抗轴力刚度

轴向变形 Δ_s 是由构件轴向作用力引起的截面均匀压缩或拉伸的结果，如图 2-8 所示：

$$\Delta_s = \frac{Nl}{EA} \tag{2-23}$$

式中　N——沿构件的轴向作用力；

　　　l——构件长度；

　　　A——构件截面面积；

　　　E——所用材料弹性模量。

由上式可见，Δ_s 与 EA 成反比，EA 称为截面抗轴力刚度。当 $\Delta_s/l=1$ 时，$N=EA$。这个关系说明截面抗轴力刚度的物理意义是，使构件发生轴向单位变形时，在构件截面上所施加的力。

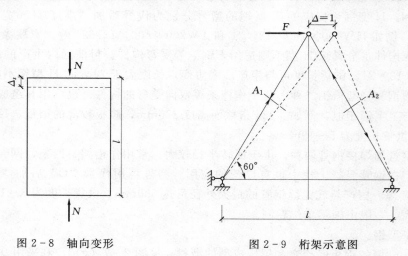

图 2-8　轴向变形　　　　　　图 2-9　桁架示意图

只考虑杆件轴向变形的结构刚度，比截面刚度复杂一些。以图 2-9 所示简单桁架结构为例，在水平力 F 作用下，按结构力学算得的，沿 F 作用方向发生 $\Delta=1$ 的单位位移时，F 即为该简单桁架在水平力下的抗侧移刚度。

$$F = \frac{1}{\dfrac{1}{E_1 A_1} + \dfrac{1}{E_2 A_2}}$$

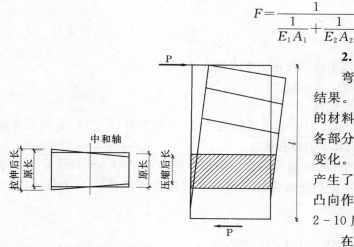

图 2-10　弯曲变形示意图

2. 弯曲变形、构件截面的抗弯刚度

弯曲变形是作用力引起构件截面发生转动的结果。在弯矩作用下，构件截面位于中和轴一侧的材料因受拉而伸长，另一侧则因受压而缩短，各部分伸长或缩短的多少随其至中和轴的距离而变化。由于构件一边拉长、一边缩短，整个构件产生了沿作用力方向的变形（侧移），变形曲线凸向作用力方向，这种变形称为弯曲变形，如图 2-10 所示。

在材料力学中已经得到构件受弯截面的内力与曲率关系为：

$$\frac{M}{EI} = \frac{1}{\rho} \tag{2-24}$$

式中　M——构件截面承受的弯矩；

I——构件截面惯性矩；

$\dfrac{1}{\rho}$——构件截面曲率。

可见 $\dfrac{1}{\rho}$ 与 EI 成反比，当 $\dfrac{1}{\rho}=1$ 时，$M=EI$。EI 称为截面抗弯刚度，以这个关系说明截面抗弯刚度的物理意义是，使截面发生单位曲率时，在构件截面上所施加的弯矩。

3. 剪切刚度、抗扭刚度、转动刚度

实际上，除轴向力和弯矩会引起结构的变形以外，剪力、扭矩也会使结构产生相应的变形。

剪切刚度：剪切刚度是度量构件抵抗剪切变形能力的指标。在相同应力条件下，剪切变形大小取决于 GA，GA 越大，剪切变形越小，反之 GA 越小，剪切变形越大，所以 GA 称为剪切刚度，G 称为剪切弹性模量，A 为受剪面积。

抗扭刚度：抗扭刚度又称扭转刚度。是使受扭构件产生单位扭转角所需的扭矩。在相同扭矩作用下，扭转变形程度取决于 GI_p，GI_p 越大，扭转变形越小，所以 GI_p 称为抗扭刚度，其中 G 为剪切弹性模量，I_p 为极惯性矩，是物体截面本身的属性。

转动刚度：转动刚度表示杆端对转动的抵抗能力，以 S 表示。它在数值上等于使杆端产生单位转角时所需要施加的力矩。杆件远端的支撑情况不同，S 的数值也不同。

4. 线刚度

结构分析中常用到线刚度的概念，这是反映线形结构（梁或柱）抗弯刚度的参数，线刚度的公式是 $i=EI/l$，它由截面抗弯刚度 EI 和构件长度 l 两个参数组成，显然 EI 只能反映截面抗弯刚度的一些情况而不能全面准确的代表构件的抗弯刚度，而 EI/l 却能较好地反映构件的抗弯刚度，因为同截面构件长度越大，它的抗弯刚度愈小，构件的抗弯刚度与 l 成反比。

线刚度比是指构件之间线刚度的比值，线刚度比是结构计算简图的确定、结构简化和分析、确定构件间的相互作用时常用到的概念。

5. 结构的刚度

若把建筑结构想象成一个实体，这个实体在竖向荷载作用下，会产生轴向变形，在水平荷载作用下会产生弯曲变形，见图 2-11 所示。

结构毕竟不是实体，是由若干构件组成的，因此对结构抗弯刚度而言，取决于以下几个因素：平面形状、构件截面尺寸、构件数量和材料特性。平面形状不同，对结构抗弯刚度影响很大。构件的基本形式大致可分为三种：线形构件、平面构件和空间构件。如图 2-12 所示。建筑结构都是由这些构件基本形式中的一种或几种组合而成的。

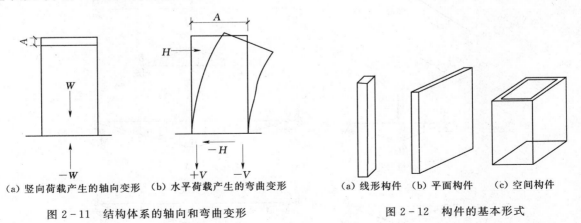

(a) 竖向荷载产生的轴向变形　(b) 水平荷载产生的弯曲变形　　　　(a) 线形构件　(b) 平面构件　(c) 空间构件

图 2-11　结构体系的轴向和弯曲变形　　　　　　　图 2-12　构件的基本形式

（1）线形构件是指具有较大长细比的构件，是作为某种构件（框架、桁架或支撑等）中的一个组成部分承受荷载，也称为杆件，是组成框架体系、框架剪力墙体系的基本构件。当它作为框架中的梁或柱使用时，主要承受弯矩、剪力和轴力，其变形的最主要部分是垂直于杆轴方向的弯曲变形；当它作为桁架或支撑中的弦杆或腹杆使用时，主要承受轴向压力或拉力。轴向压缩或拉伸是其变形的主要成分。

（2）平面构件是指具有较大横截面边长比（宽厚比）的片状构件，它平面外的刚度和承载力很小，结构分析中常略去不计，仅考虑平面内刚度，是构成剪力墙体系、框架剪力墙体系的基本构件。平面构件作为楼板使用时，垂直于平面的挠度是其变形的特点。它作为墙体使用时，承受着沿其平面作用的水平剪力和弯矩，也承担一定的轴向压力，弯曲变形和剪切变形是墙体产生侧移的主要因素。

（3）空间构件是指由线性构件或平面构件组成的具有较大横截面尺寸和较小壁厚的整体封闭管状构件，是框筒体系、筒中筒体系、巨型结构体系的基本构件。空间结构一般作为竖向筒体，主要承受倾覆力矩，水平剪力和扭转力矩，与线性构件和平面构件相比，具有更大的刚度。

进行结构设计时，不仅要求结构有足够的强度，而且要求结构有足够的刚度，从而使水平荷载作用所引起的变形限制在一定范围之内，这是因为：

1）过大的侧向变形会使人不舒服，影响使用。

2）过大的侧向变形会使非结构构件或建筑装修出现裂缝或损坏，也会使电梯轨道变形。

3）过大的侧向变形会使结构主体出现裂缝或损坏。

4）过大的侧向变形会使结构产生附加内力，甚至会引起倒塌．

二、荷载及作用按刚度分配的原因

天津大学出版社 1996 年出版的《结构力学》一书中的第五章——力法中有一道例题，非常经典地解释了为什么荷载是按照刚度进行分配，摘抄如下。

例题：试分析下图所示结构，弹簧刚度为 K。

解：此结构为一次超静定，去掉弹簧得图 2 – 13（a）所示的基本结构。多余未知力为作用在 AB、CD 两根梁中点的一对力 X_1，力法方程为：

$$\delta_{11}X_1 + \Delta_{1P} = \Delta_1$$

式中的 $\Delta_1 = -\dfrac{1}{K}X_1$ 是由 X_1 引起的弹簧压缩位移（负号表示位移方向与 X_1 的指向相反）。

分别绘出 M_P 和 $\overline{M}_1$ 图如图 2 – 13（b）及图 2 – 13（c）所示。

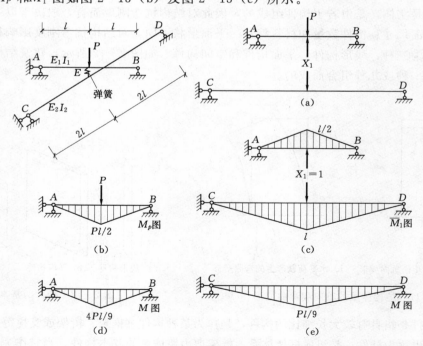

图 2 – 13 例题

用图乘法计算系数和自由项：

$$\delta_{11} = \frac{1}{E_1 I_1}\left(\frac{1}{2} \times l \times \frac{l}{2} \times \frac{2}{3} \times \frac{l}{2} \times 2\right) + \frac{1}{E_2 I_2}\left(\frac{1}{2} \times l \times 2l \times \frac{2}{3} \times l \times 2\right) = \frac{l^3}{6E_1 I_1} + \frac{4l^3}{3E_2 I_2}$$

$$\Delta_{1P} = \frac{-1}{E_1 I_1}\left[\left(\frac{1}{2} \times \frac{1}{2} Pl \times l\right) \times \frac{2}{3} \times \frac{l}{2} \times 2\right] = -\frac{Pl^3}{6E_1 I_1}$$

代入力法方程，解得：

$$X_1 = \frac{\dfrac{Pl^3}{6E_1 I_1}}{\dfrac{l^3}{6E_1 I_1} + \dfrac{4l^3}{3E_2 I_2} + \dfrac{1}{K}} = \frac{P}{1 + \dfrac{8E_1 I_1}{E_2 I_2} + \dfrac{6E_1 I_1}{Kl^3}}$$

X_1 即为 CD 梁所分担的荷载。

由上式可以看出，由于 AB 梁与 CD 梁用弹簧连接，多余未知力 X_1 不仅与弹簧刚度 K 有关，而且与各梁的弯曲刚度有关。

若 $E_1 I_1 = E_2 I_2 = EI$，则：

$$X_1 = \frac{P}{9 + \dfrac{6EI}{Kl^3}}$$

AB 梁所分担的荷载为：

$$P - X_1 = \frac{8 + \dfrac{6EI}{Kl^3}}{9 + \dfrac{6EI}{Kl^3}} P$$

若 $K = 0$，则由 X_1 的表达式可得 $X_1 = 0$，此时荷载 P 完全由 AB 梁承担。

若 $K = \infty$，则：

$$X_1 = \frac{1}{9} P$$

AB 梁所分担的荷载为：

$$P - X_1 = \frac{8}{9} P$$

此时 AB 梁和 CD 梁的弯矩图如图 2-13（d）及图 2-13（e）所示。

以上分析可以看出，荷载大部分由短梁承担。同理，可以得出结论，当两个杆件长度一样，但是截面大小不一样时，荷载按照 EI 的比例进行分配。这种分配的结果最根本的原因在于结构或者构件之间协同变形，由于共同变形，使得不易变形的和容易变形的一起变形，当然不易变形的要分去更多荷载或者能量。

看到这里，就不难理解为什么荷载或者作用都是按照刚度进行分配了，明白为什么"地震作用按照刚度分配"了，也就容易理解在构造上为什么楼板钢筋短向钢筋布置在外侧了。

三、刚度在结构整体分析中的作用

刚度在结构整体分析中无处不在，这里仅举出几个例子，起到抛砖引玉的作用。

1. 设计假定

楼层平面刚度无限大基本假定。楼盖对于结构的整体性起到非常重要的作用，楼盖相当于水平隔板，它不仅聚集和传递水平力到各个竖向抗侧力构件，而且协同这些竖向抗侧力构件共同工作，特别是当竖向抗侧力构件分布不均匀或布置复杂或各抗侧力构件水平变形特征不同时，整个结构就要依靠楼盖使各抗侧力构件能协同工作。楼盖体系最重要的作用就是提供足够的平面内刚度和抗力，并与竖向各抗侧力构件有效的连接。

高层抗震结构的楼层是刚性的，方能够保证结构的竖向构件所承受的水平力按其抗侧力构件的刚度进行分配，从结构分析的力学模型假定到结构的真正受力状态都能一致地反映这一点。若楼盖形成不了无限大刚度，比如楼板开大洞或凹凸太深太长，则必须按考虑楼板变形的计算方法进行计算分析。《高层建筑混凝土结构技术规程》（JGJ 3—2010）第5.1.5条规定："进行高层建筑内力与位移计算时，可假定楼板在其自身平面内为无限刚性，相应地采取必要措施保证楼板平面内整体刚度，当楼板产生明显的面内变形时，计算应考虑楼板的面内变形或对采用楼板面内无限刚性假定计算方法的计算结果进行适当调整。"

结构设计软件中对一般工程是按满足楼层平面内刚度无限大假定来进行结构计算分析的，对于特殊情况采取特殊处理方法，如PKPM系列软件，增加了三种选项，一是"弹性膜"理论，计算平面内刚度、忽略平面外刚度，适合于空旷的工业厂房、体育馆、楼板局部大洞、楼板平面内有较大削弱等情况。二是"弹性楼板3假定"，适合用于厚板转换层。三是"弹性楼板6假定"，计算楼板的面内刚度与面外刚度，适合板柱抗震墙结构。应当注意，结构设计中不能误认为，在多遇地震计算中考虑了楼板平面内弹性变形后就可削弱楼盖的作用。

2. 结构布置的规定

（1）高宽比、长宽比的限值。

提高结构的刚度可减少位移，增加结构体系抵抗倾覆力矩的有效宽度可减小侧向位移，当其他条件不变时，变形与建筑物宽度的三次方成反比，与高度的四次方成正比，因此体型扁而高的建筑是不合适的；一幢建筑物平面长度不宜过长，过长的建筑物两端将受到不同的地震运动，长度较大的楼板在平面内既有扭转又有挠曲，将与假设为无限刚性的条件不符，为避免这些变形带来的复杂应力情况，将对建筑物的长度加以限制。

限制高层建筑的高宽比也是为了防止高层建筑在水平力作用下发生倾覆和在水平竖向力作用下丧失整体稳定，在规程限值之内，一般不必进行抗倾覆验算和失稳验算。高宽比限值是一个经验性的规定，在一般情况下，符合高宽比限值要求的建筑比较容易满足侧移限值，而侧移限值才是最根本的要求，如果各方面都满足规范要求，突破高宽比限值是可以的。

在结构布置时，加大抗侧力结构竖向分体系抗倾覆力臂的有效宽度，也就是尽可能把抗倾覆的竖向构件布置在结构平面的最外缘，取消内柱。可直接减小倾覆产生的内力，增强结构抵抗侧向力和位移的能力。高宽比、长宽比的限值是高层建筑对结构整体刚度的要求。

（2）结构规则性的判定。

GB 50011—2010在第3.4节提出了结构竖向与平面的规则性要求，JGJ 3—2010在4.4节提出了结构竖向布置的要求，在第4.3节提出了结构平面规则性的要求，这些要求实质上是对结构竖向与平面刚度变化的概念控制。

建筑结构的平立面是否规则，对结构抗震具有重要影响，也是建筑设计首先遇到的问题，这个问题要求建筑师与结构工程师协调解决。规则的建筑结构体现为体型（平面和立面的形状）简单，抗侧力刚度变化均匀。

3. 计算结果合理性判定

（1）剪重比。

剪重比是指结构任一楼层的水平地震剪力与该层及其上各层总重力荷载代表值的比值。（一般指底层水平剪力与结构总重力荷载代表值之比），绝大多数较规则的多高层建筑，其楼层最小剪重比多出现在结构底层，也就是说底层剪重比是起控制作用的。也有个别工程不在底层，但与底层相比相差很小。

剪重比在某种程度上反映了结构的刚柔程度，剪重比太小，则说明刚度偏柔，在水平荷载、地震作用下将产生过大的水平位移或层间位移；剪重比太大，则说明刚度偏刚，在水平荷载、地震作用下会引起较大内力，不经济。工程设计应保证剪重比在一个比较合理的范围之内，以保证结构的整体刚度适中。

GB 50011—2010 第 5.2.5 条，JGJ 3—2010 第 3.3.13 条都以强制性条文规定了水平地震作用计算时的最小剪重比。结构刚度较大时，自然能满足限值要求，当结构刚度偏柔时，出于结构安全考虑，结构水平地震作用效应应按最小剪重比限值进行调整。

（2）层间位移角。

JGJ 3—2010 采用层间位移角作为侧移的控制指标，并且不扣除整体弯曲转角产生的侧移，抗震时可不考虑质量偶然偏心的影响。

层间位移角是指层间位移与层高之比，是一个宏观的侧向刚度指标。

四、结构需要什么样的刚度

在正常使用状态下，由于建筑受到风压作用，房屋会有一定的侧移，其大小取决于风荷载和房屋的总刚度，由于阵风，房屋还会左右摇摆，房屋的地震作用和风荷载产生的位移是不同的，在强地震作用下，房屋会在任意方向位移，而且位移会很大。刚度大的房屋在风荷载作用下是有利的，因为振动的振幅小。反之，较柔的房屋抗震性能好，首先可以避免与地震运动共振，不会产生过大应力（地震的主要周期是几分之一秒，而较柔的高层建筑周期是几秒）。其次，较柔的房屋因刚度相对较小，吸引的地震力也较小。

概念上讲，一栋好的建筑应该设计成在风荷载作用下刚度较大，防止它有过大的侧移，但其中某些结构部位故意留有"弱点"，允许它在地震袭击时首先开裂或屈服，使结构的刚度迅速减小。这样可以使房屋的振动周期加长，阻尼增加，地震作用相应地减小，因而可以抵抗强震而不致大的破坏。

世界著名设计大师美籍华人林同炎先生设计的美洲银行是这种思路的典型实例。美洲银行大楼地面以上18层。高61m，平面如图2-14所示，采用11.60m见方的钢筋混凝土芯筒作为主要抗风和抗震构件，该芯筒又是由四个小筒所组成的，每个L型小筒的外边尺寸为4.6m×4.6m，每层楼板处用钢筋混凝土连系梁将4个小筒联成一个具有较强整体性的大筒。设计时既考虑了它们共同作用，又考虑独立作用情况。在正常使用条件下是共同作用，结构有很大的刚度，风荷载下的变形很小。在较强地震作用下，各层连梁两端出现塑性铰，四个小筒独立工作，整个结构振动周期加长，建筑物的动力反应大大减小，但还可以保持结构的稳定和良好性能。

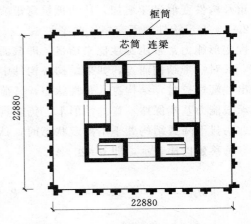

图2-14 美洲银行结构平面图
（单位：mm）

美国伯克利加州大学对这幢大楼进行了动力分析，考虑了4个小筒作为一个整体共同工作，以及4个小筒分别独立工作时的两种结构状态，计算出结构的动力反应如表2-33所示，可以看出，在"大震"作用下，小筒之间的连梁破坏后，动力特性和地震反应显著改变，基本周期加长1.5倍，结构底部水平地震力减小一半，地震倾覆力矩减少3/5，但结构顶点侧移则加大一倍。

表 2-33   美洲银行结构动力反应

结构动力反应	4 个井筒共同工作	4 个井筒独立工作
振动周期（s）	1.3	3.3
基底剪力（kN）	27000	13000
倾覆力矩（kN·m）	930000	370000
顶点位移（mm）	120	240

美洲银行的抗震实例说明了结构刚度主动控制的重要作用，设计抗风和抗震都比较理想的高层建

筑是完全可能的。林同炎先生的这一经典设计方法有人称之为"改变刚度",是概念设计的典范,其实它已经涉及了结构控制的概念。"结构控制"的设计概念应用很广泛,有一些规范和规程中是有明确规定的,而更多的则要依靠结构工程师坚实的力学基础和对结构破坏机理的充分了解,加上灵活运用而实现的,而对结构刚度的调整与控制则是"结构控制"设计方法的重要内容。

第四节 延 性

延性是指结构和构件屈服后,具有承载能力不降低或基本不降低、且具有足够塑性变形能力的一种性能。如结构(或构件,甚至材料)超越弹性极限后直至破坏所能产生的变形量大,即称它的延性好。如超越弹性极限后随即破坏,则表示其延性性能极差,就称它为脆性。一般用延性比表示延性,即塑性变形能力的大小。

当结构反应进入非线性阶段后,强度不再是控制设计的唯一指标,变形能力变得与强度同等重要。作为抗震设计的指标,应是双控制条件,使结构能同时满足极限强度和极限变形。这是因为一般结构并不具备足以抵抗强烈地震的强度储备,而是利用结构的弹塑性性能吸收地震能量,以达到抗御强震的目的。

一、结构的延性指标

当钢筋混凝土构件中某个截面的钢筋达到屈服强度时,称为出现塑性铰。塑性铰出现后,截面转角及构件变形迅速增加,截面抵抗弯矩能力继续略有增加,直至压区混凝土压碎,达到极限状态。图2-15表示构件截面弯矩—曲率关系。φ_y表示截面屈服时的曲率,φ_u表示截面极限曲率。截面的塑性变形能力常常用延性比来衡量,即截面曲率延性比$\mu = \varphi_u/\varphi_y$。

对一个结构而言,如果结构各构件中的各个截面及节点均具有较好的延性,则当结构的某些部位出现塑性铰时,结构进入塑性状态,其荷载与位移呈现非线性关系(如图2-16所示)。如果结构在承载能力基本保持不变的情形下,仍能具有较大的塑性变形能力,则称此结构为延性结构。当承载能力明显下降或结构处于不稳定状态时,认为结构破坏,此时达到极限位移Δ_u。结构的延性通常用顶点位移延性比表示,即$\mu = \Delta_u/\Delta_y$。

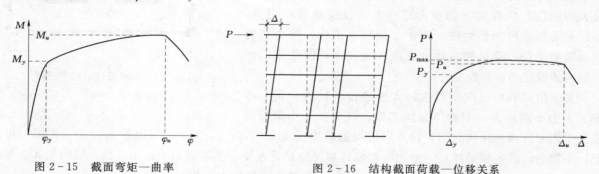

图2-15 截面弯矩—曲率   图2-16 结构截面荷载—位移关系

其中Δ_y为结构开始进入塑性状态时的顶点位移。延性比μ是结构抗震性能的一个重要指标。对于延性比大的结构,在地震作用下结构进入弹塑性状态时,能吸收、耗散大量的地震能量,此时结构虽然变形较大,但不会出现超出抗震要求的建筑物严重破坏或倒塌。相反,若结构延性较差,在地震作用下容易发生脆性破坏,甚至倒塌。

二、结构延性的作用

1. 防止脆性破坏

由于钢筋混凝土结构或构件的脆性破坏是突发性的,没有预兆,所以为了保障人们生命财产安全，除了对构件发生脆性破坏时的可靠指标有较高要求以外，还要保证结构或构件在破坏前有足够的变形能力。

2. 承受某些偶然因素的作用

结构在使用过程中可能会承受设计中未考虑到的偶然因素的作用，比如说，偶然的超载、基础的不均匀沉降、温度变化和收缩作用引起的体积变化等。这些偶然因素会在结构中产生内力和变形，而延性结构的变形能力，则可作为发生意外情况时内力和变形的安全储备。

3. 实现塑性内力重分布

延性结构容许构件的某些临界截面有一定的转动能力，形成塑性铰区域，产生内力重分布，从而使钢筋混凝土超静定结构能够按塑性方法进行设计，得到有利的弯矩分布，从而使配筋合理，节约材料，而且便于施工。

4. 有利于结构抗震

在地震作用下，延性结构通过塑性铰区域的变形，能够有效地吸收和耗散地震能量，同时，这种变形降低了结构的刚度，致使结构在地震作用下的反应减小，也就是使地震对结构的作用力减小，因此延性结构具有较强的抗震能力。

三、提高结构延性的措施

钢筋混凝土材料具有双重性，如果设计合理，尽量消除或减少混凝土脆性性质的危害，充分发挥钢筋塑性性能，可以实现延性结构。根据震害以及近年来国内外试验研究资料，延性框架设计时应注意以下几点：

1. "强柱弱梁"设计原则——控制塑性铰的位置

由图 2-17 可以看出，在框架结构中，塑性铰出现的位置或顺序不同，将使框架结构产生不同的破坏形式。图 2-17（a）是一个强柱弱梁型结构，塑性铰首先出现在梁中，当部分梁端甚至全部梁端均出现塑性铰时，结构仍能继续承受外荷载，而只有当柱子底部也出现塑性铰时，结构才达到破坏。图 2-17（b）所示是一个强梁弱柱型结构，所以塑性铰首先出现在柱中，当某薄弱层柱的上下端均出现塑性铰时，该层就成为几何可变体系，而引起上部结构的倒塌。这种结构破坏时只跟最薄弱层柱的强度和延

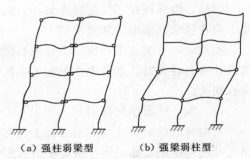

(a) 强柱弱梁型 (b) 强梁弱柱型

图 2-17　框架破坏

性性能有关，而与其他各层梁柱的承载能力和耗能能力均没有发挥作用。由此可知，柱中出现塑性铰，不易修复而且容易引起结构倒塌；而塑性铰出现在梁端，却可以使结构在破坏前有较大的变形，吸收和耗散较多的地震能量，因而具有较好的抗震性能。震害调查发现：凡是具有现浇楼板的框架，由于现浇楼板大大加强了梁的强度和刚度，地震破坏都发生在柱中，破坏较严重；而没有楼板的构架式框架，裂缝出在梁中，破坏较轻，从而也证实强梁弱柱引起的结构震害比较严重。

此外，梁的延性远大于柱的延性。这是因为柱是压弯构件，较大的轴压比将使柱的延性下降，而梁是受弯构件，比较容易实现高延性比要求。

因此，较合理的框架破坏机制应是梁比柱的塑性屈服尽可能早发生和多发生，底层柱柱根的塑性铰较晚形成，各层柱子的屈服顺序应错开，不要集中在某一层。这种破坏机制的框架，就是强柱弱梁型框架。

2. 梁柱的延性设计

要使结构具有延性，就必须保证框架梁柱有足够的延性，而梁柱的延性是以其截面塑性铰的转动能力来度量的。因此框架结构抗震设计的关键是梁柱塑性铰设计。为此，应遵循以下原则。

（1）"强剪弱弯"设计原则——控制构件的破坏形态。

适筋梁或大偏压柱，在截面破坏时可以达到较好的延性，可以吸收和耗散地震能量，使内力重分布得以充分发展；而钢筋混凝土梁柱在受到较大剪力时，往往呈现脆性破坏。所以在进行框架梁、柱设计时，应使构件的受剪承载力大于其受弯承载力，使构件发生延性较好的弯曲破坏，避免发生延性较差的剪切破坏，而且保证构件在塑性铰出现之后也不过早剪坏，这就是"强剪弱弯"的设计原则，它实际上是控制构件的破坏形态。

（2）梁、柱剪跨比限制。

剪跨比反映了构件截面承受的弯矩与剪力的相对大小。它是影响梁、柱极限变形能力的主要因素之一，对构件的破坏形态有很重要的影响。

比如，柱的剪跨比 $\lambda = \dfrac{M}{Vh_c}$（$M$、$V$ 分别是截面承受的弯矩、剪力值，h_c 为柱截面高度）。试验研究发现，剪跨比 $\lambda \geqslant 2$ 的柱属于长柱，只要构造合理，通常发生延性好的弯曲破坏；当剪跨比 $1.5 \leqslant \lambda < 2$ 的柱为短柱，柱子将发生以剪切为主的破坏，当提高混凝土强度等级或配有足够的箍筋时，也可能发生具有一定延性的剪压破坏；而当剪跨比 $\lambda < 1.5$ 时为极短柱，柱的破坏形态是脆性的剪切斜拉破坏，几乎没有延性，设计中应当避免。

在一般框架结构中，柱内弯矩以地震作用产生的弯矩为主，所以可近似假定反弯点在柱高的中点，从而有柱端弯矩 $M = Vy$，即 $M = VH_n/2$（H_n 是柱的净高），代入 $\lambda = \dfrac{M}{Vh_c}$ 中，得 $\lambda \approx \dfrac{VH_n/2}{Vh} = H_n/2h$。因此框架柱的分类又可用长细比表示为：$\lambda > 2$ 时为长柱；$\lambda \leqslant 2$ 时为短柱；$\lambda < 1.5$ 时为极短柱。

因此，为保证柱子发生延性破坏，抗震设计时要求柱净高与截面长边尺寸之比宜大于 4，若不满足，应在柱全高范围内加密箍筋。

类似地，对框架梁而言，则要求其净跨 l_n 与截面高度 h_b 之比不宜小于 4。当梁的跨度较小而梁的设计内力较大时，宜首先考虑加大梁宽，这样虽然会增加梁的纵筋用量，但对提高梁的延性却是十分有利的。

（3）梁、柱剪压比限制。

当构件的截面尺寸太小或混凝土强度太低时，按抗剪承载力公式计算的箍筋数量会很多，则箍筋在充分发挥作用之前，构件将过早呈现脆性斜压破坏，这时再增加箍筋用量已没有意义。因此，设计中应限制剪压比 $V/f_c b_c h_c$，即梁截面的平均剪应力，使箍筋数量不至于太多，同时，也可有效地防止斜裂缝过早出现，减轻混凝土碎裂程度。这实质上也是对构件最小截面尺寸的要求。

（4）柱轴压比限制及其他措施。

轴压比 μ_N 指柱有地震作用组合的柱轴压力设计值 N 与柱的全截面面积 A_c 和混凝土轴心抗压强度设计值 f_c 乘积的比值，$\mu_N = \dfrac{N}{f_c b_c h_c}$（$b_c$、$h_c$ 分别为柱截面的宽度和高度）。试验研究表明，轴压比的大小，与柱的破坏形态和变形能力是密切相关的。随着轴压比不同，柱将产生两种破坏形态：受拉钢筋首先屈服的大偏心受压破坏和破坏时受拉钢筋并不屈服的小偏心受压破坏。而且，轴压比是影响柱的延性的重要因素之一，柱的变形能力随轴压比增大而急剧降低（图 2-18），尤其在高轴压比下，增加箍筋对改善柱变形能力的作用并不明显。所以，抗震设计中应限制柱的轴压比不能太大，其实质就是希望框架柱在地震作用下，仍能实现大偏心受压下的弯曲破坏，使柱具有延性性质。

在高层建筑中，底层柱往往承受很大的轴力，很难将轴压比限制在较低水平。为此，近年来，国内外对改进柱的延性性能做了大量试验研究。试验表明，在矩形柱或圆形柱内设置矩形核心柱（图 2-19），不但可以提高柱的受压承载力，还可以提高柱的变形能力。在压、弯、剪作用下，当柱出现弯、剪裂缝，在大变形情况下芯柱可以有效地减小柱的压缩，保持柱的外形和截面承载力，特别对于承受高轴压的短柱，更有利于提高变形能力，延缓倒塌。

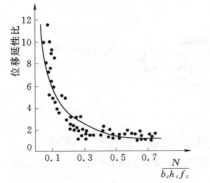

图 2-18 轴压比与延性比关系

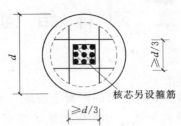

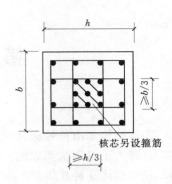

图 2-19 芯柱示意图

（5）箍筋。

震害表明，梁端、柱端震害严重，是框架梁、柱的薄弱部位。所以按照强剪弱弯原则设计的箍筋主要配置在梁端、柱端塑性铰区，称为箍筋加密区。

在塑性铰区配置足够的箍筋，可约束核心混凝土，显著提高塑性铰区混凝土的极限应变值，提高抗压强度，防止斜裂缝的开展，从而可充分发挥塑性铰的变形和耗能能力，提高梁、柱的延性；而且钢箍作为纵向钢筋的侧向支承，阻止纵筋压屈，使纵筋充分发挥抗压强度。所以规范规定，在框架梁端、柱端塑性铰区，箍筋必须加密。

此外，框架结构构件的延性与箍筋形式有关。例如，西安建筑科技大学和日本川铁株式会社的研究表明，在其他条件相同的情况下，采用连续矩形复合螺旋箍比一般复合箍筋可提高柱的极限变形角 25%。所以矩形截面柱采用连续矩形复合螺旋箍（图 2-20），可大大提高其延性。

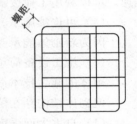

图 2-20 连续矩形复合螺旋箍示意图

（6）纵筋配筋率。

试验表明：钢筋混凝土单筋梁的变形能力，随截面混凝土受压区相对高度 x/h_0 的减小而增大，而 x/h_0 随着配筋率的增大、钢筋屈服强度的提高和混凝土强度等级的降低而增大，延性性能降低。为此，规范对一级、二级、三级抗震等级框架梁的 x/h_0 和 $\rho_{\max}$ 作出了规定。同时，框架梁还应满足最小配筋率的要求。（《混凝土结构设计规范》（GB 50010—2010）11.3.1：一级抗震 $x \leq 0.25h_0$；二级、三级抗震 $x \leq 0.35h_0$；$\rho_{\max} = 2.5\%$。）

而为了避免地震作用下框架柱过早地进入屈服阶段，增大屈服时柱的变形能力，提高柱的延性和耗能能力，全部纵向钢筋的配筋率不应过小。

（7）"强节点弱构件"设计原则。

由于节点区的受力状况非常复杂，所以在结构设计时只有保证各节点不出现脆性剪切破坏，才能使梁、柱充分发挥其承载能力和变形能力。即在梁、柱塑性铰顺序出现完成之前，节点区不能过早破坏。

实际设计中，为了保证框架结构的延性，《抗震设计规范》（GB 50011—2010）是依据抗震等级对构件本身不同性质的承载力或构件间的相对的承载力进行内力调整，并依据规定的构造要求来达到延性要求。内力调整系数，依据抗震等级不同而异：一级抗震等级以实际配筋为基础进行内力调整；二级、三级抗震等级是在设计内力的基础上进行调整。而构造要求，则根据不同的抗震等级，规定出截面形式、尺寸限制、材料规格、配筋率以及构造形式等。

第三章 砌体结构设计

砌体结构是由各种块材（如砖、各种型号的混凝土砌块、毛石、料石、土块）用胶结材料（如砂浆）通过人工组砌筑而成的一种结构形式。目前在我国各类房屋的墙体中，砌体结构占有很大的比例，是与砌体这种建筑材料具有如下优点分不开的：

（1）取材方便。

天然的石料、砂子、用来烧砖的黏土等，几乎都可以就地取材。这使得砌体结构的房屋造价低廉。

（2）具有良好的耐火、隔声、保温等性能。

砌体材料本身具有耐火性能、良好的隔音效果；砌体房屋还能调节室内湿度，透气性好，同时砌体结构具有良好的化学稳定性能，抗腐蚀性强，这就保证了砌体结构的耐久性。

（3）节约材料。

与钢筋混凝土结构相比，砌体结构中水泥、钢材、木材的用量均大为减少，由于新型砖材的出现，可以利用工业废渣而大大降低源材料的应用利于环保。

（4）可连续施工。

因为新砌体能承受一定的施工荷载，故不像混凝土结构那样在浇筑混凝土后需要有施工间隙。

（5）施工设备简单。

砌体的施工技术简单，无需特殊的施工设备，因此能普遍推广使用。

但砌体结构存在的缺点也同样明显：

（1）自重大而强度不高。

特别是砌体的抗拉、抗剪强度低，普通砌体结构，由于强度低而截面尺寸一般较大，材料用量多，运输量也很大。同时，由于自重大，对基础和抗震均不利。

（2）砌筑工作量大。

砌体结构在施工中常常是手工操作，劳动强度高，施工进度也较慢。

（3）抗震性能不好。

除了前述自重大的影响因素外，还由于砂浆与砖石等块体之间的粘结力弱，无筋砌体抗拉、抗剪强度低，延性差，因此其抗震性能低。

第一节 砌体结构基本构件

一、过梁

1. 过梁的类型

过梁是砌体结构门窗洞口上常用的构件，主要有钢筋混凝土过梁、钢筋砖过梁、砖砌平拱过梁和砖砌弧拱过梁等几种不同的形式，如图 3-1 所示。

（1）砖砌平拱过梁 ［图 3-1（a）］。

用竖砖砌筑，又可分为竖放立砌和对称斜砌两种，其底面均呈平直线型。用竖砖砌筑的高度不应小于 240mm；砂浆不宜低于 M1；砖砌过梁计算截面高度内的砖不应低于 MU7.5；过梁净跨不宜超

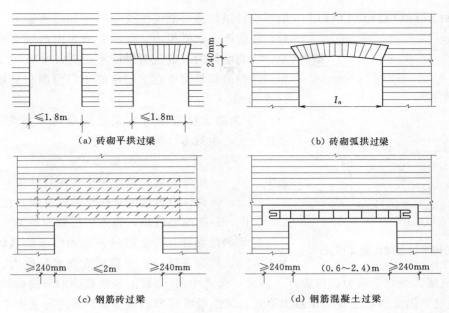

图 3-1 过梁的形式

过 1.8m。这种过梁适用于无振动、地基的土质较好不需抗震设防的一般建筑物。

(2) 砖砌弧拱过梁 [图 3-1 (b)]。

用竖砖砌筑，砌筑的高度不应小于 120mm。弧拱最大跨度与矢高 f 有关；当矢高 $f=(1/12\sim1/8)l$ 时，最大跨度为 2.5～3.0m；当矢高 $f=(1/6\sim1/5)l$ 时，最大跨度为 3.0～4.0m。弧拱砌筑时需用胎模，施工复杂，仅在对建筑外形有特殊要求的房屋中采用。

(3) 钢筋砖过梁 [图 3-1 (c)]。

砌筑方法与一般墙体一样，仅在过梁底面先铺放厚度不小于 30mm 的砂浆层，然后放置纵向受力钢筋。钢筋直径为 5～8mm；根数不应少于两根；间距不宜大于 120mm；钢筋端部应带弯钩，伸入墙体内的长度不应小于 240mm。钢筋砖过梁截面计算高度内的砖，不应低于 MU7.5，砂浆不宜低于 M2.5。钢筋砖过梁的净跨不宜超过 2m。这种过梁适用性强，比较灵活，故常在中小型建筑中采用。

(4) 钢筋混凝土过梁 [图 3-1 (d)]。

通常采用预制标准构件，常用的有矩形、L 形截面，可供不同的建筑要求选用。对于有较大振动荷载或可能产生不均匀沉降的房屋，或过梁跨度较大时，均应采用钢筋混凝土过梁。

2. 过梁上的荷载

过梁上的荷载有两种：第一种是仅承受墙体荷载，第二种是除承受墙体荷载外，还承受其上梁板传来的荷载。

(1) 楼（屋）盖梁、板荷载。

对砖和小型砌块砌体，当楼（屋）盖梁、板下的墙体高度小于过梁的净跨时，可按梁、板传来的荷载采用；当梁、板下的墙体高度不小于过梁的净跨时，可不考虑梁、板荷载，认为这些荷载已通过梁上砌体的拱作用，传给过梁两侧墙体。

(2) 墙体荷载。

对于砖砌体，当过梁上的墙体高度小于 1/3 的过梁净跨时，应按全部墙体高度的自重采用。墙体高度不小于 1/3 的过梁净跨时，应按高度为 1/3 过梁净跨的墙体均布自重采用。

3. 过梁的计算

(1) 砖砌平拱过梁的计算。

砖砌平拱过梁有三种可能的破坏情况，为此应进行三种承载力计算。砖砌平拱过梁的工作机理类

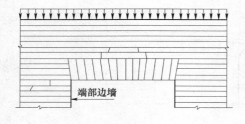

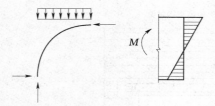

图 3-2 砖砌平拱过梁的破坏形式

似于三铰拱，除可能发生受弯破坏和受剪破坏，在跨中开裂后，还会产生水平推力。此水平推力由两端支座处的墙体承受。当此墙体的灰缝抗剪强度不足时，会发生支座滑动而破坏，这种破坏易发生在房屋端部的门窗洞口处墙体上，如图 3-2 所示。

1) 为防止过梁因跨中正截面受弯承载力不足而破坏，需进行受弯承载力计算：

$$M \leqslant f_{tm}W \tag{3-1}$$

式中　M——按简支梁计算的跨中弯矩设计值；

　　　f_{tm}——砌体沿齿缝的弯曲抗拉强度设计值；

　　　W——截面抵抗矩，当为矩形截面时 $W = b_h^2/6$。

过梁的截面计算高度取过梁底面以上的墙体高度，但不大于 $l_n/3$。砖砌平拱中由于存在支座水平推力，过梁垂直裂缝的发展得以延缓，受弯承载力得以提高。因此，公式中的 f_{tm} 取沿齿缝截面的弯曲抗拉强度设计值。

2) 为防止过梁因支座附近受剪承载力不足，发生沿阶梯形斜裂缝破坏需进行受剪承载力计算：

$$V \leqslant f_v bz \tag{3-2}$$

式中　V——按简支梁计算的支座边缘剪力设计值；

　　　f_v——砌体的抗剪强度设计值；

　　　b——过梁截面宽度；

　　　z——过梁截面内力臂，$z = I/S$，当截面为矩形时，$z = 2h/3$；

　　　I、S——过梁截面惯性矩、面积矩；

　　　h——过梁截面计算高度，取过梁底面以上的墙体高度，但不大于 1/3 的过梁净跨；当考虑梁、板传来的荷载时，则按梁、板下的高度采用。

3) 为防止过梁因支承处水平灰缝受剪承载力不足，发生支座滑动破坏，要进行房屋端部的门窗洞口过梁支承处墙体沿水平通缝的受剪承载力计算：

$$H \leqslant (f_v + 0.18\sigma_K)A \tag{3-3}$$

式中　H——过梁支座处的水平推力，近似取 $H = M/0.76h$ 计算；

　　　A——承受过梁水平推力的尽端墙体的水平截面面积；

　　　σ_K——尽端墙体水平截面上由恒载标准值产生的平均压应力。

（2）钢筋砖过梁计算。

钢筋砖过梁临破坏时如同带拉杆的三铰拱如图 3-3 所示，在荷载作用下应进行跨中正截面受弯承载力和支座斜截面受剪承载力计算。

1) 跨中正截面受弯承载力计算：

$$M \leqslant 0.85 h_0 f_y A_s \tag{3-4}$$

式中　h_0——过梁截面的有效高度；$h_0 = h - a_s$；

　　　h——取过梁底面以上的墙体高度，但不大于 $l_n/3$；当考虑梁、板传来的荷载时，则按梁、板下的高度采用；

　　　a_s——受拉钢筋重心至截面下边缘的距离；

　　　f_y——受拉钢筋的强度设计值；

　　　A_s——受拉钢筋的截面面积。

2) 支座处斜截面受剪承载力计算与砖砌平拱过

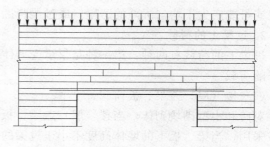

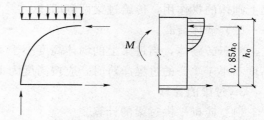

图 3-3 钢筋砖过梁的破坏形式

梁的抗剪计算相同。

（3）钢筋混凝土过梁的计算。

钢筋混凝土过梁的承载力应按钢筋混凝土受弯构件计算。过梁的弯矩按简支梁计算，计算跨度取 (l_n+a) 和 $1.05l_n$ 二者中的较小值，其中 a 为过梁在支座上的支承长度。在验算过梁下砌体局部受压承载力时，可不考虑上部荷载的影响，即取 $\psi=0$。$N_1 \leqslant \gamma_f A_1$。由于过梁与其上砌体共同工作，构成刚度很大的组合深梁，其变形非常小，故其有效支承长度可取过梁的实际支承长度，并取应力图形完整系数 $\eta=1$。砌有一定高度墙体的钢筋混凝土过梁按受弯构件计算严格地说是不合理的。试验表明过梁也是偏拉构件。过梁与墙梁并无明确分界定义，主要差别在于过梁支承于平行的墙体上，且支承长度较长；一般跨度较小，承受的梁、板荷载较小。当过梁跨度较大或承受较大梁、板荷载时，应按墙梁设计。

二、墙梁

由支承墙体的钢筋混凝土托梁及其以上计算高度范围内的墙体所组成的组合构件，称为墙梁。按承重情况的不同，划分为非承重墙梁和承重墙梁。非承重墙梁仅承受墙梁自重（即托梁自重及墙体自重）；承重墙梁除承受自重外，还承受楼（屋）盖或其他结构传来的荷载。两者都可以做成无洞口墙梁和有洞口墙梁。

1. 墙梁的受力机构与破坏形态

（1）无洞口墙梁的受力机构。

在裂缝出现以前，无洞口墙梁的受力状态有如一墙体和托梁组成的组合深梁。图 3-4 为均布荷载下墙梁的主应力迹线，主压应力迹线在跨中为拱形分布，将荷载传至支座，托梁位于受拉区。随荷载增大，托梁中出现竖向裂缝，受压区高度上移。进一步加载主拉应力使墙体出现阶梯形斜裂缝，并在托梁顶部出现水平裂缝。到达极限状态时，墙梁的受力机构如同一拉杆拱，图 3-5 中阴影部分为拱体，托梁为拉杆。

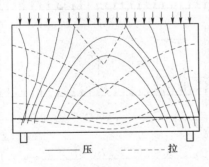 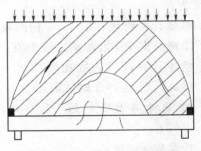

图 3-4　主应力迹线图　　　　　　　　　图 3-5　受力机构图

（2）无洞口墙梁破坏形态。

1）受弯破坏。

当托梁的配筋率较低，墙体强度较高时，将由于托梁中钢筋到达屈服，竖向裂缝①越过界面向墙体迅速延伸 [图 3-6（a）]，墙梁挠度急剧增大而破坏。

2）剪切破坏。

又分为：

（a）斜拉破坏——当墙体高度与其计算跨度之比<0.5 且砌体强度较低时，将发生斜拉破坏 [图 3-6（b）]，即斜裂缝②一出现很快贯通墙高，墙体丧失承载能力。

（b）斜压破坏——当墙体高度与其计算跨度之比>0.5 且砌体强度较高时，将发生斜压破坏，即支座斜上方斜裂缝间砌体在主压应力作用下的受压破坏，破坏时斜裂缝③较多 [图 3-6（c）]，砌体被压碎。这种破坏的承载力较高。

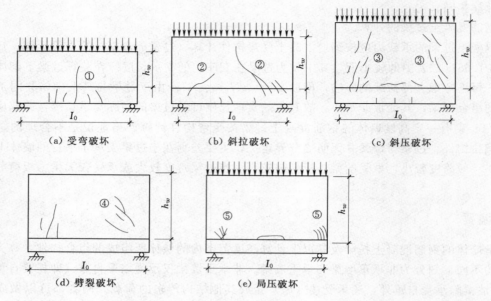

（a）受弯破坏　　　　　　（b）斜拉破坏　　　　　　（c）斜压破坏

（d）劈裂破坏　　　　　　（e）局压破坏

图 3-6　墙梁的破坏形式

（c）劈裂破坏——在集中荷载作用下，在支座至集中力的连线上突然出现贯穿墙体的斜裂缝④，破坏时承载力较低，称为脆性的劈裂破坏［图 3-6（d）］。

3）局压破坏。

当墙体高度与其计算跨度之比较大时，支座处竖向压应力高度集中，砌体因局部受压承载力不足而发生的破坏［图 3-6（e）］。

2. 墙梁的计算简图

单跨墙梁的计算简图如图 3-7 所示，图中各符号的定义为：

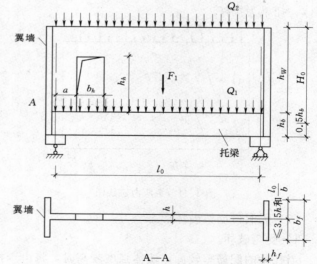

l_0——墙梁计算跨度，取 1.05 倍的墙梁净跨或支座中心距离之较小值；

h_w——墙体计算高度，取托梁顶面一层层高，当 $h_w > l_0$ 时，取 $h_w = l_0$；

H_0——墙梁计算高度，取 $H_0 = 0.5h_b + h_w$；

h_b——托梁截面高度；

b_h、h_h——洞口宽度、高度；

a——洞距，取支座中心至门洞边缘的最近距离；

h——墙体厚度；

h_f——翼墙厚度；

图 3-7　墙梁的计算简图

b_f——翼墙计算宽度，取窗间墙宽度或横墙间距的 2/3，且每边不大于 $3.5h$ 和 $l_0/6$；

Q_1、F_1——托梁顶面的荷载设计值（包括托梁自重、本层楼盖的恒载及活载，Q_1 表示均布荷载，F_1 表示集中荷载）；

Q_2——墙梁顶面的荷载设计值（一般为均布荷载，如为集中荷载，通常可折算为均布荷载）。

3. 墙梁设计一般规定

采用烧结普通砖和烧结多孔砖砌体和配筋砌体的墙梁设计应符合表 3-1 的规定。墙梁计算高度范围内每跨允许设置一个洞口；洞口边至支座中心的距离 a（如图 3-7 所示），距边支座不应小于 $0.15l_{oi}$，距中支座不应小于 $0.07l_{oi}$。对多层房屋的墙梁，各层洞口宜设置在相同位置，并宜上、下对齐。

表 3-1   烧结普通砖、烧结多孔砖砌体、配筋砌体墙梁设计规定

墙梁类别	墙体总高度（m）	跨度（m）	墙高 h_W/l_{oi}	托梁高 h_b/l_{oi}	洞宽 h_h/l_{oi}	洞高 h_h
承重墙梁	≤18	≤9	≥0.4	≥1/10	≤0.3	≤$5h_W/6$ 且 h_W-h_h≥0.4m
自承重墙梁	≤18	≤12	≥1/3	≥1/15	≤0.8	

注 1. 采用混凝土小型砌块砌体的墙梁可参照使用。

    2. 墙体总高度指托梁顶面到檐口的高度，带阁楼的坡屋面应算到山尖墙 1/2 高度处。

    3. 对自承重墙梁，洞口至边支座中心的距离不宜小于 $0.1l_{oi}$，门窗洞上口至墙顶的距离不应小于 0.5m。

    4. h_w——墙体计算高度；

       h_b——托梁截面高度；

       l_{oi}——墙梁计算跨度；

       b_h——洞口宽度；

       h_h——洞口高度，对窗洞取洞顶至托梁顶面距离。

4. 墙梁的荷载

（1）使用阶段墙梁上的荷载。

1）承重墙梁。

包括两部分荷载：托梁顶面荷载设计值 Q_1、F_1，墙梁顶面荷载设计值 Q_2、Q_2 按式（3-5）计算：

$$Q_2 = g_w + \psi Q_i$$

$$\psi = 1/(1+2.5b_f h_f/l_0 h) \qquad (3-5)$$

式中 g_w——托梁以上各层墙体自重；

      Q_i——墙梁顶面及以上各层楼盖的恒载和活载；

      ψ——考虑翼墙影响的楼盖荷载折减系数，当 $\psi<0.5$ 时，应取 $\psi=0.5$；对于单层墙梁、翼墙为承重墙梁以及翼墙与墙梁无可靠连接时，应取 $\psi=1$；当墙梁两侧翼墙计算面积不相等时，可按较小值取用。

对于墙梁顶面及以上各层的每个集中荷载，不大于该层墙体自重及楼盖均布荷载总和的 20% 时，集中荷载可除以计算跨度近似化为均布荷载，因此墙梁顶面的荷载设计值 Q_2 通常为均布荷载。

2）非承重墙梁。

包括托梁自重和托梁以上墙体自重。

（2）施工阶段托梁上的荷载。

1）托梁自重及本层楼盖的恒载。

2）本层楼盖的施工活载。

3）墙体自重，可取高度为 1/3 计算跨度的墙体自重，开洞时尚应按洞顶以下实际分布的墙体自重复核。

5. 墙梁承载力计算

（1）墙梁使用阶段正截面受弯承载力计算。

1）计算截面。

无洞口墙梁取跨中截面Ⅰ—Ⅰ；有洞口墙梁取洞口边缘截面Ⅱ—Ⅱ，并对Ⅰ—Ⅰ截面按无洞口墙梁进行验算。

2）托梁的弯矩 M_b 及轴心拉力 N_{bt}：

$$M_b = M_1 + \alpha M_2$$

$$N_{tu} = \xi_1(1-\alpha)M_2/\gamma H_0$$

$$\gamma = 0.1(4.5 + l_0/H_0)$$

$$\xi_1 = 0.7 + a/l_0 \tag{3-6}$$

以上式中　　M_1——Q_1、F_1 在计算截面产生的简支梁弯矩；

M_2——Q_2 在计算截面产生的简支梁弯矩；

γ——内力臂系数；

ξ_1——有洞口墙梁内力臂修正系数，当 $a/l_0 > 0.3$ 时，应取 $a/l_0 = 0.3$；

α——托梁弯矩系数，可按式（3-7）、式（3-8）计算。

对无洞口墙梁：

$$\alpha = \psi_1 h_b/\gamma H_0 \tag{3-7}$$

对有洞口墙梁：

$$\alpha = \psi_1 h_b/\gamma H_0 + [1.2l_0/(a+0.1l_0) - 2]h_b/l_0 \tag{3-8}$$

上二式中　　ψ_1——系数，对承重墙梁应取 $\psi_1 = 0.4$，对非承重墙梁应取 $\psi_1 = 0.35$。

求得托梁的弯矩 M_b 及轴心拉力 N_{tu} 后，便可按钢筋混凝土偏心受拉构件计算托梁的纵向受拉钢筋。

（2）墙梁使用阶段斜截面受剪承载力计算。

1）墙体斜截面承载力计算。

$$V_2 \leqslant \xi_2\xi_3(0.2 + h_b/l_0)f_h h_w$$

$$\xi_3 = 1/(1 + 5F_2 a_F/Q_2 l_0^2) \tag{3-9}$$

上各式中　　V_2——Q_2 产生的最大剪力；

ξ_2——洞口影响系数，无洞口墙梁 $\xi_2 = 1$；单层有洞口墙梁取 $\xi_2 = 0.5 + 1.25a/l_0$，且 ξ_2 不应大于 0.9；多层有洞口墙梁取 $\xi_2 = 0.9$；

ξ_3——当墙梁顶面直接作用集中荷载时受剪承载力折减系数（无集中荷载时 $\xi_3 = 1$）；

F_2——直接作用于墙梁顶面的集中荷载，多于一个时可按较大值取用；

a_F——集中力至支座的距离。

非承重墙梁可不进行墙体受剪承载力验算。

2）托梁受剪承载力计算。

托梁端部（包括有洞口、无洞口墙梁）的剪力设计值 V_e：

$$V_e = V_1 + \beta_v V_2 \tag{3-10}$$

偏开洞口墙梁的托梁 II—II 截面剪力设计值 V_h：

$$V_h = V_{1h} + 1.25\alpha M_2/(a+b_h) \tag{3-11}$$

式中　　V_1——Q_1，F_1 产生的支座边缘剪力；

V_{1h}——Q_1，F_1 在 II—II 截面产生的剪力；

β_v——考虑组合作用的托梁剪力系数，无洞口墙梁边支座取 0.6，中支座取 0.7；有洞口墙梁边支座取 0.7，中支座取 0.8。对自承重墙梁，无洞口时取 0.45，有洞口时取 0.5。

对于托梁梁端受剪承载力，按钢筋混凝土受弯构件计算；对于偏开洞口洞边 II—II 截面的受剪承载力，按偏心受拉构件计算，且洞口范围内托梁的箍筋用量，不得少于梁端箍筋用量。

（3）托梁支座上部砌体局部受压承载力计算。

当 $h_w/l_0 > 0.75$ 且无翼墙，砌体抗压强度较低时，往往发生托梁支座上部砌体局部受压破坏。托梁支座上部砌体局部受压承载力按式（3-12）计算：

$$Q_2 \leqslant \xi f h$$

$$\xi = 0.25 + 0.08 b_f / h \tag{3-12}$$

式中 ξ——局压系数，当 $\xi > 0.81$ 时，取 $\xi = 0.81$。

当 $b_f / h \geqslant 5$ 或墙梁支座处设置上、下贯通的落地构造柱时可不验算托梁支座上部砌体局部受压承载力。式 3-12 是根据弹性有限元分析和 16 个发生局压破坏的无梁墙构件的试验结果得出的。除上述验算以外，托梁尚应按混凝土受弯构件进行施工阶段的受弯、受剪承载力验算。对于非承重墙梁，砌体有足够的局部受压承载力，因而可不必验算。

（4）施工阶段托梁的承载力验算。

在墙梁的施工阶段，墙体仅作为施加在托梁上的荷载而不参与承载，故只需对托梁按钢筋混凝土受弯构件进行施工阶段的受弯、受剪承载力验算，作用在托梁上的荷载按前述方法采用。

6. 墙梁的构造要求

（1）按非抗震设计时的构造要求。

墙梁应符合现行混凝土结构设计规范和下列构造要求。

1）材料。

梁的混凝土强度等级不应低于 C30。

纵向钢筋宜采用 HRB335、HRB400 或 RRB400 级钢筋。

承重墙梁的块体强度等级不应低于 MU10，计算高度范围内墙体的砂浆强度等级不应低于 M10。

2）墙体。

框支墙梁的上部砌体房屋，以及设有承重的简支墙梁或连续墙梁的房屋，应满足刚性方案房屋的要求。

墙梁的计算高度范围内的墙体厚度，对砖砌体不应小于 240mm，对混凝土小型砌块砌体不应小于 190mm。

墙梁洞口上方应设置混凝土过梁，其支承长度不应小于 240mm；洞口范围内不应施加集中荷载。

承重墙梁的支座处应设置落地翼墙，翼墙厚度，对砖砌体不应小于 240mm，对混凝土砌块砌体不应小于 190mm，翼墙宽度不应小于墙梁墙体厚度的 3 倍，并与墙梁墙体同时砌筑。当不能设置翼墙时，应设置落地且上、下贯通的构造柱。

当墙梁墙体在靠近支座 1/3 跨度范围内开洞时，支座处应设置落地且上、下贯通的构造柱，并应与每层圈梁连接。

墙梁计算高度范围内的墙体，每天可砌高度不应超过 1.5m，否则，应加设临时支撑。

3）托梁。

有墙梁的房屋的托梁两边各一个开间及相邻开间处应采用现浇混凝土楼盖，楼板厚度不宜小于 120mm，当楼板厚度大于 150mm 时，宜采用双层双向钢筋网，楼板上应少开洞，洞口尺寸大于 800mm 时应设洞边梁。

托梁每跨底部的纵向受力钢筋应通长设置，不得在跨中段弯起或截断。钢筋接长应采用机械连接或焊接。

墙梁的托梁跨中截面纵向受力钢筋总配筋率不应小于 0.6%。

托梁距边支座距离 $l_0/4$ 范围内，上部纵向钢筋面积不应小于跨中下部纵向钢筋面积的 1/3。连续墙梁或多跨框支墙梁的托梁中支座上部附加纵向钢筋从支座边算起每边延伸不少于 $l_0/4$。

承重墙梁的托梁在砌体墙、柱上的支承长度不应小于 350mm。纵向受力钢筋伸入支座应符合受拉钢筋的锚固要求。

当托梁高度 $h_b \geqslant 500$mm 时，应沿梁高设置通长水平腰筋，直径不应小于 12mm，间距不应大于 200mm。

墙梁偏开洞口的宽度及两侧各一个梁高 h_b 范围内直至靠近洞口的支座边的托梁箍筋直径不宜小于 8mm，间距不应大于 100mm（图 3-8）。

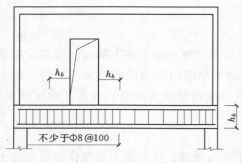

不少于Φ8@100

图 3-8 托梁箍筋

（2）按抗震设计时的构造要求。

底部框架—抗震墙房屋的结构布置，应符合下列要求。

1）上部的砌体抗震墙与底部的框架梁或抗震墙应对齐或基本对齐。

2）房屋的底部，应沿纵横两方向设置一定数量的抗震墙，并应均匀对称布置或基本均匀对称布置。6度、7度且总层数不超过五层的底层框架—抗震墙房屋，应允许采用嵌砌于框架之间的砌体抗震墙，但应计入砌体墙对框架的附加轴力和附加剪力；其余情况应采用钢筋混凝土抗震墙。

3）底层框架—抗震墙房屋的纵横两个方向，第二层与底层侧向刚度的比值，6度、7度时不应大于2.5，8度时不应大于2.0，且均不应小于1.0。

4）底部两层框架—抗震墙房屋的纵横两个方向，底层与底部第二层侧向刚度应接近，第三层与底部第二层侧向刚度的比值，6度、7度时不应大于2.0，8度时不应大于1.5，且均不应小于1.0。

5）底部框架—抗震墙房屋的抗震墙应设置条形基础、筏式基础或桩基。

高层建筑混凝土结构规程条对部分框支剪力墙中落地剪力墙作了具体规定。因为剪力墙和柱侧向刚度差别很大，在刚度突变处结构受力复杂，地震震害表明破坏严重，乃至倒塌。

在框支剪力墙中，砖墙侧向刚度较混凝土墙小很多，故有可能控制刚度比以保证安全。框支墙梁上层承重墙应沿纵、横两个方向按底部框架和抗震墙的轴线布置，宜上下对齐，分布均匀，使各层刚度中心接近质量中心。应在墙体中的框架柱上方和纵横墙交接处设置符合抗震规范要求的混凝土构造柱。框支墙梁的框架柱、抗震墙和托梁的混凝土强度等级不应低于C30，托梁上一层墙体的砂浆强度等级不应低于M10，其余墙体的砂浆强度等级不应低于M5。

在抗震设防地区，一般多层房屋不得采用由砖墙、砖柱支承的简支墙梁和连续墙梁结构。如用墙梁结构，则应优先选用框支墙梁结构。

三、挑梁

在砌体结构房屋中，为了支承挑廊、阳台、雨篷等，常设有埋入砌体墙内的钢筋混凝土悬臂构件，即挑梁。当埋入墙内的长度较大且梁相对于砌体的刚度较小时，梁发生明显的挠曲变形，将这种挑梁称为弹性挑梁，如阳台挑梁，外廊挑梁等；当埋入墙内的长度较短，埋入墙内的梁相对于砌体刚度较大，挠曲变形很小，主要发生刚体转动变形，将这种挑梁称为刚性挑梁。嵌入砖墙内的悬臂雨篷梁属于刚性挑梁。

1. 挑梁的受力特点与破坏形态

埋置于墙体中的挑梁是与砌体共同工作的。在墙体上的均布荷载 P 和挑梁端部集中力 F 作用下经历了弹性、带裂缝工作和破坏等三个受力阶段如图3-9所示。挑梁可能发生下列三种破坏形态。

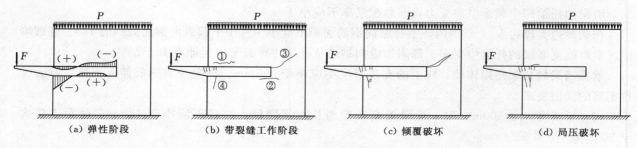

（a）弹性阶段　（b）带裂缝工作阶段　（c）倾覆破坏　（d）局压破坏

图 3-9 挑梁的破坏形态

（1）挑梁倾覆破坏 [图 3-9（c）]。当挑梁埋入端的砌体强度较高且埋入段长 l_1 较短，则可能在挑梁尾端处的砌体中产生阶梯形斜裂缝。如挑梁砌入端斜裂缝范围内的砌体及其他上部荷载不足以抵抗挑梁的倾覆力矩，此斜裂缝将继续发展，直至挑梁产生倾覆破坏。发生倾覆破坏时，挑梁绕其下表面与砌体外缘交点处稍向内移的一点 O 转动。

（2）挑梁下砌体局部受压破坏 [图 3-9（d）]。当挑梁埋入端的砌体强度较低且埋入段长度 l_1 较长，在斜裂缝发展的同时，下界面的水平裂缝也在延伸，使挑梁下砌体受压区的长度减小、砌体压应力增大。若压应力超过砌体的局部抗压强度，则挑梁下的砌体将发生局部受压破坏。

（3）挑梁弯曲破坏或剪切破坏。挑梁由于正截面受弯承载力或斜截面受剪承载力不足引起弯曲破坏或剪切破坏。

2. 挑梁的承载力验算

对于挑梁，需要进行抗倾覆验算、挑梁下砌体的局部承压验算以及挑梁本身的承载力验算。

（1）抗倾覆验算。

砌体墙中钢筋混凝土挑梁的抗倾覆应按式（3-13）验算。

$$M_{ov} \leqslant M_r \tag{3-13}$$

式中　M_{ov}——挑梁的荷载设计值对计算倾覆点产生的倾覆力矩；

　　　　M_r——挑梁的抗倾覆力矩设计值。

挑梁计算倾覆点至墙外边缘的距离可按下列规定采用。

1）当 $l_1 \geqslant 2.2h_b$ 时

$$x_0 = 0.3h_b，且不大于 0.13l_1。 \tag{3-14}$$

2）当 $l_1 < 2.2h_b$ 时

$$x_0 = 0.13l_1 \tag{3-15}$$

式中　l_1——挑梁埋入砌体墙中的长度，mm；

　　　　x_0——计算倾覆点至墙外边缘的距离，mm；

　　　　h_b——挑梁的截面高度，mm。

当挑梁下有构造柱时，计算倾覆点到墙外边缘的距离可取 $0.5x_0$。

挑梁的抗倾覆力矩设计值可按式（3-16）计算。

$$M_r = 0.8G_r(l_2 - x_0) \tag{3-16}$$

式中　G_r——挑梁的抗倾覆荷载，为挑梁尾端上部 45°扩散角的阴影范围（其水平长度为 l_3）内本层的砌体与楼面恒荷载标准值之和，如图 3-10 所示；

　　　　l_2——G_r 的作用点至墙外边缘的距离。

在确定挑梁的抗倾覆荷载 G_r 时，应注意以下几点。

1）当墙体无洞口时，若 $l_3 > l_1$，则 G_r 中不应计入尾端部（$l_3 - l_1$）范围内的本层砌体和楼面恒载 [图 3-10（b）]。

2）当墙体有洞口时，若洞口内边至挑梁层端的距离不大于 370mm，则 G_r 的取法与上述相同（应扣除洞口墙体自重），如图 3-10（c）所示；否则只能考虑墙外边至洞口外边范围内本层的砌体与楼面恒载，如图 3-10（d）所示。

（2）挑梁下砌体的局部受压承载力验算。

挑梁下砌体的局部受压承载力，可按式（3-17）验算。

$$N_l \leqslant \eta\gamma f A_l \tag{3-17}$$

式中　N_l——挑梁下的支承压力，可取 $N_l = 2R$，R 为挑梁的倾覆荷载设计值；

　　　　η——梁端底面压应力图形的完整系数，可取 0.7；

　　　　γ——砌体局部抗压强度提高系数，对如图 3-11（a）所示可取 1.25；对图 3-11（b）可取 1.5；

A_l——挑梁下砌体局部受压面积，可取 $A_l = 1.2bh_b$，b 为挑梁的截面宽度，h_b 为挑梁的截面高度。

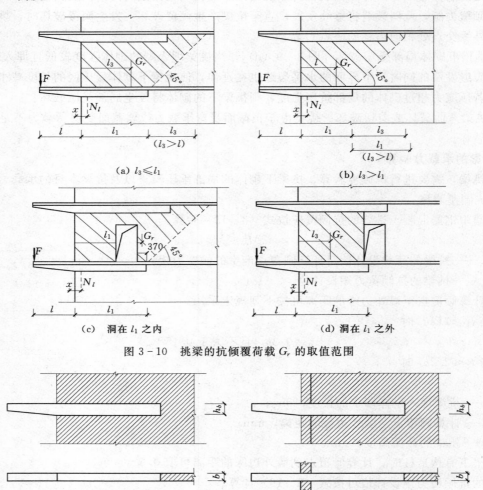

(a) $l_3 \leqslant l_1$ (b) $l_3 > l_1$

(c) 洞在 l_1 之内   (d) 洞在 l_1 之外

图 3-10 挑梁的抗倾覆荷载 G_r 的取值范围

（a）挑梁支承在一字墙上   （b）挡梁支承在丁字墙上

图 3-11 挑梁下砌体局部受压

（3）挑梁本身的承载力验算。

挑梁的最大弯矩设计值 M_{max} 与最大剪力设计值 V_{max}，可按式（3-18）计算。

$$M_{max} = M_{oV}$$
$$V_{max} = V_o$$

(3-18)

式中 V_o——挑梁的荷载设计值在挑梁墙外边缘处截面产生的剪力。

（4）挑梁的构造要求。

挑梁的设计除应符合现行混凝土结构设计规范外，尚应满足下列要求。

1）纵向受力钢筋至少应有 1/2 的钢筋面积伸入梁尾端，且不少于 2ϕ12。其余钢筋伸入支座的长度不应小于 $2l_1/3$。

2）挑梁埋入砌体长度 l_1 与挑出长度 l 之比宜大于 1.2；当挑梁上无砌体时，l_1 与 l 之比宜大于 2。

第二节　砌体结构布置方案

墙体既是砌体结构房屋中的主要承重结构，又是围护结构，起到了分隔的作用。承重墙、柱的布置直接影响到房屋的平面划分、空间大小，荷载传递，结构强度、刚度、稳定、造价及施工的难易程度。因此，在砌体结构房屋的设计中，承重墙、柱的布置十分重要。

通常将沿房屋纵向（长向）布置的墙体称为纵墙；沿房屋横向（短向）布置的墙体称为横墙；房屋四周与外界隔离的墙体称外墙；外横墙又称为山墙；其余墙体称为内墙。砌体结构房屋中的屋盖、楼盖、内外纵墙、横墙、柱和基础等是主要承重构件，它们互相连接，共同构成整个承重体系。根据结构的承重体系和荷载的传递路线，房屋的结构布置可分为四种方案：横墙承重方案、纵墙承重方案、纵横墙承重方案、内框架承重方案。

一、横墙承重方案

横墙承重方案就是将楼板和屋面板搁置在横墙上形成的结构布置方案（图3-12）。该方案适用于房屋开间较小，进深较大的情况。

横墙承重方案房屋的竖向荷载的主要传递路线为：

楼（屋）面板→横墙→基础→地基。

横墙承重方案的特点如下：

（1）横墙是主要的承重墙。纵墙的作用主要是围护、隔断以及与横墙拉结在一起形成整体，所以对纵墙上设置门、窗洞口的限制较少，外纵墙的立面处理比较灵活。

（2）横墙数量较多、间距较小，同时又有纵墙与之拉结，因而房屋的刚度大，整体性好。对抵抗沿横墙方向作用的风力、地震作用以及调整地基的不均匀沉降等较为有利，是一种有利于抗震的结构承重方案。

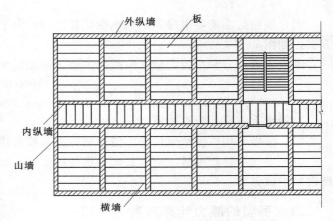

图3-12　横墙承重方案

二、纵墙承重方案

纵墙承重方案是指纵墙（包括外纵墙和内纵墙）直接承受屋面、楼面荷载的结构方案。这种结构，楼（屋）面板分两种方式放在纵墙上：一种是直接搁置，即楼（屋）面板直接搁置在纵墙上；另一种是间接搁置，即将楼（屋）面板搁置于大梁上，大梁又放在纵墙上，这种方式是对于要求有较大空间的房屋（如单层工业厂房、仓库等）或隔墙位置可能变化的房屋，通常无内横墙或横墙间距很大的情况应用，如图3-13所示。

纵墙承重方案房屋的竖向荷载的主要传递路线为：

板→梁（屋架）→纵向承重墙→基础→地基。

纵墙承重方案的特点如下：

（1）纵墙是主要的承重墙。横墙的设置主要是为了满足房间的使用要求，保证纵墙的侧向稳定和房屋的整体刚度，其间距可根据使用要求而定，因而房屋的划分比较灵活。

（2）由于纵墙承受的荷载较大，因此在纵墙上设置的门、窗洞口的大小及位置都受到一定的限制。

（3）与横墙承重方案相比，纵墙间距一般比较大，横墙数量相对较少，且楼盖材料用量相对较多，墙体的材料用量较少，因此房屋的横向刚度和空间刚度较差。

纵墙承重方案适用于使用上要求有较大空间的房屋（如教学楼、图书馆）以及常见的单层及多层空旷砌体结构房屋（如食堂、俱乐部、中小型工业厂房）等。

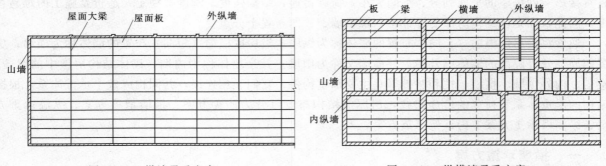

图 3-13　纵墙承重方案　　　　　　　　图 3-14　纵横墙承重方案

三、纵横墙承重方案

当建筑物的功能要求房间的大小变化较多时，为了结构布置的合理性，通常采用纵横墙混合承重方案，如图 3-14 所示。

纵横墙承重方案房屋的竖向荷载的主要传递路线为：

$$\text{楼（屋面）板}\rightarrow\begin{cases}\text{梁}\rightarrow\text{纵墙}\\\text{横墙或纵墙}\end{cases}\rightarrow\text{基础}\rightarrow\text{地基}$$

这种承重方案的特点如下：

（1）纵横墙均作为承重构件，使得结构受力较为均匀，能避免局部墙体承载过大。

（2）房间布置较灵活，能较好地满足使用要求，结构的整体性较好，教学楼、办公楼、医院等建筑常采用该方案。

四、房屋的静力计算方案

1. 房屋的空间工作性能

砌体结构房屋是由屋盖、楼盖、墙、柱、基础等主要承重构件组成的空间受力体系，共同承担作用在房屋上的各种竖向荷载（结构的自重、屋面、楼面的活荷载）、水平风荷载和地震作用。在外荷载的作用下，不仅直接承受荷载的构件起着抵抗荷载的作用，而且与其相连的其他构件也不同程度地参与了工作，这就体现了房屋的空间刚度。墙体的计算是砌体结构房屋设计的重要内容之一，包括墙体的内力计算和截面的承载力验算。

计算墙体的内力首先要确定计算简图，也就是如何确定房屋的静力计算方案的问题。计算简图既要尽量符合结构实际受力情况，又要使计算尽可能简单。现以各类单层房屋为例来讨论分析其受力特点。

第一种情况：图 3-15 为两端没有山墙的单层房屋，外纵墙承重，屋盖为装配式钢筋混凝土楼盖。该房屋的水平风荷载传力路径是：风荷载→纵墙→纵墙基础→地基；竖向荷载的传力路径是：屋面板→屋面梁→纵墙→纵墙基础→地基。

假定作用于房屋的荷载是均布荷载，外纵墙的刚度都是相等的，所以在水平荷载作用下整个房屋墙顶的水平位移是相同的。如果从其中任意两个窗口中线截取一个单元，则这个单元的受力状态和整个房屋的受力状态一样的。因此，可以用这个单元的受力状态来代表整个房屋的受力状态，这个单元就被称为计算单元。

在这类房屋中，荷载作用下的墙顶水平位移主要取决于纵墙的刚度，而屋盖结构的刚度只是保证传递水平荷载时两边纵墙的位移相同。如果把计算单元的纵墙比成排架柱、屋盖结构比作横梁，把基础看作柱的固定支座，屋盖结构和墙的连接点看作铰结点，假定这时横梁为绝对刚性的，则计算单元的受力状态就如同一个单跨平面排架，属于平面受力体系，其静力分析可采用结构力学中平面排架的分析方法。

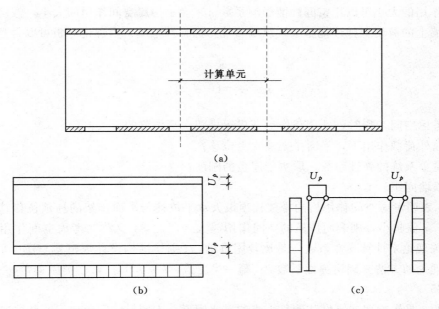

图 3-15 两端无山墙的单层房屋的受力状态及计算简图

第二种情况：图 3-16 为两端设置山墙的单层房屋。由于山墙的约束作用，水平荷载作用时屋盖的水平位移受到限制，整个房屋墙顶的水平位移不再相同，水平荷载的传力路径也发生了变化。屋盖结构可看作是水平方向的梁（跨度为两山墙间的距离），两端支承在山墙上；山墙可以看作竖向的悬臂梁支承在基础上。因此，该房屋的水平风荷载传力路径是：

$$风荷载 \rightarrow 纵墙 \rightarrow \left\{ \begin{array}{l} 纵墙基础 \\ 屋盖结构 \rightarrow 山墙 \rightarrow 山墙基础 \end{array} \right\} \rightarrow 地基$$

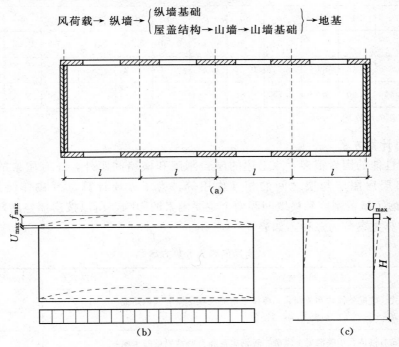

图 3-16 两端有山墙的单层房屋的受力状态及计算简图

从上面的分析可以看出，这类房屋中，风荷载的传力体系已经不是平面受力体系，即风荷载不仅在纵墙和屋盖组成的平面排架内传递，而且还通过屋盖平面和山墙平面进行传递，组成了空间受力体系。此时，墙体顶部的水平位移不仅与纵墙自身刚度有关，而且与屋盖结构水平刚度和山墙顶部水平方向的位移有关。

房屋空间作用的大小可以用空间性能影响系数 η 来表示房屋空间作用的大小。假定屋盖在水平面内为支承在横墙上的剪切型弹性地基梁，纵墙（柱）为弹性地基，由理论分析可以得到空间性能影响系数为：

$$\eta = \frac{\mu_s}{\mu_p} = 1 - \frac{1}{ks} \leqslant 1 \qquad (3-19)$$

式中 μ_s——考虑空间工作时，外荷载作用下房屋排架水平位移的最大值；

μ_p——在外荷载作用下，平面排架的水平位移；

k——屋盖系统的弹性系数，取决于屋盖的刚度；

s——横墙间距。

η 值越大，表明考虑空间作用后的排架柱顶最大水平位移与平面排架的柱顶位移越接近，房屋的空间作用越小；η 值越小，则表明房屋的空间作用越大。因此，η 又称为考虑空间作用后的侧移折减系数。按照相关理论来计算弹性系数 k 是比较困难的，《砌体结构设计规范》（GB 50003—2011）采用半经验、半理论的方法来确定弹性系数 k：第一类屋盖，$k=0.03$；第二类屋盖，$k=0.05$；第三类屋盖，$k=0.065$。

横墙的间距 s 是影响房屋刚度和侧移大小的重要因素，不同横墙间距房屋的各层空间工作性能影响系数 η 可按公式（3-19）计算得到。为了计算简便和偏于安全，《砌体结构设计规范》（GB 50003—2011）取多层房屋的空间性能影响系数与单层房屋相同的数值，即按表3-2取用。

表 3-2   房屋各层的空间性能影响系数 η_i

屋盖、楼盖类别	横墙间距屋盖或楼 s（m）													
	16	20	24	28	32	36	40	44	48	52	56	60	64	68	72
1	—	—	—	—	0.33	0.39	0.45	0.50	0.55	0.60	0.64	0.68	0.71	0.74	0.77
2		0.35	0.45	0.54	0.61	0.68	0.73	0.78	0.82						
3	0.37	0.49	0.60	0.68	0.75	0.81									

注 i 取 $1\sim n$，n 为房屋的层数。

2. 房屋的静力计算方案

影响房屋空间性能的因素很多，除上述的屋盖刚度和横墙间距外，还有屋架的跨度、排架的刚度、荷载类型及多层房屋层与层之间的相互作用等。为了方便计算，《砌体结构设计规范》GB 50003—2011 只考虑了屋盖刚度和横墙间距两个主要因素的影响，所以按房屋空间刚度的大小，将砌体结构房屋静力计算方案分为三种，如表3-3所示。

表 3-3   房屋的静力计算方案

	屋盖或楼盖类别	刚性方案	刚弹性方案	弹性方案
1	整体式、装配整体式和装配式无檩体系钢筋混凝土屋盖或钢筋混凝土楼盖	$s<32$	$32 \leqslant s \leqslant 72$	$s>72$
2	装配式有檩体系钢筋混凝土屋盖、轻钢屋盖和有密铺望板的木屋盖或楼盖	$s<20$	$20 \leqslant s \leqslant 48$	$s>48$
3	瓦材屋面的木屋盖和轻钢屋盖	$s<16$	$16 \leqslant s \leqslant 36$	$s>36$

注 1. 表中 s 为房屋横墙间距，其长度单位为 m。
    2. 当多层房屋的屋盖、楼盖类别不同或横墙间距不同时，可按本表规定分别确定各层（底层或顶部各层）房屋的静力计算方案。
    3. 对无山墙或伸缩缝无横墙的房屋，应按弹性方案考虑。

（1）刚性方案。

当房屋的横墙间距较小、楼（屋）面板刚度较大时，房屋的空间刚度大，空间工作性能好。在水平风荷载作用下，墙、柱顶端的水平位移 $\mu_s \approx 0$。此时楼（屋）面板可视为纵向墙体上端的不动铰支座，墙柱内力可按上端有不动铰支承的竖向构件进行计算，这类房屋称为刚性方案房屋。

（2）弹性方案。

当房屋的横墙间距较大、楼（屋）面板刚度较小时，房屋的空间刚度小，空间工作性能不好。在水平风荷载作用下 $\mu_s \approx \mu_p$，墙顶的最大水平位移接近于平面受力体系（无山墙房屋），其墙柱内力计算应按不考虑空间作用的平面排架或框架计算，这类房屋称为弹性方案房屋。

（3）刚弹性方案。

当房屋的横墙间距不太大、楼（屋）面板刚度不太小时，房屋的空间刚度介于上述两种方案之间。在水平风荷载作用下 $0 < \mu_s < \mu_p$，纵墙顶端水平位移比弹性方案要小，但又不可忽略不计，其受力状态介于刚性方案和弹性方案之间。这时墙柱内力计算应按考虑空间作用的平面排架或框架计算，这类房屋称为刚弹性方案房屋。

3.《规范》GB 50003—2011 对横墙的要求

由上面的分析可知，房屋墙、柱的静力计算方案是根据房屋空间刚度的大小确定的，而房屋的空间刚度则由两个主要因素确定，一是房屋中楼（屋）面板的类别，二是房屋中横墙间距及其刚度的大小。因此作为刚性和刚弹性方案房屋中的横墙，《砌体结构设计规范》规定应符合下列要求：

（1）横墙中开有洞口时，洞口的水平截面面积不应超过横墙截面面积的 50%。

（2）横墙的厚度不宜小于 180mm。

（3）单层房屋的横墙长度不宜小于其高度，多层房屋的横墙长度不宜小于横墙总高度的 1/2。

（4）当横墙不能同时满足上述要求时，应对横墙刚度进行验算。如横墙的最大水平位移 $\mu_{max} \leqslant H/4000$（$H$ 为横墙总高度）时，仍可将其视作刚性或刚弹性方案房屋的横墙；凡符合此刚度要求的一段横墙或其他结构构件（如框架等），也可以视作刚性或刚弹性方案房屋的横墙。

第三节　砌体结构计算

一、墙、柱的高厚比验算

砌体结构房屋中的墙、柱一般是受压构件，对于受压构件，除了要满足承载力的要求外，还必须保证其稳定性。验算高厚比的目的就是防止墙、柱在施工和使用阶段因砌筑质量等原因产生过大变形，丧失稳定性。因此《规范》GB 50003—2011 规定：用验算墙、柱高厚比的方法来保证墙、柱的稳定性。高厚比就是指墙、柱的计算高度 H_0 与墙厚或柱截面边长 h 的比值。墙、柱的高厚比越大，其稳定性越差。

1. 墙、柱的计算高度

墙、柱的计算高度是由墙、柱的实际高度 H，并根据房屋类别和构件两端的约束条件来确定的。在进行墙、柱承载力和高厚比验算时，《规范》GB 50003—2011 规定，受压构件的计算高度 H_0 可按表 3-4 采用。

表中的构件高度 H 应按下列规定采用：

（1）在房屋底层，为楼板顶面到构件下端支点的距离。下端支点的位置，可取在基础顶面。当埋置较深且有刚性地坪时，可取室外地面下 500mm 处。

（2）在房屋其他层次，为楼板或其他水平支点间的距离。

（3）对于无壁柱的山墙，可取层高加山墙尖高度的 1/2；对于带壁柱的山墙可取壁柱处的山墙高度。

表 3-4　　　　　　　　　　　　受压构件的计算高度 H_0

房屋类型			柱		带壁柱墙或周边拉结的墙		
			排架方向	垂直排架方向	$s>2H$	$2H \geqslant s>H$	$s \leqslant H$
有吊车的单层房屋	变截面柱上段	弹性方案	$2.5H_u$	$1.25H_u$	$2.5H_u$		
		刚性、刚弹性方案	$2.0H_u$	$1.25H_u$	$2.0H_u$		
	变截面柱下段		$1.0H_l$	$0.8H_l$	$1.0H_l$		
无吊车的单层房屋和多层房屋	单跨	弹性方案	$1.5H$	$1.0H$	$1.5H$		
		刚弹性方案	$1.2H$	$1.0H$	$1.2H$		
	多跨	弹性方案	$1.25H$	$1.0H$	$1.25H$		
		刚弹性方案	$1.10H$	$1.0H$	$1.10H$		
	刚性方案		$1.0H$	$1.0H$	$1.0H$	$0.4s+0.2H$	$0.6s$

注　1. 表中 H_u 为变截面柱的上段高度；H_l 为变截面柱的下段高度；

　　2. 对于上端为自由端的构件，$H_0=2H$；

　　3. 对独立柱，当无柱间支撑时，柱在垂直排架方向的 H_0 应按表中数值乘以 1.25 后采用；

　　4. s 为房屋横墙间距；

　　5. 自承重墙的计算高度应根据周边支承或拉接条件确定；

　　6. 表中的构件高度 H 应按下列规定采用：在房屋底层，为楼板顶面到构件下端支点的距离，下端支点的位置可取在基础顶面，当埋置较深且有刚性地坪时，可取室外地面下 500mm 处；在房屋的其他层，为楼板或其他水平支点间的距离；对于无壁柱的山墙，可取层高加山墙尖高度的 1/2；对于带壁柱山墙可取壁柱处山墙的高度。

对有吊车的房屋，当荷载组合不考虑吊车作用时，变截面柱上段的计算高度可按表 3-4 规定采用；变截面柱下段的计算高度可按下列规定采用（本规定也适用于无吊车房屋的变截面柱）：

1）当 $H_u/H \leqslant 1/3$ 时，取无吊车房屋的 H_0。

2）当 $1/3 < H_u/H \leqslant 1/2$ 时，取无吊车房屋的 H_0 乘以修正系数 μ，其中 $\mu=1.3-0.3I_u/I_l$，I_u 为变截面柱上段的惯性矩，I_l 为变截面柱下段的惯性矩。

3）当 $H_u/H \geqslant 1/2$ 时，取无吊车房屋的 H_0；但在确定 β 值时，应采用上柱截面。

2. 墙、柱的允许高厚比及高厚比的主要影响因素

（1）墙、柱的允许高厚比。

墙、柱高厚比的允许极限值称允许高厚比，用 $[\beta]$ 表示。允许高厚比主要是根据实践经验规定的，它反映在一定的时期内材料的质量和施工的水平，GB 50003—2011 规定的墙、柱的允许高厚比见表 3-5。

表 3-5　　　　　　　　　　　墙、柱允许高厚比 $[\beta]$ 值

砂浆强度等级	墙	柱
M2.5	22	15
M5.0	24	16
≥M7.5	26	17

注　1. 毛石墙、柱允许高厚比应按表中数值降低 20%。

　　2. 组合砖砌体构件的允许高厚比，可按表中数值提高 20%，但不得大于 28。

　　3. 验算施工阶段砂浆尚未硬化的新砌砌体高厚比时，允许高厚比对墙取 14，对柱取 11。

（2）高厚比的主要影响因素。

影响墙、柱允许高厚比 $[\beta]$ 的因素比较复杂，难以用理论推导的公式来计算，GB 50003—2011 规定的限值是综合考虑以下各种因素确定的：

1）砂浆强度等级。

砂浆强度直接影响砌体的弹性模量，而砌体弹性模量的大小又直接影响砌体的刚度。所以砂浆强

度是影响允许高厚比的重要因素。砂浆强度越高，允许高厚比也相应增大。

2）砌体类型。

毛石墙比一般砌体墙刚度差，允许高厚比要降低，而组合砌体由于钢筋混凝土的刚度好，允许高厚比可提高。

3）横墙间距。

横墙间距愈小，墙体稳定性和刚度愈好；横墙间距愈大，墙体稳定性和刚度愈差。高厚比验算时用改变墙体的计算高度来考虑这一因素，柱子没有横墙联系，其允许高厚比应比墙小些。

4）支承条件。

刚性方案房屋的墙、柱计算时在屋盖和楼盖支承处假定为不动铰支座，刚性好，允许高厚比可以大些；而弹性和刚弹性房屋的墙、柱在屋（楼）盖处侧移较大，稳定性差，允许高厚比相对小些。验算高厚比时用改变其计算高度来考虑这一因素。

5）砌体截面刚度。

砌体截面惯性矩较大，稳定性则好。当墙上门窗洞口削弱较多时，允许高厚比值降低，可以通过有门窗洞口墙允许高厚比的修正系数来考虑此项影响。

6）构造柱间距及截面。

构造柱间距愈小，截面愈大，对墙体的约束愈大，因此墙体稳定性愈好，允许高厚比可提高。通过修正系数来考虑。

7）构件重要性和房屋使用情况。

对次要构件，如自承重墙允许高厚比可以增大，通过修正系数考虑；对于使用时有振动的房屋则应酌情降低。

3. 墙、柱高厚比验算

（1）一般墙、柱高厚比验算：

$$\beta = \frac{H_0}{h} \leqslant \mu_1 \mu_2 [\beta] \tag{3-20}$$

式中　$[\beta]$——墙、柱的允许高厚比，按表 3-5 采用；

　　　　H_0——墙、柱的计算高度，按表 3-4 采用；

　　　　h——墙厚或矩形柱与 H_0 相对应的边长；

　　　　μ_1——自承重墙允许高厚比的修正系数。对厚度 $h \leqslant 240\text{mm}$ 的自承重墙，按下列规定采用：当 $h = 240\text{mm}$ 时，$\mu_1 = 1.2$；当 $h = 90\text{mm}$ 时，$\mu_1 = 1.5$；当 $90\text{mm} < h < 240\text{mm}$ 时，μ_1 可按内插法取值。上端为自由端墙的允许高厚比，除按上述规定提高外，尚可提高 30%；对厚度小于 90mm 的墙，当双面用不低于 M10 的水泥砂浆抹面，包括抹面层的墙厚不小于 90mm 时，可按墙厚等于 90mm 验算高厚比；

　　　　μ_2——有门窗洞口的墙允许高厚比修正系数，应按式（3-21）计算。

$$\mu_2 = 1 - 0.4 \frac{b_s}{s} \tag{3-21}$$

式中　b_s——在宽度 s 范围内的门窗洞口总宽度；

　　　　s——相邻窗间墙或壁柱之间的距离（图 3-17）。

当按公式计算得到的 $\mu_2 < 0.7$ 时，应取 $\mu_2 = 0.7$；当洞口高度等于或小于墙高的 1/5 时，取 $\mu_2 = 1.0$。

（2）带壁柱墙的高厚比验算。

一般砌体结构房屋的纵墙，有时带有壁柱，其高厚比除验算整片墙的高厚比外，还需验算壁柱间墙的高厚比。

1）整片墙高厚比验算。

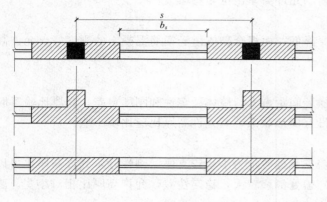

图 3-17 门窗洞口宽度示意图

整片墙的高厚比验算相当于验算墙体的整体稳定性，可按式（3-22）计算：

$$\beta = \frac{H_0}{h_T} \leqslant \mu_1 \mu_2 [\beta] \qquad (3-22)$$

式中 H_0——带壁柱墙的计算高度，按表 3-4采用，此时 s 应取相邻横墙间的距离；

h_T——带壁柱墙截面的折算厚度，$h_T = 3.5i$，其中 i 为带壁柱墙截面的回转半径，$i = \sqrt{I/A}$，而 I、A 分别为带壁柱墙截面的惯性矩和截面面积。

在确定截面回转半径 i 时，带壁柱墙计算截面的翼缘宽度 b_f 可按下列规定采用：

①多层房屋，当有门窗洞口时，可取窗间墙宽度；当无门窗洞口时，每侧翼墙宽度可取壁柱高度的 1/3。

②单层房屋，可取壁柱宽加 2/3 墙高，但不大于窗间墙宽度和相邻壁柱间距离。

③计算带壁柱墙的条形基础时，可取相邻壁柱间的距离。

2）壁柱间墙的高厚比验算。

壁柱间墙的高厚比验算相当于验算墙体的局部稳定性，可按无壁柱墙公式进行验算。确定 H_0 时，s 应取相邻壁柱间距离，而且不论带壁柱墙体的房屋的静力计算采用何种计算方案，H_0 一律按表 3-4 中的刚性方案取用。

（3）带构造柱墙高厚比验算。

带构造柱墙的高厚比验算方法与带壁柱墙相同，也需要验算整片墙的高厚比和构造柱间墙的高厚比。

1）整片墙高厚比验算。

带构造柱墙整片墙的高厚比应按下式进行验算，当确定 H_0 时，s 取相邻横墙间距。

$$\beta = \frac{H_0}{h_T} \leqslant \mu_1 \mu_2 \mu_c [\beta]$$

$$\mu_c = 1 + \gamma \frac{b_c}{l} \qquad (3-23)$$

式中 μ_c——带构造柱墙在使用阶段的允许高厚比提高系数；

γ——系数。对细料石、半细料石砌体，$\gamma = 0$；对混凝土砌块、粗料石、毛料石及毛砌体，$\gamma = 1.0$；其他砌体，$\gamma = 1.5$；

b_c——构造柱沿墙长方向的宽度；

l——构造柱的间距。当 $b_c/l > 0.25$ 时，取 $b_c/l = 0.25$；当 $b_c/l < 0.05$ 时取，$b_c/l = 0$。

2）构造柱间墙的高厚比验算。

构造柱间墙的高厚比可按公式进行验算。此时可将构造柱视为构造柱间墙的不动铰支座。因此计算 H_0 时，s 应取相邻构造柱间距离，而且不论带壁柱墙体的房屋的静力计算采用何种计算方案，H_0 一律按表 2-4 中的刚性方案取用。

GB 50003—2011 规定设有钢筋混凝土圈梁的带壁柱墙或带构造柱墙，当 $b/s \geqslant 1/30$ 时，圈梁可视作壁柱间墙或构造柱间墙的不动铰支点（b 为圈梁宽度）。这是由于圈梁的水平刚度较大，能够限制壁柱间墙体或构造柱间墙的侧向变形。如果墙体条件不允许增加圈梁的宽度，可按墙体平面外等刚度原则增加圈梁高度，以满足壁柱间墙或构造柱间墙不动铰支点的要求。

二、多层房屋承重墙体计算

由于在实际工程中对房屋刚度的要求，尤其是抗震的要求，多层房屋一般都设计成刚性方案房屋，很少采用刚弹性方案。由于弹性方案房屋的整体性差，侧向位移大，很难满足使用要求，工程中更应避免采用弹性方案。本节主要介绍多层刚性方案房屋的承重墙体计算。

1. 多层刚性方案房屋承重纵墙的计算

对多层民用房屋，如住宅、教学楼、办公楼等，由于横墙间距较小，一般属于刚性方案房屋。设计时，既需验算墙体的高厚比，又要验算承重墙的承载力。

（1）选取计算单元。

砌体结构房屋纵墙一般较长，设计时可仅取一段有代表性的墙柱即一个开间作为计算单元。

一般情况下，计算单元的受荷宽度为 $\frac{1}{2}(l_1+l_2)$，l_1、l_2 为相邻两开间的宽度，如图 3-18 所示。纵墙的计算截面宽度 B 为：有门窗洞口时，B 一般取一个开间的门间墙或窗间墙宽度；无门窗洞口时，B 取 $\frac{1}{2}(l_1+l_2)$；如壁柱间的距离较大且层高较小时，B 可按式（3-24）取用：

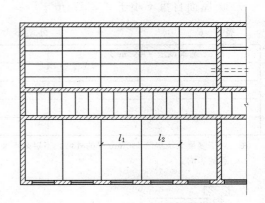
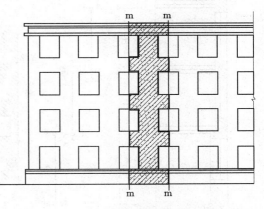

图 3-18 多层刚性方案房屋的计算单元

$$B=b+\frac{2}{3}H\leqslant\frac{l_1+l_2}{2} \tag{3-24}$$

式中 b——壁柱宽度；

H——层高。

在同一房屋中，各个部分墙体的截面尺寸和承受的荷载可能不相同，应取的计算单元也就不只一个。在设计时，一般在墙体最薄弱的部位选取计算单元，进行墙体验算。

（2）水平荷载作用下的计算。

在水平风荷载作用下，墙体为竖向连续梁，屋盖、楼盖为连续梁的支承，如图 3-19 所示。为了简化计算，纵墙的支座弯矩及跨中弯矩可近似按式（3-25）计算。

$$M=\frac{1}{12}qH_i^2 \tag{3-25}$$

式中 q——沿楼层高均布的风荷载设计值，kN/m；

H_i——第 i 层墙体的高度，m。

当刚性方案的多层房屋外墙符合下列要求时，静力计算可不考虑风荷载的影响：

1）洞口水平截面面积不超过全截面面积的 2/3。

2）层高和总高不超过表 3-6 的规定。

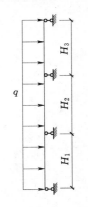

图 3-19 风荷载作用
下的计算简图

3) 屋面自重不小于 $0.8kN/m^2$。

表 3-6　　　　　　　　　　　　　外墙不考虑风荷载影响时的最大高度

基本风压（kN/m²）	层高（m）	总高（m）
0.4	4.0	28
0.5	4.0	24
0.6	4.0	18
0.7	3.5	18

注　对于多层砌块房屋 190mm 厚的外墙，当层高不大于 2.8m，总高不大于 19.6m，基本风压不大于 $0.7kN/m^2$ 时，可不考虑风荷载的影响。

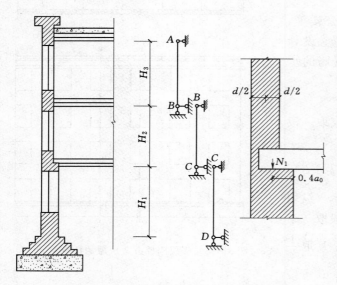

图 3-20　竖向荷载作用下墙体的计算简图

（3）竖向荷载作用下的计算。

在竖向荷载作用下，由于楼盖的梁和板在墙体内均有一定支承长度，致使墙体的连续性受到削弱。为了简化计算，不考虑墙体在楼盖处的连续性，假定墙体在楼盖处和基础顶面处都为不动铰支座。这样，在竖向荷载作用下，刚性方案多层房屋的墙体在每层高度范围内，均可简化为两端铰接的竖向构件进行计算，如图 3-20 所示。

按照上述假定，多层房屋上下层墙体在楼盖支承处均为铰接。在计算某层墙体时，以上各层荷载传至该层墙体顶端支承截面处的弯矩为零；而在所计算层墙体顶端截面处，由楼盖传来的竖向力则应考虑其偏心距。

以图 3-20 所示的三层房屋的第二层和第一层墙为例，来说明在竖向荷载作用下纵墙的内力计算方法。

1）对第二层墙，如图 3-21（a）所示：

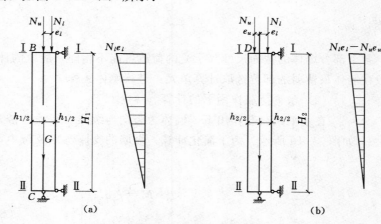

图 3-21　竖向荷载作用下墙体受力分析

上端截面内力：截面 Ⅰ-Ⅰ

$$\left.\begin{array}{l} N_\text{I} = N_u + N_l \\ M_\text{I} = N_l e_l \end{array}\right\} \tag{3-26}$$

下端截面内力：截面 Ⅱ-Ⅱ

$$\left.\begin{array}{l} N_\text{II} = N_u + N_l + G \\ M_\text{II} = 0 \end{array}\right\} \tag{3-27}$$

式中 N_l——本层墙顶楼盖的梁或板传来的荷载即支承力；

　　　N_u——由上层墙传来的荷载；

　　　e_l——N_l 对本层墙体截面形心轴的偏心距，无壁柱墙取 $e_l = \dfrac{h}{2} - 0.4a_0$（$h$ 为墙厚）；

　　　G——本层墙体自重（包括内外粉刷，门窗自重等）。

2）对底层，假定墙体在一侧加厚，则由于上下层墙厚不同，上下层墙轴线偏离 e_u，因此，由上层墙传来的竖向荷载 N_u 将对下层墙产生弯矩，如图 3-21（b）所示。

上端截面内力：截面 Ⅰ-Ⅰ

$$\left.\begin{aligned} N_{\mathrm{I}} &= N_u + N_l \\ M_{\mathrm{I}} &= N_l e_l - N_u e_u \end{aligned}\right\} \qquad (3-28)$$

下端截面内力：截面 Ⅱ-Ⅱ

$$\left.\begin{aligned} N_{\mathrm{II}} &= N_u + N_l + G \\ M_{\mathrm{II}} &= 0 \end{aligned}\right\} \qquad (3-29)$$

式中　e_u——N_u 对本层墙体截面形心轴的偏心距，取上、下层墙体形心轴之间的距离；

　　　其余符号意义同上。

（4）控制截面与承载力验算。

当不需考虑风荷载影响时，若墙厚、材料强度等级均不变，承重纵墙的控制截面位于底层墙的墙顶Ⅰ-Ⅰ截面和墙底Ⅱ-Ⅱ截面；若墙厚或材料强度等级有变化时，除底层墙的墙顶和基础顶面时控制截面外，墙厚或材料强度等级开始变化层的墙顶和墙底也是控制截面。

Ⅰ-Ⅰ截面位于墙顶部大梁底面，承受大梁传来的支座反力，此截面弯矩最大，应按偏心受压构件验算承载力，并验算梁端下砌体的局部受压承载力。截面Ⅱ-Ⅱ位于墙底面，此截面 $M=0$，但轴向力 N 相对最大，应按轴心受压构件验算承载力。

2. 多层刚性方案房屋承重横墙的计算

横墙承重的房屋中，横墙间距较小，纵墙间距也不会很大，所以房屋一般都属于刚性方案房屋。在计算这类房屋的横墙时，楼（屋）盖可作为墙体的不动铰支座，因此，承重横墙的计算简图和内力分析和刚性方案承重纵墙相同，但有以下特点：

（1）计算单元和计算简图。

横墙一般承受楼（屋）盖传来均布荷载，而且很少开设洞口，通常取单位宽度 $b=1\text{m}$ 的横墙作为计算单元，每层横墙视为两端不动铰接的竖向构件，如图 3-22 所示。构件的高度一般取为层高。但对于底层，取基础顶面至楼板顶面的距离，基础埋置较深且有刚性地坪时，可取室外地面下 500mm 处；对于顶层为坡屋顶时，则取层高加上山墙高度的一半。

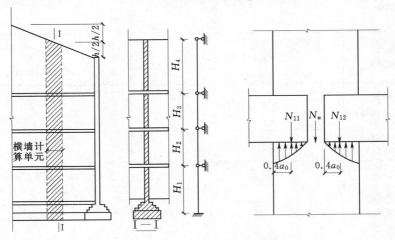

图 3-22　多层刚性方案房屋承重横墙的计算简图

（2）承载力验算。

横墙承受的荷载也和纵墙一样，但对中间墙则承受两边楼盖传来的竖向力。当由横墙两边的恒载和活载引起的竖向力相同时，沿整个横墙高度都承受轴心压力，横墙的控制截面应取该层墙体的底部。否则，应按偏心受压验算横墙顶部的承载力。

当横墙上有洞口时应考虑洞口削弱的影响。对直接承受风荷载的山墙，其计算方法与纵墙相同。

三、墙体计算

墙体结构计算见表 3 - 7。

表 3 - 7　　　　　　　　　　　　　墙 体 结 构 计 算 表

序号	构件受力特征	计 算 公 式	备 注
1	受压构件 （无筋砌体）	$N \leqslant \varphi f A$	当 $\beta \leqslant 3$ 时 $\varphi = \dfrac{1}{1 + 12\left(\dfrac{e}{h}\right)^2}$ 当 $\beta > 3$ 时 $\varphi = \dfrac{1}{1 + 12\left[\dfrac{e}{h} + \sqrt{\dfrac{1}{12}\left(\dfrac{1}{\varphi_0} - 1\right)}\right]^2}$ $\varphi_0 = \dfrac{1}{1 + 2\beta^2}$ 对矩形截面　$\beta = \gamma_\beta \dfrac{H_0}{h}$ 对 T 形截面　$\beta = \gamma_\beta \dfrac{H_0}{h_T}$
2	局部受压 （无筋砌体）	（1）砌体截面受局部均匀压力 　　$N_l \leqslant \gamma f A_l$ （2）梁端支承处砌体局部受压 　　$\psi N_0 + N_l \leqslant \eta \gamma f A_l$ （3）梁端设有刚性垫块和砌体局部受压 　　$N_0 + N_l \leqslant \varphi \gamma_1 f A_b$ （4）梁下设有长度大于 πh_0 的垫梁下的砌体局部受压 　　$N_0 + N_l \leqslant 2.4 \delta_2 f b_b h_0$	$\gamma = 1 + 0.35\sqrt{\dfrac{A_0}{A_l} - 1}$ $\psi = 1.5 - 0.5\dfrac{A_0}{A_l}$ $N_0 = \sigma_0 A_l$ $A_l = a_0 b$ $a_0 = 10\sqrt{\dfrac{h_c}{f}}$ $N_0 = \sigma_0 A_b$ $A_b = a_b b_b$ $N_0 = \pi b_b h_0 \sigma_0 / 2$ $h_0 = 2\sqrt[3]{\dfrac{E_b I_b}{Eh}}$
3	轴心受拉构件 （无筋砌体）	$N_t \leqslant f_t A$	
4	受弯构件 （无筋砌体）	$M \leqslant f_{tm} W$ 受弯构件的受剪承载力 $V \leqslant f_v b z$	$z = I/S$
5	受剪构件 （无筋砌体）	$V \leqslant (f_v + \alpha \mu \sigma_0) A$	当 $\gamma_G = 1.2$ 时　$\mu = 0.26 - 0.082 \dfrac{\sigma_0}{f}$ 当 $\gamma_G = 1.35$ 时　$\mu = 0.23 - 0.065 \dfrac{\sigma_0}{f}$
6	受压构件 （网状配筋砖砌体）	$N \leqslant \varphi_n f_n A$	$f_n = f + 2\left(1 - \dfrac{2e}{y}\right)\dfrac{\rho}{100} f_y$ $\rho = (V_s/V)\,100$
7	轴心受压构件 （组合砖砌体）	$N \leqslant \varphi_{com}\,(fA + f_c A_c + \eta_a f_y' A_s')$	
8	偏心受压构件 （组合砖砌体）	$N \leqslant fA' + f_c A_c' + \eta_a f_y' A_s' - \sigma_s A_s$ 或 $N e_N \leqslant f S_a + f_c S_{c,a} + \eta_a f_y' A_a'$ $(h_0 - a_a')$	受压区高度 x 按下式确定： $f S_N + f_c S_{c,N} + \eta_a f_y' A_a' e_N' - \sigma_a A_a e_N = 0$ $e_N = e + e_a + (h/2 - a_a)$ $e_N' = e + e_a - (h/2 - a_a')$ $e_a \dfrac{\beta^2 h}{2200}(1 - 0.022\beta)$

序号	构件受力特征	计 算 公 式	备 注
9	轴心受压承载力（砖砌体和钢筋混凝土构造柱组成的砖墙）	$N \leqslant \varphi_{com} \left[fA_n + \eta \left(f_c A_c + f'_y A'_s \right) \right]$	$\eta = \left[\dfrac{1}{\dfrac{l}{bc} - 3} \right]^{\frac{1}{4}}$

注 表中符号

N—轴向力设计值；

φ—高厚比 β 和轴向力偏心距 e 对受压构件承载力影响系数（用于计算受压构件）；

f—砌体抗压强度设计值；

A—截面面积，按砌体毛截面计算；

e—轴向力的偏心距；

h—矩形截面轴向力偏心方向的边长，当轴心受压时为截面较小边长；

α—与砂浆强度等级有关的系数，当砂浆强度等级 ≥M5 时，$\alpha=0.0015$；当砂浆强度等级＝M2.5 时，$\alpha=0.002$；当砂浆强度等级 $f_2=0$ 时，$\alpha=0.009$；

β—构件的高厚比；计算 T 形截面受压构件 φ 时，应以折算厚度 h_T 代替 h_0，$h_T=3.5i$，i 为 T 形截面回转半径；

γ_β—不同砌体材料的高厚比修正系数；

H_0—受压构件的计算高度；

h_T—T 形截面的折算厚度；

N_l—局部受压面积上的轴向力设计值；

γ—砌体局部抗压强度提高系数；

A_l—局部受压面积；

A_0—影响砌体局部抗压强度的计算面积；

ψ—上部荷载的折减系数，当 $A_0/A_{f_l} \geqslant 3$ 时，$\psi=0$；

N_0—局部受压面积内（垫块面积 A_b 上、垫梁）上部轴向力设计值；

N_l—梁端支承压力设计值（用于计算梁端支承处砌体局部受压）；

σ_0—上部平均压应力设计值；

η—梁端底面压应力图形的完整系数，可取 0.7，对于过梁和墙梁可取 1.0；

a_0—梁端有效支承长度，当 $a_0 > a$ 时，取 $a_0 = a$；

a—梁端实际支承长度；

h_c—梁的截面高度；

φ—垫块上 N_0 及 N_l 合力的影响系数（用于计算梁端设有刚性垫块的砌体局部受压），取 $\beta \leqslant 3$ 时的 φ 值；

γ_1—垫块外砌体面积的有利影响系数，γ_1 应为 0.8γ，但不小于 1.0；

A_b—垫块面积；

a_b—垫块伸入墙内长度；

b_b—垫块宽度（垫梁在墙厚方向的宽度）；

δ_2—当荷载沿墙厚方向均匀分布时 δ_2 取 1.0，不均匀时 δ_2 取 0.8；

h_0—垫梁折算高度；

E_b、I_b—垫梁的混凝土弹性模量和截面惯性矩；

h_b—垫梁的高度；

N_t—轴心拉力设计值；

f_t—砌体的轴心抗拉强度设计值；

M—弯矩设计值；

f_{tm}—砌体弯曲抗拉强度设计值；

W—截面抵抗矩；

V—剪力设计值；

f_v—砌体抗剪强度设计值；

b—截面宽度；

z—内力臂，当截面为矩形时，取 z 等于 $2h/3$；

I—截面惯性矩；

S—截面面积矩；

h—截面高度；

φ_n—高厚比和配筋率以及轴向力的偏心距对网状配筋砖砌体受压构件承载力的影响系数；

f_n—网状配筋砖砌体的抗压强度设计值；

ρ—体积配筋率，当采用截面面积为 A_s 的钢筋组成的方格网，网格尺寸为 a 和钢筋网的竖向间距为 s_n 时，$\rho = \dfrac{2A_s}{as_n}100$；

V_s、V—钢筋和砌体的体积；

f_y—钢筋的抗拉强度设计值，当 f_y 大于 320MPa 时仍采用 320MPa；

φ_{com}—组合砖砌体构件的稳定系数；

f_c—混凝土或面层水泥砂浆的轴心抗压强度设计值，砂浆的轴心抗压强度设计值可取为同强度等级混凝土的轴心抗压强度设计值 70%，当砂浆为 M15 时，取 5.2MPa；当砂浆为 M10 时，取 3.5MPa；当砂浆为 M7.5 时，取 2.6MPa；

A_c—混凝土或砂浆面层的截面面积；

η_s—受压钢筋的强度系数，当为混凝土面层时，取 1.0；当为砂浆面层时取 0.9；

f'_y—钢筋抗压强度设计值；

A'_s—受压钢筋的截面面积；

σ_s—钢筋 A_s 的应力；

A_s—距轴向力 N 较远侧钢筋的截面面积；

A'—砖砌体受压部分的面积；

A'_c—混凝土或砂浆面层受压部分的面积；

S_s—砖砌体受压部分面积对钢筋 A_s 重心的面积矩；

$S_{c,s}$—混凝土或砂浆面层受压部分面积对钢筋 A_s 重心的面积矩；

S_N—砖砌体受压部分的面积对轴向力 N 作用点的面积矩；

$S_{c,N}$—混凝土或砂浆面层受压部分面积对轴向力 N 作用点的面积矩；

e_N、e'_N—钢筋 A_s、A'_s 重心至轴向力 N 作用点的距离；

e_a—组合砖砌体构件在轴向力作用下的附加偏心距；

h_0—组合砖砌体构件截面的有效高度，$h_0 = h - a_s$；

a_s、a'_s—钢筋 A_s、A'_s 重心至截面较近边的距离；

η—强度系数，当 l/b_c 小于 4 时取 l/b_c 等于 4；

l—沿墙长方向构造柱的间距；

b_c—沿墙长方向构造柱的宽度；

A_n—砖砌体的净截面面积；

A_c—构造柱的截面面积。

第四节 砌体结构设计实例

一、设计资料

本工程为 6 层砌体结构，室内外高差 600mm，建筑物高度（室外地面至主要屋面板的板顶）为 18.3m，设计标高±0.000 相当于绝对标高参见建筑总平面图。工程结构设计使用年限为 50 年。工程砌体施工质量控制等级为 B 级及以上等级。

建筑抗震设防类别为丙类，建筑结构安全等级为二级，所在地区的抗震设防烈度为 7 度，设计基本地震加速度 0.10g，设计地震分组：第三组；场地类别：Ⅱ类；特征周期 $T_g = 0.45s$，建筑类别调整后用于结构抗震验算的烈度 7 度；按建筑类别及场地调整后用于确定抗震等级的烈度 8 度。50 年一遇的基本风压：0.55kN/m²，地面粗糙度：B 类。

楼面及屋面活荷载按表 3-8 取值。

表 3-8　　　　　　　　　　　　　　楼面及屋面活荷载　　　　　　　　　　　　　单位：kN/m²

楼面用途	住宅	住宅阳台	住宅厨房	走廊，门厅	卫生间	楼梯	消防疏散楼梯	不上人屋面
活荷载	2.0	2.5	2.0	2.5	2.5	2.5	3.5	0.5

部分建筑平面、立面图、剖面图如图 3-23～图 3-25 所示：

二、构件及荷载输入

构件及荷载输入见图 3-26～图 3-27。

三、计算结果

* * * 砌体结构计算控制数据 * * *

结构类型：　　　　　　　　　　砌体结构

结构总层数：　　　　　　　　　6

结构总高度（m）：　　　　　　19.2

地震烈度：　　　　　　　　　　7

楼面结构类型：现浇或装配整体式钢筋混凝土楼面（刚性）

墙体材料：烧结砖

墙体材料的自重（kN/m³）：　　22

地下室结构嵌固高度（mm）：　0

混凝土墙与砌体弹塑性模量比：　3

构造柱是否参与共同工作：　　　是

施工质量控制等级：B 级

* * * 结构计算总结果 * * *

结构等效总重力荷载代表值（kN）：　　45027.6

墙体总自重荷载（kN）：　　　　　　　27096.3

楼面总恒荷载（kN）：　　　　　　　　24580.5

楼面总活荷载（kN）：　　　　　　　　6619.1

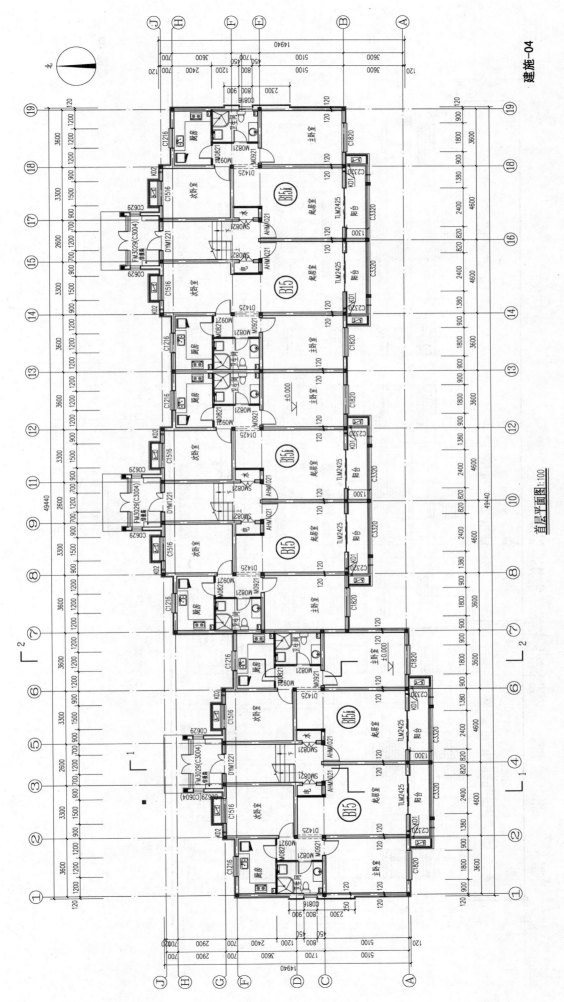

建施-04

图 3-23　首层平面图（单位：mm）

首层平面图 1:100

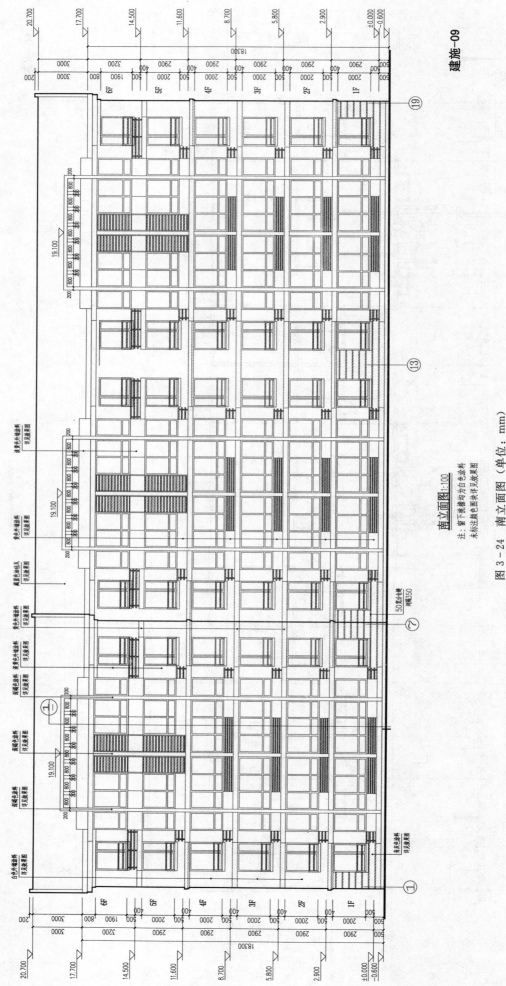

南立面图 1:100

注：窗下栏墙均为白色涂料
未标注颜色图块详见效果图

图 3 - 24 南立面图（单位：mm）

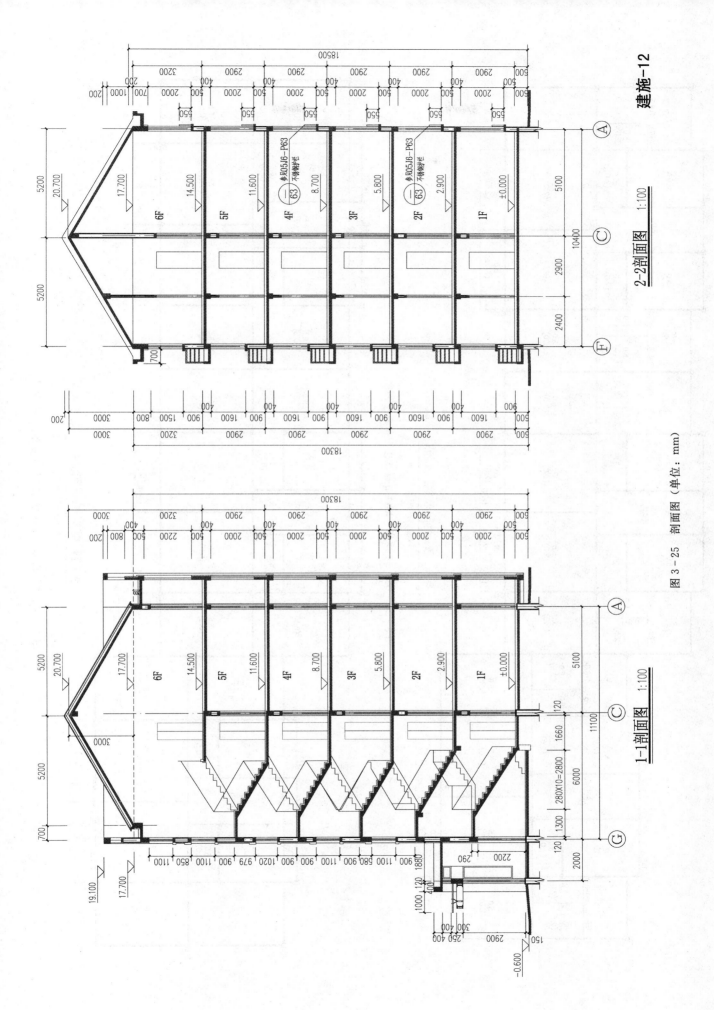

图 3 - 25 剖面图（单位：mm）

建施-12

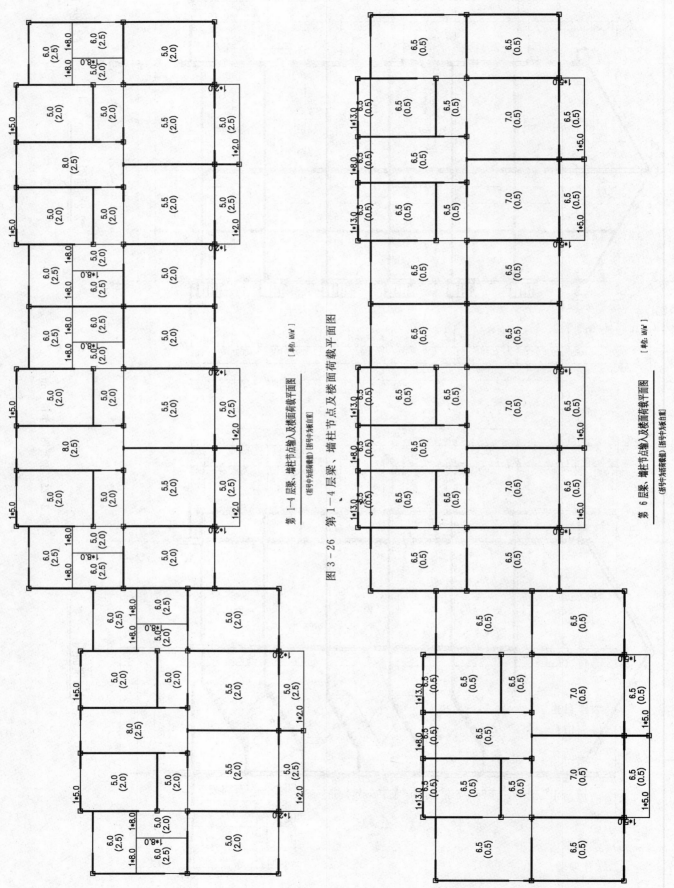

[单位: kN/m²]
(括号中为活荷载值) [括号中为板自重]

第 1—4 层梁、墙柱节点输入及楼面荷载平面图

图 3 - 26　第 1—4 层梁、墙柱节点及楼面荷载平面图

[单位: kN/m²]
(括号中为活荷载值) [括号中为板自重]

第 6 层梁、墙柱节点输入及楼面荷载平面图

图 3 - 27　第 6 层梁、墙柱节点及楼面荷载平面图

水平地震作用影响系数：   0.080
结构总水平地震作用标准值（kN）：   3602.2

——— 第 1 层计算结果 ———

本层层高（mm）：   2900.0
本层重力荷载代表值（kN）：   8518.5
本层墙体自重荷载标准值（kN）：   4025.5
本层楼面恒荷载标准值（kN）：   3872.6
本层楼面活荷载标准值（kN）：   1240.9
本层水平地震作用标准值（kN）：   158.7
本层地震剪力标准值（kN）：   3602.2
本层块体强度等级 MU：   10.0
本层砂浆强度等级 M：   10.0

（墙体各项验算结果见图 3－28～图 3－30）

——— 第 2 层计算结果 ———

本层层高（mm）：   2900.0
本层重力荷载代表值（kN）：   8518.5
本层墙体自重荷载标准值（kN）：   4025.5
本层楼面恒荷载标准值（kN）：   3872.6
本层楼面活荷载标准值（kN）：   1240.9
本层水平地震作用标准值（kN）：   317.4
本层地震剪力标准值（kN）：   3443.5
本层块体强度等级 MU：   10.0
本层砂浆强度等级 M：   10.0

（墙体抗震验算结果见图 3－31，其余图略）

——— 第 3 层计算结果 ———

本层层高（mm）：   2900.0
本层重力荷载代表值（kN）：   8518.5
本层墙体自重荷载标准值（kN）：   4025.5
本层楼面恒荷载标准值（kN）：   3872.6
本层楼面活荷载标准值（kN）：   1240.9
本层水平地震作用标准值（kN）：   476.1
本层地震剪力标准值（kN）：   3126.1
本层块体强度等级 MU：   10.0
本层砂浆强度等级 M：   10.0

（墙体各项验算结果图略）

———— 第4层计算结果 ————

本层层高（mm）：	2900.0
本层重力荷载代表值（kN）：	8518.5
本层墙体自重荷载标准值（kN）：	4025.5
本层楼面恒荷载标准值（kN）：	3872.6
本层楼面活荷载标准值（kN）：	1240.9
本层水平地震作用标准值（kN）：	634.8
本层地震剪力标准值（kN）：	2650.1
本层块体强度等级 MU：	10.0
本层砂浆强度等级 M：	7.5

（墙体各项验算结果图略）

———— 第5层计算结果 ————

本层层高（mm）：	2900.0
本层重力荷载代表值（kN）：	10455.3
本层墙体自重荷载标准值（kN）：	4025.5
本层楼面恒荷载标准值（kN）：	4337.7
本层楼面活荷载标准值（kN）：	1240.9
本层水平地震作用标准值（kN）：	973.8
本层地震剪力标准值（kN）：	2015.3
本层块体强度等级 MU：	10.0
本层砂浆强度等级 M：	7.5

（墙体各项验算结果图略）

———— 第6层计算结果 ————

本层层高（mm）：	4700.0
本层重力荷载代表值（kN）：	8444.4
本层墙体自重荷载标准值（kN）：	6968.9
本层楼面恒荷载标准值（kN）：	4752.6
本层楼面活荷载标准值（kN）：	414.6
本层水平地震作用标准值（kN）：	1041.5
本层地震剪力标准值（kN）：	1041.5
本层块体强度等级 MU：	10.0
本层砂浆强度等级 M：	7.5

（墙体各项验算结果图略）

楼板配筋计算结果见图 3-32 和图 3-33。

四、施工图绘制

限于篇幅，此处仅给出部分施工图纸，见图 3-34～图 3-41，其中图 3-41 见书末插页。

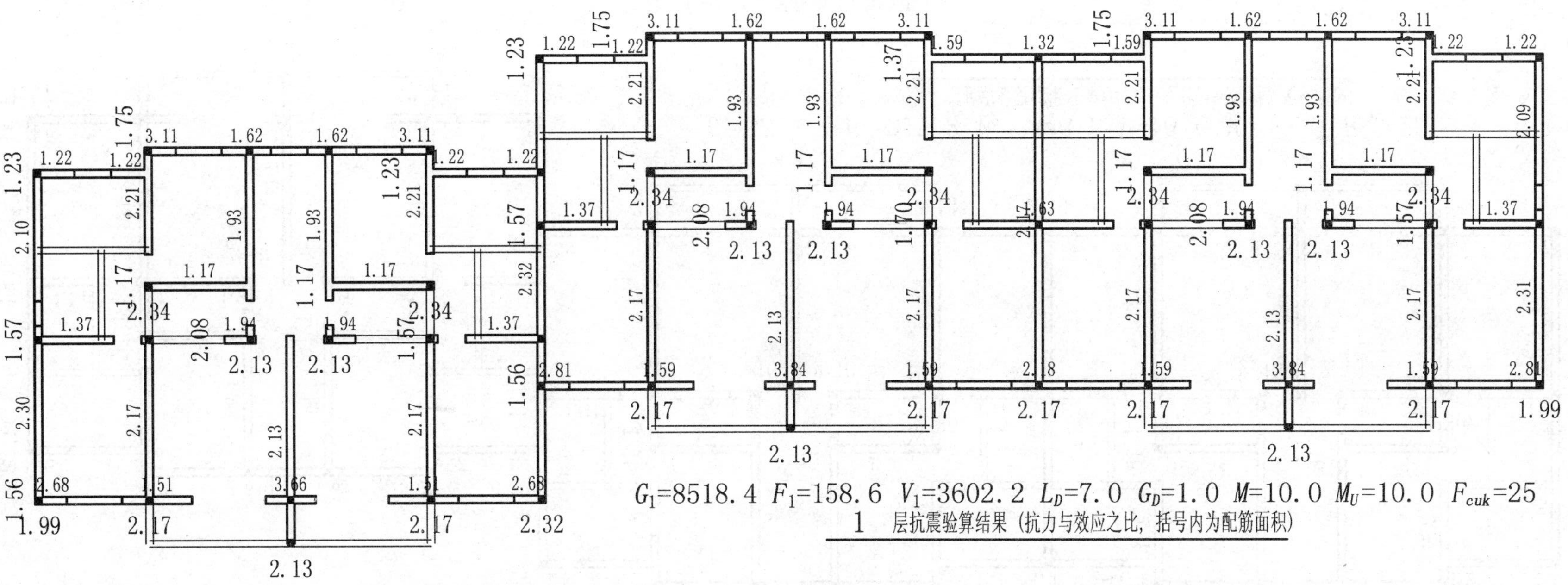

$G_1=8518.4$ $F_1=158.6$ $V_1=3602.2$ $L_D=7.0$ $G_D=1.0$ $M=1.0$ $M=10.0$ $M_U=10.0$ $F_{cuk}=25$

1层抗震验算结果（抗力与效应之比，括号内为配筋面积）

图 3 - 28 1层抗震验算结果

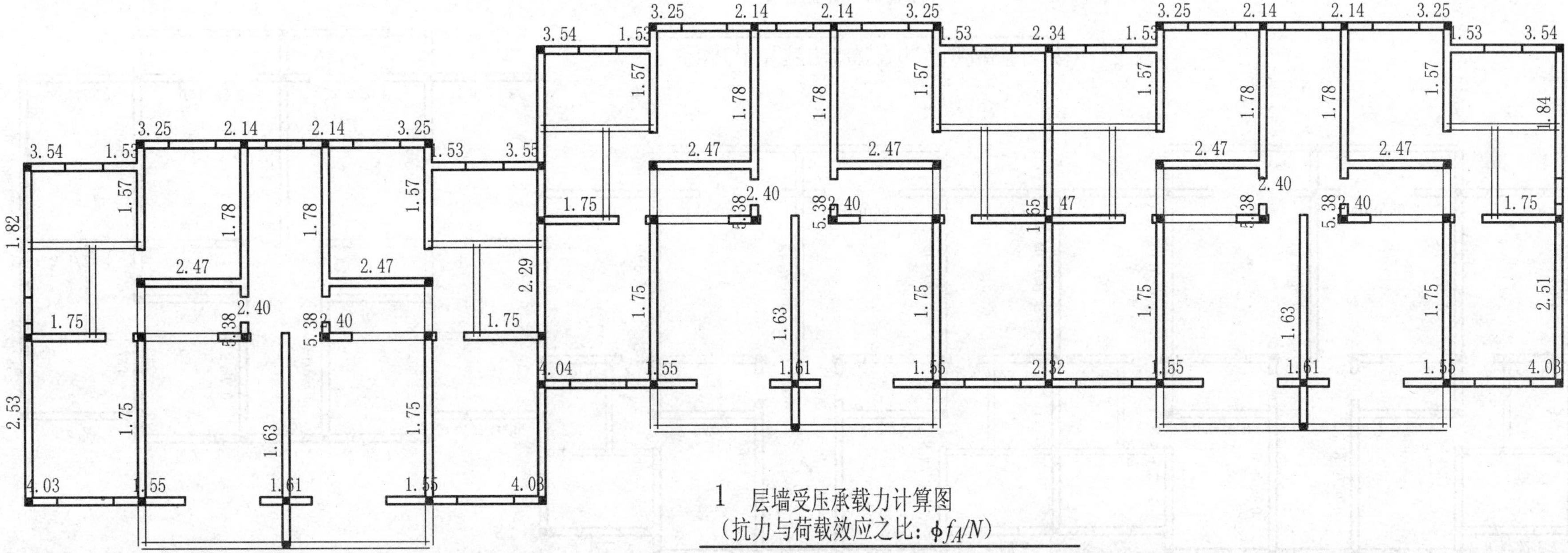

1层墙受压承载力计算图
（抗力与荷载效应之比：$\phi f_A/N$）

图 3 - 29 1层墙受压承载力计算图

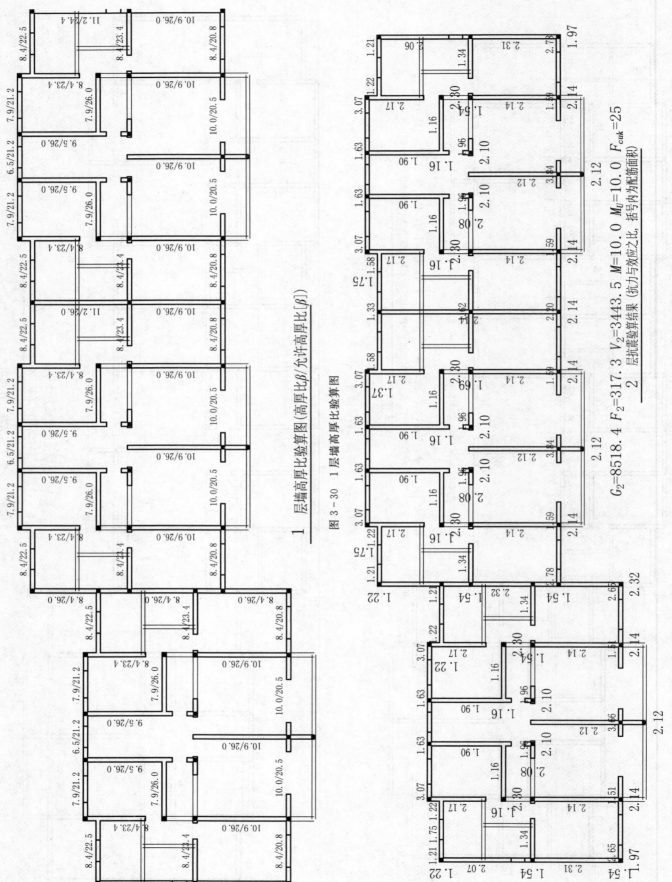

1 层墙高厚比验算图(高厚比β/允许高厚比[β])

图 3-30 1 层墙高厚比验算图

G_2=8518.4 F_2=317.3 V_2=3443.5 M=10.0 M_U=10.0 F_{cuk}=25
层抗震验算结果 (抗力与效应之比，括号内为配筋面积)

2 2 层抗震验算结果

图 3-31 2 层抗震验算结果

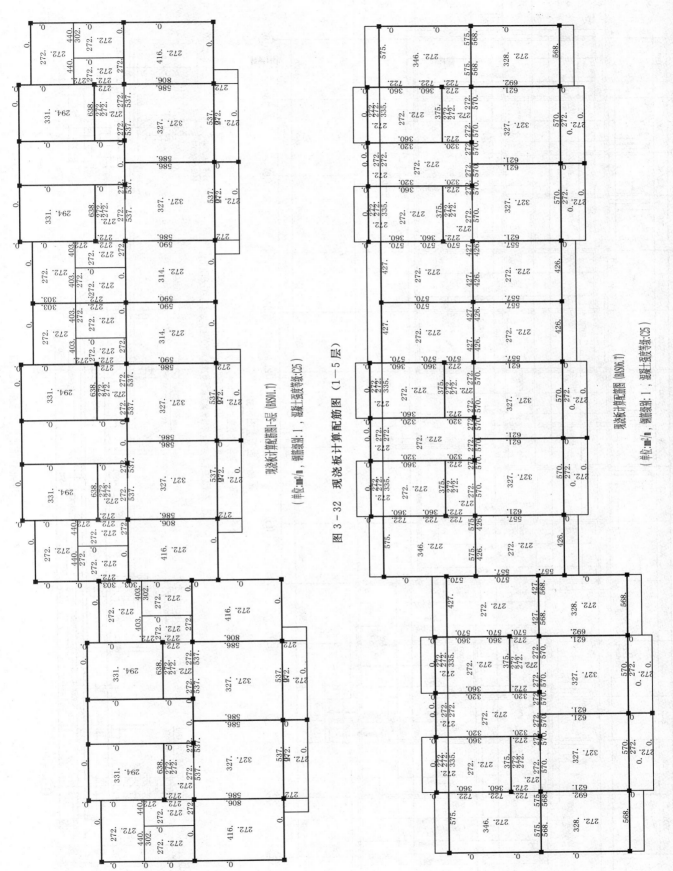

现浇板计算配筋图（BJSN1.T）

（单位：mm²/m，钢筋级别：1，混凝土强度等级：C25）

图 3-32 现浇板计算配筋图（1-5层）

现浇板计算配筋图（BJS06.T）

（单位：mm²/m，钢筋级别：1，混凝土强度等级：C25）

图 3-33 现浇板计算配筋图（6层）

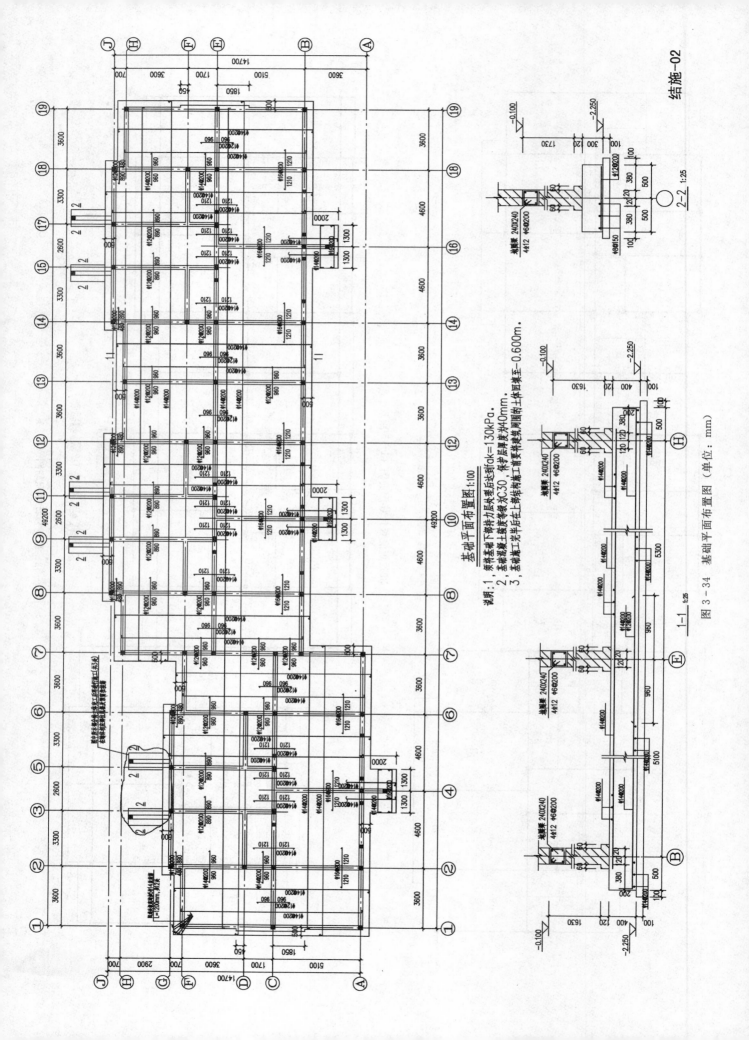

基础平面布置图 1:100

说明：1，该柱基础下部持力层处理后达到 f_{ak}=130kPa。
    2，基础混凝土强度等级为C30，保护层厚度为40mm。
    3，基础施工完毕后在上部结构施工前要将基坑周围的土体回填至-0.600m。

2-2 1:25

1-1 1:25

图3-34 基础平面布置图（单位：mm）

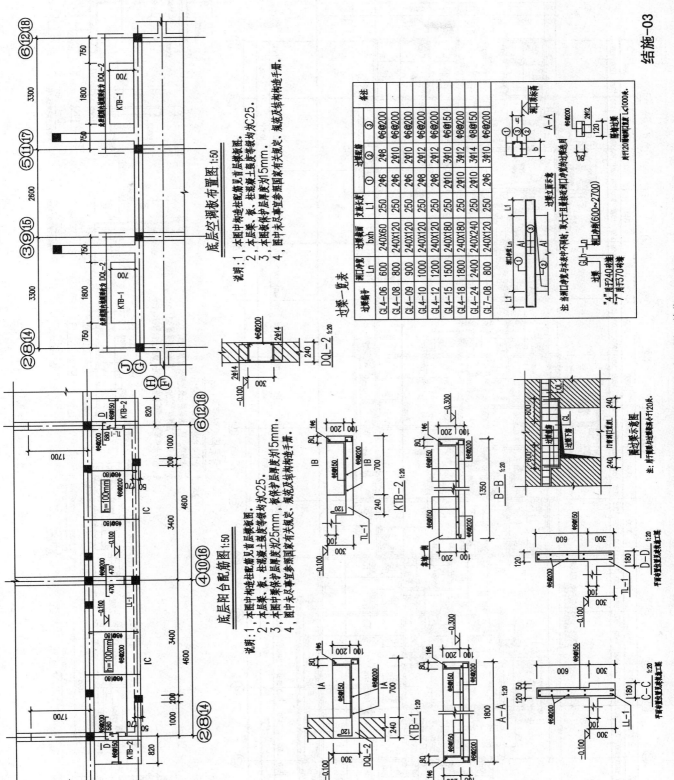

图 3-35　底层阳台配筋图及空调板布置图（单位：mm）

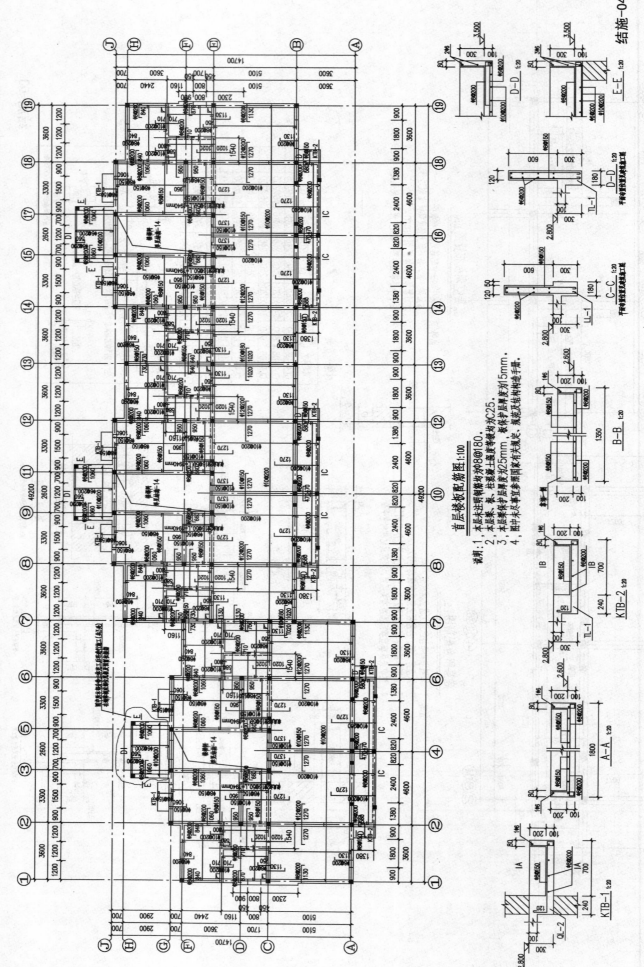

首层楼板配筋图 1:100

说明：1．本层未注明钢筋均为φ8@180。
2．本层基、梁、柱混凝土强度等级为C25。
3．本层梁保护层厚度为25mm，板保护层厚度为15mm。
4．图中未尽事宜参照国家有关规范、规范及结构构造手册。

结施-04

图 3-36　首层楼板配筋图（单位：mm）

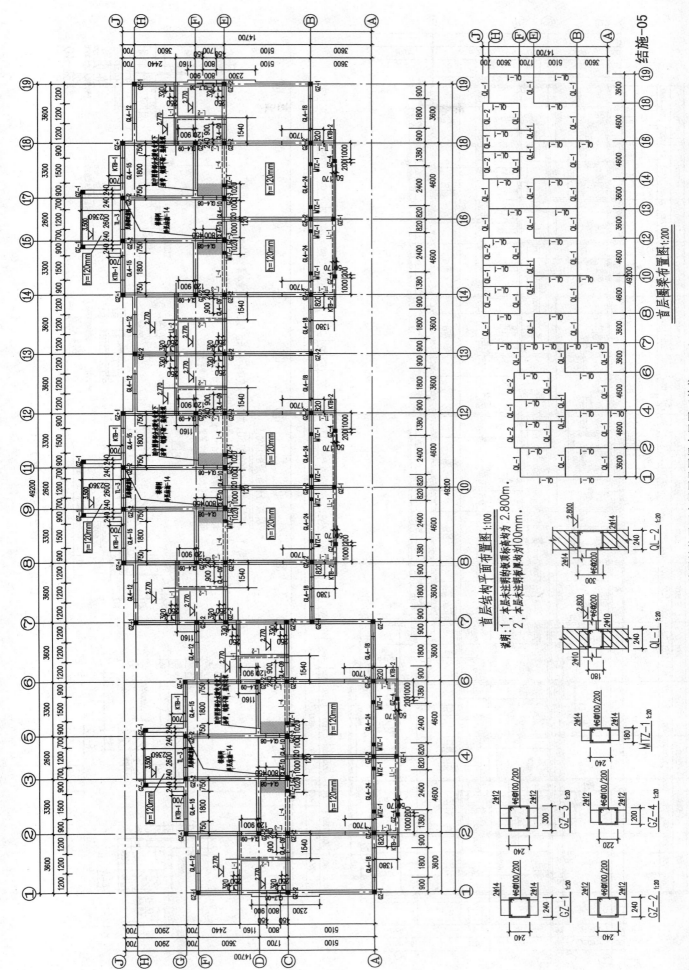

图 3-37 首层结构平面布置图及圈梁布置图（单位：mm）

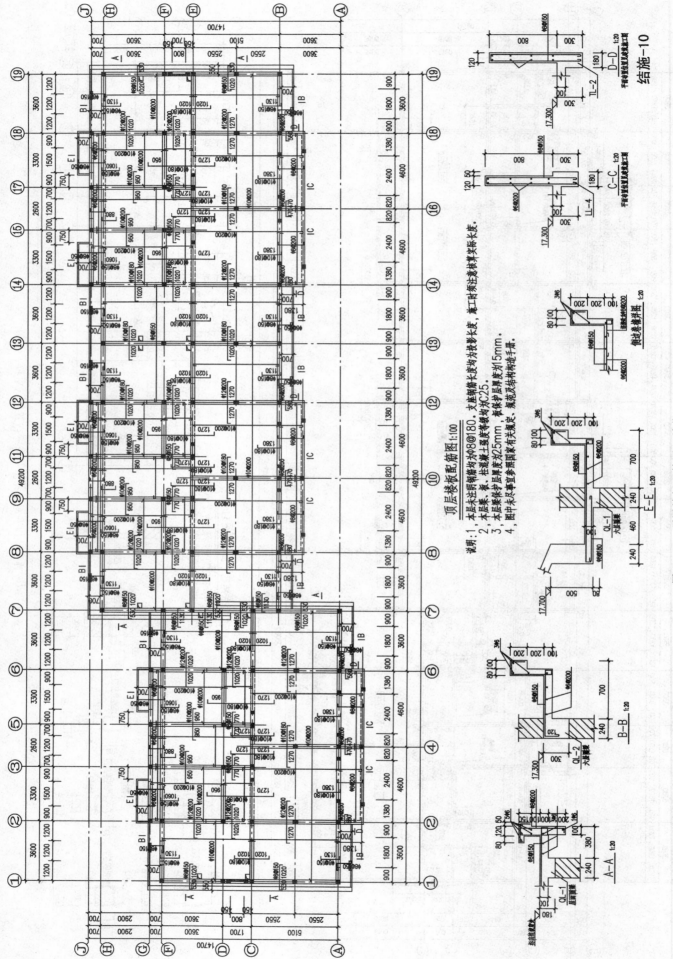

图 3-38 顶层楼板配筋图 (单位: mm)

顶层楼板配筋图 1:100

结施-10

说明: 1、本层未注明钢筋均为φ8@180,支座钢筋长度均为投影长度,施工时须注意材料实际长度。
2、本层梁、板、柱混凝土强度等级均为C25。
3、本层梁保护层厚度为25mm,板保护层厚度为15mm。
4、图中未详事宜参照国家有关规定、规范及图集材料进行册。

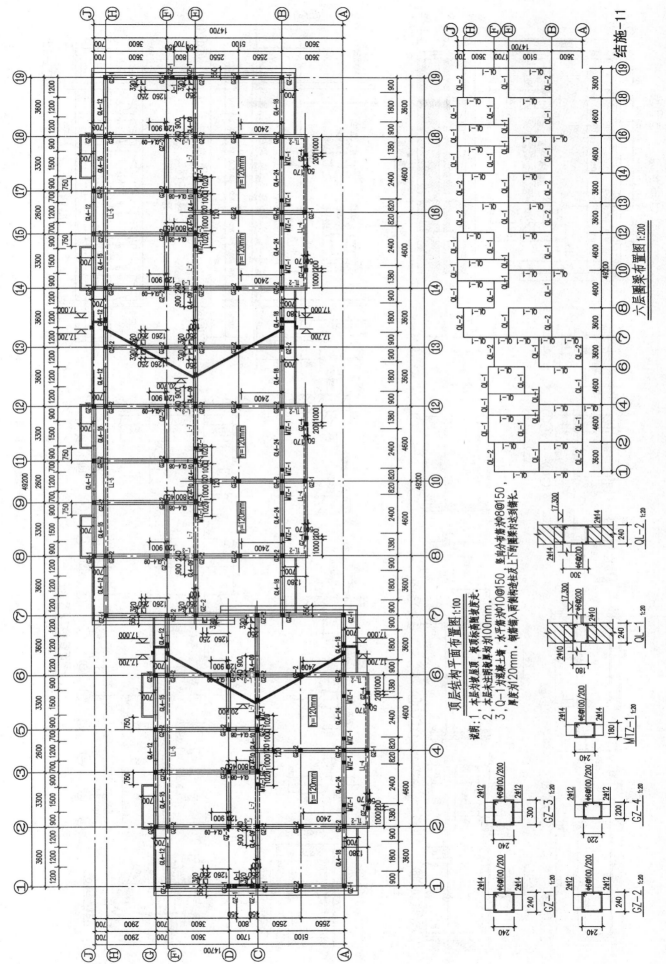

顶层结构平面布置图 1:100

说明: 1. 本层为坡屋顶, 承顶标高随坡度走。
2. 本层未注明板厚均为100mm。
3. Q-1为混凝土墙, 水平筋为φ8@150,
竖向分布筋为φ8@150,
钢筋锚入两侧构造柱及上下的圈梁内达到锚长。
钢筋锚入圈梁内锚固长度均为20mm, 板厚均为20mm。

六层圈梁布置图 1:200

图 3-39 顶层结构平面布置图 (单位: mm)

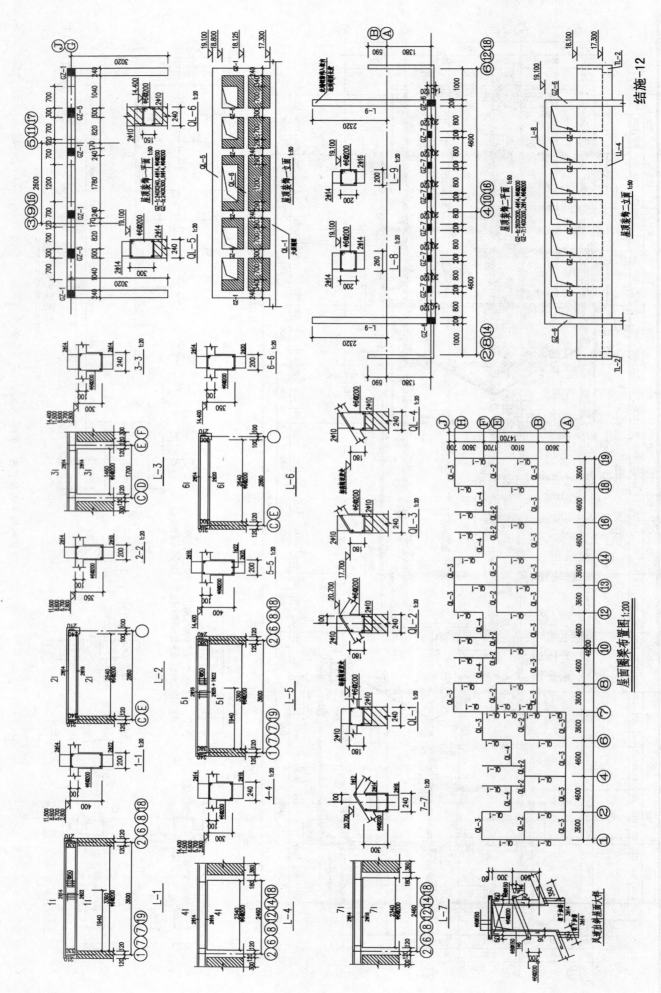

图 3 - 40 屋面圈梁布置图及屋顶装饰图（单位：mm）

第五节 砌体结构构造措施

一、墙、柱的构造要求

为了保证房屋的空间刚度和良好的整体性，墙、柱除了要满足承载力计算和高厚比验算的要求外，还应满足下述的构造要求。

1. 截面尺寸的规定

墙、柱的截面尺寸应与块材的尺寸相适应。为了避免墙、柱截面尺寸过小，导致稳定性能差和局部缺陷而影响构件的承载力，所以《砌体结构设计规范》（GB 50003—2001）规定了各种构件截面的最小尺寸：对于承重的独立砖柱截面尺寸不应小于240mm×370mm；毛石墙的厚度不宜小于350mm；毛料石柱较小边长不宜小于400mm。当存在振动荷载时，墙、柱不宜采用毛石砌体。

2. 墙、柱的连接构造

（1）跨度大于6m的屋架和跨度大于下列数值的梁，应在支承处砌体上设置混凝土或按构造要求配置双层钢筋网的钢筋混凝土垫块，当墙中设有圈梁时，垫块与圈梁宜浇成整体：

1）对砖砌体为4.8m。

2）对砌块砌体和料石砌体为4.2m。

3）对毛石砌体为3.9m。

（2）当梁的跨度大于或等于下列数值时，其支承处宜加设壁柱，或采取其他加强措施，如下：

1）对240mm厚的砖墙为6m。

2）对180mm厚的砖墙为4.8m。

3）对砌块、料石墙为4.8m。

（3）支承在墙、柱上的吊车梁、屋架及跨度大于或等于下列数值的预制梁的端部应采用锚固件与墙、柱上的垫块锚固在一起，以增强它们的整体性。同时，在墙、柱上的支承长度不宜小于180～240mm：

1）对砖砌体为9m。

2）对砌块和料石砌体为7.2m。

（4）混凝土砌块墙体的下列部位，如果没有设置圈梁或混凝土垫块，应采用不低于C20的灌孔混凝土将孔洞灌实。

1）搁栅、檩条和钢筋混凝土楼板的支承面下，高度不应小于200mm的砌体。

2）屋架、梁等构件的支承面下，高度不应小于600mm，长度不应小于600mm的砌体。

3）挑梁支承面下，距墙中心线每边不应小于300mm，高度不应小于600mm的砌体。

（5）如果砌体中由于某些需求，必须在砌体中留槽洞、埋设管道时，应该严格遵守下列规定：

1）不应在截面长边小于500mm的承重墙体、独立柱内埋设管线。

2）不宜在墙体中穿行暗线或预留、开凿沟槽，当无法避免时应采取必要的措施或按削弱后的截面验算墙体的承载力。

3）对于受力较小或未灌孔的砌块砌体，允许在墙体的竖向孔洞中设置管线。

（6）预制钢筋混凝土板在墙上的支承长度不宜小于100mm，这是考虑墙体施工时可能的偏斜、板在制作和安装时的误差等因素对墙体承载力和稳定性的不利影响而确定的。此时，板与墙一般不需要特殊的锚固措施，而能保证房屋的稳定性。如果板搁置在钢筋混凝土圈梁上则不宜小于80mm；当利用板端伸出钢筋拉结和混凝土灌缝时，其支承长度可为40mm，但板端缝宽不宜小于80mm，灌缝混凝土等级不宜低于C20。

（7）纵横墙的交接处应同时砌筑，而且必须错缝搭砌，以保证墙体的整体性。严禁无可靠拉结措施的内外墙分砌施工。对不能同时砌筑而又必须留置的临时间断处，应砌成斜槎，斜槎长度不应小于其高度的2/3；对留斜槎有困难者，可做成直槎，但应加设拉结筋。拉结筋的数量为每半砖厚，且不应小于1根直径 $d \geq 4mm$ 的钢筋（但每道墙不得少于2根），其间距沿墙高不宜超过500mm，其埋入长度从墙的留槎处算起，每边均不小于500mm，且其末端应做弯构。

（8）填充墙、隔墙应采取措施与周边构件进行可靠连接。例如在框架结构中的填充墙可在框架柱上预留拉结钢筋，沿高度方向每隔500mm预埋两根直径6mm的钢筋。锚入钢筋混凝土柱内200mm深，外伸500mm（抗震设防时外伸1000mm），砌砖时将拉结筋嵌入墙体的水平灰缝内。

（9）山墙处的壁柱宜砌至山墙顶部，屋面构件与山墙要有可靠拉结。

3. 砌块砌体的构造要求

混凝土小型空心砌块是当前墙体材料改革中最有竞争力的墙体材料，各地逐渐修建了不少砌块房屋，但是也出现了一些问题。因此，规范中加强了这方面的构造规定。

（1）砌体应分皮错缝搭砌，上下皮搭砌长度不得小于90mm。当搭砌长度不满足这个要求时，应在水平灰缝内设置不少于 $2\phi 4$ 的焊接钢筋网片（横向钢筋的间距不宜大于200mm），网片每端均应超过该垂直缝，其长度不得小于300mm。

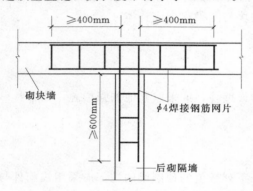

图3-42　砌块墙与后砌隔墙交接处
钢筋网片示意

（2）墙体与后砌隔墙交接外，应沿墙高每400mm在水平灰缝内设置不少于 $2\phi 4$，横筋间距不大于200mm的焊接钢筋网片，如图3-42所示。

（3）混凝土砌块房屋宜将纵横墙交接处，距墙中心线每边不小于300mm范围内的孔洞，采用不低于C20灌孔混凝土灌实，灌实高度应为墙身全高。

4. 砌体中构造柱的设置要求

为了加强房屋的整体性，提高结构的延性和抗震性能，除进行抗震验算以保证结构具有足够的承载能力外，《建筑抗震设计规范》（GB 50011—2010）和《砌体结构设计规范》（GB 50003—2011）还规定了墙体的一系列构造要求。这里只介绍有关多层砖房的混凝土构造柱的构造规定和多层砖房墙体间、楼（层）盖与墙体间的连接，对其他砌块房屋的要求可参阅相关规范。

（1）钢筋混凝土构造柱的设置要求。

钢筋混凝土构造柱，是指先砌筑墙体，而后在墙体两端或纵横墙交接处现浇的钢筋混凝土柱。从唐山地震震害分析和近年来的试验都表明：钢筋混凝土构造柱可以明显提高房屋的变形能力，增加建筑物的延性，提高建筑物的抗侧力能力，防止或延缓建筑物在地震影响下发生突然倒塌，或减轻建筑物的损坏程度。因此，应根据房屋的用途，结构部位的重要性，设防烈度等条件、将构造柱设置在震害较重、连接比较薄弱、易产生应力集中的部位。对于多层普通砖房，多孔砖房应按下列要求设置钢筋混凝土构造柱（以下简称构造柱）：

1）构造柱设置部位，一般情况下应符合表3-9的要求。

2）外廊式和单面走廊式的多层房屋，应根据房屋增加一层后的层数，按表3-9的要求设置构造柱，且单面走廊两侧的纵墙均应按外墙处理。在外纵墙尽端与中间一定间距内设置构造柱后，将内横墙的圈梁穿过单面走廊与外纵墙的构造柱连接，以增强外廊的纵墙与横墙连接，保证外廊纵墙在水平地震效应作用下的稳定性。

3）教学楼、医院等横墙较少的房屋，应根据房屋增加一层后的层数，按表3-9的要求设置构造柱；当教学楼、医院的横墙较少的房屋为外廊式或单面走廊式时，应按上面第二条要求设置构造柱，但6度不超过四层、7度不超过三层和8度不超过二层时，应按增加二层后的层数对待。

表 3-9 　　　　　　　　　　　　　　砖房构造柱设置要求

房屋层数				设置部位	
6 度	7 度	8 度	9 度		
四、五	三、四	二、三		楼、电梯间四角、楼梯斜梯段上下端对应的墙体处； 外墙四角和对应转角； 错层部位横墙与外纵墙交接处； 较大洞口两侧	隔 12m 或单元横墙与外纵墙交接处； 楼梯间对应的另一侧内横墙与外纵墙交接处
六	五	四	二		隔开间横墙（轴线）与外墙交接处； 山墙与内纵墙交接处
七	≥六	≥五	≥三		内墙（轴线）与外墙交接处； 内横墙的局部较小墙垛处； 内纵墙与横墙（轴线）交接处

注 较大洞口指宽度大于 2m 的洞口。

（2）构造柱的构造要求。

1）构造柱的最小截面可采用 240mm×180mm。目前在实际应用中，一般构造柱截面多取 240mm×240mm。纵向钢筋宜采用 4φ12，箍筋间距不宜大于 250mm，且在柱的上下端宜适当加密；7 度时超过六层，8 度时超过五层和 9 度时，构造柱纵向钢筋宜采用 4φ14，箍筋间距不应大于 200mm；房屋四角的构造柱可适当加大截面及配筋。

2）构造柱与墙连接处应砌成马牙槎，并应沿墙高每隔 500mm，设 2φ6 拉结钢筋，每边伸入墙内不宜小于 1.0m，但当墙上门窗洞边到构造柱边（即墙马牙槎外齿边）的长度小于 1.0m 时，则伸至洞边上。

3）构造柱与圈梁连接处，构造柱的纵筋应穿过圈梁，保证构造柱纵筋上下贯通。

4）构造柱可不单独设置基础，但应伸入室外地面下 500mm 或与埋深小于 500mm 的基础圈梁相连。

二、墙体的布置及圈梁

1. 墙体的布置

在砌体结构房屋中，墙体不仅要承受荷载的作用，而且还起到分隔空间，围护的作用，同时也直接影响到砌体房屋的楼盖、屋盖的结构平面布置和墙体基础的形式与构造，从而影响到整个建筑的整体刚度和经济效益。因此，在砌体设计中，墙体布置的是否合理占据非常重要的地位，必须加以重视。

在实际工程应用中，多层砌体房屋应优先采用横墙承重或纵横墙共同承重方案。静力计算方案应尽可能采用刚性方案，所以墙体的布置除了要满足刚性方案对横墙的构造要求外，还应满足以下要求：

（1）承重的纵墙和横墙的布置。

承重的纵横墙宜上下对齐，纵墙在水平面内宜尽量拉通，避免在某些部位断开。宜每隔一段距离设置一道横墙与内外纵墙连接。考虑抗震设防的房屋，砌体房屋的总高度和层数限值、每层墙体的高度及横墙最大间距的控制等参见《建筑抗震设计规范》（GB 50011—2010）的相应抗震构造要求。

（2）隔墙的布置。

隔墙是非承重墙，其位置可以灵活布置，洞口开设也不受限制，在砌体房屋设计中可以留出较大空间，满足人们对空间进行分隔的要求。

（3）墙、柱的尺寸。

墙、柱尺寸除应满足前面一节所规定的要求外，对于宽度较小的窗间墙、壁柱、砖柱和宽度较小的实体墙的尺寸还应符合砖的模数，这是为了避免给施工带来不便和浪费，防止因组砌不合理或砍砖过多而直接影响砌体的强度和整体性。

（4）开有门窗洞口的墙体。

墙体上下洞口宜对齐，使上下层荷载能直接传递。宜避免在纵横墙交接处开门窗洞口以致破坏纵横墙的整体连接。

2. 圈梁

在砌体结构房屋中，在同一高度处，沿墙体内连续设置并形成水平封闭状的钢筋混凝土梁或钢筋砖梁，称为圈梁。位于顶层屋面梁及板下的圈梁，称为檐口圈梁；在房屋±0.000以下基础中设置的圈梁称为地圈梁或基础圈梁。

（1）圈梁的作用。

为了增强房屋的整体刚度，防止由于地基的不均匀沉降或较大振动荷载等对房屋产生的不利影响，应在墙中设置现浇的钢筋混凝土圈梁。其中设置在基础顶面和檐口部位的圈梁对抵抗房屋的不均匀沉降效果最好。当房屋中部沉降比房屋两端大时，则位于檐口部位的圈梁作用较大。圈梁的存在，可以有效阻止墙体的开裂，与构造柱相配合还有助于提高砌体的抗震性能。同时，在验算壁柱间墙高厚比时圈梁可作为不动铰支座，以减小墙体的计算高度，提高墙体的稳定性。因此，设置圈梁是砌体结构墙体设计的一项重要构造措施。

（2）圈梁的设置规定。

圈梁的布置应该根据地基情况、房屋的类型、层数以及所受的振动荷载等情况决定圈梁的设置位置和数量。具体规定如下：

1）空旷的单层房屋，如车间、仓库、食堂等应按下列规定设置圈梁：

①砖砌体房屋，檐口标高为5～8m时，应在檐口设置圈梁一道，檐口标高大于8m时，宜适当增设。

②砌块及料石砌体房屋，檐口标高为4～5m时，应在檐口标高处设置圈梁一道，檐口标高大于5m时，应增加设置数量。

③对有吊车或较大振动设备的单层工业房屋，除在檐口或窗顶标高处设置现浇钢筋混凝土圈梁外，尚宜在吊车梁标高处或其他适当位置增设。

2）住宅、宿舍、办公室楼等多层砌体民用房屋，当层数为3或4层时，应在檐口标高处设置圈梁一道。当层数超过4层时，应在所有纵横墙上隔层设置。

3）多层砌体工业房屋，应每层设置现浇钢筋混凝土圈梁。

4）设置墙梁的多层砌体房屋，应在托梁、墙梁顶面和檐口标高处设置现浇钢筋混凝土圈梁，其他楼盖处宜在所有纵横墙上每层设置圈梁。

5）采用现浇钢筋混凝土楼屋盖的多层砌体结构房屋，当层数超过5层时，除在檐口标高处设置一道圈梁外，可隔层设置圈梁，并与楼（屋）面板一起现浇。未设置圈梁的楼面板嵌入墙内的长度不宜小于120mm，沿墙长设置的纵向钢筋不应小于2ϕ10。

6）建造在软弱地基或不均匀地基上的砌体房屋，除按上述规定之外，圈梁的设置尚应符合国家现行《建筑抗震设计规范》（GB 50011—2010）的有关规定。

（3）圈梁的构造要求。

为了保证圈梁发挥应有的作用，圈梁必须满足以下构造要求：

1）圈梁宜连续地设在同一水平面上，并形成封闭状。当圈梁被门窗洞口截断时，应在洞口上部增设相同截面的附加圈梁。附加圈梁和圈梁的搭接长度不应小于其垂直间距的2倍，且不得小于1m，如图3-43所示。

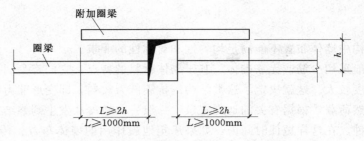

图 3-43 附加圈梁和圈梁的搭接

2）纵横墙交接处的圈梁应有可靠的连接，如图 3-44 所示。刚弹性和弹性方案房屋，圈梁应与屋架、大梁等构件可靠连接。

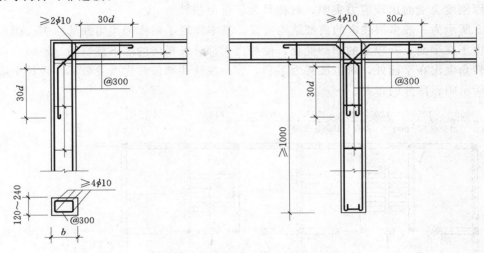

图 3-44 纵横墙交接处的圈梁的连接构造

3）钢筋混凝土圈梁的宽度宜与墙厚相同，当墙厚 $h \geq 240$mm 时，其宽度不宜小于 $2h/3$，圈梁高度不应小于 120mm。纵向钢筋不应少于 $4\phi10$，绑扎接头的搭接长度按受拉钢筋考虑，箍筋间距不应大于 300mm。

4）圈梁兼作过梁时，在过梁部分的钢筋应按计算用量另行增配。

第六节 砌体结构设计中常见问题

一、材料选用

室外地面以下的墙体或基础采用烧结多孔砖或混凝土小型空心砌块，但没有相应措施。多孔砖砌体用于室外地面以下，由于±0.000 下的湿度变化、水的化学侵蚀，以及自然风化等因素，都可能对多孔砖壁造成损坏，进而造成地下部分破坏，势必影响结构安全。因此，从结构安全的整体考虑，基础部分不应采用多孔砖砌体。对于孔洞率达 50% 左右的混凝土小型空心砌块来说，理由是相同的。小砌块的外壁厚度一般也不会超过 30mm，因此它也存在同样的弊端。

因此多孔砖或空心混凝土小砌块如果必须用于地下基础部分时，根据《多孔砖规范》（JGJ 137）第 4.4.11 条以及，《小砌块规程》（JGJ/T 14）第 5.6.2 条第 1 款的规定，对多孔砖砌体，其孔洞应用水泥砂浆灌实；对混凝土小型空心砌块砌体，其孔洞灌芯混凝土应采用具有高流动度，低收缩性能，且不应低于 C20，应采用普通硅酸盐水泥，粗集料（直径 5～10mm 碎、卵石）、细集料和掺和料以及外加剂等配制成专用灌孔混凝土。

二、结构布置

（1）多层砌体结构中墙体布置不能满足均匀性和对称性的要求。

多层砌体房屋一般采用少筋或无筋砌体。基于砌体材料的特点，它们都是属于脆性材料，能够承受的变形很小，而刚度较大。这就决定了这类结构的抗震能力较弱，即变形能力和延性都小。地震作用是一种突发性的偶然荷载，根据有关的地震记录，一般一次地震从发生到终结不会超过一分钟，更多的地震仅有数十秒钟。在这样短促时间内，如果承担地震作用的墙体布置、传力途径不直接简捷，而是曲折间接，地震时将对多层砌体房屋造成破坏。

作为多层砌体中的纵横墙体，不论是承重的或自承重的墙体，在水平地震作用下，都将承担一定比例的地震作用力。因此，纵墙或者横墙都应当在建筑平面内均匀地和对称地布置。均匀是为了地震作用时不会因刚度突变而出现应力集中；对称是为了避免扭转。

图3-45所示为一般多层住宅的典型结构布置，基本体现了对称和均匀性的原则。图3-46所示多层住宅，由于在平面上有较多的凹凸变化，使相当大部分纵横向的墙不能贯通、连续，特别是出现较多的房屋转角突出在平面外，对抗震甚为不利，容易在这些部位首先遭受破坏。设计中应尽量避免如图3-46所示阴影部分的布置。

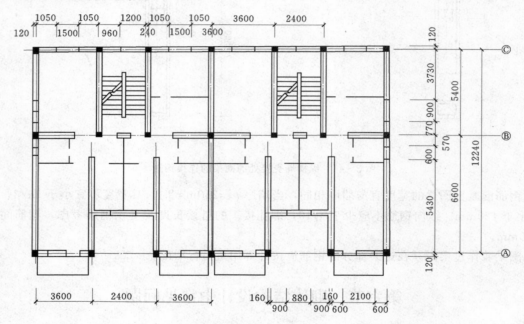

图3-45　基本规则的平面布置（单位：mm）

（2）工程设计中纵横墙体不能分别在平面内对齐、贯通，但未采取有效措施。

1）横墙不能对齐：如果在一个住宅单元内（一般为五个开间），有3～4道对齐贯通的横墙墙体即可满足要求，如图3-47所示。

所谓对齐贯通，不应单纯理解为必须轴线和轴线完全对齐。实际上墙体作为抗侧力构件承担水平地震作用时，首先通过水平楼屋盖的传递，才逐层到达基础的。因此，墙体的对齐贯通还与楼盖的结构型式有关。

根据试验和震害调查，在现浇楼盖中，两段横向墙体相对错位在500mm左右时，可以认为是连续贯通的。在预制楼盖中，相对错位在300mm左右时，也可以认为是连续贯通的。

上述情况下，为了增强楼盖的局部传递水平荷载的能力，应当在稍有错位的两墙段之间的楼板内增设暗梁。

2）纵墙不能对齐：纵向墙体的道数一般较少，通常为三至四道，个别情况也有仅两道外墙的。

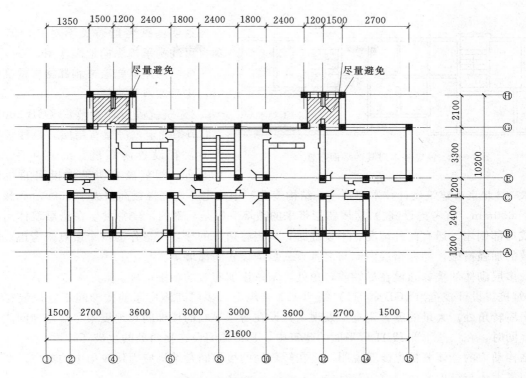

图 3-46　不规则的平面布置（单位：mm）

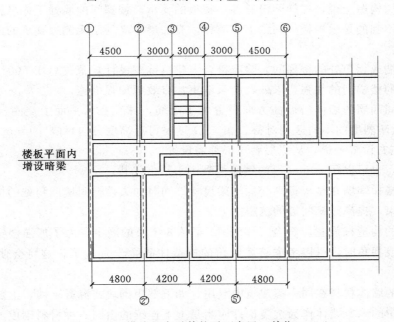

图 3-47　横墙基本对其的平面布置（单位：mm）

但是，纵向墙体一般较长，因此要求每道纵墙都连续贯通有时比较困难。

震害调查表明，纵墙的破坏并不完全是整个墙长上的剪切破坏。地震时纵墙的破坏先是从其薄弱部位开始的，即先在纵墙上门窗洞口过梁处开裂，然后在其中的部分墙段中出现对角斜裂缝，继而发生剪切破坏。

设计时允许将纵墙均匀地分为若干段分段对齐，如图 3-48 所示。当然，应尽量使各段纵墙的长度大致接近，以避免侧向刚度上的过大差异而导致受力不均，各个击破。

说明：横墙不对齐，但轴线②和②′，⑤和⑤′仅差300，通过在楼板内加设暗梁连接，可以视为贯通。

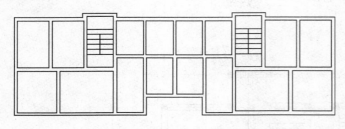

图 3-48 纵墙基本对其的平面布置

说明：纵墙虽通长不对齐，但分段贯通，可均衡承担纵向地震作用。

（3）房屋有错层或相邻楼板的高差较大时，未采取有效措施。

《建筑抗震设计规范》（GB 50011）第 7.1.7 条规定，房屋有错层，且楼板高差较大时，宜设置防震缝，缝宽可采用 50～100mm。规范没有明确楼板间的高差多大才算较大（《北京市建筑设计技术细则——结构专业》中规定，现浇楼板高差大于 750mm，预制楼板高差大于 600mm，宜考虑设缝。）房屋错层带来的破坏一般是局部的，经常发生在错层墙体附近，墙体断裂或局部倒塌。遇有此种情况，不设缝时，应当将两侧的楼盖质量作为两个质点来考虑。并采取其他有效的加强措施，如在错层两侧与之垂直的纵墙设置防撞墙等。

（4）多层砌体的楼梯间设在尽端或转角处，未取更加有效的加强措施。

《建筑抗震设计规范》（GB 50011）第 7.1.7 条规定，多层砌体房屋的楼梯间不宜设置在房屋的尽端或房屋转角处。大量的震害调查中发现，凡设在房屋尽端的楼梯间，地震中尽端楼梯间先发生局部倒塌；同时，在一些 L 形或 Π 形平面的建筑中，凡楼梯间设在拐角处的也破坏较重。

从结构动力的整体分析也能够说明，设在转角处的楼梯间是结构应力比较集中的部位。此外，端部楼梯间震害还与结构"边端效应"有关。

从楼梯间的结构构造上说，楼梯间没有各层楼板的支承，楼梯间的墙处于休息板、斜跑楼梯板的局部支承下。尤其不利的是顶层楼梯间的上方墙体，有一层半高处于无侧边支承的情况。因此，楼梯间墙也易较早破坏。

对设在房屋尽端或拐角处的楼梯间，除应符合《建筑抗震设计规范》（GB 50011）第 7.3.8 条规定对设在房屋中段的楼梯间的加强要求外，应采取更加有效地加强措施。

措施一：楼梯间四周的墙体沿墙高方向设置水平配筋，并宜在水平面上交圈（遇门窗洞口可中断），其间距根据设防烈度的不同区别对待。如 6、7 度时可沿高度方向每隔 500mm 左右设置一道，8 度时每隔 300mm 左右设置一道，从底层到顶层都需设置。

上述水平配筋，也可以用 60mm 厚的钢筋混凝土水平带代替。

措施二：加大楼梯间墙在楼板标高处的圈梁尺寸，同时加大楼梯间墙四角处的构造柱截面。以加强楼梯间的侧向约束，提高楼梯间墙的抗震能力。

楼梯间墙四角的构造柱设置应符合 GB 50011 第 7.3.1 条的规定，为了加强楼梯间的刚度，当楼梯间处于房屋尽端或拐角时，可以考虑将墙四角的构造柱截面改为 L 形，这将会使楼梯间墙的刚度有一定的提高。

（5）不同种类的墙体材料在同一幢建筑中混用，如下部用砌块或混凝土墙，上部用砖砌体。

多层砌体房屋中的承重墙体作为抗震构件应当是上下连续的由同一种材料砌成的。房屋在计算分析时作为一个悬臂杆件，应当要求质量和刚度沿高度都是均匀的。如果材料种类不同，破坏了结构的连续性，造成上下层的刚度突变。同时，两种材料建造的房屋在温度变形、材料收缩、结构受力诸方面都是不同的。这样做的结果必将造成房屋较早损坏，地震中将会出现严重的破坏甚至倒塌。应当禁止在地震区采用此类结构做法。

（6）楼梯间做成现浇剪力墙或筒体，其他仍为砖砌体结构。

多层砌体房屋将楼梯间四周的墙改做成现浇钢筋混凝土墙，形成多层砌体结构中的"混凝土筒体"。由于只进行过个别的试验研究，没有更多可靠的试验数据或理论分析，因此，目前被禁止采用，原因如下：

1）砌体墙与钢筋混凝土墙的破坏不会是同步的，协同工作等问题没有解决。

2）砌体与钢筋混凝土墙体的刚度差别较大，在一般砌体结构中平面刚度或侧移刚度的突变都会引起应力的集中，从而造成各个击破。因此，不符合抗震设计中结构均匀性的原则。

（7）房屋局部尺寸略小于规范要求，只经强度验算而无其他构造措施。

GB 50011第7.1.7条规定，纵横墙的布置宜均匀对称；同一轴线上的窗间墙宽度宜接近，这对多层砌体房屋是一条很重要的原则，其目的主要是为了各墙段有相近的刚度，在分配本轴线内的地震作用时，使各墙段能够均匀承受，达到"等强度"的要求。

但是，如果由于某些原因，如开大门窗洞等，使个别墙垛的宽度小于规范局部尺寸的限制时，其后果必将使该轴线方向上的大小不均的墙段先后破坏，造成各个击破的局面，这是我们设计所不希望看到的。

因此，局部墙垛尺寸不满足要求不是计算强度是否满足要求的问题。按强度分配，较小墙垛将分到较小的地震作用，当然能够满足要求。所以，对局部墙垛尺寸的要求，主要是结构布置和构造上的要求，不是以计算通过与否来判断的。

当墙垛局部尺寸不满足规范要求时，可以有两种补充构造措施：第一种是控制最小墙垛尺寸，使之不小于层高的1/4，比如当层高为3m时，可使局部墙垛尺寸不小于750mm。同时适当加强构造柱的配筋数量。第二种，可以将此类墙垛视为非承重墙垛，通过采用过梁等措施跨越小墙垛，以避免各墙段间的刚度差异过大，以利于抗震。

（8）多层砌体房屋的总高度和总层数突破限值。

1）GB 50011第7.1.2条规定，多层砌体房屋对层数和高度的限制是砌体结构主要的抗震措施。从某种意义上说，只有限制了砌体结构的层数才能保证设防三个水准目标"小震不坏，中震可修，大震不倒"的实现。从大量的地震区对砌体结构不同破坏程度的调查统计，得到的结论是多层砌体房屋的震害程度与层数成正比，即层数越多的砌体房屋其相对的震害程度也越严重，这一规律已经被历次地震结果所证实。

作为无筋或少筋的砌体房屋，破坏模式主要以剪切破坏为主。首先会在各个墙段上出现主拉应力轨迹的斜裂缝，陆续发展直至破坏倒塌。一般来说砌体发生弯曲破坏的实例很少。但是作为砌体材料，它的抗剪能力是很有限的，要求建造更多层数的砌体结构也是不现实的。限制层数实际上也限制了总高度，因为一般多层砌体房屋的层高不会太高，规范按每3m作为标准层高来换算。当然层数比高度更为重要，层数代表质点的个数，质点越多也就破坏越严重，而在相同层数时高度上的差别就不十分明显了，所以首先应限制层数。

2）地震作用是一种惯性力，按照动力学原理和地震作用计算的假定，凡是有质量的地方均将产生地震作用，一般均假定将质点集中于楼层或屋盖。对于多层砌体房屋，楼盖集中了各层的主要质量，因此将各层楼盖作为各质点的集中部位。而对于各层的内外墙体，因为分散在沿高度的全高，无法计算其质量产生的地震作用，为此将其分别按1/2层高为界，分别计入各楼层的质点。在采用简化的底部剪力法计算结构等效总重力荷载时，多质点可取总重力荷载代表值的85%。根据这样的原则，不论房屋高度如何变化，一般来说，有多少层楼盖就按多少层计算，也就按多少个计算质点。一个质点只考虑一个自由度，这是底部剪力法的基本前提。

超过规范规定的高度和层数限值时，应考虑采用其他结构型式，或采用配筋混凝土小型空心砌块砌体房屋。在砌块的孔洞中配置竖向钢筋，并在专门的水平槽中配置水平钢筋，此类砌体的配筋量一般要求达到0.07%～0.13%，实际上是一种配筋混凝土砌块剪力墙。因此它已超出了一般概念上的砌体结构，所以其层数和高度可以远大于一般的砌体结构。

除此之外的其他砌体材料很难实施配置较多双向钢筋的目的，因此其总层数和总高度都应受到严格限制。

（9）有半地下室或全地下室时，在计算房屋高度和层数时，没有区别对待。

规范对砌体结构的层数和高度均有严格限制，当有全地下室或半地下室时，应区别情况确定其层数和高度。

改进措施：对砌体结构中的全地下室，地震时可以和下部土体共同工作，GB 50011 表 7.1.2 注 1 规定，可不作为一层考虑，高度从室外地面算起。对半地下室处于地面以下和地面以上的交界处，可以分为下列三种情况，确定它们的层数和高度，如图 3-49 所示：

1）第一种半地下室是带有窗井的、部分露于室外地面以上的情形。这种半地下室一般均可利用来居住或人们活动场所，层高较高。由于这种半地下室顶的楼盖突出在地面以上，且高度较大，地震作用时将产生一定的惯性力，应按照一层确定房屋高度。

2）第二种半地下室是嵌固条件好的。GB 50011 表 7.1.2 注 1 规定嵌固条件好的半地下室，房屋高度允许从室外地面算起，也就是说可不作为一层考虑。嵌固条件好即意味着楼层墙体全部伸入地下，或者底部有较大的底盘，地震获用计算时将房屋结构视为嵌固在地下的悬臂杆。如果将半地下室层做成整体性能较好的钢筋混凝土墙；或者将半地下室的外窗井的墙体，由半地下室的内横墙延伸出去，并在窗井处形成封闭的墙体，这样就扩大了半地下室的底盘面积，可以认为是嵌固条件好的情况。

3）第三种半地下室是露出地面以上较少，如在 1m 左右，不设窗井，而且地下室的层高也较小，如 2m 左右，地下仅作为储室物之用。露出地面部分仅有通气窗孔，孔的水平截面积很小。对此种情形，由于其露出地面较少，且削弱外墙的截面也很少，因此可以不将此种半地下室作为一层考虑。

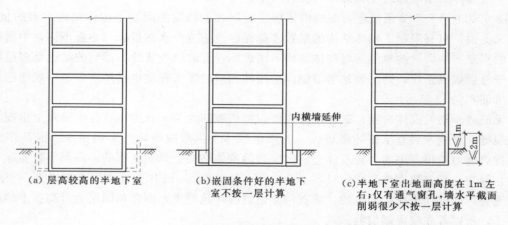

（a）层高较高的半地下室　　　（b）嵌固条件好的半地下室不按一层计算　　　（c）半地下室出地面高度在 1m 左右；仅有通气窗孔，墙水平截面削弱很少不按一层计算

图 3-49　不同半地下室的层数及高度计算示意

三、结构分析与计算

多层砌体房屋结构抗震抗剪强度验算时，当某层或某些墙段不能满足截面强度要求时，未采取有效措施加强。

多层砌体房屋中的部分墙段抗震抗剪强度不能满足要求时，一般可以有五种办法来加强：

1）增加墙厚。抗震抗剪强度与截面大小有关，增加墙厚可以提高抗剪能力，同时，外墙可以提高保温隔热效果，有利于节能。不利的是增加墙厚会增大结构自重，加大了地震作用，同时材料上当然也会增加。所以不是一种最好的办法，只在某些情况下能适用。

2）提高砌体强度。砖和砂浆强度的提高，直接会增大截面抗震抗剪能力。但是，目前砌体规范中对砂浆强度只给出 M10 砂浆时的抗剪强度设计值，而且明确大于 M10 的砂浆强度也只取到 M10 砂浆时的强度。在目前一些砖或混凝土砌块的强度有明显提高的情况下，完全有条件采用与之配套的高标号砂浆，提高砌体的抗震抗剪强度，满足截面的强度验算要求。但目前因无这方面的数据，规范又无规定，所以只有进行相关的试验来求得数据，用于强度验算。

3）配置水平钢筋。这也是 GB 50011 第 7.2.9 条提出的一项措施。

在砌体水平灰缝中配置一定数量的钢筋，可以提高砌体墙段的抗剪能力，这是在大量试验研究基础上提出的办法。

规范规定，灰缝中的配筋率应不小于 0.07％且不大于 0.17％。试验证明，当水平配筋的数量小于截面配筋率的 0.07％时，此时虽有水平筋，但对提高抗剪能力并不明显，因此不能考虑其作用。同时，试验也证明，当在水平灰缝中配置的钢筋过多（过密或过粗），其间的水平钢筋也不能完全发挥提高抗剪能力的作用。因此由试验确定的配筋率上限值为 0.17％。

GB 50011 第 7.2.9 条的说明还指出，采用水平配筋措施时，抗震能力的大小与墙体的高宽比有关，这也是使水平钢筋能够发挥作用大小的重要因素。

4）增加设置构造柱或芯柱。在墙段两端设置构造柱是一种抗御地震时突然倒塌的有效措施。一般的构造柱都设置在墙段的边端或墙体和墙体的交接处，它与为了提高抗震抗剪能力而在墙段中部设构造柱的要求和目的不同。

GB 50011 第 7.2.8 条第 2 款就是为了解决在验算截面抗震受剪能力时不能满足承载力要求，作为一项新措施而提出的。

GB 50011 公式 7.2.8－2 中：

$$V \leqslant 1/\gamma_{RE} \left[\eta_c f_{VE}(A-A_c) + \zeta f_t A_c + 0.08 f_y A_s \right.$$

第一项为砌体截面本身能够承担的受剪承载力；第二项为构造柱的混凝土部分承担的受剪承载力；第三项为构造柱内的钢筋所能承担的受剪承载力。

这是一个主要以试验数据为主得到的经验公式。试验证明，在一个墙段中，构造柱包括钢筋和混凝土所能承担的受剪能力应有所限制。

规范对墙段中部设置的构造柱在纵横墙截面中所占的比例作出了限制，同时对中部构造柱中的钢筋也作了限制，主要是为了既保持多层砌体墙的特性，同时又解决墙段受剪承载力的不足。

5）采用配筋混凝土小型空心砌体。只能用于混凝土小型空心砌块建筑中，不能在砖砌体房屋中出现局部的配筋混凝土小型空心砌块墙段。

当在多层混凝土小型空心砌块建筑中出现整层或某些墙段的受剪承载能力不足时，首先应采取增加构造柱和芯柱数量等措施，在不足以解决其承载力时，可采用在混凝土小型空心砌块墙段中，按配筋砌块的要求增加竖向和水平配筋等措施，来提高整层或某些墙段的受剪承载能力。

四、多层砖房的抗震构造措施

（1）在多层砌体房屋设计中，因不甚了解构造柱的破坏机理，忽视构造柱作为主要的抗震构造措施的作用，未按规范要求设置构造柱。

试验及震害调查的结果得出如下结论：

1）设有钢筋混凝土柱的多层砌体房屋，在墙体开裂后没有进一步倒塌破坏。即使在外柱钢筋屈服的情况下仍能保持裂而不倒。

2）由于柱的截面较小，对房屋和墙体的刚度并不增加，其初裂荷载也无明显的提高。

3）整体结构的变形能力和延性有很明显的增大。

多年来的实践证明，构造柱是一种良好的抗震构造措施，能够使多层砌体房屋减轻和避免突然倒塌的危险，是保证多层砌体房屋大震不倒的重要措施，应该明确，构造柱不是一般意义上的柱而是墙体的约束构件。

构造柱的作用主要是约束一旦在地震中开裂破坏了的墙体，使之不进一步倒塌。从这一点出发，我们能够更好地来理解和运用构造柱而不致出现误导。构造柱虽不能阻止墙体出现的一般裂缝的发展，但是在墙体沿对角线的剪切裂缝较大并贯通整个墙面，使墙体分为四大块后，构造柱能够约束墙体的进一步倒塌。构造柱的破坏原理如图3-50所示。

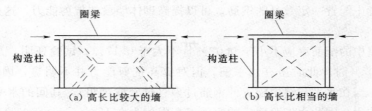

图3-50 构造柱的破坏机理

（2）多层砌体房屋超过规范规定的层数和高度，误用增加构造柱来解决。

现行抗震规范已普遍提高了不同设防烈度区允许建造房屋的高度。因此，构造柱的设置是普遍的要求和基本的构造措施，不是解决房屋超高或超层的手段。

（3）单层砌体房屋不应按多层房屋的要求设置构造柱。

对不同设防烈度的单层砌体房屋，可根据建筑结构情况区别对待。比如，对一些高烈度区的重要建筑，至少应在房屋的四角墙体内设置构造柱，也可以在相隔一定距离的横墙内设置构造柱。对一般的单层砌体房屋，只要求有顶部圈梁和内外墙的拉结措施。

（4）随意将构造柱沿房屋高度方向逐层减少或改变截面及配筋。

构造柱的设置目的既然是约束墙体的构件，因此就一般要求而言，各层均应连续设置。除符合GB 50011第7.3.2条第5款规定，需在房屋下部1/3楼层增设的构造柱，当延伸到上层的墙体时，可适当减少或改变配筋及截面。

构造柱在多层砌体中除有约束构件功能之外，同时还能够增强内外墙、墙与墙的连接功能。这些也不能忽视。因此，如果沿高度方向要减少构造柱的数量时，一定要强调墙相互间的拉结措施，否则是危险的。

（5）构造柱的截面设计过大，数量设置过多。

构造柱的作用不是代替墙体抗剪，而是约束墙体。GB 50011规定了构造柱的最小截面，设计中不宜将构造的截面任意扩大，这样做有几个弊端：

1）构造柱的截面增大以后，势必增大它的刚度。如果构造柱在墙段中的刚度过大，它将影响作为砌体墙的特性，甚至成为以混凝土柱为主的墙段，而使墙段的抗剪作用由混凝土起主导作用，显然这不是我们所要求的。正确的构造柱设计应当使其刚度很小而约束较强，这样才能对墙段有所帮助，而不是使其刚度增加，造成地震剪力的加大。

2）众多试验也证明：如按常规设计的构造柱做法，包括截面大小和配筋，有构造柱墙段和未设构造柱墙段的初裂荷载基本不增大。

（6）非承重的墙体未按规范要求采取抗震措施。

非承重墙可以分为几种：

如轻质隔墙，一般仅作为隔断之用，且墙体的侧向刚度很小，不足以对房屋起到抗侧移的作用。因此，对此类墙体，只要考虑隔墙本身地震时不会倒塌伤人就可以了。例如在墙的两端设有与主要墙体的拉结措施即可。

对不承担静力垂直荷载，而只承担自身重量的内外纵墙，也称为自承重墙。对此类墙体，不能不考虑其承担地震作用。因为在侧向力的作用下，所有与之平行的、有一定刚度的墙体都将分担地震水平作用的影响。因此，虽不是承重墙，但在地震中也要按承担水平地震作用来分担地震荷载。

此类墙体的抗震措施应按GB 50011第13.3.3条规定设置拉结筋、水平系梁、圈梁、构造柱等与主体结构可靠拉结。

第四章 框架结构设计

钢筋混凝土框架结构体系是以由梁、柱组成的框架作为竖向承重和抗水平作用的结构体系。框架结构的优点是可以为建筑提供灵活布置的室内空间，便于布置会议室、餐厅、办公室、车间、实验室等大房间；其平面和立面也可有较多变化。框架结构的缺点是在水平荷载作用下，结构的侧向刚度较小，水平位移较大，故称其为柔性结构体系。

框架结构的抗震性能较差，在强震下容易产生震害。因此它主要用于非抗震设计、层数较少、建造高度不超过60m的建筑中，在抗震设防烈度较高的地区，建造高度受到严格限制。在地震区采用框架结构必须加强梁、柱和节点的抗震措施，还要注意非结构构件（如填充墙等）材料的选用以及填充墙与框架的连接，避免过大变形导致非结构构件的损坏。

第一节 框架结构布置原则

一个建筑结构方案的确定，要涉及到安全可靠、使用要求、经济投入、施工技术和建筑美观等诸多问题。要求设计者综合运用力学概念、结构破坏机理的概念、地震对建筑物造成破坏的经验教训、结构试验结论和计算结果的分析判断等进行设计，这在工程设计中被称为"概念设计"。概念设计虽然带有一定的经验性，涉及的范围十分丰富，但是它的基本原则是明确的。事实证明概念设计是十分有效的。高层建筑由于体形庞大，一些复杂部位难以进行精确计算，特别是对需要进行抗震设防的建筑，因为地震作用影响因素很多，要进行精确计算更是困难。因此，在高层建筑设计中，除了要根据建筑高度选择合理的结构体系外，必须运用概念设计进行分析。本节讨论的结构总体布置原则，就是高层建筑设计中属于概念设计的一些基本原则。

一、控制结构的高宽比 H/B

在建筑的设计中，控制侧向位移是结构设计的主要问题。随着高宽比的增大，结构的侧向变形能力也相对越强，倾覆力矩也越大。因此，建造宽度很小的高层建筑是不合适的，应对建筑物的高宽比加以限制，见表4-1所示。

表4-1　　　　　　　　　　　高宽比限值（H/B）

结构类型	非抗震设计	抗震设计		
		6度、7度	8度	9度
框架	5	4	3	—
框架—剪力墙、剪力墙	7	6	5	4
框架—核心筒	8	7	6	4
筒中筒	8	8	7	5

表4-1是《高层建筑混凝土结构技术规程》（JGJ 3—2010）的规定，是根据经验得到的，可供初步设计时参考。如果体系合理、布置恰当，经过验算结构侧向位移、自振周期、地震反应和风振下的动力效应在理想的范围内，则 H/B 值可以适当放宽。

二、结构的平面形状

建筑物的平面形状一般可以分为以下两类：

1. 板式

板式是指建筑物宽度较小、长度较大的平面形状。在板式结构中，因为宽度较小，平面短边方向抗侧移刚度较弱。当长度较大时，在地震或风荷载作用下，结构会产生扭转、楼板平面翘曲等现象。因此，应对板式结构的长宽比 L/B 加以限制，一般情况下 L/B 不宜超过 4；当抗震设防烈度等于或大于 8 时，限制应更加严格。同时，板式结构的高宽比也需控制的更严格一些。

2. 塔式

塔式是指建筑物的长度和宽度相近的平面形状。塔式平面形状不局限于方形或圆形，可以是多边形、长宽相近的矩形、Y 形、井字形、三角形等。在塔式结构中，两个方向抗侧移刚度相近。尤其是平面形状对称时，扭转相对要小得多。在高层建筑、尤其是超高层建筑中，多采用塔式平面形状。

无论采用那一种平面形状，都应遵循平面规则、对称、简单的原则，尽量减少因平面形状不规则而产生扭转的可能性。

三、对抗震有利的结构布置形式

大量地震震害调查说明，建筑物平面布置不合理、刚度不均匀，高低错层连接、屋顶局部突出、高度方向刚度突变等，都容易造成震害。在抗震设计中，必须遵循以下两点使结构形式对抗震有利。

1. 选择有利于抗震的结构平面

平面形状复杂、不规则、不对称的结构，不仅结构设计难度大，而且在地震作用的影响下，结构要出现明显的扭转和应力集中，这对抗震是非常不利的。另外，各抗侧力结构的刚度在平面内的布置也必须做到均匀，尽可能对称。避免刚度中心和水平力作用点出现过大偏心距。故平面布置简单、规则、对称是应遵循的原则。

2. 选择有利于抗震的竖向布置

结构竖向布置的原则是刚度均匀连续，避免刚度突变。在结构竖向刚度有变化时要做到由上到下刚度逐渐变化，尽量避免在结构的某个部位出现薄弱层。对结构顶部的局部突起的"鞭梢效应"，应有足够的重视。震害分析表明，这些部位往往是震害最严重的地方。

四、有关缝的设置

在一般房屋结构的总体布置中，考虑到沉降、温度收缩和体型复杂对房屋结构的不利影响，常常采用沉降缝、伸缩缝或防震缝将房屋分成若干个独立的部分，以消除沉降差、温度应力和体型复杂对结构的危害。对这三种缝，有关规范都作了原则性的规定。

但是，在高层建筑中常常由于建筑使用要求和立面效果的考虑，以及防水处理困难等，希望少设缝或不设缝。目前在高层建筑中，总的趋势是避免设缝，并从总体布置上或构造上采取相应措施来减少沉降、温度和体型复杂引起的问题。

五、温度差对房屋竖向的影响

季节温差、室内外温差和日照温差对房屋竖向结构亦是有影响的。当建筑物高度在 30~40 层以上时，就应考虑这种温度作用。

六、高层建筑楼盖

在高层建筑中，楼盖不再是简单的竖向分割和平面支撑。在高层结构侧向变形时，要求楼盖应具备必要的整体性和平面内刚度。同时，考虑到高层建筑平面较为复杂、尽量减少楼盖的结构高度和重量，装配式楼盖已不再适用，一般应采用现浇整体式或装配整体式楼盖。

七、基础埋置深度及基础形式

1. 基础埋置深度

高层建筑由于高度大、重量大，受到的地震作用和风荷载值较大，因而倾覆力矩和剪力都比较大。为了防止倾覆和滑移，高层建筑的基础埋置深度要深一些，使高层建筑基础周围所受到的嵌固作用较大，减小地震反应。《高层建筑混凝土结构技术规程》（JGJ 3—2010）规定：

（1）在天然地基上基础埋置深度不小于建筑物总高度的 1/12。

（2）采用桩基时，桩基承台的埋置深度不宜小于建筑物总高度的 1/15。

（3）当地基为岩石时，基础埋置深度可减小一些，但应采用地锚等措施。

2. 基础形式

基础承托房屋全部重量及外部作用力，并将它们传到地基；另一方面，它又直接受到地震波的作用，并将地震作用传到上部结构。可以说，基础是结构安全的第一道防线。基础的形式，取决于上部结构的形式、重量、作用力以及地基土的性质。基础形式有以下几种：

（1）柱下独立基础。

柱下独立基础适用于层数不多、地基承载力较好的框架结构。当抗震要求较高或土质不均匀时，可在单柱基础之间设置拉梁，以增加整体性。

（2）条形基础。

条形基础、交叉条形基础比柱下独立基础整体性要好，可增加上部结构的整体性。

（3）钢筋混凝土筏形基础。

当高层建筑层数不多、地基土较好、上部结构轴线间距较小且荷载不大时，可以采用钢筋混凝土筏形基础。

（4）箱形基础。

箱形基础是高层建筑广泛采用的一种基础类型。它具有刚度大、整体性好的特点，适用于上部结构荷载大而基础土质较软弱的情况。它既能够抵抗和协调地基的不均匀变形，又能扩大基础底面积，将上部荷载均匀传递到地基上，同时，又使部分土体重量得到置换，降低了土压力。

（5）桩基。

桩基也是高层建筑广泛采用的一种基础类型。桩基具有承载力可靠、沉降小的优点，适用于软弱土壤。震害调查表明，采用桩基常常可以减少震害。但是必须注意，在地震区，应避免采用摩擦桩，因为在地震时土壤会因震动而丧失摩擦力。

八、框架结构的柱网布置

框架结构的柱网是根据建筑平面的要求和结构受力的合理性确定的。从结构上看，柱网应规则、整齐，间距合理，传力体系明确。矩形平面中平行于短边方向的框架称为横向框架，平行于长边方向的称为纵向框架。按楼板（或次梁）布置方向的不同，又分为承受楼板荷载的承重（主）框架，和只承受填充墙荷载的非承重框架。如楼板为双向板，则两个方向的框架均为承重框架。通常承重框架沿房屋的横向布置，以提高结构的横向抗侧刚度。矩形平面的纵向受风面积小，且柱子根数多，故纵向框架的抗侧力要求较低，沿纵向可设置连系梁。当房屋采用大柱网或楼面荷载较大，或有抗震设防要求时，主要承重框架应沿房屋横向布置。

主要承重框架沿房屋纵向布置，开间布置灵活，适用于层数不多，荷载要求不高的工业厂房。当建筑使用有特殊要求时，承重框架也可沿房屋纵向布置。

框架结构按施工方法的不同分为现浇式、装配式及装配整体式三种。本章主要介绍现浇框架的设计方法。

九、梁、柱截面尺寸

框架结构的梁、柱截面尺寸在内力计算、位移计算之前要初步确定，然后再根据承载力计算及变形验算最后确定。

承重框架梁的截面尺寸，可参照第十章肋形楼盖的"主梁"来估计。通常取梁高 $h_b = (1/8 \sim 1/12)l_b$（主梁计算跨度），同时 h_b 也不宜大于净跨的 $1/4$；梁宽 b_b 不宜小于 200mm，且不小于柱宽的 $1/2$；同时 $h_b/b_b \leqslant 4$。非承重框架的梁可按"次梁"要求选择截面尺寸，一般取梁高为 $(1/12 \sim 1/20)$ 计算跨度。当满足上述要求时一般可不进行挠度验算。

柱截面尺寸可近似根据柱承受的竖向荷载来估算。在初步设计时，可按照每个柱支承的楼板面积（不考虑连续性）及填充墙长度，由楼板单位面积上的荷载（包括恒载及全部活载）及填充墙材料重量计算出它的最大竖向荷载设计值 N_V。考虑到在水平荷载作用下由于弯矩的影响，可按下式估算柱的截面积 A_c。

$$A_c \geqslant (1.05 \sim 1.10)N_V/f_c \tag{4-1}$$

式中　f_c——混凝土的轴心抗压强度设计值。

框架柱截面可做成矩形或方形，一般柱截面的长边应与主承重框架方向一致。柱截面长边 h_c 一般不宜小于 400mm，短边 b_c 不宜小于 350mm，且柱净高与 h_c 之比不应小于 4。

第二节　框架结构设计方法

框架结构的计算简图，就是结构力学中讨论的刚架，因而其内力计算方法大家都比较熟悉。本章介绍常用的一些近似计算方法。

一、框架结构在竖向荷载作用下的近似计算——分层法

框架所承受的竖向荷载一般是结构自重和楼（屋）面使用活荷载。框架在竖向荷载作用下，侧移比较小，可以作为无侧移框架按力矩分配法进行计算。精确计算表明，各层荷载除了在本层梁以及与本层梁相连的柱子中产生内力之外，对其他层的梁、柱内力影响不大。为此，可以将整个框架分成一个个单层框架来计算，这就是分层法。

由于在单层框架中，各柱的远端均取为了固定支座，这与柱子在实际框架中的情况有较大差别。为此需要对计算作以修正：

（1）除底层外，各柱的线刚度乘以 0.9 加以修正。

（2）将各柱的弯矩传递系数修正为 1/3。

计算出各个单层框架的内力以后，再将各个单层框架组装成原来的整体框架即可。节点上的弯矩可能不平衡，但误差不会很大，一般可不做处理。如果需要更精确一些，可将节点不平衡弯矩在节点作一次分配即可，不需要再进行传递。

二、框架在水平荷载作用下的近似计算（一）——反弯点法

框架所承受的水平荷载主要是风荷载和水平地震作用，它们都可以转化成作用在框架节点上的集中力。在这种力的作用下，无论是横梁还是柱子，它们的弯矩分布均成直线变化。如图 4-1 所示，一般情况下每根杆件都有一个弯矩为零的点，称为反弯点。如果在反弯点处将柱子切开，切断点处的内力将只有剪力和轴力。如果知道反弯点的位置和柱子的抗侧移刚度，即可求得各柱的剪力，从而求得框架各杆件的内力，反弯点法即由此而来。

由此可见，反弯点法的关键是反弯点的位置确定和柱子抗推刚度的确定。

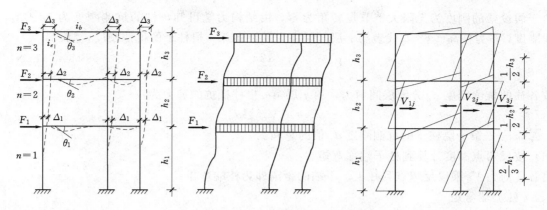

图 4-1 反弯点法示意图（一）

1. 反弯点法的假定及适用范围

基本假定。

1）假定框架横梁刚度为无穷大。

如果框架横梁刚度为无穷大，在水平力的作用下，框架节点将只有侧移而没有转角。实际上，框架横梁刚度不会是无穷大，在水平力下，节点既有侧移又有转角。但是，当梁、柱的线刚度之比大于3时，柱子端部的转角就很小。此时忽略节点转角的存在，对框架内力计算影响不大。梁、柱的线刚度分别为 EI_b/l 和 EI_c/h，此处 I_b、I_c 各为梁、柱的截面惯性矩；l、h 各为梁的跨度及柱高。

计算梁截面惯性矩 I_b 时，应考虑楼板作为梁的翼缘宽度对 I_b 的影响。设计时可近似按下列公式确定有现浇楼板的梁截面惯性矩。

两侧有楼板 $$I_b = 2.0 I_r \qquad (4-2)$$

一侧有楼板 $$I_b = 1.5 I_r \qquad (4-3)$$

式中　I_r——按矩形截面计算的惯性矩。

由此也可以看出，反弯点法是有一定的适用范围的，即框架梁、柱的线刚度之比应不小于3。

2）假定底层柱子的反弯点位于柱子高度的2/3处，其余各层柱的反弯点位于柱中。

当柱子端部转角为零时，反弯点的位置应该位于柱子高度的中间。而实际结构中，尽管梁、柱的线刚度之比大于3，在水平力的作用下，节点仍然存在转角，那么反弯点的位置就不在柱子中间。尤其是底层柱子，由于柱子下端为嵌固，无转角，当上端有转角时，反弯点必然向上移，故底层柱子的反弯点取在2/3处。上部各层，当节点转角接近时，柱子反弯点基本在柱子中间。

2. 柱子的抗侧移（抗推）刚度 d

柱子端部无转角时，柱子的抗推刚度用结构力学的方法可以很容易地给出：

$$d = \frac{12i_c}{h^2} \qquad (4-4)$$

式中　i_c——柱子的线刚度；

　　　h——柱子的层高。

3. 反弯点法的计算步骤

反弯点法的计算步骤可以归纳如下：

（1）计算框架梁柱的线刚度，判断是否大于3。

（2）计算柱子的抗推刚度。

（3）将层间剪力在柱子中进行分配，求得各柱剪力值。

设作用在框架节点处的水平集中荷载为 F_n，n 为框架的层数。将框架在第 j 层柱的反弯点处切开，由水平力的平衡可得第 j 层的层间剪力 V_j 为：

$$V_j = F_j + F_j + 1 + \cdots + F_n \qquad (4-5)$$

由于假设梁的刚度为无限大，节点转角为零，由结构力学可知，柱的抗侧刚度为 $12i_c/h_2$，i_c 为柱的线刚度，h 为柱高。设 d_{ij} 代表第 j 层（层高为 h_j）的第 i 根柱子的抗侧刚度，则：

$$d_{ij} = \frac{12i_{ci}}{h_j^2} \qquad (4-6)$$

按各柱的抗侧刚度 d_{ij} 分配层间剪力，第 j 层第 i 根柱抵抗的剪力为：

$$V_{ij} = d_{ij}V_j / \sum d_{ij} \qquad (4-7)$$

式中　$\sum d_{ij}$——第 j 层柱子的抗侧刚度 d_{ij} 值的总和。

（4）按反弯点高度计算到柱子端部弯矩。

由各柱剪力 V_{ij} 乘以反弯点到柱上、下端的距离即为柱端弯矩：

j 层 i 柱上端弯矩

$$M_{ij}^t = (1-y_{ij})h_jV_{ij} \qquad (4-8)$$

j 层 i 柱下端弯矩

$$M_{ij}^b = y_{ij}h_jV_{ij} \qquad (4-9)$$

式中　$y_{ij}h_j$——反弯点到柱下端的距离：对底层柱 $y_{i1}h_1 = 2h_1/3$，对其他各层柱 $y_{ij}h_j = h_j/2$ 如图 4-1 所示。

根据节点平衡，将上、下层柱端弯矩之和，按节点左、右两侧梁的线刚度比例分配给梁端：

$$M_b^{左} = (M_{ij}^t + M_{i,j+1}^b)i_b^{左}/(i_b^{左}+i_b^{右})$$

$$M_b^{右} = (M_{ij}^t + M_{i,j+1}^b)i_b^{右}/(i_b^{左}+i_b^{右}) \qquad (4-10)$$

（5）利用节点平衡计算梁端弯矩，进而求得梁端剪力，如图 4-2 所示。

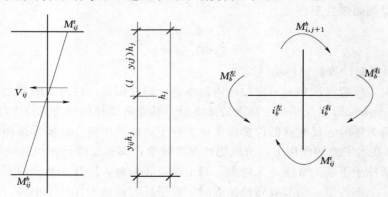

图 4-2　反弯点法示意图（二）

（6）计算柱子的轴力。根据梁左右两端弯矩之和除以梁的跨度可求得梁的剪力 V_b，再由梁端剪力计算柱的轴力 N_c。

三、框架在水平荷载作用下的近似计算（二）——改进反弯点（D 值）法

当框架的高度较大、层数较多时，柱子的截面尺寸一般较大，这时梁、柱的线刚度之比往往要小于 3，反弯点法不再适用。如果仍采用类似反弯点的方法进行框架内力计算，就必须对反弯点法进行改进——改进反弯点（D 值）法。

1. 基本假定

（1）假定同层各节点转角相同。

承认节点转角的存在，但是为了计算的方便，假定同层各节点转角相同。

（2）假定同层各节点的侧移相同。

这一假定，实际上是忽略了框架梁的轴向变形。这与实际结构差别不大。

2. 柱子的抗推刚度 D

在上述假定下，柱子的抗推刚度 D 仍可以按照结构力学的方法计算：

$$D=\alpha\frac{12i_c}{h^2} \tag{4-11}$$

式中 α——柱子抗推刚度的修正系数，$\alpha\leqslant1.0$。考虑梁、柱的线刚度的相对大小对柱子抗推刚度的影响，其值与节点类型和梁、柱线刚度的比值有关；

其余符号同前。

可以看出，按照上式计算到的柱子抗推刚度一般要小于反弯点法的 d 值。这是考虑柱子端部转角的缘故。转角的存在，同样水平力作用下柱子的侧移要来得大一些。

3. 反弯点高度

柱子反弯点的位置——反弯点高度，取决于柱子两端转角的相对大小。如果柱子两端转角相等，反弯点必然在柱子中间；如果柱子两端转角不一样，反弯点必然向转角较大的一端移动。影响柱子反弯点高度的因素主要有以下几个方面：

（1）结构总层数及该层所在的位置。

（2）梁、柱线刚度比。

（3）荷载形式。

（4）上、下层梁刚度比。

（5）上、下层层高变化。

在改进反弯点法中，柱子反弯点位置往往用反弯点高度比 y 来表示：

$$y=\frac{\bar{y}}{h} \tag{4-12}$$

式中 $\bar{y}$——反弯点到柱子下端的距离，即反弯点高度；

       h——柱子高度。

综合考虑上述因素，各层柱的反弯点高度比由下式计算：

$$y=y_n+y_1+y_2+y_3 \tag{4-13}$$

式中 y_n——柱标准反弯点高度比，标准反弯点高度比是在各层等高、各跨相等、各层梁和柱线刚度都不改变时框架在水平荷载作用下的反弯点高度比，其值见有关计算手册；

       y_1——上、下梁刚度变化时的反弯点高度比修正值，当某柱的上梁与下梁的刚度不等，柱上、下结点转角不同时，反弯点位置会有变化，应将标准反弯点高度比 y_n 加以修正；修正值 y_1 见有关计算手册；

   y_2、y_3——上、下层高度变化时反弯点高度比的修正值；在框架最顶层，不考虑 y_2，在框架最底层，不考虑 y_3，见有关计算手册。

有了柱子的抗推刚度和柱子反弯点高度比，就可以按照与反弯点同样的方法求解框架结构内力。

四、框架在水平荷载作用下侧移的近似计算

结构要控制侧移，对框架结构来讲，侧移控制有两部分：一是结构顶点侧移的控制，目的是使结构满足正常使用的要求；二是结构层间侧移的控制，防止填充墙出现裂缝。

1. 框架结构在水平荷载下的侧移特点

为了了解框架结构在水平荷载下的侧移特点，我们先来看悬臂柱在均布水平荷载下的侧移。悬臂柱的侧移由以下两部分组成：

（1）弯曲变形产生的顶点侧移 δ_m。

柱 Z 高度处，由水平荷载产生的弯矩 M_z 为：

$$M_z=\frac{1}{2}q(H-Z)^2 \tag{4-14}$$

在此弯矩作用下，柱 Z 截面曲率为：

$$\varphi_z = \frac{M_z}{EI} \tag{4-15}$$

柱 Z 高度处微段 $\mathrm{d}z$ 截面转角为 $\varphi_z \mathrm{d}x$，由此转角产生的柱顶侧移为：

$$\delta_{mz} = (H-Z)\varphi_z \mathrm{d}x \tag{4-16}$$

积分可得柱弯曲变形产生的顶点侧移 δ_m：

$$\delta_m = \int_0^H \varphi_z (H-Z) d_z = \frac{qH^4}{8EI} \tag{4-17}$$

如果计算到柱子不同高度处的侧移值，画出侧移曲线，可以看出，曲线凸向柱子原始位置，这种曲线称之为弯曲变形曲线。

（2）剪切变形产生的顶点侧移 δ_V。

在柱子 Z 高度处，由水平荷载产生的剪力 V_z 为：

$$V_Z = q(H-Z) \tag{4-18}$$

相应的截面平均剪应力：

$$\tau_z = \frac{\mu V_z}{A} = \frac{\mu q(H-Z)}{A} \tag{4-19}$$

其平均剪应变为：

$$\gamma_Z = \frac{\mu q(H-Z)}{GA} \tag{4-20}$$

式中 μ——剪应力不均匀系数；

G——剪切弹性模量。

则由剪切变形产生的顶点侧移为：

$$\delta_v = \int_0^H \frac{\mu q(H-Z)}{GA} \mathrm{d}z = \frac{\mu qH^2}{2GA} \tag{4-21}$$

同样，如果计算到不同高度处的侧移，画出曲线，可以看出，侧移曲线是凹向柱子原始位置的。这种曲线称之为剪切变形曲线。

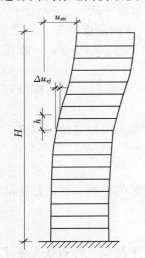

图 4-3 框架侧移曲线

框架可以看成是一根空腹的悬臂柱，该悬臂柱的截面高度为框架的跨度。该截面弯矩是由柱轴力组成，截面剪力由柱剪力组成。框架梁、柱的弯曲变形是由柱子的剪力引起，相当于空腹悬臂柱的剪切变形。在楼层处水平荷载作用下，如果只考虑梁柱构件的弯曲变形产生的侧移，则侧移曲线如图4-3所示。它与实腹悬臂柱的剪切变形曲线一致，故框架结构在水平荷载下的弯曲变形曲线为剪切型。如果只考虑框架柱子轴向变形产生的侧移，它与实腹悬臂柱的弯曲变形曲线一致，由此可知框架结构由柱子轴向变形产生的侧移为弯曲型。

也就是说，框架结构在水平荷载作用下产生的侧移由两部分组成：弯曲变形和剪切变形。在层数不多的情况下，柱子轴向变形引起的侧移很小，常常可以忽略。在近似计算中，只需计算由梁、柱弯曲变形产生的侧移、即所谓剪切型变形。在高度较大的框架中，柱子轴向力较大，由柱子轴向变形引起的侧移已不能忽略。一般说来，两种变形叠加以后，框架侧移曲线仍以剪切型为主。

2. 梁、柱弯曲变形产生的侧移

框架柱抗推刚度的物理意义就是柱顶相对柱底产生单位水平侧移时所需要的柱顶水平推力，即柱子剪力。因此，由梁、柱弯曲变形产生的层间侧移可以按照下式计算：

$$\delta_j^M = \frac{V_{pj}}{\sum D_{ij}} \tag{4-22}$$

式中　V_{pj}——第 j 层层剪力；

　　　δ_j^M——第 j 层层间侧移；

　　　D_{ij}——第 j 层第 i 根柱子的剪力。

各层楼板标高处侧移绝对值是该层以下各层层间侧移之和。框架顶点由梁、柱弯曲变形产生的侧移为所有 n 层层间侧移之和。

第 j 层侧移：

$$\Delta_j^M = \sum_{i=1}^{j} \delta_i^M \tag{4-23}$$

顶点侧移：

$$\Delta_n^M = \sum_{j=1}^{n} \delta_j^M \tag{4-24}$$

3. 柱轴向变形产生的侧移

在水平荷载作用下，对于一般框架来讲，只有两根边柱轴力较大，一侧为拉力，另一侧为压力。中柱因柱子两边梁的剪力相近，轴力很小。这样，由柱轴向变形产生的侧移只需考虑两边柱的贡献。

在任意水平荷载 $q(z)$ 作用下，用单位荷载法可求出由柱轴向变形引起的框架顶点水平位移。

$$\Delta_j^N = 2 \int_0^{H_j} (\overline{N}N/EA)\mathrm{d}z \tag{4-25}$$

$$\overline{N} = \pm(H_j - Z)/B \tag{4-26}$$

$$N = \pm M(z)/B \tag{4-27}$$

$$M(z) = \int_z^H q(\tau)\mathrm{d}\tau(\tau - z) \tag{4-28}$$

式中　$\overline{N}$——为单位水平集中力作用在 j 层时边柱轴力；

　　　B——两边柱之间的距离；

　　　N——水平荷载 $q(z)$ 作用下边柱的轴力；

　　　A——边柱截面面积。

假定边柱截面沿高度直线变化，令：

$$n = A_顶/A_底 \tag{4-29}$$

$$A(z) = [1 - (1-n)z/H]A_底 \tag{4-30}$$

将上述公式整理，则有：

$$\Delta_j^N = \frac{2}{EB^2 A_底} \int_0^H \frac{(H_j - z)M(z)}{1 - (1-n)z/H}\mathrm{d}z \tag{4-31}$$

针对不同荷载，积分即可求得框架顶部侧移。

4. 框架结构的侧移限值

多层框架结构在正常使用状态时，风荷载作用下的层间侧移及顶点侧移应满足下列要求：

（1）层间侧移：砖砌体填充墙 $\Delta u_{ej}/h \leqslant 1/500$；轻质隔墙 $\Delta u_{ej}/h \leqslant 1/450$。

（2）顶点侧移：砖砌体填充墙 $u_{en}/H \leqslant 1/650$；轻质隔墙 $u_{en}/H \leqslant 1/550$。

以上式中 h、H 分别为框架结构的层高和总高；$\Delta u_{ej}/h$ 也称为层间侧移角。

五、框架内力组合

1. 竖向荷载下的活载不利位置及塑性调幅

确定框架梁跨中及支座截面最大弯矩和支座截面最大剪力活载不利位置的原则与第九章所述相同。

在多层及高层建筑中，通常楼层使用活荷载为 $1.5 \sim 2kN/m^2$，相对较小。为了简化设计，一般可不考虑活载不利位置的影响，与恒载相同，按各跨满布情况计算。

但是对于使用荷载很大的多层厂房、公共建筑或书库等，则应考虑活载的不利位置进行竖向荷载下的内力计算。

为了减少框架梁支座截面负弯矩配筋过分拥挤，以保证混凝土浇筑质量。尤其是在抗震结构设计中为了使梁端出现塑性铰以形成延性框架。允许在框架梁中进行塑性调幅，降低竖向荷载作用下的支座弯矩，并相应调整跨中截面的弯矩。现浇框架支座弯矩的调幅系数 $\beta = 0.8 \sim 0.9$，装配整体式框架取 $\beta = 0.7 \sim 0.8$。相应地增大跨中弯矩。根据平衡关系调幅后的梁端弯矩 $M_b^{左}$、$M_b^{右}$ 及跨中弯矩 $M_b^{中}$，应满足下列条件：

$$(M_b^{左} + M_b^{右})/2 + M_b^{中} \geqslant M_O \tag{4-32}$$

式中 M_O——按简支梁计算的跨中弯矩。

为了保证必要的跨中弯矩取值，同时要求：

$$M_b^{中} \geqslant M_O/2 \tag{4-33}$$

竖向荷载下的弯矩应先进行塑性调幅，再与水平荷载作用下的弯矩进行组合。

2. 控制截面的最不利内力组合

内力分析中算得的梁支座弯矩是柱轴线处的弯矩值，用来进行配筋计算的是梁端控制截面的弯矩（图 4-4）。因此需将柱轴线处的弯矩换算为柱边截面处的弯矩值。框架梁一般情况下需进行跨中截面 M_{max} 和 M_{min} 的最不利组合；支座截面需对 M_{max}、M_{min} 及 $|V|_{max}$ 进行最不利组合。

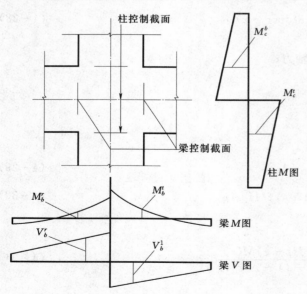

图 4-4 梁柱端控制截面

柱控制截面在柱上端及下端，确切地说是梁底面及梁顶面的柱截面，如图 4-4 所示。因此，同样需要将内力分析中得出的梁轴线处的弯矩值换算为控制截面的弯矩值，再进行组合。框架柱的内力组合项目，与排架柱类似。对采用对称配筋的柱，一般可进行以下四个项目的不利内力组合：

（1）$|M|_{max}$ 与相应的 N。

（2）N_{max} 与相应的 M。

（3）N_{min} 与相应的 M。

（4）$|V|_{max}$ 与相应的 N。

从以上四项内力组合中选出对柱的配筋起控制作用的最不利情况。

3. 荷载效应组合式

对于非抗震设防区的一般多层框架，由于假定竖向荷载下框架无侧移（只有风荷载作用产生侧移），因此，荷载效应组合就是内力组合，其设计值 S 可按下列简化公式确定：

$$S = \gamma_G S_{GK} + \psi \sum \gamma_{Qi} S_{QK} \tag{4-34}$$

式中 γ_G、γ_{Qi}——永久荷载和第 i 个可变荷载分项系数；

S_{GK}、S_{QiK}——永久荷载和第 i 个可变荷载产生的内力标准值；

ψ——可变荷载组合系数，当有两个或两个以上的可变荷载产生的内力参与组合，且其中包括风荷载的内力时，$\psi=0.9$；其他情况取 $\psi=1.0$。

恒载分项系数取 1.2，楼面活荷载、风荷载的分项系数取 1.4（当楼面活载标准值不小于 $4kN/m^2$ 时，取 1.3），则框架结构的内力组合式可写成：

（1）恒载＋活载。

$$S=1.2S_{GK}+1.4 \text{ 或 } 1.3S_{LK} \tag{4-35}$$

（2）恒载＋风载。

$$S=1.2S_{GK}+1.4S_{WK} \tag{4-36}$$

（3）恒载＋0.9（活载＋风载）。

$$S=1.2S_{GK}+0.9\times(1.4 \text{ 或 } 1.3S_{LK}+1.4S_{WK}) \tag{4-37}$$

（4）对于不小于 8 层的高层框架结构：恒载＋0.9（活载＋风载）。

$$S=1.2S_{GK}+0.9\times(1.4 \text{ 或 } 1.3S_{LK})+1.4S_{WK} \tag{4-38}$$

式中 S_{LK}、S_{WK}——活载及风载产生的内力标准值。

在进行侧移计算时，荷载分项系数均取值 1.0。

六、框架结构构件设计

1. 框架梁设计

（1）纵向受力钢筋的配置及构造要求。

框架梁按受弯构件设计，不考虑轴力的影响，梁的纵向受力钢筋应根据内力组合得到的支座及跨中弯矩设计值，按正截面受弯承载力计算，截面的相对受压区高度应不大于界限相对受压区高度。当支座截面弯矩考虑塑性调幅时，支座截面的相对受压区高度尚应不大于 0.35。跨中及支座截面的纵向受拉钢筋配筋率（包括跨中截面的上部受拉钢筋）不应小于最小配筋率。

框架梁的纵向受力钢筋布置，原则上应根据本章所述内力组合下的弯矩包络图来进行。梁的下部纵向受拉钢筋不宜截断，应全部伸入支座并有可靠的锚固；支座处上部纵向受拉钢筋，可考虑在负弯矩承载力不需要处截断，其截断位置应满足延伸长度 l_d 的要求。

（2）箍筋的配置及构造要求。

梁中箍筋的配置按斜截面受剪承载力确定，通常框架梁不采用弯起钢筋抗剪。框架梁沿全长配箍率不得小于 $0.02f_c/f_{yv}$，且箍筋的最小直径及最大间距，都应符合构造要求。同时，梁的最大剪力设计值应不大于 $0.25f_cbh_0$，否则应加大截面或提高混凝土强度等级。

2. 框架柱设计

（1）纵向受力钢筋的配置及构造要求。

框架柱受到轴力、弯矩及剪力的作用。纵向钢筋通常采用对称配筋，配筋面积按偏心受压构件正截面承载力计算。

柱的纵向钢筋搭接长度应不小于 $1.2l_a$，l_a 为钢筋的最小锚固长度。当纵向钢筋直径大于 22mm 时，不宜采用非焊接的搭接接头。纵向钢筋接头的位置应相互错开，一般应在两个水平面上。相邻接头的间距：焊接接头不应小于 $35d$（d 为纵向钢筋直径），且不应小于 500mm；搭接接头不应小于 $1.2l_a$。接头距楼板面的距离不宜小于 750mm 及柱截面的长边尺寸。

框架顶层柱纵向钢筋伸入节点或梁内的锚固长度（自梁底面计算）应不小于 l_a（如图 4-5 所示）。由于柱宽一般大于梁宽，故柱角部钢筋将不能伸入梁内，这时可采用柱内外两侧钢筋相互搭接或焊接的构造（如图 4-6 所示）。

（2）箍筋的配置及构造要求。

框架柱的配箍量按斜截面受剪承载力计算。

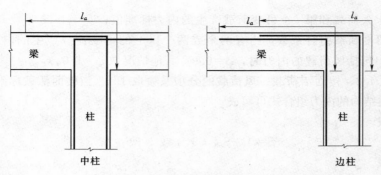

图 4-5 顶层柱纵向钢筋的锚固图

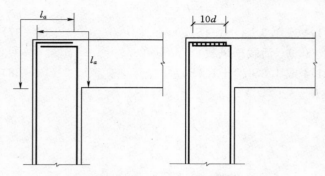

图 4-6 柱钢筋不能伸入梁内的锚固图

柱内纵向钢筋搭接长度范围内的箍筋间距：当纵筋为受拉时，不应大于 100mm，且不大于 $5d$；当纵筋为受压时不应大于 200mm，且不大于 $10d$（d 为受力钢筋中的最小直径）。

3. 框架节点构造

（1）中间层梁柱节点的配筋构造。

由于柱的纵向钢筋是贯穿中间层节点的，而且柱纵向钢筋的搭接区段也位于节点区以外，因此，中间层节点构造的主要问题是梁中纵向钢筋在节点内的锚固。梁的上部纵向钢筋通常在中间节点内是贯穿的；下部纵向钢筋伸入中间节点的锚固长度，当需要其发挥抗拉强度时（如在风荷载作用下），不应小于 l_a。框架梁上部纵向钢筋伸入边节点内的锚固长度不应小于 l_a，并要伸过节点中心线；当纵向钢筋在节点内的水平锚固长度不够时，应沿节点外侧向下弯折，但弯折前的水平段长度不应小于 $0.45l_a$，弯折后的垂直段长度不应小于 $10d$，也不宜大于 $22d$。在风荷载作用下，当下部纵向钢筋需要在柱边截面发挥其抗拉强度时，同样其伸入边节点内的锚固长度不应小于 l_a；如水平段锚固长度不够时，其锚固要求与上部纵向钢筋相同，为了便于绑扎钢筋，下部纵向钢筋可向上弯折，如图 4-7（b）所示。

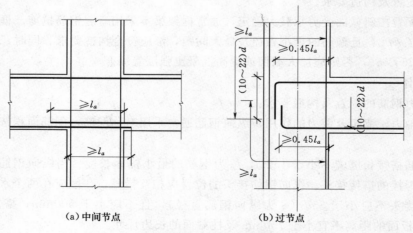

(a) 中间节点   (b) 过节点

图 4-7 中间层梁柱节点的配筋构造图

（2）顶层边节点的配筋构造。

顶层边节点与中间层边节点受力状态不同，由于不存在上层柱轴向压力的有利影响，因此要求梁中纵向钢筋在节点区的锚固长度要大于中间层节点的 l_a。此外，梁与柱的钢筋在节点处必须采用搭接的传力方式，因此，其总搭接长度不应小于受拉钢筋的搭接长度 $l_1 = 1.2l_a$。一般非抗震设计框架的梁、柱配筋率不高，钢筋直径也不是很大，为了便于施工时绑扎钢筋和浇筑混凝土，顶层边节点可采用节点内搭接或梁内搭接两种构造方案：

1）节点内搭接。

如图 4-8（a）所示，节点内搭接方案的构造做法是将全部柱外侧负弯矩钢筋沿节点外缘水平弯至柱内侧以后，再垂直下弯至少 $8d$（d 为柱钢筋直径）处截断；梁的上部纵向钢筋沿节点外缘下弯至梁底标高，再水平弯入节点 $8d$ 后截断（此处，d 为梁纵筋的直径）。梁纵筋与柱纵筋搭接段的长度不应小于 l_1。

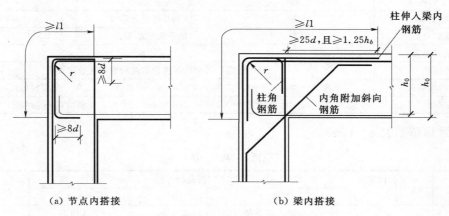

（a）节点内搭接   （b）梁内搭接

图 4-8　顶层边节点配筋构造图

2）梁内搭接。

如图 4-8（b）所示，梁内搭接方案的构造做法是将梁的上部纵向钢筋沿节点外缘下弯至梁底标高，柱中位于梁宽范围内的外侧负弯矩钢筋伸至柱顶后沿水平方向伸入梁内一段长度后截断。柱钢筋在梁内截断点到梁底标高的总长不应小于 l_1，同时截断点距柱内边的距离不应小于 $1.25h_b$（h_b 为梁高），且不小于 $25d$（d 为柱钢筋直径）。

为了避免节点混凝土发生斜压破坏，或钢筋弯折处的局部压碎，钢筋的弯折弧度不能太小，弯折半径 r 与梁有效高度 h_0 的比值不宜小于 0.1，混凝土强度等级较低或梁的配筋率较高时，r/h_0 宜增大为 0.3。非抗震设计的框架节点虽不需验算节点的受剪承载力，但仍有必要配置一定数量的箍筋，以控制裂缝的开展，加强节点的刚性。通常节点区可只配置柱的箍筋，箍筋的直径不宜小于 8mm，间距不大于 100mm。节点内角处配置附加的斜向钢筋，可控制节点内角处的裂缝，并改善节点的受力性能。

梁下部纵向钢筋在顶层边节点和中间节点的锚固要求，可参照中间层边节点和中间节点的构造做法。

第三节　框架结构设计实例

一、设计资料

（1）基本资料如表 4-2 所示。

表 4-2　　　　　　　　　　　　框架结构基本设计资料

建 筑 功 能	培 训 中 心	建筑物宽度	16.100m
建筑面积	4077.98m²	建筑物长度	54.800m
建筑层数	五层（局部四层、六层）	建筑物高度	17.550m
地下室层数	无	结构体系	框架结构
基础类型	柱下钢筋混凝土条形基础	使用年限	50 年

（2）主要技术指标如表 4-3 所示。

表 4-3　　　　　　　　　　　　　　主 要 技 术 指 标

±0.00m 相当于勘察报告	比勘察报告±0.000 高 450mm，施工前须与建设单位再行核实。		
设计使用年限	50 年	建筑结构安全等级	二级
抗震设防烈度	8 度	场地类别	Ⅲ类
设计地震分组	第一组	地震基本加速度值	0.20g
设计特征周期	0.45s	标准冻深	0.7m
基本风压（kN/m²）	0.45	基本雪压（kN/m²）	0.40
地面粗糙度类别	B 类	地基基础设计等级	丙级
建筑抗震设防分类	丙类	地下室防水等级	
框架结构抗震等级	二级		
抗震设防标准	地震作用和抗震构造措施均按 8 度设防要求		
混凝土结构环境类别	室内：一类；卫生间：二（a）类；雨篷、迎水面、与土壤、垫层接触面：二（b）类		
图纸标注单位	除注明者外，全部尺寸均以 mm 为单位，标高均以 m 为单位。		

（3）活荷载取值如表 4-4 所示。

表 4-4　　　　　　　　　　　　　　活 荷 载

类　别	荷载标准值	类　别	荷载标准值	类　别	荷载标准值
器材库、档案室	5.0	走廊	2.5	不上人屋面	0.5
楼梯	2.5	会议室、办公室	2.0	上人屋面	2.0
电梯机房	7.0	宿舍、客户	2.0	卫生间、活动室	2.5

注　楼梯、阳台、上人屋面的栏杆顶部水平荷载取 1.0kN/m；施工及检修集中荷载为 1kN。

（4）材料选用如表 4-5～表 4-7 所示。

表 4-5　　　　　　　　　　　　　　构 件 混 凝 土 强 度 等 级

部位 层号	垫层	基础	基础拉梁	框架柱	梁、板、楼梯	构造柱、圈梁、现浇板带
基础	C15	C30	C30			
一层～二层				C30	C30	C20
三层～顶层				C25	C25	C20

表 4-6　　　　　　　　　　　　　　构 件 钢 筋 强 度 等 级

符号	钢筋	强度设计值 f_y，f'_y(N/mm²)	焊条
Φ	HPB300	270	E43XX
Φ	HRB335	300	E50XX
Φ	HRB400	360	E50XX

注　1. 钢筋的抗拉强度实测值与屈服强度实测值的比值不应小于 1.25，钢筋的屈服强度实测值与强度标准值的比值不应大于 1.3。且钢筋在最大拉力下的总伸长率实测值不应小于 9%。
　　2. 钢筋的锚固、搭接长度详见 03G101—1 页 33、34。
　　3. 钢筋的强度标准值应具有 95%的保证率。

表 4-7　　　　　　　　　　　　　　构 件 砌 体 强 度 等 级

部位及用途	材料	砌体强度等级	重度	砂浆强度等级
±0.000 以下填充墙	页岩砖	MU10		M5.0 水泥砂浆
±0.000 以上填充墙	陶粒混凝土空心砌块	MU2.5	≤7kN/m³	M5.0 混合砂浆

（5）建筑平、立、剖面见图 4-9～图 4-12 所示。

二、构件及荷载输入

部分楼层构件及荷载输入见图 4-13～图 4-16 所示。

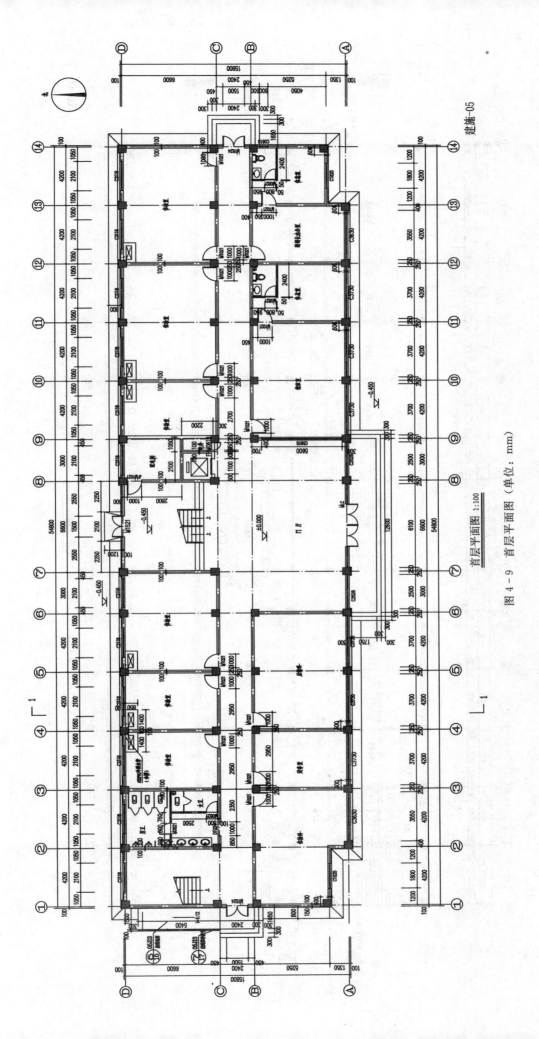

首层平面图 1:100

图 4 - 9 首层平面图（单位：mm）

建施-05

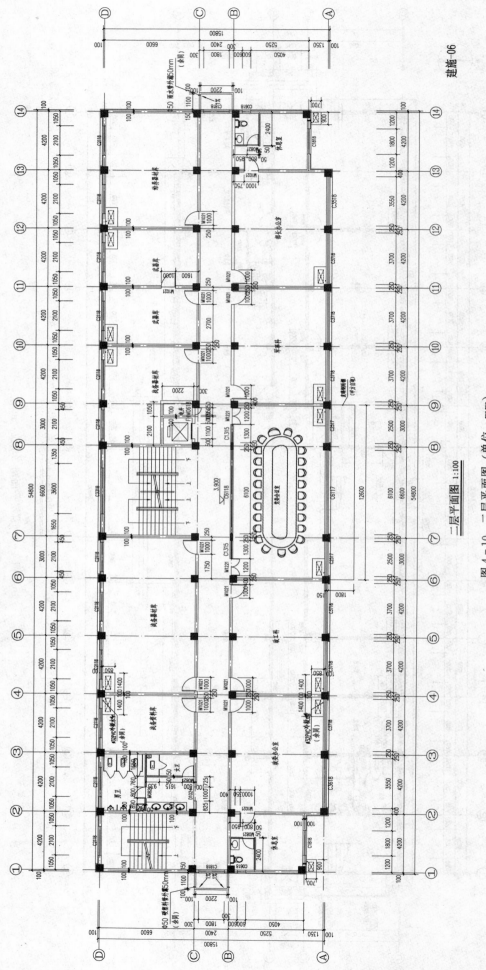

二层平面图 1:100

图 4-10 二层平面图（单位：mm）

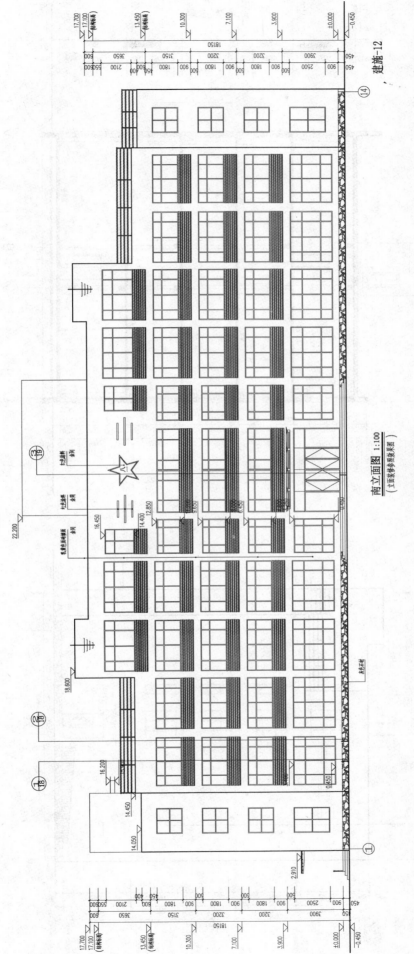

南立面图 1:100
（立面装修效果图）

图 4-11 南立面图（单位：mm）

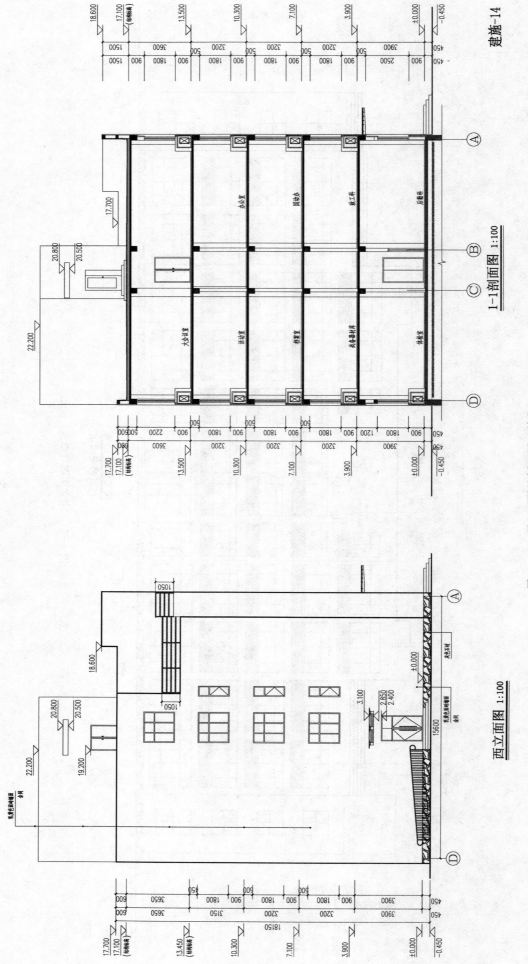

1-1剖面图 1:100

西立面图 1:100

图 4-12 西立面图及剖面图 (单位: mm)

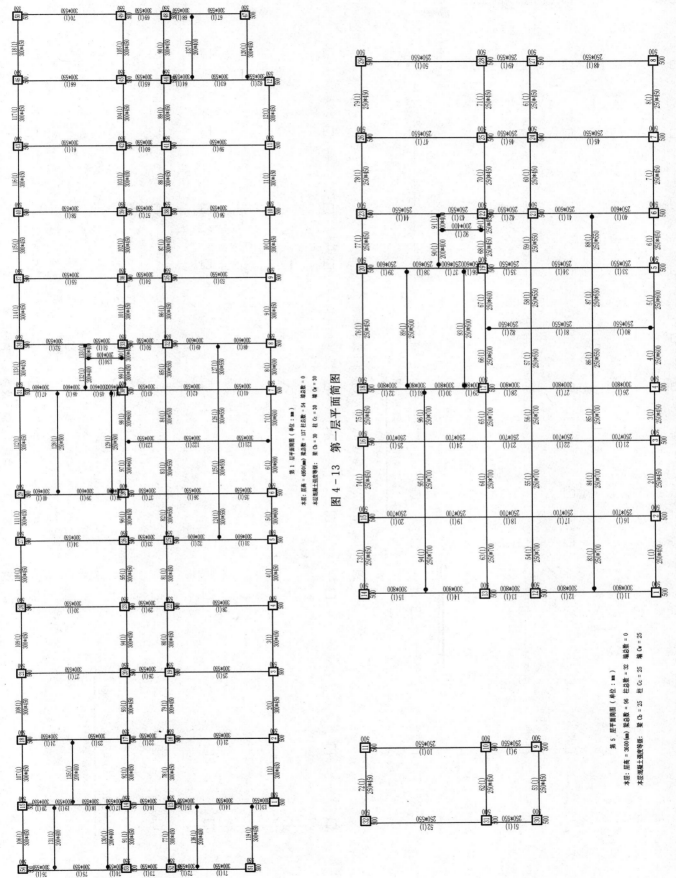

第 1 层平面简图

本层：层高 = 4950(mm) 梁总数 = 137 柱总数 = 54 墙总数 = 0
本层混凝土强度等级： 梁 Cb = 30 柱 Cc = 30 墙 Cw = 30

图 4 - 13 第一层平面简图

第 5 层平面简图（单位：mm）

本层：层高 = 3600(mm) 梁总数 = 96 柱总数 = 32 墙总数 = 0
本层混凝土强度等级： 梁 Cb = 25 柱 Cc = 25 墙 Cw = 25

图 4 - 14 第 5 层平面简图

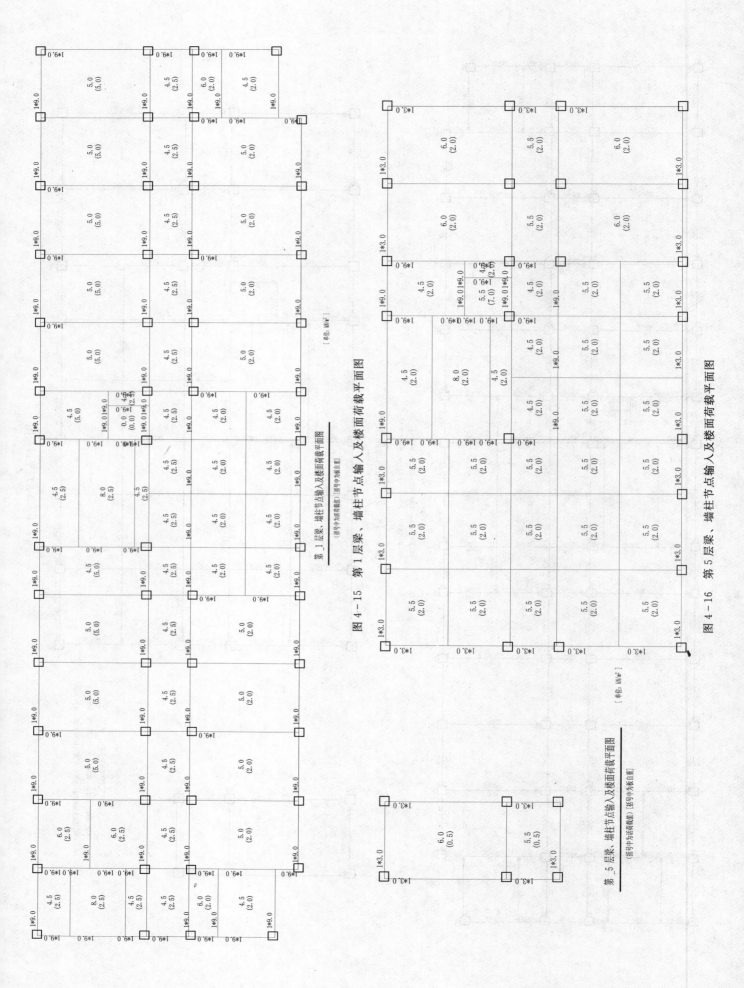

图 4－15 第 1 层梁、墙柱节点输入及楼面荷载平面图

图 4－16 第 5 层梁、墙柱节点输入及楼面荷载平面图

三、计算参数输入

总信息...................................

结构材料信息：	钢筋混凝土结构
混凝土容重（kN/m³）：	Gc = 26.00
钢材容重（kN/m³）：	Gs = 78.00
水平力的夹角（Rad）：	ARF = 0.00
地下室层数：	MBASE = 0
竖向荷载计算信息：	按模拟施工加荷计算方式
风荷载计算信息：	计算 X，Y 两个方向的风荷载
地震力计算信息：	计算 X，Y 两个方向的地震力
特殊荷载计算信息：	不计算
结构类别：	框架结构
裙房层数：	MANNEX = 0
转换层所在层号：	MCHANGE = 0
墙元细分最大控制长度（m）：	DMAX = 2.00
墙元侧向节点信息：	内部节点
是否对全楼强制采用刚性楼板假定：	是
采用的楼层刚度算法：	层间剪力比层间位移算法
结构所在地区：	全国

风荷载信息...................................

修正后的基本风压（kN/m²）：	WO = 0.45
地面粗糙程度：	B 类
结构基本周期（s）：	T1 = 0.79
体形变化分段数：	MPART = 1
各段最高层号：	NSTi = 6
各段体形系数：	USi = 1.30

地震信息...................................

振型组合方法（CQC 耦联；SRSS 非耦联）：	CQC
计算振型数：	NMODE = 15
地震烈度：	NAF = 8.00
场地类别：	KD = 3
设计地震分组：	一组
特征周期：	TG = 0.45
多遇地震影响系数最大值：	R_{max1} = 0.16
罕遇地震影响系数最大值：	R_{max2} = 0.90
框架的抗震等级：	NF = 2
剪力墙的抗震等级：	NW = 3
活荷质量折减系数：	RMC = 0.50
周期折减系数：	TC = 0.85
结构的阻尼比（%）：	DAMP = 5.00

是否考虑偶然偏心：   否

是否考虑双向地震扭转效应：   否

斜交抗侧力构件方向的附加地震数： ＝0

活荷载信息.................................

考虑活荷不利布置的层数：   从第 1 到 6 层

柱、墙活荷载是否折减：   不折算

传到基础的活荷载是否折减：   不折算

调整信息.................................

中梁刚度增大系数：   BK ＝ 2.00

梁端弯矩调幅系数：   BT ＝ 0.85

梁设计弯矩增大系数：   BM ＝ 1.00

连梁刚度折减系数：   BLZ ＝ 0.70

梁扭矩折减系数：   TB ＝ 0.40

全楼地震力放大系数：   RSF ＝ 1.00

0.2Qo 调整起始层号：   KQ1 ＝ 0

0.2Qo 调整终止层号：   KQ2 ＝ 0

顶塔楼内力放大起算层号：   NTL ＝ 0

顶塔楼内力放大：   RTL ＝ 1.00

九度结构及一级框架梁柱超配筋系数： CPCOEF91 ＝ 1.15

是否按抗震规范 5.2.5 调整楼层地震力： IAUTO525 ＝ 1

是否调整与框支柱相连的梁内力： IREGU _ KZZB ＝ 0

剪力墙加强区起算层号：   LEV _ JLQJQ ＝ 1

强制指定的薄弱层个数：   NWEAK ＝ 0

配筋信息.................................

梁主筋强度（N/mm²）：   IB ＝ 360

柱主筋强度（N/mm²）：   IC ＝ 360

墙主筋强度（N/mm²）：   IW ＝ 270

梁箍筋强度（N/mm²）：   JB ＝ 270

柱箍筋强度（N/mm²）：   JC ＝ 270

墙分布筋强度（N/mm²）：   JWH ＝ 270

梁箍筋最大间距（mm）：   SB ＝ 100.00

柱箍筋最大间距（mm）：   SC ＝ 100.00

墙水平分布筋最大间距（mm）： SWH ＝ 200.00

墙竖向筋分布最小配筋率（％）： RWV ＝ 0.30

单独指定墙竖向分布筋配筋率的层数： NSW ＝ 0

单独指定的墙竖向分布筋配筋率（％）： RWV1 ＝ 0.60

设计信息.................................

结构重要性系数：   RWO ＝ 1.00

柱计算长度计算原则：   有侧移

梁柱重叠部分简化：　　　　　　　　　　　　不作为刚域
是否考虑 P－Δ 效应：　　　　　　　　　　　否
柱配筋计算原则：　　　　　　　　　　　　　按单偏压计算
钢构件截面净毛面积比：　　　　　　　　　　RN ＝　0.85
梁保护层厚度（mm）：　　　　　　　　　　BCB ＝　30.00
柱保护层厚度（mm）：　　　　　　　　　　ACA ＝　30.00
是否按混凝土规范（7.3.11－3）计算混凝土柱计算长度系数：否

荷载组合信息......................................
恒载分项系数：　　　　　　　　　　　　　　CDEAD＝　1.20
活载分项系数：　　　　　　　　　　　　　　CLIVE＝　1.40
风荷载分项系数：　　　　　　　　　　　　　CWIND＝　1.40
水平地震力分项系数：　　　　　　　　　　　CEA _ H＝　1.30
竖向地震力分项系数：　　　　　　　　　　　CEA _ V＝　0.50
特殊荷载分项系数：　　　　　　　　　　　　CSPY ＝　0.00
活荷载的组合系数：　　　　　　　　　　　　CD _ L ＝　0.70
风荷载的组合系数：　　　　　　　　　　　　CD _ W ＝　0.60
活荷载的重力荷载代表值系数：　　　　　　　CEA _ L ＝　0.50

剪力墙底部加强区信息..............................
剪力墙底部加强区层数　　　　　　　　　　　IWF＝ 2
剪力墙底部加强区高度（m）　　　　　　　　Z _ STRENGTHEN＝ 8.15

四、计算结果

1. 基本信息

```
************************************************************
*              各层的质量、质心坐标信息              *
************************************************************
```

层号	塔号	质心 X	质心 Y (m)	质心 Z (m)	恒载质量 (t)	活载质量 (t)
6	1	30.576	14.383	22.650	100.9	3.9
5	1	26.600	11.506	18.150	566.0	48.0
4	1	28.946	11.244	14.550	931.3	85.9
3	1	27.634	11.196	11.350	976.1	88.2
2	1	28.156	11.302	8.150	1000.0	104.3
1	1	28.741	11.463	4.950	1112.7	126.9

活载产生的总质量（t）：　　　　　　　　457.221
恒载产生的总质量（t）：　　　　　　　　4687.125
结构的总质量（t）：　　　　　　　　　　5144.346
恒载产生的总质量包括结构自重和外加恒载：
结构的总质量包括恒载产生的质量和活载产生的质量：
活载产生的总质量和结构的总质量是活载折减后的结果（1t＝1000kg）：

```
**************************************************
*           各层构件数量、构件材料和层高           *
**************************************************
```

层号	塔号	梁数（混凝土）	柱数（混凝土）	墙数（混凝土）	层高（m）	累计高度（m）
1	1	137（30）	54（30）	0（30）	4.950	4.950
2	1	137（30）	54（30）	0（30）	3.200	8.150
3	1	134（25）	54（25）	0（25）	3.200	11.350
4	1	145（25）	50（25）	0（25）	3.200	14.550
5	1	96（25）	32（25）	0（25）	3.600	18.150
6	1	23（25）	7（25）	0（25）	4.500	22.650

```
**************************************************
*                   风荷载信息                   *
**************************************************
```

层号	塔号	风荷载 X	剪力 X	倾覆弯矩 X	风荷载 Y	剪力 Y	倾覆弯矩 Y
6	1	47.04	47.0	211.7	50.00	50.0	225.0
5	1	56.18	103.2	583.3	148.89	198.9	941.0
4	1	44.84	148.1	1057.1	154.98	353.9	2073.4
3	1	40.05	188.1	1659.0	138.33	492.2	3648.4
2	1	36.61	224.7	2378.1	126.94	619.1	5629.7
1	1	52.88	277.6	3752.2	184.18	803.3	9606.1

```
================================================
```
各楼层等效尺寸（单位：m，m²）
```
================================================
```

层号	塔号	面积	形心 X	形心 Y	等效宽 B	等效高 H	最大宽 B_{MAX}	最小宽 BMIN
1	1	833.33	28.67	11.14	53.75	15.38	53.75	15.38
2	1	836.30	28.67	11.14	53.77	15.43	53.77	15.43
3	1	835.99	28.66	11.15	53.75	15.43	53.75	15.43
4	1	836.18	28.69	11.15	53.76	15.43	53.76	15.43
5	1	495.29	26.82	11.29	36.40	15.49	36.45	15.36
6	1	86.94	30.22	14.33	9.66	9.00	9.66	9.00

```
================================================
```
各楼层的单位面积质量分布（单位：kg/m²）
```
================================================
```

层号	塔号	单位面积质量 g [i]	质量比 max (g [i] /g [i−1], g [i] /g [i+1])
1	1	1487.53	1.13
2	1	1320.48	1.04
3	1	1273.15	1.05
4	1	1216.54	0.98
5	1	1239.81	1.03
6	1	1204.98	1.00

```
================================================
```

各层刚心、偏心率、相邻层侧移刚度比等计算信息

Floor No.：层号

Tower No.：塔号

Xstif，Ystif：刚心的 X，Y 坐标值

Alf：层刚性主轴的方向

Xmass，Ymass：质心的 X，Y 坐标值

Gmass：总质量

Eex，Eey：X，Y 方向的偏心率

Ratx，Raty：X，Y 方向本层塔侧移刚度与下一层相应塔侧移刚度的比值

Ratx1，Raty1：X，Y 方向本层塔侧移刚度与上一层相应塔侧移刚度 70％的比值

或上三层平均侧移刚度 80％的比值中之较小者

RJX，RJY，RJZ：结构总体坐标系中塔的侧移刚度和扭转刚度

==

Floor No.   1   Tower No.   1

Xstif＝28.6910（m）   Ystif＝11.1547（m）   Alf＝0.0000（Degree）

Xmass＝28.7405（m）   Ymass＝11.4634（m）   Gmass＝1366.4736（t）

Eex＝0.0025   Eey＝0.0172

Ratx＝1.0000   Raty＝1.0000

Ratx1＝0.8826   Raty1＝0.9691   薄弱层地震剪力放大系数＝1.15

RJX＝6.0637E＋05（kN/m）   RJY＝7.2150E＋05（kN/m）   RJZ＝0.0000E＋00（kN/m）

Floor No.   2   Tower No.   1

Xstif＝28.6910（m）   Ystif＝11.1486（m）   Alf＝45.0000（Degree）

Xmass＝28.1563（m）   Ymass＝11.3024（m）   Gmass＝1208.6060（t）

Eex＝0.0295   Eey＝0.0085

Ratx＝1.5115   Raty＝1.3975

Ratx1＝1.5204   Raty1＝1.5253   薄弱层地震剪力放大系数＝1.00

RJX＝9.1650E＋05（kN/m）   RJY＝1.0083E＋06（kN/m）   RJZ＝0.0000E＋00（kN/m）

Floor No.   3   Tower No.   1

Xstif＝28.6910（m）   Ystif＝11.1486（m）   Alf＝45.0000（Degree）

Xmass＝27.6343（m）   Ymass＝11.1959（m）   Gmass＝1152.5681（t）

Eex＝0.0583   Eey＝0.0026

Ratx＝0.9396   Raty＝0.9366

Ratx1＝1.5400   Raty1＝1.6077   薄弱层地震剪力放大系数＝1.00

RJX＝8.6113E＋05（kN/m）   RJY＝9.4437E＋05（kN/m）   RJZ＝0.0000E＋00（kN/m）

Floor No.   4   Tower No.   1

Xstif＝27.0110（m）   Ystif＝11.1570（m）   Alf＝45.0000（Degree）

Xmass＝28.9465（m）   Ymass＝11.2441（m）   Gmass＝1103.1912（t）

Eex＝0.1088   Eey＝0.0049

Ratx＝0.9276   Raty＝0.8886

Ratx1＝2.8165   Raty1＝2.7596   薄弱层地震剪力放大系数＝1.00

RJX＝7.9880E＋05（kN/m）   RJY＝8.3913E＋05（kN/m）   RJZ＝0.0000E＋00（kN/m）

Floor No.   5   Tower No.   1

Xstif= 25.0301 （m）   Ystif= 11.6149 （m）   Alf = 45.0000 （Degree）

Xmass= 26.5998 （m）   Ymass= 11.5061 （m）   Gmass= 662.0868 （t）

Eex = 0.1046   Eey = 0.0072

Ratx = 0.5072   Raty = 0.5177

Ratx1 = 9.1547   Raty1 = 9.6522   薄弱层地震剪力放大系数＝ 1.00

RJX=4.0516E+05 （kN/m）   RJY=4.3440E+05 （kN/m）   RJZ=0.0000E+00 （kN/m）

Floor No.   6   Tower No.   1

Xstif= 31.3910 （m）   Ystif= 14.7716 （m）   Alf = 45.0000 （Degree）

Xmass= 30.5756 （m）   Ymass= 14.3831 （m）   Gmass= 108.6420 （t）

Eex = 0.1480   Eey = 0.0705

Ratx = 0.1365   Raty = 0.1295

Ratx1 = 1.2500   Raty1= 1.2500   薄弱层地震剪力放大系数＝ 1.00

RJX=5.5322E+04 （kN/m）   RJY=5.6256E+04 （kN/m）   RJZ=0.0000E+00 （kN/m）

==

抗倾覆验算结果

==

	抗倾覆弯矩 Mr	倾覆弯矩 Mov	比值 Mr/Mov	零应力区（%）
X 风荷载	1401834.5	4191.8	334.43	0.00
Y 风荷载	399973.0	12130.1	32.97	0.00
X 地 震	1401834.5	78083.1	17.95	0.00
Y 地 震	399973.0	80944.2	4.94	0.00

==

结构整体稳定验算结果

==

层号	X 向刚度	Y 向刚度	层高	上部重量	X 刚重比	Y 刚重比
1	0.606E+06	0.721E+06	4.95	51443.	58.35	69.42
2	0.917E+06	0.101E+07	3.20	39047.	75.11	82.63
3	0.861E+06	0.944E+06	3.20	28004.	98.40	107.91
4	0.799E+06	0.839E+06	3.20	17361.	147.24	154.67
5	0.405E+06	0.434E+06	3.60	7188.	202.91	217.55
6	0.553E+05	0.563E+05	4.50	1048.	237.62	241.63

该结构刚重比 Di＊Hi/Gi 大于 10，能够通过高规（5.4.4）的整体稳定验算

该结构刚重比 Di＊Hi/Gi 大于 20，可以不考虑重力二阶效应

****

*   楼层抗剪承载力、及承载力比值   *

****

Ratio _ Bu：表示本层与上一层的承载力之比

层号	塔号	X向承载力	Y向承载力	Ratio_Bu：X，Y	
6	1	0.2259E+04	0.2259E+04	1.00	1.00
5	1	0.1055E+05	0.1055E+05	4.67	4.67
4	1	0.1695E+05	0.1695E+05	1.61	1.61
3	1	0.1927E+05	0.1927E+05	1.14	1.14
2	1	0.2172E+05	0.2172E+05	1.13	1.13
1	1	0.2533E+05	0.2684E+05	1.17	1.24

2. 周期、地震力与振型输出

考虑扭转耦联时的振动周期（秒）、X，Y方向的平动系数、扭转系数

振型号	周 期	转 角	平动系数（X+Y）	扭转系数
1	0.7930	1.07	1.00（1.00+0.00）	0.00
2	0.7455	91.43	0.98（0.00+0.98）	0.02
3	0.6470	75.86	0.02（0.00+0.02）	0.98
4	0.3070	174.92	0.99（0.98+0.01）	0.01
5	0.2945	84.22	0.98（0.01+0.97）	0.02
6	0.2353	140.15	0.34（0.20+0.14）	0.66
7	0.2292	150.80	0.45（0.34+0.11）	0.55
8	0.2216	47.86	0.93（0.42+0.51）	0.07
9	0.1974	113.08	0.32（0.05+0.27）	0.68
10	0.1534	4.41	0.99（0.98+0.01）	0.01
11	0.1462	94.13	0.98（0.01+0.97）	0.02
12	0.1363	107.82	0.03（0.01+0.02）	0.97
13	0.1024	179.31	1.00（1.00+0.00）	0.00
14	0.1012	89.06	0.75（0.00+0.75）	0.25
15	0.0944	90.11	0.25（0.00+0.25）	0.75

地震作用最大的方向＝0.049（度）

==

仅考虑X向地震作用时的地震力

Floor：层号

Tower：塔号

F－x－x：X方向的耦联地震力在X方向的分量

F－x－y：X方向的耦联地震力在Y方向的分量

F－x－t：X方向的耦联地震力的扭矩

振型 1 的地震力

Floor	Tower	F－x－x (kN)	F－x－y (kN)	F－x－t (kN·m)
6	1	177.63	2.13	−7.47
5	1	894.30	20.95	−440.62
4	1	1307.67	20.95	−1176.29
3	1	1167.66	23.60	−1048.57
2	1	925.72	16.92	−850.85
1	1	659.60	10.40	−592.75

振型　2 的地震力

Floor	Tower	F—x—x (kN)	F—x—y (kN)	F—x—t (kN · m)
6	1	0.00	−4.72	1.00
5	1	0.57	−24.32	24.95
4	1	0.94	−34.72	78.69
3	1	0.85	−30.97	74.05
2	1	0.65	−24.10	59.78
1	1	0.45	−16.56	41.45

振型　3 的地震力

Floor	Tower	F—x—x (kN)	F—x—y (kN)	F—x—t (kN · m)
6	1	−1.51	3.25	15.50
5	1	2.21	2.38	502.47
4	1	4.91	14.40	1430.77
3	1	4.74	6.29	1299.60
2	1	3.39	6.78	1059.30
1	1	2.06	6.29	751.56

振型　4 的地震力

Floor	Tower	F—x—x (kN)	F—x—y (kN)	F—x—t (kN · m)
6	1	−187.39	20.70	−100.38
5	1	−260.04	14.95	291.50
4	1	−7.36	−5.31	−73.49
3	1	219.28	−18.22	−445.10
2	1	342.33	−24.57	−631.10
1	1	329.22	−22.85	−580.52

振型　5 的地震力

Floor	Tower	F—x—x (kN)	F—x—y (kN)	F—x—t (kN · m)
6	1	−1.67	−23.51	18.22
5	1	−4.47	−28.35	−55.24
4	1	−0.69	1.53	16.59
3	1	2.96	27.08	33.24
2	1	5.12	39.79	30.46
1	1	5.07	36.63	24.97

振型 6 的地震力

Floor	Tower	F—x—x (kN)	F—x—y (kN)	F—x—t (kN · m)
6	1	25.25	−15.77	325.13
5	1	−44.47	45.34	651.58
4	1	−43.99	33.22	537.50
3	1	3.51	−13.40	−373.44
2	1	49.07	−48.38	−1037.54
1	1	63.15	−56.53	−1137.02

振型 7 的地震力

Floor	Tower	F—x—x (kN)	F—x—y (kN)	F—x—t (kN · m)
6	1	43.64	−21.55	−81.62
5	1	−74.77	52.17	−1549.16
4	1	−81.84	38.56	−1476.37
3	1	5.00	−9.67	792.89
2	1	88.87	−56.28	2592.03
1	1	112.86	−60.47	2896.87

振型 8 的地震力

Floor	Tower	F—x—x (kN)	F—x—y (kN)	F—x—t (kN · m)
6	1	53.14	52.18	−92.31
5	1	−64.15	−94.75	418.31
4	1	−92.86	−91.03	565.51
3	1	−8.55	11.56	−103.16
2	1	84.37	107.68	−766.76
1	1	117.64	129.21	−927.84

振型 9 的地震力

Floor	Tower	F—x—x (kN)	F—x—y (kN)	F—x—t (kN · m)
6	1	5.64	−12.00	−106.88
5	1	−1.22	7.39	177.22
4	1	−10.84	26.95	557.13
3	1	−4.69	4.59	50.06
2	1	6.34	−19.13	−486.48
1	1	12.17	−29.24	−671.97

振型　10 的地震力

Floor	Tower	F—x—x (kN)	F—x—y (kN)	F—x—t (kN·m)
6	1	−27.25	−3.03	22.20
5	1	185.10	14.99	231.56
4	1	−131.33	−12.75	−388.00
3	1	−177.77	−10.27	−209.78
2	1	33.34	3.68	200.81
1	1	211.36	14.76	411.26

振型　11 的地震力

Floor	Tower	F—x—x (kN)	F—x—y (kN)	F—x—t (kN·m)
6	1	−0.22	1.74	4.19
5	1	0.88	−11.63	−18.61
4	1	−0.45	8.30	−8.18
3	1	−0.81	11.25	−16.16
2	1	0.08	−2.51	7.28
1	1	0.89	−13.40	24.77

振型　12 的地震力

Floor	Tower	F—x—x (kN)	F—x—y (kN)	F—x—t (kN·m)
6	1	−0.63	0.77	6.19
5	1	1.30	−0.14	−178.19
4	1	0.06	0.32	130.00
3	1	−1.29	−2.05	198.74
2	1	−0.36	0.18	−31.18
1	1	1.37	1.58	−236.62

振型　13 的地震力

Floor	Tower	F—x—x (kN)	F—x—y (kN)	F—x—t (kN·m)
6	1	3.46	−0.12	−4.21
5	1	−49.07	0.68	42.54
4	1	133.66	−1.69	−34.23
3	1	−83.03	1.28	−39.37
2	1	−99.41	0.85	46.52
1	1	128.26	−1.42	19.73

振型　14 的地震力

Floor	Tower	F—x—x (kN)	F—x—y (kN)	F—x—t (kN·m)
6	1	−0.01	0.07	0.18
5	1	0.01	−0.83	−5.93
4	1	0.04	2.35	19.22
3	1	−0.06	−1.65	−21.48
2	1	−0.01	−1.62	−14.07
1	1	0.04	2.37	24.27

振型　15 的地震力

Floor	Tower	F—x—x (kN)	F—x—y (kN)	F—x—t (kN·m)
6	1	−0.01	0.00	0.05
5	1	0.01	0.24	−4.86
4	1	0.01	−0.56	16.11
3	1	−0.03	0.23	−9.80
2	1	0.02	0.48	−12.00
1	1	0.00	−0.53	16.20

各振型作用下 X 方向的基底剪力

振型号	剪力（kN）
1	5132.58
2	3.47
3	15.79
4	436.04
5	6.30
6	52.51
7	93.76
8	89.59
9	7.40
10	93.45
11	0.38
12	0.46
13	33.88
14	0.01
15	0.00

各层 X 方向的作用力（CQC）

Floor：　　　　层号

Tower：　　　　塔号

Fx：　　　　　X 向地震作用下结构的地震反应力

Vx：　　　　　X 向地震作用下结构的楼层剪力

Mx：　　　　　X 向地震作用下结构的弯矩

Static Fx：　　静力法 X 向的地震力

Floor	Tower	Fx (kN)	Vx（分塔剪重比）（整层剪重比） (kN)		Mx (kN·m)	Static Fx (kN)

（注意：下面分塔输出的剪重比不适合于上连多塔结构）

Floor	Tower	Fx (kN)	Vx (分塔剪重比) (kN)	(整层剪重比)	Mx (kN·m)	Static Fx (kN)
6	1	276.79	276.79 (26.42%)	(26.42%)	1245.54	634.90
5	1	968.00	1174.12 (16.33%)	(16.33%)	5273.67	1255.31
4	1	1339.03	2442.28 (14.07%)	(14.07%)	12902.18	1667.05
3	1	1207.93	3571.61 (12.75%)	(12.75%)	24131.05	1360.63
2	1	1029.51	4482.47 (11.48%)	(11.48%)	38231.09	1013.70
1	1	855.86	5171.06 (10.05%)	(10.05%)	63425.81	691.11

GB 50011 (5.2.5) 条要求的 X 向楼层最小剪重比 ＝ 3.20％

X 方向的有效质量系数：99.91％

===

仅考虑 Y 向地震时的地震力

Floor：层号

Tower：塔号

F－y－x：Y 方向的耦联地震力在 X 方向的分量

F－y－y：Y 方向的耦联地震力在 Y 方向的分量

F－y－t：Y 方向的耦联地震力的扭矩

振型　1 的地震力

Floor	Tower	F－y－x (kN)	F－y－y (kN)	F－y－t (kN·m)
6	1	3.29	0.04	−0.14
5	1	16.54	0.39	−8.15
4	1	24.19	0.39	−21.76
3	1	21.60	0.44	−19.40
2	1	17.12	0.31	−15.74
1	1	12.20	0.19	−10.97

振型 2 的地震力

Floor	Tower	F—y—x (kN)	F—y—y (kN)	F—y—t (kN・m)
6	1	−0.14	184.42	−39.00
5	1	−22.15	950.27	−974.74
4	1	−36.71	1356.63	−3074.37
3	1	−33.32	1210.07	−2893.24
2	1	−25.58	941.44	−2335.85
1	1	−17.48	646.88	−1619.71

振型 3 的地震力

Floor	Tower	F—y—x (kN)	F—y—y (kN)	F—y—t (kN・m)
6	1	−3.77	8.10	38.67
5	1	5.51	5.95	1253.43
4	1	12.24	35.93	3569.11
3	1	11.82	15.69	3241.89
2	1	8.46	16.91	2642.46
1	1	5.14	15.69	1874.79

振型 4 的地震力

Floor	Tower	F—y—x (kN)	F—y—y (kN)	F—y—t (kN・m)
6	1	15.17	−1.68	8.13
5	1	21.05	−1.21	−23.60
4	1	0.60	0.43	5.95
3	1	−17.75	1.48	36.04
2	1	−27.72	1.99	51.09
1	1	−26.65	1.85	47.00

振型 5 的地震力

Floor	Tower	F—y—x (kN)	F—y—y (kN)	F—y—t (kN・m)
6	1	−14.13	−198.41	153.77
5	1	−37.76	−239.21	−466.10
4	1	−5.85	12.95	140.01
3	1	24.97	228.54	280.45
2	1	43.20	335.75	257.01
1	1	42.75	309.09	210.68

振型　6 的地震力

Floor	Tower	F—y—x (kN)	F—y—y (kN)	F—y—t (kN·m)
6	1	−26.70	16.67	−343.79
5	1	47.02	−47.94	−688.99
4	1	46.52	−35.13	−568.36
3	1	−3.71	14.17	394.88
2	1	−51.89	51.16	1097.11
1	1	−66.77	59.78	1202.30

振型　7 的地震力

Floor	Tower	F—y—x (kN)	F—y—y (kN)	F—y—t (kN·m)
6	1	−26.64	13.16	49.83
5	1	45.65	−31.85	945.81
4	1	49.97	−23.54	901.36
3	1	−3.05	5.90	−484.08
2	1	−54.26	34.36	−1582.51
1	1	−68.90	36.92	−1768.62

振型　8 的地震力

Floor	Tower	F—y—x (kN)	F—y—y (kN)	F—y—t (kN·m)
6	1	68.12	66.88	−118.33
5	1	−82.24	−121.46	536.24
4	1	−119.04	−116.69	724.94
3	1	−10.96	14.81	−132.24
2	1	108.16	138.04	−982.93
1	1	150.81	165.64	−1189.42

振型　9 的地震力

Floor	Tower	F—y—x (kN)	F—y—y (kN)	F—y—t (kN·m)
6	1	−16.35	34.80	309.93
5	1	3.52	−21.43	−513.89
4	1	31.44	−78.14	−1615.52
3	1	13.61	−13.31	−145.16
2	1	−18.38	55.46	1410.65
1	1	−35.29	84.80	1948.51

振型 10 的地震力

Floor	Tower	F—y—x (kN)	F—y—y (kN)	F—y—t (kN·m)
6	1	−2.15	−0.24	1.76
5	1	14.64	1.19	18.31
4	1	−10.39	−1.01	−30.69
3	1	−14.06	−0.81	−16.59
2	1	2.64	0.29	15.88
1	1	16.72	1.17	32.53

振型 11 的地震力

Floor	Tower	F—y—x (kN)	F—y—y (kN)	F—y—t (kN·m)
6	1	3.72	−28.87	−69.49
5	1	−14.54	192.78	308.47
4	1	7.38	−137.58	135.58
3	1	13.37	−186.45	267.86
2	1	−1.35	41.64	−120.61
1	1	−14.83	222.08	−410.49

振型 12 的地震力

Floor	Tower	F—y—x (kN)	F—y—y (kN)	F—y—t (kN·m)
6	1	−0.92	1.13	9.07
5	1	1.91	−0.21	−261.23
4	1	0.09	0.48	190.57
3	1	−1.88	−3.01	291.35
2	1	−0.53	0.27	−45.72
1	1	2.01	2.32	−346.88

振型 13 的地震力

Floor	Tower	F—y—x (kN)	F—y—y (kN)	F—y—t (kN·m)
6	1	−0.04	0.00	0.05
5	1	0.59	−0.01	−0.51
4	1	−1.61	0.02	0.41
3	1	1.00	−0.02	0.48
2	1	1.20	−0.01	−0.56
1	1	−1.55	0.02	−0.24

振型 14 的地震力

Floor	Tower	F—y—x (kN)	F—y—y (kN)	F—y—t (kN·m)
6	1	−0.46	3.20	8.66
5	1	0.53	−38.85	−279.29
4	1	1.84	110.42	904.25
3	1	−2.95	−77.88	−1010.77
2	1	−0.38	−76.37	−662.31
1	1	2.11	111.73	1142.02

振型 15 的地震力

Floor	Tower	F—y—x (kN)	F—y—y (kN)	F—y—t (kN·m)
6	1	0.39	0.26	−2.75
5	1	−0.67	−13.58	279.17
4	1	−0.52	32.01	−924.88
3	1	1.74	−13.33	562.50
2	1	−0.87	−27.63	689.10
1	1	−0.21	30.43	−930.25

各振型作用下 Y 方向的基底剪力

振型号	剪力 (kN)
1	1.76
2	5289.71
3	98.27
4	2.86
5	448.71
6	58.71
7	34.95
8	147.22
9	62.18
10	0.58
11	103.61
12	0.98
13	0.00
14	32.25
15	8.16

各层 Y 方向的作用力（CQC）

Floor：　　　　　层号

Tower：　　　　　塔号

Fy：　　　　　Y 向地震作用下结构的地震反应力

Vy：　　　　　Y 向地震作用下结构的楼层剪力

My：　　　　　Y 向地震作用下结构的弯矩

Static Fy：　　静力法 Y 向的地震力

Floor	Tower	Fy (kN)	Vy（分塔剪重比）（整层剪重比）(kN)		My (kN·m)	Static Fy (kN)

（注意：下面分塔输出的剪重比不适合于上连多塔结构）

Floor	Tower	Fy (kN)	Vy (kN)	（分塔剪重比）（整层剪重比）	My (kN·m)	Static Fy (kN)
6	1	286.13	286.13	（27.31%）（27.31%）	1287.58	648.93
5	1	1022.12	1235.95	（17.19%）（17.19%）	5532.04	1331.84
4	1	1397.53	2564.12	（14.77%）（14.77%）	13555.19	1768.68
3	1	1257.60	3742.20	（13.36%）（13.36%）	25332.23	1443.57
2	1	1053.51	4677.61	（11.98%）（11.98%）	40060.97	1075.50
1	1	851.38	5360.55	（10.42%）（10.42%）	66206.48	733.24

抗震规范（5.2.5）条要求的 Y 向楼层最小剪重比 ＝ 3.20%

Y 方向的有效质量系数：99.89%

＝＝＝＝＝＝＝各楼层地震剪力系数调整情况［抗震规范（5.2.5）验算］＝＝＝＝＝＝

层号	X 向调整系数	Y 向调整系数
1	1.000	1.000
2	1.000	1.000
3	1.000	1.000
4	1.000	1.000
5	1.000	1.000
6	1.000	1.000

3. 位移

所有位移的单位为毫米

Floor：　　　　　层号

Tower：　　　　　塔号

Jmax：　　　　　最大位移对应的节点号

JmaxD：　　　　最大层间位移对应的节点号

Max−（Z）：　　节点的最大竖向位移

h：　　　　　层高

Max−（X），Max−（Y）：　　X，Y 方向的节点最大位移

Ave−（X），Ave−（Y）：　　X，Y 方向的层平均位移

Max−Dx，Max−Dy：　　X，Y 方向的最大层间位移

Ave−Dx，Ave−Dy：　　X，Y 方向的平均层间位移

Ratio−（X），Ratio−（Y）：　　最大位移与层平均位移的比值

Ratio−Dx，Ratio−Dy：　　最大层间位移与平均层间位移的比值

Max−Dx/h，Max−Dy/h：　　X，Y 方向的最大层间位移角

DxR/Dx，DyR/Dy：　　　　　X，Y方向的有害位移角占总位移角的百分比例

Ratio＿AX，Ratio＿AY：　　　本层位移角与上层位移角的1.3倍及上三层平均位移角的1.2倍的比值的大者

X－Disp，Y－Disp，Z－Disp：节点X，Y，Z方向的位移

=== 工况 1 === X 方向地震力作用下的楼层最大位移

Floor	Tower	Jmax	Max－(X)	Ave－(X)	Ratio－(X)	h		
		JmaxD	Max－Dx	Ave－Dx	Ratio－Dx	Max－Dx/h	DxR/Dx	Ratio＿AX
6	1	460	27.39	27.31	1.00	4500		
		470	5.51	5.00	1.10	1/816	27.6%	0.83
5	1	399	23.70	23.21	1.02	3600		
		399	2.98	2.89	1.03	1/1207	18.7%	0.60
4	1	313	20.90	20.49	1.02	3200		
		313	3.12	3.06	1.02	1/1025	35.7%	0.91
3	1	231	17.84	17.50	1.02	3200		
		231	4.23	4.15	1.02	1/757	17.9%	1.13
2	1	146	13.65	13.39	1.02	3200		
		146	4.99	4.89	1.02	1/642	12.7%	1.25
1	1	61	8.68	8.52	1.02	4950		
		61	8.68	8.52	1.02	1/571	99.9%	1.14

X 方向最大值层间位移角：1/571

=== 工况 2 === Y 方向地震力作用下的楼层最大位移

Floor	Tower	Jmax	Max－(Y)	Ave－(Y)	Ratio—(Y)	h		
		JmaxD	Max－Dy	Ave－Dy	Ratio－Dy	Max－Dy/h	DyR/Dy	Ratio＿AY
6	1	459	26.38	25.49	1.03	4500		
		459	5.98	5.11	1.17	1/752	30.0%	0.83
5	1	397	24.66	22.45	1.10	3600		
		453	2.97	2.93	1.02	1/1210	20.2%	0.58
4	1	308	22.07	19.25	1.15	3200		
		308	3.33	3.05	1.09	1/962	29.7%	0.93
3	1	225	18.80	16.25	1.16	3200		
		225	4.64	4.02	1.15	1/689	16.8%	1.08
2	1	140	14.19	12.27	1.16	3200		
		140	5.47	4.71	1.16	1/585	3.5%	1.21
1	1	55	8.73	7.57	1.15	4950		
		55	8.73	7.57	1.15	1/567	98.1%	1.03

Y 方向最大值层间位移角：1/567

=== 工况 3 === X 方向风荷载作用下的楼层最大位移

Floor	Tower	Jmax	Max-(X)	Ave-(X)	Ratio-(X)	h		
		JmaxD	Max-Dx	Ave-Dx	Ratio-Dx	Max-Dx/h	DxR/Dx	Ratio_AX
6	1	470	2.24	2.19	1.02	4500		
		470	0.87	0.80	1.09	1/5146	60.5%	0.83
5	1	399	1.39	1.37	1.02	3600		
		399	0.26	0.25	1.04	1/9999	15.4%	0.33
4	1	313	1.14	1.12	1.01	3200		
		313	0.19	0.19	1.02	1/9999	18.5%	0.65
3	1	231	0.94	0.93	1.01	3200		
		231	0.23	0.22	1.02	1/9999	13.3%	0.91
2	1	146	0.72	0.71	1.01	3200		
		146	0.26	0.25	1.01	1/9999	16.2%	1.00
1	1	61	0.46	0.45	1.01	4950		
		61	0.46	0.45	1.01	1/9999	99.9%	1.11

X 方向最大值层间位移角：1/5146

=== 工况 4 === Y 方向风荷载作用下的楼层最大位移

Floor	Tower	Jmax	Max-(Y)	Ave-(Y)	Ratio-(Y)	h		
		JmaxD	Max-Dy	Ave-Dy	Ratio-Dy	Max-Dy/h	DyR/Dy	Ratio_AY
6	1	459	4.19	3.99	1.05	4500		
		459	1.02	0.88	1.15	1/4420	37.2%	0.83
5	1	397	3.52	3.21	1.10	3600		
		397	0.50	0.45	1.10	1/7244	8.7%	0.52
4	1	308	3.03	2.68	1.13	3200		
		308	0.49	0.42	1.15	1/6570	24.1%	0.84
3	1	225	2.54	2.26	1.12	3200		
		225	0.61	0.53	1.16	1/5208	19.4%	0.95
2	1	140	1.92	1.73	1.11	3200		
		140	0.72	0.63	1.13	1/4472	11.8%	1.17
1	1	55	1.21	1.10	1.10	4950		
		55	1.21	1.10	1.10	1/4097	99.5%	1.11

Y 方向最大值层间位移角：1/4097

=== 工况 5 === 竖向恒载作用下的楼层最大位移

Floor	Tower	Jmax	Max-(Z)
6	1	461	−5.23
5	1	417	−6.64
4	1	387	−6.50
3	1	267	−6.13
2	1	182	−5.66
1	1	97	−4.96

=== 工况 6 === 竖向活载作用下的楼层最大位移

Floor	Tower	Jmax	Max - (Z)
6	1	461	−0.99
5	1	412	−1.80
4	1	348	−1.63
3	1	267	−1.59
2	1	182	−1.41
1	1	97	−1.17

4. 薄弱层验算

===

Vx，Vy ————— The Shear Force of Floors

VxV，VyV ————— The Bearing Shear Force of Floors

Floor	Tower	Vx (kN)	Vy (kN)	VxV (kN)	VyV (kN)
6	1	1556.93	1609.48	2258.83	2258.83
5	1	6604.43	6952.20	10553.32	10553.32
4	1	13737.80	14423.20	16954.15	16954.15
3	1	20090.28	21049.86	19274.95	19274.95
2	1	25213.91	26311.53	21718.75	21718.75
1	1	29087.23	30153.07	25328.96	26839.78

The Yield Coefficients of Floor

Floor	Tower	Gsx	Gsy
6	1	1.4508	1.4035
5	1	1.5979	1.5180
4	1	1.2341	1.1755
3	1	0.9594	0.9157
2	1	0.8614	0.8254
1	1	0.8708	0.8901

The Elastic - Plastic Displacement of Floor in X - Direction

Floor	Tower	Dx (mm)	Dxs (mm)	Atpx	Dxsp (mm)	Dxsp/h	h (m)
6	1	154.07657	31.01855	1.50	46.52783	1/ 96	4.50
5	1	133.30827	16.78059	1.50	25.17088	1/143	3.60
4	1	117.54218	17.55791	1.30	22.82528	1/140	3.20
3	1	100.36548	23.77173	1.30	30.90324	1/103	3.20
2	1	76.80135	28.05797	1.30	36.47536	1/87	3.20
1	1	48.80104	48.80104	1.30	63.44135	1/78	4.95

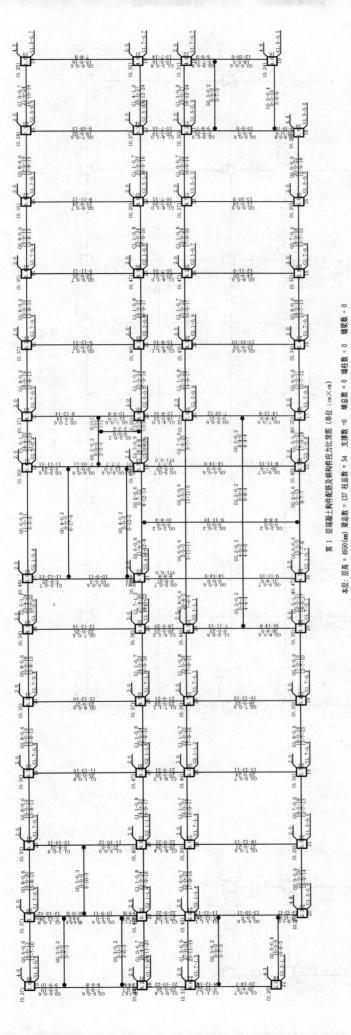

第 1 层混凝土构件配筋及钢筋件应力比简图（单位：cm×cm）

本层：层高 = 4950(mm)　梁总数 = 137　柱总数 = 54　支撑数 = 0　墙总数 = 0　墙梁数 = 0

混凝土强度等级：梁 Cb = 30　柱 Cc = 30　墙 Cw = 30

（白色墙体为短肢剪力墙结构中的短肢剪力墙）

图 4 - 17　第 1 层混凝土构件配筋及钢筋件应力比简图

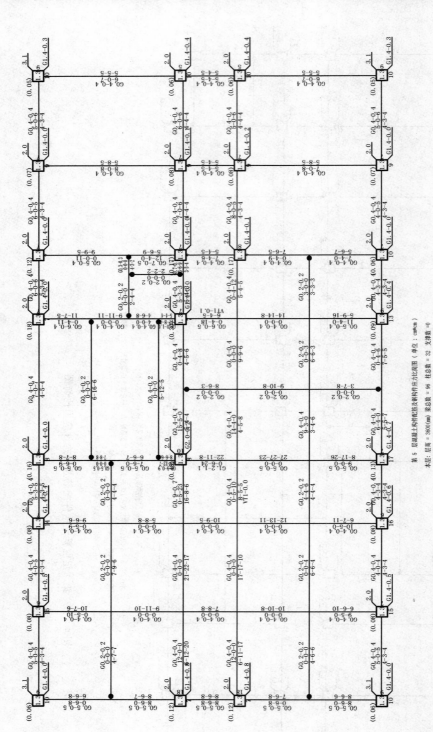

第 5 层混凝土构件配筋及钢构件应力比简图 （单位：cm²/cm）

本层：层高 = 3600(mm)　梁总数 = 96　柱总数 = 32　支撑数 =0

墙总数 = 0　　墙柱数 = 0　　墙梁数 = 0

混凝土强度等级：梁 C_b = 25　柱 C_c = 25　墙 C_w = 25

（白色墙体为短肢剪力墙结构中的短肢剪力墙）

图 4－18　第 5 层混凝土构件配筋及钢构件应力比简图

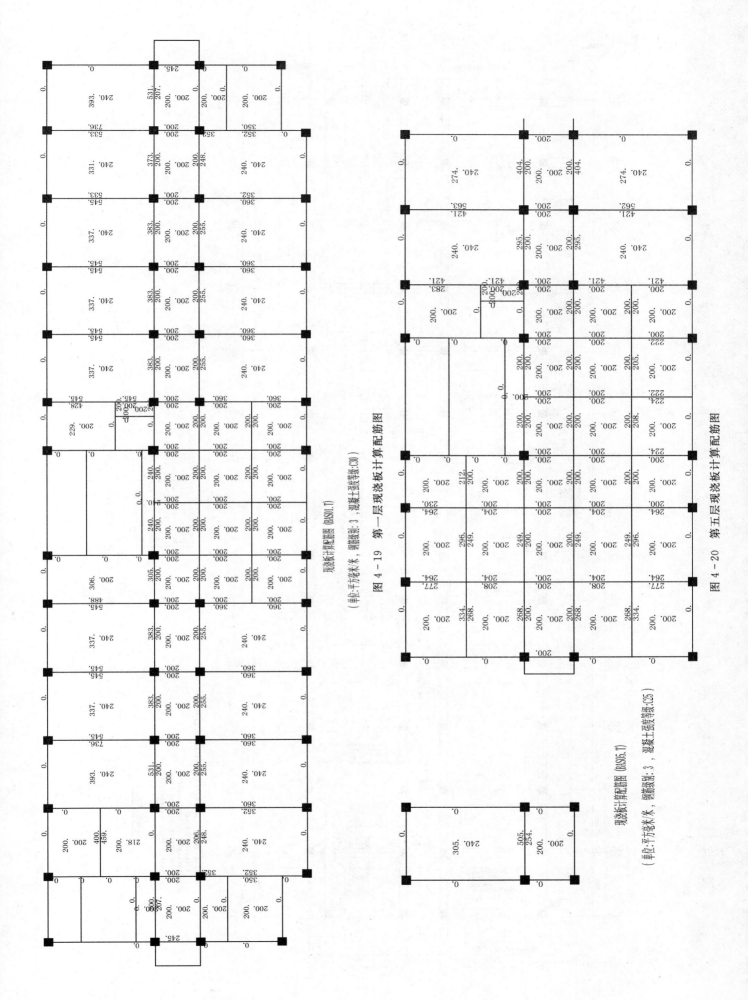

现浇板配筋简图（BASE0.T）

（单位:平方毫米，钢筋级别:3，混凝土强度等级:C30）

图 4－19　第一层现浇板计算配筋图

现浇板计算配筋简图（BASE5.T）

（单位:平方毫米，钢筋级别:3，混凝土强度等级:C25）

图 4－20　第五层现浇板计算配筋图

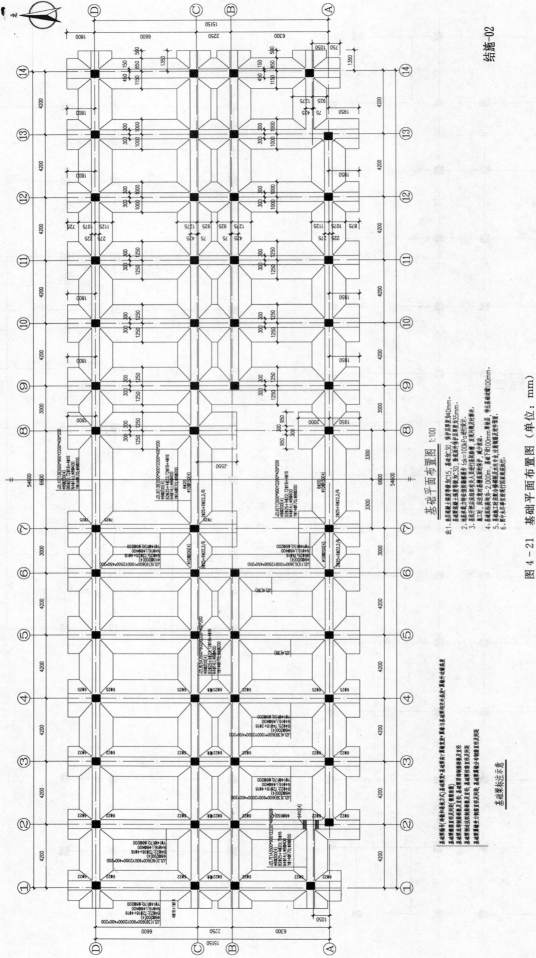

图 4 - 21 基础平面布置图（单位：mm）

结施-02

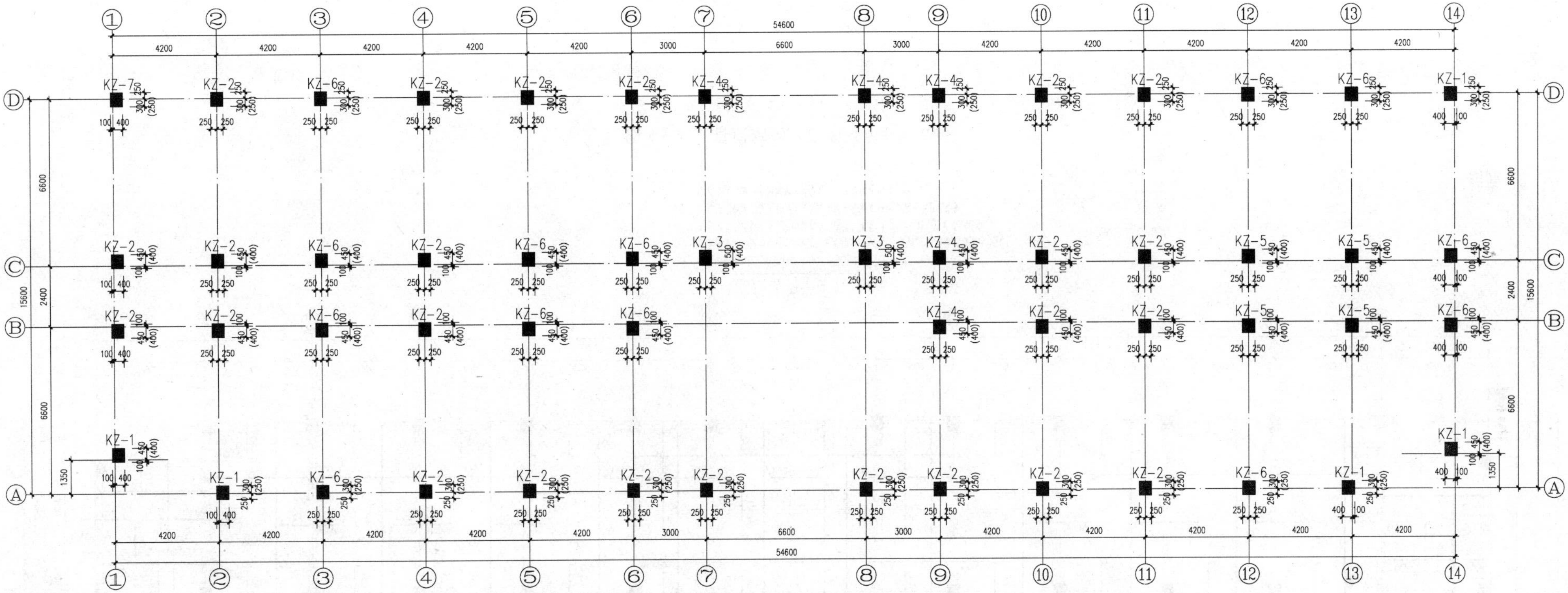

柱号	标高	bxh	角筋	b边一侧中部筋	h边一侧中部筋	箍筋类型号	箍筋	备注
KZ-1	基础顶面~3.85m	500x550	4Φ25	4Φ25	4Φ25	1(4x4)	Φ10@100	
	3.85m~7.05m	500x500	4Φ25	2Φ25	2Φ25/1Φ20	2(4x4)	Φ10@100	
	7.05m~10.25m	500x500	4Φ25	2Φ25	2Φ25/1Φ20	2(4x4)	Φ8@100	
	10.25m~13.45m	500x500	4Φ25	2Φ25	2Φ22/1Φ20	2(4x4)	Φ8@100	
KZ-2	基础顶面~3.85m	500x550	4Φ25	4Φ25	4Φ25	1(4x4)	Φ10@100/200	节点核心区箍筋为 Φ12@100(6X6)
	3.85m~7.05m	500x500	4Φ25	2Φ22	2Φ22	3(4x4)	Φ8@100/200	节点核心区箍筋为 Φ10@100(4X4)
	7.05m~10.25m	500x500	4Φ25	2Φ22	2Φ22	3(4x4)	Φ8@100/200	节点核心区箍筋为 Φ8@100(4X4)
	10.25m~13.45m	500x500	4Φ25	2Φ22	2Φ22	3(4x4)	Φ8@100/200	
	13.45m~17.05m	500x500	4Φ25	2Φ22	2Φ22	3(4x4)	Φ8@100/200	
KZ-3	基础顶面~3.85m	500x550	4Φ25	4Φ25	4Φ25	1(4x4)	Φ10@100/200	节点核心区箍筋为 Φ10@100(6X6)
	3.85m~7.05m	500x500	4Φ25	2Φ22	2Φ22	3(4x4)	Φ10@100/150	节点核心区箍筋为 Φ10@100(4X4)
	7.05m~10.25m	500x500	4Φ25	2Φ20	2Φ20	3(4x4)	Φ10@100/150	节点核心区箍筋为 Φ10@100(4X4)
	10.25m~13.45m	500x500	4Φ22	2Φ20	2Φ20	3(4x4)	Φ10@100/150	
	13.45m~17.05m	500x500	4Φ22	2Φ18	2Φ18	3(4x4)	Φ8@100/150	
	17.05m~21.55m	500x500	4Φ20	2Φ18	2Φ18	3(4x4)	Φ8@100	
KZ-4	基础顶面~3.85m	500x550	4Φ25	4Φ25	4Φ25	1(4x4)	Φ10@100/200	节点核心区箍筋为 Φ12@100(6X6)
	3.85m~7.05m	500x500	4Φ25	2Φ22	2Φ22	3(4x4)	Φ8@100/150	节点核心区箍筋为 Φ8@100(4X4)
	7.05m~10.25m	500x500	4Φ25	2Φ20	2Φ20	3(4x4)	Φ8@100/150	节点核心区箍筋为 Φ8@100(4X4)
	10.25m~13.45m	500x500	4Φ22	2Φ20	2Φ20	3(4x4)	Φ8@100/150	
	13.45m~17.05m	500x500	4Φ22	2Φ18	2Φ18	3(4x4)	Φ8@100/150	
	17.05m~21.55m	500x500	4Φ20	2Φ18	2Φ18	3(4x4)	Φ8@100	

柱号	标高	bxh	角筋	b边一侧中部筋	h边一侧中部筋	箍筋类型号	箍筋	备注
KZ-5	基础顶面~3.85m	500x550	4Φ25	4Φ25	4Φ25	1(4x4)	Φ10@100/200	节点核心区箍筋为 Φ12@100(6X6)
	3.85m~7.05m	500x500	4Φ25	2Φ22	2Φ22	2(4x4)	Φ8@100/200	节点核心区箍筋为 Φ10@100(4X4)
	7.05m~10.25m	500x500	4Φ25	2Φ22	2Φ22	2(4x4)	Φ8@100/200	
KZ-6	基础顶面~3.85m	500x550	4Φ25	4Φ25	4Φ25	1(4x4)	Φ10@100/200	节点核心区箍筋为 Φ12@100(6X6)
	3.85m~7.05m	500x500	4Φ25	2Φ25	2Φ22/1Φ20	2(4x4)	Φ8@100/200	节点核心区箍筋为 Φ10@100(4X4)
	7.05m~10.25m	500x500	4Φ25	2Φ22	2Φ22/1Φ20	2(4x4)	Φ8@100/200	节点核心区箍筋为 Φ10@100(4X4)
	10.25m~13.45m	500x500	4Φ25	2Φ22	2Φ22/1Φ20	2(4x4)	Φ8@100/200	
KZ-7	基础顶面~3.85m	500x550	4Φ25	4Φ25	4Φ25	1(4x4)	Φ10@100	
	3.85m~7.05m	500x500	4Φ25	2Φ25	2Φ25	3(4x4)	Φ10@100	
	7.05m~10.25m	500x500	4Φ25	2Φ22	2Φ22	3(4x4)	Φ8@100	
	10.25m~13.45m	500x500	4Φ25	2Φ22	2Φ22	3(4x4)	Φ8@100	
	13.45m~17.05m	500x500	4Φ25	2Φ22	2Φ22	3(4x4)	Φ8@100	

柱配筋图 1:100

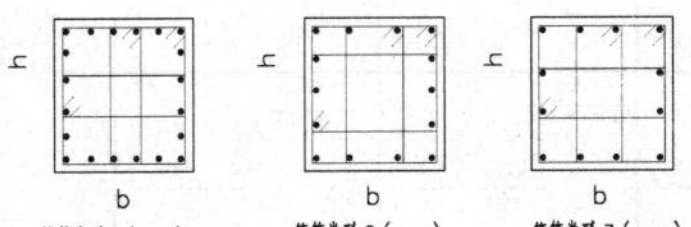

箍筋类型 1.(mxn)　箍筋类型 2.(mxn)　箍筋类型 3.(mxn)

说明：1. 梁柱节点构造做法采用梁筋入柱的做法。
2. 凡柱身在层间处有梁与之联接时，柱在此层范围内箍筋全长加密。
3. 平面图中(XXX)中数字用于二层~顶层。

结施-03

图 4-22 柱配筋图（单位：mm）

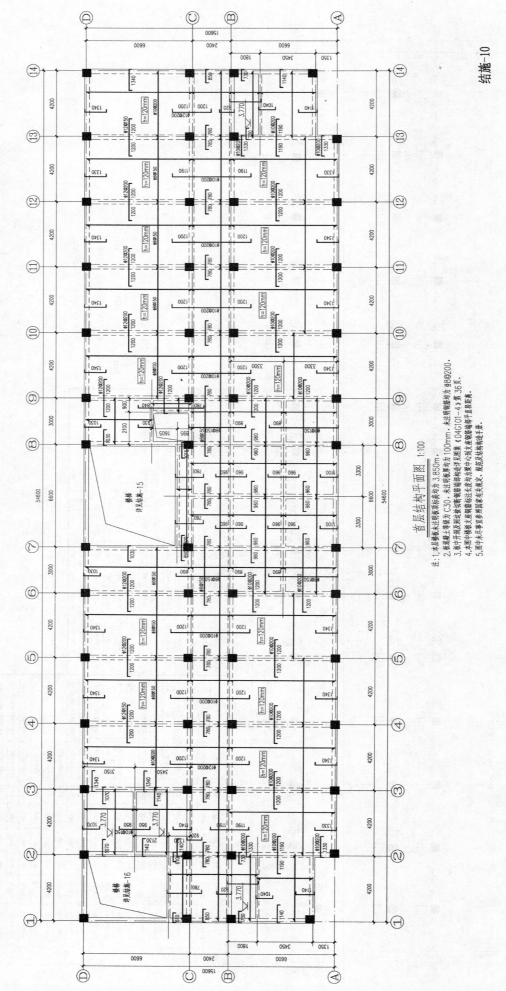

首层结构平面图 1:100

注: 1. 本层楼板未注明板顶板底标高均为 3.850m。
2. 板面建土垫层均为 C30，未注明板厚均为100mm，未注明板筋均为 φ8@200。
3. 板中开洞及板中辐筋细部构造详见图集《04G101-4》第 36 页。
4. 本图中楼主产面钢筋标注长度为支座钢筋端平直段长度。
5. 图中未尽事宜参照国家有关规定。易波及结构施工手册。

图 4-24 首层结构平面图 (单位: mm)

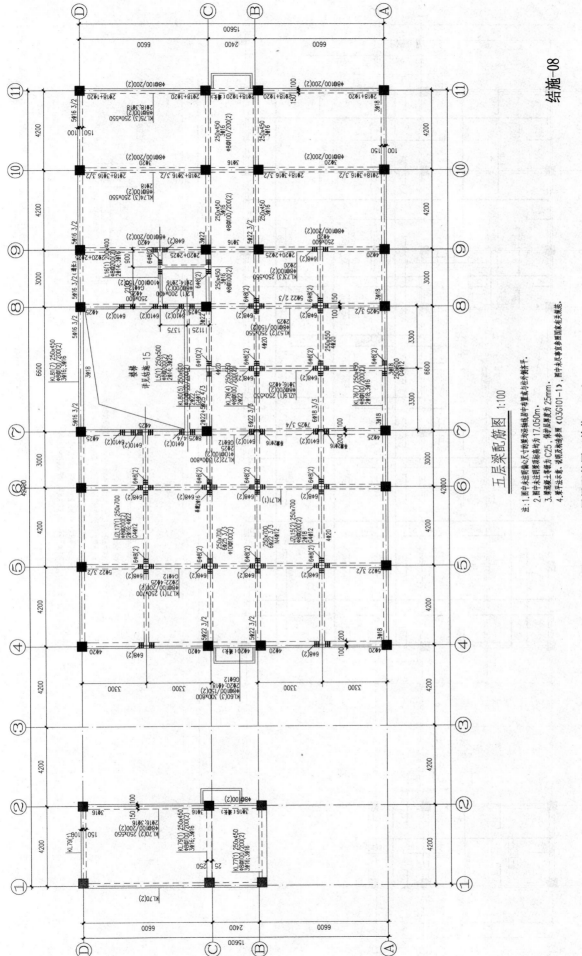

五层梁配筋图 1:100

注: 1. 图中未注明梁的尺寸时梁顶标高中布置或与柱外轮廓平。
2. 图中未注梁顶标高均为17.050m。
3. 梁保护层主筋为C25, 梁保护层厚度为25mm。
4. 梁平法表示, 说明及构造参见《03G101-1》, 图中未尽宜参照图国家有关规范。

图 4－25　五层梁配筋图 (单位: mm)

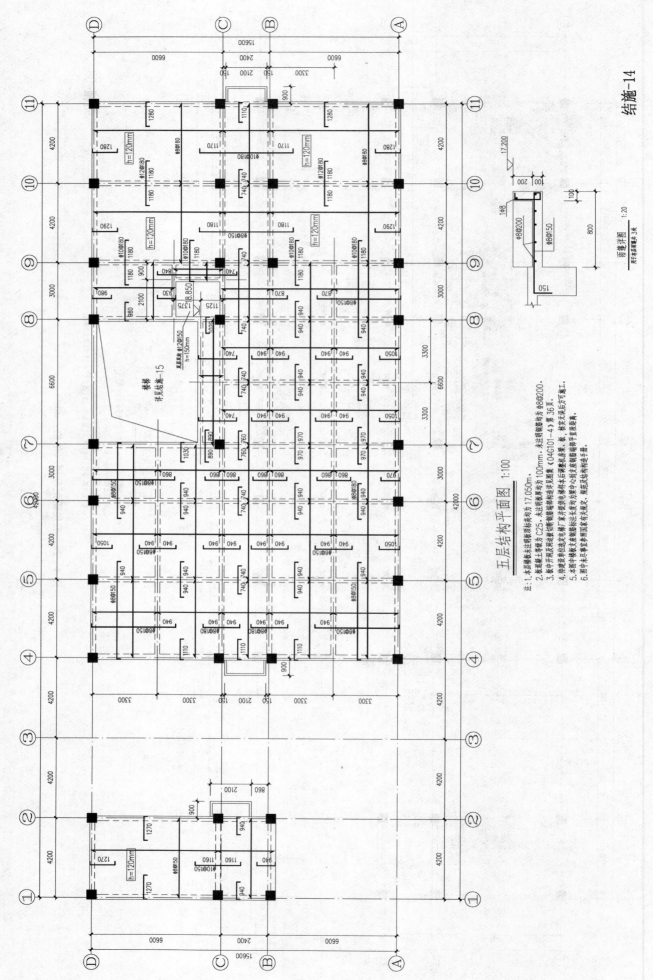

五层结构平面图 1:100

墙垛详图 1:20
附末层预埋井穴水

注:1.本层楼板未注明板顶标高均为17.050m.
2.板底混凝土等级为C25,未注明板厚均为100mm,未注明钢筋均为φ8@200.
3.套中开洞及过道处圈断钢筋端部构造详见图集《04G101-4》第36页.
4.纬建设单位选择电梯厂家,并根据电梯样本后调整本图。楼梯无误方可施工。
5.本图中墙支座锚筋标注长度均为钢筋中心到支座钢筋端部直段尺寸。
6.图中未注事宜参照国家有关规定,规范及结构设计手册。

图4-26 五层结构平面图(单位:mm)

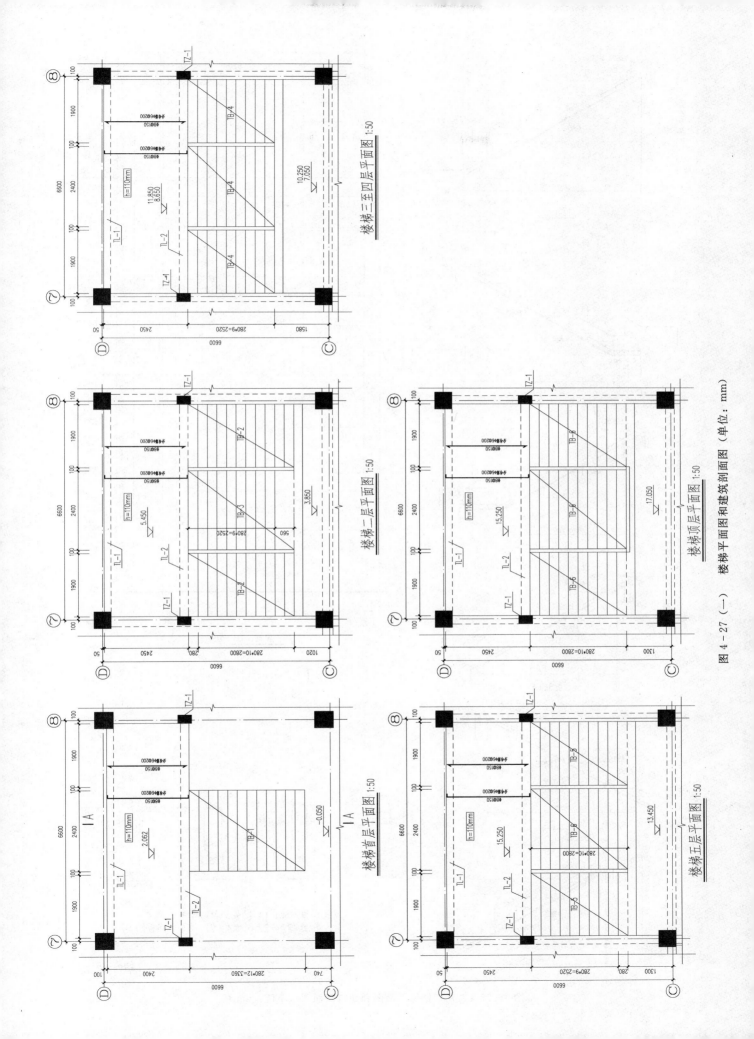

楼梯二至四层平面图 1:50

楼梯一层平面图 1:50

楼梯顶层平面图 1:50

楼梯首层平面图 1:50

楼梯五层平面图 1:50

楼梯平面图和建筑剖面图（单位：mm）

图 4-27 （一）

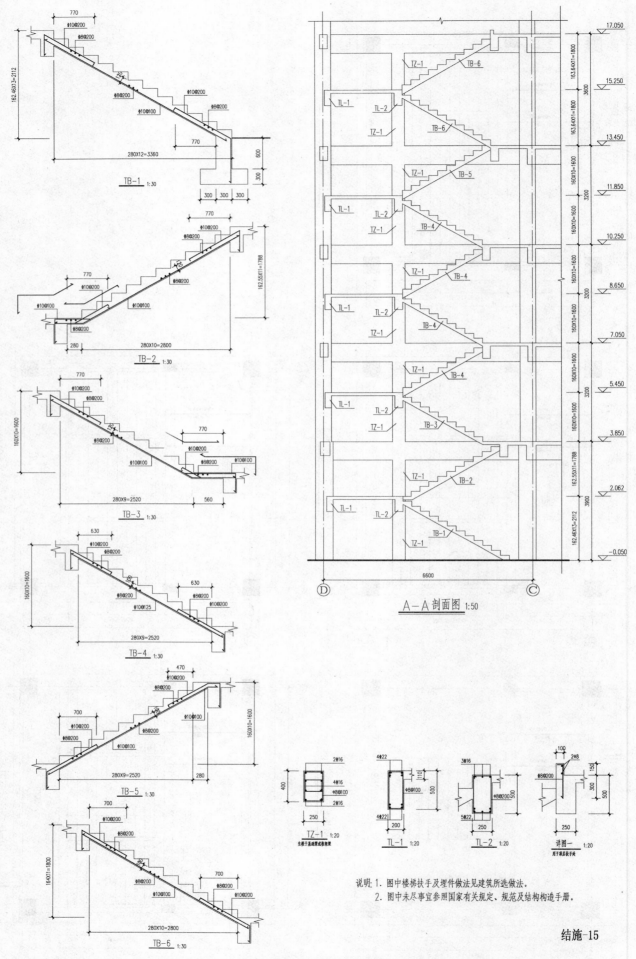

图 4-27（二） 楼梯平面图和建筑剖面图（单位：mm）

The Elastic – Plastic Displacement of Floor in Y – Direction

Floor	Tower	Dx (mm)	Dys (mm)	Atpy	Dysp (mm)	Dysp/h	h (m)
6	1	148.39418	33.64999	1.50	50.47498	1/ 89	4.50
5	1	138.69695	16.73031	1.50	25.09546	1/ 143	3.60
4	1	124.12773	18.70484	1.30	24.31628	1/ 131	3.20
3	1	105.74571	26.10608	1.30	33.93791	1/ 94	3.20
2	1	79.83794	30.78220	1.30	40.01686	1/ 79	3.20
1	1	49.11049	49.11049	1.30	63.84363	1/ 77	4.95

5. 梁、柱配筋计算结果

部分楼层梁、柱配筋计算结果见图 4-17、图 4-18。

6. 楼板配筋结果

部分楼层楼板配筋如图 4-19、图 4-20 所示。

五、施工图绘制

限于篇幅，此处仅给出部分施工图纸，见图 4-21～图 4-27，其中图 4-23 见书末插页。

第四节 框架结构设计参数的合理选取

在用程序计算框架结构时，参数的合理选取是保证设计正确的一个关键性因素，这里以 PKPM 为例，介绍结构整体分析参数的意义和选取方法，其他程序可以作为参考。

一、总信息（图 4-28）

1. 水平力与整体坐标夹角

在地震区，在发生地震时，地震作用的最大特点是具有突发性、不确定性和不可预知性。地震的突发性、不确定性和不可预知性有多方面的含义。其一是指地震发生的时间、地点、强度是不确定的，随机的。地震是在毫无警告的情况下发生的。预期不会发生大地震的地方却发生毁灭性地震，如我国 1976 年的唐山大地震；预期在某个时段会发生地震的地方却没有发生地震也是有文献可查的。从某种意义上来讲，地球上的任何一个地方都有可能发生地震。地震不确定性的另一个含义是指没有两次地震的特性是相同的，不同地点同一地震的特性不同，同一地点不同地震的特性也不同。地震不确定性的再一个含义是指对某一项具体的建筑工程而言，地震的作用方向也是不

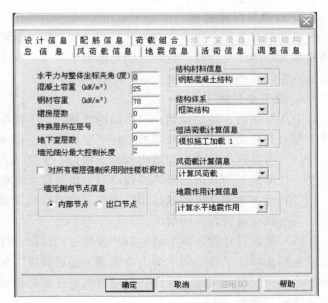

图 4-28 总信息

确定的。地震作用可能发生在结构的任何方向上。地震沿着结构不同的方向作用，结构地震反应的大小一般也是不同的。结构的地震反应是地震作用方向角的函数。因此，必然会存在某个角度，使得地

震沿着该方向作用时，结构的地震反应最大。这个方向就是 SATWE 软件所说的最不利地震作用方向。

抗震设计时，原则上，结构工程师应将 SATWE 软件输出的"地震作用最大的方向"角作为地震作用方向角对结构进行补充计算，以体现最不利地震作用的影响。但在工程实践中，通常是仅当地震作用最大的方向角大于 15°时，才要求补充地震作用最大方向角的结构整体电算。这个要求类同于《建筑抗震设计规范》（GB 50011—2010）第 5.1.1 条关于"有斜交抗侧力构件的结构，当相交角度大于 15°时"，要求"分别计算各抗侧力构件方向的水平地震作用"的规定。

2. 混凝土容重

对于钢筋混凝土结构，根据《建筑结构荷载规范》（GB 50009—2001）的规定，其材料的自重一般取为 25kN/m³。材料的自重参数是用来计算结构中的梁、柱、墙等构件自重荷载用的。由于梁、柱、墙等构件通常都会做建筑装修，如抹灰等。为了在结构计算时考虑这部分装修荷载的影响，习惯的做法是采用加大混凝土结构材料自重的方法，以省去繁琐的装修荷载导算。在实际工程中，可根据建筑专业的装修做法和要求，将钢筋混凝土结构材料的自重 25kN/m³ 乘以 1.04～1.12 的放大系数，即取钢筋混凝土结构材料的自重为 26～28 kN/m³，来近似考虑建筑装修荷载对结构计算的影响。

3. 钢材容重

根据 GB 50009—2001 的规定，钢结构钢材的自重为 78.5kN/m³。对于钢结构工程，在结构计算时，不仅要考虑建筑装修荷载的影响，更重要的是，还应考虑钢结构构件经常会设置的加劲肋等加强板件和连接节点附加的连接板件重量的影响，包括螺栓连接节点的连接板件和螺栓、螺母和垫圈等配件重量的影响。由于加劲肋板件和连接节点附加板件产生的附加自重荷载较大，再加上建筑装修荷载的影响，在钢结构工程设计时，钢结构材料的自重通常要乘以 1.04～1.18 的放大系数，即取钢材自重为 82～93kN/m³。

4. 裙房层数

高规第 4.8.6 条规定：与主楼连为整体的裙楼的抗震等级不应低于主楼的抗震等级，主楼结构在裙房顶部上下各一层应适当加强抗震措施，因此该层数必须给定。层数是计算层数，等同于裙房屋面层层号。

5. 转换层所在层号

该指定只为程序决定底部加强部位及转换层上下刚度比的计算和内力调整提供信息，同时，当转换层号大于等于三层时，程序自动对落地剪力墙、框支柱抗震等级增加一级，对转换层梁、柱及该层的弹性板定义仍要人工指定。（层号为计算层号）

6. 地下室层数

带地下室的多高层建筑在进行结构计算时，上部结构和地下室应作为一个整体进行分析和计算，地下部分有几层地下室在程序的"地下室层数"参数项中应真实填写。这样做的优点是：

（1）可以真实反映上部结构和地下室是一个整体，两者相互作用共同工作，荷载作用和传递途径清楚；计算地基和基础的竖向荷载可以一次形成，方便地基和基础的设计和计算。

（2）地下室不受风荷载作用，计算上部结构风荷载时，程序会自动扣除地下室的高度，使上部结构的风荷载计算符合实际情况。

（3）抗震设计时，剪力墙底部加强部位的高度程序会自动从地下室顶板算起，但程序输出的"剪力墙底部加强区层号"和"剪力墙底部加强区高度"包括了全部地下室的层数和高度；抗震等级为一级、二级、三级的结构，程序会自动将框架柱和剪力墙内力设计值的调整系数乘在地下室以上首层柱底或墙底截面处。

（4）当地下室顶板符合作为上部结构嵌固部分的条件时，地下室顶板能将上部结构的地震剪力传递到全部地下室结构；地下室结构应能承受上部结构屈服超强及地下室本身的地震作用。

多高层建筑不设置地下室时，上部结构通常嵌固在基础顶面；多高层建筑当设置地下室时，上部结构是嵌固在地下室的地下一层顶板部位还是嵌固在地下室的二层顶板部位，抑或是嵌固在筏板基础顶面或箱形基础顶面，应由地下室结构的楼层侧向刚度与相邻上部结构楼层侧向刚度之比等条件来确定。

（1）地下室顶板作为上部结构嵌固部位时，应符合下列要求：

1）地下室结构的楼层侧向刚度不宜小于相邻上部楼层侧向刚度的两倍（可按有效数字控制）。

2）地下室顶板应避免开设大洞口。

3）地下室顶板不应采用无梁楼盖的结构形式，应采用现浇梁板结构，其板厚不宜小于180mm，混凝土强度等级不宜小于C30，应采用双层双向配筋，且每层每个方向的配筋率不宜小于0.25%。

4）地下室一层柱截面每侧的纵向钢筋面积，除满足计算要求外，不应少于地上一层对应柱每侧纵向钢筋面积的1.1倍（地下一层柱子多出的纵向钢筋不应向上延伸，应锚固于地下室顶板的框架梁内）；地下一层的剪力墙也属于剪力墙的加强部位，地下一层剪力墙的配筋不应少于地上一层。

5）地上一层的框架结构柱下端截面和剪力墙底截面的弯矩设计值应符合《抗震规范》第6.2.3条、6.2.6条、6.2.7条的规定，位于地下室顶板的梁柱节点左右梁端截面实际受弯承载力之和不宜小于上柱下端实际受弯承载力之和。

6）地下一层的抗震等级应与上部结构相同，地下一层以下的抗震等级可根据具体情况采用二级、三级或更低的等级。但地下一层以下各层的抗震等级宜逐层降低一级，而且7度地震区不宜低于四级，8度地震区不宜低于三级，9度地震区不宜低于二级；乙类建筑6度地震区不宜低于四级，7度地震区不宜低于三级，8度地震区不宜低于二级，9度地震区应专门研究。地下室中无上部结构的部分，可根据具体情况采用三级或更低等级。

7）当地下室的层数为一层，其结构构造和侧向刚度满足《抗震规范》第6.1.14条的规定，且符合下列要求时，地下室的顶板仍可作为上部结构的嵌固部位，不必考虑《抗震规范》第6.1.14条条文说明的地下室层数不宜少于2层的要求：

（a）地下室顶板与室外地面的高差小于地下室层高的1/3，且不大于1.0m；

（b）地下室的埋深（由室外地面至基础）满足《建筑地基基础设计规范》（GB 50007—2002）第5.1.3条的规定，地下室外墙外侧基坑回填土回填质量良好，压实系数符合《建筑地基基础设计规范》第6.3.4条的要求。

（2）地下室顶板满足作为上部结构嵌固部位的条件时，地下室结构将具有足够的整体刚度和足够的承载力；在地震作用下，当上部结构进入弹塑性工作阶段，地上一层柱底或墙底出现塑性铰时，地下室结构仍可保持弹性工作状态。

（3）计算地下室楼层刚度时，可取有效影响范围内且不少于上部结构边柱（墙）外一跨的竖向构件参与计算。所谓有效影响范围，在这里是指上部结构与地下室交界处作45°向外斜线，斜线所包围的范围。不能取地下室内所有竖向构件、特别是较远处的地下室外墙参与计算。

1）楼层侧向刚度比计算时，宜采用下列剪切刚度比公式估算：

$$\gamma = \frac{G_0 A_0 h_1}{G_1 A_1 h_0} \tag{4-39}$$

$$[A_0、A_1] = A_w + 0.12 A_c \tag{4-40}$$

式中　G_0、G_1——地下室及地上一层混凝土的剪变模量；

A_0、A_1——地下室及地上一层的折算受剪面积；

A_w——在计算方向上，地下室或地上一层剪力墙的全部有效面积（不计入翼缘面积）；

A_c——地下室或地上一层全部柱截面面积，当柱截面宽度小于300mm且长宽比不小于4时，可按剪力墙考虑；

h_0、h_1——地下室及地上一层的层高。

2）当楼层侧向刚度按SATWE软件隐含的"层间剪力与层间位移之比"的方法计算时，程序的地下信息中"回填土对地下室约束相对刚度比"这个参数应取等于零。

当通过上述计算确认地下室顶板可作为上部结构嵌固部位后，在进行结构整体分析及配筋计算时，"回填土对地下室约束相对刚度比"这个参数宜取 SATWE 软件的隐含值"3"，以便近似考虑地下室外墙外侧回填土对地下室结构的约束作用，这对上部结构是偏于安全的。

（4）结构设计时，应尽量创造条件，使地下室顶板满足作为上部结构嵌固部位的要求（例如，增大地下室结构楼层侧向刚度，或减小上部结构楼层侧向刚度）。当地下室顶板无法满足上部结构嵌固部位要求时，一般来说，地下二层顶板（地下一层底板）通常可满足上部结构嵌固部位的要求，其条件是：

1）地下一层楼层的侧向刚度应大于地上一层楼层的侧向刚度；地下二层楼层的侧向刚度应大于地下一层楼层的侧向刚度；地下二层的楼层侧向刚度不应小于地上一层楼层侧向刚度的两倍（可按有效数字控制）。

2）地下一层的抗震等级宜与地下一层相同（地下一层的抗震等级与上部结构相同）。

3）地下二层顶板的开洞限制、板厚、板的混凝土强度等级、板的配筋、柱的配筋、梁的配筋及剪力墙的配筋等，其要求与作为上部结构嵌固部位的地下室顶板类同。

震害调查表明，地表附近的结构部位震害较严重，地下室较轻。因此，当地下室顶板不能满足上部结构嵌固要求，而地下二层顶板可满足上部结构嵌固部位要求时，剪力墙底部加强部位的高度仍宜从地下室顶板算起，并且向下延伸至地下二层 l 考虑到地下室顶板对上部结构实际存在的嵌固作用，除板厚可略小（例如取板厚≥160mm）外，板的其他设计要求，与作为嵌固部位的地下二层顶板相同。

若上部结构嵌固在地下二层顶板部位，在进行结构整体分析和配筋计算时，仍宜将"回填土对地下室约束相对刚度比"这个参数取等于"3"。

为了确保安全，结构设计时，宜取上部结构嵌固在地下二层顶板和上部结构嵌同在地下一层顶板（地下室顶板）的计算结果的较大值。

7. 墙元细分最大控制长度

SATWE 软件采用在壳元的基础上凝聚而成的墙元来模拟剪力墙，并通过采用数学归纳与专家系统相结合的方法，实现了墙元的自动细分。对于尺寸较大的剪力墙，在作墙元细分形成一系列小壳元时，为确保分析精度，要求小壳元的长边尺寸不得大于给定的"墙元细分最大控制长度" D_{max}（m）。对于一般工程，可取隐含值 $D_{max}=2.0$。对于部分框支剪力墙结构，D_{max} 可取得略小些，如取 $D_{max}=1.5$ 或 1.0。

8. 墙元侧向节点信息

墙元侧向节点信息是墙元刚度矩阵凝聚计算时的一个控制参数。若选"出口节点"，则只把墙元因细分而在其内部增加的节点凝聚掉，四边上的节点均作为出口节点，墙元的变形协调性好，分析结果符合剪力墙的实际，但计算工作量大。若选"内部节点"，则只把墙元上、下边的节点作为出口节点，墙元的其他节点均作为内部节点而被凝聚掉，这时，带洞口的墙元两侧边中部的节点为变形不协调点。这种简化处理方法的精度略低于前者，但效率高，实用性好，计算工作量较前者少很多。在为配筋而计算的工程中，对于多层结构，由于剪力墙相对较少，宜选"出口节点"。而对于高层结构，由于剪力墙相对较多，可选"内部节点"。

9. 恒活荷载计算信息

一次性加载计算：一次性加载模型是假定结构已施工完成形成整体，结构的竖向荷载一次性地全部加到结构上，然后计算构件的变形和内力，结构各点的变形是协调的，各点的内力都能保持平衡，但由于整体结构下的一次性加载这种模型，没有考虑到结构的竖向刚度是在施工过程中逐层形成的、结构的竖向荷载是在施工过程中逐层施加的这一实际情况，过高地估计了竖向构件轴向变形的影响，容易导致有的构件的内力与实际受力状态相差较大。特别是框架—剪力墙和框架—棱心筒等结构，由于墙体（剪力墙或核心筒）和框架的刚度相差悬殊，墙体承受的竖向荷载远大于框架，从而使二者产生较大的竖向变形差。这种竖向变形差异使框架柱产生拉力，导致某些框架梁端不出现负弯矩或负弯矩偏小，使框架梁的配筋不合理。所以，结构计算时，通常情况下不选择"一次性加载"这种模型。

模拟施工方法1加载：就是按一般的模拟施工方法加载，对高层结构，一般都采用这种方法计算。但是对于"框剪结构"，采用这种方法计算出的传给基础的内力中剪力墙下的内力特别大，使得其下面的基础难于设计。于是就有了下一种竖向荷载加载法。

模拟施工方法2加载：这是在"模拟施工方法1"的基础上将竖向构件（柱、墙）的刚度增大10倍的情况下再进行结构的内力计算，也就是再按模拟施工方法1加载的情况下进行计算。采用这种方法计算出的传给基础的力比较均匀合理，可以避免墙的轴力远远大于柱的轴力的不合理情况。由于竖向构件的刚度放大，使得水平梁的两端的竖向位移差减少，从而其剪力减少，这样就削弱了楼面荷载因刚度不均而导致的内力重分配，所以这种方法更接近手工计算。但是这种方法人为的扩大了竖向构件与水平构件的线刚度比，所以它的计算方式有待探讨。所以建议：在进行上部结构计算时采用"模拟施工方法1"；在基础计算时，用"模拟施工方法2"的计算结果。这样得出的基础结果比较合理。

10. 结构体系

常用的结构类型分为框架结构、框架—剪力墙结构、框架—核心筒结构、筒中筒结构、剪力墙结构、短肢剪力墙结构、板柱—剪力墙结构和复杂高层结构等。结构工程师应正确填写结构类型。因为抗震设计时，结构类型和结构的抗震等级与《建筑抗震设计规范》（GB 50011—2010）或《高层建筑规程》（JGJ 3—2010）中相应的结构内力调整系数及配筋要求相对应。错填结构类型有可能使结构的内力调整出错，影响结构的安全。应该在给出的多种体系中选最接近实际的一种，比如当结构体系定义为短肢剪力墙时，对墙肢高度和厚度之比小于8的短肢剪力墙，其抗震等级自动提高一级。

11. 对所有楼层强制采用刚性楼板假定

当在输入数据文件时，对"是否对全楼强制采用刚性楼板假定"这个信息是填"是"还是"否"对计算结果影响较大。主要反映在计算结果是否满足 GB 50011—2010 的 3.4.2 条表 3.4.2-1 的规定。例如：一个五层框架教学楼平面、竖向都比较规则，楼板也没有开大洞及削弱。在用计算机计算时上述信息输入为："否"，则计算结果中楼层的层间位移比大于1.2，说明扭转不规则，且计入扭转影响时，楼层竖向构件最大的弹性水平位移和层间位移分别大于楼层两端弹性水平位移和层间位移平均值的1.5倍，而不满足要求。当在输入上述信息为"是"时，（为保险起见也考虑了输入扭转信息）计算结果就不存在扭转不规则，且也满足了3.4.3条1.1的要求。因此建议：

（1）整体分析时，当确定了结构平面及竖向布置，因建筑布置功能要求，使结构已明显属于扭转不规则（按规范规定加以判断）或楼板开大洞，各层不连续已确认不能为刚性楼板时，该项信息可填"否"。计算结果一般可能确认为扭转不规则。这时一定要计算扭转耦联且双向地震作用，甚至局部偏心。

（2）整体分析时，当结构的平面、竖向基本规则，楼板连续无削弱时应将该信息填"是"。这样计算结果可能出现扭转不规则的很少，一般都是扭转规则。而填"否"一般出现扭转不规则。

（3）当出现扭转不规则时，应进行结构分析，采取措施，调整方案，3.4.2条表3.4.2-1中的"1.2"和3.4.3条1.1)条是控制结构方案的，应尽量调整这两个控制数据而调整结构布置。这比较难，需经多个调整方案。调整时应重点调整剪力墙布置，应在建筑物外边角部加墙或加大原墙截面面积。调整建筑物中间部的内墙作用不大。

（4）整体分析时，当局部（少部分）楼板开洞较多或局部削弱较多，而不能完全是刚性时，在做整体变形、位移分析时也建议假定是全楼板"绝对刚性假定"，否则计算结果会出现扭转不规则，并没完全反映结构实际状况，且增加了一项不规则的条件，甚至引起整个工程超限。

总之，当计算位移比时都应采用刚性楼板假定，其他一般情况下都可假定"全楼强制采用刚性楼板假定"，但对楼板削弱较多或局部狭长时，在分析应力计算时则应按弹性楼板分析其受力状态，进行强度、应力分析。将楼板局部定义为弹性楼板。强度计算、内力、配筋计算时应再按实际情况复算。

但对复杂高层时，应进行试假定，不宜一次决定"全楼强制采用刚性楼板"。

12. 地震作用计算信息

一般应计算水平地震作用，烈度 8 度、9 度时的大跨度和长悬臂结构及 9 度时的高层建筑（如结构转换层中的转换构件、跨度大于 24m 的楼盖或屋盖、悬挑大于 2m 的水平悬臂构件等），应计算竖向地震作用。

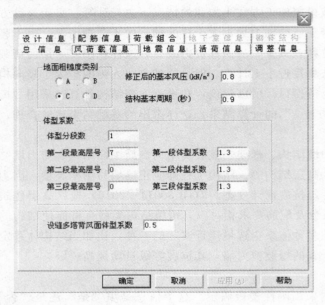

图 4-29 风荷载信息

二、风荷载信息

1. 地面粗糙度类别

A 类：近海海面，海岛、海岸、湖岸及沙漠地区。

B 类：指田野、乡村、丛林、丘陵及中小城镇和大城市郊区。

C 类：指有密集建筑群的城市市区。

D 类：指有密集建筑群且房屋较高的城市市区。

2. 修正后的基本风压

对于高层建筑应按基本风压乘以系数 1.1 采用。

风荷载作用面的宽度，多数程序是按计算简图的外边线的投影距离计算的，因此，当结构顶层带多个小塔楼而没有设置多塔楼时，应注意修改风荷载文件，从风荷载中减去计算简图的外边线间无建筑面的空面面积上的风载，否则会造成风载过大，特别是风载产生的弯矩过大。

顶层女儿墙高度大于 1m 时应修正顶层风载，在程序给出的风荷上加上女儿墙风荷。

当计算坐标旋转时，应注意风荷计算是否相应作了旋转处理。

大多数程序风载从嵌固端算起，当计算嵌固端在地下室时，应将风荷载修正为从正负零算起。

用 SATWE 进行多塔楼分析时，程序能自动对每个塔楼取为一独立刚性块分析，但风荷载按整体投影面计，因此一定要进行多塔楼定义，否则风荷载会出现错误。

3. 结构的基本周期

可以取程序默认值（按 JGJ 3—2010 附录 B 公式 B.0.2）：规则框架 $T=(0.08-0.10)N$；框剪结构、框筒结构 $T=(0.06\sim0.08)N$；剪力墙、筒中筒结构 $T=(0.05\sim0.06)N$，N 为房屋层数，详见 JGJ 3—2010 3.2.6 条表 3.2.6-1 注；GB 50009—2001 7.4.1 条，附录 E；程序中给出的基本周期是采用近似方法计算得到的。

建议计算出结构的基本周期后，再代回重新计算，以使风荷载的计算更为准确，在高风压地区尤其应这么做。因为结构的基本自振周期 T 与风荷载风压脉动增大系数有关，风压脉动增大系数又影响风振系数，从而影响基本风压。

4. 体型系数

（1）圆形和椭圆形平面，$U_s=0.8$。

（2）正多边形及三角形平面，$U_s=0.8+1.2/$（n 的平方根），其中 n 为正多边形边数。

（3）矩形、鼓形、十字形平面 $U_s=1.3$。

（4）下列建筑的风荷载体形系数 $U_s=1.4$。

1）V形、Y形、弧形、双十字形、井字形平面。

2）L形和槽形平面。

3）高宽比 H/B_{max} 大于4、长宽比 L/B_{max} 不大于1.5的矩形、鼓形平面。

三、地震信息（4-30）

由于抗震设防烈度为6度时，某些房屋可不进行地震作用计算，但仍应采取抗震构造措施，因此，若在第一页参数中选择了不计算地震作用，本页中地震烈度、框架抗震等级和剪力墙抗震等级仍应按实际情况填写，其他参数可不必考虑。

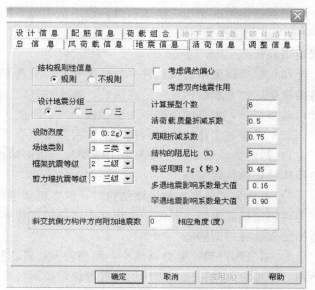

图 4-30 地震信息

1. 结构规则性信息

（1）平面不规则的类型。

1）扭转不规则：楼层的最大弹性水平位移（或层间位移），大于该楼层两端弹性水平位移（或层间位移）平均值的1.2倍。

2）凹凸不规则：结构平面凹进的一侧尺寸，大于相应投影方向总尺寸的30%。

3）楼板局部不连续：楼板的尺寸和平面刚度急剧变化，例如，不少楼板宽度小于该层楼板典型宽度的50%，或开洞面积大于该层楼面面积的30%，或较大的楼层错层。

（2）竖向不规则的类型。

1）侧向刚度不规则：该层的侧向刚度小于相邻上一层的70%，或小于其上相邻三个楼层侧向刚度平均值的80%；除顶层外，局部收进的水平向尺寸大于相邻下一层的25%。

2）竖向抗侧力构件不连续：竖向抗侧力构件（柱、抗震墙、抗震支撑）的内力由水平转换构件（梁、桁架等）向下传递。

3）楼层承载力突变：抗侧力结构的层间受剪承载力小于相邻上一楼层的80%。

2. 扭转耦联信息

对于耦联选项，建议总是采用。质量和刚度分布明显不对称的结构，楼层位移比或层间位移比超过1.2时，应计入双向水平地震作用下的扭转影响。

偶然偏心：验算结构位移比时，总是考虑偶然偏心。位移比超过1.2时，则考虑双向地震作用，不考虑偶然偏心。位移比不超过1.2时，则考虑偶然偏心，不考虑双向地震作用。

例：一31层框支结构，考虑双向水平地震力作用时，其计算剪重比增量平均为12.35%。

规则框架考虑双向水平地震作用时，角柱配筋增大10%左右，其他柱变化不大。

对于不规则框架，角、中、边柱配筋考虑双向地震后均有明显的增大。

通过双向地震力、柱按单偏压计算和双向地震力、双偏压计算比较可知，后者计算柱的配筋较前者有明显的增大。建议：若同时勾选双向地震力、柱双向配筋，程序自动取二者之间的大值，而不是二者的叠加。

3. 设计地震分组、设防烈度、场地类别，按规范及地质报告

4. 框架、剪力墙抗震等级

震害调查和结构抗震性能试验研究表明，房屋建筑的震害不仅与地震烈度有关，而且与房屋结构的类型和高度有关。因此，在地震区，对钢筋混凝土结构，根据抗震设防烈度、房屋的结构类型和高度，将其划分为不同的抗震等级来进行抗震设计，是比较经济合理的。

（1）抗震设计时，混凝土结构的抗震等级应按 GB 50011—2010 第 6.1.2 条、6.1.3 条、JGJ 3—2002 第 4.8.2、4.8.3、4.8.5、4.8.6 条、JGJ 149—2006 第 3.3.1 条确定。

（2）单层厂房结构铰接排架的抗震等级应按 GB 50010—2010 第 11.1.4 条确定。

（3）地下室顶板作为上部结构的嵌固端时，地下一层的抗震等级应与上部结构相同；地下一层以下可根据具体情况采用三级或四级。地下室顶板不作为上部结构的嵌固端时，实际嵌固部位所在楼层（与地面以上结构平面对应的部分）的抗震等级可取为与地上结构相同或根据地下部分结构的有利情况适当放松。

（4）框支框架指转换构件（如框支梁）以及其下面的框架柱和框架梁，不包括不直接支撑转换构件的框架。如考虑结构变形的连续性，在水平方向上与框支框架直接相连的非框支框架的抗震构造设计可适当加强，加强的范围不少于相连的一个跨度。

（5）裙房与主楼相连时，裙房的抗震等级不低于主楼的抗震等级，具体可有以下几种情况：

1）裙房为纯框架，主楼为剪力墙结构，裙房除按自身确定框架等级外，还不应低于主楼按剪力墙结构确定的抗震等级。

2）主楼为部分框支剪力墙结构时，框支框架按部分框支剪力墙确定抗震等级，裙房可按框架—剪力墙确定抗震等级，若低于主楼框支框架的抗震等级，则裙房与框支框架直接相连的非框支框架应适当加强抗震构造措施。

3）裙房为框架—剪力墙结构，面积较大，属乙类建筑（如大型商场），地震作用全部由裙房自身承担，主楼为丙类建筑。裙房的抗震等级，按裙房高度的乙类建筑（按提高一度查表）和主楼高度的丙类建筑二者较高等级确定。

（6）GB 50011—2010 表 6.1.2、JGJ 3—2002 表 4.8.2 为丙类建筑的抗震等级表，当Ⅷ度乙类建筑的高度提高一度后已超过Ⅸ度的最大适用高度时，如高度大于 25m 的框架结构、高度大于 60m 的框架—剪力墙结构、高度大于 80m 的剪力墙结构、高度大于 70m 的框架核心筒结构和高度大于 80m 的筒中筒结构，应采取比一级更有效的抗震措施，主要是抗震构造措施应比一级适当加强，加强的幅度与房屋高度有关，可参照 JGJ 3—2002 特一级的构造要求，而有关抗震设计的内力调整系数一般可不必提高。

（7）按照 GB 50011—2010 第 3.3.3 条、JGJ 3—2002 第 4.8.4 条的要求，建筑场地为Ⅲ类、Ⅳ类时，对设计基本地震加速度为 0.15g 和 0.30g 的地区的丙类建筑，宜分别按抗震设防烈度Ⅷ度和Ⅸ度时的各类建筑要求采取抗震构造措施。但选定提高一度后，就应按提高一度后的抗震等级采取构造措施。对 7 度 0.15g 时的异形柱结构，建筑场地为Ⅲ类、Ⅳ类，抗震等级应符合 JGJ 149—2006 表 3.3.1 的规定。

（8）高度小于 60m 的框架—核心筒结构，可以按框架—剪力墙结构确定抗震等级，此时，除应满足核心筒的有关设计要求外，同时应满足 JGJ 3—2002 对框架—剪力墙结构的其他要求，如剪力墙所承担的结构底部地震倾覆力矩的规定等。

（9）框—剪结构中应有足够数量的剪力墙，使在基本振型地震作用下，剪力墙部分承受的地震倾覆力矩大于结构总地震倾覆力矩的 50%，否则，其框架部分的抗震等级应按框架结构的规定采用。

5. 考虑偶然偏心及双向地震作用

计算单向地震力，应考虑偶然偏心的影响。5% 的偶然偏心，是从施工角度考虑的。

计算考虑偶然偏心，使构件的内力增大 5% ~ 10%，使构件的位移有显著的增大，平均为 18.47%。

注：对于不规则的结构，应采用双向地震作用，并注意不要与"偶然偏心"同时作用。"偶然偏心"和"双向地震力"应是两者取其一，不要都选。

建议的选用方法：

（1）当为多层（≤8层，≤30m），考虑扭转耦联与非扭转耦联均可。

（2）当为一般高层，可选用耦联＋偶然偏心。

（3）当为不规则高层、满足 GB 50011—2010 2条以上不规则性时，或在刚性板假定下，位移比大于1.2，考虑双向地震作用。

6. 计算振型个数

采用振型分解反应谱法进行结构地震作用计算时，计算振型数的选取直接影响到程序的计算效率和计算结果精确度，为了确保不丧失高振型的影响，程序要求结构工程师在进行结构计算时，应当输入必要数量的计算振型数，以保证结构抗震设计的安全。

（1）抗震设计时，结构宜采用考虑扭转耦联的振型分解反应谱法计算，震型数不应少于9。由于程序按三个振型一组输出，振型数宜为3的倍数。对于多塔结构．振型数不应少于塔楼数的9倍。

振型数不能取得太少，也不能取得过多。振型数取得太少，不能正确反映计算模型应当考虑的地震作用振型数量，使地震作用偏小，不安全；振型数取得过多，不仅降低计算效率，还可能使计算结果发生畸变，根据 GB 50011—2010 第5.2.2条条文说明，振型个数一般可以取振型参与质量达到总质量90％时所需的振型数。振型效取值是否合理，可以查看程序的"周期、地震力与振型"输出文件（文件名为 WZQ. OUT），如果输出的文件中 x 方向和 y 方向的有效质量系数（振型参与质量系数）均不小于90％，则说明振型数取值得当；如果输出的文件中 x 方向和 y 方向的有效质量系数均小于90％，或者其中一个方向的有效质量系数小于90％。则说明振型数取得不够，应逐步加大振型数，直到两个方向的有效质量系数均不小于90％为止。

（2）当结构层数较多，或结构层刚度突变较大时，振型效应取得多些，比如有弹性节点、有小塔楼、带转换层等，但所取振型数不得大于结构的自由度效。

（3）当结构计算采用刚性楼板假定时，振型数至少应取3，但不得大于结构楼层层数的3倍。因为每一块刚性楼板具有两个独立的水平平动自由度和一个独立的转动自由度，即每一块刚性楼板只有3个独立的自由度数。

7. 活荷质量折减系数

活荷载质量折减系数即为 GB 50011—2010 第5.1.3条所指的可变荷载组合值系数，也即为 SATWE 软件"荷载组合信息"项内的"活荷载的重力荷载代表值系数"。活荷载质量折减系数只改变楼层质量，影响地震作用，不改变荷载总量，对竖向荷载作用下的内力计算无任何影响。所以，抗震设计时，活荷载质量折减系数也应当正确填写和修改。

8. 周期折减系数

周期折减的目的是为了充分考虑非承重填充砖墙刚度对结构自振周期的影响。因为周期小的结构，其刚度较大，相应吸收的地震力也较大。若不做周期折减，则结构偏于不安全。根据 JGJ 3—2010 3.3.17条规定，当非承重墙体为实心砖墙时，ψ_T 可按下列规定取值：框架结构 0.6~0.7；框架－剪力墙结构 0.7~0.8；剪力墙结构 0.9~1.0。实际取值时可根据填充墙的数量和刚度大小来取上限或下限。当非承重墙体为空心砖或砌块时，ψ_T 可按下列规定取值：框架结构 0.75（灰砂砖），0.80（空心砌块）；框架－剪力墙结构 0.9~1.0；剪力墙结构可取 0.95。当结构的第一自振周期 T_1 ≤T_g 时，不需进行周期折减，因为此时地震影响系数由程序自动取结构自振周期与特征周期的较大值进行计算。

9. 结构的阻尼比

不同的建筑结构类型具有不同的结构阻尼，对于普通的钢筋混凝土结构和砌体结构，抗震设计时通常取结构阻尼比为5％；钢结构和预应力钢筋混凝土结构的阻尼比要小些，一般取3％~5％；采用隔震或消能减震技术的结构，其结构阻尼比则高于5％；有的可达10％以上；其他构筑物如桥梁、工业设备、大型管线也具有不同的阻尼比，见表4-8。

表 4-8 结 构 阻 尼 比

结构种类 设防水准	多层和高层钢结构房屋		钢-混凝土混合结构房屋	多层和高层钢筋混凝土结构房屋	单层钢筋混凝土柱厂房	单层钢结构厂房	门式刚架轻型房屋钢结构
	≤12 层	>12 层					
多遇地震作用（小震作用）	0.035	0.02	0.04	0.05	0.05	0.05	0.05
罕遇地震作用（大震作用）	0.05		0.05	适当增大	—	—	—

10. 特征周期

可从勘察报告资料查得，或从 GB 50011—2010　5.1.4 条查得，见表 4-9。

表 4-9 特 征 周 期 值 单位：s

设计地震分组	场 地 类 别				
	I_0	I_1	II	III	IV
第一组	0.20	0.25	0.35	0.45	0.65
第二组	0.25	0.30	0.40	0.55	0.75
第三组	0.30	0.35	0.45	0.65	0.90

注　计算罕遇地震作用时，特征周期应增加 0.05s。

11. 多遇及罕遇地震影响系数最大值

建筑结构的地震影响系数应根据烈度、场地类别、设计地震分组和结构自振周期以及阻尼比确定。其水平地震影响系数最大值应按表 4-10 采用。周期大于 6.0s 的建筑结构所采用的地震影响系数应专门研究。

表 4-10 水平地震影响系数最大值

地震影响	6 度	7 度	8 度	9 度
多遇地震	0.04	0.08 (0.12)	0.16 (0.24)	0.32
罕遇地震	0.28	0.50 (0.72)	0.90 (1.20)	1.40

注　括号中数值分别用于设计基本地震加速度为 0.15g 和 0.30g 的地区。

12. 斜交抗侧力构件方向附加地震数及相应角度

GB 50011—2010 5.1.1 条规定，有斜交抗侧力构件的结构，当相交角度大于 15°时，应分别计算各抗侧力构件方向的水平地震作用。主要是针对"非正交的、平面不规则"的结构，这里填的是除了两个正交的，还要补充计算的方向角数。相应角度：就是除 0°、90°这两个角度外需要计算的其他角度，个数要与"斜交抗侧力构件方向附加地震数"相同，且不得大于 90°和小于 0°。这样程序计算的就是填入的角度再加上 0°和 90°这些方向的地震力。该角度是与 X 轴正方向的夹角，逆时针方向为正。

四、活荷信息

1. 考虑活荷不利布置的层数

对于连续的结构，如连续梁或连续板，活荷载在不同跨内的不同布置，对连续结构的支座弯矩和跨中弯矩的影响是不相同的，只有通过活荷载不利布置才可以得到支座截面和跨中截面的最不利设计弯矩和设计剪力。对多高层建筑结构而言，同样存在楼面活荷载不利布置的问题，由于多高层建筑结构系空间结构，活荷载不利布置方式比平面结构更为复杂，计算工作量也更加巨大。所以，一般情况下仅考虑活荷载在同一楼层内的不利布置，不考虑不同楼层间相互作用的影响。这种做法在国际上也是常用的，其精度可以满足实际工程设计的要求。

SATWE 软件在处理多高层建筑结构接面活荷载不利布置时，也仅考虑活荷载在本楼层内的不利布置，不考虑楼层间的相互影响，而且仅对本楼层内的梁作活荷载不利布置计算，不考虑活荷载不利布置对竖向构件（柱、墙等）的不利影响。

2. 柱、墙活荷载是否折减

作用在多高层建筑楼面上的均布活荷载，不可能以标准值的大小同时作用在所有的楼面上，因此，在设计梁、墙、柱和基础时，还要考虑实际荷载沿楼面分布的变异情况，也即在确定梁、墙、柱和基础的荷载标准值时，应将楼面活荷载标准值乘以折减系数。

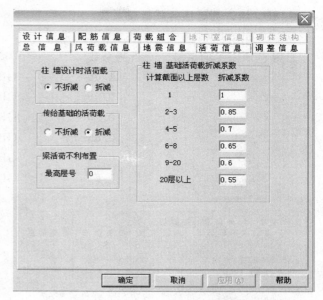

图 4-31　活荷信息

对于楼面梁，SATWE 软件没有提供活荷载是否应折减的选项，所以程序不对传到梁上的楼面均布活荷载标准值进行折减。

由于大多数普通的多高层建筑楼面均布活荷载标准值均较小，仅占竖向荷载的 15%～20%，楼面均布活荷载标准值折减与否，对柱、墙及基础等构件的荷载效应组合设计值的影响不大，特别是在高烈度地震区和高风压地区，其影响更小。因此编者建议：

（1）在高烈度地震区和高风压地区，结构计算时，对传到柱和墙上的楼面均布活荷载标准值可不予折减，仅对传到基础上的楼面均布活荷载标准值进行折减。对于重要的建筑，为了使作为竖向抗侧力构件的墙和柱具有一定的安全裕度，楼面均布活荷载标准值也可以不折减。

（2）对于其他地区，当对传到柱、墙及基础的楼面均布活荷载标准值进行折减时，应当注意 SATWE 软件给出的折减系数隐含值，仅适用于 GB 50009—2001 表 4.1.1 中第 1（1）项所属的各类建筑，对于该表中第 1（1）项以外的各类建筑，应按 GB 50009—2001 第 4.1.2 条第 2 款第 1）项以外的各项所规定的折减系数进行折减，并相应修改 SATWE 软件给出的折减系数隐含值，也可以偏安全地不折减。

（3）GB 50009—2001 第 4.2.1 条及附录 C 以外的工业建筑，设计梁、柱、墙和基础时，楼面等效均布活荷载标准值是否要折减，如何折减，GB 50009—2001 没有作出规定。

一般来说，对于工艺性较强的工业建筑，当楼面等效均布活荷载标准值，并非按照楼面板、楼面次梁和主梁分别列出时，可按行业设计标准的规定，分别确定传到楼面次梁、主梁、柱、墙和基础的楼面等效均布活荷载标准值的折减系数。

例如，计算冶金行业冶炼车间和其他类似车间的工作平台结构时。由检修材料所产生的楼面等效均布活荷载，可乘以下列折减系数［《钢结构设计规范》（GB 50017—2003）第 3.2.4 条］；主梁：0.85；柱（包括基础）：0.75。

当工业建筑楼面等效均布活荷载标准值按楼面板、楼面次梁、主梁分别列出时，传到楼面次梁和主梁的楼面等效均布活荷载标准值不应折减；传到柱、墙和基础的等效均布活荷载标准值，一般情况下，采用楼面主梁的楼面等效均布活荷载标准值。不再另乘折减系数。

（4）多层工业建筑传到柱、墙和基础的楼面等效均布活荷载标准值，一概不考虑按楼层数的折减。

3. 传到基础的活荷载是否折减

同上条。

4. 柱，墙，基础活荷载折减系数

GB 50009—2001 4.1.2 条表 4.1.2（强条）

计算截面以上的层号——折减系数

1	1.00	GB 50009—2001　4.1.2 条表 4.1.2（强条）
2～3	0.85	GB 50009—2001　4.1.2 条表 4.1.2（强条）
4～5	0.70	GB 50009—2001　4.1.2 条表 4.1.2（强条）
6～8	0.65	GB 50009—2001　4.1.2 条表 4.1.2（强条）
9～20	0.60	GB 50009—2001　4.1.2 条表 4.1.2（强条）
》20	0.60	GB 50009—2001　4.1.2 条表 4.1.2（强条）

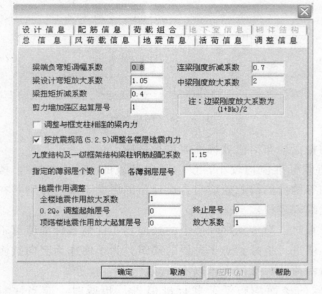

图 4-32　调整信息

五、调整信息（图 4-32）

1. 梁端负弯矩调幅系数

弯矩调幅法是钢筋混凝土结构考虑塑性内力重分布分析方法中的一种。梁端弯矩调幅系数仅对竖向荷载作用下的梁端弯矩进行调整，不对水平荷载或水平地震作用下的梁端弯矩进行调整。通过调整，适当减少梁端负弯矩，相应增大跨中弯矩，可使框架梁上下的配筋较为均匀，有利于改善混凝土的施工质量。

梁端弯矩调幅系数的取值范围可为 0.8～0.9，一般工程通常取 0.85。程序隐含规定钢梁为不调幅梁，如要对钢梁进行调幅，结构工程师可交互修改。

2. 梁设计弯矩增大系数

梁设计弯矩增大系数起因于梁的活荷载不利布置。当不考虑活荷载不利布置时，梁的活荷载弯矩偏小，程序通过此系数来增大梁的弯矩设计值，提高梁的安全性。通常情况下，梁设计弯矩增大系散的取值范围为 1.1～1.2。当考虑活荷载不利布置时，取 1.0。结构整体计算时，建议考虑活荷载不利布置。

3. 梁扭矩折减系数

TB＝0.40，现浇楼板（刚性假定）取值 0.4～1.0，一般取 0.4；现浇楼板（弹性楼板）取 1.0；JGJ 3—2010　5.2.4 条。

4. 剪力墙加强区起算层号

LEV_JLQJQ ＝1，GB 50011—2010　6.1.10 条；JGJ 3—2010　7.1.9 条。

5. 连梁刚度折减系数

BLZ＝0.70，一般工程取 0.7，位移由风载控制时取不小于 0.8；GB 50011—2010　6.2.13 条 2 款，JGJ 3—2010　5.2.1 条。

6. 中梁刚度增大系数

BK＝2.00，JGJ 3—2010　5.2.2 条；装配式楼板取 1.0；现浇楼板取 1.3～2.0，一般取 2.0。

7. 9 度结构及一级框架梁柱超配筋系数

取 1.15，GB 50011—2010　6.2.4 条。

8. 调整与框支柱相连的梁内力

一般不调整，JGJ 3—2010　10.2.7 条。

9. 按抗震规范 5.2.5 调整楼层地震内力

一般调整，用于调整剪重比，GB 50011—2010　5.2.5 条（强条）。

10. 指定的薄弱层个数

强制指定时选用，否则填 0，GB 50011—2010　5.5.2 条，JGJ 3—2010　4.6.4 条。

11. 全楼地震力放大系数

RSF＝1.00，用于调整抗震安全度，取值 0.85—1.50，一般取 1.0。

12. 0.2Qo 调整起始层号

用于框剪（抗震设计时），将剪力墙层填入，纯框填 0；参见《建筑抗震设计手册》；GB 50011—2010　6.2.13 条 1 款；JGJ 3—2010　8.1.4 条。

13. 0.2Qo 调整终止层号

用于框剪（抗震设计时），纯框填 0；参见《建筑抗震设计手册》；GB 50011—2010 6.2.13 条 1 款；JGJ 3—2010　8.1.4 条。

14. 顶塔楼内力放大起算层号

按突出屋面部分最低层号填写，无顶塔楼填 0。

15. 顶塔楼内力放大

计算振型数为 9～15 及以上时，宜取 1.0（不调整）；计算振型数为 3 时，取 1.5。

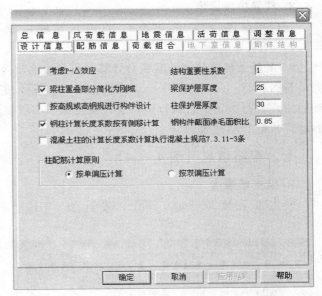

图 4 - 33　设计信息

六、设计信息（图 4 - 33）

1. 结构重要性系数

RWO＝1.00，GB 50010—2010　3.2.2 条，3.2.1 条（强条）；安全等级二级，设计使用年限 50 年，取 1.00。

表 4 - 11　　　　　　　　　　　　　　建筑结构的安全等级

安 全 等 级	破 坏 后 果	建 筑 物 类 型
一级	很严重	重要的房屋
二级	严重	一般的房屋
三级	不严重	次要的房屋

注　对安全等级为一级、二级、三级的结构构件，结构重要性系数应分别取 1.1、1.0、0.9，见表 4 - 11。

2. 钢构件截面净毛面积比

钢构件截面净毛面积比取 0.85，用于钢结构。

3. 考虑 P—Δ 效应

据有关分析结果，Ⅶ度以上抗震设防的建筑，其结构刚度由地震或风荷载作用的位移限制控制，只要满足位移要求，整体稳定自然满足，可不考虑 P—Δ 效应。

对Ⅵ度抗震或不抗震，且基本风压小于等于 $0.5kg/m^2$ 的建筑，其结构刚度由稳定下限要求控制，宜考虑 P—Δ 效应。

考虑后结构周期一般会加长。考虑后应按弹性刚度计算的，因此，柱计算长度系数应按正常方法计算。可在 WMASS.OUT 中查看是否需要考虑，再重新设置。

4. 梁柱重叠部分简化为刚域

一般不简化，JGJ 3—2010　5.3.4 条，参见《建筑抗震设计手册》。对于异型柱结构，宜采用

"梁柱重叠部分简化为刚域"，对于矩形柱结构，可以将其作为一种安全储备而不选择它。

5. 按高规或高钢规进行构件设计

符合高层条件的建筑应勾选，多层建筑不勾选。

6. 柱配筋计算原则

宜按［单偏压］计算；角柱、异形柱按［双偏压］验算；可按特殊构件定义角柱，程序自动按［双偏压］计算。

7. 梁保护层厚度

梁保护层厚度取 25.00mm，室内正常环境，混凝土强度＞C20 时取≥25mm，GB 50010—2010 9.2.1 条表 9.2.1，环境类别见 3.4.1 条表 3.4.1。

8. 柱保护层厚度

柱保护层厚度取 30.00mm，室内正常环境取不小于 30mm，GB 50010—2010 9.2.1 条表 9.2.1，环境类别见 3.4.1 条表 3.4.1。

9. 混凝土柱的计算长度系数计算执行混凝土规范 7.3.11−3 条

是否执行"GB 50010—2010 7.3.11−3 条"，需要用户首先自行判断是否达到 75% 的弯矩比值，然后用户自行决定是否执行该条文。执行该条文可能使得计算长度系数变化较大，并会影响到跃层柱的计算长度自动搜索。

七、配筋信息（图 4−34）

1. 梁主筋强度

梁主筋强度取 300N/mm²，设计值，HPB235 取 210N/mm²，HRB335 取 300N/mm²；GB 50010—2010 4.2.1 条，4.2.3 条表 4.2.3−1（强条）。

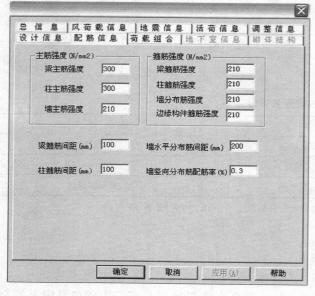

图 4−34 配筋信息

2. 柱主筋强度

柱主筋强度取 300N/mm²，GB 50010—2010 4.2.1 条，4.2.3 条表 4.2.3−1（强条）。

3. 墙主筋强度

墙主筋强度取 210N/mm²，GB 50010—2010 4.2.1 条，4.2.3 条表 4.2.3−1（强条）。

4. 梁箍筋强度

梁箍筋强度取 210N/mm²，GB 50010—2010 4.2.1 条，4.2.3 条表 4.2.3−1（强条）。

5. 柱箍筋强度

柱箍筋强度取 210N/mm²，GB 50010—2010 4.2.1 条，4.2.3 条表 4.2.3−1（强条）。

6. 墙分布筋强度

墙分布筋强度取 210N/mm²，GB 50010—2010 4.2.1 条，4.2.3 条表 4.2.3−1（强条）。

7. 梁箍筋最大间距

梁箍筋最大间距取 100.00mm，GB 50010—2010 10.2.10 条表 10.2.10；可取 100～400，抗震设计时取加密区间距，一般取 100，详见 GB 50011—2010 6.3.3 条 3 款（强条）。

8. 柱箍筋最大间距

柱箍筋最大间距取 100.00mm，GB 50010—2010 10.3.2 条 2 款；可取 100～400，抗震设计时

取加密区间距，一般取100，详见GB 50011—2010　6.3.8条2款（强条）。

9. 墙水平分布筋最大间距

墙水平分布筋最大间距取200.00mm，GB 50010—2010　10.5.10条；可取100～300，GB 50011—2010　6.4.3条1款（强条）。

10. 墙竖向筋分布最小配筋率

墙竖向筋分布最小配筋率取0.30％，GB 50010—2010　10.5.9条；可取0.2～1.2。

八、荷载组合（图4-35）

1. 恒载分项系数

恒载分项系数一般情况下取1.2，详见GB 50009—2001　3.2.5条1款（强条）。

活荷载效应控制取1.20；恒荷载效应控制取1.35。

2. 活载分项系数

活载分项系数，一般情况下取1.4，对标准值大于4kN/m²的工业房屋楼面结构的活荷载应取1.3。详见GB 50009—2001　3.2.5条2款（强条）。

活荷载效应控制取1.4；恒荷载效应控制取0.98。

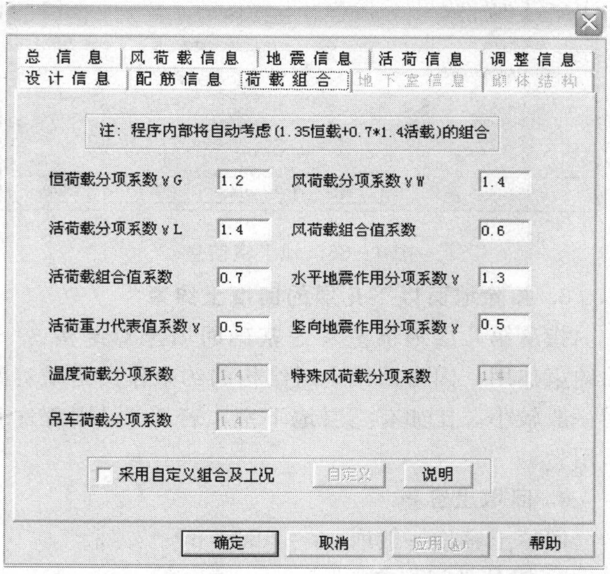

3. 活载的组合系数

活载的组合系数大多数情况下取0.7，详见GB 50009—2001　4.1.1条表4.1.1（强条）。

图4-35　荷载信息

4. 活载的重力荷载代表值系数

活荷载及一般民用建筑楼面等效均布活荷载取0.5，详见GB 50011—2010　5.1.3条表5.1.3（强条）组合值系数。

5. 风荷载分项系数

风荷载分项系数一般情况下取1.4，详见GB 50009—2001　3.2.5条2款（强条）。

6. 风荷载的组合系数

风荷载的组合系数取0.6，GB 50009—2001　7.1.4条。

7. 水平地震力分项系数

水平地震力分项系数取1.3，GB 50011—2010　5.1.1条1款（强条），GB 50011—2010　5.4.1条表5.4.1（强条）。

8. 竖向地震力分项系数

竖向地震力分项系数取0.5，GB 50011—2010　5.1.1条4款（强条），GB 50011—2010　5.4.1条表5.4.1（强条）。

9. 特殊荷载分项系数

特殊荷载分项系数无则填0，GB 50009—2001　3.2.5条注（强条）。

九、地下室信息（图4-36）

1. 回填土对地下室约束相对刚度比

指基础回填土对结构约束作用的刚度是地下室抗侧刚度的几倍。

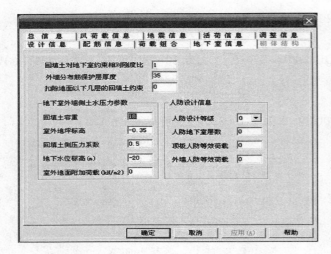

图 4-36 地下室信息

若取 0，则认为回填土对结构没有约束力，地震力往下传。

若填负数，则相当于在地下室的顶板嵌固，地震力不往下传。比如，有两层地下室，若填-1，则表示在地下室二层顶板嵌固，地震力计算到地下室二层顶板；若填-2，则表示在地下室一层顶板嵌固，地震力计算到地下室一层顶板。

若填 1～5 之间的参数，则参数越高，表示基础回填土对结构的约束能力越强，地震力作为外力对地下室的影响越小。

2. 外墙分布筋保护层厚度

外墙分布筋保护层厚度一般取 35mm。

3. 扣除地面以下几层的回填土约束

指从第几层地下室考虑基础回填土对结构的约束作用，因为回填土对结构的约束作用是随着深度的增加而增加的，对于地下一层，这种约束作用一般较小。比如有三层地下室，若填 1，则程序只考虑地下三层和地下二层回填土对结构的约束作用。

4. 回填土容重

回填土容重一般取 18～20kN/m³。

5. 室外地坪标高

建筑物室外地面标高，以建筑±0.000 标高为准。高则填正值，低则填负值。

6. 回填土侧压力系数

回填土侧压力系数一般取 0.5。

7. 地下水位标高

地下水位标高以建筑±0.000 标高为准。

十、SATWE 计算控制参数（图 4-37）

层刚度比计算：

（1）剪切刚度：剪切刚度主要用于底部大空间为一层的转换结构及对地下室嵌固条件的判定。

（2）剪弯刚度：剪弯刚度主要用于底部大空间为多层的转换结构。

（3）按层地震剪力与层地震位移差之比计算（抗震规范方法）：地震力与层间位移比是执行 GB 50011—2010 第 3.4.2 条和 JGJ 3—2010 4.3.5 条的相关规定，通常绝大多数工程都可以用此法计算刚度比。

地震作用分析方法：

（1）按总刚计算耗机时和内存资源较多。

（2）有弹性楼板设置时必须按总刚计算。

（3）无弹性楼板时宜按侧刚计算。

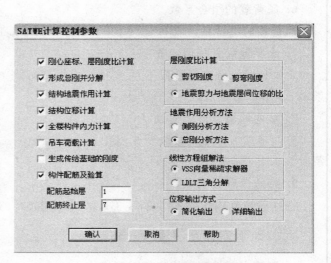

图 4-37 SATWE 计算控制参数

规范控制的层刚度比和位移比，要求在刚性楼板条件下计算，因此，任何情况下均按侧刚算一次，以验算层刚度比和位移比。

第五节　框架结构设计中常见问题

一、梁的计算

（1）8度、9度抗震设计时，高层建筑中的大跨度和长悬臂结构未考虑竖向地震作用。

JGJ 3—2010规定，下列情况应考虑竖向地震作用的影响：

1）9度抗震设防的高层建筑。

2）8度、9度抗震设防的大跨度或长悬臂结构。

3）8度抗震设防的带转换层结构的转换构件。

4）8度抗震设防的连体结构的连接体。

"大跨度或长悬臂"有两种情况：一是一幢建筑物只有个别构件为长悬臂或大跨度构件，二是结构本身为长悬臂或大空间，但不管哪一种情况，8度和9度时都必须考虑竖向地震作用。关于大跨度或长悬臂的界定，通常认为：9度和9度以上时，跨度不小于18m的屋架、跨度不小于4.5m的悬挑梁、跨度不小于1.5m的悬挑板；8度时，跨度不小于24m的屋架或网架、跨度不小于6.0m的悬挑梁、跨度不小于2.0m的悬挑板，应考虑竖向地震作用。竖向地震作用的计算比较复杂。大跨度结构、长悬臂结构、转换层结构的转换构件、连体结构的连接体等，在没有更精确的计算手段时，一般均可采用如下方法近似考虑竖向地震作用：竖向地震作用标准值，8度和9度时可分别取该结构、构件重力荷载代表值的10%和20%；当设计基本地震加速度为0.3g时，取该结构、构件重力荷载代表值的15%。

（2）框架结构的边梁，当无外挑板或现浇楼板刚度较大时，将楼板与梁按刚接设计，且未配置边梁的抗扭箍筋和纵筋。

楼板与框架结构的边梁按刚接设计时，边梁受扭，未配置边梁的抗扭箍筋和纵筋，会造成梁的抗扭承载力不满足要求。若分析软件对梁的扭矩折减整个结构仅用同一个系数，这可能会使边梁的计算扭矩比实际受力小，即使按计算扭矩配置边梁的抗扭箍筋和纵筋，也可能会造成梁的抗扭承载力不满足要求。应根据实际结构算出边梁的扭矩（边梁的扭矩不宜折减），据此算出其抗扭箍筋和纵筋，并应满足抗扭构造配筋要求。但当楼板与框架结构的边梁按铰接设计时，或合理布置楼（屋）面结构时，若边梁不受扭，一般可不配置抗扭箍筋和纵筋或仅配置抗扭构造钢筋。

（3）将弧线形梁简化成直线形梁计算内力及配筋，未配置抗扭箍筋和纵筋。

弧线形梁是空间曲梁，截面内力除弯矩、剪力外还有扭矩。因而不配置抗扭箍筋和纵筋，会造成此梁的抗扭承载力不满足要求。应根据实际结构算出弧线形梁的扭矩，据此算出其抗扭箍筋和纵筋，并应满足抗扭构造配筋要求。

（4）支承在地下室外墙上的大跨度梁，由于要求承受消防车荷载、覆土荷载等，梁截面高度远大于外墙厚度，支承处外墙上未设置扶壁柱或暗柱等措施，而计算时却按梁端与外墙刚接来考虑梁跨中的配筋，与结构实际受力情况不符。

支承在地下室外墙上的梁，应根据其支座实际约束情况进行内力和配筋计算，较大跨度的梁宜在支座处墙内设置扶壁柱或暗柱等措施。当梁端与外墙交接处不具备刚接条件时，梁跨中配筋应按梁端与外墙铰接进行内力和配筋计算，否则不安全。

二、梁的配筋构造

（1）梁纵向受力钢筋水平方向的净间距不满足规范规定。如梁宽为250mm，经计算支座负筋面积为 1964mm²，用 4×25 一排配置。

为了使混凝土对钢筋有可靠而足够的握裹力，保证两者共同工作，GB 50010—2010 第 10.2.1 条规定：梁上部纵向钢筋水平方向的净间距 c'（钢筋外边缘之间的最小距离）不应小于 30mm 和 1.5d（d 为上部钢筋的最大直径）；下部纵向钢筋水平方向的净间距 c 不应小于 25mm 和 d。梁的下部纵向钢筋配置多于两层时，两层以上钢筋水平方向的中距应比下面两层的中距增大一倍。各层钢筋之间的净间距 c 不应小于 25mm 和 d（d 为下部钢筋的最大直径）。而梁上部纵向钢筋的配置显然不满足规范要求，需要加大钢筋直径减少钢筋根数或改配两排筋或加大梁宽等。

（2）框架梁端截面的底部和顶部纵向受力钢筋截面面积的比值不符合规范规定，如一级抗震比值小于 0.5，二级、三级抗震比值小于 0.3。

考虑由于地震作用的随机性，在较强地震下梁端可能出现较大的正弯矩，该正弯矩有可能大于考虑多遇地震作用的梁端组合正弯矩。若梁端下部纵向受力钢筋配置过少，将可能发生下部钢筋的过早屈服甚至拉断。提高梁端下部纵向受力钢筋的数量，也有助于改善梁端塑性铰区在负弯矩作用下的延性性能。因此，在梁端箍筋加密区内，下部纵向受力钢筋不宜过少，下部和上部钢筋的截面面积应符合 GB 50010—2010 第 11.3.6 条第 2 款规定：框架梁端截面的底部和顶部纵向受力钢筋截面面积的比值，除按计算确定外，一级抗震等级不应小于 0.5，二级、三级抗震等级不应小于 0.3。此条为强制性条文，应严格遵守，设计时应根据内力调整配筋，满足规范规定。

（3）抗震设计时梁顶面或底面纵向钢筋配置不满足要求，如对一级、二级抗震等级框架梁，通长钢筋直径小于 14mm 或钢筋截面面积小于梁两端顶面或底面纵向受力钢筋中较大值的 1/4。

地震作用过程中框架梁的反弯点位置可能有变化，沿梁全长配置一定数量的通长纵向钢筋可以保证梁各个部位具有适当的受弯承载力。一般情况下抗震设计时梁顶面或底面配置 2 根直径不小于 14mm 的通长纵向钢筋可满足规范要求，但当梁的内力较大且配筋较多时，"分别不应少于梁两端顶面或底面纵向受力钢筋中较大截面面积的 1/4" 常容易忽视或不满足要求，对高烈度区大跨度框架梁，由于梁受力钢筋配置很多，往往是 2 根 22mm 直径或是更大截面面积的通长钢筋也不满足要求。设计中应特别注意，两方面均应满足。

（4）当梁的腹板高度 $h_w \geqslant 450$mm 时，梁两侧面未设置纵向构造钢筋，或虽设置纵向构造钢筋，但不管梁截面大小、配筋率多少，一律配置每侧 1ϕ12。

当梁截面尺寸较大，有可能在梁侧面产生垂直于梁轴线的收缩裂缝，为此应在梁两侧面设置纵向构造钢筋。若纵向构造钢筋配置不足，也不能有效抗裂。当梁的腹板高度 $h_w \geqslant 450$mm 时，应按 GB 50010—2010 第 10.2.16 条规定在梁的两个侧面沿高度设置纵向构造钢筋。根据工程经验每侧纵向构造钢筋（不包括梁上、下部受力钢筋及架立钢筋）的截面面积不应小于腹板截面面积 bh_w 的 0.1%，且其间距不宜大于 200mm。此处腹板高度 h_w 按 GB 50010—2010 第 7.5.1 条的规定取用。

（5）跨高比较大的宽扁梁未验算其正常使用阶段的挠度及裂缝宽度。

规范或一般设计手册中推荐的确定梁的截面高度的跨高比值，是考虑一般荷载情况下得出的，根据此跨高比值确定梁的截面高度，当荷载不是很大时，一般可不进行挠度及裂缝宽度的验算（经验算满足规范规定）。但对梁宽大于柱宽的宽扁梁，特别是在荷载较大时，正常使用时宽扁梁在荷载作用下的挠度及裂缝宽度有可能超过规范的限值，因此，JGJ 3—2010 第 6.3.1 条规定：当梁高较小或采用宽扁梁时，除验算其承载力和受剪截面要求外，尚应通过验算满足刚度和裂缝的有关要求。

在计算梁的挠度时，可扣除合理起拱值；对现浇梁板结构，宜考虑梁受压翼缘的有利影响。

三、柱的计算

由于建筑功能要求，局部楼板开大洞，造成部分柱子周边均无梁，柱子长度有二层、三层高（或称之为越层柱），用计算程序计算配筋时，对柱子长度计算未作处理。

柱子的配筋计算，与柱子的计算长度关系很大。将二层、三层高的长柱按一层高的柱子进行配筋计算，不安全。当柱子周边均无梁时，应按柱子的实际长度（即二层、三层高）进行配筋计算；当柱子一个方向有梁相连，另一个方向无梁时，应按柱子的实际长度（即二层、三层高）验算无梁方向柱子的承载力。

四、柱的配筋构造

（1）抗震等级为三级、四级的底层框架柱加密区箍筋间距均采用150mm。

为保证抗震设计时框架柱塑性铰不首先出现在柱根处，GB 50011—2010 表 6.3.8-2 规定：三级、四级底层框架柱柱根加密区箍筋间距应采用100mm 和 8d（d 为纵向受力钢筋直径）中的较小值，其他部位加密区箍筋间距应采用150mm 和 8d 中的较小值。即柱根加密区箍筋间距比其他部位要严。不区分柱根和其他部位，均采用150mm，不符合上述规定。此条为强制性条文，应严格按规范执行。

（2）柱子箍筋间距设计错误。如：抗震等级为一级、二级的框架柱纵向受力钢筋直径为18mm，柱非加密区箍筋间距采用200mm。

GB 50011—2010 第 6.3.13 条规定：柱箍筋非加密区的体积配箍率不宜小于加密区的50%；箍筋间距，一级、二级框架柱不应大于 10 倍纵向钢筋直径。因此当柱纵向受力钢筋直径为 18mm 时，柱非加密区箍筋间距采用 200mm 不满足上述要求。

（3）有些柱子按组合后的控制内力计算配筋量，全截面配筋率超过 5%，施工图中未采取其他措施。

柱子的配筋率过大，会造成柱截面过小而轴压比太大，钢筋在承载力中的比重过大，而使构件受力性能不好。同时由于混凝土的徐变等原因，可能使柱产生纵向裂缝，因此，GB 50010—2010 规定柱子的全截面配筋率不应大于 5%。柱子的全截面配筋率超过 5%，一般有以下原因。

（1）截面尺寸偏小或混凝土强度等级偏低。

（2）柱子的弯矩大轴力小，多层或高层建筑的顶层边柱以及大跨度单层结构边柱有时会出现这种情况。

（3）其他原因。

设计时可根据上述具体情况采取有针对性的措施，如：

1）加大柱截面尺寸或提高混凝土强度等级。

2）配置高强度钢筋。

3）改变传力途径或方式，减少构件内力。

4）改变梁柱连接方式，如设计成梁与柱的连接为铰接等。

（4）抗震设计的框架结构因设置刚性填充墙形成短柱时，柱箍筋未全高力口密。

框架结构房屋外墙设带形窗时，往往在框架柱中部无填充墙，当在本层柱上下两端设置刚性填充墙时，刚性填充墙体的约束使框架柱中部形成短柱，地震时易造成剪切破坏。因设置刚性填充墙形成短柱时（柱中部净高与柱截面高度之比不大于 4），应按 GB 50011—2010 第 6.3.10 条第 3 款的规定，柱箍筋全高加密。

（5）计算柱箍筋加密区的体积配箍时，未将复合箍重叠部分的箍筋体积扣除。

GB 50011 第 6.3.12 条明确提出：计算复合箍筋的体积配箍率时，应扣除重叠部分的箍筋体积。否则会造成加密区体积配箍率配置偏小，使构件抗震设计偏于不安全，现将部分配箍型式的体积配箍率分别按表 4-12 列出计算公式（箍筋相重叠部分不计入），供设计时参考。式中 n_1、n_2、n_3 为配置在同一截面内、同一方向、截面面积相同的箍筋肢数。

表 4 - 12　　　　　　　　　　　柱体积配箍率计算公式

箍筋形式	图　　　示	计　算　公　式
多个矩形箍及矩形箍加拉筋	（a）多个矩形箍　　　（b）矩形箍加拉筋	$\rho_v = \dfrac{n_1 A_{sv1} l_1 + n_2 A_{sv2} l_2}{l_1 l_2 s}$
矩形箍加菱形箍		$\rho_v = \dfrac{n_1 A_{sv1} l_1 + n_2 A_{sv2} l_2 + n_3 A_{sv3} l_3}{l_1 l_1 s}$
螺旋箍	（a）圆形箍　　　（b）矩形箍	圆形箍　$\rho_v = \dfrac{4 A_{sv}}{d_{cor} s}$ 矩形箍　$\rho_v = \dfrac{2(l_1 + l_2)(A_{sv})}{l_1 l_2 s}$

（6）在有错层结构时，错层处框架柱的截面高度小于 600mm，抗震等级仍按一般结构确定，即同其他框架柱。未按提高一级采用，且其箍筋未全柱段加密。

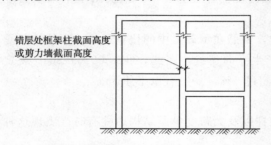

错层处框架柱截面高度或剪力墙截面高度

图 4 - 38　错层结构加强部位示意

错层结构属竖向布置不规则结构；错层附近的竖向抗侧力结构受力复杂，难免会形成众多应力集中部位；错层结构的楼板有时会受到较大的削弱；剪力墙结构错层后会使部分剪力墙的洞口布置不规则，形成错洞剪力墙或叠合错洞剪力墙；框架结构错层则更为不利，往往形成许多短柱与长柱混合的不规则结构。错层结构在错层处的构件要采取加强措施，如图 4 - 38 所示，《高规》JGJ3 第 10.4.4 条规定：错层处框架柱的截面高度不应小于 600mm，混凝土强度等级不应低于 C30，抗震等级应提高一级采用，箍筋应全柱高加密。此条为强制性条文，应严格执行。如果错层处混凝土构件不能满足设计要求，则需采取有效措施。例如框架柱采用型钢混凝土柱或钢管混凝土柱；剪力墙内设置型钢等，可改善构件的抗震性能的措施。

五、框架梁柱节点

（1）当框架结构的梁、柱混凝土强度等级不同，尤其在高层建筑的底部，柱混凝土强度等级远大于梁时，对梁柱节点核心区的混凝土强度等级及做法未提出施工要求。

框架节点核心区在水平荷载作用下承受很大的剪力，易发生剪切脆性破坏。抗震设计时，要求节点核心区不出现明显的剪切裂缝。保证框架节点核心区在与之相交的框架梁、柱钢筋屈服之后产生裂缝。因此，GB 50011—2010 规定一级、二级框架的节点核心区应进行抗震验算，三级、四级抗震等级框架的节点核心区应符合抗震构造措施的要求。为方便施工起见，往往先浇捣柱混凝土到梁底标高，再浇捣梁板混凝土。这样，当梁、柱混凝土强度等级不同时，节点核心区混凝土强度等级就低于柱子的混凝土强度等级，有可能造成节点核心区斜截面抗剪强度不够。

当框架梁柱的混凝土强度等级不同时，框架梁柱节点核心区的混凝土可按以下原则处理：

1）以混凝土强度等级级差 5N/mm² 为一级。

2）柱子混凝土强度等级高于梁板混凝土强度等级不超过一级时，或柱子混凝土强度等级高于梁板混凝土强度等级不超过二级，但节点四周均有框架梁时，节点核心区的混凝土可与梁板相同。

3）柱子混凝土强度等级高于梁板混凝土强度等级不超过二级，且不是节点四周均有框架梁时，节点核心区的混凝土也可与梁板相同，但应按 GB 50011—2010 附录 D 进行斜截面承载力验算。

4）当不符合上述规定时，梁柱节点核心区的混凝土宜按柱子混凝土强度等级单独浇筑如图 4-39（a），在混凝土初凝前即浇捣梁板混凝土，并加强混凝土的振捣和养护。也可在梁端做水平加腋，以加强对梁柱节点核心区的约束。

5）不符合 2）、3）款规定时，也可按图 4-39（b）所示的方法，加大核心区面积，并配置附加钢筋。

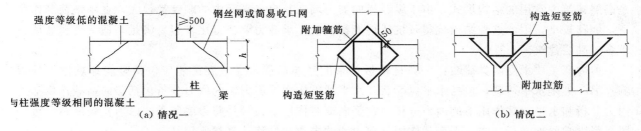

图 4-39 梁柱节点做法示意（单位：mm）

（2）未注意框架梁柱的节点区因柱截面尺寸较小或为圆柱或梁柱斜交，造成中间层端节点处梁上部纵向钢筋弯折前的水平投影长度小于 $0.4l_{aE}$ 或 $0.4l_a$，如图 4-40（a）所示，一级、二级抗震时，中间层中间节点处梁的纵向受力钢筋穿过柱子的长度小于 $20d$，如图 4-40（b）所示。

（3）框架梁纵向受力钢筋在框架节点区内的锚固不满足规范的规定常容易被忽视。

1）在框架中间层的中间节点处，足尺节点试验表明，当非弹性变形变大时，仍不能避免梁端的钢筋屈服区向节点内渗透，贯穿节点的梁筋粘结退化与滑移加剧，从而使框架刚度和耗能性能进一步退化。因此，GB 50010—2010 第 11.6.7 条第 1 款规定：梁内贯穿中柱的每根纵向钢筋直径，对一级、二级抗震等级，不宜大于柱在该方向截面尺寸的 1/20；对圆柱截面，不宜大于纵向钢筋所在位置柱截面弦长的 1/20。

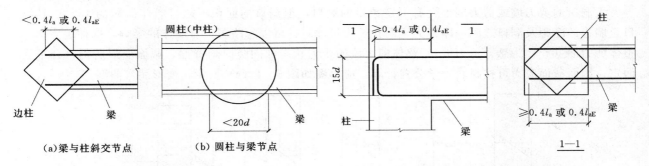

图 4-40 梁柱节点平面　　　　　　　　　　　　图 4-41 梁柱节点示意

2）在框架中间层的端节点处，GB 50010—2010 第 11.6.7 条第 2 款规定：当水平直线段锚固长度不足时，梁上部纵向钢筋应伸至柱外边并向下弯折。弯折前的水平投影长度不应小于 $0.4l_{ae}$（抗震设计）或 $0.4l_a$（非抗震设计），弯折后的竖直投影长度取 $15d$，如图 4-41 所示。对伸入框架中间层端节点的梁上部钢筋当水平锚固长度不足时，有些设计按 1989 年版抗震规范在 90°弯弧内侧加设横向短粗钢筋。但试验证明，这种钢筋只能在水平锚固段发生较大粘结滑移后方能发挥作用，故 2001 年版抗震规范取消了这种构造做法。当出现本例所说的问题时，可采取下列方法中的一种或几种以满足规范要求：①调整梁的纵向受力钢筋布置，使直径较大的钢筋放在梁的中部，直径较小的钢筋放在梁的两侧；②加大柱截面尺寸；③将梁柱节点区局部加大，按宽扁梁构造设计此节点区，如图 4-41 所示；④改变柱子方向，使之与梁正交；⑤对个别节点，也可按框架梁铰接在框架柱上进行设计。

第五章　剪力墙结构设计

　　剪力墙结构是由一系列纵向、横向剪力墙及楼盖所组成的空间结构，承受竖向荷载和水平荷载，是高层建筑中常用的结构形式。由于纵、横向剪力墙在其自身平面内的刚度都很大，在水平荷载作用下，侧移较小，因此这种结构抗震及抗风性能都较强，承载力要求也比较容易满足，适宜于建造层数较多的高层建筑。

　　剪力墙主要承受两类荷载：一类是楼板传来的竖向荷载，在地震区还应包括竖向地震作用的影响；另一类是水平荷载，包括水平风荷载和水平地震作用。剪力墙的内力分析包括竖向荷载作用下的内力分析和水平荷载作用下的内力分析。在竖向荷载作用下，各片剪力墙所受的内力比较简单，可按照材料力学原理进行。在水平荷载作用下剪力墙的内力和位移计算都比较复杂。

第一节　剪力墙的分类及受力特点

　　为满足使用要求，剪力墙常开有门窗洞口。理论分析和试验研究表明，剪力墙的受力特性与变形状态主要取决于剪力墙上的开洞情况。洞口是否存在，洞口的大小、形状及位置的不同都将影响剪力墙的受力性能。剪力墙按受力特性的不同主要可分为整体剪力墙、小开口整体剪力墙、双肢墙（多肢墙）和壁式框架等几种类型。不同类型的剪力墙，其相应的受力特点、计算简图和计算方法也不相同，计算其内力和位移时则需采用相应的计算方法。

一、整体剪力墙

　　无洞口的剪力墙或剪力墙上开有一定数量的洞口，但洞口的面积不超过墙体面积的 15%，且洞口至墙边的净距及洞口之间的净距大于洞孔长边尺寸时，可以忽略洞口对墙体的影响，这种墙体称为整体剪力墙（或称为悬臂剪力墙）。整体剪力墙的受力状态如同竖向悬臂梁，截面变形后仍符合平面假定，因而截面应力可按材料力学公式计算，应力图如图 5-1（a）所示，变形属弯曲型。

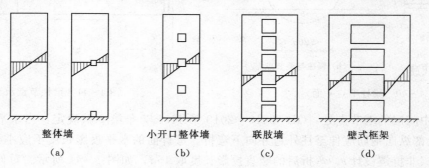

整体墙　　　　　小开口整体墙　　　　联肢墙　　　　壁式框架
(a)　　　　　　　　(b)　　　　　　　　(c)　　　　　　　(d)

图 5-1　剪力墙的分类

二、小开口整体剪力墙

　　当剪力墙上所开洞口面积稍大且超过墙体面积的 15% 时，通过洞口的正应力分布已不再成一直线，而是在洞口两侧的部分横截面上，其正应力分布各成一直线，如图 5-1（b）所示。这说明除了整个墙截面产生整体弯矩外，每个墙肢还出现局部弯矩，因为实际正应力分布，相当于在沿整个截面直线分布的应力之上叠加局部弯矩应力。但由于洞口还不很大，局部弯矩不超过水平荷载的悬臂弯矩的 15%。因此，可以认为剪力墙截面变形大体上仍符合平面假定，且大部分楼层上墙肢没有反弯点。内力和变形仍按材料力学计算，然后适当修正。

在水平荷载作用下，这类剪力墙截面上的正应力分布略偏离了直线分布的规律，变成了相当于在整体墙弯曲时的直线分布应力之上叠加了墙肢局部弯曲应力，当墙肢中的局部弯矩不超过墙体整体弯矩的 15% 时，其截面变形仍接近于整体截面剪力墙，这种剪力墙称之为小开口整体剪力墙。

三、联肢剪力墙

洞口开得比较大，截面的整体性已经破坏，横截面上正应力的分布远不是遵循沿一根直线的规律，如图 5-1（c）所示。但墙肢的线刚度比同列两孔间所形成的连梁的线刚度大得多，每根连梁中部有反弯点，各墙肢单独弯曲作用较为显著，但仅在个别或少数层内，墙肢出现反弯点。这种剪力墙可视为由连梁把墙肢联结起来的结构体系，故称为联肢剪力墙。其中，仅由一列连梁把两个墙肢联结起来的称为双肢剪力墙；由两列以上的连梁把三个以上的墙肢联结起来的称为多肢剪力墙。

当剪力墙沿竖向开有一列或多列较大的洞口时，由于洞口较大，剪力墙截面的整体性已被破坏，剪力墙的截面变形已不再符合平截面假设。这时剪力墙成为由一系列连梁约束的墙肢所组成的联肢墙。开有一列洞口的联肢墙称为双肢墙，当开有多列洞口时称之为多肢墙。

四、壁式框架

洞口开得比联肢剪力墙更宽，墙肢宽度较小，墙肢与连梁刚度接近时，墙肢明显出现局部弯矩，在许多楼层内有反弯点，如图 5-1（d）所示。剪力墙的内力分布接近框架，故称壁式框架。壁式框架实质是介于剪力墙和框架之间的一种过渡形式，它的变形已很接近剪切型。只不过壁柱和壁梁都较宽，因而在梁柱交接区形成不产生变形的刚域。

当剪力墙的洞口尺寸较大，墙肢宽度较小，连梁的线刚度接近于墙肢的线刚度时，剪力墙的受力性能已接近于框架，这种剪力墙称为壁式框架。

五、关于各类剪力墙划分判别式的讨论

由整体参数 α 的计算公式可以看出：

$$\alpha^2 = \frac{6H^2D}{h\sum I_i} + \frac{3H^2D}{hcS} = \frac{6H^2D}{h\sum I_i}\left(1 + \frac{h\sum I_i}{2hcS}\right)$$

$$= \frac{6H^2D}{h\sum I_i}\left(\frac{2cS + \sum I_i}{2cS}\right) = \frac{6H^2D}{Th\sum I_i}$$

这里
$$T = \frac{2cS}{\sum I_i + 2cS} = \frac{I_A}{I} \tag{5-1}$$

以上式中　I_A——各墙肢截面对剪力墙截面形心的面积矩；

　　　　　　I——剪力墙截面总惯性矩。

D 是连梁的刚度系数，α 的大小直接反映了剪力墙中连梁和墙肢刚度的相对大小，故可以按照 α 的大小划分剪力墙的类别。

（1）当 $\alpha < 1$ 时。

$\alpha < 1$ 说明相对墙肢来讲，连梁的作用很弱，可以不考虑连梁对墙肢的约束作用，将连梁看成是两端为铰的连杆。这样，整片剪力墙就变成了通过连梁铰接的几根悬臂墙肢。在水平荷载下，所有墙肢变形相同，荷载可以按照各墙肢刚度分配。这种墙可称为悬臂肢墙。

（2）当 $1 \leqslant \alpha < 10$ 时。

此时，α 值较大，说明连梁的刚度较强，连梁对墙肢的约束作用不容忽视，剪力墙即为联肢墙。

（3）当 $\alpha \geqslant 10$ 时。

$\alpha \geqslant 10$ 有两种以下情况，可按 I_A/I 值进行划分。

1）$\alpha \geqslant 10$ 且 $I_A/I \leqslant Z$ 时（Z 值见本章表 4-1、表 4-2）I_A/I 的大小反映了剪力墙上洞口的相对大小。当洞口很小时，I_A/I 值接近于 1.0；当洞口较大时，I_A/I 值就小。当 $I_A/I \leqslant Z$ 时，剪力墙上洞口较小、整体性很好，这种墙即为小开口整体墙。

2）$\alpha \geqslant 10$ 且 $I_A/I > Z$。此时剪力墙上洞口尺寸较大，墙肢较弱，因而计算出的 α 值较大。在水平力的作用下，一般情况下各层墙肢中均有反弯点，剪力墙的受力特点类似于框架结构。故这种剪力墙称为壁式框架。

第二节　剪力墙结构设计方法

一、基本假定

当剪力墙的布置满足间距的条件时，其内力计算可以采用以下基本假定：

（1）楼板在自身平面内刚度为无穷大，在平面外刚度为零。

这里说的楼板，是指建筑的楼面。在高层建筑中，由于各层楼面的尺寸较大，再加上楼面的整体性能好，楼板在平面内的变形刚度很大。而在楼面平面外，楼板对剪力墙的弯曲、伸缩变形约束作用较弱，因而将楼板在平面外的刚度视为零。在此假定下，楼板相当于一平面刚体，在水平力的作用下只作平移或转动，从而使各榀剪力墙之间保持变形协调。

（2）各榀剪力墙在自身平面内的刚度取决于剪力墙本身，在平面外的刚度为零。

也就是说，剪力墙只能承担自身平面内的作用力。在这一假定下，就可以将空间的剪力墙结构作为一系列的平面结构来处理，使计算工作大大简化。当然，与作用力方向相垂直的剪力墙的作用也不是完全不考虑，而是将其作为受力方向剪力墙的翼缘来计算。

上述两条基本假定，对于框架结构也是完全适用的。在此假定下，剪力墙结构在横向水平力的作用下，就可以按平面结构来处理。当力的作用线通过该结构的刚度中心时，楼板只产生侧移，不产生扭转，水平力将按各榀剪力墙的抗侧移刚度向各剪力墙分配。本章将针对这种情况进行讨论。

二、整体墙的计算

1. 整体墙的界定

当门窗洞口的面积之和不超过剪力墙侧面积的 15%，且洞口间净距及孔洞至墙边的净距大于洞口长边尺寸时，即为整体墙。

2. 整体墙的内力、位移计算

（1）整体墙的等效截面积和惯性矩。

截面面积 A_q 取无洞口截面的横截面面积 A 乘以修正系数 γ_0：

$$\gamma_0 = 1 - 1.25 \sqrt{A_d/A_0} \tag{5-2}$$

式中　A_d——剪力墙上洞口总立面面积；

　　　A_0——剪力墙墙面总面积。

惯性矩 I_q 取有洞口墙段与无洞口墙段截面惯性矩沿竖向的加权平均值：

$$I_q = \frac{\sum I_j h_j}{\sum h_j} \tag{5-3}$$

式中　I_j——剪力墙沿竖向第 j 段的惯性矩，有洞口时按组合截面计算；

　　　h_j——各段相应的高度。

（2）内力计算。

内力计算按悬臂构件，可以计算到整体墙在水平荷载下各截面的弯矩和剪力。

（3）侧移计算。

整体墙是一悬臂构件，在水平荷载作用下，其变形以弯曲变形为主，侧移曲线为弯曲型。但是，由于剪力墙截面尺寸较大，宜考虑剪切变形的影响。针对倒三角荷载、均布荷载、顶部集中力这三种工程中常见的水平荷载形式，整体墙的顶点侧移可以按照式（5-4）计算：

$$\Delta = \begin{cases} \dfrac{11}{60}\dfrac{V_0 H^3}{EI_q}\left(1+\dfrac{3.64\mu EI_q}{H^2 GA_q}\right) \cdots\cdots\cdots\cdots\cdots （倒三角荷载） \\[2mm] \dfrac{1}{8}\dfrac{V_0 H^3}{EI_q}\left(1+\dfrac{4\mu EI_q}{H^2 GA_q}\right) \cdots\cdots\cdots\cdots\cdots （均布荷载） \\[2mm] \dfrac{1}{3}\dfrac{V_0 H^3}{EI_q}\left(1+\dfrac{3\mu EI_q}{H^2 GA_q}\right) \cdots\cdots\cdots\cdots\cdots （顶部集中力） \end{cases} \quad (5-4)$$

式中　V_0——基底总剪力，即全部水平力之和。

括号中后一项反映了剪切变形的影响。为了计算、分析方便，常将上式写成如下形式：

$$\Delta = \begin{cases} \dfrac{11}{60}\dfrac{V_0 H^3}{EI_d} \\[2mm] \dfrac{1}{8}\dfrac{V_0 H^3}{EI_d} \\[2mm] \dfrac{1}{3}\dfrac{V_0 H^3}{EI_d} \end{cases} \quad (5-5)$$

式中　I_d——等效惯性矩。

如果取 $G=0.4E$，近似可取：

$$I_d = \frac{I_q}{1+\dfrac{9\mu I_q}{H^2 A_q}} \quad (5-6)$$

三、双肢墙的计算

双肢墙是联肢墙中最简单的一类，一列规则的洞口将剪力墙分为两个墙肢。两个墙肢通过一系列洞口之间的连梁相连，连梁相当于一系列连杆。可以采用连续连杆法进行计算。

1. 连续连杆法的基本假定

（1）将在每一楼层处的连梁离散为均布在整个层高范围内的连续化连杆。

这样就把有限点的连接问题变成了连续的无限点连接问题。随着剪力墙高度的增加，这一假设对计算结果的影响就越小。

（2）连梁的轴向变形忽略不计。

连梁在实际结构中的轴向变形一般很小，忽略不计对计算结果影响不大。在这一假定下，楼层同一高度处两个墙肢的水平位移将保持一致，使计算工作大为简化。

（3）假定在同一高度处，两个墙肢的截面转角和曲率相等。

按照这一假定，连杆的两端转角相等，反弯点在连杆的中点。

（4）各个墙肢、连梁的截面尺寸、材料等级及层高沿剪力墙全高都是相同的。

由此可见，连续连杆法适用于开洞规则、高度较大、由上到下墙厚、材料及层高都不变的联肢剪力墙。剪力墙越高，计算结果越准确；对低层、多层建筑中的剪力墙，计算误差较大。对于墙肢、连梁截面尺寸、材料等级、层高有变化的剪力墙，如果变化不大，可以取平均值进行计算；如果变化较大，则本方法不适用。

2. 力法方程的建立

将连杆在中点切开，由于连梁中点是反弯点，切口处弯矩为零，只有剪应力 $\tau(x)$ 和正应力 $\sigma(x)$。正应力 $\sigma(x)$ 与求解无关，在以下分析中不予考虑。

连杆切口处沿 $\tau(x)$ 方向的变形连续条件可用式（5-7）表示：

$$\delta_1 + \delta_2 + \delta_3 = 0 \tag{5-7}$$

（1）δ_1 为切口处由于墙肢的弯曲和剪切变形产生的切口相对位移。

在墙肢弯曲变形时，连杆要跟随着墙肢作相应转动。假设墙肢的侧移曲线为 y_m，则相应的墙肢转角为：

$$\theta_m = \frac{\mathrm{d}y_m}{\mathrm{d}x} \tag{5-8}$$

两墙肢的转角相等，由墙肢弯曲变形产生的相对位移为以位移方向与剪应力 $\tau(x)$ 方向相同为正，以下同。

$$\delta_{1m} = -2c\theta_m = -2c\frac{\mathrm{d}y_m}{\mathrm{d}x} \tag{5-9}$$

式中 c——两墙肢轴线间距离的一半。

墙肢在剪力作用下产生水平的错动，连杆切口在 $\tau(x)$ 方向没有相对位移，因此：

$$\delta_1 = \delta_{1m} = -2c\theta_m = -2c\frac{\mathrm{d}y_m}{\mathrm{d}x} \tag{5-10}$$

（2）δ_2 为由于墙肢的轴向变形产生的切口位移。

在水平力的作用下，两个墙肢的轴向力数值相等，一拉一压，其与连杆剪应力 $\tau(x)$ 的关系为：

$$N(x) = \int_0^x \tau(x)\,\mathrm{d}x \tag{5-11}$$

其中，坐标原点取在剪力墙的顶点。

由轴向力产生的连杆切口相对位移为：

$$
\begin{aligned}
\delta_2 &= \int_x^H \frac{N(x)\mathrm{d}x}{EA_1} + \int_x^H \frac{N(x)\mathrm{d}x}{EA_2} \\
&= \frac{1}{E}\left(\frac{1}{A_1} + \frac{1}{A_2}\right)\int_x^H N(x)\mathrm{d}x = \frac{1}{E}\left(\frac{1}{A_1} + \frac{1}{A_2}\right)\int_x^H \int_0^x \tau(x)\mathrm{d}x\mathrm{d}x
\end{aligned} \tag{5-12}
$$

（3）δ_3 为连杆弯曲变形和剪切产生的切口相对位移。

连杆是连续分布的，取微段高度 $\mathrm{d}x$ 连杆进行分析。该连杆的截面积为 $\frac{A_L}{h}\mathrm{d}x$，惯性矩为 $\frac{I_L}{h}\mathrm{d}x$，切口处剪力为 $\tau(x)\,\mathrm{d}x = \tau\mathrm{d}x$，连杆总长度为 $2a$，则：

1）连杆弯曲变形产生的相对位移 δ_{3m}。

顶部集中力作用下的悬臂杆件，顶点侧移为 $\Delta_m = \frac{PH^3}{3EI}$，则有：

$$\delta_{3m} = 2\frac{\tau(x)\mathrm{d}y a^3}{3E\frac{I_L}{h}\mathrm{d}x} = 2\frac{\tau(x)ha^3}{3EI_L} \tag{5-13}$$

2）连杆剪切变形产生的相对位移 δ_{3V}。

在顶部集中力作用下，由剪切变形产生的顶点侧移为 $\Delta_v = \frac{\mu PH}{GA}$，则有：

$$\delta_{3V} = 2\frac{\mu\tau(x)\mathrm{d}x a}{G\frac{A_L}{h}\mathrm{d}x} = 2\frac{\mu\tau(x)ha}{GA_L}$$

那么
$$\delta_3 = \delta_{3m} + \delta_{3V} = \frac{2\tau(x)ha^3}{3EI_L}\left(1 + \frac{3\mu EI_L}{A_L Ga^2}\right) \tag{5-14}$$

将式（5-10）、式（5-12）、式（5-14）代入式（5-7）有

$$-2c\theta_m + \frac{1}{E}\left(\frac{1}{A_1} + \frac{1}{A_2}\right)\int_x^H\int_0^x\tau(x)\mathrm{d}x\mathrm{d}x + \frac{2\tau(x)ha^3}{3EI_L}\left(1 + \frac{3\mu EI_L}{A_L Ga^2}\right) = 0 \tag{5-15}$$

引入新符号 $m(x) = 2c\tau(x)$，并针对不同的水平荷载，式（5-15）通过两次微分、整理可以得到：

$$m''(x) - \frac{\alpha^2}{H^2}m(x) = \begin{cases} -\dfrac{\alpha_1^2}{H^2}V_0\left[1 - \left(1 - \dfrac{x}{H}\right)^2\right]\cdots\cdots\cdots（倒三角荷载） \\[2mm] -\dfrac{\alpha_1^2}{H^2}V_0\dfrac{x}{H}\cdots\cdots\cdots\cdots\cdots\cdots（均布荷载） \\[2mm] -\dfrac{\alpha_1^2}{H^2}V_0\cdots\cdots\cdots\cdots\cdots\cdots\cdots（顶部集中力） \end{cases} \tag{5-16}$$

式中　$m(x)$——连杆两端对剪力墙中心约束弯矩之和；

　　　α_1——未考虑墙肢轴向变形的整体参数。

$$\alpha_1^2 = \frac{6H^2}{h\sum I_i}D \tag{5-17}$$

式中　D——连梁的刚度系数。

$$D = \frac{\widetilde{I}_L c^2}{a^3} \tag{5-18}$$

式中　α——考虑墙肢轴向变形的整体参数。

$$\alpha^2 = \alpha_1^2 + \frac{3H^2 D}{hcS} \tag{5-19}$$

$$S = \frac{2cA_1 A_2}{A_1 + A_2} \tag{5-20}$$

$$\widetilde{I}_L = \frac{I_L}{1 + \dfrac{3\mu EI_L}{A_L Ga^2}} \tag{5-21}$$

式中　S——双肢组合截面形心轴的面积矩；

　H，h——剪力墙总高度和层高；

　　$\widetilde{I}_L$——连梁的等效惯性矩。

实际上是把连梁弯曲变形和剪切变形都按弯曲变形来表示的一种折算惯性矩。

3. 基本方程的解

作如下代换：$m(x) = \Phi(x)V_0\dfrac{\alpha_1^2}{\alpha^2}$，$\xi = \dfrac{x}{h}$。则变为：

$$\Phi''(\xi) - \alpha^2\Phi(\xi) = \begin{cases} -\alpha^2\left[1 - (1 - \xi)^2\right]\cdots\cdots\cdots\cdots（倒三角荷载） \\[2mm] -\alpha^2\xi\cdots\cdots\cdots\cdots\cdots\cdots\cdots\cdots（均布荷载） \\[2mm] -\alpha^2\cdots\cdots\cdots\cdots\cdots\cdots\cdots\cdots\cdots（顶部集中力） \end{cases} \tag{5-22}$$

微分方程的解由通解和特解两部分组成。式（5-22）的通解为：

$$\Phi = C_1 ch(\alpha\xi) + C_2 sh(\alpha\xi) \tag{5-23}$$

其特解为
$$\Phi_t=\begin{cases}1-(1-\xi)^2-\dfrac{2}{\alpha^2}\dotfill(\text{倒三角荷载})\\ \xi\dotfill(\text{均布荷载})\\ 1\dotfill(\text{顶部集中力})\end{cases}\qquad(5-24)$$

引入边界条件:

(1) 墙顶部: $x=0$, $\xi=0$, 剪力墙顶弯矩为零, 即:

$$\theta'_m=-\frac{\mathrm{d}^2 y_m}{\mathrm{d}x^2}=0\qquad(5-25)$$

(2) 墙底部: $x=H$, $\xi=1$, 剪力墙底部转角为零, 即:

$$\theta_m=0\qquad(5-26)$$

即可求得针对不同水平荷载时方程的解。

4. 双肢墙的内力计算

针对不同荷载, 利用上述表格, 即可求到剪力墙的有关内力。

(1) 连梁内力计算。

在分析过程中, 曾将连梁离散化, 那么连梁的内力就是一层之间连杆内力的组合。

1) j 层连梁的剪力。

取楼面处高度 ξ, 查表可得到 $m_j(\xi)$, 则 j 层连梁的剪力:

$$V_{Lj}=m_j(\xi)\frac{h}{2c}\qquad(5-27)$$

2) j 层连梁端部弯矩:

$$M_{Lj}=V_{Lj}a\qquad(5-28)$$

(2) 墙肢内力计算。

1) 墙肢轴力。

墙肢轴力等于截面以上所有连梁剪力之和, 一拉一压, 大小相等, 即:

$$N_1=N_2=\sum_{s=j}^{n}V_{Ls}\qquad(5-29)$$

2) 墙肢弯矩、剪力的计算。

墙肢弯矩、剪力可以按已求得的连梁内力, 结合水平荷载进行计算, 也可以根据上述基本假定, 按墙肢刚度简单分配:

$$\text{墙肢弯矩}\begin{cases}M_1=\dfrac{I_1}{I_1+I_2}M_j\\[2mm]M_2=\dfrac{I_2}{I_1+I_2}M_j\end{cases}\qquad(5-30)$$

式中　M_j——剪力墙截面弯矩, $M_j=M_{pj}-N_1\times 2c$, 即:

$$M_j=M_{pj}-\sum_{s=j}^{n}m_j(\xi)h\qquad(5-31)$$

墙肢剪力:

$$V_i=\frac{\widetilde{I_i}}{\sum\widetilde{I_i}}V_{pj}\qquad(5-32)$$

式中　M_{pj}, V_{pj}——剪力墙计算截面上由外荷载产生的总弯矩和总剪力;

$\widetilde{I}_i$——考虑剪切变形后，墙肢的折算惯性矩：

$$\widetilde{I}_i = \frac{I_i}{1 + \dfrac{12\mu E I_i}{G A_i h^2}} \qquad (5-33)$$

5. 双肢墙的位移与等效刚度

双肢墙的位移也由弯曲变形和剪切变形两部分组成，主要以弯曲变形为主。如果其位移以弯曲变形的形式来表示，相应惯性矩即为等效惯性矩。对应三种水平荷载的等效惯性矩为

$$I_d = \begin{cases} \sum I_i / [(1-T) + T\psi_a + 3.64\gamma^2] \\ \sum I_i / [(1-T) + T\psi_a + 4\gamma^2] \\ \sum I_i / [(1-T) + T\psi_a + 3\gamma^2] \end{cases} \qquad (5-34)$$

有了等效惯性矩以后，就可以按照整体悬臂墙来计算双肢墙顶点位移。

小开口整体墙在水平荷载作用下，截面上的正应力不再符合直线分布，墙肢中存在局部弯矩。如果外荷载对剪力墙截面上的弯矩用 $M_p(x)$ 来表示，那么它将在剪力墙中产生整体弯曲弯矩 $M_u(x)$ 和局部弯曲弯矩 $M_l(x)$：

$$M_p(x) = M_u(x) + M_l(x) \qquad (5-35)$$

分析发现，符合小开口整体墙的判断条件 $\alpha \geqslant 10$ 且 $I_A/I \leqslant Z$ 时，局部弯曲弯矩在总弯矩 $M_p(x)$ 中所占的比重较小，一般不会超过 15%。因此，可以按如下简化的方法计算：

（1）墙肢弯矩。

$$M_i(x) = 0.85 M_p(x) \frac{I_i}{I} + 0.15 M_p(x) \frac{I_i}{\sum I_i} \qquad (5-36)$$

（2）墙肢轴力。

$$N_i = 0.85 M_p(x) \frac{A_i y_i}{I} \qquad (5-37)$$

（3）墙肢剪力。

墙肢剪力可以按墙肢截面积和惯性矩的平均值进行分配，即：

$$V_i = \frac{1}{2} V_p \left(\frac{A_i}{\sum A_i} + \frac{I_i}{\sum I_i} \right) \qquad (5-38)$$

式中　V_p——外荷载对于剪力墙截面的总剪力。

有了墙肢的内力后，按照上下层墙肢的轴力差即可算到连梁的剪力，进而计算到连梁的端部弯矩。

需要注意的是，当小开口剪力墙中有个别细小的墙肢时，由于细小墙肢中反弯点的存在，需对细小墙肢的内力进行修正，修正后细小墙肢弯矩为：

$$M_i'(x) = M_i(x) + V_j(x) h_j'/2 \qquad (5-39)$$

式中　h_j'——细小墙肢的高度，即洞口净高。

四、多肢墙和壁式框架的近似计算

1. 多肢墙的计算

多肢墙的内力位移计算，与双肢墙类似，在此不再重复。

2. 壁式框架

（1）计算假定。

如图所示，壁式框架的计算简图取壁梁（即连梁）和壁柱（墙肢）的轴线。由于连梁和壁柱截面高度较大，在壁梁和壁柱的结合区域形成一个弯曲和剪切变形很小、刚度很大的区域。这个区域一般称作刚域。因而，壁式框架是杆件端部带有刚域的变截面刚架。其计算方法可以采用 D 值法，但是需要对梁、柱刚度和柱子反弯点高度进行修正。

（2）带刚域杆件的刚度系数。

带刚域杆件的梁端约束弯矩系数可以由结构力学的方法计算到：

$$m_{12}=\frac{6EI(1+a-b)}{l(1-a-b)^3(1+\beta_i)}=6ci \qquad (5-40)$$

$$m_{21}=\frac{6EI(1-a+b)}{l(1-a-b)^3(1+\beta_i)}=6c'i \qquad (5-41)$$

式中 β_i——考虑剪切变形影响后的附加系数。

$$\beta_i=\frac{12\mu EI}{GAl'^2}$$

与普通杆件的梁端约束弯矩系数相比较，即可知道带刚域杆件的刚度系数为：

左端： $K_{12}=ci$

右端： $K_{21}=c'i$

杆件折算刚度系数： $K=\frac{c+c'}{2}i \qquad (5-42)$

（3）壁柱的抗推刚度 D。

有了带刚域杆件的刚度系数，就可以把带刚域杆件按普通杆件来对待。壁柱的抗推刚度 D 计算式为：

$$D=\alpha K_c\frac{12}{h^2} \qquad (5-43)$$

（4）反弯点高度的修正。

壁柱反弯点高度按下式计算：

$$y=a+sy_n+y_1+y_2+y_3 \qquad (5-44)$$

式中 a——柱子下端刚域长度系数；

  s——壁柱扣除刚域部分柱子净高与层高的比值；

其他符号意义同前。

（5）壁式框架的侧移计算。

壁式框架的侧移也由两部分组成：梁柱弯曲变形产生的侧移和柱子变形产生的侧移。轴向变形产生的侧移很小，可以忽略不计。

层间侧移： $\delta_j=\frac{V_j}{\sum D_{ji}} \qquad (5-45)$

顶点侧移： $\Delta=\sum\delta_j \qquad (5-46)$

剪力墙承受轴力、弯矩、剪力的共同作用，它应当符合钢筋混凝土压弯构件的基本规律。但是与柱子相比，剪力墙的截面薄而长，沿截面长方向要布置许多分布钢筋，同时，截面抗剪问题也较为突出。这使得剪力墙和柱子截面的配筋计算与构造都有所不同。

剪力墙配筋一般为：端部纵筋、竖向分布筋和水平分布筋。竖向钢筋抗弯，水平钢筋抗剪，需要进行正截面抗弯承载力和斜截面抗剪承载力的计算。必要时，还要进行抗裂度或裂缝宽度的验算。楼层间剪力墙有时还应作平面外承载力的验算。

五、墙肢截面承载力计算

1. 正截面承载力计算

和柱截面一样，墙肢破坏形态也分为大偏压、小偏压、大偏拉和小偏拉四种情况。墙肢内的竖向分布筋对正截面抗弯有一定的作用，应予以考虑。

（1）大偏压承载力计算（$\xi \leqslant \xi_b$）。

当 $\xi \leqslant \xi_b$ 时，构件为大偏心受压。破坏形式为拉区钢筋屈服后压区混凝土压碎破坏，压区纵筋一般能达到受压屈服。ξ_b 值按式（5-47）计算：

$$\xi_b = \frac{0.8}{1 + \frac{f_y}{0.0033E_s}} \tag{5-47}$$

端部受拉纵筋应力达到屈服，竖向分布筋直径较小，受压时不能考虑其作用；在拉区，靠近中和轴时竖向分布筋应力也较低，只考虑 $h_{w0} - 1.5x$ 范围内的竖向分布筋。

以矩形截面为例，按照力、力矩的平衡，可以写出基本公式。$e_0 = \dfrac{M}{N}$ 为偏心距。

$$N = f_{cm}b_w x + A'_s f_y - A_s f_y - (h_{w0} - 1.5x)\frac{A_{sw}}{h_{w0}}f_{yw} \tag{5-48}$$

$$N\left(e_0 - \frac{h_w}{2} + \frac{x}{2}\right) = A_s f_y\left(h_{w0} - \frac{x}{2}\right) + A'_s f_y\left(\frac{x}{2} - a'\right) + (h_{w0} - 1.5x)\frac{A_{sw}f_{yw}}{h_{w0}}\left(\frac{h_{w0}}{2} + \frac{x}{4}\right)$$

在对称配筋时，$A_s = A'_s$，可得

$$\xi = \frac{x}{h_{w0}} = \frac{N + A_{sw}f_{yw}}{f_{cm}b_w h_{w0} + 1.5A_{sw}f_{yw}} \tag{5-49}$$

将式（5-49）代入式（5-48），忽略 x^2 项，整理可得：

$$M = \frac{A_{sw}f_{yw}}{2}h_{w0}\left(1 - \frac{x}{h_{w0}}\right)\left(1 + \frac{N}{A_{sw}f_{yw}}\right) + A'_s f_y(h_{w0} - a')$$

$$= M_{sw} + A'_s f_y(h_{w0} - a')$$

即

$$A_s = A'_s \geqslant \frac{M - M_{sw}}{f_y(h_{w0} - a')} \tag{5-50}$$

设计中，一般按构造要求选定竖向分布筋 A_{sw} 及 f_{yw}，进而求出端部纵筋面积。

（2）小偏压承载力计算（$\xi > \xi_b$）。

在小偏心受压时，截面全部或大部分受压，受拉部分的钢筋应力达不到屈服，因此所有竖向分布筋的作用不予考虑，基本公式为：

$$N = f_{cm}b_w x + A'_s f_y - A_s\sigma_s \tag{5-51}$$

$$N\left(e_0 + \frac{h_w}{2} - a\right) = f_{cm}b_w x\left(h_{w0} - \frac{x}{2}\right) + A'_s f_y(h_{w0} - a') \tag{5-52}$$

受拉钢筋应力可用近似式子计算

$$\sigma_s = \frac{f_y}{\xi_b - 0.8}(\xi - 0.8) \tag{5-53}$$

求解上述方程组，即可给出有关钢筋面积。

需要注意的是，在小偏心受压时需要验算剪力墙平面外的稳定。此时可以按轴心受压构件计算。

（3）偏心受拉承载力计算。

当墙肢截面承受轴向拉力时，大、小偏拉按下式判断：

$$e_0 \geqslant \frac{h_w}{2} - a \qquad \text{为大偏拉} \qquad\qquad (5-54)$$

$$e_0 < \frac{h_w}{2} - a \qquad \text{为小偏拉} \qquad\qquad (5-55)$$

大偏拉与大偏压情况类似，仅轴向力方向反向，分析从略。在小偏拉情况下，或大偏拉而混凝土压区高度很小时（$x \leqslant 2a'$），按全截面受拉计算配筋。采用对称配筋时，按下面近似公式校核其承载力：

$$N \leqslant \frac{1}{\dfrac{1}{N_{0u}} + \dfrac{e_0}{M_{uu}}} \qquad\qquad (5-56)$$

式中　　$N_{0u} = 2A_s f_y + A_{sw} f_{yw}$；

　　　　$M_{uu} = A_s f_y (h_{w0} - a') + 0.5 h_{w0} A_{sw} f_{yw}$。

还需注意，在内力组合中考虑地震作用时，公式的右边应考虑抗震承载力调整系数，即在上述承载力公式的右边除以 $1/\gamma_{RE}$。

2. 斜截面抗剪承载力计算

剪力墙中斜裂缝有两种情况：一是弯剪斜裂缝，斜裂缝先是由弯曲受拉边缘出现水平裂缝，然后斜向发展形成斜裂缝；二是腹剪斜裂缝，腹板中部主拉应力超过混凝土的抗拉强度后开裂，然后裂缝斜向向构件边缘发展。

（1）斜裂缝出现后墙肢的剪切破坏形式。

1）剪拉破坏。

当水平分布钢筋（简称腹筋）没有或很少时发生。斜裂缝一出现就很快形成一条主裂缝，使墙肢劈裂而丧失承载能力。

2）剪压破坏。

当腹筋配置合适时，腹筋可以抵抗斜裂缝的开展。随着斜裂缝的进一步扩大，混凝土受剪区域逐渐减小，最后在压、剪应力的共同作用下剪压区混凝土压碎。剪力墙的水平分布筋的计算主要依据这种破坏形式。

3）剪压破坏。

剪力墙截面过小或混凝土等级过低时，即使在墙肢中配置了过多的腹筋，当腹筋应力还没有充分发挥作用时，混凝土已被剪压破碎了。设计中剪压比的限制就是为了防止这种形式的破坏。

（2）抗剪承载力计算。

剪力墙中的竖向、水平分布筋对斜裂缝的开展都有约束作用。但是在设计中，常将二者的功能分开：竖向分布筋抵抗弯矩，水平分布筋抵抗剪力。

斜截面抗剪承载力公式为：

1）无震组合。

$$V_w \leqslant \frac{1}{\lambda - 0.5} \left(0.05 f_c b_w h_{w0} \pm 0.13 N \frac{A_w}{A} \right) + f_{yh} \frac{A_{sh}}{S} h_{w0} \qquad\qquad (5-57)$$

2）有震组合。

$$V_w \leqslant \frac{1}{\gamma_{RE}} \left[\frac{1}{\lambda - 0.5} \left(0.04 f_c b_w h_{w0} \pm 0.1 N \frac{A_w}{A} \right) + 0.8 f_{yh} \frac{A_{sh}}{S} h_{w0} \right] \qquad\qquad (5-58)$$

式中　　　　A——混凝土计算截面全面积；

　　　　　　A_w——墙肢截面的腹板面积；

　　　　　　N——与剪力相对应的轴向压力或拉力，要求 $N \leqslant 0.2 f_c b_w h_{w0}$。当 N 为压力时取"＋"，拉力时取"－"；

A_{sh}、f_{yh}、S——水平分布钢筋的总截面积、设计强度、间距；

λ——截面剪跨比，按 $\lambda = \dfrac{M_w}{V_w h_w}$ 计算。当 $\lambda < 1.5$ 时取 $\lambda = 1.5$；当 $\lambda > 2.2$ 时取 $\lambda = 2.2$。

当轴向拉力使得公式右边第一项小于 0 时，即不考虑混凝土的作用，取其等于 0，公式变为：

$$V_w \leqslant f_{yh} \frac{A_{sh}}{S} h_{w0} \tag{5-59}$$

$$V_w \leqslant \frac{1}{\gamma_{RE}} \left(0.8 f_{yh} \frac{A_{sh}}{S} h_{w0} \right) \tag{5-60}$$

（3）剪力墙设计剪力的调整。

JGJ 3—2010 规定，在抗震设计时，剪力墙底部加强区范围内，考虑"强剪弱弯"的要求，剪力设计值作如下调整：

一级抗震：
$$V_w = 1.1 \frac{M_{wuE}}{M_w} V \tag{5-61}$$

二级抗震：
$$V_w = 1.1 V \tag{5-62}$$

其余情况下，均取组合剪力值。

（4）剪力墙截面尺寸及剪压比的限制。

1）截面尺寸。

一级、二级抗震：不小于净层高的 1/20，且不小于 160mm。

三级、四级抗震及非抗震：不小于净层高的 1/25，且不小于 140mm。

2）剪压比限制。

无震组合时：
$$V_w \leqslant 0.25 f_c b_w h_{w0} \tag{5-63}$$

有震组合时：
$$V_w \leqslant \frac{1}{\gamma_{RE}} (0.2 f_c b_w h_{w0}) \tag{5-64}$$

（5）剪力墙的加强部位。

在剪力墙中，有些部位应力比较复杂，有些部位温度收缩应力较大，有些部位在地震作用下可能出现塑性铰，这些部位的配筋应当加强。具体的加强部位有：

1）剪力墙底层及顶层。

2）现浇山墙。

3）楼、电梯间。

4）内纵墙端开间。

5）抗震剪力墙的塑性铰区。

具体加强构造见本教材或 JGJ 3—2010。

六、连梁的设计

剪力墙中的连梁受有弯矩、剪力、轴力的共同作用。一般情况下，轴力较小，多按受弯构件设计。

1. 抗弯承载力

连梁通常采用对称配筋，其承载力公式为：

$$M \leqslant f_y A_s (h_{b0} - a') \tag{5-65}$$

在抗震设计中，要求做到"强墙弱梁"。即连梁端部塑性铰要早于剪力墙，为做到这一点，可以将连梁端部弯矩进行塑性调幅。方法是将弯矩较大的几层连梁端部弯矩均取为连梁最大弯矩的 80%。为了保持平衡，可将弯矩较小的连梁端部弯矩相应提高。

2. 抗剪承载力

（1）抗剪承载力公式

多数情况下，连梁的跨高比都比较小，属于深梁。但是，其受力特点与垂直荷载下的深梁却大不相同。在水平荷载下，连梁两端作用着符号相反的弯矩，剪切变形较大，容易出现剪切裂缝。尤其是在地震反复荷载作用下，斜裂缝会很快扩展到对角，形成交叉的对角剪切破坏。其中跨高比小于2.5时连梁抗剪承载力更低。连梁抗剪承载力公式为：

无震组合时：

$$V_b \leqslant 0.07 f_c b_b h_{b0} + f_{yv} \frac{A_{sv}}{S} h_{b0} \tag{5-66}$$

有震组合时：

当 $l_n/h_b > 2.5$

$$V_b \leqslant \frac{1}{\gamma_{RE}} \left(0.056 f_c b_b h_{b0} + 0.8 f_{yv} \frac{A_{sv}}{S} h_{b0} \right) \tag{5-67}$$

当 $l_n/h_b \leqslant 2.5$

$$V_b \leqslant \frac{1}{\gamma_{RE}} \left(0.049 f_c b_b h_{b0} + 0.7 f_{yv} \frac{A_{sv}}{S} h_{b0} \right) \tag{5-68}$$

（2）剪压比限制。

无震组合时：

$$V_b \leqslant 0.25 f_c b_b h_{b0} \tag{5-69}$$

有震组合时：

当 $l_n/h_b > 2.5$

$$V_b \leqslant \frac{1}{\gamma_{RE}} (0.2 f_c b_b h_{b0}) \tag{5-70}$$

当 $l_n/h_b \leqslant 2.5$

$$V_b \leqslant \frac{1}{\gamma_{RE}} (0.15 f_c b_b h_{b0}) \tag{5-71}$$

（3）剪力设计值的调整。

同样考虑"强剪弱弯"的要求，保证连梁在塑性铰的转动过程中不发生剪切破坏，其剪力设计值取为：

一级抗震：

$$V_b = \frac{1.05}{\gamma_{RE}} \frac{M_{bu}^l + M_{bu}^r}{l_n} + V_{Gb} \tag{5-72}$$

二级抗震：

$$V_b = 1.05 \frac{M_b^l + M_b^r}{l_n} + V_{Gb} \tag{5-73}$$

三级、四级抗震：

$$V_b = \frac{M_b^l + M_b^r}{l_n} + V_{Gb} \tag{5-74}$$

式中符号意义同框架梁，不再重复。

另外，连梁截面尺寸一般较大，需要配置腰筋。具体构造要求见 JGJ 3—2010。

第三节　剪力墙结构设计实例

一、设计资料

1. 基本资料

某高层住宅为剪力墙结构，现浇混凝土梁、板、墙，地下室层高 2.80m，架空层及 1～13 层层高 2.90m。室内外高差 0.20m。

2. 主要技术指标：

建筑结构的安全等级：＿＿二＿＿级　　　设计使用年限：＿＿50＿＿年

建筑抗震设防类别：___丙___类　　　　地基基础设计等级：___乙___级

地下室防水等级：___二___级

基本风压：$W_0 = 0.45\text{kN/m}^2$　　　　地面粗糙度：B 类

基本雪压：$S_0 = 0.40\text{kN/m}^2$

场地地震基本烈度：6 度

抗震设防烈度：6 度　　　　　　　　设计基本地震加速度　0.05g

设计地震分组　第一组　　　　　　　建筑物场地土类别：Ⅲ类

场地标准冻深：0.70m

3. 活荷载取值

活荷载取值如表 5-1 所示。

表 5-1　　　　　　　　　　　　　　　活 荷 载 取 值

部　　位	活荷载（kN/m²）	组合值系数	频遇值系数	准永久值系数
上人屋面	2.0	0.7	0.5	0
不上人屋面	0.5	0.7	0.5	0.4
卧室、起居、厨房、卫生间	2.0	0.7	0.5	0.4
挑出阳台	2.5	0.7	0.6	0.5
储藏间	4.0	0.7	0.6	0.5
公共楼梯	3.5	0.7	0.6	.0.5
电梯机房、水箱间	7.0	0.9	0.9	0.8
消防楼梯	3.5	0.7	0.5	0.3
消防通道	20.0	0.7	0.7	0.6
室外地面	10.0			
屋面板、挑檐、雨篷、预制小过梁施工或检修集中荷载	1.0kN			
楼梯、阳台、上人屋面的栏杆顶部水平荷载	0.5kN/m			

注　1. 大型设备按实际情况考虑。
　　2. 施工及检修荷载均不得大于设计使用荷载。

4. 材料选用

材料选用如表 5-2 所示。

表 5-2　　　　　　　　　　　　　　　材 料 选 用

项目名称	构件部位	混凝土强度等级	备　　注
主体结构	基础底板、梁	C30	S6 抗渗混凝土
	地下室、架空层及 1 层墙、梁、板、楼梯（标高 基础顶面~4.95）	C30	地下室外墙为 S6 抗渗混凝土
	1 层以上墙、梁、板、楼梯（标高 4.95~屋面）	C25	
非结构构件	基础垫层	C15	
	圈梁、构造柱、现浇过梁	C20	
	标准构件		按标准图要求

5. 建筑平、立、剖面

建筑平、立、剖面图如图 5-2、图 5-3 所示。

二、构件及荷载输入

部分楼层平面图及梁、墙柱节点输入及楼面荷载平面图见图 5-4~图 5-9。

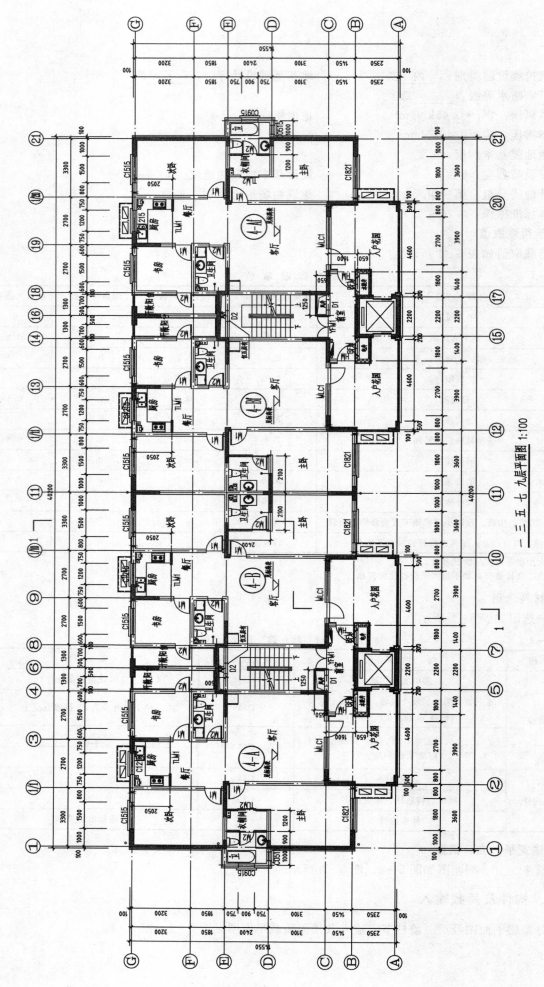

一三五七九层平面图 1:100

一、三、五、七、九层平面图（单位：mm）

图 5-2

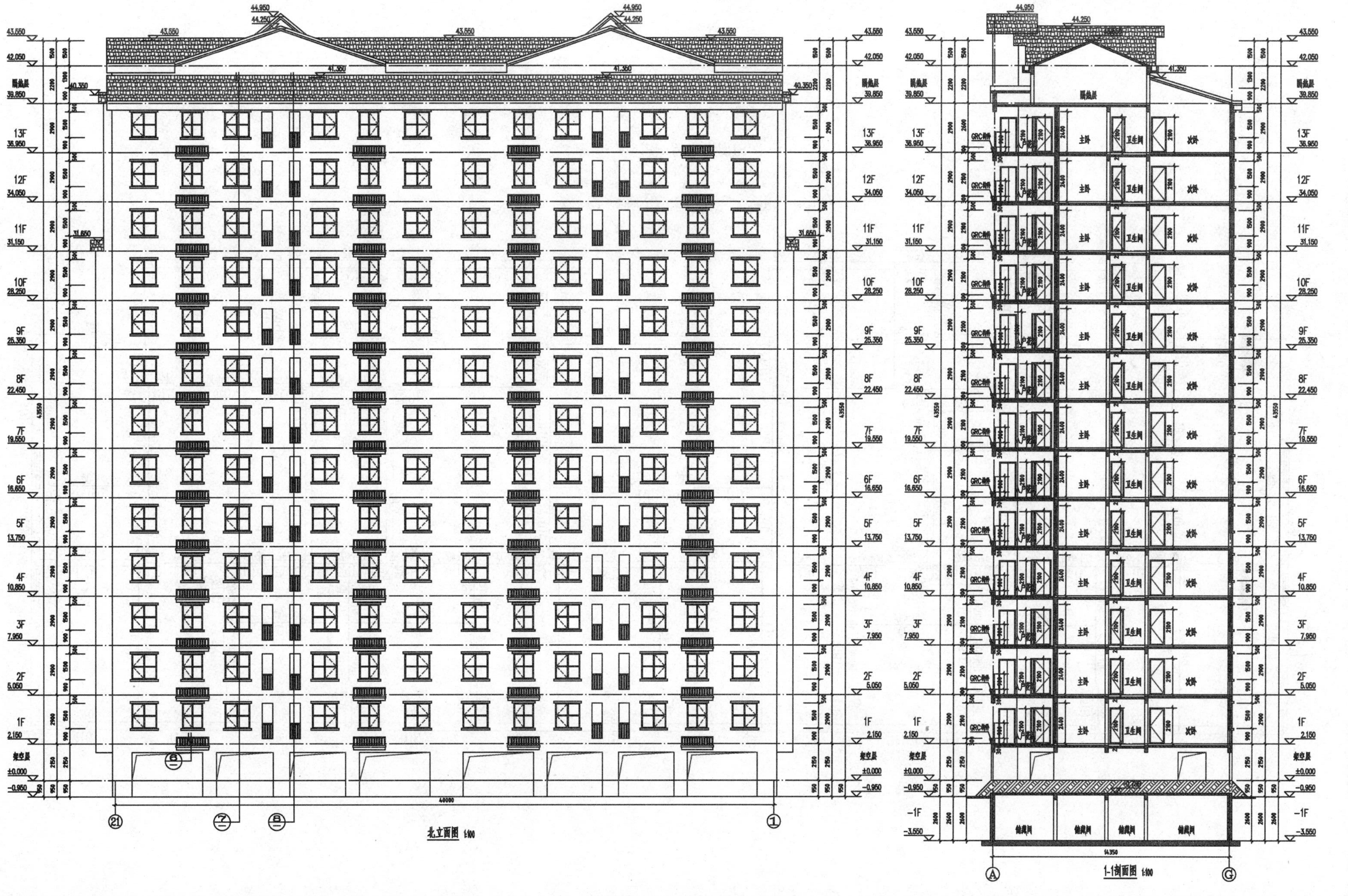

图 5 - 3　结构立面图与剖面图（单位：mm）

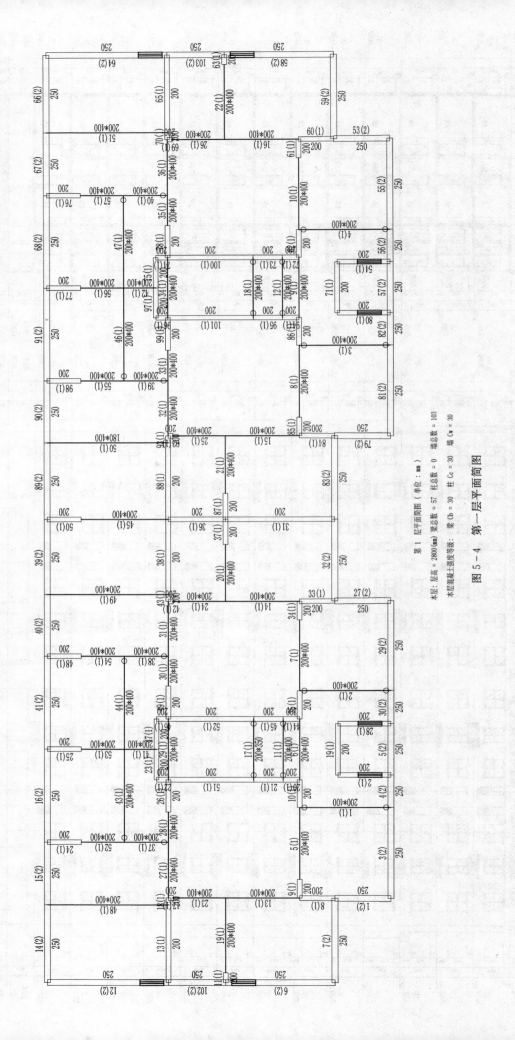

第 1 层平面简图（单位：mm）

第 1 层平面简图：梁总数 = 57　柱总数 = 0　墙总数 = 103

本层：层高 = 2800（mm）

本层混凝土强度等级：梁 Cb = 30　柱 Cc = 30　墙 Cw = 30

图 5－4　第一层平面简图

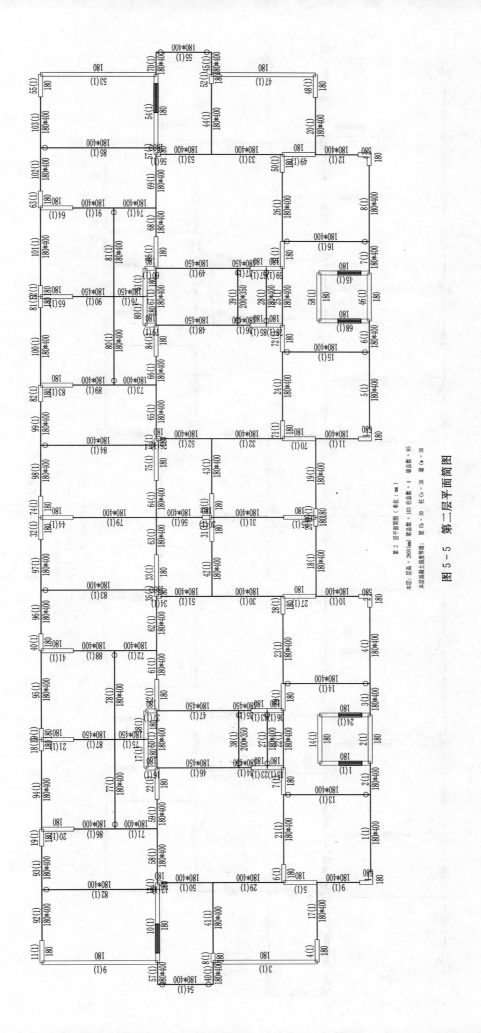

第 2 层平面图（单位：mm）

本层：层高 = 2900(mm)　梁总数 = 103　柱总数 = 4　墙总数 = 85

本层混凝土强度等级：　梁 Cb = 30　柱 Cc = 30　墙 Cw = 30

图 5 - 5　第二层平面简图

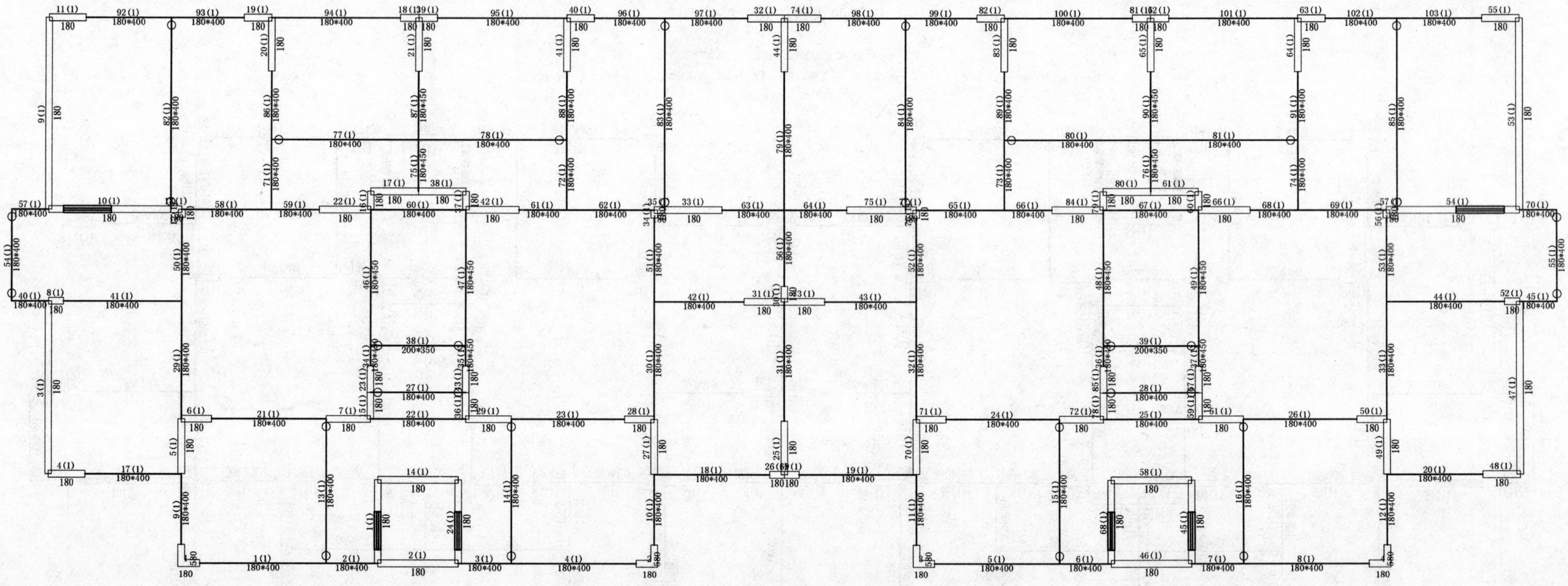

第 3 层平面简图（单位：mm）

本层：层高 = 2900(mm) 梁总数 = 103 柱总数 = 4 墙总数 = 85

本层混凝土强度等级： 梁 Cb = 30 柱 Cc = 30 墙 Cw = 30

图 5-6 第三层平面简图

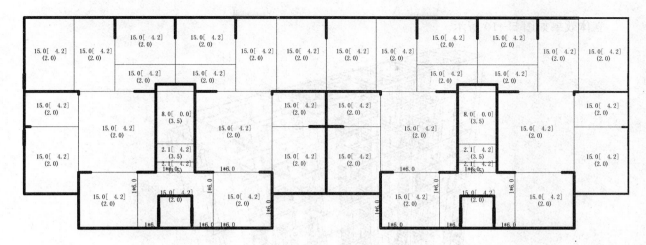

第_1层梁、墙柱节点输入及楼面荷载平面图　　[单位: kN/m²]

(括号中为活荷载值) [括号中为板自重] <括号中为人防>

图 5-7　第一层梁、墙柱节点输入及楼面荷载平面图

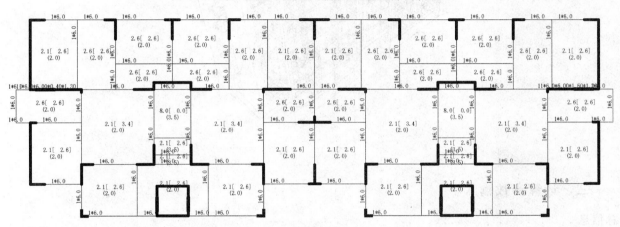

第_2层梁、墙柱节点输入及楼面荷载平面图　　[单位: kN/m²]

(括号中为活荷载值) [括号中为板自重] <括号中为人防>

图 5-8　第二层梁、墙柱节点输入及楼面荷载平面图

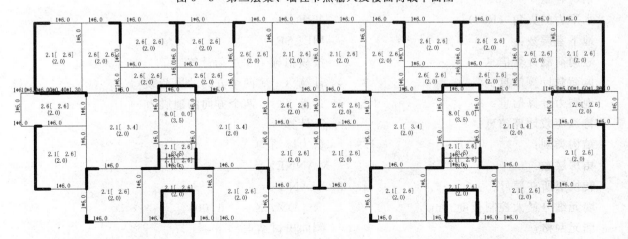

第_3层梁、墙柱节点输入及楼面荷载平面图　　[单位: kN/m²]

(括号中为活荷载值) [括号中为板自重] <括号中为人防>

图 5-9　第三层梁、墙柱节点输入及楼面荷载平面图

立体效果如图 5-10 所示。

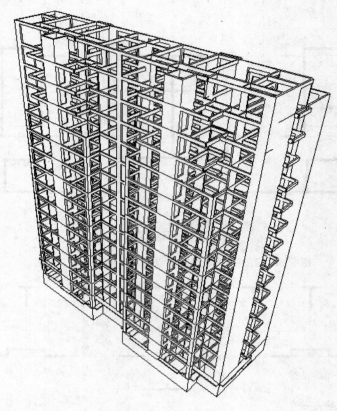

图 5-10　立体图

三、计算参数输入

总信息·······················

结构材料信息：	钢筋混凝土结构
混凝土容重（kN/m³）：	Gc ＝ 26.00
钢材容重（kN/m³）：	Gs ＝ 78.00
水平力的夹角（Rad）：	ARF ＝ 0.00
地下室层数：	MBASE＝ 1
竖向荷载计算信息：	按模拟施工 1 加荷计算
风荷载计算信息：	计算 X，Y 两个方向的风荷载
地震力计算信息：	计算 X，Y 两个方向的地震力
特殊荷载计算信息：	不计算
结构类别：	剪力墙结构
裙房层数：	MANNEX＝ 0
转换层所在层号：	MCHANGE＝ 0
墙元细分最大控制长度（m）：	DMAX＝ 1.00
墙元网格：	侧向出口结点
是否对全楼强制采用刚性楼板假定：	否
强制刚性楼板假定是否保留板面外刚度：	否
采用的楼层刚度算法：	层间剪力比层间位移算法

结构所在地区：   全国

风荷载信息 . . . .
修正后的基本风压（kN/m²）：   WO ＝   0.45
地面粗糙程度：   A 类
结构基本周期（s）：   T1 ＝   1.60
是否考虑风振：   是
体形变化分段数：   MPART＝   1
各段最高层号：   NSTi ＝   16
各段体形系数：   USi ＝   1.30

地震信息 . . . .
振型组合方法（CQC 耦联；SRSS 非耦联）：   CQC
计算振型数：   NMODE＝   15
地震烈度：   NAF ＝   6.00
场地类别：   KD ＝   3
设计地震分组：   一组
特征周期：   TG ＝   0.45
多遇地震影响系数最大值：   Rmax1 ＝   0.04
罕遇地震影响系数最大值：   Rmax2 ＝   0.00
框架的抗震等级：   NF ＝   4
剪力墙的抗震等级：   NW ＝   4
活荷重力荷载代表值组合系数：   RMC ＝   0.50
周期折减系数：   TC ＝   0.95
结构的阻尼比（%）：   DAMP ＝   5.00
是否考虑偶然偏心：   是
是否考虑双向地震扭转效应：   否
斜交抗侧力构件方向的附加地震数：   ＝   0

活荷载信息 . . . .
考虑活荷不利布置的层数：   从第 1 到 16 层
柱、墙活荷载是否折减：   折算
传到基础的活荷载是否折减：   折算
-----------柱，墙，基础活荷载折减系数-----------
      计算截面以上的层数--------------折减系数
           1   1.00
           2—3   0.85
           4—5   0.70
           6—8   0.65
           9—20   0.60
          ＞ 20   0.55

调整信息 . . . .

中梁刚度增大系数：	BK =	2.00
梁端弯矩调幅系数：	BT =	0.85
梁设计弯矩增大系数：	BM =	1.00
连梁刚度折减系数：	BLZ =	0.70
梁扭矩折减系数：	TB =	0.40
全楼地震力放大系数：	RSF =	1.00
0.2Qo 调整起始层号：	KQ1 =	1
0.2Qo 调整终止层号：	KQ2 =	16
0.2Qo 调整上限：	KQ _ L =	2.00
框支柱调整上限：	KZZ _ L =	5.00
顶塔楼内力放大起算层号：	NTL =	0
顶塔楼内力放大：	RTL =	1.00

框支剪力墙结构底部加强区剪力墙抗震等级自动提高一级：是
九度结构及一级框架梁柱超配筋系数：CPCOEF91 =　　1.15
是否按抗震规范 5.2.5 调整楼层地震力：IAUTO525 =　　　　1
是否调整与框支柱相连的梁内力： IREGU _ KZZB =　　　　0
剪力墙加强区起算层号： LEV _ JLQJQ =　　　1
强制指定的薄弱层个数： NWEAK =　　　　0

配筋信息......................

梁箍筋强度（N/mm²）：	JB =	270
柱箍筋强度（N/mm²）：	JC =	270
墙分布筋强度（N/mm²）：	JWH =	270
边缘构件箍筋强度（N/mm²）：	JWB =	270
梁箍筋最大间距（mm）：	SB =	100.00
柱箍筋最大间距（mm）：	SC =	100.00
墙水平分布筋最大间距（mm）：	SWH =	200.00
墙竖向分布筋最小配筋率（%）：	RWV =	0.28

结构底部单独指定墙竖向分布筋配筋率的层数：NSW =　　　1
结构底部 NSW 层的墙竖向分布配筋率： RWV1 =　　0.35

设计信息....................

结构重要性系数：	RWO =	1.00
柱计算长度计算原则：	有侧移	
梁柱重叠部分简化：	不作为刚域	
是否考虑 P-Δ 效应：	否	
柱配筋计算原则：	按单偏压计算	
按高规或高钢规进行构件设计：	是	
钢构件截面净毛面积比：	RN =	0.85
梁保护层厚度（mm）：	BCB =	30.00
柱保护层厚度（mm）：	ACA =	30.00

是否按混凝土规范（7.3.11-3）计算混凝土柱计算长度系数：否
剪力墙构造边缘构件的设计执行高规 7.2.17-4：　　否

抗震设计的框架梁端配筋考虑受压钢筋：　　　　　　　否

荷载组合信息 ·····················
恒载分项系数：　　　　　　　　　　　CDEAD＝　1.20
活载分项系数：　　　　　　　　　　　CLIVE＝　1.40
风荷载分项系数：　　　　　　　　　　CWIND＝　1.40
水平地震力分项系数：　　　　　　　　CEA_H＝　1.30
竖向地震力分项系数：　　　　　　　　CEA_V＝　0.50
特殊荷载分项系数：　　　　　　　　　CSPY ＝　0.00
活荷载的组合系数：　　　　　　　　　CD_L ＝　0.70
风荷载的组合系数：　　　　　　　　　CD_W ＝　0.60
活荷载的重力荷载代表值系数：　　　　CEA_L ＝　0.50

地下信息 ·······················
土的水平抗力系数的比例系数（MN/m^4）：　　MI ＝　　3.00
回填土容重（kN/m^3）：　　　　　　Gsol ＝　18.00
回填土侧压力系数：　　　　　　　　　Rsol ＝　0.50
外墙分布筋保护厚度（mm）：　　　　　WCW ＝　35.00
室外地平标高（m）：　　　　　　　　Hout ＝　0.00
地下水位标高（m）：　　　　　　　　Hwat ＝　－20.00
室外地面附加荷载（kN/m^2）：　　　Qgrd ＝　10.00

剪力墙底部加强区信息 ··························
剪力墙底部加强区起算层号：　　　　　LEV_JLQJQ＝　1
剪力墙底部加强区终止层号：　　　　　IWF ＝　3

四、计算结果

1. 基本信息

```
*****************************************************
*                 各层的质量、质心坐标信息                 *
*****************************************************
```

层号	塔号	质心 X (m)	质心 Y (m)	质心 Z (m)	恒载质量 (t)	活载质量 (t)	附加质量
16	1	20.014	5.500	46.400	378.5	17.3	0.0
15	1	21.152	7.454	43.400	660.8	46.0	0.0
14	1	20.000	7.718	40.500	609.9	55.1	0.0
13	1	20.000	7.718	37.600	609.9	55.1	0.0
12	1	20.000	7.489	34.700	634.0	56.9	0.0
11	1	20.000	7.552	31.800	624.7	56.9	0.0
10	1	20.000	7.552	28.900	624.7	56.9	0.0

层号	塔号	质心 X	质心 Y (m)	质心 Z (m)	恒载质量 (t)	活载质量 (t)	附加质量
9	1	20.000	7.552	26.000	624.7	56.9	0.0
8	1	20.000	7.552	23.100	624.7	56.9	0.0
7	1	20.000	7.552	20.200	624.7	56.9	0.0
6	1	20.000	7.552	17.300	624.7	56.9	0.0
5	1	20.000	7.552	14.400	624.7	56.9	0.0
4	1	20.000	7.552	11.500	624.7	56.9	0.0
3	1	20.000	7.552	8.600	624.7	56.9	0.0
2	1	20.000	7.551	5.700	625.6	56.9	0.0
1	1	20.000	7.461	2.800	1382.2	55.2	0.0

活载产生的总质量（t）：　　　　　　　　　854.577
恒载产生的总质量（t）：　　　　　　　　10523.352
附加总质量（t）：　　　　　　　　　　　　　0.000
结构的总质量（t）：　　　　　　　　　　11377.928
恒载产生的总质量包括结构自重和外加恒载
结构的总质量包括恒载产生的质量和活载产生的质量和附加质量
活载产生的总质量和结构的总质量是活载折减后的结果（1t ＝ 1000kg）


```
************************************************************
*            各层构件数量、构件材料和层高                 *
************************************************************
```

层号	塔号	梁元数 (混凝土)	柱元数 (混凝土)	墙元数 (混凝土)	层高 (m)	累计高度 (m)
1	1	57 (30)	0 (30)	103 (30)	2.800	2.800
2	1	103 (30)	4 (30)	85 (30)	2.900	5.700
3	1	103 (30)	4 (30)	85 (30)	2.900	8.600
4	1	103 (25)	4 (25)	85 (25)	2.900	11.500
5	1	103 (25)	4 (25)	85 (25)	2.900	14.400
6	1	103 (25)	4 (25)	85 (25)	2.900	17.300
7	1	103 (25)	4 (25)	85 (25)	2.900	20.200
8	1	103 (25)	4 (25)	85 (25)	2.900	23.100
9	1	103 (25)	4 (25)	85 (25)	2.900	26.000
10	1	103 (25)	4 (25)	85 (25)	2.900	28.900
11	1	103 (25)	4 (25)	85 (25)	2.900	31.800
12	1	103 (25)	4 (25)	85 (25)	2.900	34.700
13	1	123 (25)	0 (30)	85 (25)	2.900	37.600
14	1	123 (25)	0 (30)	85 (25)	2.900	40.500
15	1	143 (25)	0 (30)	90 (25)	2.900	43.400
16	1	60 (25)	0 (30)	51 (25)	3.000	46.400

```
********************************************************
*                    风荷载信息                         *
********************************************************
```

层号	塔号	风荷载X	剪力X	倾覆弯矩X	风荷载Y	剪力Y	倾覆弯矩Y
16	1	47.40	47.4	142.2	191.46	191.5	574.4
15	1	64.95	112.4	468.0	183.47	374.9	1661.7
14	1	62.81	175.2	976.0	177.50	552.4	3263.7
13	1	60.68	235.8	1659.9	171.54	724.0	5363.2
12	1	58.53	294.4	2513.6	169.58	893.6	7954.5
11	1	56.35	350.7	3530.7	163.34	1056.9	11019.5
10	1	54.12	404.8	4704.8	156.96	1213.9	14539.7
9	1	51.82	456.7	6029.1	150.35	1364.2	18495.9
8	1	49.42	506.1	7496.8	143.43	1507.6	22868.1
7	1	46.86	552.9	9100.3	136.09	1643.7	27634.9
6	1	44.10	597.0	10831.7	128.14	1771.9	32773.3
5	1	41.04	638.1	12682.2	119.33	1891.2	38257.8
4	1	37.53	675.6	14641.5	109.19	2000.4	44059.0
3	1	33.24	708.9	16697.2	96.79	2097.2	50140.8
2	1	30.81	739.7	18842.3	89.84	2187.0	56483.2
1	1	0.00	739.7	20913.4	0.00	2187.0	62606.8

```
==============================================================
                  各楼层等效尺寸（单位：m，m²）
==============================================================
```

层号	塔号	面积	形心X	形心Y	等效宽B	等效高H	最大宽BMAX	最小宽BMIN
1	1	540.16	20.00	7.55	39.67	13.77	39.67	13.77
2	1	544.96	20.00	7.56	40.05	13.72	40.05	13.72
3	1	544.96	20.00	7.56	40.05	13.72	40.05	13.72
4	1	544.96	20.00	7.56	40.05	13.72	40.05	13.72
5	1	544.96	20.00	7.56	40.05	13.72	40.05	13.72
6	1	544.96	20.00	7.56	40.05	13.72	40.05	13.72
7	1	544.96	20.00	7.56	40.05	13.72	40.05	13.72
8	1	544.96	20.00	7.56	40.05	13.72	40.05	13.72
9	1	544.96	20.00	7.56	40.05	13.72	40.05	13.72
10	1	544.96	20.00	7.56	40.05	13.72	40.05	13.72
11	1	544.96	20.00	7.56	40.05	13.72	40.05	13.72
12	1	544.96	20.00	7.56	40.05	13.72	40.05	13.72
13	1	526.58	20.00	7.75	39.86	13.39	39.86	13.39
14	1	526.58	20.00	7.75	39.86	13.39	39.86	13.39
15	1	526.58	20.00	7.75	39.86	13.39	39.86	13.39
16	1	291.78	20.00	5.68	39.77	7.56	39.77	7.56

```
============================================================
            各楼层的单位面积质量分布(单位:kg/m²)
============================================================
```

层号	塔号	单位面积质量 g [i]	质量比 max(g[i]/g[i−1],g[i]/g[i+1])
1	1	2660.97	2.12
2	1	1252.31	1.00
3	1	1250.77	1.00
4	1	1250.77	1.00
5	1	1250.77	1.00
6	1	1250.77	1.00
7	1	1250.77	1.00
8	1	1250.77	1.00
9	1	1250.77	1.00
10	1	1250.77	1.00
11	1	1250.77	1.00
12	1	1267.88	1.01
13	1	1262.81	1.00
14	1	1262.81	1.00
15	1	1342.29	1.06
16	1	1356.56	1.01

```
============================================================
```
各层刚心、偏心率、相邻层侧移刚度比等计算信息

Floor No:层号

Tower No:塔号

Xstif,Ystif:刚心的 X,Y 坐标值

Alf:层刚性主轴的方向

Xmass,Ymass:质心的 X,Y 坐标值

Gmass:总质量

Eex,Eey:X,Y 方向的偏心率

Ratx,Raty:X,Y 方向本层塔侧移刚度与下一层相应塔侧移刚度的比值

Ratx1,Raty1:X,Y 方向本层塔侧移刚度与上一层相应塔侧移刚度70%的比值

　　　　或上三层平均侧移刚度80%的比值中之较小者

RJX,RJY,RJZ:结构总体坐标系中塔的侧移刚度和扭转刚度
```
============================================================
```
Floor No. 1　　　Tower No. 1

Xstif=19.9505(m)　　　　　Ystif=7.6419(m)　　　　Alf　=0.0000(Degree)

Xmass=20.0003(m)　　　　Ymass=7.4611(m)　　　Gmass(活荷折减)=1492.5493(1437.3516)(t)

Eex=0.0034　　　　Eey　=0.0108

Ratx =1.0000　　　　　Raty =1.0000

Ratx1=18.7803　　　　　Raty1=10.7507　　薄弱层地震剪力放大系数= 1.00

RJX= 4.6074E+07(kN/m)　　RJY= 3.2027E+07(kN/m)　　RJZ= 0.0000E+00(kN/m)
```
---------------------------------------------------------------------
```

Floor No. 2   Tower No. 1

Xstif=20.0314（m）   Ystif=6.5950（m）   Alf=0.0609（Degree）

Xmass=20.0000（m）   Ymass=7.5508（m）   Gmass（活荷折减）=739.3621（682.4594）（t）

Eex=0.0016   Eey=0.0568

Ratx=0.0761   Raty=0.1329

Ratx1=2.4683   Raty1=2.5517   薄弱层地震剪力放大系数=1.00

RJX=3.5047E+06（kN/m）   RJY=4.2558E+06（kN/m）   RJZ=0.0000E+00（kN/m）

Floor No. 3   Tower No. 1

Xstif=19.6264（m）   Ystif=6.5327（m）   Alf=0.0000（Degree）

Xmass=20.0000（m）   Ymass=7.5516（m）   Gmass（活荷折减）=738.5238（681.6212）（t）

Eex=0.0191   Eey=0.0603

Ratx=0.5788   Raty=0.5599

Ratx1=1.8976   Raty1=1.9879   薄弱层地震剪力放大系数=1.00

RJX=2.0284E+06（kN/m）   RJY=2.3826E+06（kN/m）   RJZ=0.0000E+00（kN/m）

Floor No. 4   Tower No. 1

Xstif=20.3714（m）   Ystif=6.5565（m）   Alf=0.0000（Degree）

Xmass=20.0000（m）   Ymass=7.5516（m）   Gmass（活荷折减）=738.5237（681.6210）（t）

Eex=0.0190   Eey=0.0589

Ratx=0.7528   Raty=0.7186

Ratx1=1.6961   Raty1=1.8123   薄弱层地震剪力放大系数=1.00

RJX=1.5271E+06（kN/m）   RJY=1.7122E+06（kN/m）   RJZ=0.0000E+00（kN/m）

Floor No. 5   Tower No. 1

Xstif=20.0195（m）   Ystif=6.6420（m）   Alf=0.0000（Degree）

Xmass=20.0000（m）   Ymass=7.5516（m）   Gmass（活荷折减）=738.5237（681.6210）（t）

Eex=0.0010   Eey=0.0536

Ratx=0.8292   Raty=0.7883

Ratx1=1.5625   Raty1=1.7222   薄弱层地震剪力放大系数=1.00

RJX=1.2663E+06（kN/m）   RJY=1.3497E+06（kN/m）   RJZ=0.0000E+00（kN/m）

Floor No. 6   Tower No. 1

Xstif=20.0649（m）   Ystif=6.6029（m）   Alf=0.0000（Degree）

Xmass=20.0000（m）   Ymass=7.5516（m）   Gmass（活荷折减）=738.5237（681.6210）（t）

Eex=0.0033   Eey=0.0564

Ratx=0.8747   Raty=0.8295

Ratx1=1.4778   Raty1=1.6384   薄弱层地震剪力放大系数=1.00

RJX=1.1076E+06（kN/m）   RJY=1.1195E+06（kN/m）   RJZ=0.0000E+00（kN/m）

Floor No. 7   Tower No. 1

Xstif=19.6264（m）   Ystif=6.5327（m）   Alf=0.0000（Degree）

Xmass=20.0000（m）   Ymass=7.5516（m）   Gmass（活荷折减）=738.5239（681.6212）（t）

Eex=0.0191   Eey=0.0603

Ratx =0.9049   Raty =0.8559

Ratx1=1.4167   Raty1=1.5567   薄弱层地震剪力放大系数 = 1.00

RJX= 1.0023E+06 (kN/m)   RJY= 9.5824E+05 (kN/m)   RJZ= 0.0000E+00 (kN/m)

Floor No. 8   Tower No. 1

Xstif=20.3714 (m)   Ystif=6.5565 (m)   Alf=0.0000 (Degree)

Xmass=20.0000 (m)   Ymass=7.5516 (m)   Gmass（活荷折减）=738.5237 (681.6210) (t)

Eex=0.0190   Eey=0.0589

Ratx =0.9272   Raty =0.8796

Ratx1=1.3710   Raty1=1.4855   薄弱层地震剪力放大系数 = 1.00

RJX= 9.2930E+05 (kN/m)   RJY= 8.4288E+05 (kN/m)   RJZ= 0.0000E+00 (kN/m)

Floor No. 9   Tower No. 1

Xstif=20.0195 (m)   Ystif=6.6420 (m)   Alf=0.0000 (Degree)

Xmass=20.0000 (m)   Ymass=7.5516 (m)   Gmass（活荷折减）=738.5237 (681.6210) (t)

Eex=0.0010   Eey=0.0536

Ratx =0.9459   Raty =0.9033

Ratx1=1.3443   Raty1=1.4333   薄弱层地震剪力放大系数 = 1.00

RJX= 8.7906E+05 (kN/m)   RJY= 7.6139E+05 (kN/m)   RJZ= 0.0000E+00 (kN/m)

Floor No. 10   Tower No. 1

Xstif=20.0649 (m)   Ystif=6.6029 (m)   Alf=0.0000 (Degree)

Xmass=20.0000 (m)   Ymass=7.5516 (m)   Gmass（活荷折减）=738.5237 (681.6210) (t)

Eex=0.0033   Eey=0.0564

Ratx =0.9610   Raty =0.9247

Ratx1=1.3513   Raty1=1.4157   薄弱层地震剪力放大系数 = 1.00

RJX= 8.4476E+05 (kN/m)   RJY= 7.0403E+05 (kN/m)   RJZ= 0.0000E+00 (kN/m)

Floor No. 11   Tower No. 1

Xstif=19.6265 (m)   Ystif=6.5327 (m)   Alf=0.0000 (Degree)

Xmass=20.0000 (m)   Ymass=7.5516 (m)   Gmass（活荷折减）=738.5237 (681.6210) (t)

Eex=0.0191   Eey=0.0603

Ratx =0.9683   Raty =0.9409

Ratx1=1.4020   Raty1=1.4528   薄弱层地震剪力放大系数 = 1.00

RJX= 8.1795E+05 (kN/m)   RJY= 6.6239E+05 (kN/m)   RJZ= 0.0000E+00 (kN/m)

Floor No. 12   Tower No. 1

Xstif=20.3714 (m)   Ystif=6.5565 (m)   Alf=0.0000 (Degree)

Xmass=20.0000 (m)   Ymass=7.4889 (m)   Gmass（活荷折减）=747.8483 (690.9456) (t)

Eex=0.0190   Eey=0.0552

Ratx =0.9651   Raty =0.9446

Ratx1=1.5302   Raty1=1.5496   薄弱层地震剪力放大系数 = 1.00

RJX= 7.8943E+05 （kN/m） RJY= 6.2570E+05 （kN/m） RJZ= 0.0000E+00 （kN/m）

Floor No. 13 Tower No. 1

Xstif=20.0196 （m） Ystif=6.7319 （m） Alf=0.0000 （Degree）

Xmass=20.0000 （m） Ymass=7.7181 （m） Gmass（活荷折减）=720.0371（664.9706）（t）

Eex=0.0010 Eey=0.0581

Ratx=0.9336 Raty=0.9219

Ratx1=1.5917 Raty1=1.6245 薄弱层地震剪力放大系数= 1.00

RJX= 7.3699E+05 （kN/m） RJY= 5.7682E+05 （kN/m） RJZ = 0.0000E+00 （kN/m）

Floor No. 14 Tower No. 1

Xstif=20.0686 （m） Ystif=6.6441 （m） Alf=0.0000 （Degree）

Xmass=20.0000 （m） Ymass=7.7181 （m） Gmass（活荷折减）=720.0381（664.9715）（t）

Eex=0.0036 Eey=0.0638

Ratx=0.8975 Raty=0.8794

Ratx1=1.7968 Raty1=1.8472 薄弱层地震剪力放大系数= 1.00

RJX= 6.6144E+05 （kN/m） RJY= 5.0725E+05 （kN/m） RJZ= 0.0000E+00 （kN/m）

Floor No. 15 Tower No. 1

Xstif=19.4469 （m） Ystif=6.4815 （m） Alf=0.0368 （Degree）

Xmass=21.1515 （m） Ymass=7.4542 （m） Gmass（活荷折减）=752.8030（706.8230）（t）

Eex=0.0847 Eey=0.0578

Ratx=0.7951 Raty=0.7734

Ratx1=3.0960 Raty1=3.1233 薄弱层地震剪力放大系数= 1.00

RJX= 5.2591E+05 （kN/m） RJY= 3.9230E+05 （kN/m） RJZ= 0.0000E+00 （kN/m）

Floor No. 16 Tower No. 1

Xstif=19.1401 （m） Ystif=6.7390 （m） Alf=0.0000 （Degree）

Xmass=20.0145 （m） Ymass=5.5003 （m） Gmass（活荷折减）=413.1535（395.8170）（t）

Eex=0.0598 Eey=0.0802

Ratx=0.4614 Raty=0.4574

Ratx1=1.0000 Raty1=1.0000 薄弱层地震剪力放大系数= 1.00

RJX= 2.4267E+05 （kN/m） RJY= 1.7944E+05 （kN/m） RJZ= 0.0000E+00 （kN/m）

===

结构整体抗倾覆验算结果

===

	抗倾覆力矩 Mr	倾覆力矩 Mov	比值 Mr/Mov	零应力区（%）
X 风荷载	2278430.2	23570.9	96.66	0.00
Y 风荷载	819210.8	69693.0	11.75	0.00
X 地 震	2278430.2	38211.0	59.63	0.00
Y 地 震	819210.8	38766.7	21.13	0.00

===

结构整体稳定验算结果

===

X 向刚重比 EJd/GH＊＊2＝　　　6.66

Y 向刚重比 EJd/GH＊＊2＝　　　5.83

该结构刚重比 EJd/GH＊＊2 大于 1.4，能够通过高规（5.4.4）的整体稳定验算

该结构刚重比 EJd/GH＊＊2 大于 2.7，可以不考虑重力二阶效应

****

＊　　　　　　　　楼层抗剪承载力、及承载力比值　　　　　　　　＊

****

Ratio _ Bu：表示本层与上一层的承载力之比

层号	塔号	X 向承载力	Y 向承载力	Ratio _ Bu：X，	Y
16	1	0.5135E＋04	0.3556E＋04	1.00	1.00
15	1	0.6317E＋04	0.6459E＋04	1.23	1.82
14	1	0.6520E＋04	0.6582E＋04	1.03	1.02
13	1	0.6718E＋04	0.6854E＋04	1.03	1.04
12	1	0.7022E＋04	0.7268E＋04	1.05	1.06
11	1	0.7306E＋04	0.7525E＋04	1.04	1.04
10	1	0.7554E＋04	0.7816E＋04	1.03	1.04
9	1	0.7860E＋04	0.8142E＋04	1.04	1.04
8	1	0.8180E＋04	0.8401E＋04	1.04	1.03
7	1	0.8330E＋04	0.8674E＋04	1.02	1.03
6	1	0.8460E＋04	0.8776E＋04	1.02	1.01
5	1	0.8486E＋04	0.8684E＋04	1.00	0.99
4	1	0.8480E＋04	0.8382E＋04	1.00	0.97
3	1	0.9248E＋04	0.8841E＋04	1.09	1.05
2	1	0.9190E＋04	0.9515E＋04	0.99	1.08
1	1	0.2693E＋05	0.1761E＋05	2.93	1.85

2. 周期、地震力与振型输出

虑扭转耦联时的振动周期（秒），X、Y 方向的平动系数，扭转系数

振型号	周 期	转 角	平动系数（X＋Y）	扭转系数
1	1.5869	92.46	1.00（0.00＋1.00）	0.00
2	1.4993	2.64	0.98（0.98＋0.00）	0.02
3	1.2244	175.03	0.03（0.03＋0.00）	0.97
4	0.4077	178.67	1.00（1.00＋0.00）	0.00
5	0.3753	88.67	1.00（0.00＋1.00）	0.00

振型号	周 期	转 角	平动系数（X+Y）	扭转系数
6	0.2696	160.44	0.01（0.00+0.00）	0.99
7	0.1884	179.71	1.00（1.00+0.00）	0.00
8	0.1620	89.71	1.00（0.00+1.00）	0.00
9	0.1135	3.21	0.01（0.01+0.00）	0.99
10	0.1108	179.79	0.99（0.99+0.00）	0.01
11	0.0953	89.88	1.00（0.00+1.00）	0.00
12	0.0750	179.94	1.00（1.00+0.00）	0.00
13	0.0665	148.64	0.00（0.00+0.00）	1.00
14	0.0660	89.94	1.00（0.00+1.00）	0.00
15	0.0557	179.99	1.00（1.00+0.00）	0.00

地震作用最大的方向 ＝ －0.489（度）

==

仅考虑 X 向地震作用时的地震力

Floor：层号

Tower：塔号

F-x-x：X 方向的耦联地震力在 X 方向的分量

F-x-y：X 方向的耦联地震力在 Y 方向的分量

F-x-t：X 方向的耦联地震力的扭矩

振型 1 的地震力

Floor	Tower	F-x-x (kN)	F-x-y (kN)	F-x-t (kN·m)
16	1	0.13	－3.49	－1.64
15	1	0.25	－5.80	－2.91
14	1	0.22	－5.02	－2.34
13	1	0.20	－4.58	－2.11
12	1	0.19	－4.29	－1.98
11	1	0.17	－3.76	－1.70
10	1	0.15	－3.28	－1.46
9	1	0.13	－2.79	－1.22
8	1	0.11	－2.32	－1.00
7	1	0.09	－1.85	－0.78
6	1	0.07	－1.41	－0.58
5	1	0.05	－1.01	－0.41
4	1	0.03	－0.65	－0.25
3	1	0.02	－0.35	－0.13
2	1	0.01	－0.14	－0.05
1	1	0.00	－0.03	－0.01

振型　2 的地震力

Floor	Tower	F-x-x (kN)	F-x-y (kN)	F-x-t (kN · m)
16	1	76.35	4.21	−157.61
15	1	132.44	5.11	−284.07
14	1	117.83	6.17	−232.37
13	1	109.94	5.67	−211.68
12	1	105.00	5.35	−201.42
11	1	94.13	4.72	−175.65
10	1	83.92	4.15	−152.50
9	1	73.15	3.56	−129.29
8	1	62.01	2.96	−106.41
7	1	50.72	2.38	−84.32
6	1	39.55	1.83	−63.55
5	1	28.85	1.31	−44.67
4	1	19.02	0.85	−28.27
3	1	10.57	0.47	−15.02
2	1	4.07	0.18	−5.41
1	1	0.59	0.04	−0.46

振型　3 的地震力

Floor	Tower	F-x-x (kN)	F-x-y (kN)	F-x-t (kN · m)
16	1	4.28	−0.67	190.14
15	1	3.35	1.15	341.09
14	1	2.57	−1.03	278.16
13	1	2.45	−0.96	252.59
12	1	2.73	−0.92	239.59
11	1	2.40	−0.82	208.46
10	1	2.18	−0.73	180.65
9	1	1.93	−0.63	153.02
8	1	1.67	−0.54	125.97
7	1	1.40	−0.44	100.00
6	1	1.11	−0.34	75.64
5	1	0.83	−0.25	53.48
4	1	0.57	−0.16	34.19
3	1	0.33	−0.09	18.48
2	1	0.13	−0.04	7.06
1	1	0.03	−0.01	1.37

振型　4 的地震力

Floor	Tower	F-x-x (kN)	F-x-y (kN)	F-x-t (kN · m)
16	1	−106.37	2.29	82.53
15	1	−144.90	3.66	127.11
14	1	−90.33	1.40	73.17
13	1	−41.33	0.20	35.65
12	1	7.55	−0.91	1.90
11	1	53.28	−1.83	−28.83
10	1	91.94	−2.54	−52.94
9	1	120.44	−3.00	−69.46
8	1	136.66	−3.19	−77.72
7	1	139.66	−3.11	−77.83
6	1	129.85	−2.80	−70.67
5	1	109.10	−2.29	−57.85
4	1	80.69	−1.67	−41.50
3	1	49.22	−1.01	−24.41
2	1	20.50	−0.44	−9.32
1	1	3.30	−0.13	0.38

振型　5 的地震力

Floor	Tower	F-x-x (kN)	F-x-y (kN)	F-x-t (kN · m)
16	1	−0.05	−2.53	0.08
15	1	−0.08	−3.22	0.37
14	1	−0.05	−1.85	0.50
13	1	−0.03	−0.65	0.65
12	1	0.00	0.51	0.81
11	1	0.02	1.53	0.88
10	1	0.04	2.36	0.92
9	1	0.06	2.94	0.91
8	1	0.07	3.24	0.85
7	1	0.08	3.24	0.75
6	1	0.08	2.97	0.63
5	1	0.06	2.47	0.48
4	1	0.05	1.82	0.33
3	1	0.03	1.12	0.19
2	1	0.01	0.49	0.08
1	1	0.00	0.15	0.03

振型　6 的地震力

Floor	Tower	F-x-x (kN)	F-x-y (kN)	F-x-t (kN·m)
16	1	−0.80	0.18	−68.87
15	1	−0.06	−0.36	−94.02
14	1	0.03	0.22	−49.81
13	1	0.02	0.17	−16.02
12	1	0.07	0.12	16.78
11	1	0.12	0.05	45.68
10	1	0.18	−0.02	69.01
9	1	0.24	−0.08	85.04
8	1	0.29	−0.13	92.89
7	1	0.32	−0.16	92.42
6	1	0.33	−0.17	84.27
5	1	0.30	−0.15	69.87
4	1	0.24	−0.12	51.37
3	1	0.16	−0.08	31.60
2	1	0.07	−0.04	14.00
1	1	0.02	−0.01	4.16

振型　7 的地震力

Floor	Tower	F-x-x (kN)	F-x-y (kN)	F-x-t (kN·m)
16	1	67.17	−0.09	−36.83
15	1	66.30	−0.41	−65.01
14	1	10.03	0.26	−31.88
13	1	−38.11	0.41	−11.48
12	1	−74.67	0.46	2.14
11	1	−86.17	0.38	9.15
10	1	−74.63	0.21	8.71
9	1	−42.57	−0.02	2.50
8	1	1.41	−0.25	−7.18
7	1	45.96	−0.45	−17.11
6	1	79.79	−0.56	−24.30
5	1	94.70	−0.57	−26.71
4	1	87.79	−0.48	−23.70
3	1	62.60	−0.33	−16.30
2	1	29.25	−0.16	−6.69
1	1	5.58	−0.06	1.62

振型　8 的地震力

Floor	Tower	F-x-x (kN)	F-x-y (kN)	F-x-t (kN·m)
16	1	0.00	0.38	−0.08
15	1	0.00	0.33	−0.14
14	1	0.00	0.02	−0.12
13	1	0.00	−0.23	−0.10
12	1	0.00	−0.42	−0.07
11	1	0.00	−0.46	−0.04
10	1	0.00	−0.38	0.00
9	1	0.00	−0.21	0.03
8	1	0.00	0.03	0.06
7	1	0.00	0.27	0.08
6	1	0.00	0.45	0.09
5	1	0.00	0.52	0.08
4	1	0.00	0.49	0.06
3	1	0.00	0.36	0.04
2	1	0.00	0.18	0.02
1	1	0.00	0.07	0.01

振型　9 的地震力

Floor	Tower	F-x-x (kN)	F-x-y (kN)	F-x-t (kN·m)
16	1	−0.44	0.05	−32.14
15	1	0.00	−0.13	−28.97
14	1	0.18	0.06	−0.96
13	1	0.27	0.05	20.54
12	1	0.30	0.03	36.70
11	1	0.15	−0.01	40.32
10	1	−0.04	−0.03	33.47
9	1	−0.20	−0.04	17.58
8	1	−0.25	−0.04	−3.31
7	1	−0.19	−0.02	−24.02
6	1	−0.05	0.01	−39.56
5	1	0.11	0.04	−46.35
4	1	0.20	0.05	−43.19
3	1	0.19	0.05	−31.66
2	1	0.10	0.03	−16.32
1	1	0.01	0.01	−6.37

振型 10 的地震力

Floor	Tower	F-x-x (kN)	F-x-y (kN)	F-x-t (kN·m)
16	1	−47.62	−0.21	74.89
15	1	−27.57	0.34	98.98
14	1	25.03	−0.32	28.43
13	1	57.68	−0.24	−21.08
12	1	60.85	−0.09	−55.20
11	1	29.53	0.10	−64.20
10	1	−16.51	0.25	−52.33
9	1	−55.14	0.30	−25.31
8	1	−67.12	0.24	7.79
7	1	−46.35	0.09	37.53
6	1	−2.64	−0.10	56.98
5	1	43.11	−0.25	62.96
4	1	69.28	−0.32	56.01
3	1	64.62	−0.28	40.06
2	1	35.37	−0.16	21.87
1	1	7.97	−0.06	14.00

振型 11 的地震力

Floor	Tower	F-x-x (kN)	F-x-y (kN)	F-x-t (kN·m)
16	1	0.00	−0.15	0.03
15	1	0.00	−0.05	0.04
14	1	0.00	0.08	0.02
13	1	0.00	0.16	0.00
12	1	0.00	0.16	−0.01
11	1	0.00	0.07	−0.02
10	1	0.00	−0.05	−0.02
9	1	0.00	−0.15	−0.01
8	1	0.00	−0.18	0.00
7	1	0.00	−0.13	0.01
6	1	0.00	−0.01	0.02
5	1	0.00	0.11	0.02
4	1	0.00	0.19	0.02
3	1	0.00	0.18	0.01
2	1	0.00	0.11	0.01
1	1	0.00	0.05	0.00

振型　12 的地震力

Floor	Tower	F-x-x (kN)	F-x-y (kN)	F-x-t (kN・m)
16	1	31.92	0.14	−8.32
15	1	3.70	−0.09	−38.69
14	1	−33.64	0.08	−25.23
13	1	−40.34	−0.01	−16.13
12	1	−14.01	−0.08	−9.20
11	1	25.60	−0.10	−1.83
10	1	45.64	−0.06	5.71
9	1	30.43	0.02	12.40
8	1	−8.26	0.08	15.44
7	1	−40.32	0.09	11.67
6	1	−40.68	0.05	0.95
5	1	−8.92	−0.02	−12.56
4	1	30.52	−0.09	−22.25
3	1	47.77	−0.11	−22.40
2	1	32.46	−0.07	−12.55
1	1	8.75	−0.04	−0.38

振型　13 的地震力

Floor	Tower	F-x-x (kN)	F-x-y (kN)	F-x-t (kN・m)
16	1	−0.11	−0.06	−23.40
15	1	0.15	−0.02	−8.32
14	1	0.04	0.10	13.78
13	1	−0.07	0.09	25.85
12	1	−0.06	0.02	25.92
11	1	−0.01	−0.07	11.31
10	1	0.06	−0.11	−8.67
9	1	0.07	−0.07	−24.88
8	1	0.01	0.02	−29.63
7	1	−0.07	0.09	−20.60
6	1	−0.10	0.10	−1.81
5	1	−0.04	0.03	18.22
4	1	0.07	−0.06	30.58
3	1	0.13	−0.11	30.19
2	1	0.10	−0.08	18.95
1	1	0.04	−0.05	9.52

振型 14 的地震力

Floor	Tower	F-x-x (kN)	F-x-y (kN)	F-x-t (kN·m)
16	1	0.00	0.15	−0.07
15	1	0.00	−0.03	−0.02
14	1	0.00	−0.15	0.05
13	1	0.00	−0.14	0.09
12	1	0.00	−0.03	0.09
11	1	0.00	0.12	0.04
10	1	0.00	0.18	−0.03
9	1	0.00	0.11	−0.09
8	1	0.00	−0.04	−0.10
7	1	0.00	−0.16	−0.07
6	1	0.00	−0.16	0.00
5	1	0.00	−0.04	0.06
4	1	0.00	0.11	0.11
3	1	0.00	0.19	0.10
2	1	0.00	0.15	0.06
1	1	0.00	0.08	0.03

振型 15 的地震力

Floor	Tower	F-x-x (kN)	F-x-y (kN)	F-x-t (kN·m)
16	1	−23.67	−0.14	16.81
15	1	8.63	0.10	36.09
14	1	31.53	−0.02	13.38
13	1	16.86	0.05	−1.81
12	1	−18.72	0.06	−9.18
11	1	−34.00	0.01	−8.57
10	1	−11.89	−0.05	−4.71
9	1	23.33	−0.06	1.52
8	1	32.43	−0.02	9.00
7	1	5.30	0.03	14.01
6	1	−27.70	0.07	11.22
5	1	−29.63	0.04	−0.71
4	1	1.85	−0.02	−15.52
3	1	32.13	−0.07	−22.20
2	1	29.64	−0.07	−14.81
1	1	9.64	−0.04	−1.79

各振型作用下 X 方向的基底剪力

振型号	剪力（kN）
1	1.79
2	1008.15
3	27.95
4	559.27
5	0.30
6	1.52
7	234.42
8	0.01
9	0.34
10	130.50
11	0.00
12	70.63
13	0.21
14	0.00
15	45.72

各层 X 方向的作用力（CQC）

Floor　　：层号

Tower　　：塔号

Fx　　　：X 向地震作用下结构的地震反应力

Vx　　　：X 向地震作用下结构的楼层剪力

Mx　　　：X 向地震作用下结构的弯矩

Static Fx：静力法 X 向的地震力

Floor	Tower	Fx (kN)	Vx（分塔剪重比）(kN)	（整层剪重比）	Mx (kN·m)	Static Fx (kN)
			（注意：下面分塔输出的剪重比不适合于上连多塔结构）			
16	1	158.10	158.10（3.99%）	（3.99%）	474.31	249.44
15	1	208.57	361.06（3.27%）	（3.27%）	1514.77	157.85
14	1	157.08	495.87（2.81%）	（2.81%）	2929.27	138.58
13	1	141.95	592.53（2.44%）	（2.44%）	4593.66	128.65
12	1	143.93	666.76（2.13%）	（2.13%）	6429.81	123.37
11	1	146.78	724.90（1.91%）	（1.91%）	8382.09	111.53
10	1	152.81	775.63（1.73%）	（1.73%）	10419.15	101.36
9	1	161.80	825.58（1.60%）	（1.60%）	12529.06	91.19
8	1	167.87	880.34（1.50%）	（1.50%）	14717.90	81.02
7	1	168.05	940.43（1.44%）	（1.44%）	17004.52	70.85
6	1	166.52	1003.92（1.39%）	（1.39%）	19412.08	60.68
5	1	158.43	1067.02（1.35%）	（1.35%）	21961.12	50.51
4	1	146.15	1124.05（1.31%）	（1.31%）	24662.64	40.33

Floor	Tower	Fx (kN)	Vx (分塔剪重比) (kN)	(整层剪重比)	Mx (kN·m)	Static Fx (kN)
3	1	123.34	1169.27 (1.26%)	(1.26%)	27513.66	30.16
2	1	70.57	1193.91 (1.20%)	(1.20%)	30493.93	20.02
1	1	17.60	1199.09 (1.05%)	(1.05%)	33463.85	20.71

X 方向的有效质量系数： 99.50%

==

仅考虑 Y 向地震时的地震力

Floor ：层号

Tower ：塔号

F-y-x ：Y 方向的耦联地震力在 X 方向的分量

F-y-y ：Y 方向的耦联地震力在 Y 方向的分量

F-y-t ：Y 方向的耦联地震力的扭矩

振型 1 的地震力

Floor	Tower	F-y-x (kN)	F-y-y (kN)	F-y-t (kN·m)
16	1	−2.94	79.43	37.25
15	1	−5.61	132.08	66.21
14	1	−4.98	114.25	53.33
13	1	−4.58	104.29	47.95
12	1	−4.26	97.68	45.02
11	1	−3.79	85.58	38.77
10	1	−3.35	74.63	33.26
9	1	−2.89	63.62	27.88
8	1	−2.43	52.74	22.70
7	1	−1.98	42.17	17.81
6	1	−1.53	32.14	13.30
5	1	−1.11	22.92	9.26
4	1	−0.72	14.78	5.80
3	1	−0.40	8.07	3.05
2	1	−0.15	3.12	1.10
1	1	−0.02	0.74	0.20

振型 2 的地震力

Floor	Tower	F-y-x (kN)	F-y-y (kN)	F-y-t (kN·m)
16	1	3.71	0.20	−7.66
15	1	6.43	0.25	−13.80

Floor	Tower	F-y-x (kN)	F-y-y (kN)	F-y-t (kN·m)
14	1	5.72	0.30	−11.29
13	1	5.34	0.28	−10.28
12	1	5.10	0.26	−9.79
11	1	4.57	0.23	−8.53
10	1	4.08	0.20	−7.41
9	1	3.55	0.17	−6.28
8	1	3.01	0.14	−5.17
7	1	2.46	0.12	−4.10
6	1	1.92	0.09	−3.09
5	1	1.40	0.06	−2.17
4	1	0.92	0.04	−1.37
3	1	0.51	0.02	−0.73
2	1	0.20	0.01	−0.26
1	1	0.03	0.00	−0.02

振型 3 的地震力

Floor	Tower	F-y-x (kN)	F-y-y (kN)	F-y-t (kN·m)
16	1	−0.99	0.16	−44.08
15	1	−0.78	−0.27	−79.08
14	1	−0.60	0.24	−64.49
13	1	−0.57	0.22	−58.56
12	1	−0.63	0.21	−55.55
11	1	−0.56	0.19	−48.33
10	1	−0.50	0.17	−41.88
9	1	−0.45	0.15	−35.48
8	1	−0.39	0.12	−29.21
7	1	−0.32	0.10	−23.18
6	1	−0.26	0.08	−17.54
5	1	−0.19	0.06	−12.40
4	1	−0.13	0.04	−7.93
3	1	−0.08	0.02	−4.29
2	1	−0.03	0.01	−1.64
1	1	−0.01	0.00	−0.32

振型 4 的地震力

Floor	Tower	F-y-x (kN)	F-y-y (kN)	F-y-t (kN·m)
16	1	2.92	−0.06	−2.27
15	1	3.98	−0.10	−3.49

Floor	Tower	F-y-x (kN)	F-y-y (kN)	F-y-t (kN · m)
14	1	2.48	−0.04	−2.01
13	1	1.13	−0.01	−0.98
12	1	−0.21	0.02	−0.05
11	1	−1.46	0.05	0.79
10	1	−2.52	0.07	1.45
9	1	−3.31	0.08	1.91
8	1	−3.75	0.09	2.13
7	1	−3.83	0.09	2.14
6	1	−3.56	0.08	1.94
5	1	−3.00	0.06	1.59
4	1	−2.22	0.05	1.14
3	1	−1.35	0.03	0.67
2	1	−0.56	0.01	0.26
1	1	−0.09	0.00	−0.01

振型 5 的地震力

Floor	Tower	F-y-x (kN)	F-y-y (kN)	F-y-t (kN · m)
16	1	−2.34	−121.93	4.01
15	1	−3.66	−155.20	17.61
14	1	−2.59	−88.94	24.07
13	1	−1.48	−31.24	31.22
12	1	−0.22	24.52	39.15
11	1	1.02	73.75	42.57
10	1	2.15	113.80	44.34
9	1	3.04	141.73	43.77
8	1	3.61	155.94	41.02
7	1	3.81	156.03	36.31
6	1	3.63	142.94	30.27
5	1	3.11	119.00	23.22
4	1	2.34	87.76	15.79
3	1	1.45	54.04	8.92
2	1	0.61	23.73	3.67
1	1	0.10	7.03	1.26

振型 6 的地震力

Floor	Tower	F-y-x (kN)	F-y-y (kN)	F-y-t (kN · m)
16	1	0.32	−0.07	27.53
15	1	0.02	0.15	37.58

Floor	Tower	F-y-x (kN)	F-y-y (kN)	F-y-t (kN · m)
14	1	−0.01	−0.09	19.91
13	1	−0.01	−0.07	6.40
12	1	−0.03	−0.05	−6.71
11	1	−0.05	−0.02	−18.26
10	1	−0.07	0.01	−27.58
9	1	−0.10	0.03	−33.99
8	1	−0.12	0.05	−37.13
7	1	−0.13	0.06	−36.95
6	1	−0.13	0.07	−33.69
5	1	−0.12	0.06	−27.93
4	1	−0.09	0.05	−20.53
3	1	−0.06	0.03	−12.63
2	1	−0.03	0.02	−5.59
1	1	−0.01	0.00	−1.66

振型 7 的地震力

Floor	Tower	F-y-x (kN)	F-y-y (kN)	F-y-t (kN · m)
16	1	−0.47	0.00	0.26
15	1	−0.47	0.00	0.46
14	1	−0.07	0.00	0.22
13	1	0.27	0.00	0.08
12	1	0.52	0.00	−0.02
11	1	0.61	0.00	−0.06
10	1	0.52	0.00	−0.06
9	1	0.30	0.00	−0.02
8	1	−0.01	0.00	0.05
7	1	−0.32	0.00	0.12
6	1	−0.56	0.00	0.17
5	1	−0.67	0.00	0.19
4	1	−0.62	0.00	0.17
3	1	−0.44	0.00	0.11
2	1	−0.21	0.00	0.05
1	1	−0.04	0.00	−0.01

振型 8 的地震力

Floor	Tower	F-y-x (kN)	F-y-y (kN)	F-y-t (kN · m)
16	1	0.03	74.80	−16.73
15	1	0.52	64.44	−28.44

Floor	Tower	F-y-x (kN)	F-y-y (kN)	F-y-t (kN · m)
14	1	0.35	4.00	−23.07
13	1	0.07	−45.70	−19.14
12	1	−0.26	−81.83	−14.55
11	1	−0.48	−90.67	−7.39
10	1	−0.56	−75.77	−0.19
9	1	−0.46	−40.39	6.68
8	1	−0.22	6.44	12.41
7	1	0.10	53.04	16.05
6	1	0.40	88.05	17.01
5	1	0.58	103.34	15.54
4	1	0.60	96.14	12.10
3	1	0.46	70.06	7.52
2	1	0.22	35.32	3.53
1	1	0.04	13.01	1.51

振型 9 的地震力

Floor	Tower	F-y-x (kN)	F-y-y (kN)	F-y-t (kN · m)
16	1	−0.13	0.02	−9.53
15	1	0.00	−0.04	−8.59
14	1	0.05	0.02	−0.28
13	1	0.08	0.01	6.09
12	1	0.09	0.01	10.89
11	1	0.04	0.00	11.96
10	1	−0.01	−0.01	9.93
9	1	−0.06	−0.01	5.22
8	1	−0.07	−0.01	−0.98
7	1	−0.06	−0.01	−7.12
6	1	−0.01	0.00	−11.73
5	1	0.03	0.01	−13.75
4	1	0.06	0.01	−12.81
3	1	0.06	0.01	−9.39
2	1	0.03	0.01	−4.84
1	1	0.00	0.00	−1.89

振型 10 的地震力

Floor	Tower	F-y-x (kN)	F-y-y (kN)	F-y-t (kN · m)
16	1	0.25	0.00	−0.40
15	1	0.15	0.00	−0.53

Floor	Tower	F-y-x (kN)	F-y-y (kN)	F-y-t (kN · m)
14	1	−0.13	0.00	−0.15
13	1	−0.31	0.00	0.11
12	1	−0.33	0.00	0.30
11	1	−0.16	0.00	0.34
10	1	0.09	0.00	0.28
9	1	0.29	0.00	0.14
8	1	0.36	0.00	−0.04
7	1	0.25	0.00	−0.20
6	1	0.01	0.00	−0.30
5	1	−0.23	0.00	−0.34
4	1	−0.37	0.00	−0.30
3	1	−0.35	0.00	−0.21
2	1	−0.19	0.00	−0.12
1	1	−0.04	0.00	−0.07

振型 11 的地震力

Floor	Tower	F-y-x (kN)	F-y-y (kN)	F-y-t (kN · m)
16	1	0.13	−54.65	12.48
15	1	−0.28	−19.52	14.43
14	1	−0.15	31.47	6.62
13	1	0.04	60.30	0.37
12	1	0.19	59.65	−4.95
11	1	0.22	26.03	−7.93
10	1	0.12	−20.13	−7.54
9	1	−0.06	−57.49	−4.77
8	1	−0.20	−68.27	−0.61
7	1	−0.22	−47.08	3.93
6	1	−0.11	−3.52	6.91
5	1	0.08	42.51	8.19
4	1	0.22	70.33	7.65
3	1	0.24	68.39	5.34
2	1	0.14	41.48	2.91
1	1	0.03	18.93	1.57

振型 12 的地震力

Floor	Tower	F-y-x (kN)	F-y-y (kN)	F-y-t (kN · m)
16	1	−0.10	0.00	0.03
15	1	−0.01	0.00	0.12

Floor	Tower	F-y-x (kN)	F-y-y (kN)	F-y-t (kN·m)
14	1	0.10	0.00	0.08
13	1	0.12	0.00	0.05
12	1	0.04	0.00	0.03
11	1	−0.08	0.00	0.01
10	1	−0.14	0.00	−0.02
9	1	−0.09	0.00	−0.04
8	1	0.02	0.00	−0.05
7	1	0.12	0.00	−0.04
6	1	0.12	0.00	0.00
5	1	0.03	0.00	0.04
4	1	−0.09	0.00	0.07
3	1	−0.14	0.00	0.07
2	1	−0.10	0.00	0.04
1	1	−0.03	0.00	0.00

振型 13 的地震力

Floor	Tower	F-y-x (kN)	F-y-y (kN)	F-y-t (kN·m)
16	1	0.09	0.06	20.58
15	1	−0.13	0.02	7.32
14	1	−0.03	−0.09	−12.12
13	1	0.06	−0.08	−22.73
12	1	0.05	−0.02	−22.79
11	1	0.01	0.06	−9.94
10	1	−0.05	0.10	7.63
9	1	−0.07	0.06	21.87
8	1	−0.01	−0.02	26.05
7	1	0.06	−0.08	18.11
6	1	0.09	−0.08	1.59
5	1	0.04	−0.02	−16.02
4	1	−0.06	0.05	−26.89
3	1	−0.11	0.10	−26.54
2	1	−0.09	0.07	−16.66
1	1	−0.04	0.04	−8.37

振型 14 的地震力

Floor	Tower	F-y-x (kN)	F-y-y (kN)	F-y-t (kN·m)
16	1	−0.22	40.57	−17.27
15	1	0.33	−8.98	−5.15

Floor	Tower	F-y-x (kN)	F-y-y (kN)	F-y-t (kN·m)
14	1	0.09	−39.64	14.45
13	1	−0.13	−38.31	24.89
12	1	−0.17	−7.43	24.22
11	1	−0.07	30.87	10.13
10	1	0.11	46.94	−8.67
9	1	0.18	28.87	−23.24
8	1	0.08	−10.20	−26.98
7	1	−0.11	−41.53	−18.09
6	1	−0.20	−41.99	−0.73
5	1	−0.10	−11.10	17.19
4	1	0.10	28.93	28.00
3	1	0.22	49.49	27.20
2	1	0.17	38.39	17.14
1	1	0.06	21.89	8.91

振型 15 的地震力

Floor	Tower	F-y-x (kN)	F-y-y (kN)	F-y-t (kN·m)
16	1	0.07	0.00	−0.05
15	1	−0.02	0.00	−0.10
14	1	−0.09	0.00	−0.04
13	1	−0.05	0.00	0.01
12	1	0.05	0.00	0.03
11	1	0.10	0.00	0.02
10	1	0.03	0.00	0.01
9	1	−0.07	0.00	0.00
8	1	−0.09	0.00	−0.03
7	1	−0.01	0.00	−0.04
6	1	0.08	0.00	−0.03
5	1	0.08	0.00	0.00
4	1	−0.01	0.00	0.04
3	1	−0.09	0.00	0.06
2	1	−0.08	0.00	0.04
1	1	−0.03	0.00	0.01

各振型作用下 Y 方向的基底剪力

振型号	剪力（kN）
1	928.25
2	2.38

振型号	剪力（kN）
3	1.50
4	0.42
5	702.97
6	0.24
7	0.01
8	274.30
9	0.03
10	0.00
11	148.44
12	0.00
13	0.16
14	86.76
15	0.00

各层 Y 方向的作用力（CQC）

Floor ：层号

Tower ：塔号

Fy ：Y 向地震作用下结构的地震反应力

Vy ：Y 向地震作用下结构的楼层剪力

My ：Y 向地震作用下结构的弯矩

Static Fy：静力法 Y 向的地震力

Floor	Tower	Fy (kN)	Vy (分塔剪重比) (kN)	(整层剪重比)	My (kN·m)	Static Fy (kN)
			（注意：下面分塔输出的剪重比不适合于上连多塔结构）			
16	1	175.22	175.22（4.43%）	（4.43%）	525.65	245.00
15	1	214.00	381.54（3.46%）	（3.46%）	1623.49	148.96
14	1	152.87	510.67（2.89%）	（2.89%）	3079.28	130.77
13	1	136.56	594.60（2.44%）	（2.44%）	4745.37	121.41
12	1	141.79	652.52（2.09%）	（2.09%）	6527.40	116.42
11	1	149.82	694.50（1.83%）	（1.83%）	8364.62	105.25
10	1	163.25	734.01（1.64%）	（1.64%）	10229.15	95.65
9	1	172.38	780.10（1.51%）	（1.51%）	12123.15	86.06
8	1	178.86	836.64（1.43%）	（1.43%）	14071.13	76.46
7	1	182.03	904.45（1.38%）	（1.38%）	16112.18	66.86
6	1	176.79	979.35（1.36%）	（1.36%）	18290.57	57.26
5	1	166.90	1053.70（1.33%）	（1.33%）	20642.81	47.66
4	1	154.92	1121.23（1.31%）	（1.31%）	23188.32	38.06
3	1	126.52	1174.80（1.27%）	（1.27%）	25925.77	28.46
2	1	73.42	1204.76（1.21%）	（1.21%）	28829.85	18.89
1	1	33.77	1216.53（1.07%）	（1.07%）	31756.74	19.54

Y 方向的有效质量系数： 99.50%

========各楼层地震剪力系数调整情况［抗震规范（5.2.5）验算］==========

层号	塔号	X 向调整系数	Y 向调整系数
1	1	1.000	1.000
2	1	1.000	1.000
3	1	1.000	1.000
4	1	1.000	1.000
5	1	1.000	1.000
6	1	1.000	1.000
7	1	1.000	1.000
8	1	1.000	1.000
9	1	1.000	1.000
10	1	1.000	1.000
11	1	1.000	1.000
12	1	1.000	1.000
13	1	1.000	1.000
14	1	1.000	1.000
15	1	1.000	1.000
16	1	1.000	1.000

3. 位移

所有位移的单位为毫米。

Floor：层号

Tower：塔号

Jmax：最大位移对应的节点号

JmaxD：最大层间位移对应的节点号

Max－(Z)：节点的最大竖向位移

h：层高

Max－(X)，Max－(Y)：X，Y 方向的节点最大位移

Ave－(X)，Ave－(Y)：X，Y 方向的层平均位移

Max－Dx，Max－Dy：X，Y 方向的最大层间位移

Ave－Dx，Ave－Dy：X，Y 方向的平均层间位移

Ratio－(X)，Ratio－(Y)：最大位移与层平均位移的比值

Ratio－Dx，Ratio－Dy：最大层间位移与平均层间位移的比值

Max－Dx/h，Max－Dy/h：X，Y 方向的最大层间位移角

DxR/Dx，DyR/Dy：X，Y 方向的有害位移角占总位移角的百分比例

Ratio_AX，Ratio_AY：本层位移角与上层位移角的 1.3 倍及上三层平均位移角的 1.2 倍的比值的大者

X－Disp，Y－Disp，Z－Disp：节点 X，Y，Z 方向的位移

=== 工况 1 === X 方向地震作用下的楼层最大位移

Floor	Tower	Jmax	Max-(X)	Ave-(X)	Ratio-(X)	h		
		JmaxD	Max-Dx	Ave-Dx	Ratio-Dx	Max-Dx/h	DxR/Dx	Ratio_AX
16	1	7110	11.67	11.08	1.05	3000		

Floor	Tower	Jmax / JmaxD	Max-(X) / Max-Dx	Ave-(X) / Ave-Dx	Ratio-(X) / Ratio-Dx	h / Max-Dx/h	DxR/Dx	Ratio_AX
		7110	0.68	0.65	1.06	1/4380	9.1%	1.00
15	1	6722	11.56	10.75	1.08	2900		
		6722	0.75	0.68	1.09	1/3888	9.2%	0.84
14	1	6260	10.87	10.12	1.07	2900		
		6260	0.81	0.75	1.09	1/3578	7.3%	0.95
13	1	5815	10.11	9.43	1.07	2900		
		5815	0.87	0.80	1.08	1/3346	5.1%	0.97
12	1	5377	9.30	8.69	1.07	2900		
		5377	0.92	0.85	1.08	1/3166	4.9%	0.94
11	1	4937	8.44	7.90	1.07	2900		
		4937	0.96	0.89	1.08	1/3026	3.6%	0.92
10	1	4498	7.53	7.06	1.07	2900		
		4498	0.99	0.92	1.08	1/2927	2.3%	0.91
9	1	4065	6.58	6.18	1.06	2900		
		4065	1.01	0.94	1.08	1/2868	0.9%	0.89
8	1	3627	5.60	5.27	1.06	2900		
		3627	1.02	0.95	1.07	1/2852	1.0%	0.86
7	1	3187	4.60	4.34	1.06	2900		
		3187	1.00	0.94	1.07	1/2889	3.4%	0.84
6	1	2748	3.61	3.42	1.06	2900		
		2748	0.97	0.91	1.06	1/3003	7.0%	0.80
5	1	2315	2.65	2.52	1.05	2900		
		2315	0.89	0.84	1.06	1/3244	12.6%	0.75
4	1	1877	1.76	1.68	1.05	2900		
		1877	0.78	0.74	1.06	1/3731	21.7%	0.68
3	1	1437	0.99	0.94	1.05	2900		
		1437	0.61	0.58	1.05	1/4784	40.9%	0.60
2	1	998	0.38	0.37	1.04	2900		
		1003	0.36	0.34	1.05	1/8135	92.0%	0.45
1	1	501	0.03	0.03	1.00	2800		
		501	0.03	0.03	1.00	1/9999	99.9%	0.06

X方向最大值层间位移角：　　　1/2852

=== 工况　2 === X-5% 偶然偏心地震作用下的楼层最大位移

Floor	Tower	Jmax / JmaxD	Max-(X) / Max-Dx	Ave-(X) / Ave-Dx	Ratio-(X) / Ratio-Dx	h / Max-Dx/h	DxR/Dx	Ratio_AX
16	1	7110	11.54	11.13	1.04	3000		
		7110	0.67	0.65	1.04	1/4451	8.5%	1.00
15	1	6722	11.30	10.72	1.05	2900		
		6722	0.72	0.68	1.06	1/4003	9.3%	0.83
14	1	6260	10.63	10.09	1.05	2900		
		6260	0.79	0.74	1.06	1/3677	7.3%	0.95

Floor	Tower	Jmax	Max-(X)	Ave-(X)	Ratio-(X)	h		
		JmaxD	Max-Dx	Ave-Dx	Ratio-Dx	Max-Dx/h	DxR/Dx	Ratio _ AX
13	1	5815	9.89	9.41	1.05	2900		
		5815	0.84	0.80	1.06	1/3435	5.3%	0.97
12	1	5377	9.11	8.67	1.05	2900		
		5377	0.89	0.84	1.06	1/3247	4.9%	0.95
11	1	4937	8.27	7.88	1.05	2900		
		4937	0.94	0.88	1.06	1/3100	3.6%	0.93
10	1	4498	7.38	7.05	1.05	2900		
		4498	0.97	0.92	1.06	1/2996	2.3%	0.91
9	1	4065	6.45	6.17	1.05	2900		
		4065	0.99	0.94	1.05	1/2933	0.9%	0.89
8	1	3627	5.49	5.26	1.04	2900		
		3627	1.00	0.95	1.05	1/2914	0.9%	0.86
7	1	3187	4.52	4.34	1.04	2900		
		3187	0.98	0.94	1.05	1/2949	3.4%	0.84
6	1	2748	3.55	3.41	1.04	2900		
		2748	0.95	0.91	1.05	1/3062	7.0%	0.80
5	1	2315	2.61	2.51	1.04	2900		
		2315	0.88	0.84	1.04	1/3304	12.6%	0.75
4	1	1877	1.74	1.68	1.04	2900		
		1877	0.76	0.74	1.04	1/3795	21.7%	0.69
3	1	1437	0.97	0.94	1.03	2900		
		1437	0.60	0.58	1.04	1/4862	40.8%	0.60
2	1	998	0.38	0.37	1.03	2900		
		998	0.35	0.34	1.03	1/8259	92.0%	0.45
1	1	513	0.03	0.03	1.00	2800		
		513	0.03	0.03	1.00	1/9999	99.9%	0.06

X方向最大值层间位移角： 1/2914

=== 工况 3 === X+5% 偶然偏心地震作用下的楼层最大位移

Floor	Tower	Jmax	Max-(X)	Ave-(X)	Ratio-(X)	h		
		JmaxD	Max-Dx	Ave-Dx	Ratio-Dx	Max-Dx/h	DxR/Dx	Ratio _ AX
16	1	7110	11.79	11.03	1.07	3000		
		7110	0.70	0.64	1.08	1/4312	9.7%	1.00
15	1	6722	11.82	10.78	1.10	2900		
		6722	0.77	0.69	1.12	1/3779	9.2%	0.84
14	1	6260	11.10	10.14	1.09	2900		
		6260	0.83	0.75	1.11	1/3484	7.3%	0.95
13	1	5815	10.33	9.45	1.09	2900		
		5815	0.89	0.80	1.11	1/3262	4.8%	0.97
12	1	5377	9.50	8.71	1.09	2900		
		5377	0.94	0.85	1.11	1/3089	4.9%	0.94
11	1	4937	8.61	7.92	1.09	2900		
		4937	0.98	0.89	1.10	1/2955	3.6%	0.92

Floor	Tower	Jmax	Max-(X)	Ave-(X)	Ratio-(X)	h		
		JmaxD	Max-Dx	Ave-Dx	Ratio-Dx	Max-Dx/h	DxR/Dx	Ratio _ AX
10	1	4498	7.68	7.08	1.09	2900		
		4498	1.01	0.92	1.10	1/2861	2.3%	0.90
9	1	4065	6.71	6.19	1.08	2900		
		4065	1.03	0.94	1.10	1/2806	0.9%	0.89
8	1	3627	5.70	5.28	1.08	2900		
		3627	1.04	0.95	1.09	1/2793	1.0%	0.86
7	1	3187	4.69	4.35	1.08	2900		
		3187	1.02	0.94	1.09	1/2832	3.4%	0.84
6	1	2748	3.68	3.42	1.07	2900		
		2748	0.98	0.91	1.08	1/2947	7.0%	0.80
5	1	2315	2.70	2.52	1.07	2900		
		2315	0.91	0.84	1.08	1/3187	12.7%	0.75
4	1	1877	1.79	1.68	1.07	2900		
		1877	0.79	0.74	1.07	1/3669	21.7%	0.68
3	1	1437	1.00	0.94	1.06	2900		
		1437	0.62	0.58	1.07	1/4709	40.9%	0.60
2	1	998	0.39	0.37	1.06	2900		
		1003	0.36	0.34	1.06	1/8014	92.0%	0.45
1	1	501	0.03	0.03	1.00	2800		
		501	0.03	0.03	1.00	1/9999	99.9%	0.06

X 方向最大值层间位移角： 1/2793

=== 工况 4 === Y 方向地震作用下的楼层最大位移

Floor	Tower	Jmax	Max-(Y)	Ave-(Y)	Ratio-(Y)	h		
		JmaxD	Max-Dy	Ave-Dy	Ratio-Dy	Max-Dy/h	DyR/Dy	Ratio _ AY
16	1	7207	13.47	12.88	1.05	3000		
		7207	1.03	0.98	1.05	1/2916	3.0%	1.00
15	1	6926	12.48	11.94	1.05	2900		
		6928	- 1.02	0.97	1.05	1/2834	3.5%	0.79
14	1	6451	11.49	11.00	1.04	2900		
		6451	1.06	1.01	1.05	1/2742	2.4%	0.88
13	1	6003	10.47	10.03	1.04	2900		
		6003	1.08	1.03	1.05	1/2682	1.2%	0.88
12	1	5554	9.43	9.05	1.04	2900		
		5554	1.09	1.04	1.05	1/2654	0.5%	0.87
11	1	5115	8.38	8.04	1.04	2900		
		5115	1.10	1.05	1.05	1/2643	0.6%	0.85
10	1	4675	7.32	7.03	1.04	2900		
		4675	1.09	1.04	1.05	1/2660	1.7%	0.83
9	1	4241	6.26	6.02	1.04	2900		
		4241	1.07	1.03	1.04	1/2709	3.1%	0.82

Floor	Tower	Jmax	Max-(Y)	Ave-(Y)	Ratio-(Y)	h		
		JmaxD	Max-Dy	Ave-Dy	Ratio-Dy	Max-Dy/h	DyR/Dy	Ratio_AY
8	1	3804	5.22	5.02	1.04	2900		
		3804	1.04	0.99	1.04	1/2800	4.9%	0.80
7	1	3365	4.20	4.04	1.04	2900		
		3365	0.98	0.94	1.04	1/2948	7.3%	0.77
6	1	2925	3.23	3.11	1.04	2900		
		2925	0.91	0.88	1.04	1/3186	10.7%	0.74
5	1	2491	2.32	2.24	1.04	2900		
		2491	0.81	0.78	1.04	1/3575	16.1%	0.69
4	1	2054	1.52	1.47	1.03	2900		
		2054	0.68	0.66	1.04	1/4271	24.7%	0.65
3	1	1615	0.84	0.81	1.03	2900		
		1615	0.51	0.49	1.03	1/5687	42.6%	0.58
2	1	1175	0.33	0.32	1.03	2900		
		1175	0.29	0.28	1.03	1/9946	86.1%	0.44
1	1	740	0.04	0.04	1.00	2800		
		740	0.04	0.04	1.00	1/9999	99.9%	0.11

Y 方向最大值层间位移角：　　1/2643

=== 工况　5 === Y-5％偶然偏心地震作用下的楼层最大位移

Floor	Tower	Jmax	Max-(Y)	Ave-(Y)	Ratio-(Y)	h		
		JmaxD	Max-Dy	Ave-Dy	Ratio-Dy	Max-Dy/h	DyR/Dy	Ratio_AY
16	1	7207	15.47	12.89	1.20	3000		
		7207	1.18	0.98	1.21	1/2533	3.3%	1.00
15	1	6926	14.32	11.94	1.20	2900		
		6928	1.18	0.97	1.21	1/2459	3.3%	0.79
14	1	6451	13.18	11.00	1.20	2900		
		6451	1.22	1.01	1.21	1/2381	2.4%	0.87
13	1	6003	12.01	10.04	1.20	2900		
		6003	1.24	1.03	1.21	1/2330	1.2%	0.88
12	1	5554	10.81	9.05	1.19	2900		
		5554	1.26	1.04	1.20	1/2307	0.5%	0.87
11	1	5115	9.60	8.04	1.19	2900		
		5115	1.26	1.05	1.20	1/2298	0.6%	0.85
10	1	4675	8.38	7.03	1.19	2900		
		4675	1.25	1.04	1.20	1/2315	1.7%	0.83
9	1	4241	7.16	6.02	1.19	2900		
		4241	1.23	1.03	1.20	1/2360	3.1%	0.82
8	1	3804	5.96	5.02	1.19	2900		
		3804	1.19	0.99	1.20	1/2442	4.9%	0.80
7	1	3365	4.79	4.04	1.19	2900		
		3365	1.13	0.94	1.19	1/2574	7.3%	0.77

Floor	Tower	Jmax	Max-(Y)	Ave-(Y)	Ratio-(Y)	h		
		JmaxD	Max-Dy	Ave-Dy	Ratio-Dy	Max-Dy/h	DyR/Dy	Ratio_AY
6	1	2925	3.68	3.11	1.18	2900		
		2925	1.04	0.88	1.19	1/2786	10.7%	0.74
5	1	2491	2.65	2.24	1.18	2900		
		2491	0.93	0.78	1.19	1/3131	16.1%	0.69
4	1	2054	1.73	1.47	1.18	2900		
		2054	0.77	0.66	1.18	1/3747	24.7%	0.65
3	1	1615	0.95	0.81	1.17	2900		
		1615	0.58	0.49	1.18	1/4999	42.6%	0.58
2	1	1175	0.37	0.32	1.17	2900		
		1175	0.33	0.28	1.17	1/8746	86.1%	0.44
1	1	740	0.04	0.04	1.00	2800		
		740	0.04	0.04	1.00	1/9999	99.9%	0.11

Y 方向最大值层间位移角： 1/2298

=== 工况 6 === Y+5% 偶然偏心地震作用下的楼层最大位移

Floor	Tower	Jmax	Max-(Y)	Ave-(Y)	Ratio-(Y)	h		
		JmaxD	Max-Dy	Ave-Dy	Ratio-Dy	Max-Dy/h	DyR/Dy	Ratio_AY
16	1	7083	14.28	12.88	1.11	3000		
		7083	1.08	0.98	1.11	1/2780	2.8%	1.00
15	1	6710	13.23	11.93	1.11	2900		
		6710	1.08	0.97	1.11	1/2697	3.7%	0.79
14	1	6249	12.20	11.00	1.11	2900		
		6249	1.12	1.01	1.11	1/2598	2.4%	0.88
13	1	5803	11.13	10.03	1.11	2900		
		5803	1.14	1.03	1.11	1/2536	1.2%	0.88
12	1	5366	10.03	9.04	1.11	2900		
		5366	1.16	1.04	1.11	1/2505	0.5%	0.87
11	1	4925	8.92	8.04	1.11	2900		
		4925	1.16	1.05	1.11	1/2491	0.6%	0.85
10	1	4487	7.80	7.03	1.11	2900		
		4487	1.16	1.04	1.11	1/2505	1.7%	0.83
9	1	4053	6.68	6.02	1.11	2900		
		4053	1.14	1.02	1.11	1/2549	3.1%	0.82
8	1	3616	5.57	5.02	1.11	2900		
		3616	1.10	0.99	1.11	1/2632	4.9%	0.80
7	1	3175	4.48	4.04	1.11	2900		
		3175	1.05	0.94	1.11	1/2768	7.3%	0.77
6	1	2737	3.45	3.11	1.11	2900		
		2737	0.97	0.88	1.11	1/2987	10.7%	0.74
5	1	2303	2.49	2.24	1.11	2900		
		2303	0.87	0.78	1.11	1/3349	16.1%	0.69

Floor	Tower	Jmax	Max-(Y)	Ave-(Y)	Ratio-(Y)	h		
		JmaxD	Max-Dy	Ave-Dy	Ratio-Dy	Max-Dy/h	DyR/Dy	Ratio _ AY
4	1	1866	1.63	1.47	1.11	2900		
		1866	0.73	0.66	1.11	1/3993	24.7%	0.65
3	1	1425	0.90	0.81	1.11	2900		
		1425	0.55	0.49	1.11	1/5302	42.5%	0.58
2	1	987	0.36	0.32	1.11	2900		
		987	0.32	0.28	1.11	1/9203	86.1%	0.44
1	1	485	0.04	0.04	1.00	2800		
		485	0.04	0.04	1.00	1/9999	99.9%	0.11

Y 方向最大值层间位移角：　　　1/2491

=== 工况 7 === X 方向风荷载作用下的楼层最大位移

Floor	Tower	Jmax	Max-(X)	Ave-(X)	Ratio-(X)	h		
		JmaxD	Max-Dx	Ave-Dx	Ratio-Dx	Max-Dx/h	DxR/Dx	Ratio _ AX
16	1	7110	6.75	6.68	1.01	3000		
		7110	0.34	0.33	1.01	1/8905	6.6%	1.00
15	1	6722	6.48	6.37	1.02	2900		
		6722	0.35	0.34	1.02	1/8286	10.2%	0.82
14	1	6260	6.13	6.03	1.02	2900		
		6260	0.39	0.38	1.02	1/7522	9.5%	0.95
13	1	5815	5.74	5.65	1.02	2900		
		5815	0.42	0.41	1.02	1/6870	8.6%	0.99
12	1	5377	5.32	5.24	1.02	2900		
		5377	0.46	0.45	1.02	1/6312	8.0%	0.99
11	1	4937	4.86	4.79	1.02	2900		
		4937	0.50	0.49	1.02	1/5844	6.6%	0.98
10	1	4498	4.36	4.30	1.01	2900		
		4498	0.53	0.52	1.02	1/5483	4.9%	0.96
9	1	4065	3.83	3.78	1.01	2900		
		4065	0.55	0.55	1.02	1/5229	3.0%	0.93
8	1	3627	3.28	3.23	1.01	2900		
		3627	0.57	0.56	1.02	1/5081	0.6%	0.90
7	1	3187	2.71	2.67	1.01	2900		
		3187	0.57	0.56	1.02	1/5055	2.3%	0.87
6	1	2748	2.14	2.11	1.01	2900		
		2748	0.56	0.55	1.02	1/5180	6.3%	0.83
5	1	2315	1.58	1.56	1.01	2900		
		2315	0.52	0.52	1.01	1/5536	12.1%	0.77
4	1	1877	1.05	1.04	1.01	2900		
		1877	0.46	0.45	1.01	1/6309	21.3%	0.70
3	1	1437	0.59	0.59	1.01	2900		
		1437	0.36	0.36	1.01	1/8023	40.5%	0.61

Floor	Tower	Jmax	Max-(X)	Ave-(X)	Ratio-(X)	h		
		JmaxD	Max-Dx	Ave-Dx	Ratio-Dx	Max-Dx/h	DxR/Dx	Ratio _ AX
2	1	998	0.23	0.23	1.01	2900		
		998	0.21	0.21	1.01	1/9999	92.0%	0.46
1	1	513	0.02	0.02	1.00	2800		
		513	0.02	0.02	1.00	1/9999	99.9%	0.06

X 方向最大值层间位移角： 1/5055

=== 工况 8 === Y 方向风荷载作用下的楼层最大位移

Floor	Tower	Jmax	Max-(Y)	Ave-(Y)	Ratio-(Y)	h		
		JmaxD	Max-Dy	Ave-Dy	Ratio-Dy	Max-Dy/h	DyR/Dy	Ratio _ AY
16	1	7207	24.44	24.29	1.01	3000		
		7207	1.73	1.71	1.01	1/1732	2.6%	1.00
15	1	6924	22.71	22.58	1.01	2900		
		6924	1.72	1.70	1.01	1/1689	3.7%	0.79
14	1	6451	20.99	20.89	1.01	2900		
		6451	1.78	1.76	1.01	1/1634	3.2%	0.88
13	1	6003	19.22	19.13	1.00	2900		
		6003	1.83	1.81	1.01	1/1585	2.5%	0.89
12	1	5554	17.39	17.31	1.00	2900		
		5554	1.87	1.86	1.01	1/1549	2.1%	0.88
11	1	5115	15.52	15.46	1.00	2900		
		5115	1.91	1.90	1.01	1/1518	1.1%	0.87
10	1	4675	13.61	13.56	1.00	2900		
		4675	1.93	1.92	1.01	1/1503	0.2%	0.86
9	1	4241	11.68	11.64	1.00	2900		
		4241	1.92	1.91	1.01	1/1507	1.8%	0.84
8	1	3804	9.75	9.73	1.00	2900		
		3804	1.89	1.88	1.00	1/1536	3.9%	0.82
7	1	3365	7.86	7.85	1.00	2900		
		3365	1.81	1.81	1.00	1/1600	6.7%	0.79
6	1	2925	6.05	6.04	1.00	2900		
		2925	1.69	1.69	1.00	1/1715	10.4%	0.75
5	1	2491	4.36	4.36	1.00	2900		
		2491	1.51	1.51	1.00	1/1915	16.0%	0.70
4	1	2054	2.85	2.85	1.00	2900		
		2054	1.27	1.27	1.00	1/2281	24.7%	0.65
3	1	1425	1.58	1.58	1.00	2900		
		1615	0.96	0.96	1.00	1/3032	42.6%	0.58
2	1	987	0.62	0.62	1.00	2900		
		987	0.55	0.55	1.00	1/5276	86.3%	0.44
1	1	740	0.07	0.07	1.00	2800		
		740	0.07	0.07	1.00	1/9999	99.9%	0.11

Y 方向最大值层间位移角： 1/1503

=== 工况 9 === 竖向恒载作用下的楼层最大位移

Floor	Tower	Jmax	Max-（Z）
16	1	7198	−2.06
15	1	6896	−6.24
14	1	6429	−10.70
13	1	5983	−11.04
12	1	5481	−4.18
11	1	5042	−4.43
10	1	4603	−4.59
9	1	4169	−4.67
8	1	3731	−4.65
7	1	3292	−4.54
6	1	2853	−4.33
5	1	2419	−4.04
4	1	1981	−3.65
3	1	1542	−3.07
2	1	1103	−2.51
1	1	726	−3.78

=== 工况 10 === 竖向活载作用下的楼层最大位移

Floor	Tower	Jmax	Max-（Z）
16	1	7149	−1.21
15	1	6805	−1.45
14	1	6429	−2.23
13	1	5983	−2.21
12	1	5451	−1.35
11	1	5012	−1.31
10	1	4573	−1.26
9	1	4169	−1.21
8	1	3731	−1.14
7	1	3292	−1.06
6	1	2853	−0.98
5	1	2419	−0.88
4	1	1981	−0.78
3	1	1542	−0.64
2	1	1103	−0.52
1	1	726	−0.39

4. 梁、柱配筋计算结果

梁、柱配筋计算结果见图 5-11～图 5-13。

五、施工图绘制（限于篇幅，此处仅给出部分施工图纸）

绘制施工图见图 5-14～图 5-22。

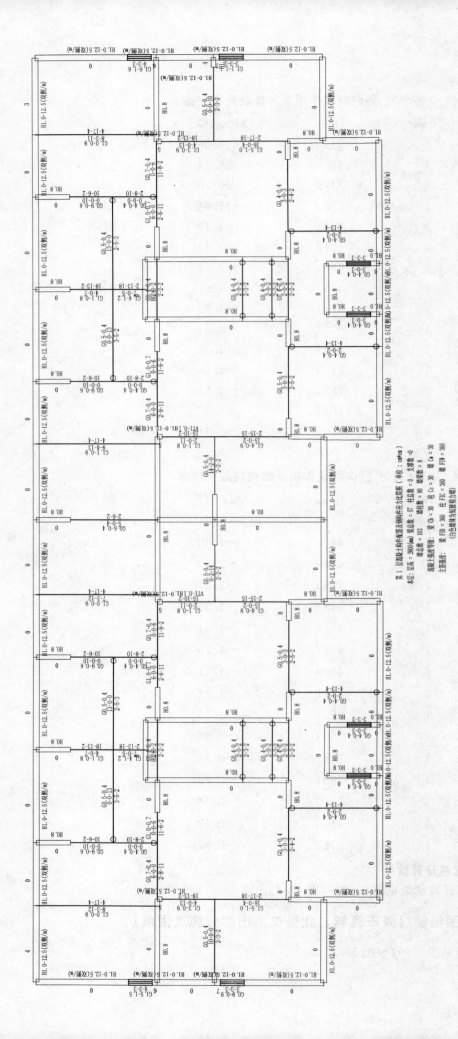

图 5 — 11 第 1 层混凝土构件配筋及钢构件应力比简图

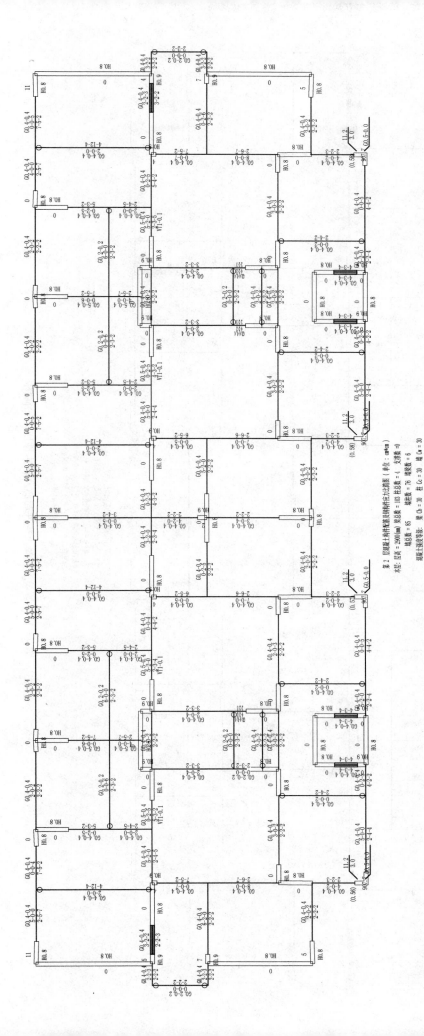

图 5-12 第 2 层混凝土构件配筋及钢构件应力比简图

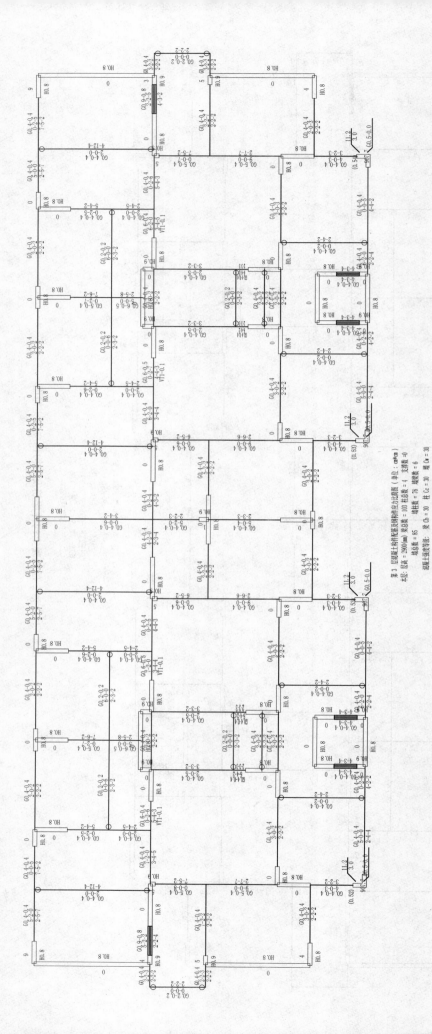

图 5 - 13 第 3 层混凝土构件配筋及钢构件应力比简图

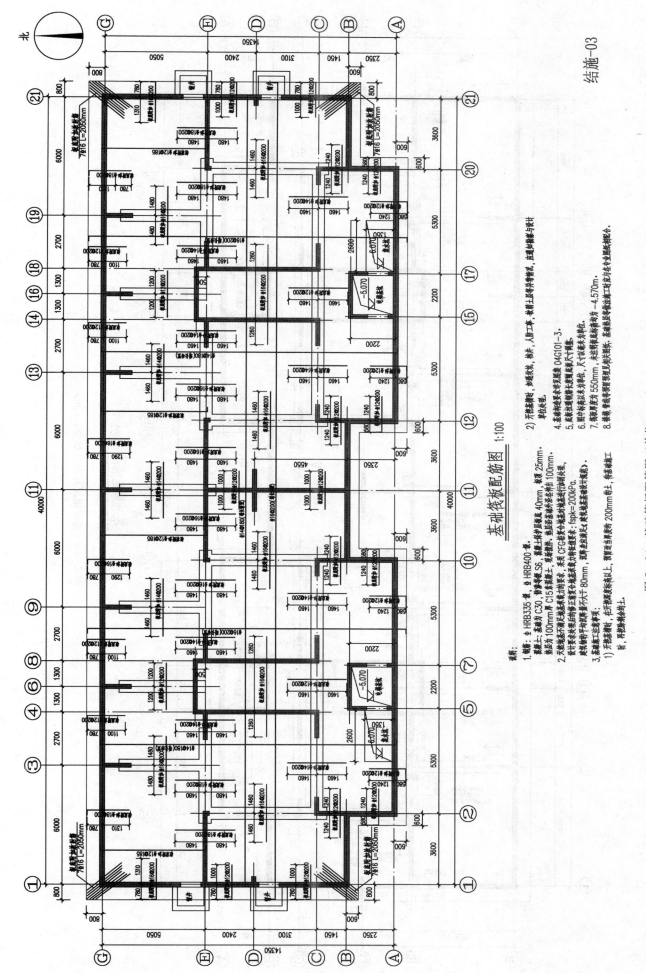

基础筏板配筋图 1:100

图 5-14 基础筏板配筋图 (单位: mm)

结施-03

说明:

1. 钢筋: Φ HRB335 级, Φ HRB400 级。
混凝土: 垫层 C30, 防水等级 S6, 混凝土保护层厚度 40mm, 顶板 25mm。
垫层为 100mm 厚 C15 素混凝土, 刚度满足。当筏板基础外伸本幅 100mm。
2. 天然地基土满足以基本承力指要求, 采用 CFG 桩复合地基处理进行调整处理,
针对天然地基的修正复合地基承力层基本要求: fspk=200kPa。
桩端端平均沉降差不大于 80mm, 沉降之后再以沉降基本材料沉降。
3. 本幅工程参数:

1) 开挖基幅时, 应针对采用基坑标高以上, 预留适当厚度松散 200mm 桩体, 修至施工
前, 再挖除其纳土。
2) 开挖基幅时, 加设支护, 树干, 人防工事, 老有土层等等情况, 应速地选基幅与设计
单位处理。
4. 基础筏板主本尺寸见详表 04G101-3。
5. 底板通钢筋长度确本尺寸下调整。
6. 腳中标结以未按标注, 尺寸以本末端为准。
7. 底板厚度约 550mm, 承托筏板底标高为 -4.570m。
8. 墙体等各等须须复核及地坪结构合。

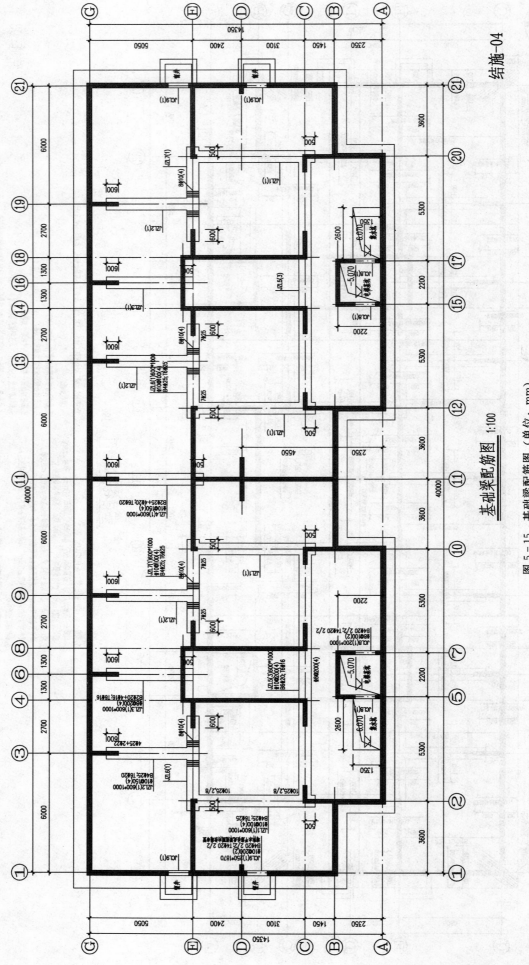

基础梁配筋图 1:100

基础梁配筋图（单位：mm）

图 5 - 15　基础梁配筋图

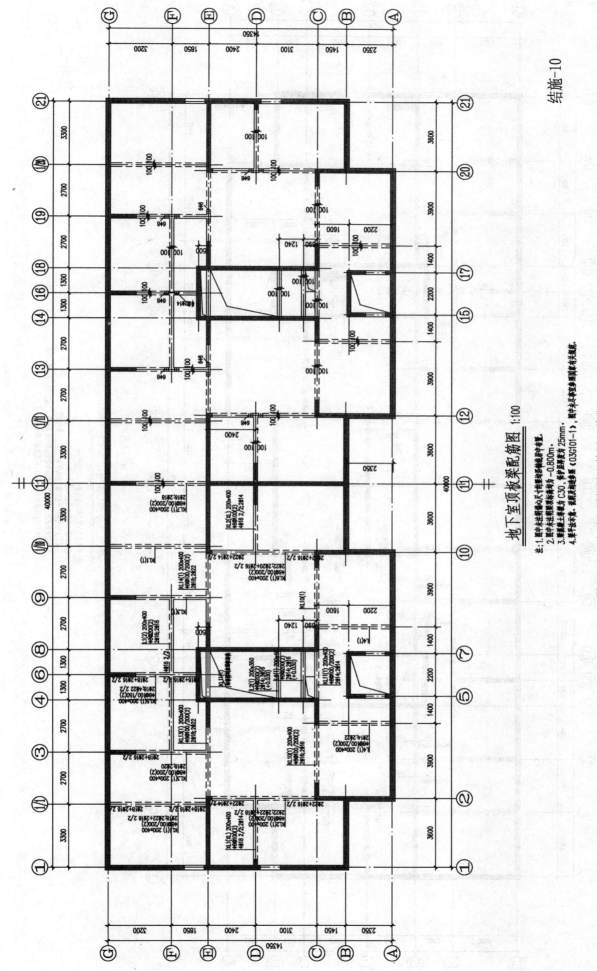

地下室顶板梁配筋图 1:100

注：1. 图中未注明梁的尺寸详本图结施所有注。
2. 图中未注明顶板面结构标高为 -0.800m。
3. 混凝土强度为 C30，保护层为 25mm。
4. 本图末表示，剖视及板钢筋套《03G101-1》图中未表达部详国家有关规定。

图 5 - 16　地下室顶板梁配筋图（单位：mm）

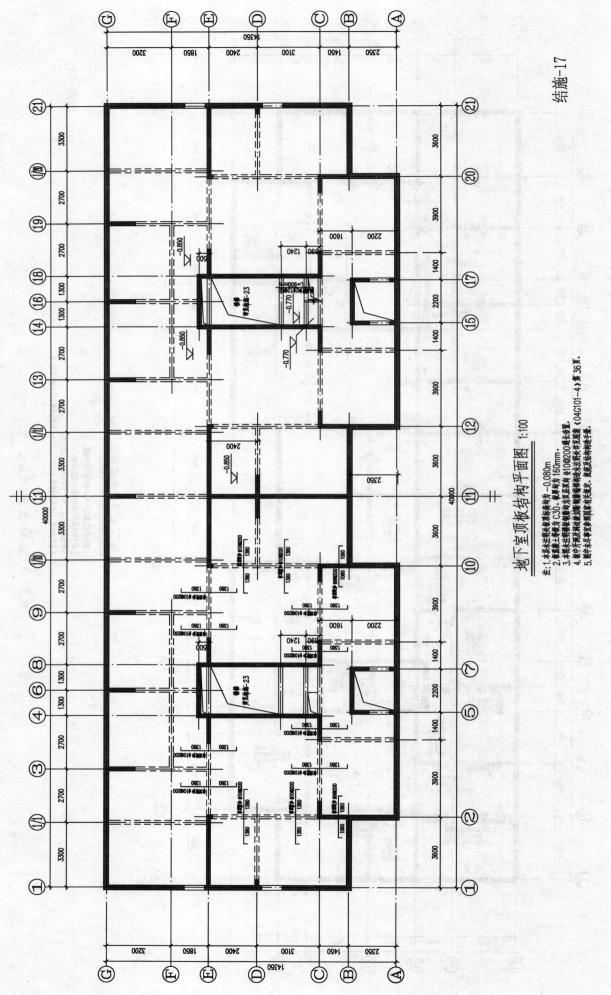

地下室顶板结构平面图 1:100

注:1. 本标注相关层标高结构为 -0.080m。
2. 楼板混凝土等级为 C30，其厚均为 160mm。
3. 本图未明梁板墙钢筋为双层双向 φ10@200 通长布置。
4. 本平开门及栏杆连墙栏梁搁搁墙未注料为见图集《04G101-4》第 36 页。
5. 图中未标本多需未注尺寸、竖项及连墙种地柱等。

图 5 - 17　地下室顶板结构平面图（单位：mm）

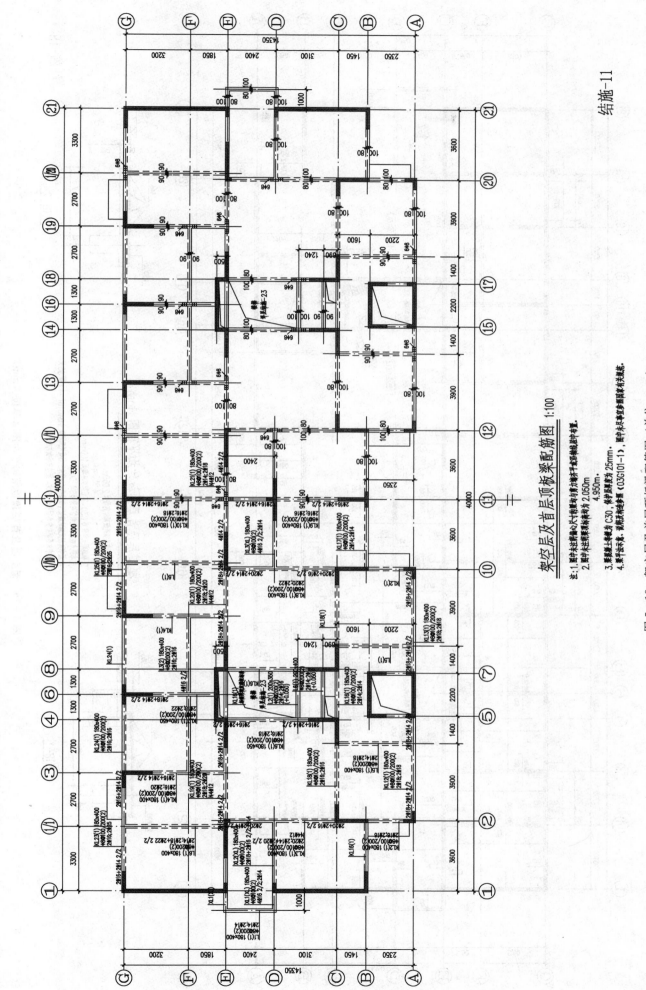

架空层及首层顶板梁配筋图 1:100

注:1. 图中未标注大竖向梁均为剪力墙下平面剪刀墙的垂直。
2. 图中未标明的梁其梁高均为 2.050m。
    4.950m。
3. 采用混凝土等级为 C30，保护层厚为 25mm。
4. 其中无注者，其配筋和构造详《03G101-1》，图中未标注者参看图有关规范。

图 5 - 18 架空层及首层顶板梁配筋图（单位：mm）

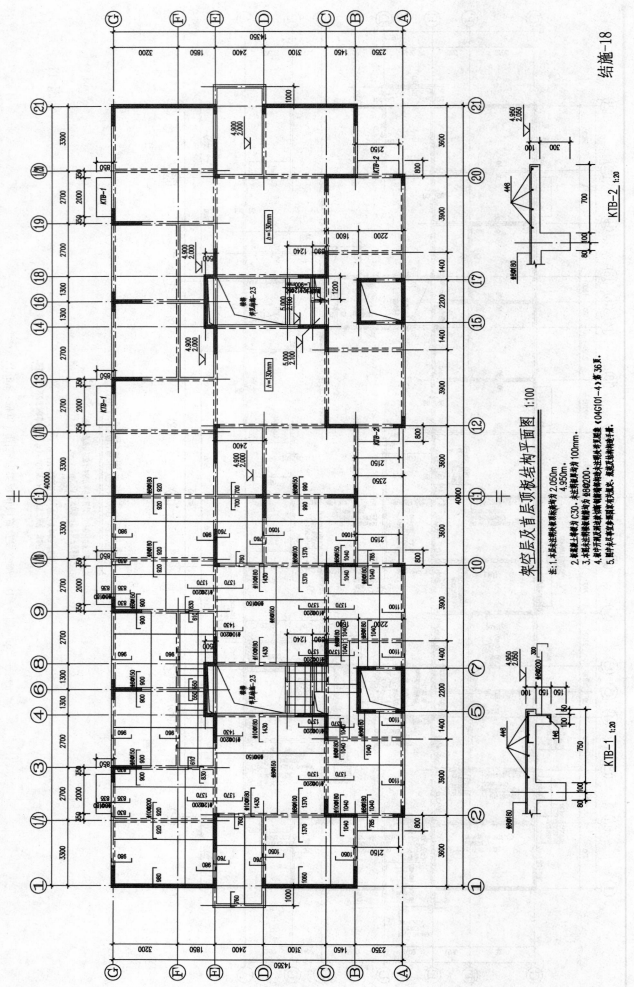

架空层及首层顶板结构平面图（单位：mm）

图 5 - 19

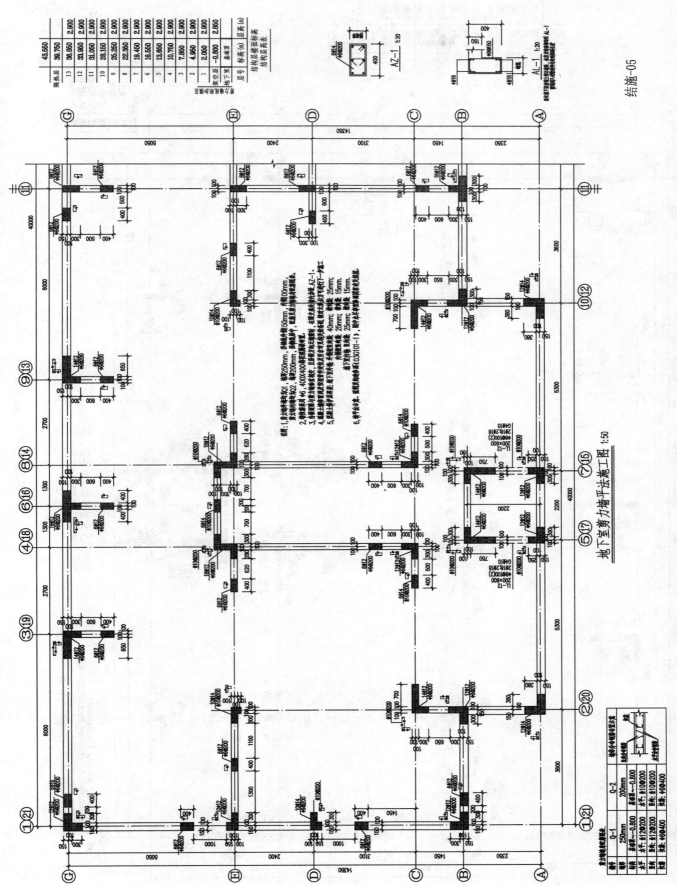

层号	标高(m)	层高(m)
隔热层	43.650	
13	39.760	2.900
12	36.860	2.900
11	33.960	2.900
10	31.060	2.900
9	28.160	2.900
8	25.260	2.900
7	22.360	2.900
6	19.460	2.900
5	16.560	2.900
4	13.660	2.900
3	10.760	2.900
2	7.860	2.900
1	4.960	2.900
架空层	2.060	2.900
地下室	-0.800	2.860
层号	标高(m)	层高(m)

结构楼层面标高
结构层高表

AZ-1 1:20

AL-1 1:20

地下室剪力墙平法施工图 1:50

图 5-20 地下室剪力墙平法施工图（单位：mm）

结施-05

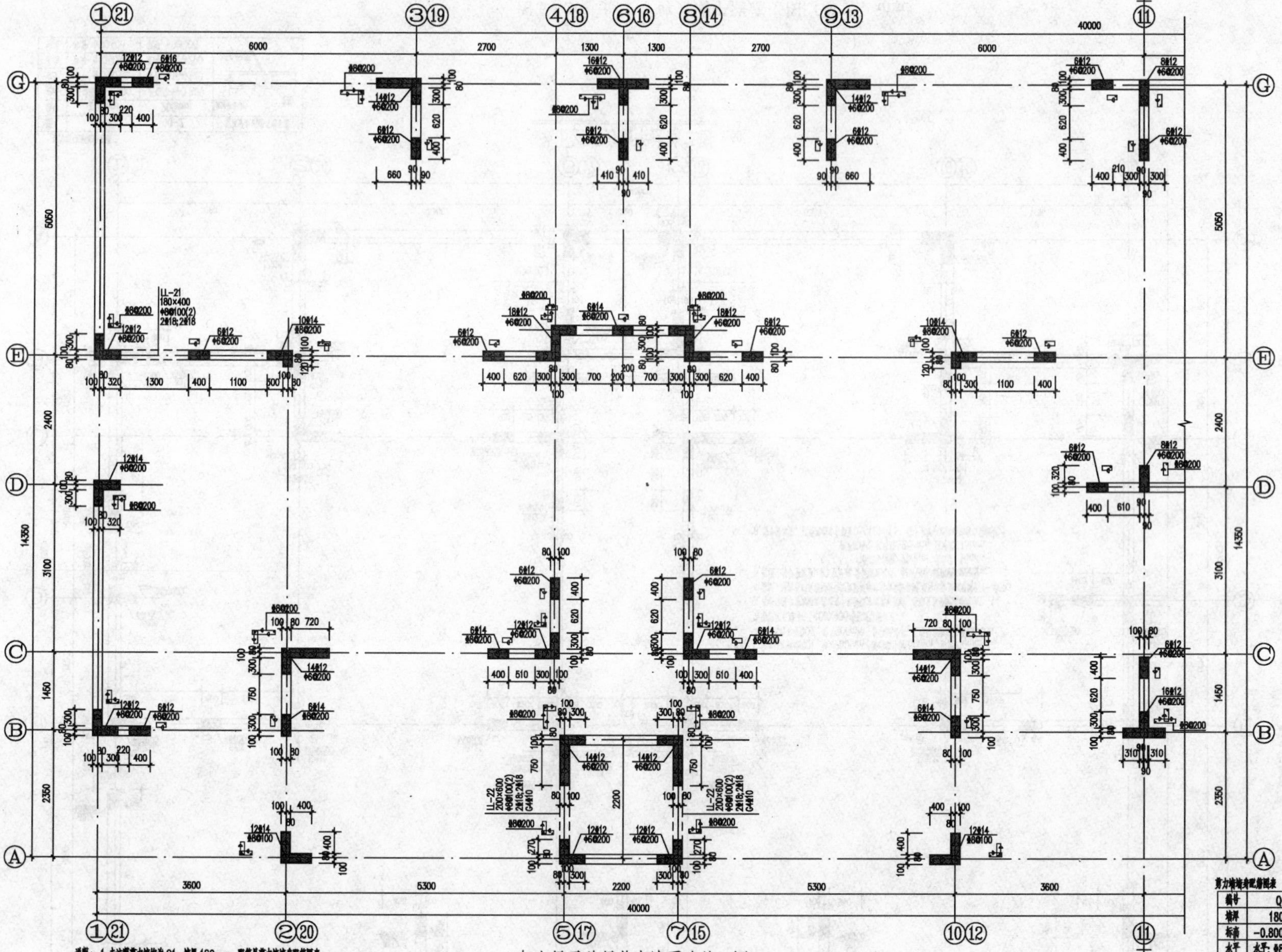

架空层及首层剪力墙平法施工图 1:50

说明：1.未注明剪力墙均为Q1，墙厚180mm，配筋见剪力墙墙身配筋图表。
2.混凝土墙体留洞及预埋管件定位及要求详见相关设备图，核对无误后方可进行下一步施工。
3.墙拉筋采用 Φ6，400X400梅花型隔根布置。
4.墙平法示意、说明及构造参照《03G101-1》，图中未尽事宜参照国家有关规范。

层号	标高(m)	层高(m)
	43.550	
隔热层	39.750	
13	36.850	2.900
12	33.950	2.900
11	31.050	2.900
10	28.150	2.900
9	25.250	2.900
8	22.350	2.900
7	19.450	2.900
6	16.550	2.900
5	13.650	2.900
4	10.750	2.900
3	7.850	2.900
2	4.950	2.900
1	2.050	2.900
架空层	−0.800	2.850
地下室	基础顶	

剪力墙底部加强区

结构层楼面标高
结构层高表

剪力墙身配筋图表

编号	Q-1	墙体分布钢筋布置示意
墙厚	180mm	竖向分布钢筋 拉筋 水平分布钢筋
标高	−0.800~4.950	
水平	水平：Φ8@200	
竖向	竖向：Φ8@200	
拉筋	拉筋：Φ6@400	

结施-06

图5-21 架空层及首层剪力墙平法施工图（单位：mm）

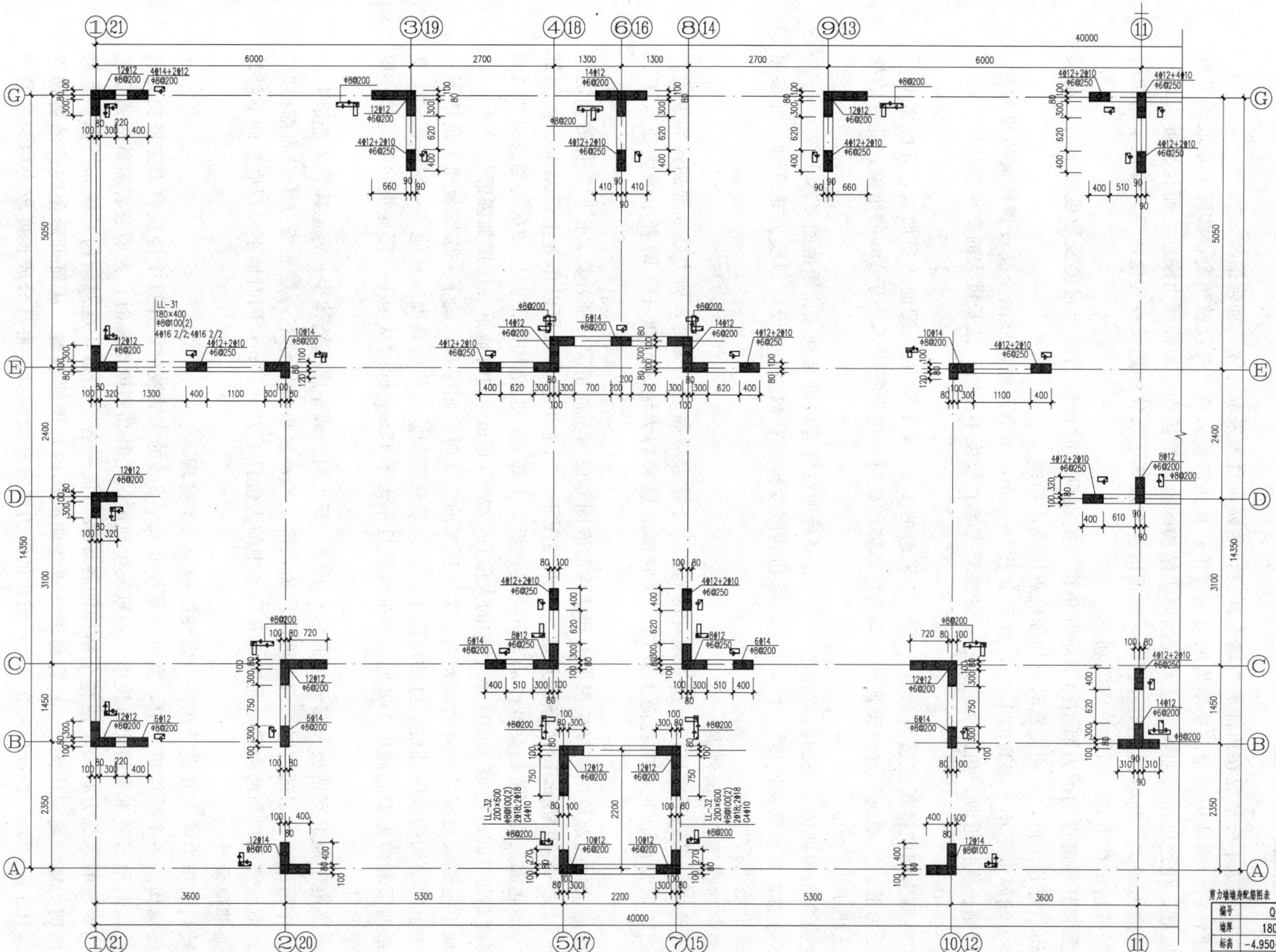

	43.550	
隔热层	39.750	
13	36.850	2.900
12	33.950	2.900
11	31.050	2.900
10	28.150	2.900
9	25.250	2.900
8	22.350	2.900
7	19.450	2.900
6	16.550	2.900
5	13.650	2.900
4	10.750	2.900
3	7.850	2.900
2	4.950	2.900
1	2.050	2.900
架空层	-0.800	2.850
地下室	基础顶	
层号	标高(m)	层高(m)

剪力墙底部加强区

结构层楼面标高
结构层高表

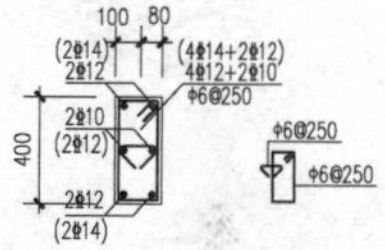

边缘构件配筋示意 1:25

剪力墙墙身配筋图表

编号	Q-1
墙厚	180mm
标高	-4.950~19.450
水平	水平：φ8@200
竖向	竖向：φ8@200
拉筋	拉筋：φ6@600

墙体分布钢筋布置示意

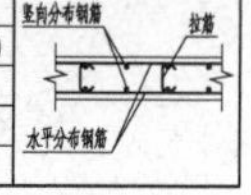

说明：1. 未注明剪力墙均为 Q1，墙厚 180mm，配筋见剪力墙墙身配筋图表。
2. 混凝土墙体留洞及预埋管件定位及要求详见相关设备图，核对无误后方可进行下一步施工。
3. 墙拉筋采用 φ6，600X600 梅花型隔根布置。
4. 墙平法示意、说明及构造参照《03G101-1》，图中未尽事宜参照国家有关规范。

二至六层剪力墙平法施工图 1:50

结施-07

图 5-22 二至六层剪力墙平法施工图（单位：mm）

第四节 剪力墙结构设计中常见问题

一、剪力墙结构的计算

（1）高层建筑不分情况在角部剪力墙上开设转角窗，且未采取有效的加强措施。

高层建筑剪力墙结构的角部是结构的关键部位，在角部剪力墙上开设转角窗，实际上是取消了角部的剪力墙肢，代之以角部曲梁，这不仅削弱了结构的整体抗扭刚度和抗侧力刚度，而且邻近洞口的墙肢、连梁内力增大，扭转效应明显。因为角窗的存在破坏了墙体的连续性和整体性，降低了结构的抗扭刚度和抗扭承载力，于结构抗震不利。

因此要求 B 级高度的剪力墙结构不应开角窗。抗震设计时设防烈度为Ⅶ度及Ⅶ度以上时，高层剪力墙结构不宜开角窗，必须设置时应加强抗震措施，如：

1）剪力墙厚度不小于层高的 1/15，且不小于 180mm，角窗两侧墙肢沿全高设置约束边缘构件。角窗部位两侧长度接近时，角窗下的梁按双悬挑梁考虑；长度不同时，按长度大的支承在长度小的悬挑梁考虑。

2）转角窗房间的楼板宜适当加厚，不小于板跨的 1/30 及 120mm，配筋适当加大，并配置双层双向拉通受力筋。当建筑不允许设连接角窗两侧墙体的梁时，可设宽度不小于 1m 的暗梁，此处的楼板厚度不宜小于 150mm。

3）宜提高角窗两侧墙肢的抗震等级，并按提高后的抗震等级满足轴压比限值的要求。

4）尽量加大角窗梁的刚度。计算时，取梁扭转刚度折减系数为 1。设防烈度为Ⅶ度时，可参照以上的抗震措施进行加强。

（2）底部加强部位取值错误。

高层建筑中，当地下室顶板与室外地坪的高差大于本层层高的 1/3 时，剪力墙底部加强部位的高度确定不当，取为自地下室顶板向上算起，取底部 2 层和剪力墙总高度 1/8 两者中的大值且不大于 15m。

剪力墙底部加强部位的高度应根据上部结构的嵌固部位等不同情况分别计算。嵌固部位的确定应遵守 GB 50011—2010 第 6.1.14 条的规定。一般情况下，当地下室顶板可以作为上部结构的嵌固部位时，剪力墙底部加强部位的高度应从地下一层顶板向上算起，取结构底部两层和剪力墙总高度 1/8（剪力墙高度超过 150m 时取 1/10）两者中的大值且不大于 15m；同时地下一层按加强部位设计。

而当地下室顶板与室外地坪的高差大于本层层高的 1/3 时，则应是以地下一层底板而不是地下一层顶板作为上部结构的嵌固部位。这种情况下，剪力墙底部加强部位的高度应从地下一层底板向上算起，取底部两层和剪力墙总高度 1/8 两者中的大值且不大于 15m；同时从地下一层底板向下延伸一层按加强部位设计。

此外，当由于地下室顶板大部分板面标高下降、开大洞、或车库（墙体少）等原因，不能满足地下一层顶板作为结构嵌固部位时，剪力墙底部加强部位的高度也应从地下一层底板（为嵌固部位时）向上算起，取底部两层和剪力墙总高度 1/8 两者中的大值且不大于 15m；同时地下一层底板向下延伸一层按加强部位设计。

（3）较长的剪力墙未开设结构洞，致使结构受力不合理。

剪力墙结构的一个结构单元中，当有少量长度大于 8m 的大墙肢时，计算中楼层剪力主要由这些大墙肢承受，其他墙肢承受的剪力较小，一旦发生地震，尤其高烈度地震时，大墙肢容易首先遭受破坏，而小的墙肢的承载力有限，使整个结构的各墙肢可能被各个击破，这对结构是极为不利的。同时，细高的剪力墙（高宽比大于 2）容易设计成弯曲破坏的延性剪力墙，从而可避免脆性的剪切破坏。因此，JGJ 3—2010 第 7.1.5 条规定：较长的剪力墙宜开设洞口，将其分成长度较为均匀的若干墙段，墙段之间宜采用弱连梁（跨高比宜大于 6 的连梁）连接，每个独立墙段的总高度与其截面高度之比不应小于 2。独立墙段宜通过设置门窗洞口或结构洞使洞口间的墙肢截面高度不宜大于 8m。较短墙肢受弯产生的裂缝较小，墙体的配筋能较充分发挥作用，有利于改善结构的抗震性能。

（4）剪力墙底部加强部位的厚度不满足要求，且未计算墙体稳定。无端柱或翼墙的一字形墙厚度不满足要求，且未计算墙体稳定。

1）底部加强部位剪力墙厚度：一级、二级不应小于层高或剪力墙无肢长度的 1/16，且不应小于 200mm；三级、四级不应小于层高或剪力墙无肢长度的 1/20，且不应小于 160mm。

2）无端柱或翼墙的一字形剪力墙厚度：底部加强部位不应小于层高的 1/12，其他部位不应小于层高的 1/15，且不应小于 180mm。

剪力墙厚度的详细要求见 GB 50011—2010 第 6.4.1 条及 JGJ 3—2010 第 7.2.2 条规定，当不满足要求时，应按 JGJ 3—2010 附录 D 计算墙体的稳定。剪力墙井筒中分隔电梯井或管井的墙肢截面厚度可适当减小，但不宜小于 160mm。

（5）抗震设计时剪力墙连梁截面尺寸控制条件不满足 JGJ 3—2010 规定，且未采取合适的处理措施。

规范规定剪力墙连梁应满足截面尺寸控制条件，其目的首先是防止发生斜压破坏（或腹板压坏），其次是限制在使用阶段的斜裂缝宽度，同时也是斜截面受剪破坏的最大配箍率的条件。连梁由于跨度小而截面高度较大，水平荷载作用下梁端剪力也较大，因而容易出现截面控制条件不满足规定的情况，若不采取合适的处理措施会造成连梁斜裂缝过大甚至发生斜压破坏。

因此当剪力墙连梁不满足截面尺寸控制条件的要求时，可按 JGJ 3—2010 第 7.2.25 条作如下处理：

1）减小连梁截面高度，连梁名义剪应力超过限制值时，加大截面高度会吸引更多剪力，更为不利，减小截面高度或加大截面厚度效果较好，但后者一般很难实现。

2）抗震设计的剪力墙中连梁弯矩及剪力可进行塑性调幅，以降低其剪力设计值。连梁塑性调幅可采用两种方法，一是在内力计算前就将连梁刚度进行折减；二是在内力计算之后，将连梁弯矩和剪力组合值乘以折减系数。两种方法的效果都是减小连梁内力和配筋。因此在内力计算时对已经降低了刚度的连梁，其调幅范围应当限制或不再继续调幅。当部分连梁降低弯矩设计值后，其余部位连梁和墙肢的设计值应当相应提高。

无论用什么方法，连梁调幅后的弯矩、剪力设计值不应低于使用状况下的数值，也不宜低于比设防烈度低一度的地震作用组合所得的弯矩设计值，其目的是避免在正常使用条件下或较小的地震作用下连梁上出现过大的裂缝。因此建议一般情况下，可掌握调幅后的弯矩不小于调幅前弯矩（完全弹性）的 0.8 倍（6～7 度）和 0，5 倍（8～9 度）。

3）当连梁破坏对承受竖向荷载无明显影响时，可考虑在大震作用下该连梁不参与工作，按独立墙肢第二次进行多遇地震作用下结构内力分析，墙肢应按两次计算所得的较大内力进行配筋设计。

（6）剪力墙结构、框架—剪力墙结构和框架—核心筒结构，在布置楼面主梁时，未注意避开剪力墙连梁而将主梁支承在连梁上。

剪力墙结构、框架—剪力墙结构和框架—核心筒结构的剪力墙中的连梁刚度较弱，将楼层主梁支承在连梁上。第一，连梁没有足够的抗扭刚度对主梁端部约束达不到固结要求，也没有足够的抗扭刚度去抵抗平面外弯矩（扭矩）；第二因连梁本身剪切应变较大，再增加主梁传来的内力易使连梁产生过大裂缝。在强震下连梁作为第一道防线可能首先破坏，造成支承在连梁上的主梁也会随之破坏。

按 JGJ 3—2010 第 7.1.10 条的规定，应尽量避免将楼面主梁支承在连梁上。尤其当楼面主梁数量较多时应调整有关主梁或（和）竖向构件的平面布置。当有个别楼层主梁支承在连梁上时，可将主梁端部设为铰接，并根据情况加大连梁的配筋及构造。

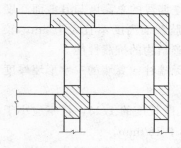

图 5-23 墙体开洞平面示意

(7) 高层建筑抗震设计时,剪力墙开洞后形成如图 5-23 所示的小墙肢,但仍按普通剪力墙进行设计。

如图 5-23 所示的小墙肢截面高度与厚度之比小于 5,其抗侧力刚度更弱,抗震性能更差,应采取加强措施。首先应尽可能避免在剪力墙同一十字交叉墙肢上开设 3 个以上洞口而形成独立小墙肢。当结构中有极少数此种墙肢时,开洞后形成的十字交叉墙应按仅承受轴向力进行设计。其重力荷载代表值作用下的轴压比宜满足表 1 的要求,并宜按框架柱进行截面设计,底部加强部位纵向钢筋的配筋率不应小于 1.2%,一般部位不应小于 1.0%,箍筋宜沿墙肢全高加密,详见 JGJ 3—2010 第 7.2.5 条。

表 5-3　　　　　　　　　　剪力墙独立小墙肢轴压比限值

抗震等级	一级(9度)	一级(7、8度)	二级	三级
轴压比	0.3	0.4	0.5	0.6

二、剪力墙结构的构造

(1) 抗震设计时连梁箍筋未沿全跨长加密。

剪力墙开洞形成的连梁,一般跨高比不大于 5。这类连梁和框架梁不同,连梁在竖向荷载作用下弯矩所占比例较小,水平荷载作用下产生的正负弯矩使连梁对剪切变形十分敏感,容易出现剪切斜裂缝,为防止斜裂缝出现后的脆性破坏,规范除采取了强剪弱弯的一些措施外,在钢筋锚固、腰筋配置、箍筋加密区范围等构造上还规定了一些特殊要求。其中《高规》第 7.2.6 条规定了"抗震设计时,沿连梁全长箍筋的构造应按第 6.3.2 条框架梁梁端加密区箍筋的构造要求采用;非抗震设计时,沿连梁全长的箍筋直径不应小于 6mm,间距不应大于 150mm。"

(2) 如图 5-24 所示,二级抗震设计的剪力墙约束边缘构件沿墙肢长度取值不正确。如取 $l_c=550$mm。

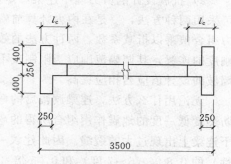

图 5-24　剪力墙截面尺寸(单位:mm)

剪力墙约束边缘构件沿墙肢长度 l_c 应按 JGJ 3—2010 表 7.2.16 计算。图 5-24 剪力墙按有翼墙或端柱一栏计算时,有 $l_c=0.15h_0=0.15\times3500mm=525$mm,并考虑表注 2:"约束边缘构件沿墙肢长度,不应小于表中数值、$1.5b_w$ 和 450mm 三者的较大值;有翼墙或端柱时尚不应小于翼墙厚度或端柱沿墙肢方向截面高度加 300mm",取 $l_c=250$mm$+300$mm$=550$mm。但当翼墙长度小于其厚度 3 倍或端柱截面边长小于墙厚的 2 倍时,视为无翼墙或无端柱。图 5-24 中的剪力墙翼墙长度每侧仅 400mm,小于其 3 倍厚度,因此,应视为无翼墙。

改进措施:按无翼墙或端柱一栏计算,即 $l_c=\max(0.20h_w,1,5b_w,450mm)=0.20\times3500mm=700$mm。

(3) 剪力墙墙肢与其平面外方向的楼面主梁连接时,梁端与剪力墙按固接设计而未采取其他措施。

剪力墙平面外刚度远小于平面内刚度,平面外抗弯能力很小,楼面主梁梁端与剪力墙按固接(特别是仅在墙的一侧连接)时,使得剪力墙平面外产生很大的弯矩,当超过剪力墙平面外的抗弯能力时,会造成墙体开裂甚至破坏。

因此应控制剪力墙平面外的弯矩。当剪力墙墙肢与其平面外方向的楼面梁连接时,为减小梁端部弯矩对墙的不利影响,按 JGJ 3—2010 第 7.1.7 条的规定,应至少采取以下措施之一:

1）沿梁轴线方向设置与梁相连的剪力墙，以抵抗该墙肢平面外弯矩，如图5-25（a）所示。

2）当不能设置与梁轴线方向相连的剪力墙时，宜在墙与梁相交处设置扶壁柱，扶壁柱宜按计算确定其截面及配筋，如图5-25（b）所示。

3）当不能设置扶壁柱时，应在墙与梁相交处设置暗柱，并宜按计算确定其截面及配筋，如图5-25（c）所示。

4）必要时，剪力墙内可设置型钢，如图5-25（d）所示。

5）对截面较小的楼面梁一般可将梁与墙的连接做成铰接，并宜在墙梁相交处设置构造暗柱。

6）将楼面梁设计成变截面梁，减小梁端截面以减小梁端弯矩。

7）通过调幅减小梁端弯矩，相应加大梁跨中弯矩。

无论采取上述哪种措施，都应保证梁的纵向受力钢筋伸入墙内并有可靠锚固。

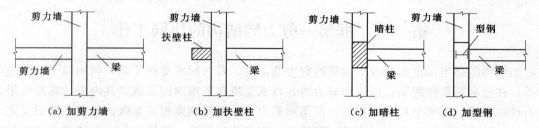

（a）加剪力墙　　　（b）加扶壁柱　　　（c）加暗柱　　　（d）加型钢

图5-25　梁墙垂直相交时剪力墙的加强措施

（4）高层建筑当剪力墙厚度大于400mm时，竖向和水平分布钢筋仍采用两排配筋。墙体各排分布筋之间未设置拉结筋。

为防止混凝土表面出现收缩裂缝，同时使剪力墙具有一定的出平面抗弯能力，高层建筑的剪力墙不允许单排配筋。当剪力墙厚度超过400mm时，如仅采用双排配筋，形成中间大面积的素混凝土，会使剪力墙截面应力分布不均匀。因此，JGJ 3—2010第7.2.3条规定：高层剪力墙中竖向和水平分布钢筋，不应采用单排配筋。当剪力墙截面厚度 b_w 不大于400mm时，可采用双排配筋；当 b_w 大于400mm，但不大于700mm时，宜采用三排配筋；当 b_w 大于700mm时，宜采用四排配筋。受力钢筋可均匀分布成数排。各排分布钢筋之间的拉筋间距不应大于600mm，直径不小于6mm，在底部加强部位，约束边缘构件以外的拉接筋间距尚应适当加密。

第六章　框架—剪力墙结构设计

将框架、剪力墙两种抗侧力结构结合在一起使用，或者将剪力墙围成封闭的筒体，再与框架结合起来使用，就形成了框架—剪力墙（框架—筒体）结构体系。这种结构形式具备了纯框架结构和纯剪力墙结构的优点，同时克服了纯框架结构抗侧移刚度小和纯剪力墙结构平面布置不够灵活的缺点。

第一节　框架—剪力墙结构的协同工作

在框架结构的适当部位布置一定数量的剪力墙，由二者共同承受外荷载，就构成了框架—剪力墙结构体系。在竖向荷载作用下，框架和剪力墙各自承受所在范围内的荷载，其内力计算与框架、剪力墙的内力计算相同；在水平荷载作用下，框架和剪力墙是抗侧刚度相差悬殊而且变形性能又完全不同的两种构件，二者受到平面刚度很大的楼面约束，不能单独变形，这样就存在框架和剪力墙之间如何协同工作的问题。

一、框架—剪力墙结构的侧向位移特点

如图 6-1 (a) 所示，在水平荷载作用下，框架的变形曲线是以剪切变形为主，称为剪切型曲线；而剪力墙是竖向悬臂梁，在水平荷载作用下，其变形曲线以弯曲变形为主，所以称为弯曲型曲线 [图 6-1 (b)]。但是当框架和剪力墙由自身平面内刚度很大的楼盖连接成整体结构，即框架—剪力墙结构时，楼盖则迫使二者在同一楼层上必须保持相同的位移，从而共同工作，此即协同工作。框架—剪力墙结构的变形曲线既不是弯曲型，也不是剪切型，而是介于二者之间的一种状况 [图 6-1 (c)]，称之为弯剪型曲线。

图 6-1 (d) 中，在共变点 A 以下，剪力墙的侧移小于框架，剪力墙控制着框架，变形类型呈弯曲型；在共变点 A 以上，框架的侧移小于剪力墙的侧移，框架控制着剪力墙，变形呈剪切型。故整个框—剪结构的变形曲线类型上剪下弯，整体属剪弯型，为反 S 形。

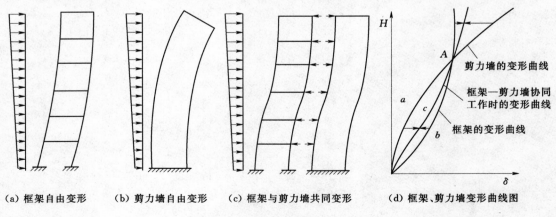

(a) 框架自由变形　　(b) 剪力墙自由变形　　(c) 框架与剪力墙共同变形　　(d) 框架、剪力墙变形曲线图

图 6-1　框—剪结构侧向位移

随着体系中剪力墙和框架的相对数量和抗侧刚度的比值的不同，框—剪结构侧移曲线的形状将发生变化。

二、框架—剪力墙结构的荷载分布特点

由上述可知，在框架—剪力墙结构中，框架和剪力墙的变形必须协调，这样，二者都有阻止对方自由变形的趋势，必然会在二者之间产生相互作用力，导致框架与剪力墙的荷载和剪力分配沿结构高度方向不断变化，且荷载分布形式与外荷载形式也不一致。

图6-2为均布荷载作用下，框架—剪力墙结构的荷载分配示意图。从图中不难看出，剪力墙下部承受的荷载大于外荷载，到了上部，荷载逐渐减小，顶部作用有反向的集中力。而框架下部承担的荷载明显小于剪力墙承受的荷载，且与外荷载作用方向相反，说明框架在下部实际上是加大了对剪力墙的负担；越往上部，框架承受的荷载逐渐变为与外荷载作用方向一致，说明框架在上部对剪力墙起卸荷作用；框架顶部也作用有集中力，它与剪力墙上部的集中力大小相等，方向相反。

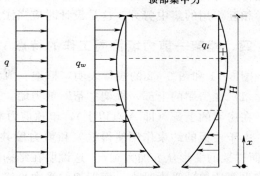

(a) 外荷载　(b) 剪力墙承受的荷载　(c) 框架承受的荷载

图6-2　荷载分配示意图

三、框架—剪力墙结构的剪力分布特点

在均布水平荷载作用下，楼层的总剪力是按三角形分布的［图6-3（b）］，框架和剪力墙分配到的层剪力分别如图6-3（c）、（d）所示。剪力墙在下部承受大部分剪力，往上迅速减小，到上部可能出现负剪力；而框架的剪力在下部很小，向上层剪力增大，在结构的中部大约距结构底部$0.3H \sim 0.6H$处（H为结构总高），达到最大值，然后又逐渐减小，但上部的层剪力仍然相对较大。因此，框架—剪力墙结构的剪力分布具有如下特点：

（1）框架上下各层的层剪力趋于均匀，而剪力墙上下各层剪力很不均匀。

均布荷载作用下，单纯框架所承受的水平剪力上小下大。而在框剪结构中，由于剪力墙分担水平剪力的作用，使框架的受力状况和内力分布得到改善。主要表现为，框架在房屋上部所承受的水平剪力有所增加，在框架下部所承受的水平剪力减小，结果是框架承受的水平剪力上、下分布比较均匀［图6-3（d）］，沿高度方向各层梁柱弯矩的差距减小，截面尺寸不致有过大的变化，有利于减少构件的规格型号。

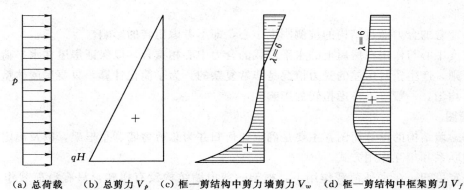

(a) 总荷载　(b) 总剪力 V_p　(c) 框—剪结构中剪力墙剪力 V_w　(d) 框—剪结构中框架剪力 V_f

图6-3　均布荷载作用下的剪力分配示意图

（2）框架剪力 V_f 与剪力墙剪力 V_w 的分配比例随截面所在位置的不同而不断变化。其中，剪力墙在下部受力较大，而框架在中部受力较大，所以设计框剪结构时应着重底部和中部。

（3）结构的顶部，尽管外荷载所产生的总剪力应该等于零，但框架和剪力墙的顶部剪力均不为

零，它们大小相等，方向相反。这是由于相互间在顶部有集中力作用（图 6-2）的缘故。

在框架结构中，层剪力按各柱的抗侧刚度在各柱间分配；在剪力墙结构中，层剪力按各片墙的等效抗弯刚度在各片墙间分配；但在框架—剪力墙结构中，水平力却按着协同工作进行分配。

此外，框架和剪力墙之间的协同工作是借助于楼盖结构平面内的剪力传递实现的，这就要求楼板应能传递剪力，因此，在框剪结构中，楼盖结构的整体性和平面内刚度必须得到保证，尤其顶层还要传递相互作用的集中剪力。这是设计时应当注意的地方。

四、框架—剪力墙协同工作的特点

图 6-1 和图 6-2 的规律表明，框架—剪力墙协同工作具有以下特点：

(1) 在房屋的上部，框架"帮"剪力墙。

在房屋的上部（即 A 点以上），单独剪力墙的变形大于单独框架的变形。但在框架—剪力墙结构中，由于楼板的约束作用使得框架和剪力墙共同变形，两者变形协调后，剪力墙的变形从 a 减小到 c，而框架的变形从 b 加大到 c，这说明在结构的上部，框架将剪力墙向里拉，变形减小，从而剪力墙的受力要比单独受力时小，而框架的受力恰好相反，比单独受力时加大，因此，在房屋的上部，框架帮了剪力墙的忙。

(2) 在房屋的下部，剪力墙"帮"框架。

在房屋下部（即 A 点以下），情况刚好相反，是剪力墙帮了框架的忙。由于剪力墙的刚度远远大于框架的刚度，这种"帮忙"的作用就十分显著，剪力墙承担了大部分剪力，而框架却只承担小部分剪力。因此，在地震作用下，通常是剪力墙首先屈服，之后将产生内力重分配，框架承担的剪力比例将会增加。如果地震作用继续增大，则框架也会随后进入屈服状态。因此，框架—剪力墙结构中，可将剪力墙作为第一道防线，框架作为第二道防线。

从上述分析可以看出，框架—剪力墙结构协同工作的特点使得框架和剪力墙结构在这种体系中能充分发挥各自的作用（框架主要承受竖向荷载，剪力墙主要承受水平荷载），从而充分体现出这种结构体系的优越性。

五、基本假定与计算简图

1. 基本假定

(1) 楼盖结构在其自身平面内的刚度为无限大，平面外的刚度可忽略不计。

楼板在自身平面内刚度无限大，可以保证楼板将抗震缝区段内的整个框架和剪力墙连成整体，而不产生相对变形。

(2) 水平荷载的合力通过结构的抗侧刚度中心，即不考虑扭转的影响。

房屋的刚度中心与作用在房屋上的水平荷载的合力中心相重合，以保证房屋在水平荷载作用下不发生扭转。否则，产生扭转房屋的受力情况是非常复杂的。为了简化计算，只要房屋体型规整，剪力墙布置对称、均匀，一般可不考虑扭转的影响。

2. 计算简图

框架—剪力墙结构的计算简图，主要是确定如何归并为总剪力墙、总框架，以及确定总剪力墙与总框架之间的联系和相互作用方式。

由基本假定可知，在水平荷载作用下，框架—剪力墙结构没有扭转，只有沿荷载作用方向的位移，而框架和剪力墙之间又没有相对位移，所以，在同一楼层标高处，各榀框架与剪力墙的水平位移是相同的。这样，就可以将计算单元内的各榀框架综合起来，形成总框架；把所有剪力墙综合在一起形成总剪力墙。考虑它们间的协同工作，将总框架和总剪力墙移到同一平面内，按平面结构处理。而在二者之间，根据联系方式和约束程度的不同，可将框架—剪力墙结构简化为两种计算体系：铰接体系和刚接体系。

（1）铰接体系。

如图 6-4（a）所示的某框架—剪力墙结构的平面图，框架和剪力墙仅依靠楼盖连结成整体，而楼盖对各平面结构并不产生约束弯矩，只是约束它们具有相同的水平位移，故可将楼盖简化为铰接连杆，从而该框剪结构可简化成如图 6-4（b）所示的计算简图，称之为铰接体系。其中，总剪力墙包括两片墙，总框架包括 5 榀框架。

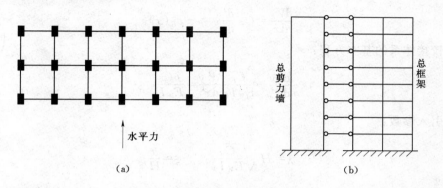

图 6-4　铰接体系

（2）刚接体系。

如图 6-5（a）所示的框架—剪力墙结构，横向抗侧力单元可简化为如图 6-5（b）所示的计算简图。从（a）图可以看出，②轴和⑥轴都是两片墙之间由连梁连接，当剪力墙平面内的连梁刚度较大时，连梁对剪力墙能起转动约束作用，所以当忽略剪力墙和框架轴向变形的影响时，为简单起见，常将图（b）画成图（c）的形式。图（c）中的刚性连杆既代表楼（屋）盖对水平位移的约束，也代表总连梁对水平位移的约束和对转动的约束，其中连杆的抗弯刚度仅代表总连梁的转动约束作用，这就是刚接体系。当连梁截面尺寸较小，转动刚度很小时，也可忽略它对墙肢的约束作用，把连杆处理成铰接，则计算简图将是铰接体系。

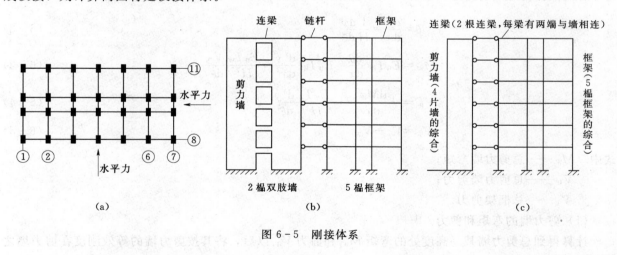

图 6-5　刚接体系

第二节　框架—剪力墙结构铰接体系在水平荷载下的计算

一、基本方程及其一般解

设框架—剪力墙结构所受水平荷载为任意荷载 $p(x)$，将连杆离散化后切开，暴露出内力为连杆轴力 $p_F(x)$，则对总剪力墙有：

$$E_w I_w \frac{\mathrm{d}^4 y}{\mathrm{d} x^4} = p(x) - p_F(x) \tag{6-1}$$

对总框架，按总框架剪切刚度的定义有：

$$V_F = C_F \theta = C_F \frac{\mathrm{d} y}{\mathrm{d} x}$$

微分一次

$$\frac{\mathrm{d} V_F}{\mathrm{d} x} = C_F \frac{\mathrm{d}^2 y}{\mathrm{d} x^2} = -p_F(x)$$

整理即可得到铰接体系的基本方程：

$$\frac{\mathrm{d}^4 y}{\mathrm{d} x^4} - \frac{C_F}{E_w I_w} \frac{\mathrm{d}^2 y}{\mathrm{d} x^2} = \frac{p(x)}{E_w I_w}$$

为分析方便，引入参数：

$$\lambda = H \sqrt{\frac{C_F}{E_w I_w}} \qquad \xi = \frac{x}{H}$$

λ 是一个无量纲的量，反映了总框架和总剪力墙之间刚度的相对关系，称为刚度特征值。

$$\frac{\mathrm{d}^4 y}{\mathrm{d} \xi^4} - \lambda^2 \frac{\mathrm{d}^2 y}{\mathrm{d} \xi^2} = \frac{p(\xi) H^4}{E_w I_w}$$

上式是一个四阶常系数线形微分方程，一般解为：

$$y = C_1 + C_2 \xi + A sh\lambda\xi + B ch\lambda\xi + y_1$$

式中　y_1——特解，与具体荷载有关。

二、框架—剪力墙结构铰接体系的内力计算

针对具体荷载，引入边界条件，即可求到上述微分方程的解 y。进而求到结构内力：

$$\theta = \frac{\mathrm{d} y}{\mathrm{d} x} = \frac{1}{H} \frac{\mathrm{d} y}{\mathrm{d} \xi} \tag{6-2}$$

$$M_w = E_w I_w \frac{\mathrm{d} \theta}{\mathrm{d} x} = E_w I_w \frac{\mathrm{d}^2 y}{\mathrm{d} x^2} = \frac{E_w I_w}{H^2} \frac{\mathrm{d}^2 y}{\mathrm{d} \xi^2} \tag{6-3}$$

$$V_w = -\frac{\mathrm{d} M_w}{\mathrm{d} x} = -\frac{E_w I_w}{H^3} \frac{\mathrm{d}^3 y}{\mathrm{d} \xi^3} \tag{6-4}$$

$$V_F = V_p - V_w \tag{6-5}$$

式中　M_w——总剪力墙弯矩；

V_w——总剪力墙剪力；

V_F——总框架剪力。

（1）剪力墙的弯矩和剪力。

计算得到总剪力墙某一高度处的弯矩 M_{wj} 和剪力 V_{wj} 以后，将其按剪力墙的等效刚度在剪力墙之间进行分配：

剪力墙弯矩：

$$M_{wij} = \frac{EI_{di}}{\sum EI_{di}} M_{wj} \tag{6-6}$$

剪力墙剪力：

$$V_{wij} = \frac{EI_{di}}{\sum EI_{di}} V_{wj} \tag{6-7}$$

（2）框架内力。

总框架剪力等于外荷载产生的剪力减去总剪力墙剪力：

$$V_{Fj} = V_{pj} - V_{wj} \tag{6-8}$$

柱子剪力按抗推刚度 D 分配：

$$V_{cij} = \frac{D_{ij}}{\sum\limits_{i=1}^{m} D_{ij}} V_{Fj} \qquad\qquad (6-9)$$

有了柱子剪力，根据改进反弯点，即可求的梁、柱内力。

三、刚接连梁的端部约束弯矩系数

连梁与剪力墙相连，如果将连梁的长度取到剪力墙的中心，则连梁端部刚度非常大，可以视为刚性区段，即刚域。刚域的取法同壁式框架。

同样假定楼板平面内刚度为无穷大、同层所有结点转角相等。在水平力的作用下连梁端部只有转角，没有相对位移。把连梁端部产生单位转角所需的弯矩称作梁端约束弯矩系数，用 m 表示，如图则有：

$$m_{12} = \frac{6EI(1+a-b)}{l(1-a-b)^3} \qquad\qquad (6-10)$$

$$m_{21} = \frac{6EI(1+b-a)}{l(1-a-b)^3} \qquad\qquad (6-11)$$

式子中没有考虑连梁剪切变形的影响。如果考虑，则应在以上两式中分别除以 $1+\beta$，其中，$\beta = \frac{12\mu EI}{GAl'^2}$。

需要说明的是，按以上公式计算的结果，连梁的弯矩一般较大，配筋太多。实际工程设计中，为了减少配筋，允许对连梁进行塑性调幅，即将上式中的 EI 用 $\beta_h EI$ 来代替，一般 β_h 不小于 0.55。

根据梁端约束弯矩系数，即可求得梁端约束弯矩：

$$M_{12} = m_{12}\theta \qquad\qquad (6-12)$$

$$M_{21} = m_{21}\theta \qquad\qquad (6-13)$$

将集中约束弯矩在层高范围内分布，有：

$$m'_{ij} = \frac{M_{ij}}{h} = \frac{m_{ij}}{h}\theta \qquad\qquad (6-14)$$

一层内有 n 个连梁和剪力墙的刚接点时，连梁对总剪力墙的总线约束弯矩为：

$$m = \sum_{1}^{n} \frac{m_{ij}}{h}\theta \qquad\qquad (6-15)$$

四、基本方程及其解

按照悬臂墙内力与侧移的关系有：

$$E_w I_w \frac{\mathrm{d}^2 y}{\mathrm{d}x^2} = M_w \qquad\qquad (6-16)$$

其中总剪力墙弯矩：

$$M_w = \int_x^H p(\lambda)(\lambda-x)\mathrm{d}\lambda - \int_x^H m\,\mathrm{d}\lambda - \int_x^H p_F(\lambda)(\lambda-x)\mathrm{d}\lambda \qquad\qquad (6-17)$$

合并式（6-16）、式（6-17），并对 x 作两次微分，有

$$E_w I_w \frac{\mathrm{d}^4 y}{\mathrm{d} x^4} = p(x) - p_F(x) + \sum \frac{m_{ij}}{h} \frac{\mathrm{d}^2 y}{\mathrm{d} x^2} \qquad (6-18)$$

引入铰接体系的 $p_F(x)$，整理得到：

$$\frac{\mathrm{d}^4 y}{\mathrm{d} x^4} - \frac{C_F + \sum \dfrac{m_{ij}}{h}}{E_w I_w} \frac{\mathrm{d}^2 y}{\mathrm{d} x^2} = \frac{p(x)}{E_w I_w} \qquad (6-19)$$

即为刚接体系的基本方程。

引入刚度特征值 λ 和符号 ξ：

$$\lambda = H \sqrt{\frac{C_F + \sum \dfrac{m_{ij}}{h}}{E_w I_w}} = H \sqrt{\frac{C_m}{E_w I_w}} \qquad (6-20)$$

$$\xi = \frac{x}{H} \qquad (6-21)$$

上式可整理为：

$$\frac{\mathrm{d}^4 y}{\mathrm{d} \xi^4} - \lambda^2 \frac{\mathrm{d}^2 y}{\mathrm{d} \xi^2} = \frac{p(\xi) H^4}{E_w I_w} \qquad (6-22)$$

该方程与铰接体系的基本方程是完全相同的，故在计算框架—剪力墙刚接体系的内力时前述图表仍然可以采用。

五、框架—剪力墙结构内力计算

利用上述图表计算时，需要注意以下两个方面：

（1）刚度特征值 λ 不同。在刚接体系里考虑了连梁约束弯矩的影响。

（2）利用上述图表查到的弯矩即为总剪力墙的弯矩，查到的剪力不是总剪力墙的剪力。

因为刚接连梁的约束弯矩的存在，利用表格查到的剪力实际是 $\overline{V}_w = V_w - m$。为此引入广义剪力：

剪力墙广义剪力： $\qquad\qquad\qquad \overline{V}_w = V_w - m \qquad (6-23)$

框架广义剪力： $\qquad\qquad\qquad \overline{V}_F = V_F + m \qquad (6-24)$

外荷载产生的剪力仍然由总剪力墙和总框架承担：

$$V_p = \overline{V}_w + \overline{V}_F = V_w + V_F \qquad (6-25)$$

由此可计算到 $\overline{V}_F = V_p - \overline{V}_w$，将广义框架剪力近似按刚度比分开，得到总框架剪力和梁端总约束弯矩：

$$V_F = \frac{C_F}{C_m} \overline{V}_F \qquad (6-26)$$

$$m = \frac{\sum \dfrac{m_{ij}}{h}}{C_m} \overline{V}_F \qquad (6-27)$$

进而求得总剪力墙的剪力：

$$V_w = \overline{V}_w + m \qquad (6-28)$$

具体单片剪力墙的内力和框架梁柱内力的计算与铰接体系相同，在此不再重复。

六、刚接连梁内力计算

求到连梁总线约束弯矩 m 后，利用每根梁的约束弯矩系数 m_{ij}，将 m 按比例分给每一根梁：

$$m'_{ij} = \frac{m_{ij}}{\sum m_{ij}} m \tag{6-29}$$

进一步可以求到每根梁的端部（剪力墙中心处）弯矩：

$$M_{ij} = m'_{ij} h \tag{6-30}$$

那么，连梁剪力为：

$$V_L = \frac{M_{12} + M_{21}}{l} \tag{6-31}$$

因为假定各墙肢转角相等，连梁的反弯点必然在跨中，梁端弯矩为：

$$M'_{12} = M'_{21} = V_L l_n / 2 \tag{6-32}$$

式中　l_n——净跨。

七、框架—剪力墙结构的受力和位移特征

（1）侧向位移的特征。

框架—剪力墙结构的侧向位移形状，与刚度特征值 λ 有关：

1）当 λ 很小时（$\lambda \leqslant 1$）。

总框架的刚度与总剪力墙相比很小，结构所表现出来的特性类似于纯剪力墙结构。侧移曲线象独立的悬臂柱一样，凸向原始位置。

2）当 λ 很大时（$\lambda \geqslant 6$）。

此时，总框架的刚度比总剪力墙要大得多，结构类似于纯框架结构。侧移曲线凹向原始位置。

3）当 $1 < \lambda < 6$ 时。

总框架和总剪力墙刚度相当，侧移曲线为弯剪复合形。

（2）荷载与剪力的分布特征。

以均布水平荷载为例，总框架和总剪力墙的剪力分布如图所示，荷载分配如图所示。

进一步分析还会发现：

1）框架承受的荷载在上部为正值（同外荷载作用方向相同），在底部为负值。这是因为框架和剪力墙单独承受荷载时，其变形曲线是不同的。二者共同工作后，必然产生上述的荷载分配形式。

2）框架和剪力墙顶部剪力不为零。因为变形协调，框架和剪力墙顶部存在着集中力的作用。这也要求在设计时，要保证顶部楼盖的整体性。

3）框架的最大剪力在结构中部，且最大值的位置随 λ 值的增大而向下移动。

4）框架结构底部剪力为零，此处全部剪力由剪力墙承担。

八、关于计算方法的说明

在上述框架—剪力墙结构的分析计算中，没有考虑剪力墙的剪切变形的影响。对于框架柱的轴向变形，采用 C_F 时也未与考虑（C_{F0} 考虑了框架柱轴向变形的影响）。分析发现，当剪力墙、框架的高宽比大于 4 时，剪力墙的剪切变形和柱子的轴向变形的影响是不大的，可以忽略。但是，当不满足上述要求时，就应该考虑剪切变形和柱子轴向变形的影响。

当风荷载和水平地震作用不通过结构的刚度中心时，结构就要产生扭转。大量震害调查表明，扭转常常使结构遭受严重的破坏。然而，扭转计算是一个比较困难的问题，无法进行精确计算。在实际工程设计中，扭转问题应着重从设计方案、抗侧力结构布置、配筋构造上妥善处理。一方面，应尽可

能使水平力通过或靠近刚度中心，减少扭转；另一方面，应尽可能加强结构的抗扭能力。抗扭计算只能作为一种补充手段。

抗扭计算仍然建立在平面结构和楼板在自身平面内刚度为无穷大这两个基本假定的基础上。

九、质量中心、刚度中心和扭转偏心距

（1）质量中心。

等效地震力即惯性力，必然通过结构的质量中心。计算时将建筑物平面分为若干个单元，认为在每个单元中质量是均匀分布的。然后按照求组合面积形心的方法，即可求到结构的质量中心。

需要说明的是，建筑物各层的结构布置可能是不一样的，那么整座建筑各层的质量中心就可能不在一条垂线上。在地震力的作用下，就必然存在扭转。

（2）刚度中心。

刚度中心可以这样来理解，将各抗侧力结构的抗侧移刚度假想成面积，计算出这些假想面积的形心即为刚度中心。

1）抗侧移刚度：指抗侧力单元在单位层间侧移下的层剪力值。用式子表示为：

$$D_{yi} = V_{yi}/\delta_y \qquad (6-33)$$

$$D_{xk} = V_{xk}/\delta_x \qquad (6-34)$$

上二式中　　V_{yi}——与 y 轴平行的第 i 片结构的剪力；

$\qquad\qquad$ V_{xk}——与 x 轴平行的第 k 片结构的剪力；

$\qquad\qquad$ δ_x、δ_y——该结构在 x 方向和 y 方向的层间位移。

2）刚度中心。

以图示结构为例，任选参考坐标 xoy，刚度中心为：

$$x_0 = \frac{\sum D_{yi} x_i}{\sum D_{yi}} \qquad (6-35)$$

$$y_0 = \frac{\sum D_{xk} y_k}{\sum D_{xk}} \qquad (6-36)$$

（3）偏心距。

水平力作用线至刚度中心的距离即为偏心距。在 9 度设防区，需要将上述偏心距作以调整：

$$e_x = e_{0x} + 0.05L_x \qquad (6-37)$$

$$e_y = e_{0y} + 0.05L_y \qquad (6-38)$$

式中　　L_x、L_y——与水平力作用方向垂直的建筑物总长。

十、扭转的近似计算

如图所示，结构在偏心层剪力 V_y 的作用下，除了产生侧移 δ 外，还有扭转，扭转角为 θ。由于假定楼板在自身平面内刚度为无穷大，故楼面内任意点的位移都可以用 δ 和 θ 来表示。对于抗侧力结构来讲，我们假定其平面外没有抵抗力，因此只需计算各片抗侧力单元在其自身平面方向的侧移即可。

与 y 轴平行的第 i 片结构沿 y 方向的层间侧移为：

$$\delta_{yi} = \delta + \theta x_i \qquad (6-39)$$

与 x 轴平行的第 k 片结构沿 x 方向的层间侧移为：

$$\delta_{xk} = -\theta y_k \qquad (6-40)$$

根据抗侧力刚度的定义有：

$$V_{yi}=D_{yi}\delta_{yi}=D_{yi}\delta+D_{yi}\theta x_i \tag{6-41}$$

$$V_{xk}=D_{xk}\delta_{xk}=-D_{xk}\theta y_k \tag{6-42}$$

利用力的平衡：$\sum Y=0$ 和 $\sum M=0$，可得：

$$V_y=\sum V_{yi}=\delta\sum D_{yi}+\theta\sum D_{yi}x_i \tag{6-43}$$

$$V_y e_x=\sum V_{yi}x_i-\sum V_{xk}y_k$$
$$=\delta\sum D_{yi}x_i+\theta\sum D_{yi}x_i^2+\theta\sum D_{xk}y_k^2 \tag{6-44}$$

因为 O_D 是刚度中心，所以有

$$\sum D_{yi}x_i=0 \tag{6-45}$$

$$\delta=\frac{V_y}{\sum D_{yi}} \tag{6-46}$$

$$\theta=\frac{V_y e_x}{\sum D_{yi}x_i^2+\sum D_{xk}y_k^2} \tag{6-47}$$

上式中的分母 $\sum D_{yi}x_i^2+\sum D_{xk}y_k^2$ 即为结构的抗扭刚度。

$$V_{yi}=\frac{D_{yi}}{\sum D_{yi}}V_y+\frac{D_{yi}x_i}{\sum D_{yi}x_i^2+\sum D_{xk}y_k^2}V_y e_x \tag{6-48}$$

即 y 方向第 i 片抗侧力结构的剪力。

$$V_{xk}=-\frac{D_{xk}y_k}{\sum D_{yi}x_i^2+\sum D_{xk}y_k^2} \tag{6-49}$$

即 x 方向第 k 片抗侧力结构的剪力。

上式说明：

（1）结构受偏心力作用时，两个方向的抗侧力结构中都产生内力，或者说，两个方向的抗侧力结构都参与抗扭。

（2）离结构刚心越近的抗侧力结构，扭转对其影响越弱，离结构刚心越远的抗侧力结构，扭转对其影响就越明显。

同样，当 x 方向作用有偏心力 V_x（偏心距 e_y）时，也可以求出各抗侧力结构的剪力：

$$V_{xk}=\frac{D_{xk}}{\sum D_{xk}}V_x+\frac{D_{xk}y_k}{\sum D_{xk}y_k^2+\sum D_{yi}x_i^2}V_x e_y \tag{6-50}$$

$$V_{yi}=-\frac{D_{yi}x_i}{\sum D_{xk}y_k^2+\sum D_{yi}x_i^2}V_x e_y \tag{6-51}$$

第三节　框架—剪力墙结构设计实例

一、设计资料

（1）基本资料。

本高层住宅为框架—剪力墙结构，现浇混凝土梁板墙，地下室层高 4.2m，1 层层高 4.50m，2～11 层层高 3.50m。室内外高差 0.45m。

（2）主要技术指标。

建筑结构的安全等级：＿二＿级　　　　设计使用年限：＿50＿年

建筑抗震设防类别：＿丙＿类　　　　地基基础设计等级：＿乙＿级

地下室防水等级：＿二＿级

基本风压：$W_0 = 0.45 kN/m^2$ 地面粗糙度：B 类

基本雪压：$S_0 = 0.40 kN/m^2$

场地地震基本烈度：8 度

抗震设防烈度：8 度   设计基本地震加速度   0.02g

设计地震分组   第一组   建筑物场地土类别：Ⅲ类

场地标准冻深：0.70m

（3）活荷载取值。

活荷载取值如表 6-1 所示。

表 6-1   活 荷 载 取 值

部　位	活荷载（kN/m^2）	组合值系数	频遇值系数	准永久值系数
上人屋面	2.0	0.7	0.5	0
不上人屋面	0.5	0.7	0.5	0.4
卧室、起居、厨房、卫生间	2.0	0.7	0.5	0.4
挑出阳台	2.5	0.7	0.6	0.5
储藏间	4.0	0.7	0.6	0.5
公共楼梯	3.5	0.7	0.6	0.5
电梯机房、水箱间	7.0	0.9	0.9	0.8
消防楼梯	3.5	0.7	0.5	0.3
消防通道	20.0	0.7	0.7	0.6
室外地面	10.0			
屋面板、挑檐、雨篷、预制小过梁施工或检修集中荷载	1.0kN			
楼梯、阳台、上人屋面的栏杆顶部水平荷载	0.5kN/m			

注   1. 大型设备按实际情况考虑。

2. 施工及检修荷载均不得大于设计使用荷载。

（4）材料选用。

材料选用如表 6-2 所示。

表 6-2   材 料 选 用

项目名称	构　件　部　位	混凝土强度等级	备　注
主体结构	基础底板、梁	C40	P6 抗渗混凝土
	-1～2 层墙、梁（标高 基础顶面～7.90）	C40	地下室外墙 P6 抗渗混凝土
	2 层以上墙、梁（标高 7.90～屋面）	C35	
	-1～2 层板、楼梯（标高 基础顶面～7.90）	C35	
	2 层以上板、楼梯（标高 7.90～屋面）	C35	
非结构构件	基础垫层	C15	
	圈梁、构造柱、现浇过梁	C20	
	标准构件		按标准图要求

（5）建筑平、立、剖面如图 6-6～图 6-10 所示，立体图如图 6-11 所示。

二、构件及荷载输入

构件及荷载输入见图 6-12～图 6-17，其中图 6-12 见书末插页。

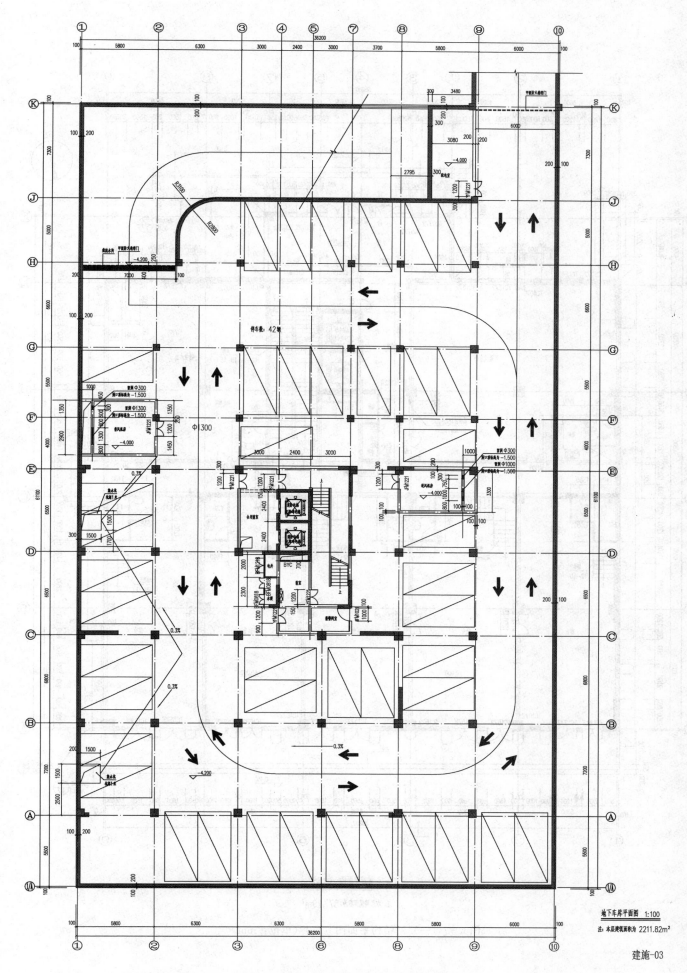

图 6-6 地下车库平面图（单位：mm）

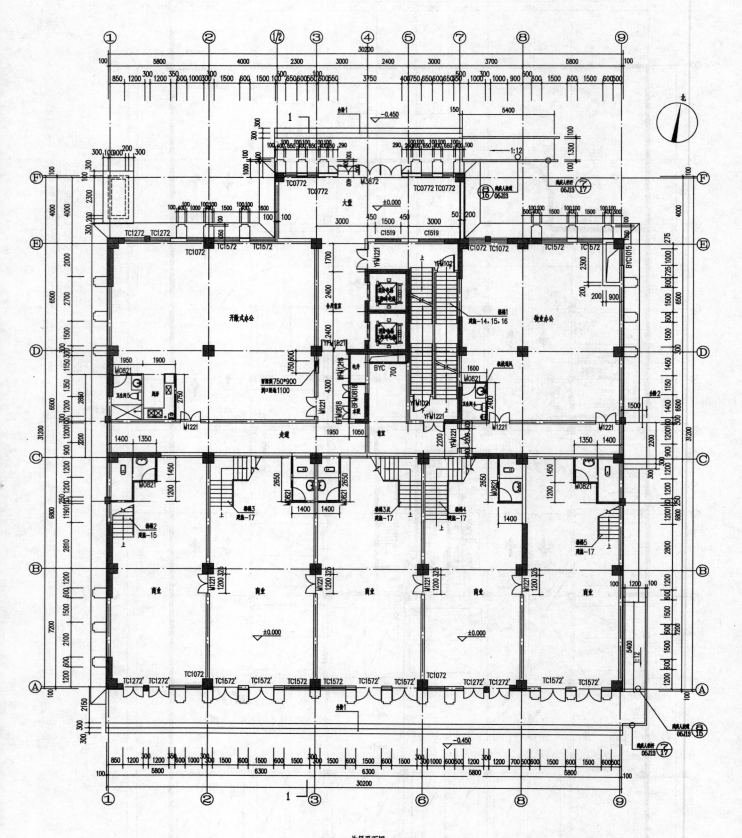

首层平面图 1:100

注：本层建筑面积为 877.29m²

图 6-7（一）　结构平面图（一）（单位：mm）

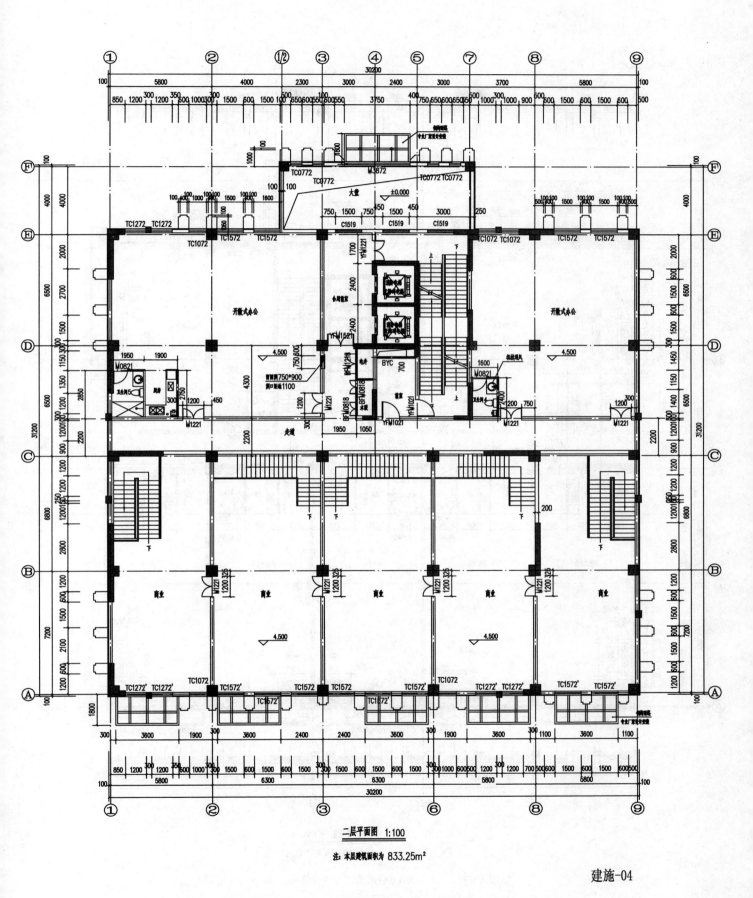

二层平面图 1:100

注: 本层建筑面积为 833.25m²

建施-04

图 6-7 (二) 结构平面图 (一) (单位: mm)

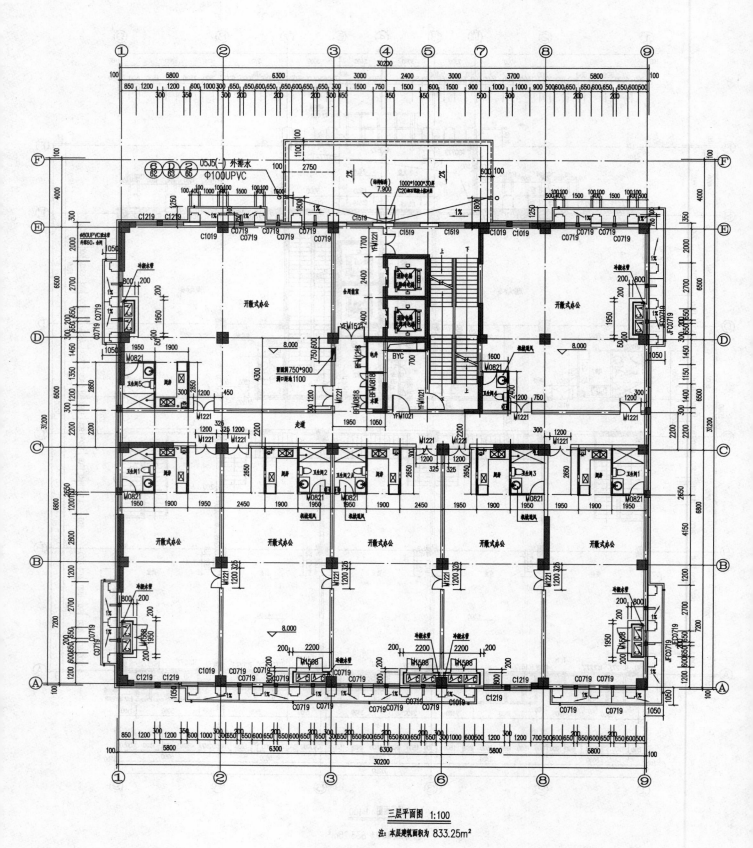

三层平面图 1:100

注：本层建筑面积为 833.25m²

图 6-8（一）　结构平面图（二）（单位：mm）

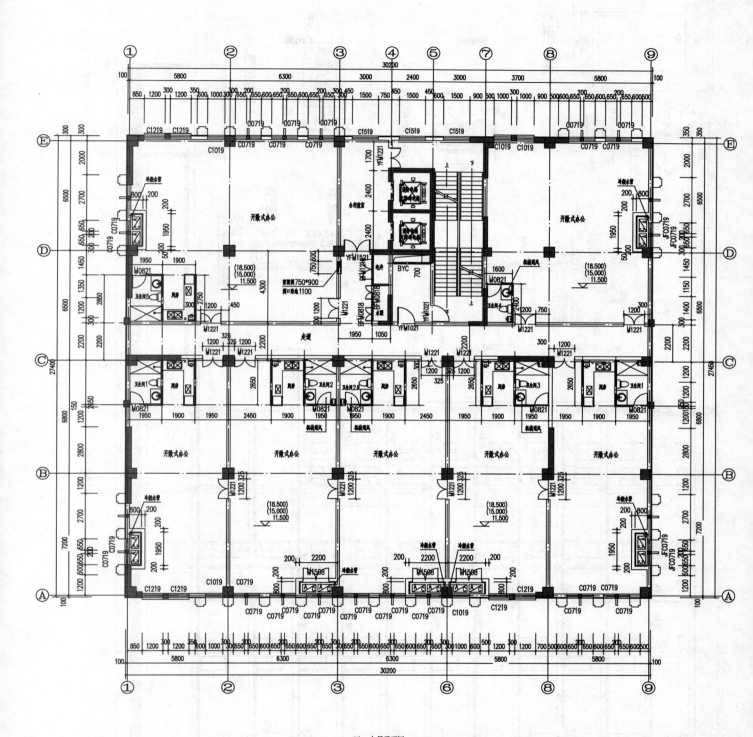

四—六层平面图 1:100

注：本层建筑面积为 833.25m²

建施-05

图 6-8（二） 结构平面图（二）（单位：mm）

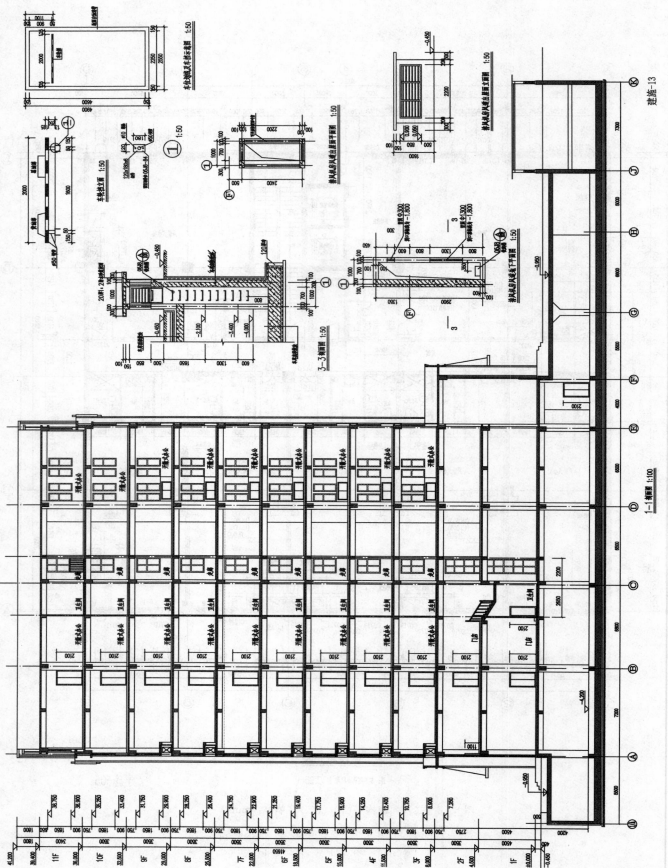

图 6 - 9　结构剖面图（单位：mm）

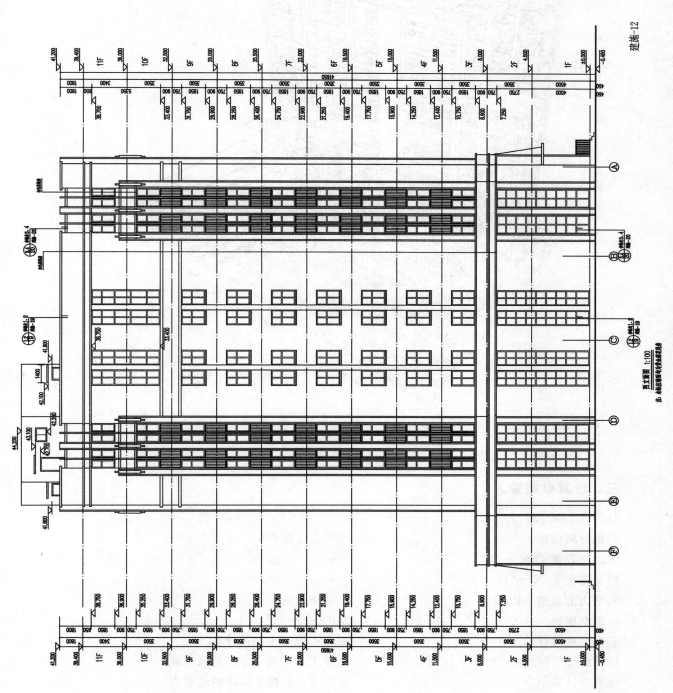

西立面图 1:100

图 6 - 10 结构立面图

建施-12

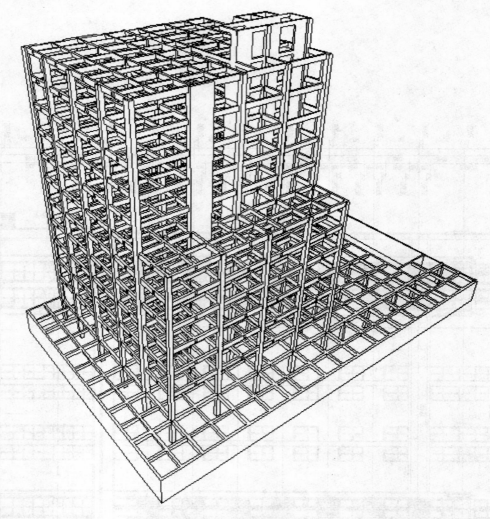

图 6-11 结构立体图

三、计算参数输入

总信息 ·

结构材料信息：	钢混凝土结构
混凝土容重（kN/m³）：	Gc = 26.00
钢材容重（kN/m³）：	Gs = 78.00
水平力的夹角（Rad）：	ARF = 0.00
地下室层数：	MBASE= 1
竖向荷载计算信息：	按模拟施工1加荷计算
风荷载计算信息：	计算X，Y两个方向的风荷载
地震力计算信息：	计算X，Y两个方向的地震力
特殊荷载计算信息：	不计算
结构类别：	框架—剪力墙结构
裙房层数：	MANNEX= 0
转换层所在层号：	MCHANGE= 0
墙元细分最大控制长度（m）：	DMAX= 1.00

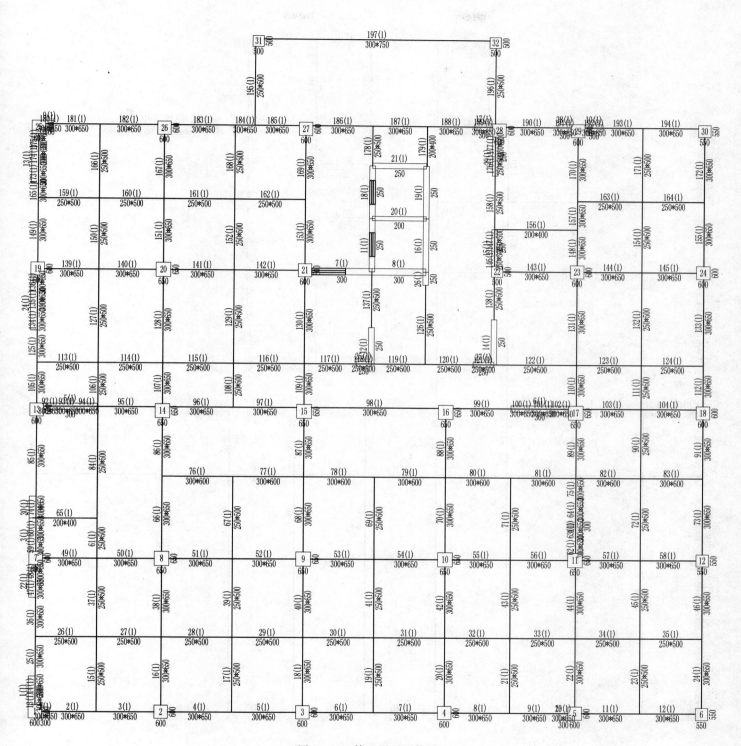

图 6-13　第 2 层平面简图

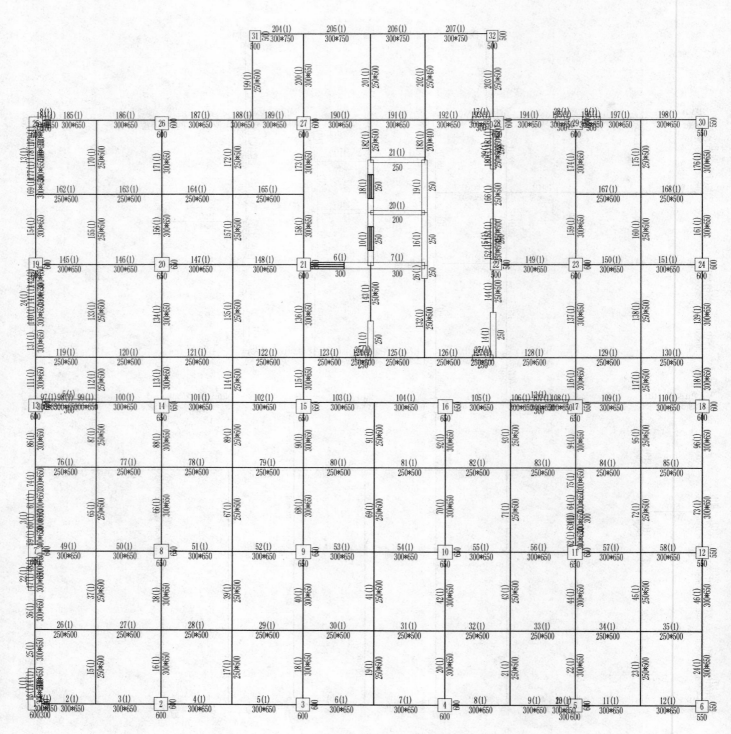

图 6-14　第 3 层平面简图

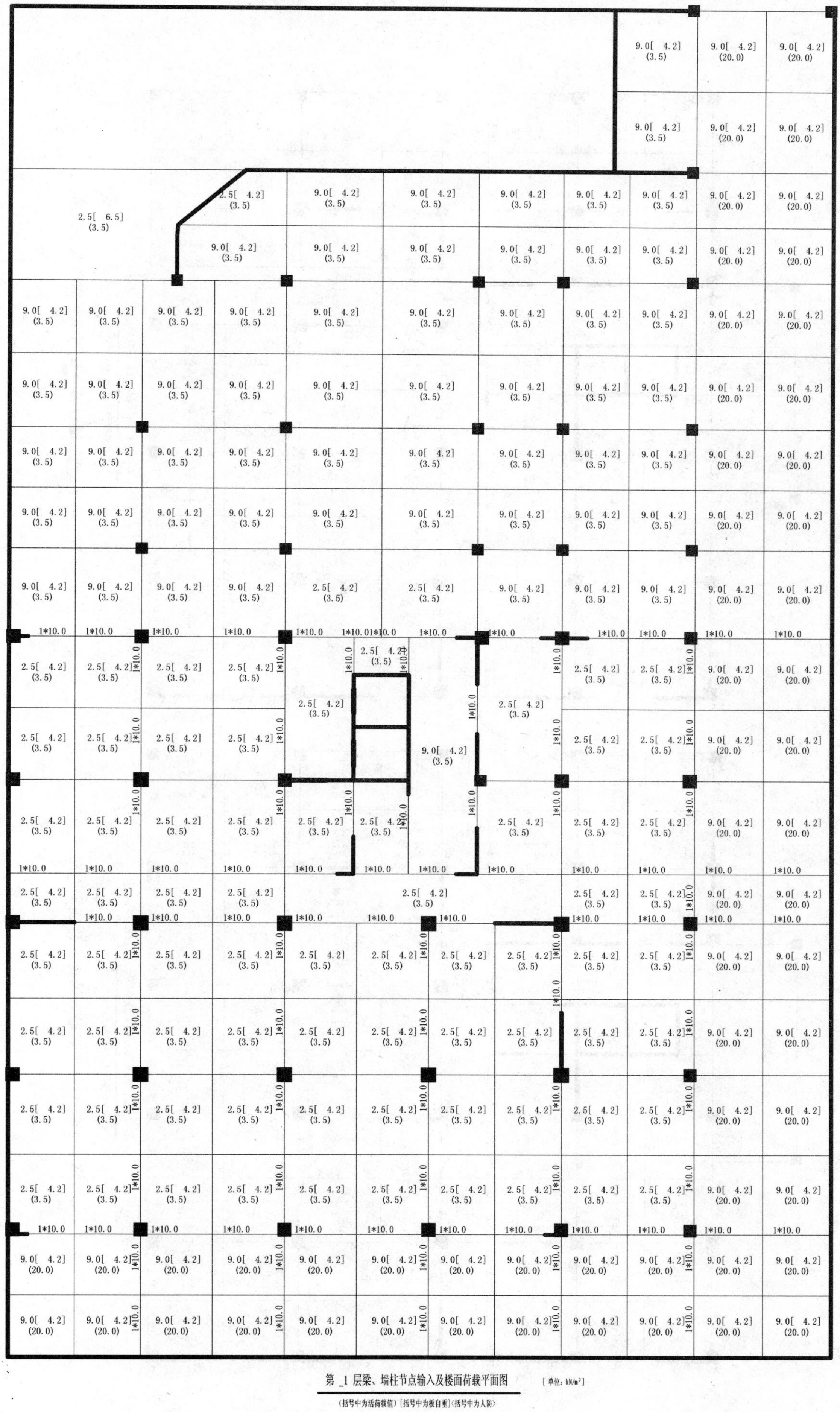

第 _1_ 层梁、墙柱节点输入及楼面荷载平面图　　　[单位: kN/m²]

(括号中为活荷载值) [括号中为板自重] <括号中为人防>

图 6-15　第 1 层梁、柱节点输入及楼面荷载平面图

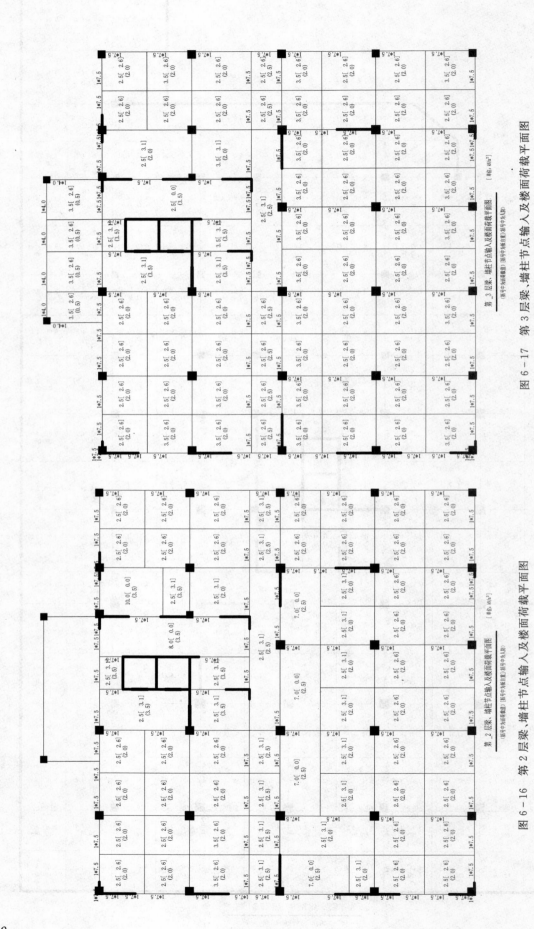

（括号中为面荷载值）（括号中为线荷载值）（括号中为柱上人防）

第 3 层梁、墙柱节点输入及楼面荷载平面图

[单位: kN/m²]

图 6－17　第 3 层梁、墙柱节点输入及楼面荷载平面图

（括号中为面荷载值）（括号中为线荷载值）（括号中为柱上人防）

第 2 层梁、墙柱节点输入及楼面荷载平面图

[单位: kN/m²]

图 6－16　第 2 层梁、墙柱节点输入及楼面荷载平面图

墙元网格：　　　　　　　　　　　　　　　侧向出口结点
是否对全楼强制采用刚性楼板假定：　　　　是
强制刚性楼板假定是否保留板面外刚度：　　否
采用的楼层刚度算法：　　　　　　　　　　层间剪力比层间位移算法
结构所在地区：　　　　　　　　　　　　　全国

风荷载信息 ·
修正后的基本风压（kN/m²）：　　　　　WO ＝　　0.45
地面粗糙程度：　　　　　　　　　　　　B 类
结构基本周期（秒）：　　　　　　　　　T1 ＝　　1.20
是否考虑风振：　　　　　　　　　　　　是
体形变化分段数：　　　　　　　　　　　MPART＝　　　　1
各段最高层号：　　　　　　　　　　　　NSTi ＝　　　13
各段体形系数：　　　　　　　　　　　　USi ＝　　1.30

地震信息 ·
振型组合方法（CQC 耦联；SRSS 非耦联）：　　CQC
计算振型数：　　　　　　　　　　　　　NMODE＝　　24
地震烈度：　　　　　　　　　　　　　　NAF ＝　　8.00
场地类别：　　　　　　　　　　　　　　KD ＝　　　3
设计地震分组：　　　　　　　　　　　　一组
特征周期：　　　　　　　　　　　　　　TG ＝　　0.45
多遇地震影响系数最大值：　　　　　　　Rmax1 ＝　　0.16
罕遇地震影响系数最大值：　　　　　　　Rmax2 ＝　　0.90
框架的抗震等级：　　　　　　　　　　　NF ＝　　　2
剪力墙的抗震等级：　　　　　　　　　　NW ＝　　　2
活荷重力荷载代表值组合系数：　　　　　RMC ＝　　0.50
周期折减系数：　　　　　　　　　　　　TC ＝　　0.90
结构的阻尼比（％）：　　　　　　　　　DAMP ＝　　5.00
是否考虑偶然偏心：　　　　　　　　　　　　是
是否考虑双向地震扭转效应：　　　　　　　　是
斜交抗侧力构件方向的附加地震数：　　　＝　　　0

活荷载信息 ·
考虑活荷不利布置的层数：　　　　　　　不考虑
柱、墙活荷载是否折减：　　　　　　　　不折算
传到基础的活荷载是否折减：　　　　　　折算
-----------柱，墙，基础活荷载折减系数------------
　　计算截面以上的层数-------------折减系数
　　　　　1　　　　　　　　　　　1.00
　　　　　2---3　　　　　　　　　0.85
　　　　　4---5　　　　　　　　　0.70
　　　　　6---8　　　　　　　　　0.65

9---20	0.60
> 20	0.55

调整信息 ·
中梁刚度增大系数：   BK ＝   2.00
梁端弯矩调幅系数：   BT ＝   0.85
梁设计弯矩增大系数：   BM ＝   1.00
连梁刚度折减系数：   BLZ ＝   0.70
梁扭矩折减系数：   TB ＝   0.40
全楼地震力放大系数：   RSF ＝   1.00
0.2Qo 调整起始层号：   KQ1 ＝   1
0.2Qo 调整终止层号：   KQ2 ＝   13
0.2Qo 调整上限：   KQ_L ＝   2.00
框支柱调整上限：   KZZ_L ＝ 5.00
顶塔楼内力放大起算层号：   NTL ＝   0
顶塔楼内力放大：   RTL ＝   1.00
框支剪力墙结构底部加强区剪力墙抗震等级自动提高一级：是
九度结构及一级框架梁柱超配筋系数：CPCOEF91 ＝   1.15
是否按抗震规范 5.2.5 调整楼层地震力：IAUTO525 ＝   1
是否调整与框支柱相连的梁内力：   IREGU_KZZB ＝   0
剪力墙加强区起算层号：   LEV_JLQJQ ＝   1
强制指定的薄弱层个数：   NWEAK ＝   0

配筋信息 ·
梁箍筋强度（N/mm²）：   JB ＝   270
柱箍筋强度（N/mm²）：   JC ＝   270
墙分布筋强度（N/mm²）：   JWH ＝   360
边缘构件箍筋强度（N/mm²）：   JWB ＝   270
梁箍筋最大间距（mm）：   SB ＝ 100.00
柱箍筋最大间距（mm）：   SC ＝ 100.00
墙水平分布筋最大间距（mm）：   SWH ＝ 150.00
墙竖向分布筋最小配筋率（%）：   RWV ＝   0.45
结构底部单独指定墙竖向分布筋配筋率的层数：NSW ＝   5
结构底部 NSW 层的墙竖向分布配筋率：   RWV1 ＝   0.65

设计信息 ·
结构重要性系数：   RWO ＝   1.00
柱计算长度计算原则：   有侧移
梁柱重叠部分简化：   不作为刚域
是否考虑 P—Δ 效应：   否
柱配筋计算原则：   按双偏压计算
按高规或高钢规进行构件设计：   是
钢构件截面净毛面积比：   RN ＝   0.85

264

梁保护层厚度（mm）：　　　　　　　　BCB ＝　30.00
柱保护层厚度（mm）：　　　　　　　　ACA ＝　30.00
是否按混凝土规范（7.3.11-3）计算混凝土柱计算长度系数：否
剪力墙构造边缘构件的设计执行高规7.2.17-4：　　是
抗震设计的框架梁端配筋考虑受压钢筋：　　　　否

荷载组合信息 ·
恒载分项系数：　　　　　　　　　　　　CDEAD＝　 1.20
活载分项系数：　　　　　　　　　　　　CLIVE＝　 1.40
风荷载分项系数：　　　　　　　　　　　CWIND＝　 1.40
水平地震力分项系数：　　　　　　　　　CEA＿H＝　 1.30
竖向地震力分项系数：　　　　　　　　　CEA＿V＝　 0.50
特殊荷载分项系数：　　　　　　　　　　CSPY ＝　 0.00
活荷载的组合系数：　　　　　　　　　　CD＿L ＝　 0.70
风荷载的组合系数：　　　　　　　　　　CD＿W ＝　 0.60
活荷载的重力荷载代表值系数：　　　　　CEA＿L ＝　 0.50

地下信息 ·
土的水平抗力系数的比例系数（MN/m⁴）：　　MI ＝　　 3.00
回填土容重（kN/m³）：　　　　　　　　Gsol ＝　 18.00
回填土侧压力系数：　　　　　　　　　　Rsol ＝　 0.50
外墙分布筋保护厚度（mm）：　　　　　WCW ＝　 35.00
室外地平标高（m）：　　　　　　　　　Hout ＝　 －0.45
地下水位标高（m）：　　　　　　　　　Hwat ＝　 －20.00
室外地面附加荷载（kN/m²）：　　　　　Qgrd ＝　 10.00

剪力墙底部加强区信息 ·
剪力墙底部加强区起算层号：　　　　　　LEV＿JLQJQ＝　 1
剪力墙底部加强区终止层号：　　　　　　IWF＝　 3

四、计算结果

1. 基本信息

****

*　　　　　　　　　　　各层的质量、质心坐标信息　　　　　　　　　　　*

****

层号	塔号	质心 X	质心 Y	质心 Z	恒载质量	活载质量	附加质量
		（m）	（m）	（m）	（t）	（t）	
13	1	26.641	71.330	47.200	96.7	1.1	0.0
12	1	20.750	63.368	43.700	868.2	31.9	0.0
11	1	20.746	63.318	40.200	837.0	27.8	0.0

层号	塔号	质心 X (m)	质心 Y (m)	质心 Z (m)	恒载质量 (t)	活载质量 (t)	附加质量
10	1	20.711	63.097	36.700	906.0	71.1	0.0
9	1	20.711	63.097	33.200	906.0	71.1	0.0
8	1	20.710	63.096	29.700	905.9	71.1	0.0
7	1	23.168	62.946	26.200	1070.0	74.8	0.0
6	1	23.271	62.935	22.700	1057.5	86.4	0.0
5	1	23.271	62.935	19.200	1057.5	86.4	0.0
4	1	23.271	62.935	15.700	1057.5	86.4	0.0
3	1	23.111	63.523	12.200	1116.5	87.2	0.0
2	1	23.141	63.358	8.700	1173.4	90.1	0.0
1	1	28.540	71.132	4.200	3943.9	792.0	0.0

活载产生的总质量（t）：　　　　　　　　1577.262
恒载产生的总质量（t）：　　　　　　　　14995.921
附加总质量（t）：　　　　　　　　　　　0.000
结构的总质量（t）：　　　　　　　　　　16573.184
恒载产生的总质量包括结构自重和外加恒载
结构的总质量包括恒载产生的质量和活载产生的质量和附加质量
活载产生的总质量和结构的总质量是活载折减后的结果（1t = 1000kg）

```
*************************************************************
*                 各层构件数量、构件材料和层高                *
*************************************************************
```

层号	塔号	梁元数 (混凝土)	柱元数 (混凝土)	墙元数 (混凝土)	层高 (m)	累计高度 (m)
1	1	378 (35)	48 (40)	86 (40)	4.200	4.200
2	1	197 (35)	32 (40)	30 (40)	4.500	8.700
3	1	207 (35)	32 (40)	29 (40)	3.500	12.200
4	1	197 (30)	30 (35)	29 (35)	3.500	15.700
5	1	197 (30)	30 (35)	29 (35)	3.500	19.200
6	1	197 (30)	30 (35)	29 (35)	3.500	22.700
7	1	197 (30)	30 (35)	29 (35)	3.500	26.200
8	1	161 (30)	25 (35)	28 (35)	3.500	29.700
9	1	161 (30)	25 (35)	28 (35)	3.500	33.200
10	1	161 (30)	25 (35)	28 (35)	3.500	36.700
11	1	161 (30)	25 (35)	28 (35)	3.500	40.200
12	1	161 (30)	25 (35)	28 (35)	3.500	43.700
13	1	12 (30)	2 (35)	13 (35)	3.500	47.200

```
*************************************************************
*                     风荷载信息                            *
*************************************************************
```

层号	塔号	风荷载 X	剪力 X	倾覆弯矩 X	风荷载 Y	剪力 Y	倾覆弯矩 Y
13	1	51.85	51.9	181.5	25.92	25.9	90.7
12	1	120.90	172.7	786.1	108.40	134.3	560.9

层号	塔号	风荷载 X	剪力 X	倾覆弯矩 X	风荷载 Y	剪力 Y	倾覆弯矩 Y
11	1	115.26	288.0	1794.1	103.35	237.7	1392.7
10	1	109.59	397.6	3185.7	98.27	335.9	2568.5
9	1	103.85	501.4	4940.7	93.12	429.1	4070.2
8	1	97.94	599.4	7038.6	87.82	516.9	5879.3
7	1	91.79	691.2	9457.7	100.85	617.7	8041.4
6	1	85.26	776.4	12175.2	93.68	711.4	10531.3
5	1	78.20	854.6	15166.4	85.92	797.3	13321.9
4	1	70.31	924.9	18403.7	77.25	874.6	16382.9
3	1	74.34	999.3	21901.2	71.29	945.9	19693.5
2	1	90.60	1089.9	26805.6	87.16	1033.0	24342.1
1	1	0.00	1089.9	31383.1	0.00	1033.0	28680.8

==

各楼层等效尺寸（单位：m，m²）

==

层号	塔号	面积	形心 X	形心 Y	等效宽 B	等效高 H	最大宽 BMAX	最小宽 BMIN
1	1	2192.42	26.42	73.91	36.00	60.90	60.90	36.00
2	1	852.80	23.43	63.24	29.34	28.82	29.34	28.82
3	1	852.80	23.43	63.24	29.34	28.82	29.34	28.82
4	1	810.00	23.42	62.46	30.00	27.00	30.00	27.00
5	1	810.00	23.42	62.46	30.00	27.00	30.00	27.00
6	1	810.00	23.42	62.46	30.00	27.00	30.00	27.00
7	1	810.00	23.42	62.46	30.00	27.00	30.00	27.00
8	1	653.40	20.52	62.46	24.20	27.00	27.00	24.20
9	1	653.40	20.52	62.46	24.20	27.00	27.00	24.20
10	1	653.40	20.52	62.46	24.20	27.00	27.00	24.20
11	1	653.40	20.52	62.46	24.20	27.00	27.00	24.20
12	1	653.40	20.52	62.46	24.20	27.00	27.00	24.20
13	1	43.92	26.71	70.90	5.01	9.80	9.85	4.91

==

各楼层的单位面积质量分布（单位：kg/m²）

==

层号	塔号	单位面积质量 g[i]	质量比 max(g[i]/g[i−1],g[i]/g[i+1])
1	1	2160.13	1.46
2	1	1481.51	1.05
3	1	1411.45	1.00
4	1	1412.14	1.00
5	1	1412.14	1.00
6	1	1412.14	1.00
7	1	1413.34	1.00
8	1	1495.18	1.06
9	1	1495.39	1.00
10	1	1495.39	1.13
11	1	1323.45	0.96

层号	塔号	单位面积质量 g [i]	质量比 max(g[i]/g[i−1],g[i]/g[i+1])
12	1	1377.55	1.04
13	1	2228.33	1.62

===

各层刚心、偏心率、相邻层侧移刚度比等计算信息

Floor No　　　 ：层号

Tower No　　　 ：塔号

Xstif，Ystif ：刚心的 X，Y 坐标值

Alf　　　　　 ：层刚性主轴的方向

Xmass，Ymass ：质心的 X，Y 坐标值

Gmass　　　 ：总质量

Eex，Eey　　 ：X，Y 方向的偏心率

Ratx，Raty　 ：X，Y 方向本层塔侧移刚度与下一层相应塔侧移刚度的比值

Ratx1，Raty1 ：X，Y 方向本层塔侧移刚度与上一层相应塔侧移刚度 70％的比值

　　　　　　　 或上三层平均侧移刚度 80％的比值中之较小者

RJX，RJY，RJZ：结构总体坐标系中塔的侧移刚度和扭转刚度

===

Floor No. 1　　　Tower No. 1

Xstif＝26.0095（m）　　　Ystif＝78.8529（m）　　　Alf＝2.2549（Degree）

Xmass＝28.5399（m）　　Ymass＝71.1319（m）　　Gmass（活荷折减）＝5527.9004（4735.9102）(t)

Eex ＝ 0.0804　　　　Eey ＝0.2773

Ratx＝1.0000　　　Raty ＝1.0000

Ratx1＝22.3593　　　　Raty1＝34.3435　薄弱层地震剪力放大系数＝ 1.00

RJX＝ 3.9696E＋07（kN/m）　RJY＝ 7.6948E＋07（kN/m）　RJZ＝ 0.0000E＋00（kN/m）

Floor No. 2　　　Tower No. 1

Xstif＝20.2140（m）　　　Ystif＝67.0994（m）　　　Alf＝−0.0956（Degree）

Xmass＝23.1414（m）　　Ymass＝63.3585（m）　　Gmass（活荷折减）＝1353.4951（1263.4310）(t)

Eex＝0.2238　　　　Eey＝0.3497

Ratx ＝0.0628　　　Raty ＝0.0415

Ratx1＝1.5746　　　　Raty1＝1.6026　薄弱层地震剪力放大系数＝ 1.00

RJX＝ 2.4917E＋06（kN/m）　RJY＝ 3.1897E＋06（kN/m）　RJZ ＝ 0.0000E＋00（kN/m）

Floor No. 3　　　Tower No. 1

Xstif＝19.6854（m）　　　Ystif＝66.7519（m）　　　Alf＝0.0000（Degree）

Xmass＝23.1113（m）　　Ymass＝63.5226（m）　　Gmass（活荷折减）＝1290.9026（1203.6847）(t)

Eex＝ 0.2480　　　　Eey＝0.2905

Ratx＝0.9073　　　Raty ＝0.8914

Ratx1＝1.6341　　　　Raty1＝1.6773　薄弱层地震剪力放大系数＝ 1.00

RJX＝ 2.2606E＋06（kN/m）　RJY＝ 2.8432E＋06（kN/m）　　RJZ＝ 0.0000E＋00（kN/m）

Floor No. 4　　　Tower No. 1

Xstif＝19.7000（m）　　　Ystif＝66.7976（m）　　　Alf＝0.0000（Degree）

Xmass＝23.2714（m）　　Ymass＝62.9352（m）　　Gmass（活荷折减）＝1230.2205（1143.8369）(t)

Eex＝0.2606　　　　　Eey＝0.3477

Ratx＝0.8428　　　　Raty＝0.8333

Ratx1＝1.5055　　　　Raty1＝1.5538　　薄弱层地震剪力放大系数＝1.00

RJX＝1.9052E＋06（kN/m）　RJY＝2.3691E＋06（kN/m）　RJZ＝0.0000E＋00（kN/m）

Floor No. 5　　　Tower No. 1

Xstif＝19.6925（m）　　　　Ystif＝66.7329（m）　　　Alf＝0.0000（Degree）

Xmass＝23.2714（m）　　　Ymass＝62.9352（m）　　Gmass（活荷折减）＝1230.2205（1143.8369）（t）

Eex＝0.2597　　　　Eey＝0.3419

Ratx＝0.8968　　　　Raty＝0.8831

Ratx1＝1.4689　　　　Raty1＝1.5046　　薄弱层地震剪力放大系数＝1.00

RJX＝1.7086E＋06（kN/m）　RJY＝2.0922E＋06（kN/m）　RJZ＝0.0000E＋00（kN/m）

Floor No. 6　　　Tower No. 1

Xstif＝19.9085（m）　　　　Ystif＝67.0248（m）　　　Alf＝0.0000（Degree）

Xmass＝23.2714（m）　　　Ymass＝62.9352（m）　　Gmass（活荷折减）＝1230.2205（1143.8369）（t）

Eex＝0.2472　　　　Eey＝0.3710

Ratx＝0.9211　　　　Raty＝0.9060

Ratx1＝1.4713　　　　Raty1＝1.4937　　薄弱层地震剪力放大系数＝1.00

RJX＝1.5738E＋06（kN/m）　RJY＝1.8955E＋06（kN/m）　RJZ＝0.0000E＋00（kN/m）

Floor No. 7　　　Tower No. 1

Xstif＝19.8030（m）　　　　Ystif＝66.8546（m）　　　Alf＝0.0000（Degree）

Xmass＝23.1682（m）　　　Ymass＝62.9456（m）　　Gmass（活荷折减）＝1219.5961（1144.8091）（t）

Eex＝0.2452　　　　Eey＝0.3534

Ratx＝0.9297　　　　Raty＝0.9127

Ratx1＝1.5008　　　　Raty1＝1.5096　　薄弱层地震剪力放大系数＝1.00

RJX＝1.4632E＋06（kN/m）　RJY＝1.7301E＋06（kN/m）　RJZ＝0.0000E＋00（kN/m）

Floor No. 8　　　Tower No. 1

Xstif＝19.3067（m）　　　　Ystif＝66.6140（m）　　　Alf＝－0.0323（Degree）

Xmass＝20.7102（m）　　　Ymass＝63.0958（m）　　Gmass（活荷折减）＝1048.0396（976.9550）（t）

Eex＝0.1026　　　　Eey＝0.3193

Ratx＝0.9055　　　　Raty＝0.9183

Ratx1＝1.5282　　　　Raty1＝1.5764　　薄弱层地震剪力放大系数＝1.00

RJX＝1.3250E＋06（kN/m）　RJY＝1.5888E＋06（kN/m）　RJZ＝0.0000E＋00（kN/m）

Floor No. 9　　　Tower No. 1

Xstif＝19.4823（m）　　　　Ystif＝66.7398（m）　　　Alf＝0.0553（Degree）

Xmass＝20.7107（m）　　　Ymass＝63.0970（m）　　Gmass（活荷折减）＝1048.1763（977.0918）（t）

Eex＝0.0902　　　　Eey＝0.3328

Ratx＝0.9231　　　　Raty＝0.9063

Ratx1＝1.5772　　　　Raty1＝1.6210　　薄弱层地震剪力放大系数＝1.00

RJX= 1.2231E+06 (kN/m)   RJY= 1.4399E+06 (kN/m)   RJZ= 0.0000E+00 (kN/m)

Floor No. 10   Tower No. 1

Xstif=19.3375 (m)   Ystif=66.6198 (m)   Alf=0.0502 (Degree)

Xmass=20.7107 (m)   Ymass=63.0970 (m)   Gmass（活荷折减）=1048.1763（977.0918）(t)

Eex=0.1004   Eey=0.3201

Ratx =0.9058   Raty =0.8813

Ratx1=1.7198   Raty1=1.7762   薄弱层地震剪力放大系数= 1.00

RJX= 1.1079E+06 (kN/m)   RJY= 1.2689E+06 (kN/m)   RJZ= 0.0000E+00 (kN/m)

Floor No. 11   Tower No. 1

Xstif=19.3225 (m)   Ystif=66.6354 (m)   Alf=0.0479 (Degree)

Xmass=20.7463 (m)   Ymass=63.3180 (m)   Gmass（活荷折减）=892.5082（864.7403）(t)

Eex=0.1044   Eey=0.3013

Ratx =0.8306   Raty =0.8043

Ratx1=2.0923   Raty1=2.1493   薄弱层地震剪力放大系数= 1.00

RJX= 9.2027E+05 (kN/m)   RJY= 1.0206E+06 (kN/m)   RJZ= 0.0000E+00 (kN/m)

Floor No. 12   Tower No. 1

Xstif=19.3316 (m)   Ystif=66.7854 (m)   Alf=0.0501 (Degree)

Xmass=20.7499 (m)   Ymass=63.3679 (m)   Gmass（活荷折减）=931.9948（900.0892）(t)

Eex=0.1051   Eey=0.3099

Ratx =0.6828   Raty =0.6647

Ratx1=12.4964   Raty1=11.6797   薄弱层地震剪力放大系数= 1.00

RJX= 6.2832E+05 (kN/m)   RJY= 6.7837E+05 (kN/m)   RJZ= 0.0000E+00 (kN/m)

Floor No. 13   Tower No. 1

Xstif=26.7510 (m)   Ystif=71.6603 (m)   Alf=0.1542 (Degree)

Xmass=26.6408 (m)   Ymass=71.3297 (m)   Gmass（活荷折减）=98.9935（97.8683）(t)

Eex=0.0317   Eey=0.1139

Ratx =0.1143   Raty =0.1223

Ratx1=1.0000   Raty1=1.0000   薄弱层地震剪力放大系数= 1.00

RJX= 7.1829E+04 (kN/m)   RJY= 8.2973E+04 (kN/m)   RJZ= 0.0000E+00 (kN/m)

==

结构整体抗倾覆验算结果

==

	抗倾覆力矩 Mr	倾覆力矩 Mov	比值 Mr/Mov	零应力区（％）
X 风荷载	2974888.8	35820.8	83.05	0.00
Y 风荷载	5042423.5	33952.1	148.52	0.00
X 地 震	2974888.8	268376.8	11.08	0.00
Y 地 震	5042423.5	260667.1	19.34	0.00

==

结构整体稳定验算结果

==

X 向刚重比 EJd/GH ＊＊2＝　　　　　9.35

Y 向刚重比 EJd/GH ＊＊2＝　　　　　9.53

该结构刚重比 EJd/GH ＊＊2 大于 1.4，能够通过高规（5.4.4）的整体稳定验算

该结构刚重比 EJd/GH ＊＊2 大于 2.7，可以不考虑重力二阶效应

＊＊＊

＊　　　　　　　　　　　　楼层抗剪承载力、及承载力比值　　　　　　　　　　　　　＊

＊＊＊

Ratio _ Bu：表示本层与上一层的承载力之比

层号	塔号	X 向承载力	Y 向承载力	Ratio _ Bu：X，Y	
13	1	0.2794E＋04	0.4307E＋04	1.00	1.00
12	1	0.1166E＋05	0.1498E＋05	4.17	3.48
11	1	0.1177E＋05	0.1540E＋05	1.01	1.03
10	1	0.1286E＋05	0.1672E＋05	1.09	1.09
9	1	0.1369E＋05	0.1772E＋05	1.06	1.06
8	1	0.1462E＋05	0.1872E＋05	1.07	1.06
7	1	0.1726E＋05	0.2118E＋05	1.18	1.13
6	1	0.1793E＋05	0.2198E＋05	1.04	1.04
5	1	0.1892E＋05	0.2302E＋05	1.05	1.05
4	1	0.2006E＋05	0.2436E＋05	1.06	1.06
3	1	0.2351E＋05	0.2797E＋05	1.17	1.15
2	1	0.2284E＋05	0.2643E＋05	0.97	0.94
1	1	0.6052E＋05	0.7897E＋05	2.65	2.99

2. 周期、地震力与振型输出

考虑扭转耦联时的振动周期（秒）、X，Y 方向的平动系数、扭转系数

振型号	周 期	转 角	平动系数（X＋Y）	扭转系数
1	1.1395	172.51	0.98（0.96＋0.02）	0.02
2	0.9952	87.02	0.78（0.01＋0.77）	0.22
3	0.8447	68.66	0.27（0.05＋0.22）	0.73
4	0.3585	2.54	0.88（0.88＋0.00）	0.12
5	0.3155	110.43	0.62（0.08＋0.54）	0.38
6	0.2510	72.33	0.53（0.06＋0.47）	0.47
7	0.1791	3.61	0.83（0.82＋0.01）	0.17
8	0.1464	115.88	0.63（0.13＋0.50）	0.37
9	0.1234	70.05	0.59（0.09＋0.51）	0.41
10	0.1127	7.22	0.79（0.77＋0.02）	0.21
11	0.0910	120.02	0.69（0.18＋0.51）	0.31
12	0.0786	11.54	0.80（0.74＋0.06）	0.20
13	0.0754	69.21	0.56（0.10＋0.45）	0.44
14	0.0631	122.61	0.73（0.24＋0.49）	0.27

振型号	周 期	转 角	平动系数（X+Y）	扭转系数
15	0.0588	9.19	0.81（0.75+0.06）	0.19
16	0.0527	59.34	0.70（0.28+0.42）	0.30
17	0.0491	162.09	0.73（0.54+0.19）	0.27
18	0.0478	8.13	0.72（0.55+0.17）	0.28
19	0.0446	147.37	0.85（0.46+0.39）	0.15
20	0.0433	174.58	0.24（0.19+0.05）	0.76
21	0.0410	45.56	0.62（0.31+0.31）	0.38
22	0.0380	19.17	0.65（0.49+0.16）	0.35
23	0.0375	90.07	0.95（0.27+0.68）	0.05
24	0.0367	108.99	0.70（0.22+0.49）	0.30

地震作用最大的方向 ＝ －4.059（度）

==

仅考虑 X 向地震作用时的地震力

Floor：层号

Tower：塔号

F－x－x：X 方向的耦联地震力在 X 方向的分量

F－x－y：X 方向的耦联地震力在 Y 方向的分量

F－x－t：X 方向的耦联地震力的扭矩

振型 1 的地震力

Floor	Tower	F-x-x (kN)	F-x-y (kN)	F-x-t (kN·m)
13	1	100.51	−9.59	15.60
12	1	937.52	−133.78	1229.24
11	1	844.04	−119.73	1201.62
10	1	882.77	−124.69	1332.71
9	1	799.52	−112.53	1287.34
8	1	706.39	−99.09	1206.81
7	1	711.80	−74.98	1511.83
6	1	589.62	−58.99	1318.20
5	1	463.40	−44.16	1089.74
4	1	336.65	−30.05	830.16
3	1	224.36	−19.01	603.74
2	1	117.85	−8.61	312.79
1	1	26.94	−1.31	46.57

振型 2 的地震力

Floor	Tower	F-x-x (kN)	F-x-y (kN)	F-x-t (kN·m)
13	1	−2.30	8.47	4.46

Floor	Tower	F-x-x (kN)	F-x-y (kN)	F-x-t (kN · m)
12	1	2.07	56.59	351.84
11	1	2.31	50.28	316.05
10	1	3.30	51.68	323.45
9	1	3.29	46.21	289.98
8	1	3.18	40.32	253.73
7	1	3.80	44.78	298.48
6	1	3.51	36.83	247.38
5	1	3.07	28.62	195.22
4	1	2.48	20.56	142.61
3	1	1.50	13.58	100.24
2	1	0.93	7.02	51.08
1	1	−0.05	1.14	2.07

振型 3 的地震力

Floor	Tower	F-x-x (kN)	F-x-y (kN)	F-x-t (kN · m)
13	1	19.67	1.93	−25.44
12	1	46.75	106.18	−1993.21
11	1	38.60	95.86	−1818.27
10	1	34.07	100.90	−1892.61
9	1	28.11	91.75	−1726.25
8	1	22.41	81.31	−1535.06
7	1	18.33	52.52	−1826.88
6	1	13.10	41.56	−1513.37
5	1	8.78	31.72	−1185.58
4	1	5.36	22.16	−852.47
3	1	5.19	14.66	−581.98
2	1	2.33	6.93	−282.25
1	1	2.47	1.14	−31.76

振型 4 的地震力

Floor	Tower	F-x-x (kN)	F-x-y (kN)	F-x-t (kN · m)
13	1	−85.26	−22.01	−53.51
12	1	−803.50	−2.95	−3740.15
11	1	−531.06	−5.02	−2832.93
10	1	−297.95	−6.47	−2072.43
9	1	19.61	−7.27	−825.66
8	1	312.87	−7.27	425.83
7	1	636.46	25.09	2061.32

Floor	Tower	F-x-x (kN)	F-x-y (kN)	F-x-t (kN · m)
6	1	787.40	41.65	3007.47
5	1	816.81	49.44	3371.57
4	1	725.87	49.05	3130.45
3	1	556.84	40.18	2592.89
2	1	326.12	26.79	1462.79
1	1	84.73	4.78	195.30

振型　5 的地震力

Floor	Tower	F-x-x (kN)	F-x-y (kN)	F-x-t (kN · m)
13	1	−27.56	36.39	27.11
12	1	−66.90	167.74	1920.12
11	1	−34.48	107.00	1293.27
10	1	−6.18	55.48	762.75
9	1	20.08	−8.74	68.91
8	1	39.89	−66.02	−569.98
7	1	59.07	−152.17	−1482.18
6	1	62.68	−186.89	−1865.22
5	1	58.28	−192.07	−1947.87
4	1	47.29	−169.67	−1732.49
3	1	39.27	−130.60	−1396.52
2	1	21.11	−76.02	−776.12
1	1	12.15	−15.34	−48.78

振型　6 的地震力

Floor	Tower	F-x-x (kN)	F-x-y (kN)	F-x-t (kN · m)
13	1	−21.79	−12.41	23.12
12	1	−47.64	−155.73	1567.87
11	1	−22.90	−97.46	1032.11
10	1	−1.42	−46.22	555.43
9	1	16.92	18.01	−62.83
8	1	29.55	75.30	−634.04
7	1	40.49	114.98	−1491.63
6	1	40.23	136.05	−1834.22
5	1	36.04	137.64	−1881.75
4	1	29.13	119.75	−1636.89
3	1	26.63	92.63	−1275.44
2	1	15.35	52.20	−671.69
1	1	11.03	11.66	−120.51

振型 7 的地震力

Floor	Tower	F-x-x (kN)	F-x-y (kN)	F-x-t (kN·m)
13	1	50.16	18.53	48.64
12	1	421.96	−5.18	2781.05
11	1	127.20	−1.81	1244.13
10	1	−166.10	−2.26	−327.78
9	1	−381.49	−4.72	−1673.97
8	1	−429.78	−8.05	−2226.24
7	1	−352.31	−52.75	−2536.22
6	1	−48.94	−27.52	−944.79
5	1	279.40	9.75	990.73
4	1	498.42	40.73	2402.55
3	1	537.83	51.57	2934.92
2	1	383.17	40.98	2028.91
1	1	120.29	6.89	327.63

振型 8 的地震力

Floor	Tower	F-x-x (kN)	F-x-y (kN)	F-x-t (kN·m)
13	1	26.78	−28.75	−19.91
12	1	57.18	−107.99	−1112.14
11	1	−0.19	−27.45	−284.44
10	1	−47.14	50.05	520.19
9	1	−66.40	103.65	1104.79
8	1	−55.35	114.27	1269.37
7	1	−25.11	115.01	1325.48
6	1	18.01	22.62	358.77
5	1	49.48	−81.04	−773.39
4	1	61.51	−152.62	−1587.37
3	1	64.17	−169.84	−1888.32
2	1	41.36	−121.77	−1295.67
1	1	29.79	−30.98	−115.74

振型 9 的地震力

Floor	Tower	F-x-x (kN)	F-x-y (kN)	F-x-t (kN·m)
13	1	20.36	11.74	−17.33
12	1	34.10	109.71	−964.04
11	1	−3.40	28.48	−267.46

Floor	Tower	F-x-x (kN)	F-x-y (kN)	F-x-t (kN · m)
10	1	−32.22	−50.17	402.62
9	1	−40.71	−102.53	875.20
8	1	−30.55	−107.54	966.61
7	1	−10.63	−62.51	888.85
6	1	12.37	5.42	33.67
5	1	27.01	71.49	−866.70
4	1	32.18	111.08	−1429.73
3	1	36.80	117.42	−1552.86
2	1	25.35	80.34	−991.60
1	1	23.24	24.21	−250.29

振型 10 的地震力

Floor	Tower	F-x-x (kN)	F-x-y (kN)	F-x-t (kN · m)
13	1	−33.00	−23.82	−55.60
12	1	−265.16	−10.93	−2475.98
11	1	41.73	9.99	−230.99
10	1	295.50	31.33	1756.70
9	1	301.04	35.45	2317.36
8	1	71.26	20.09	1261.83
7	1	−251.39	−16.22	−672.07
6	1	−382.76	−56.13	−2097.68
5	1	−216.97	−45.86	−1627.53
4	1	123.04	2.34	186.16
3	1	389.57	46.68	1888.55
2	1	387.28	52.41	1941.50
1	1	163.59	9.98	377.41

振型 11 的地震力

Floor	Tower	F-x-x (kN)	F-x-y (kN)	F-x-t (kN · m)
13	1	−28.51	26.74	17.59
12	1	−41.36	80.11	700.71
11	1	34.40	−21.95	−264.32
10	1	74.40	−102.34	−1038.05
9	1	48.10	−103.03	−1094.43
8	1	−11.82	−31.22	−443.90
7	1	−65.60	80.76	659.47
6	1	−63.74	136.39	1289.78

Floor	Tower	F-x-x (kN)	F-x-y (kN)	F-x-t (kN · m)
5	1	−21.06	84.36	860.95
4	1	29.23	−35.17	−307.41
3	1	64.91	−134.28	−1373.00
2	1	58.81	−135.92	−1331.37
1	1	55.37	−46.21	−168.18

振型 12 的地震力

Floor	Tower	F-x-x (kN)	F-x-y (kN)	F-x-t (kN · m)
13	1	29.05	22.27	39.33
12	1	134.77	39.74	1142.33
11	1	−107.84	−25.99	−389.66
10	1	−218.91	−70.45	−1268.64
9	1	−46.81	−48.90	−553.34
8	1	188.54	14.05	731.12
7	1	245.59	94.20	1395.30
6	1	−33.14	50.58	−251.75
5	1	−267.85	−31.53	−1660.23
4	1	−169.89	−59.01	−837.43
3	1	139.10	−24.78	1396.44
2	1	296.50	11.47	2229.95
1	1	178.00	−5.50	552.68

振型 13 的地震力

Floor	Tower	F-x-x (kN)	F-x-y (kN)	F-x-t (kN · m)
13	1	−28.33	−12.30	30.35
12	1	−2.86	−106.43	1169.17
11	1	23.70	22.42	−306.43
10	1	25.67	122.04	−1396.76
9	1	15.71	113.23	−1245.23
8	1	6.54	11.63	−81.52
7	1	−9.45	−95.09	1549.78
6	1	−37.53	−135.22	1863.91
5	1	−50.16	−77.87	713.78
4	1	−13.41	42.00	−869.28
3	1	62.41	146.18	−1817.59
2	1	91.60	148.62	−1406.54
1	1	101.34	63.99	−578.37

振型 14 的地震力

Floor	Tower	F-x-x (kN)	F-x-y (kN)	F-x-t (kN·m)
13	1	32.95	−23.11	−3.89
12	1	30.37	−58.66	−138.62
11	1	−77.57	55.82	506.18
10	1	−78.52	106.80	775.36
9	1	33.49	29.94	252.46
8	1	96.63	−82.13	−642.50
7	1	44.18	−144.14	−1351.67
6	1	−54.08	2.69	−14.78
5	1	−69.49	147.39	1470.00
4	1	−16.38	104.24	1066.13
3	1	40.62	−76.67	−871.55
2	1	63.42	−172.56	−1810.83
1	1	137.24	−88.58	−489.79

振型 15 的地震力

Floor	Tower	F-x-x (kN)	F-x-y (kN)	F-x-t (kN·m)
13	1	−29.43	−31.17	−90.49
12	1	−112.62	−20.48	−1550.10
11	1	189.93	61.29	1224.00
10	1	171.00	68.84	1878.76
9	1	−189.18	−24.58	−394.55
8	1	−256.86	−87.97	−1743.03
7	1	112.68	−55.90	−531.49
6	1	330.46	85.05	1522.14
5	1	−27.83	74.13	188.68
4	1	−348.10	−31.52	−1495.81
3	1	−70.15	−58.50	49.55
2	1	357.38	−14.54	2149.19
1	1	515.78	−36.00	306.62

振型 16 的地震力

Floor	Tower	F-x-x (kN)	F-x-y (kN)	F-x-t (kN·m)
13	1	75.41	39.25	−19.05
12	1	−15.55	142.32	−854.33
11	1	−134.55	−145.18	904.16

Floor	Tower	F-x-x (kN)	F-x-y (kN)	F-x-t (kN · m)
10	1	−31.45	−241.28	1832.04
9	1	109.31	−4.20	443.86
8	1	53.73	241.70	−1884.33
7	1	−55.61	183.66	−2903.43
6	1	5.30	−66.83	847.26
5	1	40.11	−236.68	3502.29
4	1	−78.02	−144.54	1487.09
3	1	−78.54	137.19	−2196.98
2	1	131.36	300.34	−2887.11
1	1	770.77	197.08	−2842.60

振型 17 的地震力

Floor	Tower	F-x-x (kN)	F-x-y (kN)	F-x-t (kN · m)
13	1	−102.53	47.53	68.11
12	1	87.49	17.94	1125.36
11	1	105.42	−122.27	−3070.46
10	1	−16.98	−66.99	−2936.83
9	1	−52.59	130.34	2090.39
8	1	−47.31	131.93	4328.07
7	1	−74.15	−80.36	869.17
6	1	41.22	−249.23	−4306.96
5	1	204.52	70.62	−1743.21
4	1	3.25	308.31	2595.02
3	1	−304.33	3.88	1851.12
2	1	−16.00	−368.44	−1014.68
1	1	1984.74	−460.52	−4721.45

振型 18 的地震力

Floor	Tower	F-x-x (kN)	F-x-y (kN)	F-x-t (kN · m)
13	1	23.53	−6.41	99.54
12	1	17.22	−31.85	615.01
11	1	−99.30	34.02	−363.81
10	1	−8.23	52.98	−435.36
9	1	128.59	−10.38	167.07
8	1	10.91	−64.40	110.49
7	1	−146.42	−32.49	−85.00
6	1	12.33	69.00	507.48

Floor	Tower	F-x-x (kN)	F-x-y (kN)	F-x-t (kN·m)
5	1	126.34	46.25	−32.04
4	1	−22.99	−58.42	−1214.28
3	1	−89.51	−41.32	−84.97
2	1	36.58	52.97	1860.43
1	1	142.20	31.44	572.57

振型 19 的地震力

Floor	Tower	F-x-x (kN)	F-x-y (kN)	F-x-t (kN·m)
13	1	−3.79	−56.80	−183.56
12	1	−15.66	−67.56	−321.96
11	1	57.35	192.97	1558.07
10	1	−33.01	124.43	463.97
9	1	−76.64	−182.88	−1655.19
8	1	91.47	−188.73	−723.17
7	1	96.90	137.82	1439.39
6	1	−186.98	190.37	−150.03
5	1	−53.24	−77.77	−1360.32
4	1	247.80	−171.63	399.53
3	1	−14.50	6.92	974.38
2	1	−287.06	167.98	−346.86
1	1	836.38	129.36	−3292.30

振型 20 的地震力

Floor	Tower	F-x-x (kN)	F-x-y (kN)	F-x-t (kN·m)
13	1	9.03	−4.43	116.39
12	1	−19.03	4.89	−35.96
11	1	1.66	3.01	34.82
10	1	18.38	−1.03	54.58
9	1	−6.32	−4.91	−96.57
8	1	−14.01	−0.11	−68.26
7	1	12.41	8.09	148.14
6	1	5.27	−3.45	−1.57
5	1	−14.00	−9.32	−162.02
4	1	5.03	6.97	81.69
3	1	9.31	8.14	130.92
2	1	−12.93	−10.61	−161.00
1	1	17.50	−17.99	−196.99

振型　21 的地震力

Floor	Tower	F-x-x (kN)	F-x-y (kN)	F-x-t (kN·m)
13	1	11.31	3.64	−40.92
12	1	−10.24	−1.35	74.97
11	1	−18.48	−5.29	155.78
10	1	14.24	−2.84	30.23
9	1	15.98	4.80	−223.95
8	1	−12.34	6.30	−160.52
7	1	−7.53	2.12	281.04
6	1	8.57	−12.86	210.34
5	1	−3.18	−9.69	−270.42
4	1	2.63	20.14	−156.72
3	1	5.68	15.18	188.30
2	1	−12.73	−28.88	69.20
1	1	14.75	−72.78	−174.44

振型　22 的地震力

Floor	Tower	F-x-x (kN)	F-x-y (kN)	F-x-t (kN·m)
13	1	0.76	0.05	1.39
12	1	−2.87	1.35	−22.11
11	1	3.62	−1.59	46.26
10	1	−0.53	−1.92	10.79
9	1	−4.05	1.72	−47.11
8	1	4.44	2.76	−1.30
7	1	1.83	−1.45	31.53
6	1	−7.23	−3.91	−5.83
5	1	3.85	2.79	26.02
4	1	3.38	2.38	−31.93
3	1	−5.29	−2.47	−52.66
2	1	2.32	−0.20	90.42
1	1	0.10	−1.87	94.88

振型　23 的地震力

Floor	Tower	F-x-x (kN)	F-x-y (kN)	F-x-t (kN·m)
13	1	12.28	25.97	−9.80
12	1	−18.51	0.51	74.22
11	1	−13.11	−69.72	−258.98

Floor	Tower	F-x-x (kN)	F-x-y (kN)	F-x-t (kN · m)
10	1	37. 86	1. 04	84. 31
9	1	−9. 68	79. 87	149. 96
8	1	−37. 68	1. 78	−143. 71
7	1	42. 57	−84. 95	56. 72
6	1	10. 27	14. 83	363. 64
5	1	−64. 14	70. 37	−261. 87
4	1	42. 69	−12. 49	−281. 78
3	1	44. 44	−64. 11	160. 77
2	1	−84. 34	23. 14	336. 11
1	1	117. 11	316. 41	1102. 13

振型 24 的地震力

Floor	Tower	F-x-x (kN)	F-x-y (kN)	F-x-t (kN · m)
13	1	−4. 20	1. 36	9. 15
12	1	5. 99	3. 60	−77. 95
11	1	4. 45	−8. 89	−41. 29
10	1	−8. 52	−2. 19	73. 19
9	1	−2. 26	9. 86	87. 56
8	1	6. 73	1. 13	−76. 40
7	1	0. 68	−11. 96	−146. 75
6	1	−1. 85	8. 31	201. 04
5	1	−6. 97	3. 57	61. 49
4	1	5. 02	−10. 66	−195. 94
3	1	11. 19	4. 75	14. 64
2	1	−16. 60	7. 93	129. 00
1	1	9. 91	−74. 13	−524. 62

各振型作用下 X 方向的基底剪力

振型号	剪力（kN）
1	6741. 35
2	27. 08
3	245. 17
4	2548. 92
5	224. 69
6	151. 62
7	1039. 80
8	154. 08
9	93. 90

振型号	剪力（kN）
10	623.73
11	133.13
12	367.11
13	185.24
14	182.87
15	643.06
16	792.27
17	1812.76
18	131.23
19	659.00
20	12.31
21	8.67
22	0.33
23	79.77
24	3.57

各层 X 方向的作用力（CQC）

Floor　　：层号

Tower　　：塔号

Fx　　　：X 向地震作用下结构的地震反应力

Vx　　　：X 向地震作用下结构的楼层剪力

Mx　　　：X 向地震作用下结构的弯矩

Static Fx：静力法 X 向的地震力

Floor	Tower	Fx (kN)	Vx（分塔剪重比）（整层剪重比）(kN)		Mx (kN·m)	Static Fx (kN)
			（注意：下面分塔输出的剪重比不适合于上连多塔结构）			
13	1	174.55	174.55 (17.84%)	(17.84%)	610.93	924.25
12	1	1355.15	1508.79 (15.12%)	(15.12%)	5832.96	1131.20
11	1	1028.15	2480.70 (13.32%)	(13.32%)	14455.51	999.74
10	1	1016.48	3327.65 (11.72%)	(11.72%)	25879.29	1031.28
9	1	952.03	4000.69 (10.48%)	(10.48%)	39436.86	932.93
8	1	939.12	4557.42 (9.51%)	(9.51%)	54663.25	834.46
7	1	1118.67	5133.04 (8.64%)	(8.64%)	71447.78	862.60
6	1	1133.96	5678.03 (8.02%)	(8.02%)	89679.27	746.73
5	1	1129.27	6190.20 (7.52%)	(7.52%)	109306.10	631.60
4	1	1106.32	6652.87 (7.10%)	(7.10%)	130266.62	516.46
3	1	1083.97	7054.17 (6.67%)	(6.67%)	152466.22	422.32
2	1	1001.00	7352.37 (6.21%)	(6.21%)	182490.00	316.11
1	1	3494.77	8165.62 (4.93%)	(4.93%)	211909.92	572.04

抗震规范（5.2.5）条要求的 X 向楼层最小剪重比 ＝ 3.20％

X 方向的有效质量系数：99.53％

==

仅考虑 Y 向地震时的地震力

Floor：层号

Tower：塔号

F－y－x：Y 方向的耦联地震力在 X 方向的分量

F－y－y：Y 方向的耦联地震力在 Y 方向的分量

F－y－t：Y 方向的耦联地震力的扭矩

振型　1 的地震力

Floor	Tower	F-y-x (kN)	F-y-y (kN)	F-y-t (kN·m)
13	1	−12.47	1.19	−1.94
12	1	−116.33	16.60	−152.53
11	1	−104.73	14.86	−149.11
10	1	−109.54	15.47	−165.37
9	1	−99.21	13.96	−159.74
8	1	−87.66	12.30	−149.75
7	1	−88.33	9.30	−187.60
6	1	−73.16	7.32	−163.57
5	1	−57.50	5.48	−135.22
4	1	−41.77	3.73	−103.01
3	1	−27.84	2.36	−74.92
2	1	−14.62	1.07	−38.81
1	1	−3.34	0.16	−5.78

振型　2 的地震力

Floor	Tower	F-y-x (kN)	F-y-y (kN)	F-y-t (kN·m)
13	1	−34.43	127.06	66.95
12	1	30.97	848.67	5276.23
11	1	34.69	753.93	4739.48
10	1	49.49	775.05	4850.38
9	1	49.29	692.97	4348.58
8	1	47.65	604.60	3804.98
7	1	56.99	671.56	4475.93
6	1	52.64	552.37	3709.69
5	1	45.98	429.19	2927.53
4	1	37.22	308.25	2138.58

Floor	Tower	F-y-x (kN)	F-y-y (kN)	F-y-t (kN·m)
3	1	22.43	203.66	1503.24
2	1	13.99	105.27	766.02
1	1	−0.81	17.14	31.05

振型　3 的地震力

Floor	Tower	F-y-x (kN)	F-y-y (kN)	F-y-t (kN·m)
13	1	52.05	5.10	−67.30
12	1	123.67	280.89	−5273.08
11	1	102.10	253.61	−4810.27
10	1	90.12	266.95	−5006.93
9	1	74.37	242.72	−4566.83
8	1	59.29	215.10	−4061.04
7	1	48.50	138.93	−4833.06
6	1	34.67	109.94	−4003.66
5	1	23.24	83.92	−3136.48
4	1	14.17	58.62	−2255.23
3	1	13.72	38.78	−1539.64
2	1	6.17	18.34	−746.69
1	1	6.54	3.02	−84.03

振型　4 的地震力

Floor	Tower	F-y-x (kN)	F-y-y (kN)	F-y-t (kN·m)
13	1	−6.22	−1.61	−3.90
12	1	−58.63	−0.22	−272.92
11	1	−38.75	−0.37	−206.72
10	1	−21.74	−0.47	−151.22
9	1	1.43	−0.53	−60.25
8	1	22.83	−0.53	31.07
7	1	46.44	1.83	150.41
6	1	57.46	3.04	219.45
5	1	59.60	3.61	246.02
4	1	52.97	3.58	228.43
3	1	40.63	2.93	189.20
2	1	23.80	1.95	106.74
1	1	6.18	0.35	14.25

振型 5 的地震力

Floor	Tower	F-y-x (kN)	F-y-y (kN)	F-y-t (kN·m)
13	1	77.38	−102.19	−76.13
12	1	187.87	−471.01	−5391.71
11	1	96.82	−300.44	−3631.50
10	1	17.36	−155.78	−2141.80
9	1	−56.38	24.53	−193.51
8	1	−112.01	185.39	1600.50
7	1	−165.86	427.29	4161.97
6	1	−176.00	524.79	5237.54
5	1	−163.64	539.35	5469.61
4	1	−132.78	476.44	4864.84
3	1	−110.28	366.73	3921.43
2	1	−59.28	213.48	2179.34
1	1	−34.11	43.06	136.97

振型 6 的地震力

Floor	Tower	F-y-x (kN)	F-y-y (kN)	F-y-t (kN·m)
13	1	−64.17	−36.54	68.06
12	1	−140.26	−458.50	4616.04
11	1	−67.41	−286.94	3038.69
10	1	−4.17	−136.09	1635.28
9	1	49.82	53.04	−184.99
8	1	87.01	221.70	−1866.70
7	1	119.22	338.53	−4391.60
6	1	118.44	400.55	−5400.23
5	1	106.12	405.22	−5540.16
4	1	85.76	352.56	−4819.26
3	1	78.39	272.72	−3755.09
2	1	45.18	153.68	−1977.56
1	1	32.47	34.33	−354.81

振型 7 的地震力

Floor	Tower	F-y-x (kN)	F-y-y (kN)	F-y-t (kN·m)
13	1	3.19	1.18	3.09
12	1	26.85	−0.33	176.93
11	1	8.09	−0.12	79.15
10	1	−10.57	−0.14	−20.85
9	1	−24.27	−0.30	−106.50
8	1	−27.34	−0.51	−141.64

Floor	Tower	F-y-x (kN)	F-y-y (kN)	F-y-t (kN · m)
7	1	−22.41	−3.36	−161.36
6	1	−3.11	−1.75	−60.11
5	1	17.78	0.62	63.03
4	1	31.71	2.59	152.85
3	1	34.22	3.28	186.72
2	1	24.38	2.61	129.08
1	1	7.65	0.44	20.84

振型 8 的地震力

Floor	Tower	F-y-x (kN)	F-y-y (kN)	F-y-t (kN · m)
13	1	−54.73	58.74	40.67
12	1	−116.83	220.66	2272.49
11	1	0.39	56.10	581.22
10	1	96.33	−102.26	−1062.93
9	1	135.67	−211.79	−2257.48
8	1	113.10	−233.49	−2593.76
7	1	51.32	−235.01	−2708.41
6	1	−36.79	−46.22	−733.10
5	1	−101.11	165.59	1580.30
4	1	−125.68	311.85	3243.54
3	1	−131.12	347.04	3858.50
2	1	−84.51	248.81	2647.50
1	1	−60.87	63.30	236.50

振型 9 的地震力

Floor	Tower	F-y-x (kN)	F-y-y (kN)	F-y-t (kN · m)
13	1	51.41	29.64	−43.76
12	1	86.12	277.06	−2434.66
11	1	−8.58	71.93	−675.47
10	1	−81.38	−126.71	1016.80
9	1	−102.81	−258.93	2210.30
8	1	−77.15	−271.58	2441.16
7	1	−26.84	−157.87	2244.77
6	1	31.24	13.70	85.04
5	1	68.23	180.56	−2188.84
4	1	81.26	280.54	−3610.76
3	1	92.94	296.54	−3921.71
2	1	64.01	202.89	−2504.26
1	1	58.70	61.14	−632.10

振型 10 的地震力

Floor	Tower	F-y-x (kN)	F-y-y (kN)	F-y-t (kN·m)
13	1	−2.93	−2.11	−4.93
12	1	−23.51	−0.97	−219.53
11	1	3.70	0.89	−20.48
10	1	26.20	2.78	155.76
9	1	26.69	3.14	205.47
8	1	6.32	1.78	111.88
7	1	−22.29	−1.44	−59.59
6	1	−33.94	−4.98	−185.99
5	1	−19.24	−4.07	−144.30
4	1	10.91	0.21	16.51
3	1	34.54	4.14	167.45
2	1	34.34	4.65	172.14
1	1	14.50	0.89	33.46

振型 11 的地震力

Floor	Tower	F-y-x (kN)	F-y-y (kN)	F-y-t (kN·m)
13	1	43.21	−40.53	−26.66
12	1	62.69	−121.40	−1061.96
11	1	−52.13	33.26	400.58
10	1	−112.76	155.09	1573.21
9	1	−72.90	156.14	1658.66
8	1	17.91	47.31	672.76
7	1	99.42	−122.40	−999.47
6	1	96.60	−206.71	−1954.73
5	1	31.92	−127.85	−1304.81
4	1	−44.29	53.31	465.89
3	1	−98.37	203.51	2080.86
2	1	−89.13	206.00	2017.76
1	1	−83.92	70.04	254.88

振型 12 的地震力

Floor	Tower	F-y-x (kN)	F-y-y (kN)	F-y-t (kN·m)
13	1	−2.68	−2.05	−3.63
12	1	−12.43	−3.66	−105.34
11	1	9.95	2.40	35.93
10	1	20.19	6.50	116.99

Floor	Tower	F-y-x (kN)	F-y-y (kN)	F-y-t (kN·m)
9	1	4.32	4.51	51.03
8	1	−17.39	−1.30	−67.42
7	1	−22.65	−8.69	−128.67
6	1	3.06	−4.66	23.22
5	1	24.70	2.91	153.10
4	1	15.67	5.44	77.23
3	1	−12.83	2.28	−128.78
2	1	−27.34	−1.06	−205.64
1	1	−16.41	0.51	−50.97

振型 13 的地震力

Floor	Tower	F-y-x (kN)	F-y-y (kN)	F-y-t (kN·m)
13	1	−37.20	−16.15	39.84
12	1	−3.75	−139.74	1535.04
11	1	31.12	29.43	−402.32
10	1	33.70	160.24	−1833.85
9	1	20.63	148.66	−1634.90
8	1	8.59	15.27	−107.02
7	1	−12.41	−124.85	2034.75
6	1	−49.27	−177.53	2447.18
5	1	−65.86	−102.23	937.14
4	1	−17.61	55.15	−1141.31
3	1	81.95	191.92	−2386.37
2	1	120.26	195.12	−1846.69
1	1	133.06	84.02	−759.36

振型 14 的地震力

Floor	Tower	F-y-x (kN)	F-y-y (kN)	F-y-t (kN·m)
13	1	−35.86	25.15	4.23
12	1	−33.05	63.82	150.84
11	1	84.40	−60.74	−550.78
10	1	85.44	−116.21	−843.68
9	1	−36.45	−32.57	−274.70
8	1	−105.14	89.37	699.12
7	1	−48.07	156.85	1470.78
6	1	58.84	−2.92	16.08

Floor	Tower	F-y-x (kN)	F-y-y (kN)	F-y-t (kN · m)
5	1	75.62	−160.38	−1599.53
4	1	17.83	−113.42	−1160.08
3	1	−44.20	83.43	948.35
2	1	−69.01	187.77	1970.40
1	1	−149.34	96.39	532.95

振型 15 的地震力

Floor	Tower	F-y-x (kN)	F-y-y (kN)	F-y-t (kN · m)
13	1	3.27	3.46	10.04
12	1	12.50	2.27	171.99
11	1	−21.07	−6.80	−135.81
10	1	−18.97	−7.64	−208.46
9	1	20.99	2.73	43.78
8	1	28.50	9.76	193.40
7	1	−12.50	6.20	58.97
6	1	−36.67	−9.44	−168.89
5	1	3.09	−8.23	−20.93
4	1	38.62	3.50	165.97
3	1	7.78	6.49	−5.50
2	1	−39.65	1.61	−238.47
1	1	−57.23	3.99	−34.02

振型 16 的地震力

Floor	Tower	F-y-x (kN)	F-y-y (kN)	F-y-t (kN · m)
13	1	38.34	19.96	−9.69
12	1	−7.91	72.36	−434.38
11	1	−68.41	−73.82	459.71
10	1	−15.99	−122.67	931.48
9	1	55.58	−2.14	225.68
8	1	27.32	122.89	−958.06
7	1	−28.27	93.38	−1476.21
6	1	2.69	−33.98	430.78
5	1	20.39	−120.34	1780.70
4	1	−39.67	−73.49	756.09
3	1	−39.93	69.75	−1117.03
2	1	66.79	152.70	−1467.92
1	1	391.89	100.20	−1445.28

振型　17 的地震力

Floor	Tower	F-y-x (kN)	F-y-y (kN)	F-y-t (kN·m)
13	1	36.04	−16.71	−23.94
12	1	−30.75	−6.31	−395.61
11	1	−37.06	42.98	1079.39
10	1	5.97	23.55	1032.41
9	1	18.49	−45.82	−734.85
8	1	16.63	−46.38	−1521.49
7	1	26.07	28.25	−305.55
6	1	−14.49	87.61	1514.07
5	1	−71.90	−24.83	612.81
4	1	−1.14	−108.38	−912.25
3	1	106.98	−1.36	−650.74
2	1	5.62	129.52	356.70
1	1	−697.71	161.89	1659.78

振型　18 的地震力

Floor	Tower	F-y-x (kN)	F-y-y (kN)	F-y-t (kN·m)
13	1	7.42	−2.02	31.41
12	1	5.43	−10.05	194.05
11	1	−31.33	10.74	−114.79
10	1	−2.60	16.72	−137.36
9	1	40.57	−3.27	52.71
8	1	3.44	−20.32	34.86
7	1	−46.20	−10.25	−26.82
6	1	3.89	21.77	160.12
5	1	39.86	14.59	−10.11
4	1	−7.25	−18.43	−383.13
3	1	−28.24	−13.04	−26.81
2	1	11.54	16.71	587.01
1	1	44.87	9.92	180.66

振型　19 的地震力

Floor	Tower	F-y-x (kN)	F-y-y (kN)	F-y-t (kN·m)
13	1	−1.18	−17.63	−56.96
12	1	−4.86	−20.96	−99.90
11	1	17.80	59.88	483.47

Floor	Tower	F-y-x (kN)	F-y-y (kN)	F-y-t (kN·m)
10	1	−10. 24	38. 61	143. 97
9	1	−23. 78	−56. 75	−513. 61
8	1	28. 38	−58. 56	−224. 40
7	1	30. 07	42. 76	446. 64
6	1	−58. 02	59. 07	−46. 56
5	1	−16. 52	−24. 13	−422. 11
4	1	76. 89	−53. 26	123. 97
3	1	−4. 50	2. 15	302. 35
2	1	−89. 07	52. 12	−107. 63
1	1	259. 53	40. 14	−1021. 60

振型 20 的地震力

Floor	Tower	F-y-x (kN)	F-y-y (kN)	F-y-t (kN·m)
13	1	−15. 23	7. 47	−196. 31
12	1	32. 09	−8. 25	60. 66
11	1	−2. 80	−5. 08	−58. 73
10	1	−30. 99	1. 75	−92. 06
9	1	10. 66	8. 28	162. 87
8	1	23. 63	0. 19	115. 13
7	1	−20. 93	−13. 64	−249. 85
6	1	−8. 88	5. 81	2. 64
5	1	23. 61	15. 72	273. 26
4	1	−8. 48	−11. 75	−137. 78
3	1	−15. 71	−13. 73	−220. 81
2	1	21. 80	17. 90	271. 54
1	1	−29. 51	30. 35	332. 24

振型 21 的地震力

Floor	Tower	F-y-x (kN)	F-y-y (kN)	F-y-t (kN·m)
13	1	−106. 42	−34. 24	384. 93
12	1	96. 33	12. 67	−705. 19
11	1	173. 79	49. 75	−1465. 29
10	1	−133. 92	26. 75	−284. 39
9	1	−150. 33	−45. 18	2106. 49
8	1	116. 10	−59. 25	1509. 88
7	1	70. 80	−19. 96	−2643. 42

Floor	Tower	F-y-x (kN)	F-y-y (kN)	F-y-t (kN · m)
6	1	−80.60	120.95	−1978.44
5	1	29.90	91.15	2543.62
4	1	−24.75	−189.42	1474.10
3	1	−53.43	−142.74	−1771.19
2	1	119.70	271.68	−650.94
1	1	−138.70	684.57	1640.79

振型 22 的地震力

Floor	Tower	F-y-x (kN)	F-y-y (kN)	F-y-t (kN · m)
13	1	−5.43	−0.38	−9.96
12	1	20.57	−9.65	158.50
11	1	−25.93	11.43	−331.69
10	1	3.78	13.78	−77.39
9	1	29.06	−12.34	337.75
8	1	−31.81	−19.76	9.30
7	1	−13.15	10.38	−226.07
6	1	51.84	28.05	41.79
5	1	−27.63	−19.99	−186.53
4	1	−24.25	−17.06	228.90
3	1	37.94	17.71	377.58
2	1	−16.62	1.42	−648.27
1	1	−0.73	13.38	−680.24

振型 23 的地震力

Floor	Tower	F-y-x (kN)	F-y-y (kN)	F-y-t (kN · m)
13	1	46.59	98.53	−37.20
12	1	−70.22	1.92	281.57
11	1	−49.73	−264.54	−982.56
10	1	143.65	3.96	319.86
9	1	−36.72	303.05	568.94
8	1	−142.97	6.77	−545.22
7	1	161.52	−322.31	215.18
6	1	38.96	56.25	1379.64
5	1	−243.33	266.98	−993.54
4	1	161.96	−47.39	−1069.10
3	1	168.60	−243.23	609.96
2	1	−319.99	87.79	1275.22
1	1	444.33	1200.46	4181.51

振型 24 的地震力

Floor	Tower	F-y-x (kN)	F-y-y (kN)	F-y-t (kN·m)
13	1	79.23	−25.71	−172.46
12	1	−112.89	−67.76	1468.82
11	1	−83.89	167.46	778.04
10	1	160.57	41.21	−1379.08
9	1	42.61	−185.85	−1650.00
8	1	−126.84	−21.23	1439.73
7	1	−12.78	225.39	2765.34
6	1	34.86	−156.65	−3788.18
5	1	131.36	−67.30	−1158.73
4	1	−94.64	200.81	3692.16
3	1	−210.94	−89.56	−275.94
2	1	312.79	−149.49	−2430.78
1	1	−186.75	1396.91	9885.71

各振型作用下 Y 方向的基底剪力

振型号	剪力（kN）
1	103.80
2	6089.73
3	1715.91
4	13.57
5	1771.63
6	1314.26
7	4.21
8	643.32
9	598.90
10	4.90
11	305.78
12	3.12
13	319.31
14	216.51
15	7.92
16	204.81
17	224.02
18	13.06
19	63.45
20	35.01
21	766.73
22	16.96

振型号	剪力（kN）
23	1148.24
24	1268.24

各层 Y 方向的作用力（CQC）

Floor　　：层号

Tower　　：塔号

Fy　　：Y 向地震作用下结构的地震反应力

Vy　　：Y 向地震作用下结构的楼层剪力

My　　：Y 向地震作用下结构的弯矩

Static Fy：静力法 Y 向的地震力

Floor	Tower	Fy (kN)	Vy（分塔剪重比）（整层剪重比）(kN)		My (kN·m)	Static Fy (kN)
			（注意：下面分塔输出的剪重比不适合于上连多塔结构）			
13	1	202.42	202.42（20.68％）	（20.68％）	708.48	932.47
12	1	1269.64	1449.80（14.53％）	（14.53％）	5723.11	1291.83
11	1	984.03	2387.31（12.82％）	（12.82％）	14015.81	1141.69
10	1	977.21	3223.63（11.35％）	（11.35％）	25104.12	1177.71
9	1	915.21	3917.36（10.26％）	（10.26％）	38430.36	1065.40
8	1	880.83	4507.19（9.40％）	（9.40％）	53606.90	952.95
7	1	1026.16	5143.59（8.66％）	（8.66％）	70670.91	985.08
6	1	998.77	5714.15（8.07％）	（8.07％）	89428.39	852.76
5	1	982.94	6219.88（7.56％）	（7.56％）	109696.33	721.28
4	1	942.07	6652.27（7.10％）	（7.10％）	131285.14	589.80
3	1	936.53	7016.35（6.64％）	（6.64％）	154008.50	482.29
2	1	817.50	7263.80（6.14％）	（6.14％）	184456.31	361.00
1	1	3079.69	7931.05（4.79％）	（4.79％）	213939.53	653.27

抗震规范（5.2.5）条要求的 Y 向楼层最小剪重比 ＝ 3.20％

Y 方向的有效质量系数：　　99.50％

＝＝＝＝＝＝＝＝＝＝ 各楼层地震剪力系数调整情况［抗震规范（5.2.5）验算］＝＝＝＝＝＝＝＝＝＝

层号	塔号	X 向调整系数	Y 向调整系数
1	1	1.000	1.000
2	1	1.000	1.000
3	1	1.000	1.000
4	1	1.000	1.000
5	1	1.000	1.000
6	1	1.000	1.000
7	1	1.000	1.000
8	1	1.000	1.000

层号	塔号	X 向调整系数	Y 向调整系数
9	1	1.000	1.000
10	1	1.000	1.000
11	1	1.000	1.000
12	1	1.000	1.000
13	1	1.000	1.000

3. 位移

所有位移的单位为 mm。

Floor ：层号

Tower ：塔号

Jmax ：最大位移对应的节点号

JmaxD ：最大层间位移对应的节点号

Max-（Z）：节点的最大竖向位移

h ：层高

Max-（X），Max-（Y） ：X，Y 方向的节点最大位移

Ave-（X），Ave-（Y） ：X，Y 方向的层平均位移

Max-Dx ，Max-Dy ：X，Y 方向的最大层间位移

Ave-Dx ，Ave-Dy ：X，Y 方向的平均层间位移

Ratio-（X），Ratio-（Y）：最大位移与层平均位移的比值

Ratio-Dx，Ratio-Dy ：最大层间位移与平均层间位移的比值

Max-Dx/h，Max-Dy/h：X，Y 方向的最大层间位移角

DxR/Dx，DyR/Dy ：X，Y 方向的有害位移角占总位移角的百分比例

Ratio _ AX，Ratio _ AY ：本层位移角与上层位移角的 1.3 倍及上三层平均位移角的 1.2 倍的比值的大者

X-Disp，Y-Disp，Z-Disp：节点 X，Y，Z 方向的位移

=== 工况 1 === X 方向地震作用下的楼层最大位移

Floor	Tower	Jmax	Max-(X)	Ave-(X)	Ratio-(X)	h		
		JmaxD	Max-Dx	Ave-Dx	Ratio-Dx	Max-Dx/h	DxR/Dx	Ratio _ AX
13	1	4159	36.27	34.51	1.05	3500		
		4159	2.50	2.45	1.02	1/1399	1.2%	1.00
12	1	3974	39.59	35.03	1.13	3500		
		3974	2.49	2.47	1.01	1/1408	11.9%	0.76
11	1	3714	37.35	32.77	1.14	3500		
		3714	2.90	2.77	1.05	1/1206	11.1%	0.93
10	1	3451	34.75	30.23	1.15	3500		
		3451	3.33	3.09	1.08	1/1051	8.7%	1.00
9	1	3192	31.73	27.38	1.16	3500		
		3192	3.71	3.37	1.10	1/ 944	5.0%	1.01
8	1	2929	28.32	24.23	1.17	3500		
		2929	3.96	3.54	1.12	1/ 884	1.9%	0.96

Floor	Tower	Jmax JmaxD	Max-(X) Max-Dx	Ave-(X) Ave-Dx	Ratio-(X) Ratio-Dx	h Max-Dx/h	DxR/Dx	Ratio_AX
7	1	2651	24.61	20.87	1.18	3500		
		2651	4.08	3.60	1.13	1/ 859	2.8%	0.90
6	1	2365	20.70	17.40	1.19	3500		
		2365	4.26	3.71	1.15	1/ 822	0.4%	0.88
5	1	2081	16.55	13.78	1.20	3500		
		2081	4.36	3.73	1.17	1/ 803	3.5%	0.86
4	1	1799	12.24	10.10	1.21	3500		
		1799	4.29	3.60	1.19	1/ 815	10.3%	0.81
3	1	1510	7.97	6.34	1.26	3500		
		1510	3.95	3.15	1.25	1/ 886	26.2%	0.73
2	1	1226	4.03	3.19	1.26	4500		
		1226	3.82	2.98	1.28	1/1179	91.5%	0.57
1	1	611	0.22	0.20	1.00	4200		
		611	0.22	0.20	1.00	1/9999	99.9%	0.06

X 方向最大值层间位移角： 1/ 803

=== 工况 2 === X 双向地震作用下的楼层最大位移

Floor	Tower	Jmax JmaxD	Max-(X) Max-Dx	Ave-(X) Ave-Dx	Ratio-(X) Ratio-Dx	h Max-Dx/h	DxR/Dx	Ratio_AX
13	1	4159	36.69	36.31	1.01	3500		
		4195	2.63	2.63	1.00	1/1330	3.4%	1.00
12	1	3974	41.93	37.68	1.11	3500		
		4102	2.71	2.69	1.00	1/1294	11.1%	0.74
11	1	3714	39.54	35.28	1.12	3500		
		3714	3.07	3.02	1.02	1/1139	10.2%	0.92
10	1	3451	36.77	32.55	1.13	3500		
		3451	3.53	3.35	1.05	1/993	8.1%	0.98
9	1	3192	33.57	29.48	1.14	3500		
		3192	3.92	3.64	1.08	1/892	4.6%	1.00
8	1	2929	29.94	26.09	1.15	3500		
		2929	4.18	3.83	1.09	1/837	1.6%	0.95
7	1	2651	26.01	22.46	1.16	3500		
		2651	4.29	3.88	1.11	1/816	2.6%	0.90
6	1	2365	21.89	18.73	1.17	3500		
		2365	4.49	4.00	1.12	1/779	0.4%	0.88
5	1	2081	17.50	14.83	1.18	3500		
		2081	4.60	4.02	1.15	1/760	3.4%	0.86
4	1	1799	12.96	10.87	1.19	3500		
		1799	4.54	3.88	1.17	1/771	9.6%	0.81
3	1	1510	8.44	7.02	1.20	3500		
		1510	4.19	3.49	1.20	1/836	24.6%	0.73

Floor	Tower	Jmax	Max-(X)	Ave-(X)	Ratio-(X)	h		
		JmaxD	Max-Dx	Ave-Dx	Ratio-Dx	Max-Dx/h	DxR/Dx	Ratio _ AX
2	1	1226	4.26	3.52	1.21	4500		
		1226	4.06	3.30	1.23	1/1108	86.0%	0.57
1	1	611	0.23	0.21	1.00	4200		
		611	0.23	0.21	1.00	1/9999	99.9%	0.06

X 方向最大值层间位移角： 1/ 760

=== 工况 3 === X-5％ 偶然偏心地震作用下的楼层最大位移

Floor	Tower	Jmax	Max-(X)	Ave-(X)	Ratio-(X)	h		
		JmaxD	Max-Dx	Ave-Dx	Ratio-Dx	Max-Dx/h	DxR/Dx	Ratio _ AX
13	1	4159	36.03	33.12	1.09	3500		
		4159	2.44	2.34	1.04	1/1436	2.5%	1.00
12	1	3974	42.69	35.38	1.21	3500		
		3974	2.67	2.47	1.08	1/1311	12.1%	0.79
11	1	3714	40.28	33.12	1.22	3500		
		3714	3.12	2.78	1.12	1/1121	11.4%	0.95
10	1	3451	37.48	30.58	1.23	3500		
		3451	3.59	3.10	1.16	1/976	8.7%	1.02
9	1	3192	34.23	27.71	1.24	3500		
		3192	4.00	3.39	1.18	1/876	5.1%	1.01
8	1	2929	30.55	24.55	1.24	3500		
		2929	4.27	3.58	1.19	1/820	2.2%	0.96
7	1	2651	26.54	21.16	1.25	3500		
		2651	4.39	3.64	1.21	1/797	2.9%	0.91
6	1	2365	22.33	17.65	1.26	3500		
		2365	4.59	3.75	1.22	1/762	0.6%	0.89
5	1	2081	17.85	13.99	1.28	3500		
		2081	4.71	3.78	1.25	1/744	3.3%	0.86
4	1	1799	13.20	10.27	1.29	3500		
		1799	4.64	3.66	1.27	1/755	10.2%	0.82
3	1	1510	8.59	6.38	1.35	3500		
		1510	4.27	3.17	1.35	1/820	26.0%	0.73
2	1	1226	4.33	3.22	1.35	4500		
		1226	4.12	3.01	1.37	1/1093	91.6%	0.57
1	1	611	0.23	0.20	1.00	4200		
		611	0.23	0.20	1.00	1/9999	99.9%	0.06

X 方向最大值层间位移角： 1/ 744

=== 工况 4 === X+5％ 偶然偏心地震作用下的楼层最大位移

Floor	Tower	Jmax	Max-(X)	Ave-(X)	Ratio-(X)	h		
		JmaxD	Max-Dx	Ave-Dx	Ratio-Dx	Max-Dx/h	DxR/Dx	Ratio _ AX
13	1	4159	36.52	35.91	1.02	3500		
		4159	2.57	2.56	1.00	1/1364	4.5%	1.00

Floor	Tower	Jmax	Max-(X)	Ave-(X)	Ratio-(X)	h		
		JmaxD	Max-Dx	Ave-Dx	Ratio-Dx	Max-Dx/h	DxR/Dx	Ratio_AX
12	1	3974	36.50	34.68	1.05	3500		
		4102	2.56	2.47	1.04	1/1367	11.7%	0.73
11	1	3714	34.42	32.42	1.06	3500		
		3842	2.79	2.76	1.01	1/1255	10.8%	0.91
10	1	3451	32.02	29.88	1.07	3500		
		3451	3.07	3.07	1.00	1/1139	8.6%	0.98
9	1	3192	29.24	27.04	1.08	3500		
		3192	3.42	3.34	1.02	1/1024	5.0%	1.00
8	1	2929	26.09	23.92	1.09	3500		
		2929	3.65	3.51	1.04	1/960	1.7%	0.96
7	1	2651	22.67	20.58	1.10	3500		
		2651	3.76	3.57	1.05	1/931	2.6%	0.90
6	1	2365	19.07	17.14	1.11	3500		
		2365	3.92	3.67	1.07	1/892	0.2%	0.88
5	1	2081	15.25	13.56	1.12	3500		
		2081	4.01	3.68	1.09	1/872	3.7%	0.85
4	1	1799	11.28	9.93	1.14	3500		
		1799	3.95	3.55	1.11	1/886	10.4%	0.81
3	1	1510	7.36	6.29	1.17	3500		
		1510	3.64	3.13	1.16	1/963	26.4%	0.73
2	1	1226	3.73	3.16	1.18	4500		
		1226	3.51	2.96	1.19	1/1281	91.5%	0.56
1	1	611	0.22	0.21	1.00	4200		
		611	0.22	0.21	1.00	1/9999	99.9%	0.06

X 方向最大值层间位移角：　　　1/ 872

=== 工况　5 === Y 方向地震作用下的楼层最大位移

Floor	Tower	Jmax	Max-(Y)	Ave-(Y)	Ratio-(Y)	h		
		JmaxD	Max-Dy	Ave-Dy	Ratio-Dy	Max-Dy/h	DyR/Dy	Ratio_AY
13	1	4160	35.19	32.79	1.07	3500		
		4160	2.49	2.41	1.03	1/1405	12.5%	1.00
12	1	4006	36.38	28.65	1.27	3500		
		4006	2.85	2.19	1.30	1/1228	9.2%	0.67
11	1	3746	33.62	26.57	1.27	3500		
		3746	3.12	2.40	1.30	1/1124	8.4%	0.85
10	1	3483	30.62	24.31	1.26	3500		
		3483	3.37	2.61	1.29	1/1038	6.9%	0.92
9	1	3224	27.38	21.83	1.25	3500		
		3224	3.58	2.80	1.28	1/977	4.1%	0.97
8	1	2961	23.91	19.15	1.25	3500		
		2961	3.69	2.93	1.26	1/949	4.7%	0.93
7	1	2663	23.44	17.88	1.31	3500		
		2663	4.16	3.22	1.29	1/842	1.3%	0.92

Floor	Tower	Jmax	Max-(Y)	Ave-(Y)	Ratio-(Y)	h		
		JmaxD	Max-Dy	Ave-Dy	Ratio-Dy	Max-Dy/h	DyR/Dy	Ratio_AY
6	1	2377	19.38	14.75	1.31	3500		
		2377	4.21	3.27	1.29	1/831	1.3%	0.88
5	1	2093	15.22	11.55	1.32	3500		
		2093	4.18	3.23	1.29	1/837	5.1%	0.84
4	1	1811	11.07	8.35	1.33	3500		
		1811	3.99	3.06	1.30	1/878	11.1%	0.78
3	1	1522	7.10	5.30	1.34	3500		
		1522	3.57	2.70	1.32	1/979	25.8%	0.70
2	1	1238	3.53	2.60	1.36	4500		
		1238	3.43	2.50	1.37	1/1312	86.8%	0.55
1	1	647	0.11	0.10	1.00	4200		
		647	0.11	0.10	1.00	1/9999	99.7%	0.04

Y 方向最大值层间位移角： 1/831

=== 工况 6 === Y 双向地震作用下的楼层最大位移

Floor	Tower	Jmax	Max-(Y)	Ave-(Y)	Ratio-(Y)	h		
		JmaxD	Max-Dy	Ave-Dy	Ratio-Dy	Max-Dy/h	DyR/Dy	Ratio_AY
13	1	4160	35.28	32.95	1.07	3500		
		4160	2.51	2.44	1.03	1/1392	11.8%	1.00
12	1	4006	36.45	29.54	1.23	3500		
		4006	2.88	2.25	1.28	1/1214	9.2%	0.68
11	1	3746	33.69	27.44	1.23	3500		
		3746	3.15	2.47	1.27	1/1112	8.4%	0.86
10	1	3483	30.68	25.10	1.22	3500		
		3483	3.40	2.69	1.26	1/1030	6.9%	0.92
9	1	3224	27.43	22.55	1.22	3500		
		3224	3.61	2.89	1.25	1/971	4.1%	0.97
8	1	2961	23.97	19.79	1.21	3500		
		2961	3.70	3.02	1.23	1/945	4.5%	0.93
7	1	2663	23.62	18.51	1.28	3500		
		2663	4.18	3.33	1.26	1/837	1.4%	0.92
6	1	2377	19.55	15.30	1.28	3500		
		2377	4.24	3.38	1.25	1/826	1.1%	0.88
5	1	2093	15.39	12.00	1.28	3500		
		2093	4.21	3.35	1.26	1/832	4.8%	0.84
4	1	1811	11.23	8.71	1.29	3500		
		1811	4.03	3.18	1.27	1/869	10.7%	0.79
3	1	1522	7.22	5.55	1.30	3500		
		1522	3.63	2.82	1.28	1/965	25.1%	0.71
2	1	1238	3.60	2.73	1.32	4500		
		1238	3.50	2.63	1.33	1/1285	85.2%	0.55
1	1	647	0.11	0.10	1.00	4200		
		647	0.11	0.10	1.00	1/9999	99.7%	0.04

Y 方向最大值层间位移角：　　　1/ 826

=== 工况　7 === Y-5％偶然偏心地震作用下的楼层最大位移

Floor	Tower	Jmax	Max-（Y）	Ave-（Y）	Ratio-（Y）	h		
		JmaxD	Max-Dy	Ave-Dy	Ratio-Dy	Max-Dy/h	DyR/Dy	Ratio_AY
13	1	4160	37.01	34.11	1.09	3500		
		4160	2.61	2.51	1.04	1/1343	14.4％	1.00
12	1	4006	38.72	28.93	1.34	3500		
		4006	3.01	2.22	1.36	1/1162	9.2％	0.66
11	1	3746	35.81	26.83	1.33	3500		
		3746	3.30	2.43	1.36	1/1061	8.4％	0.84
10	1	3483	32.64	24.53	1.33	3500		
		3483	3.58	2.65	1.35	1/979	6.8％	0.91
9	1	3224	29.20	22.02	1.33	3500		
		3224	3.81	2.84	1.34	1/919	4.0％	0.97
8	1	2961	25.52	19.32	1.32	3500		
		2961	3.92	2.96	1.33	1/893	5.2％	0.93
7	1	2663	25.34	18.28	1.39	3500		
		2663	4.48	3.29	1.36	1/781	1.3％	0.92
6	1	2377	20.96	15.09	1.39	3500		
		2377	4.55	3.34	1.36	1/770	1.3％	0.89
5	1	2093	16.47	11.82	1.39	3500		
		2093	4.52	3.30	1.37	1/775	5.1％	0.84
4	1	1811	11.99	8.55	1.40	3500		
		1811	4.32	3.13	1.38	1/811	11.1％	0.78
3	1	1522	7.69	5.44	1.41	3500		
		1522	3.87	2.76	1.40	1/904	25.6％	0.70
2	1	1238	3.82	2.67	1.43	4500		
		1238	3.72	2.56	1.45	1/1211	86.6％	0.55
1	1	647	0.11	0.11	1.00	4200		
		647	0.11	0.11	1.00	1/9999	99.9％	0.04

Y 方向最大值层间位移角：　　　1/ 770

=== 工况　8 === Y+5％偶然偏心地震作用下的楼层最大位移

Floor	Tower	Jmax	Max-（Y）	Ave-（Y）	Ratio-（Y）	h		
		JmaxD	Max-Dy	Ave-Dy	Ratio-Dy	Max-Dy/h	DyR/Dy	Ratio_AY
13	1	4160	33.38	31.48	1.06	3500		
		4160	2.38	2.32	1.02	1/1472	10.5％	1.00
12	1	4006	34.06	28.39	1.20	3500		
		4006	2.69	2.16	1.25	1/1302	9.2％	0.69
11	1	3746	31.46	26.34	1.19	3500		
		3746	2.93	2.37	1.24	1/1193	8.4％	0.86
10	1	3483	28.63	24.09	1.19	3500		
		3483	3.17	2.58	1.23	1/1104	7.0％	0.93

Floor	Tower	Jmax	Max-（Y）	Ave-（Y）	Ratio-（Y）	h		
		JmaxD	Max-Dy	Ave-Dy	Ratio-Dy	Max-Dy/h	DyR/Dy	Ratio_AY
9	1	3224	25.58	21.62	1.18	3500		
		3224	3.36	2.77	1.22	1/1041	4.3%	0.97
8	1	2961	22.33	18.96	1.18	3500		
		2961	3.45	2.89	1.20	1/1013	4.1%	0.94
7	1	2663	21.59	17.47	1.24	3500		
		2663	3.84	3.15	1.22	1/910	1.3%	0.91
6	1	2377	17.83	14.40	1.24	3500		
		2377	3.89	3.20	1.22	1/901	1.3%	0.88
5	1	2093	14.00	11.26	1.24	3500		
		2093	3.85	3.16	1.22	1/909	5.1%	0.84
4	1	1811	10.18	8.14	1.25	3500		
		1811	3.67	2.99	1.23	1/955	11.2%	0.78
3	1	1522	6.52	5.17	1.26	3500		
		1522	3.28	2.64	1.25	1/1066	26.0%	0.70
2	1	1238	3.24	2.54	1.28	4500		
		1238	3.15	2.43	1.30	1/1428	86.9%	0.55
1	1	611	0.10	0.10	1.00	4200		
		611	0.10	0.10	1.00	1/9999	99.4%	0.04

Y方向最大值层间位移角： 1/ 901

=== 工况 9 === X方向风荷载作用下的楼层最大位移

Floor	Tower	Jmax	Max-（X）	Ave-（X）	Ratio-（X）	h		
		JmaxD	Max-Dx	Ave-Dx	Ratio-Dx	Max-Dx/h	DxR/Dx	Ratio_AX
13	1	4159	5.30	5.17	1.02	3500		
		4159	0.38	0.37	1.02	1/9190	10.2%	1.00
12	1	3974	5.25	4.97	1.06	3500		
		4102	0.36	0.34	1.06	1/9790	10.3%	0.69
11	1	3714	4.95	4.64	1.07	3500		
		3842	0.38	0.37	1.03	1/9123	10.6%	0.87
10	1	3451	4.61	4.28	1.08	3500		
		3579	0.41	0.41	1.00	1/8483	9.6%	0.95
9	1	3192	4.21	3.87	1.09	3500		
		3192	0.45	0.45	1.00	1/7720	6.4%	1.01
8	1	2929	3.76	3.42	1.10	3500		
		2929	0.50	0.48	1.03	1/7059	2.8%	0.97
7	1	2651	3.26	2.95	1.11	3500		
		2651	0.52	0.50	1.05	1/6729	3.6%	0.92
6	1	2365	2.74	2.45	1.12	3500		

Floor	Tower	Jmax	Max-(X)	Ave-(X)	Ratio-(X)	h		
		JmaxD	Max-Dx	Ave-Dx	Ratio-Dx	Max-Dx/h	DxR/Dx	Ratio_AX
		2365	0.55	0.51	1.07	1/6361	0.9%	0.90
5	1	2081	2.19	1.94	1.13	3500		
		2081	0.57	0.52	1.09	1/6169	3.2%	0.87
4	1	1799	1.62	1.43	1.14	3500		
		1799	0.56	0.50	1.12	1/6234	9.7%	0.82
3	1	1510	1.06	0.91	1.17	3500		
		1510	0.52	0.45	1.17	1/6729	25.4%	0.74
2	1	1226	0.54	0.46	1.18	4500		
		1226	0.51	0.43	1.19	1/8811	92.4%	0.57
1	1	611	0.03	0.03	1.00	4200		
		611	0.03	0.03	1.00	1/9999	99.9%	0.06

X 方向最大值层间位移角： 1/6169

=== 工况 10 === Y 方向风荷载作用下的楼层最大位移

Floor	Tower	Jmax	Max-(Y)	Ave-(Y)	Ratio-(Y)	h		
		JmaxD	Max-Dy	Ave-Dy	Ratio-Dy	Max-Dy/h	DyR/Dy	Ratio_AY
13	1	4160	3.90	3.79	1.03	3500		
		4160	0.27	0.26	1.00	1/9999	11.2%	1.00
12	1	4006	3.79	3.30	1.15	3500		
		4006	0.28	0.23	1.22	1/9999	9.2%	0.68
11	1	3746	3.50	3.07	1.14	3500		
		3746	0.31	0.25	1.20	1/9999	9.3%	0.86
10	1	3483	3.20	2.81	1.14	3500		
		3483	0.33	0.28	1.19	1/9999	8.6%	0.93
9	1	3224	2.87	2.54	1.13	3500		
		3224	0.35	0.30	1.17	1/9975	6.4%	0.98
8	1	2961	2.52	2.24	1.12	3500		
		2961	0.37	0.32	1.14	1/9574	4.9%	0.96
7	1	2663	2.26	1.97	1.15	3500		
		2663	0.38	0.34	1.13	1/9094	3.1%	0.93
6	1	2377	1.87	1.63	1.15	3500		
		2377	0.39	0.35	1.13	1/8877	0.1%	0.90
5	1	2093	1.48	1.28	1.15	3500		
		2093	0.40	0.35	1.13	1/8858	4.3%	0.86
4	1	1811	1.08	0.93	1.16	3500		
		1811	0.38	0.34	1.13	1/9191	10.8%	0.81
3	1	1522	0.70	0.60	1.18	3500		
		1522	0.35	0.30	1.16	1/9999	26.9%	0.72
2	1	1238	0.36	0.30	1.20	4500		
		1238	0.34	0.28	1.21	1/9999	94.4%	0.56

Floor Tower	Jmax	Max-（Y）	Ave-（Y）	Ratio-（Y）	h		
	JmaxD	Max-Dy	Ave-Dy	Ratio-Dy	Max-Dy/h	DyR/Dy	Ratio_AY
1 1	611	0.01	0.01	1.00	4200		
	611	0.01	0.01	1.00	1/9999	99.5%	0.04

Y方向最大值层间位移角： 1/8858

=== 工况 11 === 竖向恒载作用下的楼层最大位移

Floor	Tower	Jmax	Max-（Z）
13	1	4158	−1.25
12	1	3990	−2.81
11	1	3732	−3.45
10	1	3469	−4.23
9	1	3210	−4.83
8	1	2947	−5.24
7	1	2671	−5.55
6	1	2385	−5.60
5	1	2101	−5.46
4	1	1819	−5.14
3	1	1530	−4.56
2	1	1275	−4.22
1	1	932	−5.18

=== 工况 12 === 竖向活载作用下的楼层最大位移

Floor	Tower	Jmax	Max-（Z）
13	1	4158	−0.60
12	1	4002	−1.36
11	1	3742	−1.36
10	1	3469	−1.50
9	1	3210	−1.47
8	1	2947	−1.43
7	1	2671	−1.38
6	1	2385	−1.31
5	1	2101	−1.21
4	1	1819	−1.11
3	1	1530	−0.96
2	1	1273	−0.87
1	1	1013	−3.43

4. 梁、柱配筋计算结果

梁、柱配筋计算结果见图 6-18～图 6-20，其中图 6-18 见书末插页。

五、施工图绘制

绘制施工图见图 6-21～图 6-28，其中图 6-21、图 6-22、图 6-24、图 6-25 见书末插页。

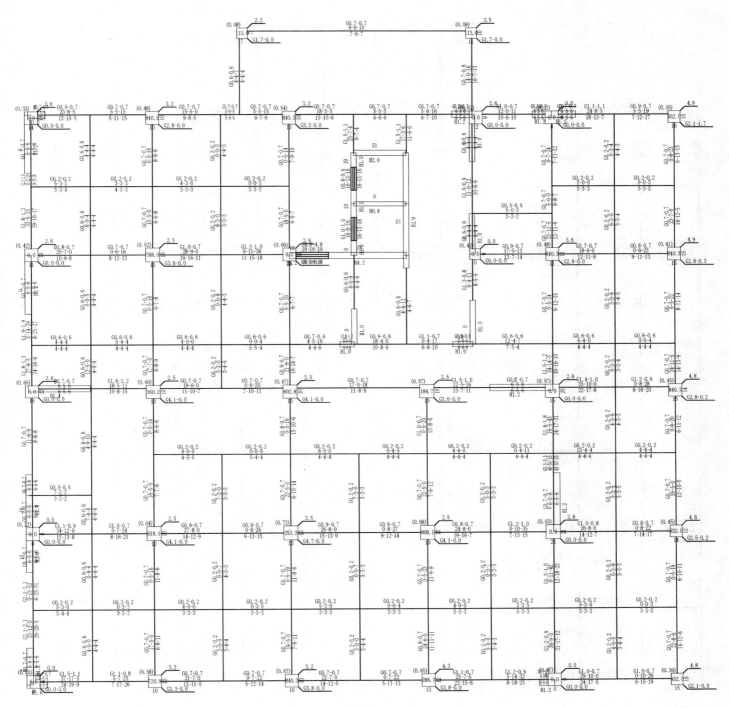

第 2 层混凝土构件配筋及钢构件应力比简图（单位：cm²/cm）

本层：层高 = 4500(mm) 梁总数 = 182 柱总数 = 32 支撑数 =0

墙总数 = 30   墙柱数 = 28   墙梁数 = 3

混凝土强度等级：梁 Cb = 35 柱 Cc = 40 墙 Cw = 40

主筋强度：梁 FIB = 360 柱 FIC = 360 墙 FIW = 360

(白色墙体为延性剪力墙)

图 6-19　第 2 层混凝土构件配筋及钢构件应力比简图

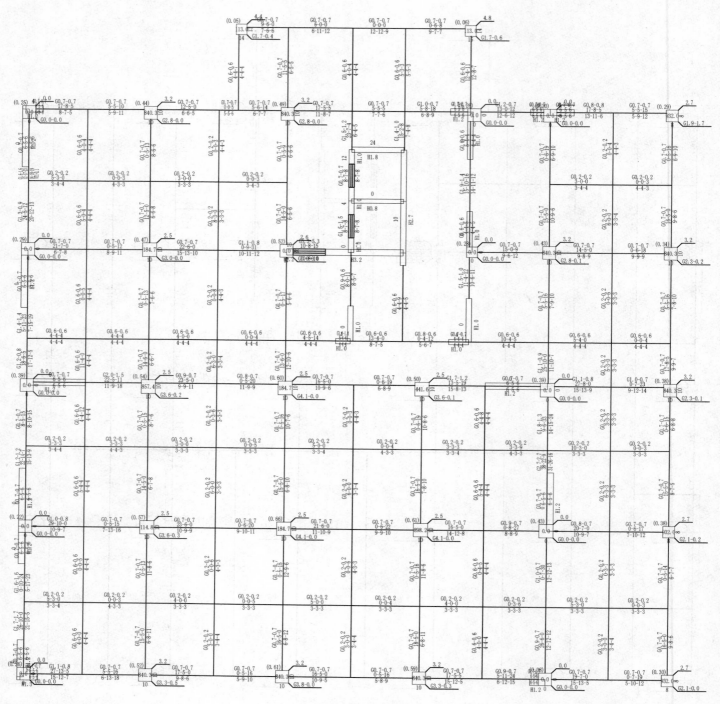

第 3 层混凝土构件配筋及钢构件应力比简图（单位：cm*cm）

本层：层高=3500(mm) 梁总数=191 柱总数=32 支撑数=0

墙总数：29 墙柱数=28 墙梁数=3

混凝土强度等级：梁 Cb=35 柱 Cc=40 墙 Cw=40

主筋强度：梁 FIB=360 柱 FIC=360 墙 FIW=360

（白色墙件为短肢剪力墙）

图 6-20   第 3 层混凝土构件配筋及钢构件应力比简图

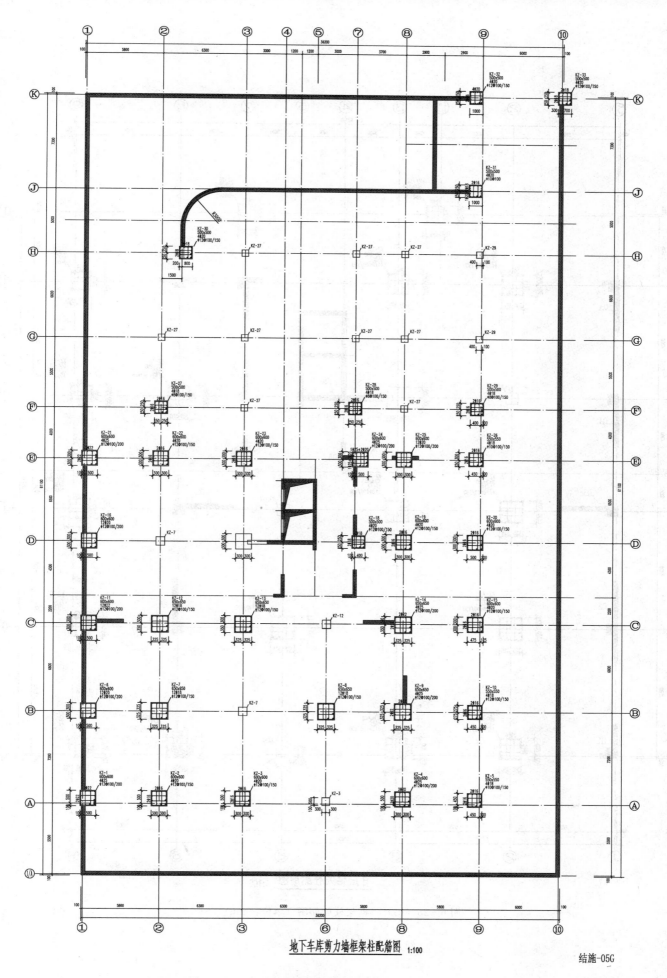

地下车库剪力墙框架柱配筋图 1:100

图 6-23 地下车库剪力墙框架柱配筋图（单位：mm）

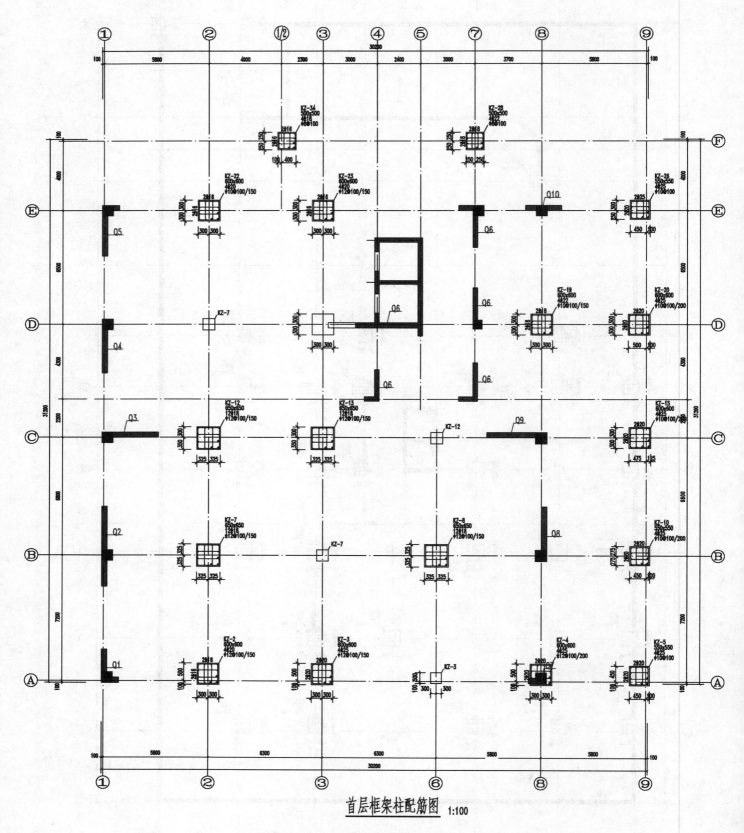

首层框架柱配筋图 1:100

图 6-26（一） 框架柱配筋图（单位：mm）

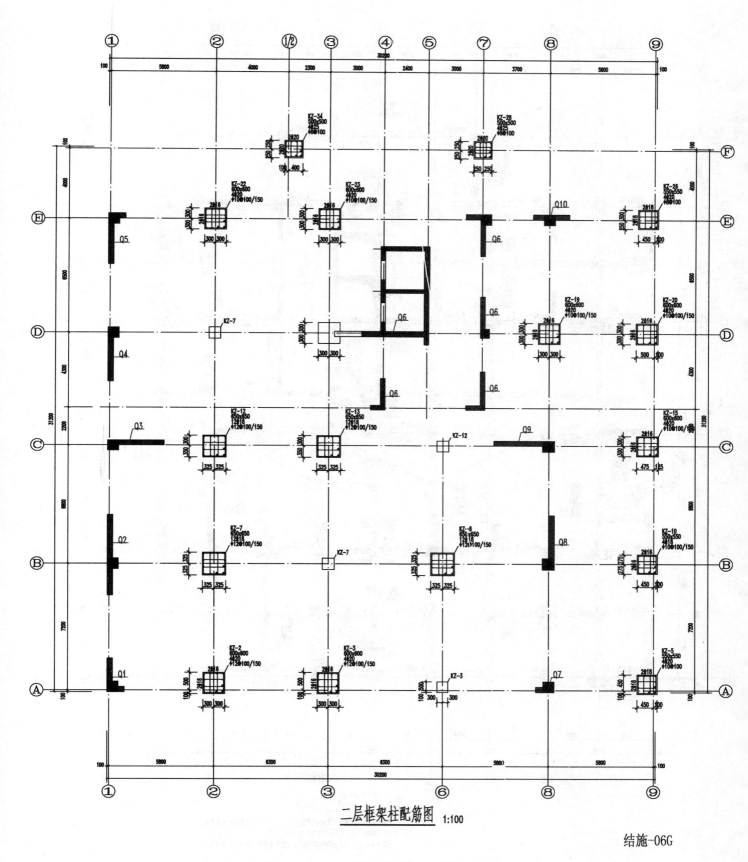

二层框架柱配筋图 1:100

图 6-26 (二) 框架柱配筋图 (单位: mm)

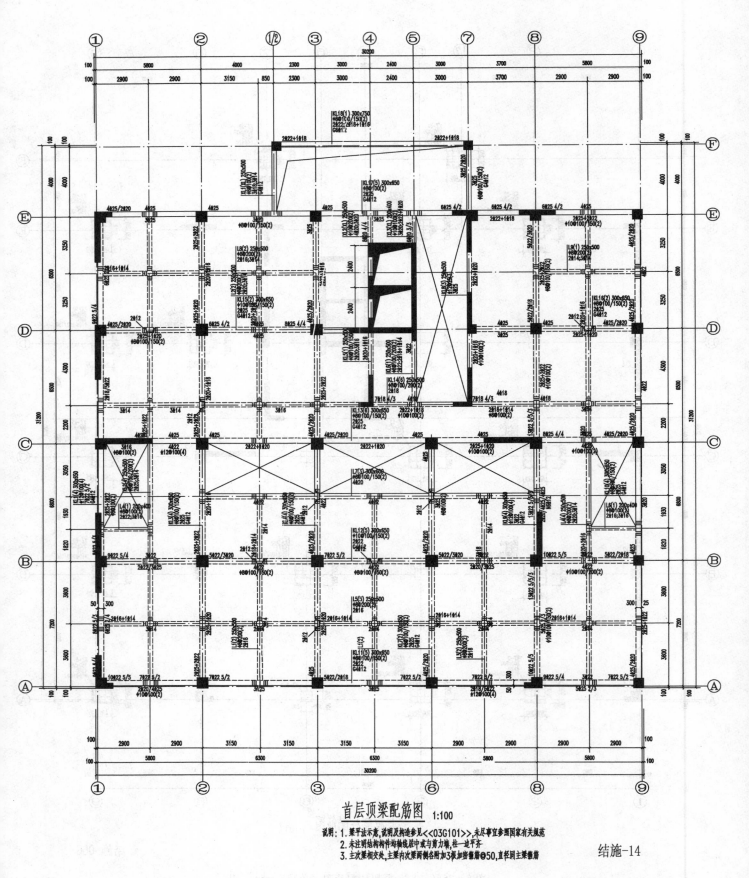

首层顶梁配筋图 1:100

说明：1. 梁平法示意、说明及构造参见《03G101》，未尽事宜参照国家有关规范
2. 未注明结构构件均按轴线居中或与剪力墙、柱一边平齐
3. 主次梁相交处，主梁内次梁两侧各附加3根加密箍筋@50,直径同主梁箍筋

结施-14

图 6-27（一）　首层顶梁与顶板配筋图（单位：mm）

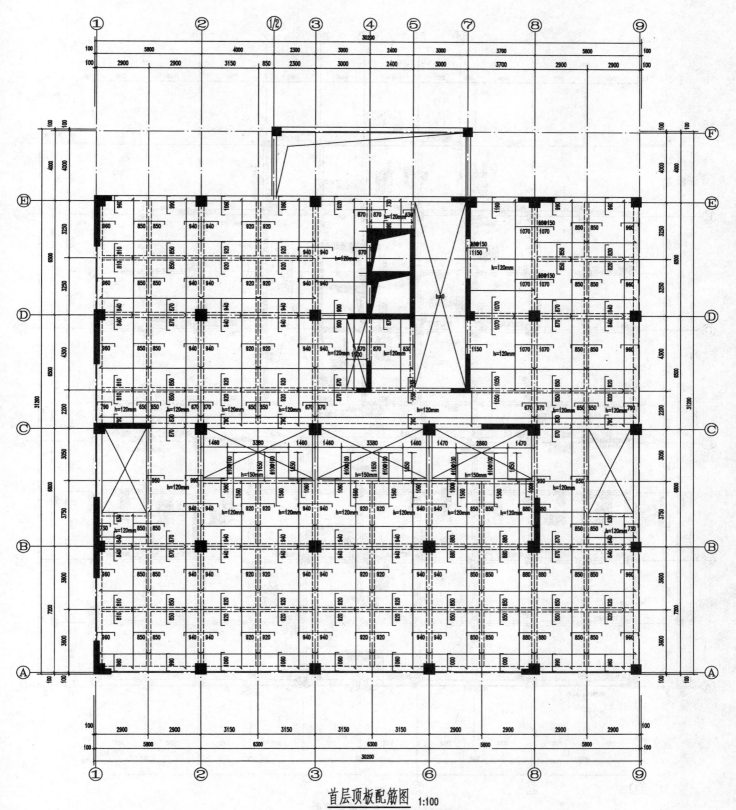

首层顶板配筋图 1:100

说明：1.材料说明及细部做法详见结构设计总说明及结构构造大样图
2.未注明结构构件结构轴线后中或与剪力墙,柱一边平齐
3.未注明的板厚为100mm,板受力钢筋为Φ8@200,未注明顶板结构标高见楼面标高及层高表
4.楼板钢筋能通则通,不能通时钢筋按≪04G101-4≫构造要求配置
5.图中有□标志处楼板钢筋照普通过,待管道安装完毕后,再用C35微膨胀混凝土浇筑,洞口加强筋2Φ16
6.未表达的楼板留洞,局部升降板等,大小位置详见建筑,洞边加筋按≪04G101-4≫相关构造设置

结施-14

图 6-27（二） 首层顶梁与顶板配筋图（单位：mm）

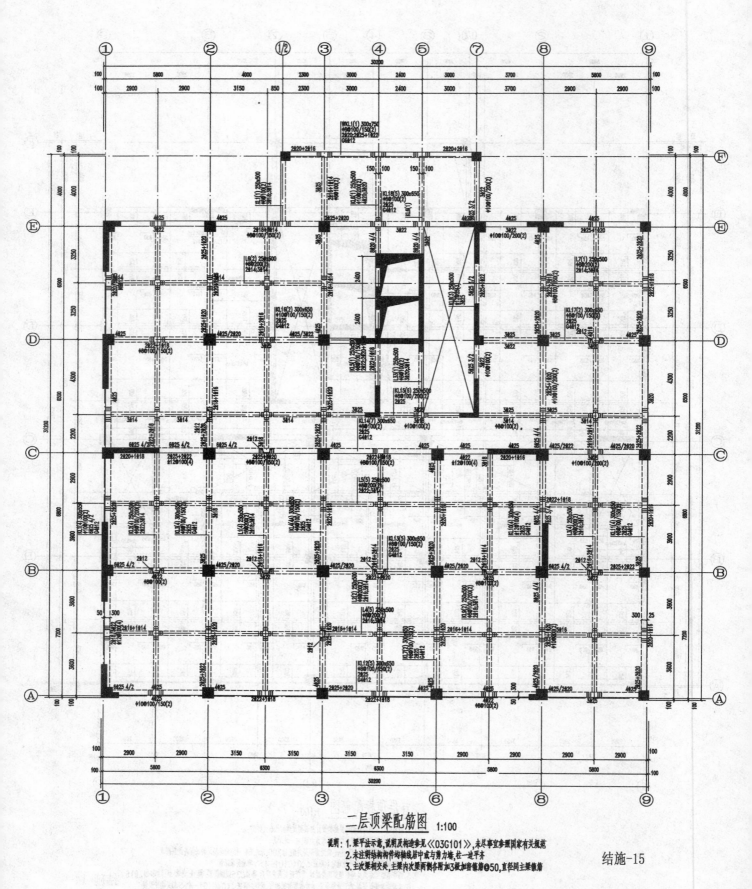

二层顶梁配筋图 1:100

说明：1.梁平法示意、说明及构造参见《03G101》，未尽事宜参照国家有关规范
2.未注明结构构件均按轴线居中或与剪力墙、柱一边平齐
3.主次梁相交处，主梁内次梁两侧各附加3根加密箍筋@50,直径同主梁箍筋

结施-15

图 6-28（一） 二层顶梁与顶板配筋图（单位：mm）

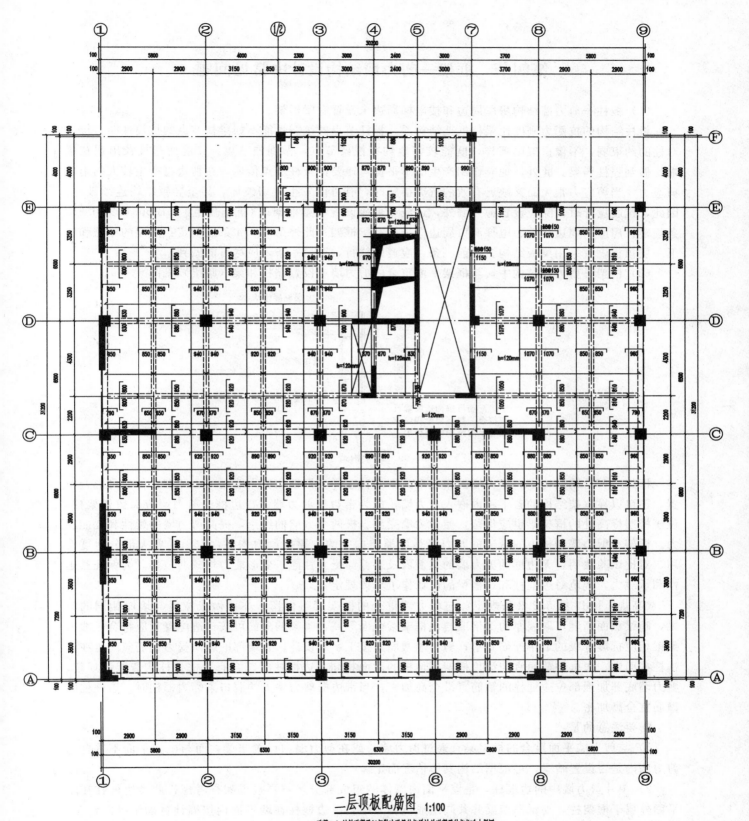

二层顶板配筋图 1:100

说明：1.材料说明及细部做法详见结构设计总说明及结构构造大样图
2.未注明结构构件构轴线居中或与剪力墙、柱一边平齐
3.未注明的板厚为100mm,板受力钢筋为φ8@200,未注明板顶结构标高见楼面标高及层高表
4.楼板钢筋能通则通,不能通时钢筋按《04G101-4》构造要求配置
5.图中有□标志处楼板钢筋断管通过,待管道安装完毕后,再用C35微膨胀砼浇筑,洞口加强筋2φ16
6.未表达的楼板留洞,局部升降板等,大小位置详见建筑,洞边加筋按《04G101-4》相关构造设置

结施-15

图 6-28（二） 二层顶梁与顶板配筋图（单位：mm）

第四节　框架—剪力墙结构设计中常见问题

（1）板柱—剪力墙结构房屋周边和楼电梯周边未设置有梁框架。

板柱结构的抗侧力刚度比梁柱框架结构差，板柱节点的抗震性能不如梁柱节点的抗震性能。楼板对柱的约束弱，不像框架梁那样，既能较好地约束框架节点，做到强节点，又能使塑性铰出现在梁端，做到强柱弱梁。此外，地震作用产生的不平衡弯矩要由板柱节点传递，在柱边将产生较大的附加剪应力，当剪应力很大而又缺乏有效的抗剪措施时，有可能发生冲切破坏，甚至导致结构连续破坏。因此，抗震设计时，除应设置剪力墙外，还应尽可能设置有梁框架。《抗震规范》GB 50011第6.6.2条规定：房屋的周边和楼、电梯洞口周边应采用有梁框架；此外第6.6.4条还规定：房屋的屋盖和地下一层顶板，宜采用梁板结构。对前一条，应遵照执行，对后一条，应尽可能做到。

（2）框架—剪力墙结构中，与框架平面重合的剪力墙未设置端柱和梁（暗梁）见图6-29。

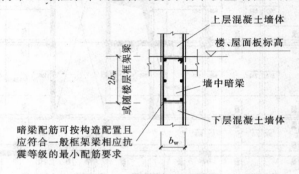

图6-29　暗梁构造示意图

框架—剪力墙结构中，剪力墙的布置形式有多种多样。框架和剪力墙既可分开布置，也可混合布置，还可以在框架结构的若干跨内嵌入剪力墙，成为带边框剪力墙。带边框的剪力墙应保留框架柱，位于楼层标高处的框架梁也应保留，使剪力墙受到纵横两个方向的约束，提高剪力墙的延性和耗能能力。框架—剪力墙结构中的带边框剪力墙是该类结构中的主要抗侧力构件，它承受着大部分地震作用。对比试验表明，无边框的剪力墙的正截面及斜截面受力性能、变形能力均减弱较多。为保证其延性和承载力，规范对边框柱和边框梁的设计作了具体规定。

《高规》JGJ3第8.2.2条规定：与剪力墙重合的框架梁可保留，亦可做成宽度与墙厚相同的暗梁，暗梁截面高度可取墙厚的2倍或与该框架梁截面等高，暗梁的配筋可按构造配置且应符合一般框架梁相应抗震等级的最小配筋要求；剪力墙截面宜按工字形设计，其端部的纵向受力钢筋应配置在边框柱截面内；边框柱截面宜与该榀框架其他柱的截面相同，边框柱应符合有关框架柱构造配筋规定；剪力墙底部加强部位边框柱的箍筋宜沿全高加密；当带边框剪力墙上的洞口紧邻边框柱时，边框柱的箍筋宜全高加密。

需要注意的是：

1）与剪力墙平面重合的框架梁宜通过剪力墙，或在剪力墙内设置暗梁；而与框架平面不重合的剪力墙内是否设置暗梁，可根据结构具体情况而定。

2）单片剪力墙中的边框柱，是墙平面内墙体的组成部分，不再按框架柱考虑；此类边框柱在墙平面外属于框架柱，支承框架梁并共同组成抗侧力结构。边框柱在墙平面内按墙计算确定纵向钢筋，平面外则按框架柱计算纵向钢筋，并满足相应的构造措施。

第七章 排架结构设计

单层厂房是目前工业建筑中应用范围比较广泛的一种建筑类型，多用于机械设备和产品较重且轮廓尺寸较大的生产车间。单层厂房便于定型设计、使构配件标准化、系列化、通用化，从而提高施工机械化程度，缩短设计和施工时间。近年来随着门式刚架轻型钢结构厂房的大量应用，在很多工程中取代了传统的钢筋混凝土单层厂房，但是由于钢筋混凝土单层厂房具有维护方便、抗意外碰撞能力好、耐久性好、耐酸耐碱性好、施工要求低、材料容易获取等优点，仍然在工业建筑领域广泛应用。

第一节 排架结构基本构件

一、结构组成

单层工业厂房结构是由多种构件组成的空间受力体系，如图 7-1 所示。根据组成构件作用不同，可将单层厂房结构分为承重结构和维护结构。直接承受荷载并将荷载传递给其他构件的构件，如屋面板、天窗架、屋架、柱、吊车梁和基础等是单层厂房中的主要承重构件；外纵墙、山墙、连系梁、抗风柱等都是维护结构构件；这些构件所承受的荷载主要是墙体和构件自重以及作用在墙体上的风荷载。

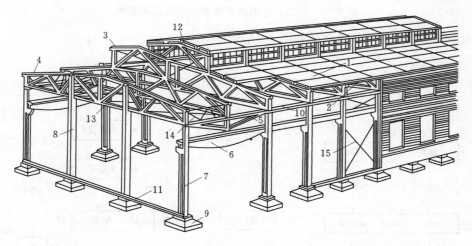

图 7-1 单层厂房的结构组成

1—屋面板；2—天沟板；3—天窗架；4—屋架；5—托架；6—吊车梁；7—排架柱；
8—抗风柱；9—基础；10—连系梁；11—基础梁；12—天窗架垂直支撑；
13—屋架下弦横向水平支撑；14—屋架端部垂直支撑；15—柱间支撑

1. 屋盖结构

屋盖结构分为无檩屋盖结构和有檩屋盖结构两种体系，前者由大型屋面板、屋面梁或屋架（包括屋盖支撑）组成；后者由小型屋面板（包括天沟板）、檩条、屋架（包括屋盖支撑）组成。单层厂房中多采用无檩屋盖结构体系。有时为了采光和通风，屋盖结构中还设有天窗架及其支撑。此外，为满

315

足工艺上抽柱的要求，还设有托架。屋盖结构的主要作用是维护和承重（承受屋盖结构的自重、屋面活载、雪载和其他荷载，并将这些荷载传给排架柱），以及采光和通风等。屋盖结构的组成有：屋面板、天沟板、天窗架、托架及屋盖支撑。

2. 横向平面排架

由横梁（屋面梁或屋架）和横向柱列（包括基础）组成，它是厂房的基本承重结构。厂房结构承受的竖向荷载（结构自重、屋面活载、雪载和吊车竖向荷载等）及横向水平荷载（风载和吊车横向制动力、地震作用）主要通过它将荷载传至基础和地基，如图7-2所示。

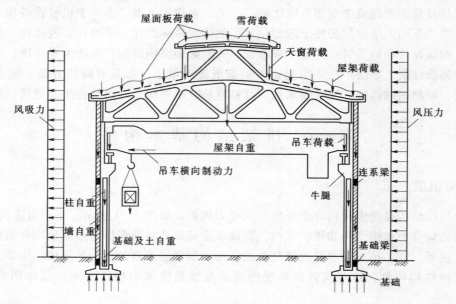

图 7-2　单层厂房的横向排架及其荷载示意图

横向平面排架上主要荷载传递途径如图7-3所示：

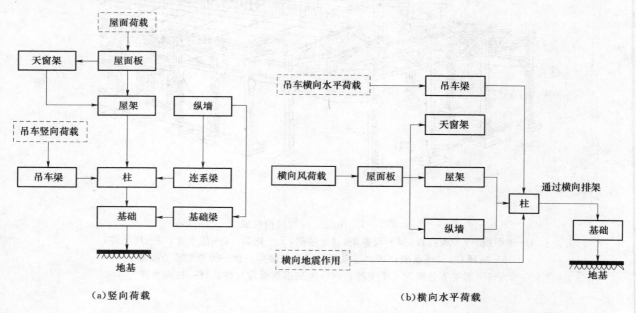

（a）竖向荷载　　　　　　　　　　　　（b）横向水平荷载

图 7-3　横向平面排架荷载传递路线

3. 纵向平面排架

由纵向柱列（包括基础）、连系梁、吊车梁和柱间支撑等组成（图7-4），其作用是保证厂房结构的纵向稳定性和刚度，并承受屋盖结构（通过天窗端壁和山墙）传来的纵向风荷载、吊车纵向制动力、纵向地震作用以及温度应力等。

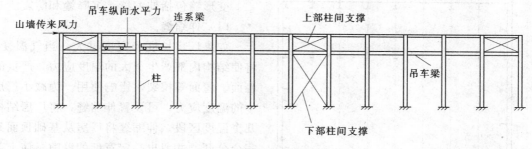

图 7-4　纵向平面排架

纵向平面排架结构上主要荷载传递途径如图 7-5 所示。

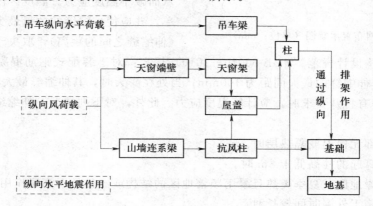

图 7-5　纵向平面排架主要荷载传递路线

4. 维护结构

维护结构由纵墙、山墙（横墙）、墙梁、抗风柱（有时设抗风梁或桁架）、基础梁等构件组成，兼有维护和承重的作用。这些构件承受的荷载主要是墙体和构件的自重以及作用在墙面上的风荷载。

二、结构布置

结构布置包括屋盖结构（屋面板、天沟板、屋架、天窗架及其支撑等）布置；吊车梁、柱（包括抗风柱）及柱间支撑；圈梁、连系梁及过梁布置；基础及基础梁布置。

屋面板、屋架及其支撑、基础梁等构件，一般按所选的标准图的编号和相应的规定进行布置。柱和基础则根据实际情况自行编号布置。下面就结构布置中几个主要问题进行说明。

1. 柱网布置

厂房承重柱（或承重墙）的纵向和横向定位轴线，在平面上排列所形成的网格，称为柱网。柱网布置就是确定纵向定位轴线之间（跨度）和横向定位轴线之间（柱距）的尺寸。确定柱网尺寸，既是确定柱的位置，也是确定屋面板、屋架和吊车梁等构件跨度的依据，并涉及到厂房结构构件的布置。柱网布置恰当与否，将直接影响厂房结构的经济合理性和先进性，对生产使用也有密切关系。

柱网布置的一般原则应为：符合生产和使用要求；建筑平面和结构方案经济合理；在厂房结构形式和施工方法上具有先进性和合理性；符合《厂房建筑统一化基本规则》（TJ 6—74）的有关规定；适应生产发展和技术革新的要求。

厂房柱网尺寸应符模数化的要求，当厂房跨度不大于 18m 时，应采以 3m 为模数，即 9m、12m、15m、18m；当厂房跨度大于 18m 时，应以 6m 为模数，即 24m、30m、36m 等（图 7-6）。厂房柱距一般采用 6m 最为经济，当工艺有特殊要求时，可局部抽柱，即柱距为 12m，对某些有扩大柱距要求的厂房也可采用9m及12m柱距。

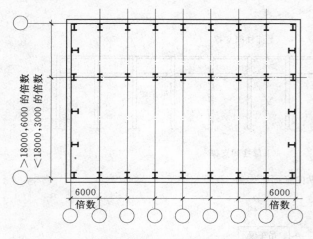

图7-6 柱网布置示意图（单位：mm）

2. 变形缝设置

变形缝包括伸缩缝、沉降缝和防震缝三种。

（1）伸缩缝。

如果厂房长度和宽度过大，当气温变化时，将使结构内部产生很大的温度应力，严重的可将墙面、屋面等拉裂，影响使用。为减小厂房结构中的温度应力，可设置伸缩缝，将厂房结构分成几个温度区段。伸缩缝将厂房从基础顶面到屋面完全分开，并留出一定宽度的缝隙，使上部结构在气温变化时，水平方向可以自由地发生变形，从而减小温度应力。温度区段的形状，应力求简单，并应使伸缩缝的数量最少。温度区段的长度（伸缩缝之间的距离），取决于结构类型和温度变化情况。《混凝土结构设计规范》（GB 50010—2010）规定：对于装配式钢筋混凝土排架结构，当处于室内或土中时，其伸缩缝的最大间距为100mm；当处在露天时，其伸缩缝最大间距为70mm。当超过上述规定或对厂房有特殊要求时，应计算温度应力。此外，对下列情况，伸缩缝的最大间距还应适当减小。

1）当屋面板上部无保温或隔热层时。

2）从基础顶面算起的柱高低于8m时。

3）位于气候干燥地区，夏季炎热且暴雨频繁地区的结构或经常处于高温作用下的结构。

4）室内结构因施工外漏时间较长时。

（2）沉降缝。

由于单层厂房排架结构对地基不均匀沉降有较好的适应能力，故通常不设置沉降缝，只有在以下情况下才需要考虑设置沉降缝，如厂房相邻两部分高度相差很大（如10m以上）；两跨间吊车起重量相差悬殊；地基承载力或下卧层土质有较大差别；或厂房各部分的施工时间先后相差很久；土壤压缩程度不同等情况。沉降缝应将建筑物从屋顶到基础完全分开，使缝两侧结构可以自由沉降而互不影响。沉降缝可兼作伸缩缝，但伸缩缝不能兼做沉降缝。

（3）防震缝。

防震缝是为了减轻厂房地震灾害而采取的有效措施之一。当厂房平、立面布置复杂或结构相邻两部分的高度和刚度相差较大时，应设置防震缝将相邻两部分分开。防震缝应沿厂房全高设置，两侧应布置墙或柱，基础可不设缝。为了避免地震时防震缝两侧结构相互碰撞，防震缝需具有一定的宽度，其值取决于抗震设防烈度和防震缝两侧中较低一侧的高度。地震区的厂房，其伸缩缝和沉降缝均应符合防震缝的要求。凡应设置伸缩缝和沉降缝的厂房，三缝宜同设在一处，并按防震缝的要求加以处理。

三、支撑的布置

单层厂房支撑分为屋盖支撑和柱间支撑两部分，其布置应结合厂房跨度、高度、屋架形式、有无天窗、吊车吨位和工作制以及有无振动设备等实际情况，分别对待。下面分别介绍各类支撑的作用和布置原则，具体布置方法及其连接构造可参阅有关标准图集。

1. 屋盖支撑

屋盖支撑包括上弦横向水平支撑、下弦横向水平支撑、下弦纵向水平支撑、天窗架支撑、垂直支撑和水平系杆。

（1）上弦横向水平支撑。

上弦横向水平支撑是由交叉角钢和屋架上弦杆组成的水平桁架，布置在厂房的端部及温度区段两端的第一或第二柱间（图7-7）所示，其作用是：增强屋盖整体刚度，保证屋架上弦或屋面梁上翼缘的侧向稳定，同时将抗风柱传来的风荷载传递到纵向柱列。

布置原则：无檩屋盖采用大型屋面板时，若屋架（或屋面梁）与屋面板的连接能保证足够的刚性要求（如屋盖或屋面梁与屋面板之间至少三点焊接），且无天窗时，可不设上弦横向水平支撑。当屋盖为有檩体系或虽为无檩体系，但屋面板与屋架连接质量不能保证，且山墙抗风柱将风荷载传至屋架上弦时，应在伸缩缝区段两端各设置一道上弦横向水平支撑。

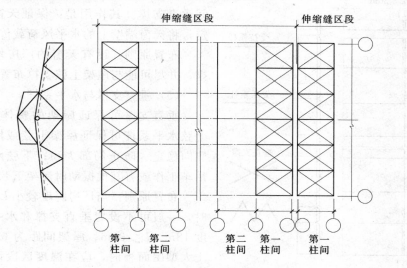

图7-7 屋架上弦横向水平支撑

（2）下弦横向水平支撑。

下弦横向水平支撑与屋架下弦组成水平桁架，其作用是：将山墙风荷载及纵向水平荷载传至纵向柱列，同时防止屋架下弦的侧向振动。

布置原则：当屋架下弦设有悬挂吊车或厂房内有较大振动以及山墙风荷载通过抗风柱传至屋架下弦时，应在厂房端部及伸缩缝区段两端的第一柱间设置下弦横向水平支撑，如图7-8所示。

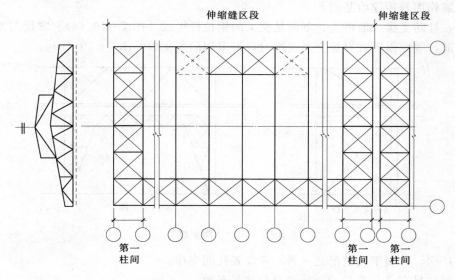

图7-8 屋架下弦纵横向水平支撑

(3) 下弦纵向水平支撑。

下弦纵向水平支撑是为了提高厂房刚度，保证横向水平力的纵向分布，增强排架的空间工作性能而设置的。在屋盖设有托架时，还可以保证上翼缘的侧向稳定，并将托架区域内的横向水平风荷载有效地传到相邻柱上。

布置原则：有托架时必须设置下弦纵向水平支撑；当厂房设有下弦横向水平支撑时，则下弦纵向水平支撑应尽可能与横向水平支撑连接，以形成封闭的水平支撑系统（图 7-8）。

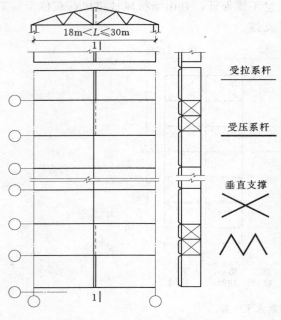

图 7-9 垂直支撑与水平系杆

（4）天窗架支撑。

天窗架支撑包括天窗架上弦水平支撑和天窗架间垂直支撑。其作用是：保证天窗架上弦的侧向稳定，将天窗端壁上的水平风荷载传递给屋架。

布置原则：设有天窗的厂房均应设置天窗架支撑，并尽可能与屋架上弦支撑布置在同一柱间。

（5）垂直支撑与水平系杆。

垂直支撑可保证屋架的整体稳定、防止倾覆；上弦水平系杆可保证屋架上弦或屋面梁受压翼缘的侧向稳定、防止局部失稳；下弦水平系杆可防止在吊车工作或有其他振动时屋架下弦侧向颤动。

布置原则：当厂房跨度较小 $L \leqslant 18m$ 且无天窗架时，一般可不设置垂直支撑和水平系杆；当厂房跨度 $18m < L \leqslant 30m$、屋架间距为 6m、采用钢筋混凝土大型屋面板时，应在温度区段两端的第一或第二柱间设置一道垂直支撑，并在相应的下弦节点处设置通长水平系杆（图 7-9）以增加屋架下弦的侧向刚度；当厂房跨度大于 $L > 30m$ 应设置两道对称垂直支撑。

2. 柱间支撑

柱间支撑的作用主要是提高厂房的纵向刚度和稳定性，并将吊车纵向制动力、山墙及天窗端壁风荷载，纵向地震作用等传递给基础。

布置原则：柱间支撑一般由上、下两足交叉的钢拉杆组成 [图 7-10（a）] 常设与温度变形区段的中部。当因通行等原因不宜设置交叉支撑时，可采用门式支撑 [图 7-10（b）]。

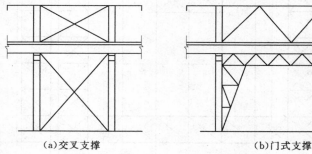

(a)交叉支撑　　　　　　(b)门式支撑

图 7-10 柱间支撑

一般单层厂房，凡属下列情况之一者，应设置柱间支撑：
（1）设有臂式吊车或起重量 $Q \geqslant 3t$ 的悬挂式吊车时。
（2）设有重级工作制吊车或起重量 $Q \geqslant 10t$ 的中、轻级工作制吊车。

（3）厂房跨度在大于 18m 或等于 18m，或柱高大于 8m。

（4）纵向柱的总数在 7 根以下时。

（5）露天吊车的柱列。

四、围护结构布置

单层厂房围护结构包括抗风柱、圈梁、连系梁、过梁、基础梁等构件。

1. 抗风柱

单层厂房的端墙（山墙），受风面积较大，一般需要设置抗风柱将山墙分成几个区格，使墙面受到的风载一部分（靠近纵向柱列的区格）直接传至纵向柱列，另一部分则经抗风柱下端直接传至基础和经上端通过屋盖系统传至纵向柱列。

当厂房高度和跨度均不大（如柱顶高度在 8m 以下，跨度为 9～12m）时，可在山墙设置砖壁柱作为抗风柱；当厂房高度和跨度较大时，一般都设置钢筋混凝土抗风柱，柱外侧再贴砌山墙。在很高的厂房中，为不使抗风柱的截面尺寸过大，可加设水平抗风梁或钢抗风桁架，如图 7 - 11 所示，作为抗风柱的中间支座。

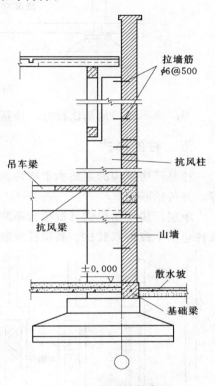

图 7 - 11　抗风柱的布置

2. 圈梁

圈梁的作用是将墙体同厂房柱箍在一起，以加强厂房的整体刚度，防止由于地基的不均匀沉降或较大振动荷载引起对厂房的不利影响。圈梁设置于墙体内，和柱连接仅起拉结作用。圈梁不承受墙体重量，所以柱上不设置支承圈梁的牛腿。

圈梁的布置与墙体高度、对厂房刚度的要求以及地基情况有关。对于一般单层厂房，可参照下述原则布置：

（1）对无桥式吊车的厂房，当墙厚≤240mm，檐口标高为 5～8m 时，应在檐口附近设置一道圈梁，当檐口标高大于 8m 时，宜在墙体适当部位增设一道圈梁。

（2）对有桥式吊车或有极大振动设备的厂房，除在檐口附近或窗顶处设置一道圈梁外，尚应在吊车梁标高处或墙体适当部位增设一道圈梁。

（3）当外墙高度大于 15m 时，还应根据墙体高度适当增设。

（4）对于有振动设备的厂房，除满足上述要求外，沿墙高每隔 4m 应设置一道圈梁。

3. 连系梁

连系梁的作用是连系纵向柱列，以增强厂房的纵向刚度并将风载传递给纵向柱列。此外，连系梁还承受其上部墙体的重量。连系梁通常是预制的，两端搁置在柱牛腿上，其连接可采用螺栓连接或焊接连接。

4. 过梁

过梁的作用是承托门窗洞口上部墙体重量。在进行围护结构布置时，应尽可能将圈梁，连系梁和过梁结合起来，使一种梁能起到两种或三种梁的作用，以简化构造、节约材料、方便设施。

5. 基础梁

基础梁用来承受围护墙体的重量，并将其传至柱基础顶面，而不另设墙体基础，这种做法使墙体和柱变形一致。

基础梁底部距土壤表面应预留 100mm 的空隙，使梁可随柱基础一起沉降。当基础梁下有冻胀性土时，应在梁下铺设一层干砂、碎砖或矿渣等松散材料，并预留 50～150mm 的空隙，这可防止土壤冻结膨胀时将梁顶裂。基础梁与柱一般不要求连接，将基础梁直接放置在柱基础杯口上，当柱基础埋置较深时，则通过混凝土垫块搁置在杯口上，如图7-12所示。施工时，基础梁支承处应座浆。

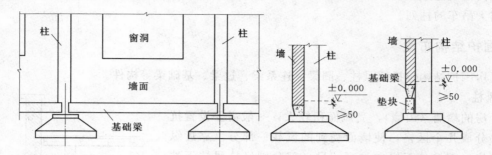

图7-12 基础梁的位置（单位：cm）

当厂房不高、地基比较好、柱基础又埋得较浅时，也可不设基础梁而做砖石或混凝土墙基础。

五、柱的形式

柱是厂房结构的主要承重构件，承受屋架、吊车梁、连系梁和支撑等传来的荷载以及地震作用等，并传给基础。

单层厂房柱的形式可概括为单肢柱和双肢柱两大类。单肢柱的截面有矩形、工字形和环形等；双肢柱包括平腹杆双肢柱、斜腹杆双肢柱和双肢管柱等，如图7-13所示。

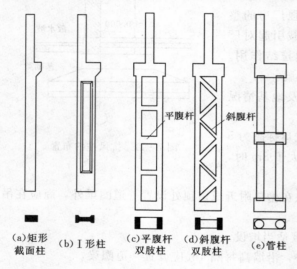

(a)矩形截面柱　(b)I形柱　(c)平腹杆双肢柱　(d)斜腹杆双肢柱　(e)管柱

图7-13 柱的形式

矩形截面柱：如图7-13（a）所示，其外形简单，施工方便，但自重大，经济指标差，主要用于截面高度 $h \leqslant 700mm$ 的偏压柱。

I形柱：如图7-13（b）所示，能较合理地利用材料，在单层厂房中应用较多，但当截面高度 $h \geqslant 1600mm$ 后，由于结构自重较大，吊装比较困难，故使用范围受到一定限制。

双肢柱：如图7-13（c）、（d）所示，可分为平腹杆与斜腹杆两种。前者构造简单，制造方便，在一般情况下受力合理，且腹部整齐的矩形孔洞便于布置工艺管道，故应用较广泛。当承受较大水平荷载时，宜采用具有桁架受力特点的斜腹杆双肢柱。双肢柱与I形柱相比，自重较轻，但整体刚度较差，构造复杂，用钢量稍多。

管柱：如图7-13（e）所示，可分为圆管和方管（外方内圆）混凝土柱，以及钢管混凝土柱三种。前两种采用离心法生产，质量好，自重轻，但受高速离心制管机的限制，且节点构造较复杂；后一种利用方钢管或圆钢管内浇膨胀混凝土后，可形成自应力（预应力）钢管混凝土柱，可承受较大荷载作用。

第二节　排架结构设计方法

一、计算简图

1. 计算单元

作用在厂房排架上的各种荷载，如结构自重、雪荷载、风荷载等（吊车荷载除外），沿厂房纵向

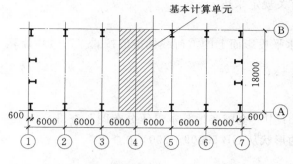

图 7-14 计算单元（单位：mm）

（2）柱下端固接于基础顶面。

（3）横梁为轴向变形可忽略的刚性杆件。

3. 计算简图

根据上述假定，确定计算简图时，横梁和柱均以其轴线表示。当柱为变截面时，牛腿顶面以上为上柱，其高度为 H_1，全柱高度为 H_2。横向排架计算简图如图 7-15 所示。

都是均匀分布的；横向排架的间距一般都是相等的。在不考虑排架间的空间作用的情况下，每一中间的横向排架所承担的荷载及受力情况是完全相同的。计算时，可通过任意两相邻排架的中线，截取一部分厂房（图 7-14 中阴影部分）作为计算单元。

2. 基本假定

根据构造特点和实践经验，对不考虑空间工作的平面排架，其计算简图可作如下假定：

（1）横梁（屋架或屋面梁）与柱顶为铰接。

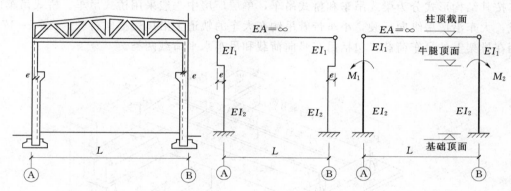

图 7-15 横向排架计算简图

二、排架荷载计算

作用在排架上的荷载有永久荷载和可变荷载两类。永久荷载一般包括屋盖自重 G_1、上柱自重 G_2、下柱自重 G_3、吊车梁及轨道自重 G_4，可变荷载一般包括屋面活荷载 Q_1、吊车竖向荷载 D_{max}、D_{min}、吊车横向水平荷载 T_{max}、均布风荷载 q 及作用在屋架支撑处的集中风荷载 F_w 等。

1. 永久荷载

（1）屋盖自重 G_1：包括屋面构造层、屋面板、天窗架、屋架及支撑等自重。这些荷载以集中荷载的形式作用在柱顶，且位于厂房纵向定位轴线内侧 150mm 处（图 7-16）。因此，G_1 对上下柱截面几何中心均存在偏心。

（2）柱自重：上柱自重 G_2 和下柱自重 G_3 分别作用在上、下柱中心处，其数值可通过柱截面尺寸及高度计算。

（3）吊车梁及轨道自重 G_4：沿吊车梁中心线作用在牛腿顶面。

2. 可变荷载

屋面活荷载 Q_1。屋面活荷载包括屋面均布活荷载、雪荷载及积灰荷载，均按屋面水平投影面积计算。

（1）屋面均布活荷载。

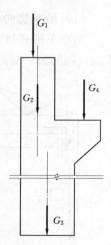

图 7-16 屋架荷载
作用位置

按《建筑结构荷载规范》（GB 50009—2001）有关规定采用。

（2）雪荷载。

按《建筑结构荷载规范》第6.1.1条采用屋面水平投影面上的雪荷载标准值按式（7-1）计算

$$s_k = \mu_r \cdot s_0 \qquad\qquad (7-1)$$

式中　s_k——雪荷载标准值，kN/m^2；

　　　　s_0——基本雪压，kN/m^2，由 GB 50009—2001 中"全国各地基本雪压分布图"查得；

　　　　μ_r——屋面积雪分布系数，可根据各类屋面的形状从 GB 50009—2001 中查出。

（3）屋面积灰荷载。

在设计生产中有大量排灰的厂房及其邻近建筑物时，应考虑积灰荷载，对具有一定除尘设施和保证清洁制度的机械、冶金、水泥厂的厂房屋面，其水平投影面上的屋面积灰荷载，应分别根据 GB 50009—2001 采用。

GB 50009—2001 规定，屋面均布活荷载不应与雪荷载同时考虑，只考虑两者中最大值。当有积灰荷载时，积灰荷载应与雪荷载或屋面均布活荷载两者中较大值同时考虑。

3. 吊车荷载

吊车按其结构形式分为梁式吊车和桥式吊车，单层厂房中一般采用桥式吊车。桥式吊车由大车和小车组成，大车沿厂房纵向行驶，小车带着吊钩在大车的轨道上沿厂房横向行驶。（图7-17所示）

作用在排架上的吊车荷载，包括吊车竖向荷载和吊车水平荷载两类。

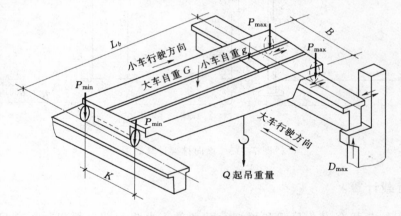

图 7-17　吊车荷载示意图

（1）吊车竖向荷载 $D_{\max}$ 或 $D_{\min}$。

当小车吊有额定最大起重量开到大车一端的极限位置时，这一端的每个大车轮压称为吊车最大轮压 $P_{\max}$，同时另一端的大车轮压称为吊车最小轮压 $P_{\min}$，$P_{\max}$ 和 $P_{\min}$ 同时作用在排架上，如图7-18所示。

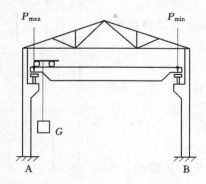

图 7-18　吊车的最大轮压与最小轮压

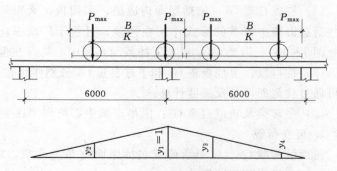

图 7-19　吊车梁的支座反力影响线及吊车
轮子的最不利位置（单位：mm）

324

P_{max} 和 P_{min} 的标准值，可根据吊车的规格（吊车类型、起重量、跨度及工作级别）从《起重机设计规范》（GB 3811—2008）及产品样本中查出。当 P_{max} 与 P_{min} 确定后，即可根据吊车梁（按简支梁考虑）的支座反力影响线及吊车轮子的最不利位置，如图 7-19 所示，计算两台吊车由吊车梁传给柱子的最大吊车竖向荷载的标准值 D_{max} 与最小吊车竖向荷载标准值 D_{min}。

当两台吊车不同时：

$$D_{max} = P_{1max}(y_1 + y_2) + P_{2max}(y_3 + y_4) \tag{7-2}$$

$$D_{min} = P_{1min}(y_1 + y_2) + P_{2min}(y_3 + y_4) \tag{7-3}$$

式中　P_{1max}、P_{2max}——两台起重量不同的吊车最大轮压的标准值，且 $P_{1max} \geqslant P_{2max}$；

　　　　P_{1min}、P_{2min}——两台起重量不同的吊车最小轮压的标准值，且 $P_{1min} \geqslant P_{2min}$；

　　y_1、y_2、y_3、y_4——与吊车轮子相对应的支座反力影响线上竖向坐标值，按图 7-19 所示的几何关系计算。

当两台吊车完全相同时，上二式可简化为：

$$D_{max} = P_{max} \sum y_i \tag{7-4}$$

$$D_{min} = P_{min} \sum y_i = D_{max} \frac{P_{min}}{P_{max}} \tag{7-5}$$

式中　$\sum y_i = y_1 + y_2 + y_3 + y_4$。

GB 50009—2001 规定：计算排架考虑多台吊车竖向荷载时，对一层吊车的单跨厂房的每个排架，参与组合的吊车台数不宜多于 2 台；对一层吊车的多跨厂房的每个排架不宜多于 4 台。

（2）吊车横向水平荷载。

吊车的横向水平荷载是指载有额定最大起重量的小车，在启动或制动时，由于吊车和小车的惯性力而在厂房排架柱上产生的横向水平制动力，这个力通过吊车两侧的轮子及轨道传给两侧的吊车梁并最终传给两侧的柱。吊车的横向水平制动力应按两侧柱的刚度大小分配。为了简化计算 GB 50009—2001 允许近似地平均分配给两侧柱（图 7-20）。

对于四轮桥式吊车，当小车满载时，大车每个轮子传递给吊车梁的横向水平制动力为：

$$T = \frac{1}{4} \alpha (G + g) \tag{7-6}$$

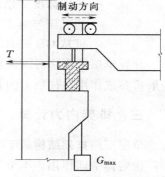

图 7-20　吊车横向水平荷载

式中　α——横向制动力系数，对软钩吊车：

　　　　当 $G \leqslant 10t$ 时，取 12%；

　　　　当 $G = 16 \sim 50t$ 时，取 10%；

　　　　当 $G \geqslant 75t$ 时，取 8%；

　　　　对硬钩吊车，取 20%。

　　n——每台吊车两端的总轮数一般为 4。

当吊车上面每个轮子的 $T_{值}$ 确定后，可用计算吊车竖向荷载的办法，计算吊车的最大横向水平制动力 T_{max}。

两台吊车不同时：

$$T_{max} = T_1(y_1 + y_2) + T_2(y_3 + y_4) \tag{7-7}$$

式中　T_1，T_2——起重量不同的两台吊车横向水平制动力。

两台吊车相同时：

$$T_{max} = T \cdot \sum y_1 \tag{7-8}$$

（3）吊车纵向水平荷载。

吊车的纵向水平荷载是指大车沿厂房纵向启动或制动时，由吊车自重和吊重的惯性力在纵向排架柱上所产生的水平制动力。其方向与轨道方向一致，由厂房的纵向排架承担。吊车纵向水平荷载标准值，应按作用在一边轨道上所有刹车轮的最大轮压力之和的 10% 计算，即

$$T_{\max} = \frac{n}{10} P_{\max} \tag{7-9}$$

式中　n——吊车每侧制动轮数，对于一般四轮吊车 $n=1$；

　　　$P_{\max}$——吊车最大轮压标准值。

当厂房纵向有柱间支撑时，吊车纵向水平荷载由柱间支撑承受；当厂房纵向无柱间支撑时，吊车纵向水平荷载由伸缩缝区段内的所有柱共同承受。

4. 风荷载

作用在排架上的风荷载，是由计算单元这部分墙身和屋面传来的，其作用方向垂直于建筑物的表面，分压力和吸力两种。风荷载 ω_k 的标准值可按下式计算：

$$\omega_k = \beta_z \mu_s \mu_z \omega_0 \tag{7-10}$$

式中　ω_0——基本风压，kN/m^2，应按《荷载规范》给出的 50 年一遇的风压采用，但不得小于 $0.3kN/m^2$；

　　　β_z——高度 z 处的风振系数，对于单层厂房结构，可取 $\beta_z = 1$；

　　　μ_s——风荷载体型系数，取决于建筑物的体型，由风洞试验确定，可从《混凝土结构设计规范》（GB 50010—2010）中有关表格查出；

　　　μ_z——风压高度变化系数，一般来讲，离地面越高，风压值越大，μ_z 即为建筑物不同高度处的风压与基本风压（10m 标高处）的比值，它与建筑物所处的地面粗糙度有关，其值可从 GB 50010—2010 中的有关表格查出。

计算单层工业厂房风荷载时，柱顶以下的风荷载可按均布荷载计算，屋面与天窗架所受的风荷载一般折算成作用在柱顶上的某种集中水平风荷载 F。

三、排架内力计算

单层厂房排架结构属于空间结构。目前，其内力计算方法有两种：考虑厂房整体空间作用和不考虑厂房整体空间作用。本节主要讨论不考虑厂房整体空间作用的平面排架计算方法。

1. 等高排架内力计算

根据排架横梁刚度无穷大和横梁长度不变的假定，柱顶标高相同的排架在任意荷载作用下，所有柱顶的水平位移均相等，若柱顶标高不同，但由倾斜横梁连接，能保证各柱柱顶水平位移相同，称为等高排架。等高排架的内力，一般采用剪力分配法进行计算。按剪力分配法可求出各柱的柱顶剪力，然后根据柱顶剪力及外荷载按独立悬臂柱计算任意截面的内力。

（1）单阶一次超静定柱内力分析。

由结构力学可知，当单位水平力作用于单阶悬臂柱顶时，如图 7-21（a）所示，柱顶水平位移为

$$\delta = \frac{H^3}{3E_c I_l} \left[1 + \lambda^3 \left(\frac{1}{n} - 1 \right) \right] = \frac{H^3}{C_0 E_c I_l} \tag{7-11}$$

式中　$\lambda = \dfrac{H_u}{H}$；

　　　$n = \dfrac{I_u}{I_l}$；

　　　$C_0 = \dfrac{3}{1 + \lambda^3 \left(\dfrac{1}{n} - 1 \right)}$。

因此要使柱顶产生单位水平位移，则需在柱顶施加 $1/\delta$ 的水平力，如图 7-21（b）所示。显然，若材料相同，柱的刚度越大，需要施加的水平力越大。由此可见 $1/\delta$ 反映了柱抵抗侧移的能力，称之为"抗侧移刚度"，有时也称之为"抗剪刚度"。

对于由若干柱子构成的等高排架，在柱顶水平力作用下，其柱顶剪力可根据各柱的抗剪刚度进行分配，这就是结构力学中的剪力分配法。下面就柱顶作用水平力和作用任意荷载两种情况，分别讨论剪力分配法在等高排架内力计算时的应用。

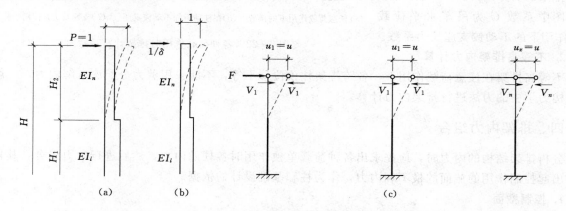

图 7-21 排架柱顶位移

（2）柱顶作用水平集中力 F 时。

如图 7-21（c）所示，设排架有 n 根柱，任一柱 i 的抗侧移刚度为 $1/\delta_i$ 横梁为刚性连杆，则每根柱顶端位移为 μ，则 $\mu_1 = \mu_2 = \cdots = \mu_i = \mu$，每根柱分担的剪力：

$$V_i = \frac{1}{\delta_i}\mu \tag{7-12}$$

由平衡条件得：

$$F = V_1 + V_2 + V_i + \ldots + V_n = \sum_{i=1}^{n} V_i = \sum_{i=1}^{n} \frac{1}{\delta_i}\mu = \mu\sum_{i=1}^{n} \frac{1}{\delta_i} \tag{7-13}$$

则 $\mu = \dfrac{F}{\sum\limits_{i=1}^{n} \dfrac{1}{\delta_i}}$ 代入上式得：

$$V_i = \frac{\dfrac{1}{\delta_i}}{\sum\limits_{i=1}^{n} \dfrac{1}{\delta_i}} F = \eta_i F \tag{7-14}$$

式中 令 $\eta_i = \dfrac{\dfrac{1}{\delta_i}}{\sum\limits_{i=1}^{n} \dfrac{1}{\delta_i}}$，称为第 i 根柱的剪力分配系数。

公式中物理意义如下：

1) δ_i 为第 i 根柱的柔度，$1/\delta_i$ 为第 i 根柱的侧移刚度。

2) 当排架柱顶作用有水平集中力 F 时，各柱的柱顶剪力按其侧移刚度与各柱侧移刚度总和的比例进行分配，故称为剪力分配法。

（3）任意荷载作用时。

在任意荷载作用下，无法直接进行剪力分配，为了应用剪力分配法，应按以下三个步骤进行内力计算 [图 7-22（a）]。

1) 先在排架柱顶假想地附加一个不动铰支座以阻止水平侧移，求出其支座反力 R [图 7-22

327

(b)〕；

2）撤除附加的不动铰支座且加反向作用的 R 于排架柱顶〔图 7-22（c）〕，以恢复到原受力状态；

3）叠加上述两步骤中的内力，即为排架的实际内力。

图中系数 C 为吊车水平荷载 T_{max} 作用下的不动铰支座反力系数。

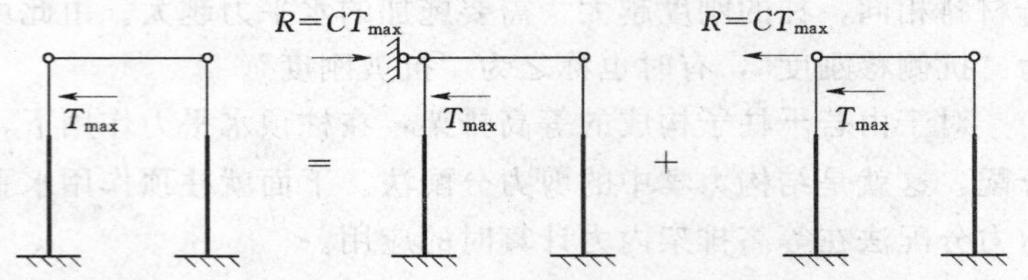

（a）任意荷载作用下的排架 （b）在柱顶附加不动铰支座 （c）支座反力 R 作用于柱顶

图 7-22　各种荷载作用时排架计算示意图

2. 不等高排架内力计算

不等高排架在任意荷载作用下，各跨排架柱顶位移不等，不能采用剪力分配法求解内力，一般采用结构力学中的力法进行排架内力计算。

四、排架内力组合

分析排架结构的内力时，应先求出各种荷载单独作用时各柱的内力，然后进行内力组合。其目的是求出起控制作用的截面的最不利内力，作为柱和基础设计的依据。

1. 控制截面

控制截面是指对柱配筋和基础设计起控制作用的那些截面，如图 7-23 所示。对于变截面柱，由

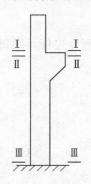

图 7-23　计算控制截面示意图

于其上柱柱底 I-I 截面弯矩及轴力较大，因此，取该截面作为上柱控制截面；对于下柱，牛腿顶面 II-II 截面在吊车竖向荷载作用下弯矩最大；柱底 III-III 截面在风荷载或吊车横向水平力作用下弯矩最大，因此取这两个截面作为下柱的控制截面。

当柱上作用有较大集中荷载时，往往需将荷载作用点处的截面作为控制截面；当柱高度很大时，下柱中间某截面也可能成为控制截面。

2. 荷载组合

为了进行内力组合，求得控制截面上可能出现的最不利内力，必须考虑各种单项荷载同时出现的可能性，进行荷载组合。

厂房使用过程中，尽管有多种荷载同时出现，但各种荷载在同一时间内均达到最大值的可能性较小。GB 50009—2001 规定：对于一般排架、框架结构基本组合，可采用简化规则，并应按下列组合值中取最不利值确定：

（1）由可变荷载效应控制的组合。

$$S = \gamma_G S_{Gk} + \gamma_{Q1} S_{Q1k} \tag{7-15}$$

$$S = \gamma_G S_{Gk} + 0.9 \sum_{i=1}^{n} \gamma_{Qi} S_{Qik} \tag{7-16}$$

（2）由永久荷载效应控制的组合，按下式计算：

$$S = \gamma_G S_{Gk} + \sum_{i=1}^{n} \gamma_{Qi} \Psi_{ci} S_{Qik} \tag{7-17}$$

式中　γ_G——永久荷载的分项系数；

γ_{Qi}——第 i 个可变荷载的分项系数，其中 γ_{Q1} 为可变荷载 Q_1 的分项系数；

S_{Gk}——按永久荷载标准值 G_k 计算的荷载效应值；

S_{Qik}——按可变荷载标准值 Q_{ik} 计算的荷载效应值，其中 S_{Q1k} 为诸可变荷载效应中起控制作用者；

Ψ_{ci}——可变荷载 Q_i 的组合值系数；

n——参与组合的可变荷载数。

根据以上原则，对不考虑抗震设防的单层厂房结构，按承载能力极限状态进行内力计算时，须进

行以下组合：

（1）由可变荷载效应控制的组合：

1）恒载+0.9（屋面活载+吊车荷载+风荷载）。

2）恒载+0.9（吊车荷载+风荷载）。

3）恒载+0.9（屋面活荷载+风荷载）。

4）恒载+0.9（屋面活荷载+吊车荷载）。

5）恒载+吊车荷载。

6）恒载+风荷载。

7）恒载+屋面活荷载。

（2）由永久荷载效应控制的组合。

1）恒载+0.7屋面均布活荷载（雪荷载）+0.9屋面积灰荷载+0.7（0.95）吊车荷载。

2）恒载+0.7屋面均布活荷载（雪荷载）+0.9屋面积灰荷载。

3）恒载+0.7（0.95）吊车竖向荷载。

实践证明，内力不利组合由可变荷载效应控制的组合多，其中由1）、2）、3）控制的较多，（上柱有时由2）控制）；由4）、5）、6）控制的较少。

3. 内力组合

单层排架柱是偏心受压构件，其截面内力有$\pm M$，N，$\pm V$因有异号弯矩，且为便于施工，柱截面常用对称配筋，即$A_s=A'_s$对称配筋构件，当N一定时，无论大、小偏压，M越大，则钢筋用量也越大。当M一定时，对小偏压构件，N越大，则钢筋用量也越大；对大偏压构件，N越大，则钢筋用量反而减小。因此，在未能确定柱截面是大偏压还是小偏压之前，一般应进行下列四种内力组合：

（1）$\pm M_{max}$与相应的N、V。

（2）$-M_{max}$与相应的N、V。

（3）N_{max}与相应的M、V（取绝对值较大者）。

（4）N_{min}与相应的M、V（取绝对值较大者）。

在进行单层厂房结构内力组合时，应注意以下几点：

1）恒载在任何一种内力组合中都存在。

2）组合目标要明确。例如进行第（1）种组合时，应以得到$+M_{max}$为组合目标来分析荷载组合。然后计算出相应荷载组合下的，$+M_{max}$、N和V。

3）当以N_{max}或N_{min}为组合目标时，应使相应的M尽可能大。

4）考虑吊车荷载时，若要组合F_h，则必组合D_{max}或D_{min}；反之要组合D_{max}或D_{min}则不一定要组合F_h。

五、排架柱设计

单层工业厂房排架柱设计的内容包括：选择柱的形式、确定截面尺寸以及配筋计算，此外还须进行吊装验算。

根据排架内力分析得到单层厂房柱各控制截面的内力M、N、V。因为柱截面上剪力V比轴力N小得多，很少由于剪力作用使柱产生斜截面破坏，因此，在柱的配筋计算中，一般不进行抗剪承载力计算，而按偏心受压构件进行配筋计算。

（1）柱的计算长度。

确定偏心距增大系数η和稳定性系数ϕ需要用到单层厂房柱的计算长度。其值与柱两端支撑情况有关，应按表7-1规定取值。

表 7 - 1 采用刚性屋盖的单层工业厂房和露天吊车栈桥柱的计算长度

项次	柱 的 类 型		排架方向	垂直排架方向	
				有柱间支撑	无柱间支撑
1	无吊车厂房柱	单跨	1.5 H	1.0	1.2 H
		两跨及多跨	1.25 H	1.0 H	1.2 H
2	有吊车厂房柱	上柱	2.0 H_u	1.25 H_u	1.5 H_u
		下柱	1.0 H_l	0.8 H_l	1.5 H_l
3	露天吊车柱和栈桥柱		2.0 H_l	1.0 H_l	—

注 1. H—从基础顶面算起的柱全高；

H_1—从基础顶面至装配式吊车梁底面或现浇式吊车梁顶面的柱下部高度；

H_u—从装配式吊车梁底面或从现浇式吊车梁顶面算起的柱上部高度。

2. 表中有吊车厂房排架柱的计算长度，当计算中不考虑吊车荷载时，可按无吊车厂房的计算长度采用；但上柱的计算长度仍按有吊车厂房采用。

3. 表中有吊车厂房排架柱的上柱在排架方向的计算长度，仅适用于 $H_u/H_L \geqslant 0.3$ 的情况，当 $H_u/H_L < 0.3$ 时，计算长度宜采用 $2.5H_u$。

（2）截面配筋计算。

根据排架计算求得的控制截面的最不利内力组合 M、N 和 V，按偏心受压构件分别对上柱和下柱进行配筋计算。由于柱截面在排架方向有正反方向相近的弯矩，并避免施工中主筋易放错，一般采用对称配筋。

（3）柱的吊装验算。

单层厂房施工时，往往采用预制柱，预制柱在自重作用下的受力状态与使用荷载作用下完全不同，因此需要对柱的吊装及运输阶段进行验算。

柱在吊装时可以采用平吊或翻身吊，为便于施工应尽量采用平吊。当采用平吊需要较多地增加柱的配筋时，应考虑采用翻身吊。由于翻身吊时截面的受力方向与使用阶段相同，一般不必验算。当采用平吊时，其吊点一般设在牛腿下缘处，其荷载应考虑吊装时动力效应，将自重乘以动力系数 1.5。其内力应按外伸梁计算如图 7 - 24（c）所示。

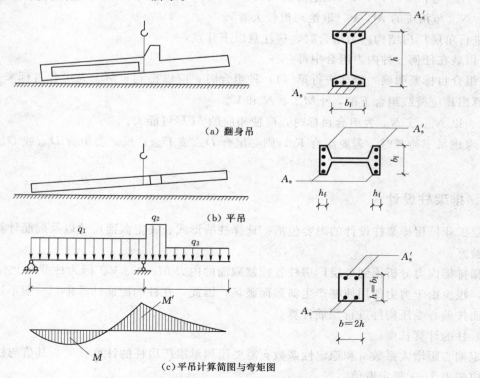

（a）翻身吊

（b）平吊

（c）平吊计算简图与弯矩图

图 7 - 24　柱吊装验算计算简图与弯矩图

柱的吊装阶段的验算包括承载力验算和裂缝宽度验算两部分。

1）承载力验算。

根据 GB 50009—2001 规定，吊装阶段承载力验算时，结构的重要性系数可降低一级。承载力验算采用图 7-24 中弯矩设计值 M 或 M' 分别按双筋截面受弯构件进行验算。

2）裂缝宽度验算。

裂缝宽度一般采用前面介绍的最大裂缝宽度计算公式来验算。

六、牛腿设计

单层厂房排架柱一般都带有短悬臂（牛腿）以支承吊车梁、屋架及连系梁等，并在柱身不同标高处设有预埋件，以便和上述构件及各种支撑进行连接，如图 7-25 所示。

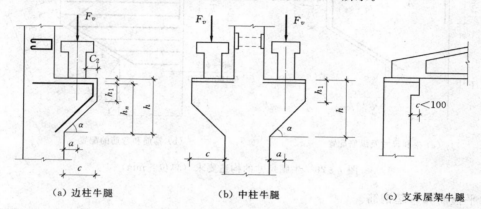

（a）边柱牛腿　　　　　　（b）中柱牛腿　　　　　（c）支承屋架牛腿

图 7-25　几种常见的牛腿形式

牛腿是单层厂房柱的重要组成部分，其设计主要内容有：确定牛腿尺寸；计算牛腿配筋；验算局部受压承载力。

牛腿尺寸的确定。

1. 牛腿尺寸的确定

牛腿的宽度与柱宽相同。牛腿的高度 h 是按抗裂要求确定的。因牛腿负载很大，设计时应使其在使用荷载下不出现裂缝。故按下式验算以确定牛腿截面高度：

$$F_{vk} \leqslant \beta \left(1 - 0.5 \frac{F_{hk}}{F_{vk}}\right) \frac{f_{tk} b h_0}{0.5 + \dfrac{a}{h_0}} \tag{7-18}$$

式中　F_{vk}——作用于牛腿顶部按荷载效应标准组合计算的竖向力值；

$\quad\quad F_{hk}$——作用于牛腿顶部按荷载效应标准组合计算的水平拉力值；

$\quad\quad \beta$——裂缝控制系数，对支撑吊车梁的牛腿，取 $\beta=0.65$；对其他牛腿，取 $\beta=0.8$；

$\quad\quad a$——竖向力的作用点至下柱边缘的水平距离，此时应考虑安装偏差 20mm；当考虑安装偏差后的竖向力作用点仍位于下柱截面以内时，取 $a=0$；

$\quad\quad b$——牛腿宽度；

$\quad\quad h_0$——牛腿与下柱交接处的垂直截面有效高度，当 $h_0 = h_1 - a_s + c \cdot \tan\alpha$，$\alpha > 45°$时，取 $\alpha = 45°$，c 为下柱边缘到牛腿外缘的水平长度。

牛腿尺寸的构造要求如图 7-26 所示。

2. 牛腿的配筋计算

（1）纵向受力钢筋。

牛腿的纵向受力钢筋由承受竖向力所需的受拉钢筋和承受水平拉力所需的水平锚筋组成，钢筋的

总面积 A_s，应按下式计算：

$$A_s \geqslant \frac{F_V a}{0.85 f_y h_0} + 1.2 \frac{F_h}{f_y} \qquad (7-19)$$

式中　F_V——作用在牛腿顶部的竖向力设计值；

　　　　F_h——作用在牛腿顶部的水平拉力设计值；

　　　　a——竖向力作用点至下柱边缘的水平距离，当 $a<0.3h_0$ 时，取 $a=0.3h_0$。

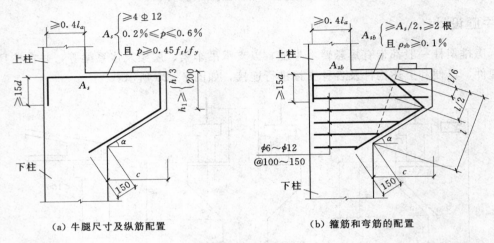

(a) 牛腿尺寸及纵筋配置　　　　(b) 箍筋和弯筋的配置

图 7-26　牛腿尺寸的构造要求（单位：mm）

（2）水平箍筋和弯起钢筋。

牛腿水平箍筋按 GB 50010—2010 构造要求设置当牛腿的剪跨比 $a/h \geqslant 0.3$ 时，宜设置弯起钢筋。

3. 牛腿的局部受压承载力验算

牛腿垫板下局部受压承载力按下式验算：

$$\sigma = \frac{F_{VK}}{A} \leqslant 0.75 f_c \qquad (7-20)$$

式中　A——局部受压面积，$A=ab$，其中 a，b 分别表示垫板的长和宽。

当不满足要求时，应采取必要措施，如加大受压面积，提高混凝土强度等级或在牛腿中加配钢筋网等。

4. 牛腿的构造要求

（1）承受竖向力所需的纵向受力钢筋的配筋率，按牛腿的有效截面计算，不应小于 0.2% 及 $0.45 f_t / f_y$，也不宜大于 0.6%；其数量不宜少于 4 根，直径不宜小于 12mm。

（2）纵向受拉钢筋的一端伸入柱内，并应具有足够的锚固长度 l_a，其水平段长度不小于 $0.4 l_a$，在柱内的垂直长度，除满足锚固长度 l_a 外，尚不小于 15d，不大于 22d；另一端沿牛腿外缘弯折，并伸入下柱 150mm（图 7-26）。纵向受拉钢筋是拉杆，不得下弯兼作弯起钢筋。

（3）牛腿内应按构造要求设置水平箍筋及弯起钢筋（图 7-26），它能起抑制裂缝的作用。水平箍筋应采用直径 6~12mm 的钢筋，在牛腿高度范围内均匀布置，间距 100~150mm。但在任何情况下，在上部 $2h_0/3$ 范围内的水平箍筋的总截面面积不宜小于承受竖向力的受拉钢筋截面面积的二分之一。

（4）当牛腿的剪跨比 $a/h_0 \geqslant 0.3$ 时，宜设置弯起钢筋。弯起钢筋宜用变形钢筋，并应配置在牛腿上部 1/6 至 1/2 之间主拉力较集中的区域见图 7-26，以保证充分发挥其作用。弯起钢筋的截面面积 A_{sb} 不宜小于承受竖向力的受拉钢筋截面面积的 1/2 数量不少于 2 根，直径不宜小于 12mm。

第三节 排架结构设计实例

一、设计条件

车间，单跨无天窗厂房，跨度为 24m，柱距为 6m，车间内设有两台起重量分别为 150/30kN 的中级工作制吊车，吊车的轨顶标高为 +9.0m。混凝土强度等级 C30；纵向钢筋采用 HRB335 级，箍筋采用 HPB235 级。

屋面板采用 92G410（一），屋面板自重标准值（包括灌缝在内）为 1.4kN/m²。

屋架采用 G415（三）折线型预应力钢筋混凝土屋架，跨度 24m，端部高度 1.9m，跨中高度 3.2m，自重标准值 103.0kN/m²。

吊车梁采用 96G425 预应力混凝土吊车梁，高度为 900mm，自重 30.4kN；轨道与垫层垫板总高为 184mm，自重 0.8kN/m。

二、柱的各部分尺寸及几何参数

厂房计算简图及柱截面尺寸见图 7-27 所示。

$$b \times h = 400 \times 400mm$$
$$(g_1 = 4.0kN/m)$$
$$A_1 = 1.6 \times 10^5 mm^2$$
$$I_1 = 2.12 \times 10^9 mm^4$$

上柱：
$$b_f \times h \times b \times h_f = 400 \times 700 \times 100 \times 100mm$$
$$(g_2 = 3.44kN/m)$$
$$A_2 = 1.375 \times 10^5 mm^2$$
$$I_2 = 8.60 \times 10^9 mm^4$$

$$n = \frac{I_1}{I_2} = \frac{2.13 \times 10^9}{8.60 \times 10^9} = 0.248$$

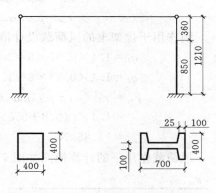

图 7-27　厂房计算简图及柱截面尺寸
（单位：柱高：cm；柱截面：mm）

下柱：
$$H_1 = 3.6m; H_2 = 3.6 + 8.5 = 12.1m$$
$$\lambda = \frac{H_1}{H_2} = \frac{3.6}{12.1} = 0.298$$

三、荷载计算

1. 恒荷载

屋盖自重。

SBS 防水层：	$1.2 \times 0.10 = 0.12kN/m^2$
20mm 水泥砂浆找平层：	$1.2 \times 0.02 \times 20 = 0.48kN/m^2$
100mm 水泥珍珠岩制品保温层：	$1.2 \times 0.1 \times 4 = 0.45kN/m^2$
隔气层：	$1.2 \times 0.05 = 0.06kN/m^2$
20mm 水泥砂浆找平层：	$1.2 \times 0.02 \times 20 = 0.48kN/m^2$
大型预应力屋面板（包括灌缝重）：	$1.2 \times 1.4 = 1.68kN/m^2$
	$g = 3.3kN/m^2$
屋架：	$1.2 \times 103.0 = 123.6kN$

则作用屋架一段作用于柱顶的自重：$G_1 = 6 \times 9 \times 3.3 + 0.5 \times 123.6 = 299.4kN$

柱自重:

上柱: $G_2=1.2\times3.6\times4.0=17.28\text{kN}$

下柱: $G_3=1.2\times8.5\times3.44=35.15\text{kN}$

吊车梁及轨道自重: $G_4=1.2\times(30.4+0.8\times6)=42.2\text{kN}$

2. 屋面活荷载

由 GB 50009—2001 查得屋面活荷载标准值为 0.5kN/m^2,因屋面活荷载大于雪荷载,故不考虑雪荷载。

$$Q_1=1.4\times0.5\times6\times12=50.4\text{kN}$$

3. 风荷载

由 GB 50009—2001 查得齐齐哈尔地区基本风压为 $\omega_0=0.45\text{kN/m}^2$

风压高度变化系数 μ_z(按 B 类地面粗糙度取)为:

柱顶: 按 $H=11.5\text{m}$,$\mu_z=1.04$

檐口处: 按 $H=13.8\text{m}$,$\mu_z=1.11$

屋顶: 按 $H=15.4\text{m}$,$\mu_z=1.15$

风载标准值为:

$$\omega_{1k}=\beta_z\mu_{s1}\mu_z\omega_0=1.0\times0.8\times1.04\times0.45=0.37\text{kN/m}^2$$

$$\omega_{2k}=\beta_z\mu_{s2}\mu_z\omega_0=1.0\times0.5\times1.04\times0.45=0.23\text{kN/m}^2$$

则作用于排架上的风荷载设计值为:

$$q_1=1.4\times0.37\times6=3.15\text{kN/m}$$

$$q_2=1.4\times0.33\times6=1.97\text{kN/m}$$

$$\begin{aligned}F_w&=\gamma_Q[(\mu_{s1}+\mu_{s2})\mu_z\omega_0h_1+(\mu_{s3}+\mu_{s4})\mu_z\omega_0h_2]\times B\\&=1.4\times[(0.8+0.5)\times1.11\times0.45\times2.3+(-0.6+0.5)\times1.15\times0.45\times1.6]\times6\\&=11.85\text{kN}\end{aligned}$$

风荷载作用下的计算简图如图 7-28 所示。

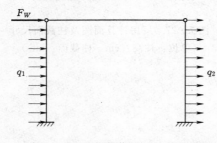

图 7-28 风荷载作用下计算简图

四、内力计算

1. 恒荷载

(1) 屋盖自重作用。

因为屋盖自重是对称荷载,排架无侧移,故按柱顶为不动铰支座计算。由厂房计算简图及柱截面尺寸图取用计算截面图,$e_1=0.05\text{m}$,$e_0=0.15\text{m}$,$G_1=299.4\text{kN}$,根据 $n=0.248$,$\lambda=0.298$ 查附表得 $C_1=1.762$,$C_3=1.265$,则得:

$$R=-\frac{G_1}{H_2}(e_1C_1+e_0C_3)=-\frac{299.4}{12.1}\times(0.05\times1.762+0.15\times1.265)=-6.88(\rightarrow)$$

计算时对弯矩和剪力的符号规定为:弯矩图在受拉一边;剪力对杆端而言,顺时针方向为正(↑ — ↓ +V),剪力图可绘在杆件的任意一侧,但必须注明正负号,亦即取结构力学的符号。这样,由屋盖自重对柱产生的内力如图 7-29 所示:

$$M_I=-299.4\times0.05+6.88\times3.6=9.80\text{kN·m}$$

$$M_{II}=-299.4\times(0.05+0.15)+6.88\times3.6=-35.11\text{kN·m}$$

$$M_{III}=-299.4\times(0.05+0.15)+6.88\times12.1=23.37\text{kN·m}$$

$$N_I=N_{II}=N_{III}=299.4\text{kN};V_{III}=6.88\text{kN}$$

(2) 柱及吊车梁自重作用。

由于在安装柱子时尚未吊装屋架,此时柱顶之间无连系,没有形成排架,故不产生柱顶反力;因

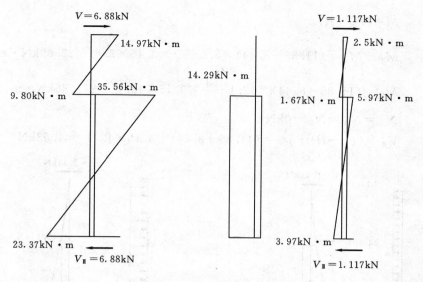

图 7-29　恒荷载内力图

吊车梁自重作用点距离柱外边缘不少于 750mm，则

$$M_I = 0 \text{kN} \cdot \text{m}$$
$$M_{II} = M_{III} = 42.2 \times 0.40 - 17.28 \times 0.15 = 14.29 \text{kN} \cdot \text{m}$$
$$N_I = 17.28 \text{kN}$$
$$N_{II} = 17.28 + 42.2 = 59.48 \text{kN}$$
$$N_{III} = 59.48 + 35.15 = 94.63 \text{kN}$$

2. 屋面活荷载作用

因屋面活荷载与屋盖自重对柱的作用点相同，故可将屋盖自重的内力乘以下列系数，即得屋面活荷载内力以及其轴向压力及剪力为：

$$\frac{Q_1}{G_1} = \frac{50.4}{299.4} = 0.17$$
$$N_I = N_{II} = N_{III} = 50.4 \text{kN}$$
$$V_{III} = 0.17 \times 6.88 = 1.17 \text{kN}$$

3. 风荷载作用

为计算方便，可将风荷载分解为对称及反对称两组荷载。在对称荷载作用下，排架无侧移，则可按上端为不动铰支座进行计算；在反对称荷载作用下，横梁内力等于零，则可按单根悬臂柱进行计算。

柱作用左风荷载时：

当柱顶作用集中风荷载 F_w 时

$$R_1 = \frac{1}{2} F_w = \frac{1}{2} \times 11.85 = 5.93 \text{kN}$$

当墙面作用均不风荷载时，查表得，$C_{11} = 0.352$，则得：

$$R_3 = C_{11} \cdot H_2 \cdot \frac{1}{2}(q_1 - q_2) = 0.352 \times 12.1 \times \frac{1}{2} \times (3.15 - 1.97) = 2.51 \text{kN}$$

当正风压力作用在 A 柱时横梁内反力 R：

$$R = R_1 + R_3 = 5.93 + 2.51 = 8.44 \text{kN}$$

则 A 柱的内力如图 7-30 所示。

$$M = (F_w - R)x + \frac{1}{2}q_1 x^2$$

$$M_{\mathrm{I}} = M_{\mathrm{II}} = (11.85 - 8.44) \times 3.6 + \frac{1}{2} \times 3.15 \times 3.6^2 = 32.69 \mathrm{kN \cdot m}$$

$$M_{\mathrm{III}} = (11.85 - 8.44) \times 12.1 + \frac{1}{2} \times 3.15 \times 12.1^2 = 271.86 \mathrm{kN \cdot m}$$

$$N_{\mathrm{I}} = N_{\mathrm{II}} = N_{\mathrm{III}} = 0 \mathrm{kN}$$

$$V_{\mathrm{III}} = (F_w - R) + q_1 x = (11.85 - 8.44) + 3.15 \times 12.1 = 41.53 \mathrm{kN}$$

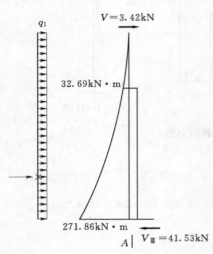

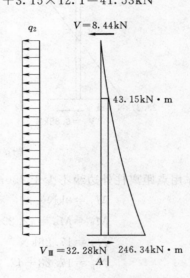

图 7-30 左风荷载时内力图   图 7-31 右风荷载时内力图

当负风压力作用在 A 柱时，则 A 柱的内力如图 7-31 所示。

$$M = -Rx - \frac{1}{2}q_2 x^2$$

$$M_{\mathrm{I}} = M_{\mathrm{II}} = -8.44 \times 3.6 - \frac{1}{2} \times 1.97 \times 3.6^2 = -43.15 \mathrm{kN \cdot m}$$

$$M_{\mathrm{III}} = -8.44 \times 12.1 - \frac{1}{2} \times 1.97 \times 12.1^2 = -246.34 \mathrm{kN \cdot m}$$

$$N_{\mathrm{I}} = N_{\mathrm{II}} = N_{\mathrm{III}} = 0 \mathrm{kN}$$

$$V_{\mathrm{III}} = -R - q_2 x = -8.44 - 1.97 \times 12.1 = -32.28 \mathrm{kN}$$

4. 吊车荷载

当 $D_{\max}$ 值作用于 A 柱，根据 $n = 0.248$，$\lambda = 0.298$ 查附表得 $C_3 = 1.265$。吊车轮压与下柱中心线距离按构造要求取 $e_4 = 0.40 \mathrm{m}$，则得排架柱上端为不动铰支座时的反力值为：

$$R_1 = \frac{D_{\max} \cdot e_4}{H_2} \cdot C_3 = \frac{473.1 \times 0.4}{12.1} \times 1.265 = 19.78 \mathrm{kN} (\leftarrow)$$

$$R_2 = \frac{D_{\min} \cdot e_4}{H_2} \cdot C_3 = -\frac{147.84 \times 0.4}{12.1} \times 1.265 = -6.18 \mathrm{kN} (\rightarrow)$$

故 $R = R_1 + R_2 = 13.6 \mathrm{kN}$ （←）

再将 R 值反向作用于排架柱顶，按剪力分配进行计算。由于结构对称，故各柱剪力分配系数相等，即 $\mu_A = \mu_B = 0.5$。

各柱的分配剪力为：

$$V'_A = -V'_B = \mu_A R = 0.5 \times 13.6 = 6.8 \mathrm{kN} (\rightarrow)$$

最后各柱顶总剪力为：

$$V_A = V_A' - R_1 = 6.8 - 19.78 = -12.98 \text{kN}(\leftarrow)$$

$$V_B = V_B' - R_2 = 6.8 + 6.18 = 12.98 \text{kN}(\rightarrow)$$

则 A 柱的内力如图 7-32 所示。

$$M_{\text{I}} = -V_A \cdot x = -12.98 \times 3.6 = -46.73 \text{kN} \cdot \text{m}$$

$$M_{\text{II}} = -V_A x + D_{\max} \cdot e_4 = -46.73 + 473.1 \times 0.40 = 142.51 \text{kN} \cdot \text{m}$$

$$M_{\text{III}} = -12.98 \times 12.10 + 473.1 \times 0.40 = 32.18 \text{kN} \cdot \text{m}$$

$$N_{\text{I}} = 0 \text{kN}$$

$$N_{\text{II}} = N_{\text{III}} = 473.1 \text{kN}$$

$$V_{\text{III}} = V_A = -12.98 \text{kN}(\leftarrow)$$

当 $D_{\min}$ 值作用于 A 柱：

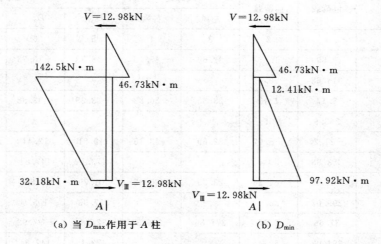

（a）当 $D_{\max}$ 作用于 A 柱　　　　（b）$D_{\min}$

图 7-32　吊车竖向荷载对 A 柱内力图

$$M_{\text{I}} = -V_A \cdot x = -12.98 \times 3.6 = -46.73 \text{kN} \cdot \text{m}$$

$$M_{\text{II}} = -V_A x + D_{\min} \cdot e_4 = -46.73 + 147.84 \times 0.40 = 12.4 \text{kN} \cdot \text{m}$$

$$M_{\text{III}} = -12.98 \times 12.1 + 147.84 \times 0.40 = -97.92 \text{kN} \cdot \text{m}$$

$$N_{\text{I}} = 0 \text{kN}$$

$$N_{\text{II}} = N_{\text{III}} = 147.84 \text{kN}$$

$$V_{\text{III}} = V_A = -12.98 \text{kN}(\leftarrow)$$

当 F_h 值自左向右作用时，由于 F_h 值同向作用在 A、B 柱上，因此排架的横梁内力为零，则得 A 柱的内力如图 7-33 所示。

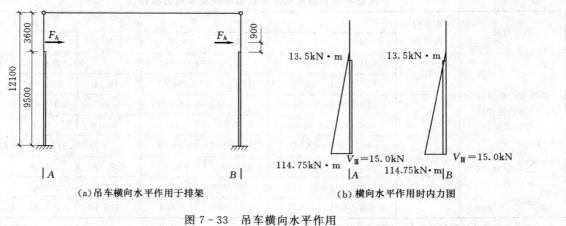

（a）吊车横向水平作用于排架　　　　（b）横向水平作用时内力图

图 7-33　吊车横向水平作用

$$M_{\mathrm{I}}=M_{\mathrm{II}}=F_hx=15.0\times1.1=16.5\mathrm{kN\cdot m}$$

$$M_{\mathrm{III}}=15.0\times(1.1+8.5)=144.0\mathrm{kN\cdot m}$$

$$N_{\mathrm{I}}=N_{\mathrm{II}}=N_{\mathrm{III}}=0\mathrm{kN}$$

$$V_{\mathrm{III}}=F_h=15.0\mathrm{kN}(\leftarrow)$$

当 F_h 值自右向左作用时，其内力值与当 F_h 值自左向右作用时相同，但方向相反。

五、内力组合

内力组合汇总、内力基本组合、内力标准组合见表 7-2～表 7-4。

表 7-2　　　　　　　　　　　A 柱在各种荷载作用下内力组合汇总表

荷载种类		恒荷载	活荷载	风荷载		吊车荷载			
				左风	右风	$D_{\max}$	$D_{\min}$	F_h (→)	F_h (←)
荷载编号		1	2	3	4	5	6	7	8
I-I	M	9.80	1.67	32.69	−43.15	−46.73	−46.73	13.5	−13.5
	N	316.68	50.4						
	M_k	8.17	1.19	23.35	−30.82	−33.38	−33.38	9.64	−9.64
	N_k	263.9	36						
II-II	M	−21.27	−5.97	32.69	−43.15	142.51	12.41	13.5	−20.46
	N	358.88	50.4			473.1	147.84		
	M_k	−17.73	−4.26	23.35	−30.82	101.79	8.86	9.64	−9.64
	N_k	299.07	36.0			337.93	105.6		
III-III	M	37.66	3.97	271.86	−246.34	32.18	−97.92	114.75	−114.75
	N	394.03	50.4			473.1	147.84		
	V	6.88	1.17	41.53	−32.28	−12.98	−12.98	15	−15
	M_k	31.38	2.84	194.19	−175.96	22.99	−69.94	81.96	−81.96
	N_k	328.36	36			337.93	105.6		
	V_k	5.73	0.84	29.66	−23.06	−9.27	−9.27	10.71	−10.71

注　1. 内力的单位是 kN·m，轴力的单位是 kN，剪力的单位是 kN；
　　2. 表中弯矩和剪力符号对杆端以顺时针为正，轴向力以压为正；
　　3. 表中第 1 项恒荷载包括屋盖自重、柱自重、吊车梁及轨道自重；
　　4. 组合时第 3 项与第 4 项、第 5 项与第 6 项、第 7 项与第 8 项二者不能同时组合；
　　5. 有 F_h 作用时候必须有 $D_{\max}$ 或 $D_{\min}$ 同时作用。

表 7-3　　　　　　　　　　A 柱承载力极限状态荷载效应的基本内力组合

组合荷载	组合内力名称	I-I		II-II		III-III		
		M	N	M	N	M	N	V
由可变荷载效应控制的组合（简化规则） $\gamma_G S_{GK}+0.9$ $\sum_{i=1}^{n}\gamma_Q S_{QK}$	$+M_{\max}$	1+0.9(2+3)		1+0.9(3+5+7)		1+0.9(2+3+5+7)		
		40.72	362.04	148.56	784.67	418.14	865.18	47.13
	$-M_{\max}$	1+0.9(4+6+8)		1+0.9(2+4+6+8)		1+0.9(4+6+8)		
		−100.98	316.2	−78.91	548.9	−491.9	546.4	−59.01
	$N_{\max}$	1+0.9(2+4+6+8)		1+0.9(3+5+7)		1+0.9(2+3+5+7)		
		40.72	362.04	143.19	830.03	418.14	865.18	47.13
	$N_{\min}$	1+0.9(4+6+8)		1+0.9(4+6+8)		1+4		
		−100.98	316.2	−71.78	358.4	−208.68	394.03	−25.4

注　由永久荷载效应控制的组合：其组合值不是最不利，计算从略。

338

表 7 - 4

A 柱正常使用极限状态荷载效应的标准内力组合

组合荷载	组合内力名称	Ⅰ－Ⅰ		Ⅱ－Ⅱ		Ⅲ－Ⅲ		
		M_k	N_k	M_k	N_k	M_k	N_k	V_k
由可变荷载效应控制的组合（简化规则）$S_{GK}+S_{Q1K}$ $\sum_{i=2}^{n}\varphi_{ci}S_{Qik}\varphi$ φ值：活：0.7；风：0.6；吊车：0.7	$+M_{max,k}$	1+3+0.7×2		1+5+0.6×3+0.7×7		1+3+0.7(2+5+7)		
		32.36	289.1	104.82	637	301.02	590.11	36.99
	$-M_{max,k}$	1+4+0.7(6+8)		1+4+0.7(2+6+8)		1+4+0.7(6+8)		
		−52.76	263.9	−52.08	398.19	−250.91	402.28	−31.32
	$N_{max,k}$	1+2+0.6×4+0.7(6+8)		1+5+0.6×3+0.7(2+7)		1+5+0.6×3+0.7(2+7)		
		−39.25	299.9	101.84	662.2	230.24	691.49	22.34
	$N_{min,k}$	1+4+0.7(6+8)		1+4		1+3		
		−52.76	263.9	−22.65	263.9	225.54	328.36	35.39

注 对准永久组合计算，其值要小于标准组合时的相应对应计算值，故在表中从略。

六、排架柱设计

1. 上柱配筋计算

选取两组最不利的内力。

$\dfrac{a}{h_0}=50/565<0.3$；不需要起筋。

$$M_1=-83.24\text{kN}\cdot\text{m}；N_1=316.68\text{kN}$$
$$M_2=40.72\text{kN}\cdot\text{m}；N_2=362.04\text{kN}$$

（1）先按 M_1，N_1 计算。

$\dfrac{l_0}{h}=\dfrac{2\times3600}{400}=18>5$，需考虑纵向弯曲影响，其截面按对称配筋计算，其偏心距为 $e_0=\dfrac{M_1}{N_1}=\dfrac{83.24}{316.68}=0.263\text{m}$

$e_a=h/30=13.3\text{mm}\leqslant20\text{mm}$；取为 20mm

$e_i=e_0+e_a=283\text{mm}$

$\zeta_1=\dfrac{0.5f_cA}{N}=3.61>1.0$，故取 $\zeta_1=1.0$

又 $\dfrac{l_0}{h}>15$，故取 $\zeta_2=1.15-0.01\dfrac{l_0}{h}=1.15-0.01\times18=0.97$

$$\eta=1+\dfrac{1}{1400\times e_i/h_0}\left(\dfrac{l_0}{h}\right)^2\zeta_1\zeta_2=1+\dfrac{1}{1400\times\dfrac{283}{365}}\times18^2\times1.0\times0.97=1.29$$

$\eta e_i=1.29\times283=365.07\text{mm}\geqslant0.3h_0=109.5\text{mm}$ 按大偏心受压计算

则 $e=\eta e_i+\dfrac{h}{2}-a_s=1.29\times283+0.5\times400-35=530\text{mm}$

$$\xi_b=0.550$$
$$N\leqslant\alpha_1f_cbh_0\xi$$
$$\xi=\dfrac{N}{\alpha_1f_cbh_0}=0.152<\xi_b$$
$$\xi h_0=0.152\times365=55.5\text{mm}<2a_s'=70\text{mm}$$

不符合。

取 $x=2a_s'=70\text{mm}$；则 $\xi=\dfrac{2a_s'}{h_0}=0.192$；$A_s=A_s'=\dfrac{Ne-\alpha_1f_cbh_0^2\xi(1-0.5\xi)}{f_y(h_0-a_s')}$

$$e = \eta e_i + h/2 - a'_s = 530 \text{mm}$$

$$A_s = 198 \text{mm}^2$$

因 $A_s = 198 \text{mm}^2 < \rho_{min} bh = 0.002 \times 400 \times 400 = 320 \text{mm}^2$ 故取 $A_s = 320 \text{mm}^2$

配 2 $\Phi 16 (A_s = 402 \text{mm}^2)$。

(2) 再先按 M_2，N_2 计算。

$$e_0 = \frac{M_2}{N_2} = 0.112 \text{m}; e_a = 20 \text{mm}; e_i = e_0 + e_a = 132 \text{mm}$$

$$\zeta_1 = \frac{0.5 f_c A}{N} = 3.17 > 1.0，故取 \zeta_1 = 1.0$$

又 $\frac{l_0}{h} = 18$，故取 $\zeta_2 = 0.97$

$$\eta = 1 + \frac{1}{1400 \times e_i/h_0} \left(\frac{l_0}{h}\right)^2 \zeta_1 \zeta_2 = 1.62$$

则 $e = \eta e_i + \frac{h}{2} - a_s = 379 \text{mm}$

$$\xi_b = 0.550$$

$$N \leqslant \alpha_1 f_c b h_0 \xi$$

$$\xi = \frac{N}{\alpha_1 f_c b h_0} = 0.173 < \xi_b$$

$$\xi h_0 = 0.173 \times 365 = 63.22 \text{mm} < 2a'_s = 70 \text{mm}$$

取 $x = 2a'_s = 70 \text{mm}$，$\xi = \frac{2a'_s}{h_0} = 0.192$；$A_s = A'_s = \frac{Ne - \alpha_1 f_c b h_0^2 \xi (1 - 0.5\xi)}{f_y (h_0 - a'_s)}$

$e = \eta e_i + h/2 - a'_s = 379 \text{mm}$

$A_s = 50 \text{mm}^2$

$A_s = 50 \text{mm}^2 < \rho_{min} bh = 0.002 \times 400 \times 400 = 320 \text{mm}^2$；取为最小配筋 $A_s = 320 \text{mm}^2$

配 2$\Phi 16$（$A_s = 402 \text{mm}^2$）。

综合两组计算结果，最后上柱钢筋截面面积每侧选用 [2$\Phi 16$($A_s = 402 \text{mm}^2$)]。

2. 下柱配筋计算

选取两组最不利的内力

$$M_1 = -375.45 \text{kN} \cdot \text{m}, N_1 = 527.09 \text{kN}$$

$$M_2 = 418.14 \text{kN} \cdot \text{m}, N_1 = 865.18 \text{kN}$$

(1) 先按 M_1，N_1 计算。

$\frac{l_0}{h} = \frac{8500}{700} = 12.1 > 5$，需考虑纵向弯曲影响，其截面按对称配筋计算，其偏心距为

$$e_0 = \frac{M_1}{N_1} = 0.712 \text{m}; e_a = h/30 = 23 \text{mm}; e_i = e_0 + e_a = 735 \text{mm}$$

因 $\zeta_1 = \frac{0.5 f_c A}{N} = \frac{0.5 \times 14.3 \times 1.38 \times 10^5}{527.09 \times 10^3} = 1.87$；取为 1.0

又 $\frac{l_0}{h} < 15$，故取 $\zeta_2 = 1.0$

$$\eta = 1 + \frac{1}{1400 \times e_i/h_0} \left(\frac{l_0}{h}\right)^2 \zeta_1 \zeta_2 = 1.095$$

则 $e = \eta e_i + \frac{h}{2} - a_s = 1.095 \times 735 + 0.5 \times 700 - 35 = 1120 \text{mm}$

先按大偏心情况计算受压区高度 x，并假定中和轴通过翼缘，则有

$$x < h'_f = 112.5\text{mm}$$

$$x = \frac{N}{\alpha_1 f_c b'_f} = 92.15\text{mm} < \xi_b h_0 = 0.55 \times 665 = 365.75\text{mm}$$

$x > 2a'_s = 70\text{mm}$；属于大偏心受压情况，则

$$A_s = A'_s = \frac{N_1 e - \alpha_1 f_c b'_f x (h_0 - 0.5x)}{f_y (h_0 - a'_s)}$$

$$= \frac{527.09 \times 10^3 \times 1120 - 1.0 \times 14.3 \times 400 \times 92.15(665 - 0.5 \times 92.15)}{300 \times (665 - 35)} = 1397\text{mm}^2$$

（2）再先按 M_2，N_2 计算。

$$e_0 = \frac{M_2}{N_2} = 0.483\text{m}; e_a = h/30 = 23\text{mm}; e_i = e_0 + e_a = 506\text{mm}$$

取 $\zeta_1 = 1.0$，$\zeta_2 = 1.0$

$$\eta = 1 + \frac{1}{1400 \times e_i/h_0} \left(\frac{l_0}{h}\right)^2 \zeta_1 \zeta_2 = 1.137$$

则 $e = \eta e_i + \frac{h}{2} - a_s = 890\text{mm}$

先按大偏心情况计算受压区高度 x，并假定中和轴通过翼缘，则有

$$x < h'_f = 112.5\text{mm}$$

$$x = \frac{N}{\alpha_1 f_c b'_f} = 151.3\text{mm} > h_f$$

$x > 2a'_s = 70\text{mm}$ 此为中和轴在腹板内的大偏心受压对称配筋计算，则

$$x = \frac{N - \alpha_1 f_c (b'_f - b) h'_f}{\alpha_1 f_c b} = 267.5\text{mm}$$

$$A_s = A_s' = \frac{Ne - \alpha_1 f_c b x \left(h_0 - \frac{x}{2}\right) - \alpha_1 f_c (b'_f - b) h'_f (h_0 - h'_f)}{f_y (h_0 - a'_s)}$$

$$= 1588\text{mm}^2 > \rho_{min} A = 275\text{mm}^2$$

综合两组计算结果，最后下柱钢筋截面面积每侧选用（2Φ32，$A_s = 1609\text{mm}^2$）

3. 柱裂缝宽度验算

（1）上柱。

取一组荷载效应组合内力值：$M_k = -52.76\text{kN} \cdot \text{m}$，$N_k = 263.9\text{kN}$，进行裂缝宽度验算。

$$e_0 = \frac{M_k}{N_k} = 0.200\text{m}$$

$$\rho_{te} = \frac{A_s}{A_{te}} = \frac{A_s}{0.5bh} = \frac{320}{0.5 \times 400 \times 400} = 0.004; \rho_{te} < 0.01, \text{取为 } 0.01$$

因 $l_0/h = 18 > 14$；$\zeta_1 = 1$，$\zeta_2 = 0.97$ 取 $\eta_s = 1.0 + \frac{1}{4000 \times 200/400} \times 18^2 \times 1.0 \times 0.97 = 1.157$

则 $e = \eta_s e_0 + \frac{h}{2} - a_s = 1.157 \times 200 + 0.5 \times 400 - 35 = 396\text{mm}$

取 $\gamma'_f = 0$，$z = \left[0.87 - 0.12(1 - \gamma'_f)\left(\frac{h_0}{e}\right)^2\right] h_0 = 289\text{mm}$

按荷载标准组合计算的纵向受拉钢筋应力

$$\sigma_{sk} = \frac{N_k(e - z)}{zA_s} = \frac{263.9 \times 10^3 \times (396 - 289)}{289 \times 402} = 243.1\text{N/mm}^2$$

裂缝间钢筋应变不均匀系数为：

$$\psi = 1.1 - 0.65 \frac{f_{tk}}{\rho_{te} \cdot \sigma_{sk}} = 1.1 - 0.65 \frac{2.01}{0.01 \times 243.1} = 0.563$$

则偏心受压构件在纵向受拉钢筋截面中心处，混凝土侧表面的最大裂缝宽度为

$$\omega_{max} = 2.1\psi\frac{\sigma_{sk}}{E_s}\left(1.9c+0.08\frac{d_{eq}}{\rho_{te}}\right) = 2.1\times0.563\times\frac{243.1}{2\times10^5}\left(1.9\times25+0.08\times\frac{16}{0.01}\right)\text{mm}$$
$$= 0.252\text{mm} < 0.300\text{mm}$$

满足要求。

（2）下柱。

取一组荷载效应组合内力值：$M_k = 301.02\text{kN} \cdot \text{m}$，$N_k = 590.11\text{kN}$，进行裂缝宽度验算。

$$e_0 = \frac{M_k}{N_k} = 0.510\text{m}$$

$$\rho_{te} = \frac{A_s}{A_{te}} = \frac{A_s}{0.5bh+(b_f-b)h_f} = \frac{1609}{0.5\times100\times700+(400-100)\times112.5} = 0.0234$$

因 $I_0/h = 12.14 < 14$，故取 $\eta_s = 1.0$

则 $e = \eta_s e_0 + \frac{h}{2} - a_s = 825\text{mm}$

$$\gamma_f' = \frac{(b_f'-b)h_f'}{bh_0} = \frac{(400-100)\times112.5}{100\times665} = 0.508$$

$$z = \left[0.87-0.12(1-\gamma_f')\left(\frac{h_0}{e}\right)^2\right]h_0 = 553\text{mm}$$

按荷载标准组合计算的纵向受拉钢筋应力：

$$\sigma_{sk} = \frac{N_k(e-z)}{zA_s} = \frac{590.11\times10^3\times(825-553)}{553\times1609} = 180.4\text{N/mm}^2$$

裂缝间钢筋应变不均匀系数为：

$$\psi = 1.1-0.65\frac{f_{tk}}{\rho_{te}\cdot\sigma_{sk}} = 1.1-\frac{0.65\times2.01}{0.0234\times180.4} = 0.791$$

则偏心受压构件在纵向受拉钢筋截面中心处，混凝土侧表面的最大裂缝宽度为：

$$\omega_{max} = 2.1\psi\frac{\sigma_{sk}}{E_s}\left(1.9c+0.08\frac{d_{eq}}{\rho_{te}}\right) = 2.1\times0.791\times\frac{180.4}{2.0\times10^5}\left(1.9\times25+0.08\times\frac{32}{0.0234}\right)$$
$$= 0.235\text{mm} < 0.300\text{mm}$$

满足要求。

七、牛腿设计

1. 荷载计算

$$D_{kmax} = 0.9\times176\times(1+0.267+0.067+0.8) = 337.9\text{kN}$$
$$G_4 = 30.4+0.8\times6 = 35.2\text{kN}$$

共计 373.1kN。

2. 截面尺寸验算

$F_{hk} = 0\text{kN}$，$\beta = 0.8$，$b = 400\text{mm}$，$h = 500\text{mm}$，$C = 300\text{mm}$，$h_0 = 465\text{mm}$，$a = 750-700 = 50\text{mm}$，$f_{tk} = 2.01\text{kN/mm}^2$，$h_1 = 250\text{mm}$

$$\beta\left(1-0.5\frac{F_{hk}}{F_{vk}}\right)\frac{f_{tk}bh_0}{0.5+\frac{a}{h_0}} = \frac{0.8\times2.01\times400\times465}{0.5+\frac{50}{465}} = 492.3\text{kN} > 373.1\text{kN}$$

$\alpha < 45°$ 满足要求。

3. 配筋计算

纵筋：

$$F_v = 1.2\times35.2+1.4\times337.9 = 515.3\text{kN}$$

$a = 50 < 0.3h_0 = 139.5\text{mm}$，$a$ 取 139.5mm

$$A_s = \frac{F_v a}{0.85 f_y h_0} = \frac{515.3 \times 10^3 \times 139.5}{0.85 \times 300 \times 465} = 606.2\text{mm}^2 > \rho_{\min} bh = 400\text{mm}^2$$

取 $4\Phi14$（$A_s = 615\text{mm}^2$）

箍筋选用 $\Phi8@100\text{mm}$。则在上部 $\frac{2}{3}h_0$ 处实配箍筋面积为 $A_{sh} = \frac{101}{100} \times \frac{2}{3} \times 615 = 414.1\text{mm}^2 > \frac{1}{2}A_s$

$= 303\text{mm}^2$

符合要求。

$a/h_0 = 50/565 < 0.3$ 不需要弯起钢筋。

八、运输、吊装阶段验算

1. 荷载计算

上柱矩形截面面积 0.16m^2。

下柱矩形截面面积 0.28m^2。

下柱工字形截面面积 0.1375m^2。

上柱线荷载 $q_3 = 0.16 \times 25 = 4.00\text{kN}$。

下柱平均线荷载 $q_1 = \dfrac{[0.28 \times (0.3 + 0.3 + 1.3) + 0.1375 \times 6.8] \times 25}{8.7} = 4.22\text{kN/m}$。

牛腿部分线荷载 $q_2 = \left(0.28 + \dfrac{0.4 \times (0.25 \times 0.3 + 0.5 \times 0.25 \times 0.3)}{0.5}\right) \times 25 = 9.25\text{kN}$。

2. 弯矩计算

$l_1 = 1.6 + 6.8 + 0.3 = 8.7\text{m}$，$l_2 = 0.5\text{m}$，$l_3 = 3.6\text{m}$

则得，$M_c = -\dfrac{1}{2} \times 4 \times 3.6^2 = -25.92\text{kN} \cdot \text{m}$

$$M_B = -4 \times 3.6 \times (0.5 + 0.5 \times 3.6) - 0.5 \times 9.25 \times 0.5^2 = -34.28\text{kN} \cdot \text{m}$$

求 AB 跨最大弯矩，先求反力 R_A：

由 $\sum M_B = 0$；

$$R_A = \frac{0.5 \times 4.22 \times 8.7^2 - 34.28}{8.7} = 14.42\text{kN}$$

故 AB 跨最大弯矩为：

令 $V = R_A - q_1 X = 0$

$$X = \frac{R_A}{q_1} = 3.42\text{m}$$

$$M_{AB} = 14.42 \times 3.42 - 0.5 \times 4.22 \times 3.42^2 = 24.64\text{kN} \cdot \text{m}$$

故最不利截面为 B 和 C 截面。

3. 配筋验算

对 B 截面，荷载分享系数为 1.2，动力系数为 1.5，对一般建筑物，构件的重要性系数取 $\gamma_0 = 0.9$，则其弯矩设计值为：

$$M_B = -1.2 \times 1.5 \times 0.9 \times 34.28 = -55.53\text{kN} \cdot \text{m}$$

受拉钢筋截面面积（为偏于安全，下柱取工形截面计算）：

$$\alpha_s = \frac{M_B}{\alpha_1 f_c bh_0^2} = \frac{55.53 \times 10^6}{1.0 \times 14.3 \times 200 \times 365^2} = 0.146，查附表得，\gamma_s = 0.921$$

$$A_s = \frac{M}{f_y \gamma_s h_0} = \frac{55.53 \times 10^6}{300 \times 0.921 \times 365} = 551\text{mm}^2$$

原配 $A_s = 1609\text{mm}^2$，安全。

对 C 跨中截面，其弯矩设计值为：
$$M_C = -1.2 \times 1.5 \times 0.9 \times 25.92 = -41.99 \text{kN} \cdot \text{m}$$

受拉钢筋截面面积：

$$\alpha_s = \frac{M}{\alpha_1 f_c b h_0^2} = \frac{41.99 \times 10^6}{1.0 \times 14.3 \times 400 \times 365^2} = 0.055，查附表得，\gamma_s = 0.972$$

$$A_s = \frac{M}{f_y \gamma_s h_0} = \frac{41.99 \times 10^6}{300 \times 0.972 \times 365} = 394 \text{mm}^2$$

原配 $A_s = 402 \text{mm}^2$，安全。

4. 裂缝宽度验算

对 B 截面：

$$\rho_{te} = \frac{A_s}{0.5bh} = \frac{1609}{0.5 \times 400 \times 200} = 0.040$$

$$M_{Ek} = 1.5 \times 34.28 = 51.42 \text{kN} \cdot \text{m}$$

$$\sigma_{sk} = \frac{M_{EK}}{0.87 A_s h_0} = \frac{51.42 \times 10^6}{0.87 \times 1609 \times 365} = 100.6 \text{N/mm}^2$$

$$\psi = 1.1 - 0.65 \frac{f_{tk}}{\rho_{te} \cdot \sigma_{sk}} = 1.1 - 0.65 \frac{2.01}{0.040 \times 100.6} = 0.775$$

$$\omega_{\max} = 2.1 \psi \frac{\sigma_{sk}}{E_s} \left(1.9c + 0.08 \frac{d_{eq}}{\rho_{te}}\right) = 2.1 \times 0.775 \times \frac{100.6}{2 \times 10^5} \left(1.9 \times 25 + 0.08 \times \frac{32}{0.04}\right)$$

$$= 0.091 \text{mm} < 0.300 \text{mm}$$

满足要求。

对 C 截面：

$$\rho_{te} = \frac{A_s}{0.5bh} = \frac{402}{0.5 \times 400 \times 400} = 0.005；\rho_{te} < 0.01，取为 0.01$$

$$M_{Ek} = 1.5 \times 25.92 = 38.88 \text{kN} \cdot \text{m}$$

$$\sigma_{sk} = \frac{M_{Ek}}{0.87 A_s h_0} = \frac{38.88 \times 10^6}{0.87 \times 402 \times 365} = 304.5 \text{N/mm}^2$$

$$\psi = 1.1 - 0.65 \frac{f_{tk}}{\rho_{te} \cdot \sigma_{sk}} = 1.1 - \frac{0.65 \times 2.01}{0.01 \times 304.5} = 0.671$$

$$\omega_{\max} = 2.1 \psi \frac{\sigma_{sk}}{E_s} \left(1.9c + 0.08 \frac{d_{eq}}{\rho_{te}}\right) = 2.1 \times 0.671 \times \frac{304.5}{2 \times 10^5} \left(1.9 \times 25 + 0.08 \times \frac{16}{0.01}\right)$$

$$= 0.376 \text{mm} > 0.300 \text{mm}$$

不满足要求。

故采用平吊不能满足要求，须采用翻身吊，不必验算。

第八章 门式刚架轻型房屋钢结构设计

作为目前国内应用最为广泛的单层厂房结构形式，门式刚架轻型房屋是典型的轻钢结构，轻钢结构的本质是"轻"，这主要是其自重轻、高度低、受荷小的特点决定的，由此带来的是杆件截面的板件厚度可以"小"并且"薄"，设计考虑了板件局部失稳后的极限强度。

第一节 门式刚架轻型房屋钢结构基本构件

一、结构组成

轻型门式钢刚架的结构体系包括以下组成部分：

（1）主结构：横向刚架（包括中部和端部刚架）、楼面梁、托梁、支撑体系等。

（2）次结构：屋面檩条和墙面檩条等。

（3）围护结构：屋面板和墙板。

（4）基础。

图 8-1 给出了轻型门式钢刚架组成的图示说明；图 8-2 为轻型钢结构工程实例。

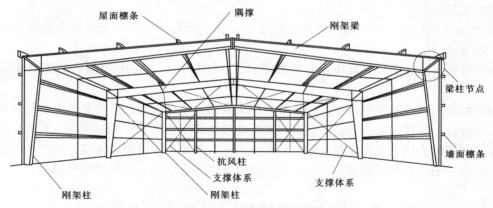

图 8-1 轻型钢结构的组成

图 8-2 轻型钢结构工程实例

平面门式刚架和支撑体系再加上托梁、楼面梁等组成了轻型钢结构的主要受力骨架，即主结构体系。屋面檩条和墙面檩条既是围护材料的支承结构，又为主结构梁柱提供了部分侧向支撑作用，构成了轻型钢建筑的次结构。屋面板和墙面板起整个结构的围护和封闭作用，由于蒙皮效应事实上也增加了轻型钢建筑的整体刚度。

外部荷载直接作用在围护结构上。其中，竖向和横向荷载通过次结构传递到主结构的横向门式刚架上，依靠门式刚架的自身刚度抵抗外部作用。纵向风荷载通过屋面和墙面支撑传递到基础上。

二、结构布置

轻型门式钢刚架的跨度和柱距主要根据工艺和建筑要求确定。结构布置要考虑的主要问题是温度区间的确定和支撑体系的布置。

考虑到温度效应，轻型钢结构建筑的纵向温度区段长度不应大于300m，横向温度区段不应大于150m。当建筑尺寸超过时，应设置温度伸缩缝。温度伸缩缝可通过设置双柱，或设置次结构及檩条的可调节构造来实现。

支撑布置的目的是使每个温度区段或分期建设的区段建筑能构成稳定的空间结构骨架。布置的主要原则如下：

（1）柱间支撑和屋面支撑必须布置在同一开间内形成抵抗纵向荷载的支撑桁架。支撑桁架的直杆和单斜杆应采用刚性系杆，交叉斜杆可采用柔性构件。刚性系杆是指圆管、H形截面、Z或C形冷弯薄壁截面等，柔性构件是指圆钢、拉索等只受拉截面。柔性拉杆必须施加预紧力以抵消其自重作用引起的下垂。

（2）支撑的间距一般为30～40m，不应大于60m。

（3）支撑可布置在温度区间的第一个或第二个开间，当布置在第二个开间时，第一开间的相应位置应设置刚性系杆。

（4）45°的支撑斜杆能最有效地传递水平荷载，当柱子较高导致单层支撑构件角度过大时应考虑设置双层柱间支撑。

（5）刚架柱顶、屋脊等转折处应设置刚性系杆。结构纵向于支撑桁架节点处应设置通长的刚性系杆。

（6）轻钢结构的刚性系杆可由相应位置处的檩条兼作，刚度或承载力不足时设置附加系杆。

除了结构设计中必须正确设置支撑体系以确保其整体稳定性之外，还必须注意结构安装过程中的整体稳定性。安装时应该首先构建稳定的区格单元，然后逐榀将平面刚架连接于稳定单元上直至完成全部结构。在稳定的区格单元形成前，必须施加临时支撑固定已安装的刚架部分。

第二节　门式刚架轻型房屋钢结构设计方法

一、承载能力极限状态

结构的承载能力极限状态是指在设计荷载作用下不发生强度或稳定破坏。承载能力极限状态的一般表达式为：

$$\gamma_0 S \leqslant R \tag{8-1}$$

式中　γ_0——结构重要性系数；

S——最不利的荷载效应组合值；

R——结构的抗力。

结构的荷载效应是结构构件及其连接在荷载作用下的内力（或应力），由结构分析理论计算得到，各类结构分析或设计软件（如 ANSYS、SAP2000、3D3S 等）是很有效和方便的计算手段。结构抗力是连接和截面的强度及构件的稳定承载力等。

必须注意，计算承载能力极限状态时荷载效应和结构抗力都是指设计值。

轻型钢结构各个构件和各个连接节点都必须满足式上式要求。

二、正常使用极限状态

除了满足结构的承载能力极限状态外，设计者还必须确保结构在使用荷载下能令人满意地完成其预定功能。对于轻型钢结构而言，正常使用极限状态是指结构和构件的位移满足相应的容许值，这可以通过验算结构的变形来确保；同时结构和构件不产生振动，这可以通过限制构件的长细比来确保。

轻型钢结构的位移指标有柱顶侧移和梁柱构件相对变形两项。位移验算的一般公式为：

$$w \leqslant [w] \tag{8-2}$$

构件长细比验算的一般公式为：

$$\lambda \leqslant [\lambda] \tag{8-3}$$

必须注意：计算结构正常使用极限状态时必须采用荷载的标准值。

轻型钢结构设计时，一般先按照承载能力极限状态设计构件截面，然后校核是否满足正常使用极限状态。由于轻型钢结构较柔，在很多情况下构件截面是由位移控制的。相对而言，对于结构强度和稳定问题的研究要远比对于结构位移容许值的研究深入得多。所以，对于同一类结构体系，各国规范甚至国内不同规程对于位移限值的规定也不一样。

轻型钢结构位移限值的确定必须考虑到以下因素：

（1）不能影响到次结构与主结构之间、围护结构与次结构之间的连接承载能力以及围护结构连接处的水密性。

（2）不能导致屋面板排水坡度的过度平缓，从而引起平坡积水和渗漏。

（3）不能引起屋面和楼面梁以及悬挂天花板产生视觉上明显和过分的挠度。

（4）由于抗风柱的支承，端部刚架梁竖向位移较小，而中部刚架梁位移相对较大。结构位移不能引起屋脊线的明显挠曲。

（5）不能导致维修时屋面的扭曲运动。

（6）风荷载作用下结构不产生过度扭曲运动及吱嘎有声。

（7）不致影响和危及悬挂于刚架梁上吊车的正常运行。

（8）不致影响和危及轨道吊车的正常运行。

（9）不能导致内外砖墙的开裂破坏。

三、荷载及其组合

1. 荷载

作用在轻型钢结构上的荷载包括以下类型：

（1）恒载（记为 D）：结构自重和设备重。按现行《建筑结构荷载规范》（GB 50009—2001）的规定采用。

（2）活载：包括屋面均布活载（记为 L，与雪荷载不同时考虑，取其大值）、检修集中荷载（记为 M）、积灰荷载（记为 H）、雪荷载等。其中，《门式刚架轻型房屋钢结构技术规程》（CECS102—2002）规定均布活载的标准值（按投影面积算）取 0.3kN/m^2（当受荷面积大于 60m^2 时）；检修集中荷载标准值取 1.0kN 或实际值；积灰荷载与雪荷载按现行（GB 50009—2001）的规定采用。积灰荷载与雪和均布活载中的较大值同时考虑；检修荷载只与结构自重荷载同时考虑。

（3）风载（W）：现行 CECS102—2002 对于风荷载的取用是以 GB 50009—2001 为基础的，关于风荷载体形系数是按照美国金属房屋制造商协会 MBMA《低层房屋体系手册》（1996）中有关小坡度房屋的规定取用的。

（4）温度（T）：按实际环境温差考虑。

（5）吊车（C）：按 GB 50009—2001 的规定取用，但吊车的组合一般不超过两台。

（6）地震作用（E）：按 GB 50009—2001 的规定取用，不与风荷载作用同时考虑。

2. 荷载组合

计算承载能力极限状态时，对于轻型钢结构可取下述荷载组合：

（1）$1.2D+1.4L$。

（2）$1.2D+1.4M$。

（3）$1.2D+1.4C$。

（4）$1.2D+1.4W$。

（5）$1.2D+0.9(1.4L+1.4H)$。

（6）$1.2D+0.9(1.4L+1.4W)$。

（7）$1.2D+0.9(1.4C+1.4W)$。

（8）$1.2D+0.9(1.4L+1.4T)$。

（9）$1.2D+0.9(1.4W+1.4T)$。

（10）$1.2D+1.4L+1.4E$。

L、D、M、W、H、C、T、E 等表示荷载的标准值。

计算正常使用承载能力时，对于轻型钢结构可取下述荷载组合：

（1）$D+L$。

（2）$D+M$。

（3）$D+C$。

（4）$D+W$。

（5）$D+L+0.9H$。

（6）$D+L+0.6W$。

（7）$D+W+0.7L$。

（8）$D+C+0.6W$。

（9）$D+W+0.7C$。

（10）$D+L+0.6T$。

（11）$D+W+0.6T$。

（12）$D+L+E$。

第三节　计算模型和计算理论

一、计算模型

轻型钢结构的功能形成过程可表示为：

梁和柱通过高强螺栓连接→平面门式刚架

↓

平面刚架通过支撑和系杆→空间刚架

↓

围护材料 ＋ 基础→轻型钢建筑

忽略实际结构的蒙皮效应后可以得到由空间梁系组成的空间刚架，忽略空间刚架的空间共同工作效应后可以得到由平面梁系组成的平面门式刚架。忽略结构柱脚与基础之间连接的弹性刚度后可以得到理想的铰接或刚接的结构支座条件。由实际轻钢结构提取计算模型的过程如图 8-3 所示：

计算模型的简化和建立必须符合实际结构的受力特点；反过来，实际结构的设计也必须考虑到现有理论能够分析其计算模型。

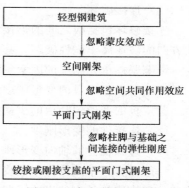

图 8-3　轻钢结构的计算
模型的建立

二、蒙皮效应

在垂直荷载作用下，坡顶门式刚架的运动趋势是屋脊向下、屋檐向外变形。屋面板将与支撑檩条一起以深梁的形式来抵抗这一变形趋势。这时，屋面板承受剪力，起深梁的腹板的作用。而边缘檩条承受轴力起深梁翼缘的作用。显然，屋面板的抗剪切能力要远远大于其抗弯曲能力。所以，蒙皮效应指的是蒙皮板由于其抗剪切刚度对于使板平面内产生变形的荷载的抵抗效应。对于坡顶门式刚架，抵抗竖向荷载作用的蒙皮效应取决于屋面坡度，坡度越大蒙皮效应越显著；而抵抗水平荷载作用的蒙皮效应则随着坡度的减小而增加，见图 8-4 所示。

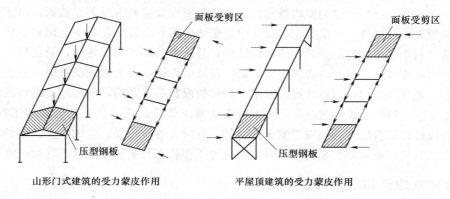

山形门式建筑的受力蒙皮作用　　　　平屋顶建筑的受力蒙皮作用

图 8-4　蒙皮效应

构成整个结构蒙皮效应的是蒙皮单元。蒙皮单元由两榀刚架之间的蒙皮板、边缘构件和连接件及中间构件组成，如图 8-5 所示。边缘构件是指两相邻的刚架梁和边檩条（屋脊和屋檐檩条），中间构件是指中间部位檩条。

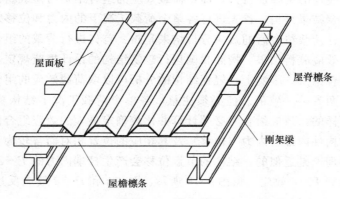

图 8-5　蒙皮单元

蒙皮效应的主要性能指标是强度和刚度。蒙皮单元有以下三种强度破坏的可能性：

（1）边缘构件破坏。

边缘构件可能产生压弯失稳破坏或强度破坏，这类破坏属于脆性破坏，在实际工程中应尽量避免。

（2）蒙皮板的剪切屈曲。

这也是一种脆性破坏，当荷载较大、钢板较薄或板型较差时可能发生，在实际工程中也应尽量避免。

（3）连接破坏。

连接破坏包括板之间的连接破坏和板与边缘构件间的连接破坏。板与檩条之间的连接在平行于檩条方向的破坏属于脆性破坏，其他破坏都属于延性破坏。

影响蒙皮单元刚度的因素主要有以下三个：

（1）蒙皮板本身的变形刚度。

蒙皮板的变形包括板的拱褶扭曲变形（所谓的"手风琴"效应）和剪切变形。

（2）连接件的变形刚度。

（3）边缘构件的轴向变形刚度。

一般而言，中间构件对蒙皮单元的剪切刚度影响不大，但对强度影响较大。在屋面板型选中后，连接件和边缘构件直接影响了蒙皮单元的抗剪刚度和强度。

由于蒙皮效应，实际轻型钢结构建筑中，压型钢板在宏观上参与了受力，为刚架构件分担了一部分外荷载，同时在有良好连接的情况下为这些构件提供了很好的侧向约束和扭转约束，改善了结构的受力条件。特别对于受稳定控制的薄壁刚架构件和檩条构件，蒙皮效应尤为显著。然而，由于蒙皮效应的机理和作用条件及效果十分复杂，在实际工程设计中定量地应用蒙皮效应还有一定困难。所以，现行设计规程没有明确给出利用蒙皮效应的条款，所有设计计算公式都忽略了蒙皮效应，只是规定在有充分依据的条件下可以考虑蒙皮效应。然而，必须注意的是，设计中无论是否考虑蒙皮效应，蒙皮效应客观上都是存在的。例如，现行轻型钢结构设计规程对水平位移的限制是很宽的，但实际上结构的实测值总是远小于计算值；而实际工程中也发生过屋面压型钢板在正常工作荷载下率先发生破坏的工程事故。所以，忽略蒙皮效应的设计方法有时能得到偏于安全的结果，有时又恰恰相反。考虑蒙皮效应的设计方法并不仅仅具有经济上的意义，更重要的是可以使结构的设计工作状态与实际工作状态更加一致。

三、一阶弹性理论和二阶弹性理论

轻钢结构内力和位移的计算采用一阶弹性理论，即线性的结构力学方法。一阶弹性理论的基本假定是结构处于弹性状态、结构产生的较小位移引起的二阶效应可以忽略不计。如果结构的内力和位移采用一阶弹性理论可以得到足够精确的分析结果，这类结构被称为线弹性结构。

一阶弹性理论具有线性的可叠加特性，即：荷载效应的组合结果与荷载组合后的效应分析结果是一致的。荷载效应的组合结果是指：首先进行各单个荷载工况下的内力和位移效应分析，然后进行效应组合叠加所得的结果；荷载组合后的效应分析结果是指：首先进行荷载的组合叠加，然后进行各组合荷载下的内力和位移效应分析结果。按照我国现行建筑结构的设计规范规定，内力和位移的计算结果应该是荷载效应的组合结果。事实上，轻钢结构的分析可以取荷载效应的组合值，也可以取荷载组合下的效应分析值，这两者是一致的。但必须注意，各单个荷载工况下结构构件内的最大内力（位移）所在的位置是不一样的，效应组合时必须计算并比较确定最大的效应组合值及其相应的位置；而确定组合荷载作用下的构件内最大内力（位移）及其相应的位置相对而言较为直接和容易。

事实上，一阶弹性理论是近似的。结构的节点位移会产生杆端内力的 $P-\Delta$ 效应，而杆件本身的变形也会产生杆身内力的 $P-\delta$ 效应，见图 8-6 所示。$P-\Delta$ 和 $P-\delta$ 效应反过来又会引起结构位移

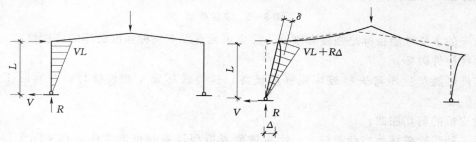

图 8-6　结构的 $P-\Delta$ 和 $P-\delta$ 效应

的变化。这样的相互耦联和相互影响的效应称为结构的二阶效应。如果结构的二阶效应较大而不可忽略，必须采用二阶弹性理论分析其内力和位移，相应的这类结构也被称为非线性弹性结构。

二阶弹性理论不具有线性的叠加性质，即：荷载效应的组合结果不再等于荷载组合后的效应分析结果。非线性结构的内力和位移是指组合荷载作用下的效应。所以，必须首先对各荷载工况进行组合，然后进行组合荷载作用下的结构二阶弹性分析。

一阶弹性理论适用于线弹性结构，其内力和位移计算值可以取荷载效应组合值或荷载组合下的效应计算值；二阶弹性理论适用于非线性弹性结构，其内力和位移计算值必须取荷载组合下的效应计算值。

四、薄壁构件结构力学

轻型钢结构中主刚架一般由焊接或轧制型钢截面组成，内力分析采用一般结构力学理论。一般结构力学理论研究结构及其构件的弯曲问题，其重要假定是平截面假定，构件因弯曲产生截面弯曲正应力 σ 和弯曲剪应力 τ_V。

次结构的檩条一般为冷弯薄壁截面，冷弯薄壁型钢是在室温下将较薄的钢板或带钢通过冷轧或冲压等加工手段，弯折成的各种截面的型钢。由冷弯薄壁构件组成的结构的分析应采用薄壁构件结构力学。薄壁构件力学研究构件的弯曲和扭转问题，其重要假定是截面刚周边假定，构件截面内的应力包括弯曲正应力 σ、弯曲剪应力 τ_V、翘曲正应力 σ_ω、自由扭转剪应力 τ_T 和约束剪应力 τ_ω。

开口薄壁构件在外力作用下往往同时产生弯曲变形和扭转变形。构件弯曲会产生截面正应力 σ 和剪应力 τ_V。薄壁构件的扭转有自由扭转和约束扭转两类。自由扭转只产生剪应力 τ_T；约束扭转会同时产生剪应力 τ_ω 和翘曲正应力 σ_ω。

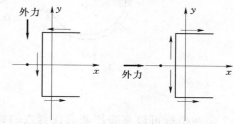

图 8-7　平行于截面主轴的外力与截面弯曲剪力流平衡

在平行于形心主轴的外力作用下，如果外力与截面剪力流在两个形心主轴方向和扭转方向平衡，这个外力的作用线就是剪应力流的合力作用线，如图 8-7 所示。薄壁构件中的弯曲剪应力计算公式为：

$$\tau_V = \frac{VS}{It}$$

(8-4)

式中　V——外力；
　I、t、S——截面惯性矩、面积矩和板件厚度。

由上式可见，弯曲剪应力在截面上的分布规律仅取决于截面的面积矩，而面积矩是由截面的几何形状决定的，所以全截面剪力流合力作用线也就只和截面的几何有关。两个平行于形心主轴的剪力流合力作用线交于一点，这一点就是截面弯心，或称剪力中心，扭心。截面剪心的连线称为剪心轴。当外荷载通过剪心轴时，构件只产生弯曲而不产生扭转。

当荷载不通过剪心轴时，荷载可以分解为过剪心的力和扭矩，相应的构件的分析也可以分解为过剪心的荷载作用下构件的弯曲和扭矩作用下构件的扭转，如图 8-8 所示。考虑构件扭转的未知量是截面的扭角，其余的都只与截面几何性质有关。

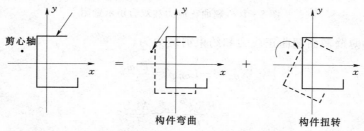

图 8-8　荷载作用下构件的弯曲和绕剪心的扭转

构件的扭转有自由扭转和约束扭转两类。构件的自由扭转符合条件：①构件两端受大小相等、方向相反的一对扭矩作用；②构件端部无扭转约束。构件的自由扭转引起的扭矩与构件厚度的立方成正比。构件的自由扭转剪应力表达式为：

$$\tau_T = \frac{M_T t_i}{I_t} \tag{8-5}$$

式中　M_T——自由扭矩；

　　　I_t——截面抗扭惯矩，$I_t = \frac{1}{3}\sum b_i t_i^3$；

　　b_i，t_i——各段板宽和板厚。

考虑构件的约束扭转需要用到一个新的广义坐标——扇性坐标，见图 8-9。图 8-9（a）为薄壁构件横截面；图 8-9（b）表示一般扇性坐标的定义，取剪心 B 为极点，截面中线任意点 n_1 为起点，以所考虑的截面中线上的点为计算点，以极点与起始点、计算点连线和截面中线围成面积的 2 倍，并规定以 n_1-B-n 顺时针为正。当截面为规则直线段构成，扇性坐标将很容易计算；图 8-9（c）所取起点合适，使得截面上扇性坐标的积分为 0，这样的扇性坐标为主扇性坐标。

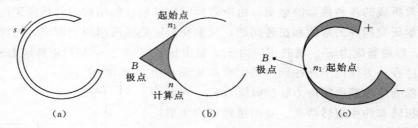

图 8-9　扇性坐标和主扇性坐标

扇性坐标可以来表征截面任意点的轴向位移，通过扇性坐标可以定义相应的扇性面积矩和扇性惯性矩。约束扭转的应力可分解为翘曲剪应力和翘曲正应力。其中翘曲剪应力分布与扇性面积矩图形相同，而翘曲正应力的分布同主扇性坐标。翘曲剪力流就可以在全截面上合成约束扭矩，连同自由扭矩合成总扭矩。而翘曲正应力对剪心形成双力矩。所谓双力矩是指力矩 F 与距力矩平面 r 一点 C 的力矩，$F \times r$ 称为对 C 的双力矩，如图 8-10 所示。图 8-10（a）中力 F 相距 d，构成力矩 $F \times d$，其相对 C 点为力矩的力矩；图 8-10（b）表示扇性法向应力对剪心 B 的双力矩。

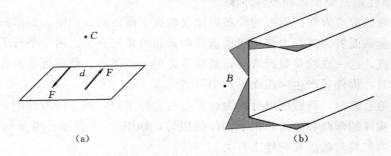

图 8-10　翘曲正应力和双力矩示意图

约束扭转引起的薄壁截面翘曲正应力和约束剪应力为：

$$\sigma_\omega = -E\omega_n \varphi'' = \frac{B_\omega \omega_n}{I_\omega} \tag{8-6}$$

$$\tau_\omega = \frac{ES_\omega \varphi'''}{t} = -\frac{M_\omega S_\omega}{I_\omega t} \tag{8-7}$$

式中　σ_ω——翘曲正应力；

　　　τ_ω——翘曲剪应力；

　　　φ——扭转角；

　　　B_ω——约束受扭正应力；

　　　ω_n——主扇性坐标；

　　　S_ω——扇性静矩；

　　　I_ω——扇性惯性矩；

　　　M_ω——扇性扭矩；

　　　t——构件厚度。

五、轻型钢结构整体稳定设计的基本理论

轻型钢结构刚架的稳定设计包括平面内的稳定设计和平面外的稳定验算。主刚架平面内的稳定是由刚架平面内的刚度和构件截面刚度提供的；主刚架平面外的稳定是由结构纵向支撑和构件截面刚度保障的。

主刚架整体稳定承载能力的精确数值分析理论是二阶弹塑性理论，二阶弹塑性理论又称极限承载力理论。同二阶弹性理论相比，二阶弹塑性理论分析时必须考虑构件截面材料的塑性深入。虽然现在各种商用软件包都可以进行结构构件和体系的二阶弹塑性分析，但是现行规范还是采用近似公式设计结构的整体稳定。其原因在于：

（1）使用软件进行结构的二阶弹塑性分析需要较深的专业知识并耗费较多的计算计时，用于大量结构的工程设计无论是从对工程师的要求而言还是从工作效率而言都不现实。

（2）使用软件进行结构二阶弹塑性分析得到的稳定极限承载力只是结构稳定的标准抗力值，而稳定承载力的分项系数与结构初始缺陷等一系列随机变量有关，涉及基于可靠度理论的稳定设计问题，目前对这一问题的研究还没有可供实用的研究成果。

主刚架整体稳定的近似设计方法是将结构的稳定问题分解和等效为梁和柱构件的稳定问题。采用弯矩不均匀系数考虑构件内实际弯矩分布；采用计算长度概念等效考虑梁和柱构件在刚架中的边界约束条件。

1. 弯矩不均匀系数

弯矩不均匀系数 β_m 反映了弯矩沿构件长度的分布饱满程度。由于现行规范所考虑的基本构件是两端作用有相同端弯矩的情况，即弯矩沿构件均匀分布，这时 $\beta_m = 1$。显然，弯矩沿构件分布越不饱满，β_m 应该越小。此外，构件的弯扭屈曲稳定系数 ϕ_b 中也考虑了横向荷载作用位置的影响。如果横向荷载作用于梁上翼缘，一旦梁弯扭屈曲变形，荷载的二阶效应对于弯扭变形而言会施加一个正向作用；而如果荷载作用于下翼缘，其二阶效应对弯扭变形是一个反向的作用。荷载分布和位置的影响见图 8-11 所示。

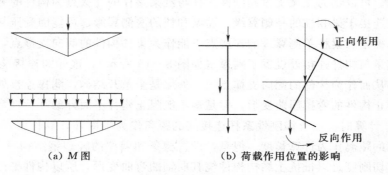

　　　　(a) M 图　　　　　　　　　　(b) 荷载作用位置的影响

图 8-11　荷载作用对稳定验算的影响

2. 计算长度确定

现行规范关于稳定设计的近似公式是基于两端铰接这一理想构件的研究和推导得到的。但是，实际结构中的梁和柱边界支承条件十分复杂。实际构件和理想构件的等效原则是两者屈曲临界力相等，根据这一等效原则可以得到实际构件的计算长度。换言之，实际构件是具有计算长度的理想构件的一部分。这样，规范的稳定设计近似公式就可以直接应用于实际构件，只是以计算长度代替实际构件长度。

记实际构件的屈曲临界力为 N_{cr}，假定其计算长度为 L_0。而长度为 L_0 的理想构件的屈曲临界力为 $\frac{\pi^2 EI}{L_0^2}$。根据等效原则，计算长度的一般公式为：

$$N_{cr} = \frac{\pi^2 EI}{L_0^2} \tag{8-8}$$

$$L_0 = \sqrt{\frac{\pi^2 EI}{N_{cr}}} \tag{8-9}$$

图 8-12 给出了简单边界支承条件下的构件的计算长度。图 8-13 给出了实际主刚架结构中梁柱构件的计算长度示意。

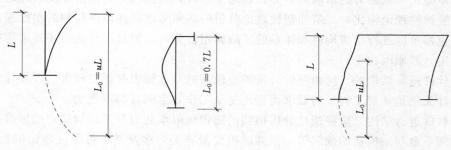

图 8-12　简单边界条件下构件的计算长度　　　　图 8-13　刚架柱的计算长度

由前所述，确定实际构件计算长度的关键是确定构件的屈曲临界力。虽然现有商用软件包可以容易地确定各类结构及其构件的临界力，但是在实际设计中还是采用简化的近似公式或图表来确定构件的计算长度。原因在于：

（1）商用软件包的使用要求较高的专业知识，对于量大面广的工程设计的广泛应用有一定困难。

（2）一般而言，结构和构件的计算长度与作用其上的荷载有关。如果使用商用软件进行计算，必须计算各个荷载组合下的计算长度，取其最大值（临界力最小）作为设计时的计算长度，工作量过大。

基于上述原因，现行规范对于轻型钢结构构件的平面内稳定计算长度采用近似公式和图表计算。轻型钢结构构件平面外的计算长度为其侧向支撑点间的距离，其依据主要因为支撑点处一般为平面外失稳波形的反弯点。可以认为交叉支撑和刚性系杆与刚架梁柱的连接点为构件的侧向支撑点。屋面檩条和墙面檩条往往连接于梁和柱的一侧翼缘，而梁和柱的两侧翼缘都可能因受压从而产生侧向失稳和侧向位移。所以，檩条和梁柱单侧翼缘的连接点不能作为梁柱构件的侧向支撑点，如图 8-14 所示。

但是，如果檩条与构件连接处设置了隅撑（如图 8-15 所示），这样的连接能否有效阻止构件两侧翼缘的侧向位移从而作为构件的侧向支撑点呢？如果是全敞开结构，隅撑连接处可以有效阻止构件的扭转变形从而阻止构件的弯扭屈曲变形，但是却不能阻止构件平面外的平行性弯曲变形。所以，构件弯曲稳定系数 φ_y 计算时应取支撑刚性系杆连接间的距离作为平面外计算长度，弯扭稳定系数 φ_b 计算时可取隅撑之间的距离作为计算长度。但是，设置檩条和隅撑的轻型钢结构一般都为封闭式结构，围护板材的面内剪切刚度足以抵抗主结构构件绕其弱轴的弯曲变形，所以构件平面外弯扭失稳和弯曲失稳系数计算时都可以取隅撑之间的距离作为构件平面外的计算长度。

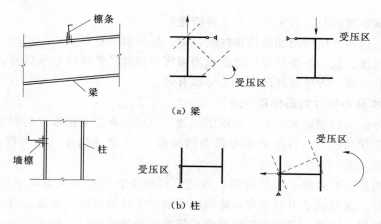

（a）梁

（b）柱

图 8-14　刚架梁柱单侧翼缘檩条连接处不能作为构件侧向支撑

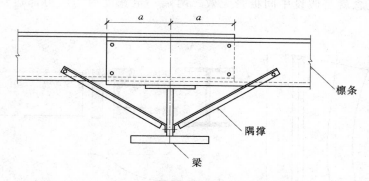

图 8-15　刚架梁柱双侧翼缘檩条隅撑连接处作为构件侧向支撑

六、局部稳定设计

1. 普通钢结构构件中板件的局部稳定设计

普通钢结构构件的局部稳定为第一类稳定问题，设计时不利用板件屈曲后极限强度。典型的工字形截面的局部失稳波形和屈曲应力见图 8-16 所示。

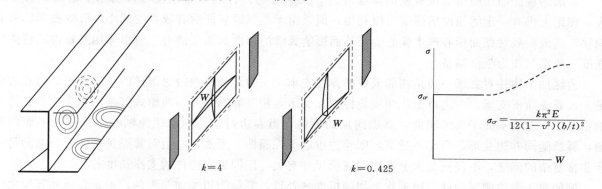

$$\sigma_{cr}=\frac{k\pi^2 E}{12(1-v^2)(b/t)^2}$$

图 8-16　板件局部屈曲

构件局部稳定的主要影响因素是板件宽厚比 b/t。设计时通过限制宽厚值来确保构件不产生局部失稳，局部稳定的设计原则有以下三类：

（1）直接设计：$\sigma \leqslant \sigma_{cr, 局部}$。

（2）等强原则：$\sigma_{cr, 局部} \geqslant f_y \Rightarrow \dfrac{b}{t} \leqslant c(f_y)$。

（3）等稳原则：$\sigma_{cr, 局部} \geqslant \sigma_{cr, 整体} \Rightarrow \dfrac{b}{t} \leqslant c(\lambda)$。

当局部稳定不满足要求时，可采用以下三种措施：

（1）增加厚度。这一方法将增加结构构件的自重，从而浪费材料。

（2）减小板件宽度。这一方法将导致降低截面强度和构件的整体稳定承载力。

（3）设置加劲肋。这一方法既经济合理又可靠有效。

2. 轻型钢结构构件中板件的局部稳定设计

轻型钢结构构件的局部稳定属于第三类稳定问题，设计时充分利用板件的屈曲后极限强度。一般将截面内板件区分为加劲板件（H形和箱形截面的腹板）、未加劲板件（H形截面的翼缘）、部分加劲板件（C形截面的翼缘）等。

加劲板件的屈曲后强度来源于板件的薄膜效应。将板设想成沿荷载方向的纵向板条和横向的板条。当压力达到临界，纵向板条由直变弯，横向板条因而受拉约束纵向板条的凸曲，故板件仍能继续承载直至板带边缘屈服。当然，利用板件的屈曲后强度，板件内的应力并不均匀，表现为中间小，两端大。有效宽度的概念就是假设中间板带无效，两端一定宽度内的应力都达到屈服强度 σ_y，见图 8-17。

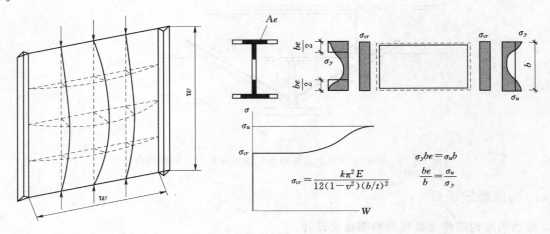

图 8-17　有效宽度和有效面积

未加劲板件的屈曲虽然没有横向薄膜应力，支承边的弹性约束可以使板件所承受的荷载有所增大，理论上仍有一定的屈曲后强度可以利用；但是由于当翼缘屈曲后有效宽度减小，有效截面的形心偏移，造成荷载对截面形心产生偏心力矩从而影响翼缘的屈曲后承载能力。所以未加劲板件的屈曲后强度一般都只作为强度储备。

边缘加劲构件对翼缘一边是相邻板件的弹性支承，一边是板件卷边对板件的简支支承；对卷边则是一边翼缘简支支承，一边自由。两块板件相互支承，相互影响。其屈曲模式复杂，当卷边具有适当的宽厚比，卷边不先于翼缘屈曲，翼缘同加劲板件；当卷边过窄，则出现像轴心压杆似的平面内屈曲，翼缘随同卷边变形，当卷边过宽，则卷边也趋于先屈曲。当然，卷边对翼缘是否能充分加劲是一个非常复杂的问题，不仅同截面上卷边同翼缘尺寸有关，还同纵向构件的支撑长度有关。

例如对于卷边槽钢构件，腹板作为加劲板件来处理，翼缘为边缘加劲板件，但是腹板和翼缘之间屈曲也有相关性。相邻的强板会对弱板起支承作用，各板件屈曲后，整个截面具有屈曲后强度，直至各板件相交转角处达到屈服点为止。在有效宽厚比设计方法中需要考虑板组效应的约束影响。

与板件有效宽度概念相对应的是截面的有效面积。在截面强度和构件整体稳定设计时，采用有效截面的特性（面积、抵抗矩）替代相应的全截面特性进行计算，意味着设计时已经利用了截面板件的屈曲后强度。这样的设计思想意味着容许截面板件在承载能力阶段发生局部失稳。但是，验算结构的位移和刚度时取全截面特性，说明在正常使用阶段不考虑截面板件产生局部失稳。

由于设计时考虑了构件板件的屈曲后极限承载力，一般而言，轻型钢结构构件中无需配置加劲肋。但是，构件在起吊安装过程中往往因为截面抗扭刚度较小而发生破坏。所以，对于跨度较大的轻型钢结构构件，应该设置构造加劲肋以防止安装过程中截面产生扭转折曲。

第四节　门式刚架轻型房屋钢结构设计实例

一、设计资料

某加工厂一厂房，该厂房为单层，采用单跨双坡门式刚架，刚架跨度18m，柱高6m；共有12榀刚架，柱距6m，屋面坡度1∶10；地震设防烈度为Ⅵ度，设计地震分组为第一组，设计基本地震加速度值0.05g。刚架平面布置见图8-18，刚架立面图见图8-19。屋面及墙面板均为彩色压型钢板，内填充以保温玻璃棉板，详细做法见建筑专业设计文件；考虑经济、制造和安装方便，檩条和墙梁均采用冷弯薄壁卷边C形钢，间距为1.5m，钢材采用Q235钢，焊条采用E43型。

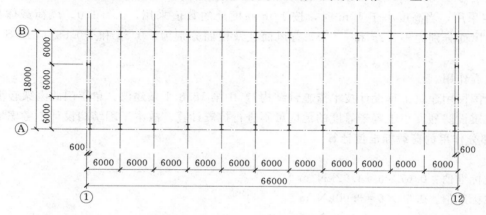

图 8-18　刚架平面布置图（单位：mm）

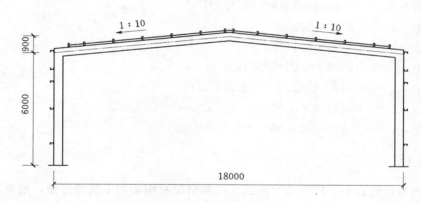

图 8-19　刚架立面图（单位：mm）

二、荷载计算

1. 荷载取值计算

（1）屋盖永久荷载标准值（对水平投影面）。

YX51-380-760型彩色压型钢板	0.15 kN/m²
50mm厚保温玻璃棉板	0.05kN/m²
PVC铝箔及不锈钢丝网	0.02kN/m²
檩条及支撑	0.10kN/m²

刚架斜梁自重	0.15kN/m²
悬挂设备	0.20kN/m²
合计	0.67kN/m²

（2）屋面可变荷载标准值。

屋面活荷载：按不上人屋面考虑，取为 0.50kN/m²。

雪荷载：基本雪压 $S_0=0.45$kN/m²。对于单跨双坡屋面，屋面坡角 $\alpha=5°42'38''$，$\mu_r=1.0$，雪荷载标准值 $S_k=\mu_r S_0=0.45$kN/m²。

取屋面活荷载与雪荷载中的较大值 0.50kN/m²，不考虑积灰荷载。

（3）轻质墙面及柱自重标准值（包括柱、墙骨架等）0.50kN/m²

（4）风荷载标准值。

按 CECS 102—2002 附录 A 的规定计算。

基本风压 $\omega_0=1.05×0.45$kN/m²，地面粗糙度类别为 B 类；风荷载高度变化系数按 GB 50009—2001 的规定采用，当高度小于 10m 时，按 10m 高度处的数值采用，$\mu_z=1.0$。风荷载体型系数 μ_s：迎风面柱及屋面分别为＋0.25 和－1.0，背风面柱及屋面分别为＋0.55 和－0.65（CECS 102—2002 中间区）。

（5）地震作用。

据《全国民用建筑工程设计技术措施（结构）》中第 18.8.1 条建议：单层门式刚架轻型房屋钢结构一般在抗震设防烈度小于等于Ⅶ度的地区可不进行抗震计算。故本工程结构设计不考虑地震作用。

2. 各部分作用的荷载标准值计算

屋面：

恒荷载标准值：$0.67×6=4.02$kN/m

活荷载标准值：$0.50×6=3.00$kN/m

柱荷载：

恒荷载标准值：$0.5×6×6+4.02×9=54.18$kN

活荷载标准值：$3.00×9=27.00$kN

风荷载标准值：

迎风面：柱上 $q_{w1}=0.47×6×0.25=0.71$kN/m

　　　　横梁上 $q_{w2}=-0.47×6×1.0=-2.82$kN/m

背风面：柱上 $q_{w3}=-0.47×6×0.55=-1.55$kN/m

　　　　横梁上 $q_{w4}=-0.47×6×0.65=-1.83$kN/m

三、内力分析

考虑本工程刚架跨度较小、厂房高度较低、荷载情况及刚架加工制造方便，刚架采用等截面，梁柱选用相同截面。柱脚按铰接支承设计。采用弹性分析方法确定刚架内力。引用《钢结构设计与计算》（包头钢铁设计研究院编著，机械工业出版社）中表 2－29（铰接柱脚门式刚架计算公式）计算刚架内力。

1. 在恒荷载作用下

$\lambda=l/h=18/6=3$

$\psi=f/h=0.9/6=0.15$

$k=h/s=6/9.0449=0.6634$

$\mu=3+k+\psi(3+\psi)=3+0.6634+0.15×(3+0.15)=4.1359$

$$\Phi=\frac{8+5\Psi}{4\mu}=\frac{8+5×0.15}{4×4.1359}=0.5289$$

$$H_A = H_E = ql\lambda\Phi/8 = 4.02 \times 18 \times 3 \times 0.5289/8 = 14.35\text{kN}$$

$$M_C = ql^2[1-(1+\psi)\,\Phi]/8 = 4.02 \times 18^2[1-(1+0.15) \times 0.5289] = 63.78\text{kN} \cdot \text{m}$$

$$M_B = M_D = -ql^2\Phi/8 = -4.02 \times 18^2 \times 0.5289/8 = -86.11\text{kN} \cdot \text{m}$$

刚架在恒荷载作用下的内力如图8-20～图8-22所示。

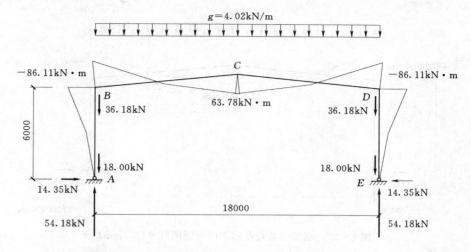

图 8-20 刚架在恒载作用下的弯矩图（单位：mm）

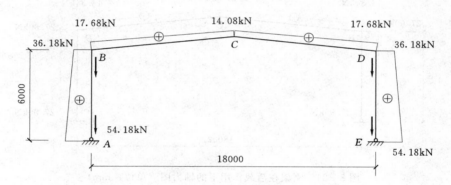

图 8-21 刚架在恒载作用下的轴力图（单位：mm）

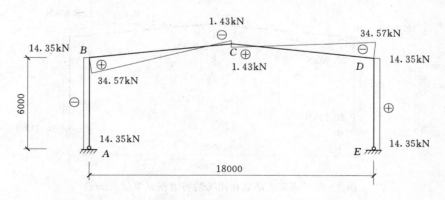

图 8-22 刚架在恒载作用下的剪力图（单位：mm）

内力计算的"＋、－"号规定：弯矩图以刚架外侧受拉为正，在弯矩图中画在受拉侧；轴力以杆件受压为正，剪力以绕杆端顺时针方向旋转为正。

2. 在活荷载作用下

$$V_A = V_E = 27.00\text{kN}$$

$H_A = H_E = 3.00 \times 18 \times 3 \times 0.5289/8 = 10.71 \text{kN}$

$M_C = 3.00 \times 18^2[1-(1+0.15) \times 0.5289]/8 = 47.60 \text{kN} \cdot \text{m}$

$M_B = M_D = -3.00 \times 18^2 \times 0.5289/8 = -64.26 \text{kN} \cdot \text{m}$

刚架在活荷载作用下的内力如图 8-23～图 8-25 所示。

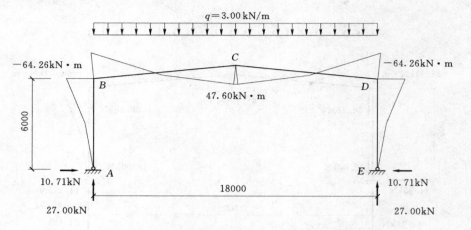

图 8-23 刚架在活载作用下的弯矩图（单位：mm）

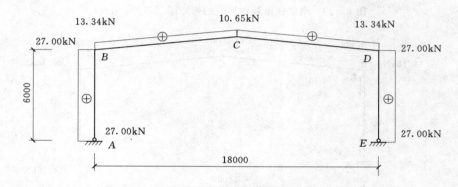

图 8-24 刚架在活载作用下的轴力图（单位：mm）

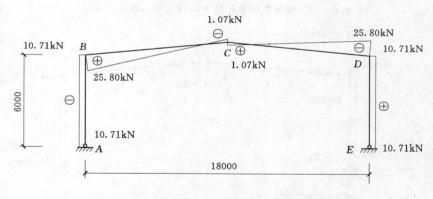

图 8-25 刚架在活载作用下的剪力图（单位：mm）

3. 在风荷载作用下

对于作用于屋面的风荷载可分解为水平方向的分力 q_x 和竖向的分力 q_y。现分别计算，然后再叠加。

（1）在迎风面横梁上风荷载竖向分力 q_{w2y} 作用下。

$$\Phi = \frac{1}{16\mu}(8+5\psi) = \frac{1}{16 \times 4.1359}(8+5 \times 0.15) = 0.1322$$

$$V_E = \frac{qa^2}{2l} = \frac{2.82 \times 9^2}{2 \times 18} = 6.35\text{kN}$$

$$V_A = 2.82 \times 9 - 6.35 = 19.03\text{kN}$$

$$H_A = H_E = ql\lambda\Phi/4 = 2.82 \times 18 \times 3 \times 0.1322/4 = 5.03\text{kN}$$

$$M_B = M_D = 5.03 \times 6 = 30.18\text{kN} \cdot \text{m}$$

$$M_C = ql^2[\alpha^2 - (1+\psi)\,\Phi]/4 = 2.82 \times 18^2 \times [0.5^2 - 1.15 \times 0.1322]/4 = 22.38\text{kN} \cdot \text{m}$$

刚架在 q_{w2y} 作用下的内力如图 8-26 所示。

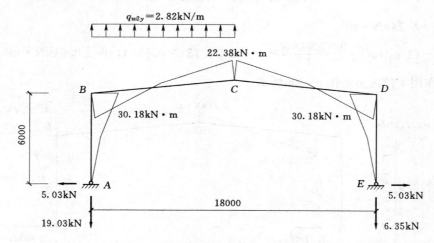

图 8-26　刚架在风荷载 q_{w2y} 作用下的内力图（单位：mm）

（2）在背风面横梁上风荷载竖向分力 q_{w4y} 作用下。

$$V_E = \frac{qa^2}{2l} = \frac{1.83 \times 9^2}{2 \times 18} = 4.12\text{kN}$$

$$V_A = 1.83 \times 9 - 4.12 = 12.35\text{kN}$$

$$H_A = H_E = ql\lambda\Phi/4 = 1.83 \times 18 \times 3 \times 0.1322/4 = 3.27\text{kN}$$

$$M_B = M_D = 3.27 \times 6 = 19.62\text{kN} \cdot \text{m}$$

$$M_C = ql^2[\alpha^2 - (1+\psi)\,\Phi]/4 = 1.83 \times 18^2 \times (0.5^2 - 1.15 \times 0.1322)/4 = 14.52\text{kN} \cdot \text{m}$$

刚架在 q_{w4y} 作用下的内力如图 8-27 所示。

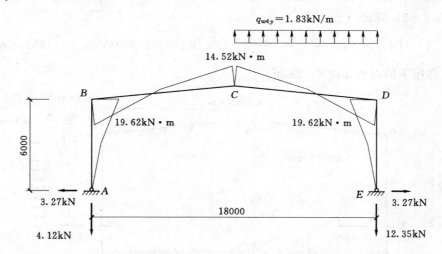

图 8-27　刚架在风荷载 q_{w4y} 作用下的内力图（单位：mm）

（3）在迎风面柱上风荷载 q_{w1} 作用下。

$$\alpha = 1$$

$$\Phi=\frac{1}{4\mu}[6(2+\psi+K)-K\alpha^2]=\frac{1}{4\times4.1359}[6\times(2+0.15+0.6634)-0.6634\times1^2]=0.9803$$

$$V_A=-V_B=-qh_1^2/2L=-0.71\times6^2/(2\times18)=-0.71\text{kN}$$

$$H_A=-\frac{qh\alpha}{2}\Big(2-\frac{\alpha}{2}\Phi\Big)=-\frac{0.71\times6\times1}{2}\Big(2-\frac{1}{2}\times0.9803\Big)=-3.22\text{kN}$$

$$H_E=0.71\times6-3.22=1.04\text{kN}$$

$$M_B=\frac{qh^2\alpha^2}{4}(2-\Phi)=\frac{0.71\times6^2\times1^2}{4}(2-0.9803)=6.52\text{kN}\cdot\text{m}$$

$$M_D=1.04\times6=6.24\text{kN}\cdot\text{m}$$

$$M_C=\frac{qh^2\alpha^2}{4}[1-(1+\psi)\Phi]=\frac{0.71\times6^2\times1}{4}[1-(1+0.15)\times0.9803]=-0.81\text{kN}\cdot\text{m}$$

刚架在 q_{w1} 作用下的内力如图 8-28 所示。

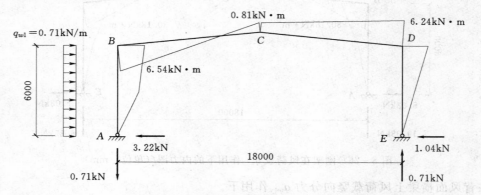

图 8-28　刚架在风荷载 q_{w1} 作用下的内力图（单位：mm）

（4）在背风面柱上风荷载 q_{w3} 作用下。

$$V_A=-V_B=-qh_1^2/2L=-1.55\times6^2/(2\times18)=-1.55\text{kN}$$

$$H_E=-\frac{qh\alpha}{2}\Big(2-\frac{\alpha}{2}\Phi\Big)=\frac{1.55\times6\times1}{2}\Big(2-\frac{1}{2}\times0.9803\Big)=7.02\text{kN}$$

$$H_A=1.55\times6-7.02=2.28\text{kN}$$

$$M_D=7.02\times6-1.55\times6^2/2=14.22\text{kN}\cdot\text{m}$$

$$M_B=2.28\times6=13.68\text{kN}\cdot\text{m}$$

$$M_C=\frac{qh^2\alpha^2}{4}[1-(1+\psi)\Phi]=\frac{1.55\times6^2\times1^2}{4}[1-(1+0.15)\times0.9803]=-1.78\text{kN}\cdot\text{m}$$

刚架在 q_{w3} 作用下的内力如图 8-29 所示。

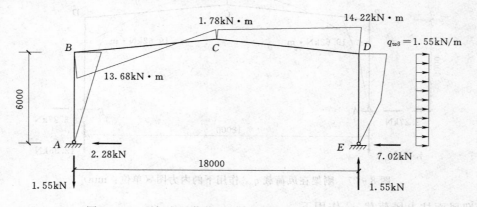

图 8-29　刚架在风荷载 q_{w3} 作用下的内力图（单位：mm）

(5) 在迎风面横梁上风荷载水平分力 q_{w2x} 作用下。

$\alpha = 1, \beta = 0$

$$\Phi = \frac{0.15}{8 \times 4.1359}(4 + 3 \times 1 \times 0.15) = 0.0202$$

$$V_A = -V_E = \frac{2.82 \times 0.9}{2 \times 18}(2 \times 6 + 0.9) = 0.91 \text{kN}$$

$$H_A = 2.82 \times 0.9(1 + 0.0202)/2 = 1.29 \text{kN}$$

$$H_E = 2.82 \times 0.9 - 1.29 = 1.25 \text{kN}$$

$$M_C = \frac{2.82 \times 0.9 \times 6}{2}(0.15 \times 0.5 - 1.15 \times 0.0202) = 0.39 \text{kN} \cdot \text{m}$$

$$M_B = 1.29 \times 6 = 7.74 \text{kN} \cdot \text{m}$$

$$M_D = 1.25 \times 6 = 7.50 \text{kN} \cdot \text{m}$$

刚架在 q_{w2x} 作用下的内力如图 8-30 所示。

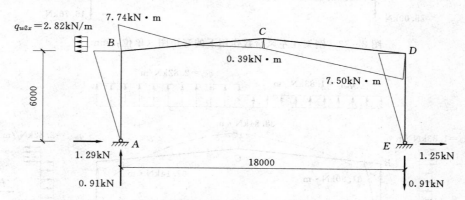

图 8-30　刚架在风荷载 q_{w2x} 作用下的内力图（单位：mm）

(6) 在背风面横梁上风荷载水平分力 q_{w4x} 作用下。

$$V_A = -V_E = -\frac{1.83 \times 0.9}{2 \times 18}(2 \times 6 + 0.9) = -0.59 \text{kN}$$

$$H_A = 1.83 \times 0.9(1 + 0.0202)/2 = 0.84 \text{kN}$$

$$H_E = 1.83 \times 0.9 - 0.84 = 0.81 \text{kN}$$

$$M_C = \frac{1.83 \times 0.9 \times 6}{2}[0.15 \times 0.5 - 1.15 \times 0.0202] = 0.26 \text{kN} \cdot \text{m}$$

$$M_B = 0.81 \times 6 = 4.86 \text{kN} \cdot \text{m}$$

$$M_D = 0.84 \times 6 = 5.04 \text{kN} \cdot \text{m}$$

刚架在 q_{w4x} 作用下的内力如图 8-31 所示。

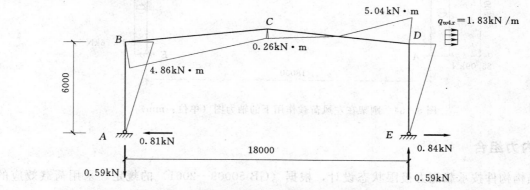

图 8-31　刚架在风荷载 q_{w4x} 作用下的内力图（单位：mm）

（7）用叠加绘制在风荷载作用下刚架的组合内力，如图8-32～图8-35所示。

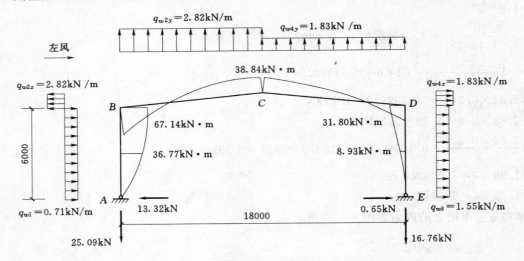

图8-32　刚架在左风荷载作用下的弯矩图（单位：mm）

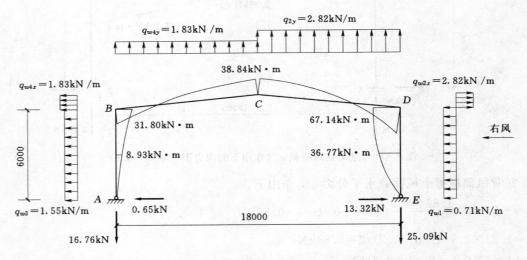

图8-33　刚架在右风荷载作用下的弯矩图（单位：mm）

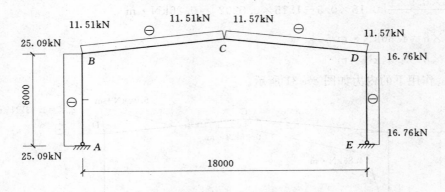

图8-34　刚架在左风荷载作用下的轴力图（单位：mm）

四、内力组合

刚架结构构件按承载能力极限状态设计，根据（GB 50009—2001）的规定，采用荷载效应的基本组合：$\gamma_0 S \leqslant R$。本工程结构构件安全等级为二级，$\gamma_0 = 1.0$。

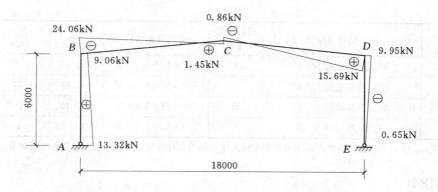

图 8-35 刚架在左风荷载作用下的剪力图（单位：mm）

对于基本组合，荷载效应组合的设计值 S 从下列组合值中取最不利值确定：

（1）1.2×恒荷载标准值计算的荷载效应＋1.4×活荷载标准值计算的荷载效应。

（2）1.0×恒荷载标准值计算的荷载效应＋1.4×风荷载标准值计算的荷载效应。

（3）1.2×恒荷载标准值计算的荷载效应＋1.4×活荷载标准值计算的荷载效应＋0.6×1.4×风荷载标准值计算的荷载效应。

（4）1.2×恒荷载标准值计算的荷载效应＋1.4×风荷载标准值计算的荷载效应＋0.7×1.4×活荷载标准值计算的荷载效应。

（5）1.35×恒荷载标准值计算的荷载效应＋0.7×1.4×活荷载标准值计算的荷载效应。

本工程不进行抗震验算。最不利内力组合的计算控制截面取柱底、柱顶、梁端及梁跨中截面，对于刚架梁，截面可能的最不利内力组合有：

梁端截面：

（1）M_{max}及相应的 N、V。

（2）M_{min}及相应的 N、V。

梁跨中截面：

（1）M_{max}及相应的 N、V。

（2）M_{min}及相应的 N、V。

对于刚架柱，截面可能的最不利内力组合有：

（1）M_{max}及相应的 N、V。

（2）M_{min}及相应的 N、V。

（3）N_{max}及相应的 $\pm M_{max}$、V。

（4）N_{min}及相应的 $\pm M_{max}$、V。

内力组合见表 8-1。

表 8-1　　　　　　　　　　刚架内力组合表（以左半跨为例）

截　面		内力组合项目	荷载组合方式	荷载组合项目	M (kN·m)	N (kN)	V (kN)
刚架柱	柱顶（B 点）	M_{max}及相应的 N、V	A	1.2×恒＋1.4×活	193.30	81.22	−32.21（←）
		M_{min}及相应的 N、V	B	1.0×恒＋1.4×风	−7.89	1.05	−1.67（←）
		N_{max}及相应的 $\pm M_{max}$、V	A	1.2×恒＋1.4×活	193.30	81.22	−32.21（←）
		N_{min}及相应的 $\pm M_{max}$、V	B	1.0×恒＋1.4×风	−7.89	1.05	−1.67（←）
	柱底（A 点）	M_{max}及相应的 N、V					
		M_{min}及相应的 N、V					
		N_{max}及相应的 $\pm M_{max}$、V	A	1.2×恒＋1.4×活	0	102.82	−32.21（→）
		N_{min}及相应的 $\pm M_{max}$、V	B	1.0×恒＋1.4×风	0	19.05	4.30（←）

截 面		内力组合项目	荷载组合方式	荷载组合项目	M (kN·m)	N (kN)	V (kN)
刚架梁	支座（B点）	M_{max}及相应的N、V	A	1.2×恒＋1.4×活	193.30	39.89	77.60（↑）
		M_{mini}及相应的N、V	B	1.0×恒＋1.4×风	−7.89	1.57	0.89（↑）
	跨中（C点）	M_{max}及相应的N、V	B	1.0×恒＋1.4×风	−9.40	−2.03	0.60（↓）
		M_{min}及相应的N、V	A	1.2×恒＋1.4×活	−143.18	31.81	−3.21（↑）

注　内力计算的"＋、−"号规定：弯矩图以刚架外侧受拉为正，轴力以杆件受压为正，剪力以绕杆端顺时针方向旋转为正。

五、刚架设计

1. 截面设计

参考类似工程及相关资料，梁柱截面均选用焊接工字钢450×200×8×12，截面特性：

$B=200mm$，$H=450mm$，$t_w=8.0mm$，$t_f=12.0mm$，$A=82.1cm^2$

$I_x=28181cm^4$，$W_x=1252cm^3$，$i_x=18.53cm$

$I_y=1602cm^4$，$W_x=160.2cm^3$，$i_x=4.42cm$

2. 构件验算

（1）构件宽厚比的验算。

翼缘部分：$b/t=96/12=8<15\sqrt{235/f_y}=15$

腹板部分：$h_0/t_w=426/8=53.25<250\sqrt{235/f_y}=250$

（2）刚架梁的验算。

1）抗剪验算。

梁截面的最大剪力为$V_{max}=77.60kN$

考虑仅有支座加劲肋：

$$\lambda_s=\frac{h_0/t_w}{41\sqrt{5.34}}\sqrt{f_y/235}=0.562<0.8$$

$f_v=125N/mm^2$

$V_u=h_wt_wf_v=426×8×125=426000N=426.0kN$

$V_{max}=77.60kN<V_u$，满足要求。

2）弯、剪、压共同作用下的验算

取梁端截面进行验算

$$N=39.89kN,\quad V=77.60kN,\quad M=193.30kN·m$$

因$V<0.5V_u$，取$V=0.5V_u$，按 GB 50017—2003 式 4.4.1−1 验算

$$M_f=\left(A_{f1}\frac{h_1^2}{h_2}+A_{f2}h_2\right)\left(f-\frac{N}{A}\right)=\left(200×12×\frac{219^2}{219}+200×12×219\right)×\left(215-\frac{39890}{8210}\right)$$

$$=220.90kN·m>M=193.30kN·m,$$

取$M=M_f$故$\left(\frac{V}{0.5V_u}-1\right)^2+\frac{M-M_f}{M_{eu}-M_f}=0<1$，满足要求。

3）整体稳定验算。

$N=39.89kN$，$M=193.30kN·m$

①梁平面内的整体稳定性验算。

计算长度取横梁长度$l_x=18090mm$，

$\lambda_x=l_x/i_x=18090/185.3=97.63<[\lambda]=150$，b 类截面，查附表得$\psi_x=0.570$

$$N'_{EX0}=\frac{\pi^2EA_{e0}}{1.1\lambda^2}=\frac{\pi^2×206×10^3×8210}{1.1×97.63^2}=1592.0kN,\beta_{mx}=1.0$$

$$\frac{N}{\varphi_x A_{e0}} + \frac{\beta_{mx} M_x}{W_{e1}\left(1 - \varphi_x \dfrac{N}{N'_{EX0}}\right)} = \frac{39890}{0.570 \times 8210} + \frac{1.0 \times 193.30 \times 10^6}{1252 \times 10^3 \times \left(1 - 0.570 \times \dfrac{39.89}{1592}\right)}$$

$$= 165.15 \text{N/mm}^2 < f = 215 \text{ N/mm}^2,\ \text{满足要求}。$$

② 横梁平面外的整体稳定验算。

考虑屋面压型钢板与檩条紧密连接，有蒙皮作用，檩条可作为横梁平面外的支承点，但为安全起见，计算长度按两个檩距或隔撑间距考虑，即 $l_y = 3015\text{mm}$。

对于等截面构件 $\gamma = 0$，$\mu_s = \mu_w = 1$

$\lambda_y = \mu_s l / i_{y0} = 3015/44.2 = 68.2$，b 类截面，查附表得 $\psi_y = 0.762$

$$\psi_{by} = \frac{4320}{68.2^2} \times \frac{8210 \times 426}{1252 \times 10^3} \times \sqrt{\left(\frac{68.2 \times 12}{4.4 \times 426}\right)^2} = 1.133 > 0.6$$

取 $\psi_b' = 1.07 - 0.282/\psi_{by} = 0.821$

$$\beta_t = 1.0 - \frac{N}{N'_{EX0}} + 0.75\left(\frac{N}{N'_{EX0}}\right)^2 = 0.975$$

$$\frac{N}{\varphi_y A_{e0}} + \frac{\beta_t M}{W_{e1} \varphi_{br}} = \frac{39890}{0.762 \times 8210} + \frac{0.975 \times 193.30 \times 10^6}{0.821 \times 1252 \times 10^3} = 189.73 \text{N/mm}^2 < f = 215 \text{N/mm}^2$$

4）按《钢结构设计规范》（GB 50017—2003）校核横梁腹板容许高厚比。

梁端截面：

$$\sigma_{\min}^{\max} = \frac{39.89 \times 10^3}{8210} \pm \frac{193.30 \times 10^3 \times 213}{28181 \times 10^6} = 4.86 \pm 146.10 = \begin{array}{c} 150.96 \\ -141.24 \end{array} \text{N/mm}^2$$

$$\alpha_0 = \frac{\sigma_{\max} - \sigma_{\min}}{\sigma_{\max}} = 1.94$$

故 $\dfrac{h_0}{t_w} = 53.25 < (48\alpha_0 + 0.5\lambda - 26.2)\sqrt{\dfrac{235}{f_y}} = 115.7$，满足要求。

梁跨中截面：

$$\sigma_{\min}^{\max} = \frac{31.81 \times 10^3}{8210} \pm \frac{143.18 \times 10^3 \times 213}{28181 \times 10^6} = 3.87 \pm 108.22 = \begin{array}{c} 112.09 \\ -104.35 \end{array} \text{N/mm}^2$$

$$\alpha_0 = \frac{\sigma_{\max} - \sigma_{\min}}{\sigma_{\max}} = 1.93$$

故 $\dfrac{h_0}{t_w} = 53.25 < (48\alpha_0 + 0.5\lambda - 26.2)\sqrt{\dfrac{235}{f_y}} = 115.3$，满足要求。

5）验算檩条集中荷载下的局部受压承载力。

檩条传给横梁上翼缘的集中荷载：

$$F = (1.2 \times 0.27 \times 6 + 1.4 \times 3.00) \times 3 = 18.43 \text{kN}$$

$$L_z = a + 5h_y + 2h_R = 70 + 5 \times 12 + 0 = 130 \text{mm}$$

$$\sigma_c = \frac{\psi F}{t_w l_z} = \frac{1.0 \times 18.43 \times 10^3}{8 \times 130} = 17.72 \text{N/mm}^2 < f = 215 \text{N/mm}^2$$

验算腹板上边缘处的折算应力：

取梁端截面处的内力：$M = 193.30 \text{kN·m}$，$N = 39.89 \text{kN}$，$V = 77.60 \text{kN}$

$$\sigma = \frac{M}{I_n'} y_1 = \frac{193.30 \times 10^3}{28181 \times 10^4} \times 213 = 146.10 \text{N/mm}^2$$

$$\sigma_c = 17.72 \text{N/mm}^2$$

$$\tau = \frac{VS}{I t_w} = \frac{77.60 \times 10^3 \times 200 \times 12 \times 419}{28181 \times 10^4 \times 8} = 34.61 \text{N/mm}^2$$

$$\sqrt{\sigma^2 + \sigma_c^2 - \sigma \sigma_c + 3\tau^2}$$

$$= \sqrt{(146.10-39.89)^2+17.72^2+17.72\times(146.10-39.89)+3\times34.61^2}$$

$=130.65 \text{ N/mm}^2 < 1.2f=258 \text{ N/mm}^2$，满足要求。

（3）刚架柱的验算

1）抗剪验算。

柱截面的最大剪力为 $V_{\text{max}}=32.21\text{kN}$

考虑仅有支座加劲肋，

$$\lambda_s = \frac{h_0/t_w}{41\sqrt{5.34}}\sqrt{f_y/235}=0.562<0.8$$

$f_v=125\text{N/mm}^2$

$V_u=h_w t_w f_v=426\times8\times125=426000\text{N}=426.0\text{kN}$

$V_{\text{max}}=32.21\text{kN}<V_u$，满足要求。

2）弯、剪、压共同作用下的验算。

取梁端截面进行验算

$N=81.22\text{kN}$，$V=32.21\text{kN}$，$M=193.30\text{kN}\cdot\text{m}$

因 $V<0.5V_u$，取 $V=0.5V_u$，按规范 GB 50017—2003 式 4.4.1-1 验算

$$M_f = \left(A_{f1}\frac{h_1^2}{h_2}+A_{f2}h_2\right)\left(f-\frac{N}{A}\right)$$

$$= \left(200\times12\times\frac{219^2}{219}+200\times12\times219\right)\times\left(215-\frac{81220}{8210}\right)$$

$=215.61\text{kN}\cdot\text{m}>M=193.30\text{kN}\cdot\text{m}$，取 $M=M_f$

故 $\left(\dfrac{V}{0.5V_u}-1\right)^2+\dfrac{M-M_f}{M_{eu}-M_f}=0<1$，满足要求。

3）整体稳定验算。

构件的最大内力：$N=102.82\text{kN}$，$M=193.30\text{kN}\cdot\text{m}$

①刚架柱平面内的整体稳定性验算。

刚架柱高 $H=6000\text{mm}$，梁长 $L=18090\text{mm}$。

柱的线刚度 $K_1=I_{c1}/h=28181\times10^4/6000=46968.3\text{mm}^3$

梁线刚度 $K_2=I_{b0}/(2\psi S)=28181\times10^4/(2\times9045)=15578.2\text{mm}^3$

$K_2/K_1=0.332$，查附表得柱的计算长度系数 $\mu=2.934$。

刚架柱的计算长度 $l_x=\mu h=17604\text{mm}$。

$\lambda_x=l_x/i_x=17604/185.3=95.0<[\lambda]=150$，b 类截面，查附表得 $\psi_x=0.588$。

$$N'_{EX0}=\frac{\pi^2 EA_{e0}}{1.1\lambda^2}=\frac{\pi^2\times206\times10^3\times8210}{1.1\times95.0^2}=1681.4\text{kN},\beta_{mx}=1.0$$

$$\frac{N}{\varphi_x A_{e0}}+\frac{\beta_{mx}M_x}{W_{e1}\left(1-\varphi_x\dfrac{N}{N'_{EX0}}\right)}=\frac{102.82\times10^3}{0.588\times8210}+\frac{1.0\times193.30\times10^6}{1252\times10^3\times\left(1-0.588\times\dfrac{102.82}{1681.4}\right)}$$

$=181.45\text{N/mm}^2<f=215\text{N/mm}^2$，满足要求。

②刚架柱平面外的整体稳定验算。

考虑屋面压型钢板墙面与墙梁紧密连接，起到应力蒙皮作用，与柱连接的墙梁可作为柱平面外的支承点，但为安全起见，计算长度按两个墙梁距离或隔撑间距考虑，即 $l_y=3000\text{mm}$。

对于等截面构件 $\gamma=0$，$\mu_s=\mu_w=1$

$\lambda_y=\mu_s l/i_{y0}=3000/44.2=67.9$，b 类截面，查附表得 $\psi_y=0.764$

$$\psi_{by}=\frac{4320}{67.9^2}\times\frac{8210\times426}{1252\times10^3}\times\sqrt{\left(\frac{67.9\times12}{4.4\times426}\right)^2}=1.138>0.6$$

取 $\psi_b' = 1.07 - 0.282/\psi_{by} = 0.822$

$$\beta_t = 1.0 - \frac{N}{N_{EX0}'} + 0.75\left(\frac{N}{N_{EX0}'}\right)^2 = 0.942$$

$$\frac{N}{\varphi_y A_{e0}} + \frac{\beta_t M}{W_{e1}\varphi_{br}} = \frac{102.82 \times 10^3}{0.764 \times 8210} + \frac{0.942 \times 193.30 \times 10^6}{0.822 \times 1252 \times 10^3} = 193.32 \text{N/mm}^2 < f = 215 \text{N/mm}^2$$

4）按《钢结构设计规范》（GB 50017—2003）校核刚架柱腹板容许高厚比。

柱顶截面：

$$\sigma_{\min}^{\max} = \frac{81.22 \times 10^3}{8210} \pm \frac{193.30 \times 10^3 \times 213}{28181 \times 10^6} = 9.89 \pm 146.10 = \begin{matrix} 155.99 \\ -136.21 \end{matrix} \text{N/mm}^2$$

$$\alpha_0 = \frac{\sigma_{\max} - \sigma_{\min}}{\sigma_{\max}} = 1.87$$

故 $\dfrac{h_0}{t_w} = 53.25 < (48\alpha_0 + 0.5\lambda - 26.2)\sqrt{\dfrac{235}{f_y}} = 111.0$，满足要求。

柱底截面：

$\alpha_0 = 0$

故 $\dfrac{h_0}{t_w} = 53.25 < (16\alpha_0 + 0.5\lambda + 25)\sqrt{\dfrac{235}{f_y}} = 72.5$，满足要求。

（4）验算刚架在风荷载下的位移。

$I_c = I_b = 28181 \text{cm}^4$，$\zeta_t = I_c l / h I_b = 18000/6000 = 3.0$

刚架柱顶等效水平力按下式计算：

$$H = 0.67W = 0.67 \times 13.56 = 9.09 \text{kN}$$

其中 $W = (\omega_1 + \omega_4) \cdot h = (0.71 + 1.55) \times 6.0 = 13.56 \text{kN}$

$$\mu = \frac{Hh^3}{12EI_c}(2 + \xi_t) = \frac{9.09 \times 10^3 \times 6000^3}{12 \times 206 \times 10^3 \times 28181 \times 10^4} \times (2 + 3) = 14.1 \text{mm} < [\mu] = h/150 = 40 \text{mm}$$

3. 节点验算

（1）梁柱连接节点，如图 8-36 所示。

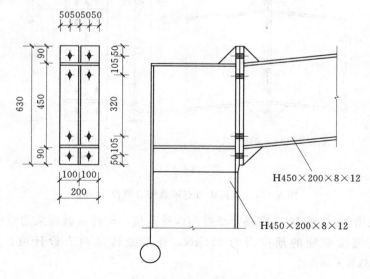

图 8-36 梁柱连接节点示意图（单位：mm）

1）螺栓强度验算。

梁柱节点采用 10.9 级 M22 高强度摩擦型螺栓连接，构件接触面采用喷砂，摩擦面抗滑移系数 μ = 0.45，每个高强度螺栓的预拉力为 190kN，连接处传递内力设计值：$N = 39.89 \text{kN}$，$V = 77.60 \text{kN}$，

$M = 193.30 \text{kN} \cdot \text{m}$。

每个螺栓的拉力：

$$N_1 = \frac{My_1}{\sum y_i^2} - \frac{N}{n} = \frac{193.30 \times 0.265}{4 \times (0.265^2 + 0.16^2)} - \frac{39.89}{8} = 128.65 \text{kN} < 0.8 \times 190 = 152 \text{kN}$$

$$N_2 = \frac{My_2}{\sum y_i^2} - \frac{N}{n} = \frac{193.30 \times 0.16}{4 \times (0.265^2 + 0.16^2)} - \frac{39.89}{8} = 75.70 \text{kN} < 0.8 \times 190 = 152 \text{kN}$$

螺栓群的抗剪力：

$N_v^b = 0.9 n_f \mu p = 0.9 \times 1 \times 0.45 \times 190 \times 8 = 615.6 \text{kN} > V = 77.60 \text{kN}$，满足要求。

最外排一个螺栓的抗剪、抗拉力：

$\dfrac{N_v}{N_v^b} + \dfrac{N_t}{N_t^b} = \dfrac{77.60/8}{615.6/8} + \dfrac{128.65}{152} = 0.97 < 1$，满足要求。

2）端板厚度验算。

端板厚度取为 $t = 21 \text{mm}$。

按二边支承类端板计算：

$$t \geqslant \sqrt{\frac{6e_f e_w N_t}{[e_w b + 2e_f(e_f + e_w)]f}} = \sqrt{\frac{6 \times 40 \times 46 \times 128.65 \times 10^3}{[46 \times 200 + 2 \times 40 \times (40 + 46)] \times 205}} = 20.9 \text{mm}$$

3）梁柱节点域的剪应力验算。

$$\tau = \frac{M}{d_b d_c t_c} = \frac{193.30 \times 10^6}{426 \times 426 \times 10} = 106.52 \text{N/mm}^2 < f_v = 125 \text{N/mm}^2，满足要求。$$

4）螺栓处腹板强度验算。

$N_{t2} = 75.70 \text{kN} < 0.4P = 0.4 \times 190 = 76.0 \text{kN}$

$\dfrac{0.4P}{e_w t_w} = \dfrac{0.4 \times 190 \times 10^3}{46 \times 8} = 206.52 \text{N/mm}^2 < f = 215 \text{N/mm}^2$，满足要求。

（2）梁跨中节点，如图 8-37 所示。

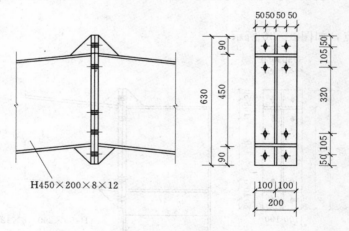

图 8-37　梁跨中节点示意图（单位：mm）

横梁跨中节点采用 10.9 级 M20 高强度摩擦型螺栓连接，构件接触面采用喷砂，摩擦面抗滑移系数 $\mu = 0.45$，每个高强度螺栓的预拉力为 155kN，连接处传递内力设计值：$N = 31.81 \text{kN}$，$V = 3.21 \text{kN}$，$M = 143.18 \text{kN} \cdot \text{m}$。

每个螺栓的拉力：

$$N_1 = \frac{My_1}{\sum y_i^2} - \frac{N}{n} = \frac{143.18 \times 0.265}{4 \times (0.265^2 + 0.16^2)} - \frac{31.81}{8} = 95.01 \text{kN} < 0.8 \times 155 = 124 \text{kN}$$

$$N_2 = \frac{My_2}{\sum y_i^2} - \frac{N}{n} = \frac{143.18 \times 0.16}{4 \times (0.265^2 + 0.16^2)} - \frac{31.81}{8} = 55.79 \text{kN} < 0.8 \times 155 = 124 \text{kN}$$

螺栓群的抗剪力：

$N_v^b = 0.9 n_f \mu p = 0.9 \times 1 \times 0.45 \times 155 \times 8 = 502.2 \text{kN} > V = 3.21 \text{kN}$，满足要求。

最外排一个螺栓的抗剪、抗拉力：

$$\frac{N_v}{N_v^b} + \frac{N_t}{N_t^b} = \frac{3.21/8}{502.2/8} + \frac{95.01}{124} = 0.77 < 1$$，满足要求。

端板厚度验算：

端板厚度取为 $t = 18 \text{mm}$。

按二边支承类端板计算：

$$t \geqslant \sqrt{\frac{6 e_f e_w N_t}{[e_w b + 2 e_f(e_f + e_w)] f}} = \sqrt{\frac{6 \times 40 \times 46 \times 95.01 \times 10^3}{[46 \times 200 + 2 \times 40 \times (40 + 46)] \times 205}} = 17.8 \text{mm}$$

螺栓处腹板强度验算：

$N_{t2} = 55.79 \text{kN} < 0.4 P = 0.4 \times 155 = 62.0 \text{kN}$

$$\frac{0.4 P}{e_w t_w} = \frac{0.4 \times 155 \times 10^3}{46 \times 8} = 168.48 \text{N/mm}^2 < f = 215 \text{N/mm}^2$$，满足要求。

（3）柱脚设计。

刚架柱与基础铰接，采用平板式铰接柱脚，见图 8-38 所示。

1）柱脚内力设计值。

$N_{max} = 102.82 \text{kN}$，相应的 $V = 32.21 \text{kN}$；

$N_{min} = 19.05 \text{kN}$，相应的 $V = 4.30 \text{kN}$。

2）由于柱底剪力较小。

$V_{max} = 32.21 \text{kN} < 0.4 N_{max} = 41.13 \text{kN}$，故一般跨间不需剪力键；但经计算在设置柱间支撑的开间必须设置剪力键。另 $N_{min} > 0$，考虑柱间支撑竖向上拔力后，锚栓仍不承受拉力，故仅考虑柱在安装过程中的稳定，按构造要求设置锚栓即可，采用 4M24。

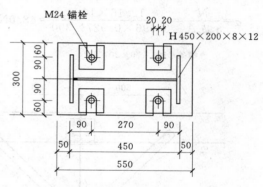

图 8-38 柱脚节点示意图（单位：mm）

3）柱脚底板面积和厚度的计算。

①柱脚底板面积的确定。

$b = b_0 + 2t + 2c = 200 + 2 \times 12 + 2 \times (20 \sim 50) = 264 \sim 324 \text{mm}$，取 $b = 300 \text{mm}$；

$h = h_0 + 2t + 2c = 450 + 2 \times 12 + 2 \times (20 \sim 50) = 514 \sim 574 \text{mm}$，取 $h = 550 \text{mm}$；

底板布置如图。

验算底板下混凝土的轴心抗压强度设计值：

基础采用 C20 混凝土，$f_c = 9.6 \text{N/mm}^2$

$$\sigma = \frac{N}{bh} = \frac{102.82 \times 10^3}{300 \times 550} = 0.62 \text{N/mm}^2 < \beta_c f_c = 9.6 \text{N/mm}^2$$，满足要求。

②底板厚度的确定。

根据柱底板被柱腹板和翼缘所分割的区段分别计算底板所承受的最大弯矩：

对于三边支承板部分：$b_2/b_1 = 96/426 = 0.225 < 0.3$，按悬伸长度为 b_2 的悬臂板计算：

$$M = \frac{1}{2} \sigma a_4^2 = \frac{1}{2} \times 0.62 \times 146^2 = 6608 \text{N} \cdot \text{m}$$

对于悬臂板部分：$$M = \frac{1}{2} \sigma a_4^2 = \frac{1}{2} \times 0.62 \times 50^2 = 775 \text{N} \cdot \text{m}$$

底板厚度 $t = \sqrt{6 M_{max}/f} = \sqrt{6 \times 6608/215} = 13.6 \text{mm}$，取 $t = 20 \text{mm}$。

六、其他构件设计

1. 隅撑设计

隅撑见图 8-39 所示，按轴心受压构件设计。轴心力 N 按下式计算：

$$N = \frac{Af}{60\cos\theta}\sqrt{\frac{f_y}{235}} = \frac{200\times 12\times 215}{60\times\cos 44.68°}\sqrt{} = 12.09\times 10^3 \text{N} = 12.16\text{kN}$$

连接螺栓采用普通 C 级螺栓 M12。

隅撑的计算长度取两端连接螺栓中心的距离：$l_0 = 633\text{mm}$。

选用 L50×4，截面特性：

$A = 3.90\text{cm}^2$，$I_u = 14.69\text{cm}^4$，$W_u = 4.16\text{cm}^3$，$i_u = 1.94\text{cm}$，$i_v = 0.99\text{cm}$。

$\lambda_u = l_0/i_u = 633/19.4 = 32.6 < [\lambda] = 200$

b 类截面，查附表得 $\psi_u = 0.927$

单面连接的角钢强度设计值乘以折减系数 α_y：$\lambda = 633/9.9 = 63.94$。

$\alpha_y = 0.6 + 0.0015\lambda = 0.696$

$\sigma = \dfrac{N}{\alpha_y\psi_u A} = \dfrac{12.16\times 10^3}{0.696\times 0.927\times 390} = 48.0\text{N/mm}^2 < f = 215\text{N/mm}^2$，满足要求。

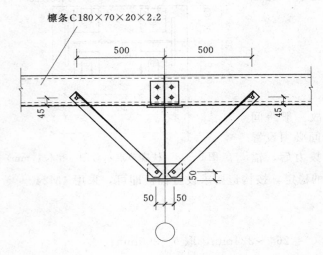

图 8-39 隅撑示意图（单位：mm）

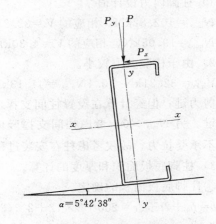

图 8-40 檩条示意图

2. 檩条设计

（1）基本资料。

檩条选用冷弯薄壁卷槽形钢，见图 8-40 所示，按单跨简支构件设计。屋面坡度 1/10，檩条跨度 6m，于跨中设一道拉条，水平檩距 1.5m。材质为钢材 Q235。

（2）荷载及内力。

考虑永久荷载与屋面活荷载的组合为控制效应。

檩条线荷载标准值：$P_k = (0.27 + 0.5)\times 1.5 = 1.155\text{kN/m}$

檩条线荷载设计值：$P_k = (1.2\times 0.27 + 1.4\times 0.5)\times 1.5 = 1.536\text{kN/m}$

$P_x = P\sin\alpha = 0.153\text{kN/m}$，$P_y = P\cos\alpha = 1.528\text{kN/m}$；

弯矩设计值：

$$M_x = P_y l^2/8 = 1.528\times 6^2/8 = 6.88\text{kN}\cdot\text{m}$$
$$M_y = P_x l^2/8 = 0.153\times 6^2/32 = 0.17\text{kN}\cdot\text{m}$$

（3）截面选择及截面特性。

1）选用 C180×70×20×2.2。

$I_x = 374.90\text{cm}^4$，$W_x = 41.66\text{cm}^3$，$i_x = 7.06\text{cm}$；

$I_y = 48.97\text{cm}^4$，$W_{ymax} = 23.19\text{cm}^3$，$W_{ymin} = 10.02\text{cm}^3$，$i_y = 2.55\text{cm}$，$\chi_0 = 2.11\text{cm}$。

先按毛截面计算的截面应力为：

$$\sigma_1 = \frac{M_x}{W_x} + \frac{M_y}{W_{ymax}} = \frac{6.88 \times 10^6}{41.66 \times 10^3} + \frac{0.17 \times 10^6}{23.19 \times 10^3} = 172.48\text{N/mm}^2（压）$$

$$\sigma_2 = \frac{M_x}{W_x} + \frac{M_y}{W_{ymin}} = \frac{6.88 \times 10^6}{41.66 \times 10^3} - \frac{0.17 \times 10^6}{10.02 \times 10^3} = 148.18\text{N/mm}^2（压）$$

$$\sigma_3 = \frac{M_x}{W_x} + \frac{M_y}{W_{ymax}} = \frac{6.88 \times 10^6}{41.66 \times 10^3} - \frac{0.17 \times 10^6}{23.19 \times 10^3} = 157.82\text{N/mm}^2（拉）$$

2）受压板件的稳定系数。

①腹板。

腹板为加劲板件，$\psi = \sigma_{min}/\sigma_{max} = -157.82/172.48 = -0.915 > -1$

$$k = 7.8 - 6.29\psi + 9.78\psi^2 = 21.743$$

②上翼缘板。

上翼缘板为最大压力作用于部分加劲板件的支承边

$\psi = \sigma_{min}/\sigma_{max} = 148.18/172.48 = 0.859 > -1$

$k_c = 5.89 - 11.59\psi + 6.68\psi^2 = 0.863$

3）受压板件的有效宽度。

①腹板。

$k = 21.743$，$k_c = 0.863$，$b = 180\text{mm}$，$c = 70\text{mm}$，$t = 2.2\text{mm}$，$\sigma_1 = 172.48\text{N/mm}^2$

$$\xi = \frac{c}{b}\sqrt{\frac{k}{k_c}} = \frac{70}{180}\sqrt{\frac{21.743}{0.863}} = 1.952 > 1.1$$

板组约束系数 $k_1 = 0.11 + 0.93/(\xi - 0.05)2 = 0.367$

$$\rho = \sqrt{205 k_1 k / \sigma_1} = \sqrt{205 \times 0.367 \times 21.743/172.48} = 3.080$$

由于 $\psi = \sigma_{min}/\sigma_{max} < 0$，取 $\alpha = 1.5$，

$b_c = b/(1-\psi) = 180/(1+0.915) = 93.99\text{mm}$

$b/t = 180/2.2 = 81.82$

$18\alpha\rho = 18 \times 1.15 \times 3.080 = 63.76$，$38\alpha\rho = 38 \times 1.15 \times 3.080 = 134.60$

所以 $\qquad\qquad\qquad 18\alpha\rho < b/t < 38\alpha\rho$

则截面有效宽度：

$$b_e = \left(\sqrt{\frac{21.8\alpha\rho}{b/t}} - 0.1\right)b_c = \left(\sqrt{\frac{21.8 \times 1.15 \times 3.060}{81.82}} - 0.1\right) \times 93.99 = 81.62\text{mm}$$

$b_{e1} = 0.4 b_e = 0.4 \times 81.62 = 32.65\text{mm}$，$b_{e2} = 0.6 b_e = 0.6 \times 81.62 = 48.97\text{mm}$

②上翼缘板。

$k = 0.863$，$k_c = 21.743$，$b = 70\text{mm}$，$c = 180\text{mm}$，$\sigma_1 = 172.48\text{N/mm}^2$

$$\xi = \frac{c}{b}\sqrt{\frac{k}{k_c}} = \frac{180}{70}\sqrt{\frac{0.863}{21.743}} = 0.512 < 1.1$$

板组约束系数 $k_1 = 1/\sqrt{\xi} = 1/\sqrt{0.512} = 1.398$

$$\rho = \sqrt{205 k_1 k / \sigma_1} = \sqrt{205 \times 1.398 \times 0.863/172.48} = 1.197$$

由于 $\psi = \sigma_{min}/\sigma_{max} > 0$，则 $\alpha = 1.15 - 0.15\psi = 1.15 - 0.15 \times 0.859 = 1.021$

$$b_c = b = 70\text{mm}，\qquad b/t = 70/2.2 = 31.82$$

$$18\alpha\rho = 18 \times 1.021 \times 1.197 = 22.00，38\alpha\rho = 38 \times 1.021 \times 1.197 = 46.44$$

所以
$$18\alpha\rho < b/t < 38\alpha\rho$$

则截面有效宽度：
$$b_e = \left(\sqrt{\frac{21.8\alpha\rho}{b/t}} - 0.1\right)b_c = \left(\sqrt{\frac{21.8 \times 1.021 \times 1.197}{31.82}} - 0.1\right) \times 70 = 57.05\text{mm}$$

$$b_{e1} = 0.4b_e = 0.4 \times 57.05 = 22.82\text{mm}, \quad b_{e2} = 0.6b_e = 0.6 \times 57.05 = 34.23\text{mm}$$

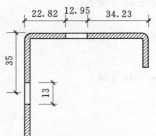

图 8-41 檩条上翼缘及腹板
的净截面（单位：mm）

③下翼缘板。

下翼缘板全截面受拉，全部有效。

4）有效净截面模量。

上翼缘板的扣除面积宽度为：$70 - 57.05 = 12.95\text{mm}$；

腹板的扣除面积宽度为：$93.99 - 81.62 = 12.37\text{mm}$。

同时在腹板的计算截面有一 $\phi13$ 拉条连接孔（距上翼缘板边缘 35mm），孔位置与扣除面积位置基本相同。所以腹板的扣除面积按 $\phi13$ 计算，见图 8-41。

有效净截面模量为：

$$W_{enx} = \frac{374.90 \times 10^4 - 12.95 \times 2.2 \times 90^2 - 13 \times 2.2 \times (90-35)^2}{90} = 3.813 \times 10^4 \text{mm}^3$$

$$W_{enymax} = \frac{48.97 \times 10^4 - 12.95 \times 2.2 \times (12.95/2 + 22.82 - 21.1)^2 - 13 \times 2.2 \times (21.1 - 2.2/2)^2}{21.1}$$
$$= 2.257 \times 10^4 \text{mm}^3$$

$$W_{enymax} = \frac{48.97 \times 10^4 - 12.95 \times 2.2 \times (12.95/2 + 22.82 - 21.1)^2 - 13 \times 2.2 \times (21.1 - 2.2/2)^2}{70 - 21.1}$$
$$= 0.974 \times 10^4 \text{mm}^3$$

$W_{enx}/W_x = 0.915$，$W_{enymax}/W_{ymax} = 0.973$，$W_{enymin}/W_{ymin} = 0.972$

（4）强度计算。

按屋面能阻止檩条侧向失稳和扭转考虑：

$$\sigma_1 = \frac{M_x}{W_{enx}} + \frac{M_y}{W_{enymax}} = \frac{6.88 \times 10^6}{3.813 \times 10^4} + \frac{0.17 \times 10^6}{2.257 \times 10^4} = 187.97\text{N/mm}^2 < f = 205\text{N/mm}^2$$

$$\sigma_2 = \frac{M_x}{W_{enx}} + \frac{M_y}{W_{enymin}} = \frac{6.88 \times 10^6}{3.813 \times 10^4} - \frac{0.17 \times 10^6}{0.974 \times 10^4} = 162.99\text{N/mm}^2 < f = 205\text{N/mm}^2$$

（5）挠度计算。

$$\nu_y = \frac{5}{384} \times \frac{1.155 \times \cos 5°42'38'' \times 6000^4}{206 \times 10^3 \times 374.9 \times 10^4} = 25.11\text{mm} < [\nu] = l/200 = 30\text{mm}，满足要求。$$

$\lambda_x = 600/7.06 = 85.0 < [\lambda] = 200$，满足要求。

$\lambda_y = 300/2.55 = 117.6 < [\lambda] = 200$，满足要求。

3. 墙梁设计

（1）基本资料。

本工程为单层厂房，刚架柱距为 6m；外墙高 7.35m，标高 1.200m 以上采用彩色压形钢板。墙梁间距 1.5m，跨中设一道拉条，钢材为 Q235。

（2）荷载计算。

1）墙梁采用冷弯薄壁卷边 C 形钢 $160 \times 60 \times 20 \times 2.5$，自重 $g = 7\text{kg/m}$；

2）墙重 0.22kN/m^2。

3）风荷载。

基本风压 $\omega_0 = 1.05 \times 0.45 = 0.473\text{kN/m}^2$，风荷载标准值按 CECS 102—2002 中的围护结构计算：

$\omega_k = \mu_s\mu_z\omega_0$，$\mu_s = -1.1(+1.0)$

本工程外墙为落地墙，计算墙梁时不计墙重，另因墙梁先安装故不计拉条作用。

$q_x = 1.2 \times 0.07 = 0.084 \text{kN/m}$，$q_y = -1.1 \times 0.473 \times 1.5 \times 1.4 = -1.093 \text{kN/m}$

（3）内力计算。

$M_x = 0.084 \times 6^2 / 8 = 0.378 \text{kN} \cdot \text{m}$，$M_y = 1.093 \times 6^2 / 8 = 4.919 \text{kN} \cdot \text{m}$

（4）强度计算。

墙梁 C160×60×20×2.5，平放，开口朝上

$W_{x\max} = 19.47 \text{cm}^3$，$W_{\min} = 8.66 \text{cm}^3$，$W_y = 36.02 \text{cm}^3$，$I_y = 288.13 \text{cm}^4$

参考屋面檩条的计算结果及工程实践经验，取 $W_{enx} = 0.9 W_x$，$W_{eny} = 0.9 W_y$

$$\sigma = \frac{M_x}{W_{enx}} + \frac{M_y}{W_{eny}} = \frac{0.378 \times 10^6}{0.9 \times 8.66 \times 10^3} + \frac{4.919 \times 10^6}{0.9 \times 36.02 \times 10^3} = 200.2 \text{N/mm}^2 < f = 205 \text{N/mm}^2$$

在风吸力下拉条位置设在墙梁内侧，并在柱底设斜拉条。此时压形钢板与墙梁外侧牢固相连，可不验算墙梁的整体稳定性。

（5）挠度计算。

$$\nu = \frac{5}{384} \times \frac{1.1 \times 0.473 \times 1.5 \times 6000^4}{206 \times 10^3 \times 288.13 \times 10^4} = 22.3 \text{mm} < [\nu] = l/200 = 30 \text{mm}，满足要求。$$

七、山墙抗风柱设计

1. 基本资料

本工程山墙墙板为自承重墙；抗风柱6274mm，间距采用6m，承受的荷载有自重、墙梁重量及山墙风荷载。抗风柱与基础铰接，按压弯构件设计。抗风柱视为支承于刚架横梁和基础的简支构件。

该地区基本风压 $\omega_0 = 0.45 \text{kN/m}^2$，地面粗糙度类别为 B 类，隔撑间距3.0m。抗风柱采用 Q235 钢。

2. 荷载计算

（1）抗风柱选用焊接工字钢 300×200×6×10，自重 $g_1 = 44.6 \text{kg/m}$。

（2）墙梁及其支撑构件重量取 $g_2 = 7 \text{kg/m}$。

（3）风荷载：按 CECS102—2002 中的围护结构计算。

$$\omega_k = \mu_s \mu_z \omega_0，\quad \mu_s = -1.0(+1.0)，\quad \omega_0 = 1.05 \times 0.45 = 0.473 \text{kN/m}^2$$

$$q_z = 1.2 \times (0.07 \times 6 \times 3 + 44.6 \times 6.274 \times 10^{-2}) = 4.87 \text{kN}$$

$$q_y = 1.4 \times 1.0 \times 1.0 \times 0.473 \times 6 = 3.97 \text{kN/m}$$

墙梁自重对抗风柱的偏心力矩为 $1.2 \times 0.07 \times 6 \times 3 \times 0.23 = 0.35 \text{kN} \cdot \text{m}$

3. 内力计算

$$N = 4.87 \text{kN}，M = 1/8 \times 3.97 \times 6.274^2 + 0.35 = 19.88 \text{kN} \cdot \text{m}$$

4. 局部稳定性验算

翼缘宽厚比 $b/t = 96/10 = 9.6 < 13\sqrt{235/f_y}$

$$\sigma_{\min}^{\max} = \frac{N}{A} \pm \frac{M_x}{W_x} = \frac{4.87 \times 10^3}{56800} \pm \frac{19.88 \times 10^6}{634.1 \times 10^3} = \begin{matrix} 32.21 \\ -30.49 \end{matrix} \quad \text{N/mm}^2$$

$$\alpha_0 = \frac{\sigma_{\max} - \sigma_{\min}}{\sigma_{\max}} = 1.947，因 1.6 < \alpha_0 < 2.0$$

$$l_0 = 6274 \text{mm}，\lambda_x = l_0 / i_x = 48.5 < [\lambda] = 150$$

故 $(48\alpha_0 + 0.5\lambda - 26.2)\sqrt{\dfrac{235}{f_y}} = 91.5 > \dfrac{h_0}{t_w} = \dfrac{280}{6} = 46.7$，满足要求。

5. 强度验算

截面特性：$A = 56.8 \text{cm}^2$，$I_x = 9511 \text{cm}^4$，$W_x = 634.1 \text{cm}^3$，$i_x = 12.94 \text{cm}$，$I_y = 1334 \text{cm}^4$，$W_y =$

133.4cm^3，$i_y=4.85\text{cm}$

$$\frac{N}{A_n}+\frac{M_x}{\gamma_x W_{nx}}=\frac{4.87\times10^3}{56800}+\frac{19.88\times10^6}{1.05\times634.1\times10^3}=30.7\text{N/mm}^2<f=215\text{N/mm}^2$$

6. 弯矩作用平面内的稳定验算

$\lambda=48.5$，b 类截面，查附表得 $\psi_x=0.863$

$$N'_{EX}=\frac{\pi^2 EA}{1.1\lambda^2}=\frac{\pi^2\times206\times10^3\times5680}{1.1\times48.5^2}=4463.1\text{kN}，\beta_{mx}=1.0$$

$$\frac{N}{\varphi_x A}+\frac{\beta_{mx}M_x}{\gamma_x W_{1x}\left(1-0.8\dfrac{N}{N'_{EX}}\right)}=\frac{4.87\times10^3}{0.863\times56800}+\frac{1.0\times19.88\times10^6}{1.05\times634.1\times10^3\times\left(1-0.8\times\dfrac{4.87}{4463.1}\right)}$$

$$=30.85\text{N/mm}^2<f=215\text{ N/mm}^2，满足要求。$$

7. 弯矩作用平面外的稳定验算

考虑隅撑为抗风柱平面外的侧向支撑点

$l_{0y}=3000\text{mm}$，$\lambda_y=l_{0y}/i_y=3000/48.5=61.9<[\lambda]=150$，b 类截面，查表得 $\psi_y=0.797$

$$\psi_b=1.07-\frac{\lambda_y^2}{44000}\cdot\frac{f_y}{235}=0.983，\eta=1.0，\beta_{tx}=1.0$$

$$\frac{N}{\varphi_y A}+\eta\frac{\beta_{tx}M_x}{\psi_b W_{1x}}=\frac{4.87\times10^3}{0.797\times56800}+\frac{1.0\times1.0\times19.88\times10^6}{0.983\times634.1\times10^3}$$

$$=32.97\text{N/mm}^2<f=215\text{N/mm}^2，满足要求。$$

8. 挠度验算

抗风柱在水平风荷载作用下，可视为单跨简支梁按下式计算其水平挠度：

$$\nu=\frac{5}{384}\cdot\frac{\omega_k l^4}{EI_x}=\frac{5}{384}\cdot\frac{3.97\times6274^4}{206\times10^3\times9511\times10^4}=4.1\text{mm}<[\nu]=l/400=15.7\text{mm}$$

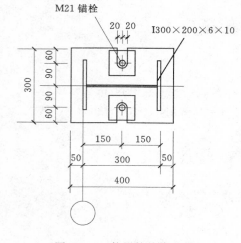

图 8-42　抗风柱柱脚节点
示意图（单位：mm）

9. 柱脚设计

因抗风柱承受的竖向荷载很小，故垫板尺寸按构造要求确定。采用 $-400\times300\times20$；锚栓采用 2M20，平面布置如图 8-42。

10. 柱间支撑设计

（1）柱间支撑的布置如图 8-43 所示。

（2）柱间支撑为斜杆，采用带张紧装置的十字交叉圆钢支撑。直杆用檩条兼用，因檩条留有一定的应力裕量，根据经验及类似工程，不再作压弯杆件的刚度及承载力验算。

（3）柱间支撑荷载及内力。

支撑计算简图如图 8-44 所示。

作用于两侧山墙顶部节点的风荷载为（山墙高度取7.2m）：

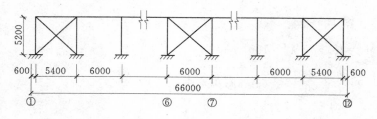

图 8-43　柱间支撑示意图

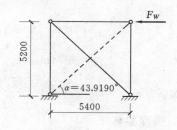

图 8-44　柱间支撑计算简图（单位：mm）

取 $\mu_s=0.8+0.5=1.3$，$\omega_1=1.3\times1.0\times0.45\times18\times7.35/2=38.70\text{kN}$

按一半山墙面作用风载的 1/3 考虑节点荷载标准值为：

$$F_{uk}=1/3\times1/2\times38.70=6.45\text{kN}$$

节点荷载设计值 $F_w=1.4\times6.45=9.03\text{kN}$

斜杆拉力设计值 $N=9.03/\cos43.9191°=12.54\text{kN}$

（4）斜杆截面设计及强度验算。

斜杆选用 Φ12 圆钢，$A=113.0\text{mm}^2$

强度验算：$N/A=12.54\times10^3/113.0=111.0\text{N/mm}^2<f=215\text{N/mm}^2$

刚度验算：张紧的圆钢不需要考虑长细比的要求。

但从构造上考虑采用 Φ16。

11. 屋面支撑设计

（1）屋面支撑布置。

屋面支撑斜杆采用张紧的圆钢，支撑计算简图如图 8-45。

（2）屋面支撑荷载及内力。

一侧山墙的风荷载体型系数 $\mu_s=1.0$，

节点荷载标准值 $F_{uk}=0.45\times1.0\times1.0\times3.0\times7.35/2=4.96\text{kN}$；

节点荷载设计值 $F_w=4.96\times1.4=6.94\text{kN}$；

斜杆拉力设计值 $N=2.5\times6.94/\cos29.0546°=19.85\text{kN}$；

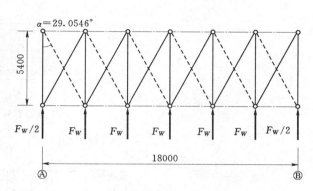

图 8-45 屋面支撑计算简图（单位：mm）

（3）斜杆截面设计及强度验算。

斜杆选用 Φ12 圆钢，$A=113.0\text{mm}^2$

强度验算：$N/A=19.85\times10^3/113.0=175.7\text{N/mm}^2<f=215\text{N/mm}^2$

刚度验算：张紧的圆钢不需要考虑长细比的要求。

但从构造上考虑采用 Φ16。

第五节 门式刚架轻型房屋钢结构设计中常见问题

一、支撑布置

（1）屋面横向水平支撑与柱间支撑未布置在同一跨间内。

根据《门式刚架轻型房屋钢结构技术规程》（CECS102—2002）第 4.5.1 条第 2 款和第 4.5.2 条第 1 款的规定，宜将屋面横向水平支撑和柱间支撑同时布置在房屋温度区段端部第一开间或第二开间，在布置柱间支撑的开间，宜同时布置屋面横向水平支撑，如图 8-46 所示。当无法布置在同一跨间时，可布置在相邻跨间，有一定搭接区，但这种情况在温度区段内只能是个别的，否则应对整个支撑系统重新合理布置。

（2）屋面横向水平支撑布置在房屋温度区段端部第二开间，而在第一开间相应于屋面横向水平支撑竖腹杆位置未布置纵向刚性系杆。

房屋端墙（山墙）的风荷载或地震作用要靠屋面横向水平支撑传递给房屋纵向柱间支撑。屋面横向水平支撑布置在第二开间时，第一开间仅布置未按压弯杆件验算和加强的檩条，不足以传递端墙的风荷载或地震作用。根据 CECS102—2002 第 4.5.2 条第 1 款的规定，在房屋温度区段的第一开间相应于屋面横向水平支撑竖腹杆位置布置满足受压杆件长细比要求和受压（压弯）杆件承载力要求的刚

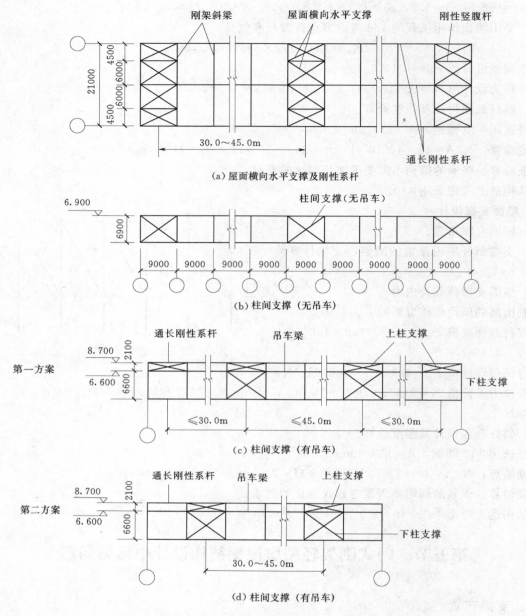

（a）屋面横向水平支撑及刚性系杆

（b）柱间支撑（无吊车）

（c）柱间支撑（有吊车）

（d）柱间支撑（有吊车）

图 8-46　门式刚架屋面支撑布置示意图（单位：mm）

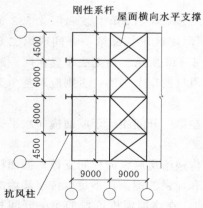

图 8-47　门式刚架端开间屋面刚性
系杆布置示意图（单位：mm）

性系杆。如图 8-47 所示。

（3）屋面横向水平支撑节点未与抗风柱布置相应协调。

屋面横向水平支撑桁架的节点布置在抗风柱处，可以使抗风柱柱顶的反力直接传递，避免刚架斜梁受扭。设计时首先根据房屋的使用要求布置抗风柱，然后根据抗风柱柱顶位置布置屋面横向水平支撑桁架的节点及支撑杆件；因为刚架斜梁允许在任意位置布置屋面横向水平支撑的节点，屋面横向水平支撑的交叉斜杆为柔性拉杆，与刚架斜梁的连接较为简单，可以不必等间距布置，这是门式刚架与普通屋架不同之处。在抗风柱与刚架斜梁连接处，刚架斜梁下翼缘应设隅撑。如图 8-48 所示。

（4）屋面横向水平支撑和柱间支撑采用圆钢时，未设张紧装

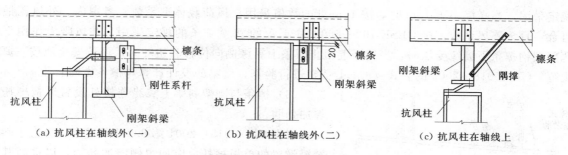

| （a）抗风柱在轴线外（一） | （b）抗风柱在轴线外（二） | （c）抗风柱在轴线上 |

图 8-48　抗风柱连接节点示意图（单位：mm）

置；当设有桥式吊车时，柱间支撑未采用型钢支撑。

圆钢支撑侧向刚度小，安装时会因自重而下垂，再加上圆钢支撑初始弯曲和连接松弛等缺陷，不设张紧装置就不能保证支撑始终处于张紧状态，对门式刚架房屋的整体稳定性和整体刚度起不到应有的作用。所以当支撑采用圆钢时，必须具有拉紧装置。一般采用花兰螺栓张紧，效果较好。当有吊车时，为了保证门式刚架房屋的纵向刚度，柱间支撑应改而采用型刚支撑。在地震烈度Ⅷ度及以上地震区或地震作用效应组合控制时，门式刚架房屋的屋面横向水平支撑和柱间支撑亦应采用型钢支撑。

（5）在刚架转折处（边柱柱顶和屋脊、多跨房屋中间柱柱顶），未沿房屋纵向全长设置刚性系杆。

根据 CECS102—2002 第 4.5.2 条第 5 款的规定，在刚架的边柱柱顶和屋脊处及多跨房屋适当位置的中间柱柱顶处，均沿房屋全长设置通长的刚性系杆；不宜由加强的檩条代替刚架转折处的刚性系杆。在刚架转折处设置刚性系杆除了承受压力和传递纵向水平力外，在安装过程中可增加刚架的侧向刚度，保证结构安全。

二、维护结构

（1）压型钢板薄壁型钢檩条屋面，当檩条跨度大于 4m 时，未合理设置拉条、斜拉条及撑杆体系。

根据 CECS102—2002 第 6.3.5 条和 6.3.6 条的规定，当檩条跨度大于 4m 不大于 6m 时，应在檩条跨中设置一道拉条，当檩条跨度大于 6m 时，应在檩条跨度 3 分点处各设一道拉条，拉条宜设置在距檩条上翼缘 1/3 腹板高度范围内。为了防止檩条向屋脊方向弯扭失稳，在设置拉条的同时，应在檐口处增设斜拉条和撑杆；为了承受屋面的坡向分力，在屋脊处（有天窗时在天窗处）亦应增设斜拉条和撑杆；当屋面坡面过大时，在檐口和屋脊之间的适当位置必要时也宜增设斜拉条和撑杆。当门式刚架跨度不大、屋面对称屋脊布置且坡度较小时，屋脊处可不设斜拉条和撑杆。拉条应根据最大的屋面坡向分力按拉杆计算确定，撑杆则按压杆设计，如图 8-49 所示。

（2）檩条和墙梁设计计算时，未按 CECS102—2002 的附录 A 计算风荷载，也未考虑风吸力的不利影响。

门式刚架轻型钢结构房屋属于低矮房屋范畴，进行风荷载计算时所需要的风荷载体形系数，由于我国现有的资料不完备，CECS102—2002 建议采用美国 MBMA 手册中的规定，并作为附录 A 列于规程中。为和 MBMA 手册配

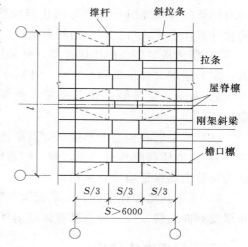

图 8-49　檩条间拉条布置
示意图（单位：mm）

套，进行门式刚架轻型钢结构房屋檩条和墙梁设计计算时，取自 GB 50009—2001 第 7.1.2 条的基本风压值应乘以 1.05 的综合调整系数，风压高度变化系数按 GB 50009—2001 第 7.2.1 条和第 7.2.2 条

的规定采用，当高度小于10m时，按10m处的数值采用；风荷载体型系数，考虑内、外风压最大值的组合，且含阵风系数，按CESE 102—2002附录A的A.0.2条的规定采用。在风吸力作用下，冷弯薄壁型钢檩条下翼缘受压时，当屋面能阻止檩条上翼缘侧向位移和扭转时，可偏安全地按《薄壁型钢规范》GB 50018—2002的公式（8.1.1-2）进行验算，墙梁的设计计算与檩条类同。

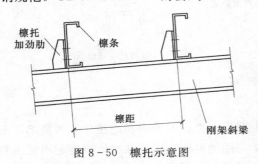

图8-50 檩托示意图

（3）檩条与刚架斜梁上翼缘连接处设置单板檩托未加焊加劲肋。

根据CB 50018—2001第8.2.1条规定，垂直于斜梁上翼缘设置的单板檩托，应加焊侧向加劲肋，以提高其对檩条端部扭转的约束刚度。为了有效地约束檩条端部的扭转，檩托高度不宜小于檩条高度的2/3。墙梁的支托宜参照檩托设计，如图8-50所示。

当屋面坡度及荷载均较小，且檩条高度也不大时，可采用单板檩托。单板檩托宜与刚架斜梁上翼缘坡口熔透焊。

（4）位于坡屋面坡顶的屋脊双檩，未用型钢或圆钢相互连接。

门式刚架房屋通常采用实腹式冷弯薄壁型钢檩条，并在屋脊处布置双檩。屋脊双檩间用型钢或圆钢相互连接形成一体共同受力，并同屋面拉条、斜拉条及撑杆组合，使屋面的整体性和坡向刚度大大提高。

根据CECS102—2002第7.2.12条屋脊双檩间用型钢相互连接时，可根据具体情况采用焊接或螺栓连接；用圆钢相互连接时，应在每个连接点处檩条腹板两侧各设置一个锁紧螺帽；双脊檩间相互连接点的位置在檩条跨度的3分点处及拉条连接点处如图8-51所示。屋脊双檩也可用撑杆（钢管内设拉条）相互连接。

（5）实腹式屋面檩条计算时未注意屋面能否阻止檩条侧向失稳和扭转。

1）实腹式檩条在屋面荷载作用下，属双向受弯，当采用开口薄壁型钢（非双轴对称）时，因荷载作用点对截面弯心的偏心，有弯曲扭转双力矩的作用。但由于板与檩条的连接能阻止或部分阻止侧向弯曲和扭转，为简化计算，不计入弯扭双力矩的影响。

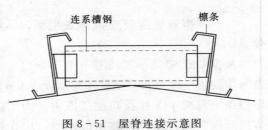

图8-51 屋脊连接示意图

2）所谓板与檩条的牢固连接，指采用自攻螺钉、螺栓、拉铆钉和射钉等的连接，且要求屋面板有一定的刚度（如压型钢板）时，才可不验算稳定。

3）对塑料瓦等刚度较弱或板与檩条连接不够牢固（如扣板、钩头螺栓连接）时，则应计算稳定性。

（6）墙梁若在构造上不能保证其整体稳定时，未按有关规定计算其稳定性。

1）当墙梁两侧均有墙板，或一侧有墙板、另一侧有拉杆和撑杆体系，可阻止其扭转变形时，可认为构造上能保证墙梁整体稳定。

2）当不具备上述条件，如墙板未与墙梁牢固连接或采用挂板形式，拉条和撑杆在构造上不能阻止墙梁侧向扭转，则应验算其整体稳定性。

三、门刚主体结构

（1）门式刚架轻型钢结构房屋的刚架立柱随意改为钢筋混凝土柱，仍按门式刚架结构体系进行设计，会造成工程事故。

门式刚架轻型房屋钢结构是一种跨变结构，其斜梁和立柱可以是变截面的，也可以是等截面的，立柱与基础的连接可以铰接，也可以刚接，但斜梁与立柱必须刚接。钢筋混凝土排架结构则不同，它的屋面主构件可以是钢筋混凝土梁或钢梁，也可以是钢筋混凝土屋架或钢屋架，并且与钢筋混凝土柱顶铰接，钢筋混凝土柱脚则与基础刚接。显然，这是完全不同的两种结构体系。因此，按门式刚架轻型钢结构设计的房屋，不应随意将刚架立柱改为钢筋混凝土柱。因为钢材和钢筋混凝土两种材料在材性、刚度和承载力方面有很大差别，不能简单代换，而且在柱顶，钢结构的斜梁与钢筋混凝土的柱是两种不同材性的构件，很难实现刚接。所以随意将门式刚架立柱改为钢筋混凝土柱会导致结构严重不安全。

因此，①不得随意将门式刚架轻型钢结构房屋的立柱改为钢筋混凝土柱，也就是说不得随意改变结构的材料和体系；②当必须将门式刚架轻型钢结构房屋的立柱改为钢筋混凝土柱时，钢筋混凝土柱必须与基础刚接，钢斜梁与柱顶应按能承受水平推力的铰接连接进行构造设计，所构成的跨变排架结构应重新进行内力分析，除应重新验算斜梁的承载力外，还应按承载力和柱顶位移限值确定钢筋混凝土柱的截面尺寸和配筋，也应重新复核地基及基础的承载力。

（2）在刚架斜梁下翼缘受压区和柱内侧翼缘受压区未设置保证其稳定的隔撑。

刚架梁、柱构件翼缘的局部稳定，在一般情况下系通过限制板件的宽厚比来保证；刚架梁、柱构件的整体稳定则由刚架的支撑系统提供的侧向支承点通过计算来保证。故在刚架斜梁下翼缘受压区和柱内侧翼缘受压区，应按 CECS102—2002 第 6.1.6 条第 3 款和第 7.2.14 条的要求设置隔撑作为侧向支承点；刚架斜梁侧向整体稳定计算时，计算长度取侧向支承点间的距离；隔撑一端与斜梁受压翼缘相连，另一端与檩条相连；隔撑按轴心受压杆件设计。如图 8-52 所示。

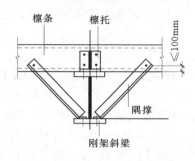

图 8-52　隔撑连接示意图

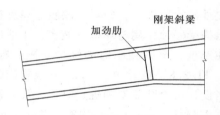

图 8-53　刚架斜梁翼缘转折处腹板加劲肋示意图

（3）刚架斜梁在翼缘转折处腹板未设横向加劲肋。

由于刚架斜梁腹板考虑屈曲后效应，在一般情况下虽然可通过限制其高厚比来保证合理的设计，但在斜梁翼缘转折处，由于受力复杂，应设置横向加劲肋对腹板予以加强。如图 8-53 所示。加劲肋的外伸宽度 $b \geqslant h_0/30+40$（mm），其厚度 $t_s > b_s/15$。

（4）柱脚锚栓中心到基础边缘的距离小于 4 倍锚栓直径及 150mm，钢柱脚底板边缘到基础顶面边缘的距离小于 100mm。

柱脚锚栓中心到基础边缘的距离不应小于 $4d$ 及 150mm，主要原因是要保证锚栓有足够的保护层厚度，使锚栓锚固充分，受力可靠，也考虑了基础施工时锚栓位置可能发生偏差等不利因素。类似地，要求板边距不小于 100mm，主要考虑基础顶面局部承压和施工偏差的影响。宜参考上述要求，确定基础顶面尺寸和预留柱脚锚栓位置；基础施工时采取必要措施，减少施工偏差。

（5）屋架计算中屋架弦杆平面外的计算长度未取侧向支承点间的距离。

1）屋架平面外支承点应为侧向不能移动的点，如支撑的节点。当檩条、系杆或其他杆件未与水平（或垂直）支承节点或其他不移动点相连接时，不能作为侧向支承点。

2）仅当压杆侧向支承点间的距离为平面内节间长度的 2 倍，可按规定考虑折减计算，因为考虑折减的公式在此条件时能与精确分析相当接近。

四、保护措施

（1）设计文件未对构件除锈提出要求，对表面处理，未确定合适的除锈方法和除锈等级。

锈蚀是钢材的主要弱点，冷弯薄壁型钢防锈更为重要。应根据钢材表面的锈蚀度和清洁度按《涂装前钢材表面锈蚀等级和除锈等级》（GB/T 8923—1988），采用目视外观或做样板、照片对比，确定锈蚀等级和除锈等级。不同的除锈方法有不同的除锈等级标准。

GB/T 8923—1988 的规定，该标准对钢材表面锈蚀从轻到重分为 A、B、C、D 共 4 个等级。除锈方法和等级有：①手动和动力工具除锈，分为 St2、St3 二级；②喷射和抛射除锈，分为 Sal、Sa2、Sa2$^{1/2}$、Sa3 共 4 个除锈等级；③化学（酸洗）除锈，只有 Be 一个等级。如采用，应符合《薄壁型钢规范》（GB 50018—2002）第 11.2.4 规定；④火焰除锈，只有 F1 一个等级。现场除锈常用 St2，工厂除锈常用 Sa2。

（2）设计文件未根据耐火等级进行防火设计。

钢结构耐火极限只有 0.25 小时，应根据建筑物耐火等级确定各种钢构件耐火极限时间要求，从而选定不同品种和厚度的防火涂料。且应注意防火涂料与防锈油漆的相互关系。

建筑物应根据《建筑设计防火规范》〔（GBJ 16—87）2001 年版〕确定耐火等级（一至四级），工业建筑还根据生产的火灾危险性分类（甲、乙、丙、丁、戊共 5 类）进而确定各构件耐火极限小时数。符合该规范第 2.0.3 条、第 7.2.8 条的工业建筑钢结构可不用防火涂层。防火要求须经当地消防部门审批。凡无防火要求的钢结构，应选用合适油漆；有防火涂层者，如防火涂料起防锈作用，可不涂防锈底漆；如不起防锈作用，应涂不与防火涂料起化学反应的防锈底漆。防火涂料的性能、涂层厚度及质量要求应符合《钢结构防火涂料》（GB 14907—2002）和《钢结构防火涂料应用技术规范》（CECS 24—90）的规定。

（3）设计文件缺涂装设计，未对于漆膜总厚度提出要求。

薄壁型钢结构受侵蚀作用与环境（城乡、工业区、沿海）、湿度、室内外等有关，根据侵蚀程度，选定合适涂料和厚度，会得到相应的维护年限。根据 GB 50018—2002 第 11.2.5 条选定防腐措施。根据第 11.2.6、11.2.8、11.2.9、11.2.10 条提出施工要求。设计应提出涂料品种、涂装遍数、涂层厚度等要求，当设计对涂装无明确规定时，一般宜涂 4～5 遍，干漆膜总厚度室外构件应大于 150μm，室内构件应大于 125μm，〔按《钢结构施工规范》（GB 50205—2001）第 14.2.2 条（强制性条文）〕，允许偏差为±25μm。

（4）地面以下的钢柱脚未要求用混凝土包裹。

许多事例表明地面以下的钢柱脚若不用混凝土包裹，柱脚处由于积水使钢材严重锈蚀，对结构存在着安全隐患，因此 GB 50205—2001 第 8.9.3 条（强制性条文）规定，对柱脚在地面以下部分采用强度等级较低的混凝土包裹（保护层厚度不应小于 50mm），包裹的混凝土应高出地面不小于 150mm。当柱脚底面在地面以上时，柱脚高出地面的高度不应小于 100mm。

第九章　钢屋架设计

由于钢屋架具有承载力高、自重轻、建设周期短等优点，因而在重型或大型厂房、大跨度的公共建筑中，作为屋面承重结构，得到愈来愈多地应用。

第一节　钢屋架基本形式及支撑布置

一、钢屋架分类

1. 按屋盖结构体系

（1）无檩设计方案。

在钢屋架上直接放置预应力钢筋混凝土大型屋面板，其上铺设保温层和防水层。这种方案最突出的优点是屋盖的横向刚度大，整体性好，所以对结构的横向刚度要求高的厂房宜采用无檩设计方案。但因屋面板的自重大，屋盖结构自重大，抗震性能较差。

（2）有檩设计方案。

在钢屋架上设置檩条，檩条上面再铺设轻型屋面材料，如石棉瓦、压型钢板等。对于横向刚度要求不高，特别是不需要做保温层的中小型厂房，宜采用有檩设计方案。

2. 按外形

（1）三角形钢屋架。

三角形屋架见图 9-1 所示，多用于陡坡屋面的有檩屋盖结构中。

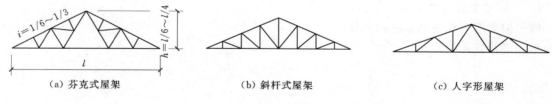

（a）芬克式屋架　　　　　（b）斜杆式屋架　　　　　（c）人字形屋架

图 9-1　三角形钢屋架

三角形屋架的共同缺点是：屋架外形和荷载引起的弯矩图形不相适应，因而弦杆内力分布很不均匀支座处最大而跨中却较小；中部腹杆过长；屋架只能与柱顶铰接；当屋面坡度不很陡时，支座处杆件的夹角较小，使构造比较困难。

（2）梯形钢屋架。

梯形屋架是由双梯形合并而成，适用于屋面坡度较为平缓的情况，见图 9-2 所示。它的外形和荷载引起的弯矩图形比较接近，因而弦杆内力沿跨度分布比较均匀，材料比较经济。这种屋架在支座

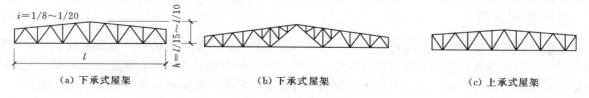

（a）下承式屋架　　　　　（b）下承式屋架　　　　　（c）上承式屋架

图 9-2　梯形钢屋架

处有一定的高度，既可与钢筋混凝土柱铰接，也可与钢柱做成固接，因而是目前采用无檩设计的工业厂房屋盖中应用最广泛的一种屋架形式。

（3）平行弦钢屋架。

平行弦屋架见图 9-3 所示，可用于多种坡度屋面，它的特点是杆件规格化，节点的构造也统一，因而便于制造，但弦杆内力分布不均匀。倾斜式平行弦屋架常用于单坡屋面的屋盖中，而水平式平行弦屋架多用做托架。

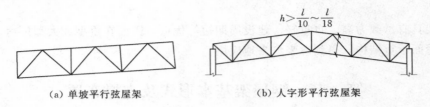

（a）单坡平行弦屋架 　　　　（b）人字形平行弦屋架

图 9-3　平行弦屋架

二、钢屋架的主要尺寸

1. 跨度

柱网纵向轴线的间距就是屋架的标志跨度，以 3m 为模数。屋架的计算跨度是屋架两端支反力之间的距离。

2. 高度

屋架跨中的最大高度由经济、刚度、建筑要求和运输界限限制等因素来决定。根据屋架的容许挠度可确定最小高度，最大高度则取决于运输界限，例如铁路运输界限为 3.85m；屋架的经济高度是根据上下弦杆和腹杆的总重量为最小的条件确定；有时，建筑设计也可能对屋架的最大高度加以某种限制。

一般情况下，设计屋架时，首先根据屋架形式和设计经验先确定屋架的端部高度 h_0，再按照屋面坡度计算跨中高度。对于三角形屋架，$h_0=0$；陡坡梯形屋架可取 $h_0=0.5\sim1.0$m；缓坡梯形屋架取 $h_0=1.8\sim2.1$m。因此，跨中屋架高度为：

$$h=h_0+il_0/2 \tag{9-1}$$

式中　i——屋架上弦杆的坡度。

一般屋架高度可在下列范围内采用：

梯形和平行弦屋架：

$$h=(1/10\sim1/6)l_0 \tag{9-2}$$

三角形屋架：

$$h=(1/6\sim1/4)l_0 \tag{9-3}$$

人字形屋架：

$$h=(1/10\sim1/8)l_0 \tag{9-4}$$

跨度较大的桁架，在荷载作用下将产生较大的挠度。所以对跨度为 15m 或 15m 以上的三角形屋架和跨度为 24m 或 24m 以上的梯形和平行弦屋架，当下弦不向上曲折时，宜采用起拱的方法，即预先给屋架一个向上的反弯拱度。屋架受荷后产生的挠度，一部分可由反弯拱度抵消。因此，起拱能防止挠度过大而影响屋架的正常使用。起拱高度一般为跨度的 1/500。

三、屋盖支撑

钢屋架在其自身平面内为几何形状不变体系并具有较大的刚度。但这种体系在垂直于屋架平面的侧向（即屋架平面外）的刚度和稳定性很差，不能承受水平荷载。为了充分保证房屋的安全、适用和满足施工要求，在屋盖系统中必须设置必要的支撑体系，把平面屋架相互连接起来，使之成为一个稳定而刚强的整体结构。

1. 屋盖支撑的作用

（1）保证桁架结构的空间几何形状不变。平面桁架能保证桁架平面内的几何稳定性，支撑系统则保证桁架平面外的几何稳定性。

（2）保证桁架结构的空间刚度和空间整体性。

（3）为桁架弦杆提供必要的侧向支承点。

（4）承受并传递水平荷载。

（5）保证结构安装时的稳定和方便。

2. 支撑的设置要求

（1）有檩屋盖的支撑布置宜符合表 9-1 要求，无檩屋盖的支撑的布置宜符合表 9-2 的要求，有中间井式天窗时宜符合表 9-3 的要求。

表 9-1

有檩屋盖的支撑布置

支 撑 名 称		地 震 烈 度		
		Ⅵ、Ⅶ	Ⅷ	Ⅸ
屋架支撑	上弦横向支撑	单元端开间各设一道	单元端开间及单元长度大于 66m 的柱间支撑开间各设一道；天窗开洞范围的两端各增设局部的支撑一道	单元端开间及单元长度大于 42m 的柱间支撑开间各设一道；天窗开洞范围的两端各增设局部的上弦横向支撑一道
	下弦横向支撑 跨中竖向支撑	按设计假定及构造要求设置		
	端部竖向支撑	屋架端部高度大于 900mm 时，单元端开间及柱间支撑开间各设一道		
天窗架支撑	上弦横向支撑	单元天窗端开间各设一道		
	两侧竖向支撑	单元天窗端开间及每隔 36m 各设一道	单元天窗端开间及每隔 30m 各设一道	单元天窗端开间及每隔 18m 各设一道

表 9-2

无檩屋盖的支撑布置

支 撑 名 称			地 震 烈 度		
			Ⅵ、Ⅶ	Ⅷ	Ⅸ
屋架支撑	上弦横向支撑		屋架跨度小于 18m 时按设计假定及构造要求设置，跨度不小于 18m 时在厂房单元端开间各设一道	单元端开间及柱间支撑开间各设一道，天窗开洞范围的两端各增设局部的支撑一道	
	上弦通长水平系杆		按设计假定及构造要求设置	沿屋架跨度不大于 15m 设一道，但装配整体式屋面可仅在天窗开洞范围内设置；围护墙在屋架上弦高度有现浇圈梁时，其端部处可不另设	沿屋架跨度不大于 12m 设一道，但装配整体式屋面可仅在天窗开洞范围内设置；围护墙在屋架上弦高度有现浇圈梁时，其端部处可不另设
	下弦横向支撑			按设计假定及构造要求设置	同上弦横向支撑
	跨中竖向支撑				
	两端竖向支撑	屋架端部高度≤900mm		单元端开间各设一道	单元端开间及每隔 48m 各设一道
		屋架端部高度＞900mm	单元端开间各设一道	单元端开间及柱间支撑开间各设一道	单元端开间、柱间支撑开间及每隔 30m 各设一道
天窗架支撑	天窗两侧竖向支撑		厂房单元天窗端开间及每隔 30m 各设一道	厂房单元天窗端开间及每隔 24m 各设一道	厂房单元天窗端开间及每隔 18m 各设一道
	上弦横向支撑		按设计假定及构造要求设置	天窗跨度≥9m 时，单元天窗端开间及柱间支撑开间各设一道	单元端开间及柱间支撑开间各设一道

表 9 - 3　　　　　　　　　　　　中间井式天窗无檩屋盖支撑布置

支撑名称		地震烈度 6、7 度	地震烈度 8 度	地震烈度 9 度
上弦横向支撑 下弦横向支撑		厂房单元端开间各设一道	厂房单元端开间及柱间支撑开间各设一道	
上弦通长水平系杆		天窗范围内屋架跨中上弦节点处设置		
下弦通长水平系杆		天窗两侧及天窗范围内屋架下弦节点处设置		
跨中竖向支撑		有上弦横向支撑开间设置，位置与下弦通长系杆相对应		
两端竖向 支撑	屋架端部 高度≤900mm	按设计假定及构造要求设置		有上弦横向支撑开间，且间距不大于 48m
	屋架端部 高度＞900mm	厂房单元端开间各设一道	有上弦横向支撑开间，且间距不大于 48m	有上弦横向支撑开间，且间距不大于 30m

（2）屋盖支撑尚应符合下列要求。

天窗开洞范围内，在屋架脊点处应设上弦通长水平压杆；Ⅷ度Ⅲ、Ⅳ类场地和Ⅸ度时，梯形屋架端部上节点应沿厂房纵向设置通长水平压杆。

屋架跨中竖向支撑在跨度方向的间距，Ⅵ～Ⅷ度时不大于 15m，Ⅸ度时不大于 12m；当仅在跨中设一道时，应设在跨中屋架屋脊处；当设二道时，应在跨度方向均匀布置。

屋架上、下弦通长水平系杆与竖向支撑宜配合设置。

柱距不小于 12m 且屋架间距 6m 的厂房，托架（梁）区段及其相邻开间应设下弦纵向水平支撑。

屋盖支撑杆件宜用型钢。

第二节　钢屋架结构设计方法

一、屋架荷载计算与荷载效应组合

1. 屋盖上的荷载

屋盖上的荷载有永久荷载和可变荷载两大类。

永久荷载——包括屋面材料和檩条、支撑、屋架、天窗架等结构的自重。

可变荷载——包括雪荷载、风荷载和施工荷载等，一般可按规范查取。

屋架和支撑的自重可按下面经验公式进行估算，即：

$$g_k = (0.12 + 0.011l) \text{kN/m}^2 \qquad (9-5)$$

式中　l——屋架的标志跨度，m；

　　　g_k——按屋面的水平投影面分布的均布面荷载，kPa。

通常假定屋架的自重一半作用在上弦平面，一半作用在下弦平面。但当屋架下弦无其他荷载时，为简化计算可假定全部作用于屋架的上弦平面。

在清理荷载时，需要注意屋面的均布荷载通常是按屋面水平投影面上分布的荷载进行计算，所以凡沿屋面斜面分布的均布荷载（屋面板、瓦、各种屋面做法等恒荷载）均应换算为水平投影面上分布的荷载。假定沿屋面斜面分布的均布荷载为 q_{1k}，则换算为水平投影面上分布的荷载为 $q_{1k}/\cos\alpha$，α 为屋面的倾角。对于屋面坡度较小的缓坡梯形屋架结构的屋面，α 较小，可按 $\cos\alpha = 1$，即不再换算。《建筑结构荷载规范》（GB 50009—2001）给出的屋面均布活荷载、雪荷载均为水平投影面上的荷载，在计算时不需换算。

2. 节点荷载汇集

屋架所受的荷载一般通过檩条或大型屋面板的边肋以集中力的方式作用于屋架的节点上。作用于屋架上弦节点的集中力可按下式计算：

$$P_k = q_k \cdot a \cdot s \tag{9-6}$$

式中　P_k——节点集中力标准值；

q_k——按屋面水平投影面分布的荷载标准值；

a——上弦节间的水平投影长度；

s——屋架的间距。

对于有节间荷载作用的屋架弦杆，则应把节间荷载分配在相邻的两个节点上，屋架按节点荷载求出各杆件的轴心力，然后再考虑节间荷载引起的局部弯矩。

3. 荷载效应组合

由于可变荷载的作用位置将影响屋架内力，有的杆件并非所有恒载和活载都作用时引起最不利杆力，可能当某些荷载半跨作用时，该杆内力最大或由拉杆变成压杆，成为起控制作用的杆力。因此，设计时要考虑施工及使用阶段可能遇到的各种荷载及其组合的可能情况，对屋架进行内力分析时应按最不利组合取值。一般应考虑以下三种荷载组合：

组合一：全跨恒载＋全跨活载；

组合二：全跨恒载＋半跨活载；

组合三：全跨屋架、支撑和天窗自重＋半跨屋面板重＋半跨屋面活荷载。

在荷载效应组合时，屋面活荷载和雪荷载不同时考虑，取两者中的较大值进行组合。

二、屋架杆件计算

1. 计算屋架杆件内力时的基本假定

（1）屋架的节点为铰接。

（2）屋架所有杆件的轴线都在同一平面内，且相交于节点的中心。

（3）荷载都作用在节点上，且都在屋架平面内。

计算屋架杆件内力时，假定各节点均为铰接点。实际上用焊缝连接的各节点具有一定的刚度，在屋架杆件中引起了次应力，根据理论和实验分析，由角钢组成的普通钢屋架，由于杆件的线刚度较小，次应力对承载力的影响很小，设计时可以不予考虑。

2. 杆件的计算长度

理想的桁架结构中，杆件两端铰接，计算长度在桁架平面内应是节点中心间的距离，在桁架平面外，是侧向支承间的距离。但在节点处节点是具有一定刚度的，加上受拉杆件的约束作用，使得杆件端部的约束介于刚接和铰接之间；拉杆越多，约束作用越大，相连拉杆的截面相对越大，约束作用也就越大，在这种情况下，杆件的计算长度小于节点中心间的或侧向支承间的几何长度。

杆件的计算长度公式为：

$$l_{ox} = \mu_x l_x \quad 或 \quad l_{oy} = \mu_y l_y \tag{9-7}$$

式中　l_x，l_y——杆件平面内与平面外的几何长度；

l_{ox}，l_{oy}——杆件平面内与平面外的计算长度；

μ_x，μ_y——杆件平面内与平面外的计算长度系数，在桁架杆件中，μ_x，μ_y 是小于或等于 1.0 的数值。

杆件的计算长度可以参考《钢结构设计规范》GB 50017—2003 第 5.3.1 条的规定。

3. 屋架杆件的内力计算

确定屋架的计算简图之后，可用图解法（节点法）、数解法（节点法或截面法）或计算机法求解屋架杆件的内力。对三角形和梯形屋架用图解法比较方便，对平行弦屋架用数解法比较方便，用计算机法求解各种屋架的内力比较精确，而且快速。在某些结构设计手册中有常用屋架的内力系数表，利用手册计算屋架内力时，只要将屋架节点荷载乘以相应杆件的内力系数，即得该杆件的内力。

4. 杆件的容许长细比

杆件长细比过大，在运输和安装过程中容易因刚度不足而产生弯曲，在动力荷载作用下振幅较大，在自重作用下有可见挠度。为此，对桁架杆件应按各种设计标准的容许长细比进行控制，即：

$$\lambda \leqslant [\lambda] \tag{9-8}$$

式中　λ——杆件的最大长细比；

$[\lambda]$——杆件的容许长细比。GB 50017—2003 第 5.3.8 条规定了构件的容许长细比。

三、屋架杆件设计

1. 杆件的合理截面

普通钢屋架的杆件一般采用两个等肢或不等肢角钢组成的 T 形截面或十字形截面，这些截面能使两个主轴的回转半径与杆件在屋架平面内和平面外的计算长度相配合，而使两个方向的长细比接近，能达到用料经济，连接方便和刚度等要求。

对于屋架上弦，如无局部弯矩，因屋架平面外计算长度往往是屋架平面内计算长度的两倍，上弦宜采用两个不等肢角钢，短肢相并而长肢水平的 T 形截面形式。如有较大的非节点荷载，为提高上弦在屋架平面内的抗弯能力，宜采用不等肢角钢长肢相并而短肢水平的 T 形截面。

对于屋架的支座斜杆，由于它在屋架平面内和平面外的计算长度相等，因此，采用两个不等肢角钢长肢相并的 T 形截面比较合理。

腹杆宜采用两个等肢角钢组成的 T 形截面。但与竖向支撑相连的竖腹杆宜采用两个等肢角钢组成的十字形截面，使竖向支撑与屋架节点连接不产生偏心。受力特别小的腹杆也可以采用单角钢杆件。

屋架下弦在平面外的计算长度很大，故宜采用两个不等肢角钢短肢相并，这种形式截面的侧向刚度较大，且连接支撑比较方便。

2. 垫板（填板）

为了使两个角钢组成的杆件起整体作用，应在角钢相并肢之间焊上垫板（或填板）。垫板厚度与节点板厚度相同，垫板宽度一般取 40～60mm 左右，T 形截面时垫板长度比角钢肢宽大 10～15mm，十字形截面时垫板长度为角钢肢宽缩进 10～15mm。垫板间距 l 在受压杆件中不大于 $40i$，在受拉杆件中不大于 $80i$。在 T 形截面中 i 为一个角钢对平行于垫板自身重心轴的回转半径；在十字形截面中 i 为一个角钢的最小回转半径。在杆件的计算长度范围内至少设置两块垫板。如果只在杆件中央设一块垫板，则由于在垫板处剪力为零而不起作用。

3. 节点板厚度

钢桁架各杆件在节点处都与节点板相连，传递内力并相互平衡，节点板中应力复杂并难于分析，通常不作计算。GB 50017—2003 给出了单壁式桁架节点板厚度选用表。

4. 杆件截面选择

选择截面时应考虑下列原则：

（1）选用肢宽而壁薄的角钢，以增加截面的回转半径，但最薄不能小于 4mm。

（2）为了便于订货和制造，相近的角钢应尽量统一，同一屋架所采用的角钢型号不超过 5～6 种。同时应尽量避免使用同一肢宽而厚度相差不大的角钢，同一种规格的厚度之差不宜小于 2mm，以便施工时辨认。

（3）角钢最小规格一般按∟50×5 或∟75×50×5（受力较小桁架可按∟45×4 或∟56×36×4）。有垂直支撑处桁架竖杆通常用≥2∟63×5 的角钢。有螺栓孔时，角钢的肢宽须满足构造要求。

（4）屋架弦杆一般采用等截面，但当跨度大于 30m 时，弦杆可根据内力的变化改变截面，通常保持厚度不变而缩小肢宽，以利于拼接节点的构造处理。

5. 杆件设计

当杆件以承受轴力为主时，按轴心压杆或轴心拉杆计算；当杆件同时受到较大弯矩时，按压弯或拉弯构件计算。计算强度时，应注意对削弱处必须使用净截面进行计算。计算杆件整体稳定时，应注意对两个方向的稳定性都进行计算。

（1）轴心拉杆。

轴心拉杆可按强度条件确定所需的净截面面积，由型钢表选用合适的角钢，然后按轴心受拉构件验算其强度和刚度。

（2）轴心压杆。

如果没有截面削弱，轴心压杆可由稳定条件确定所需的截面面积和回转半径。参考这些数据从角钢规格表中选择合适的角钢。根据所选用角钢的实际截面面积和回转半径按轴心受压构件进行强度、刚度和整体稳定性验算。因为是型钢，所以，局部稳定满足要求，不需要再进行计算。

（3）拉弯或压弯杆件。

屋架上弦或下弦有节间荷载作用时，应根据轴心力和局部弯矩，按拉弯或压弯构件的计算方法对节点处或节间弯矩较大截面进行计算。一般先根据经验或参照已有设计资料试选截面，对拉弯杆件验算强度和刚度，对压弯杆件验算强度、刚度、弯矩作用平面内和弯矩作用平面外的整体稳定性。若不满足或过分满足则改选截面，重新进行试算，直至符合要求为止。

（4）按刚度条件选择杆件截面。

对屋架中内力很小的腹杆或因构造需要设置的杆件（如芬克式屋架跨中竖杆），其截面可按刚度条件确定杆件截面。

四、屋架节点设计

节点的作用是把汇交于节点中心的杆件连接在一起，一般都通过节点板来实现。各杆的内力通过各自与节点板相连的角焊缝把杆力传到节点板上以取得平衡，所以节点设计的具体任务是：根据节点的构造要求，确定各杆件的切断位置；根据焊缝的长度确定节点板的形状和尺寸。

1. 节点设计的基本要求

（1）布置桁架杆件时，原则上应使杆件形心线与桁架几何轴线重合，以免杆件偏心受力。为便于制造，通常取角钢肢背至形心距离为5mm的整倍数。比如，在型钢表中查得角钢∟90×7的肢背至形心距离为24.8mm，取5mm的整倍数，则角钢∟90×7的肢背至形心距离取为25mm。

（2）焊接屋架节点中，各杆件边缘间应留一定的间隙，一般不宜小于20mm，以利拼装和施焊，同时也避免因焊缝过于密集而使钢材过热变脆。对直接承受动力荷载的焊接桁架，腹杆与弦杆之间的间隙一般不宜小于50mm。桁架图中一般不直接标明各处的间隙值，而是注明各切断杆件的端距，以控制有足够的间隙。

（3）角钢端部的切割面一般应与杆件轴线垂直，当角钢较宽，为了减小节点板尺寸，也可采用斜切，即允许把角钢的一个边斜切（切掉一角）但不影响角钢背圆角部分。

（4）节点板的尺寸主要取决于所连杆件的大小和所需焊缝的长短，一般至少要有两条边平行，如矩形、平行四边形或直角梯形等，以节约钢材和减少切割次数。节点板外形还应尽量考虑传力均匀，不应有凹角，以免产生严重的应力集中现象。

2. 节点设计

（1）下弦一般节点。

下弦一般节点是指下弦杆直通连续和没有节点集中荷载的节点，如图9-4所示。

首先画出各杆件的轴线位置及各杆件的截面大小，根据构造要求确定各杆件的端部切断位置（即腹杆端部至节点中心的距离），如图9-4中的 l_1、l_2 和 l_3 所示，这个距离主要用于制造时的拼装，可以由此计算每一根腹杆的实际长度，即由腹杆两端的节点间几何长度减去两端至各自节点的距离之和。

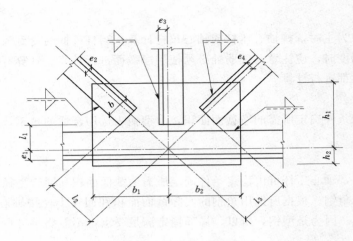

图 9-4　下弦一般节点

计算下弦节点中各腹杆与节点板所需的连接焊缝长度：

肢背焊缝：
$$l_{w1} \geqslant \frac{\alpha_1 N}{2 \times 0.7 h_{f1} f_f^w} \qquad (9-9)$$

肢尖焊缝：
$$l_{w2} \geqslant \frac{\alpha_2 N}{2 \times 0.7 h_{f2} f_f^w} \qquad (9-10)$$

弦杆与节点板的连接焊缝，应考虑承受弦杆相邻间节内力之差 ΔN，按下式计算下弦杆与节点板连接所需的焊脚尺寸：

肢背焊缝：
$$h_{f1} \geqslant \frac{\alpha_1 \Delta N}{2 \times 0.7 l_{w1} f_f^w} \qquad (9-11)$$

肢尖焊缝：
$$h_{f2} \geqslant \frac{\alpha_2 \Delta N}{2 \times 0.7 l_{w2} f_f^w} \qquad (9-12)$$

式中　N——杆件的轴力；

$\quad f_f^w$——角焊缝的强度设计值；

h_{f1}、h_{f2}——角钢肢背和肢尖的焊脚尺寸；

l_{w1}、l_{w2}——角钢肢背和肢尖的焊缝计算长度，对每条焊缝取其实际长度减去 $2h_f$；

$\quad \alpha_1$、α_2——角钢肢背和肢尖焊缝受力分配系数，可取 $\alpha_1 = \dfrac{2}{3}$，$\alpha_2 = \dfrac{1}{3}$。

通常弦杆相邻间节内力之差 ΔN 很小，实际需要的焊脚尺寸可由构造要求确定，并沿节点板全长满焊。

（2）上弦一般节点。

计算上弦节点中各腹杆与节点板所需的连接焊缝长度与下弦节点中各腹杆与节点板所需的连接焊缝长度计算方法相同。

如图 9-5 所示，上弦杆与节点板的连接焊缝是由角钢肢背的槽焊缝和角钢肢尖的两条角焊缝组

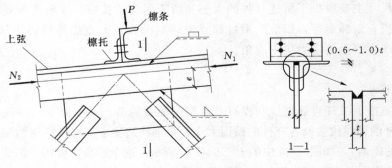

图 9-5　上弦一般节点

成，假定角钢肢背的槽焊缝承受节点荷载 P，角钢肢尖的两条角焊缝承担 ΔN 和由于 ΔN 与肢尖焊缝的偏心距 e 而产生的弯矩 $\Delta M = \Delta N \cdot e$。

当屋面坡度较缓时，角钢肢背槽焊缝的强度可按下式计算：

$$\frac{P}{2 \times 0.7 h_{f1} l_{w1}} \leqslant 0.8 \beta_f f_f^w$$

角钢肢背的槽焊缝近似按两条 $h_f = 0.5t$（t 为节点板厚度）的角焊缝计算；上式中的系数 0.8 是考虑到槽焊缝的质量不易保证，而将角焊缝的强度设计值降低 20%。β_f 是正面角焊缝的强度设计值增大系数，对承受静力荷载和间接承受动力荷载的结构，$\beta_f = 1.22$；对直接承受动力荷载的结构，$\beta_f = 1.0$。

角钢肢尖焊缝的强度计算：

在 ΔN 作用下：

$$\tau_f = \frac{\Delta N}{2 \times 0.7 h_{f2} l_{w2}} \tag{9-13}$$

在 $\Delta M = \Delta N \cdot e$ 作用下：

$$\sigma_f = \frac{6\Delta M}{2 \times 0.7 h_{f2} l_{w2}^2} \tag{9-14}$$

合应力应满足：

$$\sqrt{\left(\frac{\sigma_f}{\beta_f}\right)^2 + \tau_f^2} \leqslant f_f^w \tag{9-15}$$

（3）屋脊拼接节点。

弦杆的拼接分为工厂拼接和工地拼接两种。因角钢长度不够或弦杆截面有改变时在工厂进行的拼接称为工厂拼接，这种拼接的位置通常在节点范围以外。工地拼接是由于运输条件的限制，屋架分为两个或两个以上的运输单元时在工地进行的拼接，这种拼接的位置一般在节点处，为减轻节点板负担和保证整个屋架平面外的刚度，通常不利用节点板作为拼接材料，而以拼接角钢传递弦杆内力。拼接角钢一般与弦杆的截面相同，使弦杆在拼接处保持原有的强度和刚度。

屋脊拼接节点中的拼接角钢，当屋面坡度较缓时，拼接角钢可以热弯成型；当屋面坡度较陡时，常需将拼接角钢的竖肢切成斜口弯曲后对接焊牢。

如图 9-6 所示，屋脊拼接节点的连接焊缝有两类：一是拼接角钢与弦杆之间的连接焊缝；二是弦杆与节点板之间的连接焊缝。

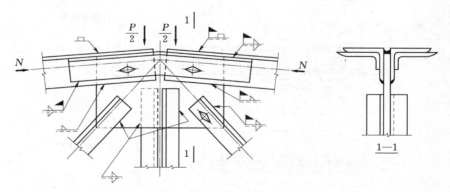

图 9-6 屋脊拼接节点

屋脊拼接角钢与弦杆的连接计算及拼接角钢总长度的确定。拼接角钢与受压弦杆之间的连接可按弦杆最大内力进行计算，每边共有 4 条焊缝平均承受此力，则一条焊缝的计算长度为：

$$l_w \geqslant \frac{N}{4 \times 0.7 h_f f_f^w} \tag{9-16}$$

一条焊缝的实际长度为：

$$l=l_w+2h_f \qquad\qquad (9-17)$$

拼接角钢的总长度（l_s）为：

$$l_s=2l+l' \qquad\qquad (9-18)$$

式中　l'——弦端杆端空隙。

弦杆与节点板之间的连接焊缝。假定节点荷载 P 由上弦角钢肢背处的槽焊缝承受，按下式计算：

$$\frac{P}{2\times0.7h_{f1}l_{w1}}\leqslant0.8\beta_f f_f^w \qquad\qquad (9-19)$$

上弦角钢肢尖与节点板的连接焊缝按上弦杆最大内力的 15％ 计算，并考虑此力产生的弯矩 $M=0.15N\cdot e$，按下列公式计算：

在 $0.15N$ 作用下：

$$\tau_f^N=\frac{0.15N}{2\times0.7h_{f2}l_{w2}} \qquad\qquad (9-20)$$

在 $M=0.15N\cdot e$ 作用下：

$$\sigma_f^M=\frac{6M}{2\times0.7h_{f2}l_{w2}^2} \qquad\qquad (9-21)$$

合应力应满足：

$$\sqrt{\left(\frac{\sigma_f^M}{\beta_f}\right)^2+(\tau_f^N)^2}\leqslant f_f^w \qquad\qquad (9-22)$$

对承受静力荷载和间接承受动力荷载的结构，$\beta_f=1.22$；对直接承受动力荷载的结构，$\beta_f=1.0$。

（4）下弦拼接节点。

拼接角钢与下弦杆的连接计算及拼接角钢总长度的确定。如图 9-7 所示，拼接角钢与下弦杆之间每边有 4 条角焊缝连接，由于拼接角钢竖向肢切割去 h_f+t+5mm，可近似认为 4 条角焊缝均匀传力。拼接角钢与下弦杆的连接焊缝按下弦截面积等强度计算，即拼接角钢与下弦杆的连接焊缝最大承受的内力值为 $A\cdot f$，A 为下弦角钢截面总面积。则在拼接节点一边每条焊缝的计算长度为：

$$l_w=\frac{A\cdot f}{4\times0.7h_f f_f^w} \qquad\qquad (9-23)$$

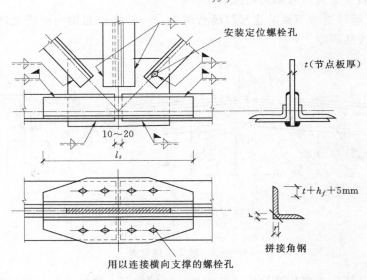

图 9-7　下弦拼接节点（单位：mm）

每条焊缝的实际长度为：

$$l=l_w+2h_f$$

拼接角钢的总长度（l_s）为：

$$l_s = 2l + l'$$ (9-24)

式中 l'——拼接处角钢间的空隙，$10 \sim 20mm$。

下弦杆与节点板的连接焊缝，除按拼接节点两侧弦杆的内力差进行计算外，还应考虑到拼接角钢由于切角和切肢，截面有一定的削弱，这削弱的部分由节点板来补偿，一般拼接角钢削弱的面积不超过 15%。所以下弦与节点板的连接焊缝按下弦较大内力的 15% 和两侧下弦的内力之差两者中的较大者进行计算。

下弦杆肢背与节点板的连接焊缝计算长度：

$$l_{w1} \geqslant \frac{\alpha_1 \cdot \max(0.15N_{\max}, \Delta N)}{2 \times 0.7 h_{f1} f_f^w}$$ (9-25)

下弦杆肢背与节点板的连接焊缝实际长度：

$$l_1 = l_{w1} + 2h_{f1}$$ (9-26)

下弦杆肢尖与节点板的连接焊缝计算长度：

$$l_{w2} \geqslant \frac{\alpha_2 \cdot \max(0.15N_{\max}, \Delta N)}{2 \times 0.7 h_{f2} f_f^w}$$ (9-27)

下弦杆肢尖与节点板的连接焊缝实际长度：

$$l_2 = l_{w2} + 2h_{f2}$$ (9-28)

（5）支座节点。

屋架与柱的连接有简支和刚接两种形式，支承于钢筋混凝土柱或砖柱上的屋架一般为简支，而支承于钢柱上的屋架通常为刚接。如图 9-8 所示的为简支屋架的支座节点，由节点板、加劲肋、支座底板和锚柱等部分组成。它的设计和轴心受压柱铰接柱脚相似。

支座底板的面积 A：

$$A \geqslant \frac{R}{f_c} + A_0$$ (9-29)

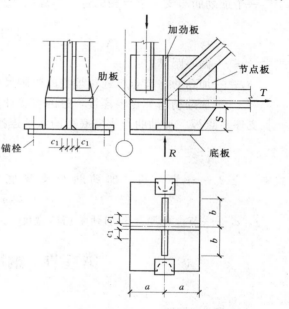

图 9-8 梯形屋架支座节点

式中 R——屋架的支座反力；

f_c——柱混凝土轴心抗压强度设计值；

A_0——锚栓孔缺口面积。

锚栓预埋于柱中，其直径一般取 $20 \sim 25mm$；为了便于安装屋架时能够调整位置，底板上的锚栓孔直径应为锚栓直径的 $2 \sim 2.5$ 倍，通常采用 $40 \sim 60mm$。屋架安装完毕后，在锚栓上套上垫圈，并与底板焊牢以固定屋架。

底板的厚度应按下式计算：

$$t \geqslant \sqrt{\frac{6M}{f}}$$ (9-30)

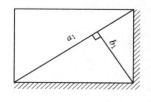

图 9-9 两邻边支承的矩形板

式中 M——两邻边支承板单位板宽的最大弯矩，$M = \beta q a_1^2$；

q——底板单位面积的压力；

a_1——两相邻支承边的对角线长度，如图 9-9 所示；

b_1——支承边的交点至对角线的垂直距离，如图 9-9 所示；

β——系数，根据 b_1/a_1 由下表 9-4 查出；

f——钢材的抗弯强度设计值。

表 9 - 4　　　　　　　　　　两相邻边支承板的弯矩系数 β

b_1/a_1	0.3	0.4	0.5	0.6	0.7	0.8	0.9	1.0
β	0.0273	0.0439	0.0602	0.0747	0.0871	0.0972	0.1053	0.1117

支座底板的厚度和面积还应满足下列构造要求：

厚度：当屋架跨度≤18m 时，$t \geqslant 16$mm；

当屋架跨度＞18m 时，$t \geqslant 20$mm。

面积：宽度取 200～360mm；

长度（垂直于屋架方向）取 200～400mm。

加劲肋的作用是加强底板的刚度，提高节点板的侧向刚度。加劲肋的高度由节点板的尺寸决定，厚度可与节点板的厚度相同。加劲肋可视为支承于节点板上的悬臂梁，一个加劲肋通常假定传递支座反力的 1/4，并考虑偏心弯矩 M。

焊缝受剪力：$V = \dfrac{R}{4}$　　焊缝受弯矩：$M = \dfrac{R}{4} \times e$

一个加劲肋与支座节点板的连接焊缝按下式进行强度计算：

$$\sqrt{\left(\frac{V}{2 \times 0.7 h_f l_w}\right)^2 + \left(\frac{6M}{2 \times 0.7 h_f l_w^2 \times \beta_f}\right)^2} \leqslant f_f^w \tag{9-31}$$

式中　e——偏心距离；

h_f——加劲肋与节点板连接焊缝的焊脚尺寸；

l_w——加劲肋与节点板连接焊缝的焊缝计算长度。

支座节点板、加劲肋与支座底板的水平连接焊缝，按下式进行强度计算：

$$\sigma_f = \frac{R}{\beta_f \times 0.7 h_f \sum l_w} \leqslant f_f^w \tag{9-32}$$

式中　$\sum l_w$——节点板、加劲肋与支座底板的水平焊缝总长度，共有 6 条焊缝，$\sum l_w = [2a + 2(2b - t - 2c_1)] - 6 \times 2h_f$；

t, c_1——节点板厚度和加劲肋切口宽度。

第三节　钢屋架结构设计实例

一、设计资料

屋面采用梯形钢屋架、预应力钢筋混凝土屋面板，尺寸见图 9-10 所示。钢屋架两端支撑于钢筋混凝土柱上（混凝土等级 C20）。钢屋架材料为 Q235 钢，焊条采用 E43 型，手工焊接。该厂房横向跨度为 24m，房屋长度为 240m，柱距（屋架间距）为 6m，房屋檐口高为 2.0m，屋面坡度为 1/12。

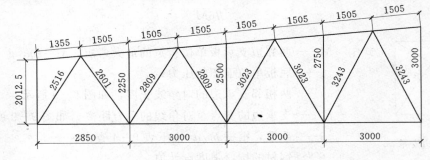

图 9-10　屋架几何尺寸图（单位：mm）

二、屋架布置及几何尺寸

屋架计算跨度＝24000－300＝23700mm。

屋架端部高度 H_0＝2000mm。

三、支撑布置

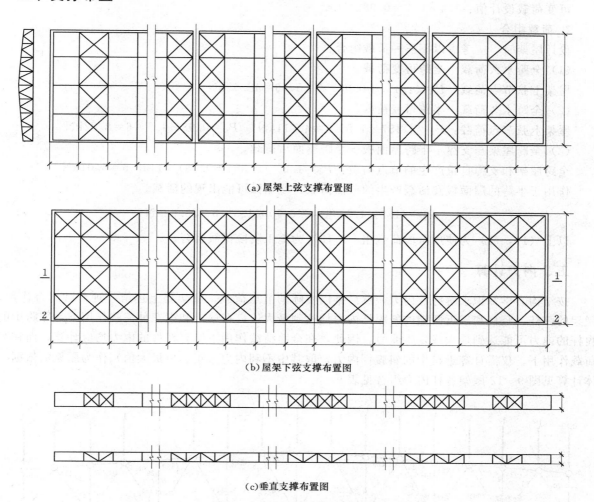

(a)屋架上弦支撑布置图

(b)屋架下弦支撑布置图

(c)垂直支撑布置图

图 9-11　屋架屋面支撑布置图

四、荷载计算

1. 荷载

永久荷载

预应力钢筋混凝土屋面板（包括嵌缝）	1500N/m²＝1.5kN/m²
屋架自重	（120＋11×24）＝0.384kN/m²
防水层	380N/m²＝0.38kN/m²
找平层 2cm 厚	400N/m²＝0.40kN/m²
保温层	970N/m²＝0.97kN/m²
支撑自重	80N/m²＝0.08kN/m²

小计　　　　　　　　　　　　　　　　　　　　　$\sum$3.714kN/m²

可变荷载

活载 $700N/m^2 = 0.70kN/m^2$

以上荷载计算中，因屋面坡度较小，风荷载对屋面为吸力，对重屋盖可不考虑，所以各荷载均按水平投影面积计算。

永久荷载设计值：$1.2 \times 3.714 = 4.457kN/m^2$

可变荷载设计值：$1.4 \times 0.7 = 0.98kN/m^2$

2. 荷载组合

设计屋架时，应考虑以下三种荷载组合：

（1）全跨永久荷载＋全跨可变荷载。

屋架上弦节点荷载：$P = (4.457 + 0.98) \times 1.5 \times 6 = 48.93kN$

（2）全跨永久荷载＋半跨可变荷载。

屋架上弦节点荷载：$P_1 = 4.457 \times 1.5 \times 6 = 40.11kN$ $P_2 = 0.98 \times 1.5 \times 6 = 8.82kN$

（3）全跨屋架与支撑＋半跨屋面板＋半跨屋面活荷载。

全跨屋架和支撑自重产生的节点荷载：$P_3 = 1.2 \times (0.384 + 0.08) \times 1.5 \times 6 = 5.01kN$

作用于半跨的屋面板及活载产生的节点荷载：取屋面可能出现的活载。

$$P_4 = (1.2 \times 1.5 + 1.4 \times 0.7) \times 1.5 \times 6 = 25.02kN$$

以上（1），（2）为使用阶段荷载组合；（3）为施工阶段荷载组合。

五、内力计算

按结构力学知识求解杆件内力，然后乘以实际的节点荷载，屋架要上述第一种荷载组合作用下，屋架的弦杆、竖杆和靠近两端的斜腹杆内力均达到最大值，在第二和第三种荷载作用下，靠跨中的斜腹杆的内力可能达到最大或发生变号，因此，在全跨荷载作用下所有杆件的内力均应计算，而在半跨荷载作用下，仅需计算近跨中的斜腹杆内力，取其中不利内力（正、负最大值）作为屋架的依据。具体计算见图 9-12 屋架各杆内力组合见表 9-5。

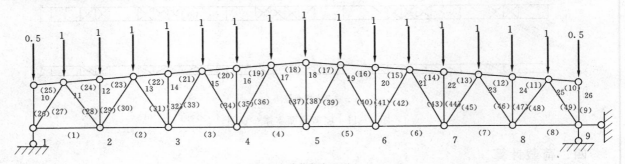

（a）全跨荷载布置图

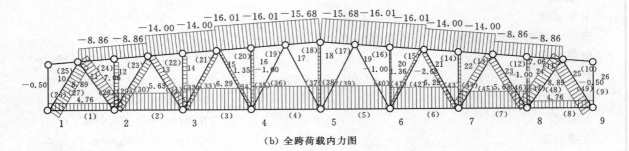

（b）全跨荷载内力图

图 9-12（一）　屋架荷载及内力图

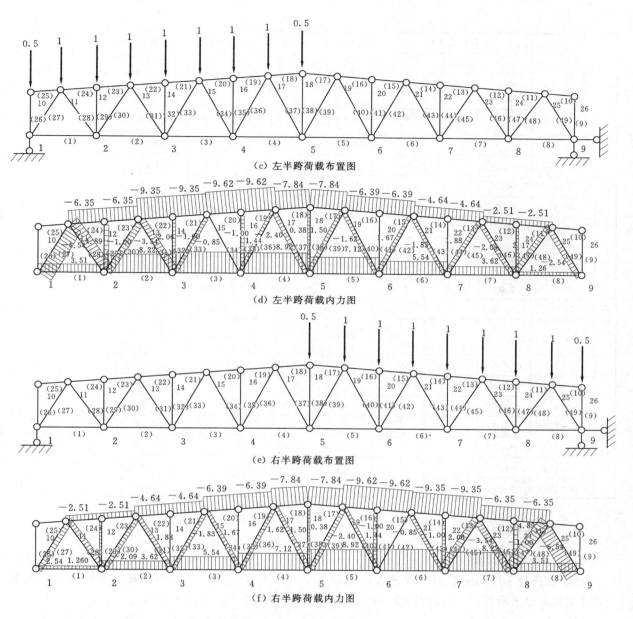

(c) 左半跨荷载布置图

(d) 左半跨荷载内力图

(e) 右半跨荷载布置图

(f) 右半跨荷载内力图

图 9-12（二）　屋架荷载及内力图

表 9-5　　　　　　　　　　　　　　　　内 力 计 算 表

杆 件 名 称		杆内力系数 P=1			全跨永久荷载+全跨可变荷载 P=48.93kN N=P×③ ④	全跨永久荷载+半跨可变荷载 P₁=40.11kN P₂=8.82kN N左=P₁×③+P₂×① N右=P₁×③+P₂×②		全跨屋架支撑+半跨屋面板+半跨可变荷载 P₃=5.01kN P₄=25.02kN N左=P₃×③+P₄×① N右=P₃×③+P₄×②		计算内力 (kN)
		在左半跨 ①	在右半跨 ②	全跨 ③						
上弦杆	10—11	0	0	0	0	0		0		0
	11—13	−6.35	−2.51	−8.86	−424.57	−393.55	−346.13	−253.62	−132.50	−393.55
	13—15	−9.35	−4.65	−14.00	−670.88	−613.42	−555.38	−379.18	−230.94	−613.42
	15—17	−9.62	−6.39	−16.01	−767.20	−688.25	−648.36	−399.80	−297.92	−688.25
	17—18	−7.84	−7.84	−15.68	−751.39	−654.53	−654.53	−341.67	−341.67	−654.53

397

杆件名称	杆内力系数 P=1			全跨永久荷载＋全跨可变荷载 P=48.93kN N=P×③	全跨永久荷载＋半跨可变荷载 P₁=40.11kN P₂=8.82kN N左=P₁×③+P₂×① N右=P₁×③+P₂×②		全跨屋架支撑＋半跨屋面板＋半跨可变荷载 P₃=5.01kN P₄=25.02kN N左=P₃×③+P₄×① N右=P₃×③+P₄×②		计算内力 (kN)
	在左半跨 ①	在右半跨 ②	全跨 ③						
下弦杆 1-2	3.51	1.25	4.76	228.10	212.65	184.74	139.36	68.08	212.65
2-3	8.22	3.62	11.84	567.37	522.64	465.83	330.54	185.45	522.64
3-4	9.75	5.54	15.29	732.70	664.25	612.25	399.56	266.78	664.25
4-5	8.92	7.12	16.04	768.64	680.67	658.44	377.90	321.13	680.67
斜腹杆 1-11	-6.54	-2.35	-8.89	-426.01	-396.97	-345.22	-259.79	-127.64	-396.97
11-2	4.89	2.17	7.06	338.32	311.50	277.91	196.73	110.94	311.50
2-13	-3.54	-2.09	-5.63	-269.79	-243.97	-226.06	-145.54	-99.81	-243.97
13-3	2.06	1.89	3.95	189.28	165.93	163.84	88.75	83.90	165.93
3-15	-0.86	-1.83	-2.69	-128.90	-106.30	-118.28	-43.82	-73.91	-118.28
15-4	-0.32	1.67	1.35	64.69	44.06	68.39	-1.97	60.80	68.39 / -1.97
4-17	1.44	1.63	-0.19	-9.10	11.03	13.37	44.27	50.27	50.27
17-5	-2.40	1.50	-0.90	-43.13	-61.65	-13.49	-81.11	41.89	-81.11
竖杆 1-10	-0.50	0	-0.50	-23.96	-23.96	-17.78	-21.79	-3.01	-23.96
2-12	-1.00	0	-1.00	-47.92	-47.92	-35.57	-37.56	-6.02	-47.92
3-14	-1.00	0	-1.00	-47.92	-47.92	-35.57	-37.56	-6.02	-47.92
4-16	-1.00	0	-1.00	-47.92	-47.92	-35.57	-37.56	-6.02	-47.92
5-18	0.80	0.80	1.60	76.67	47.03	47.03	34.86	34.85	47.03

六、杆件截面设计

1. 上弦杆截面计算

整个上弦杆采用同一截面，按最大内力计算 $N=-688.25\text{kN}$（压力），查《钢结构设计手册》（中国建筑工业出版社），节点板厚度选用 12mm，支座节点板厚度选用 14mm。

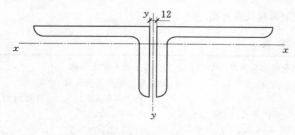

图 9-13 上弦截面（单位：mm）

计算长度：屋架平面内取节间轴线长度 $l_{0x}=150.5\text{cm}$

屋架平面外根据支撑和内力变化取 $l_{0y}=2\times150.5=301.0\text{cm}$

因为 $2l_{0x}=l_{0y}$，故截面宜选用两个不等肢角钢，且短肢相并。如图 9-13 所示。

设 $\lambda=60$，查《钢结构设计手册》轴心受压构件的稳定系数表 $\varphi=0.807$。

需要截面积：

$$A=\frac{N}{\varphi f}=\frac{688.25\times10^3}{0.807\times215}=3967\text{mm}^2$$

需要回转半径：

$$i_x=\frac{l_{0x}}{\lambda}=\frac{1508}{60}=2.51\text{cm} \quad i_y=\frac{l_{0y}}{\lambda}=\frac{3016}{60}=5.03\text{cm}$$

根据需要的 A、i_x、i_y，查《钢结构设计手册》角钢型钢表，选用 $2 \llcorner 160 \times 100 \times 10$，$A=50.6\text{cm}^2$，$i_x=2.85\text{cm}$，$i_y=7.78\text{cm}$。

按所选角钢进行验算：

$$\lambda_x=l_{0x}/i_x=150.5/2.85=53, \quad \lambda_y=l_{0y}/i_y=301.0/7.78=39$$

满足长细比：$[\lambda]=150$ 的要求。

由于 $\lambda_x>\lambda_y$ 只需求出 $\varphi_{\min}=\varphi_x$，查《钢结构设计手册》轴心受压构件的稳定系数表，$\varphi_x=0.842$

$$\sigma=\frac{N}{\varphi_x A}=\frac{688.25\times10^3}{0.842\times5060}=162\text{N/mm}^2<f=215\text{N/mm}^2$$

所选截面合适。

2. 下弦杆截面计算

整个杆件采用同一截面，按最大内力计算，$N=680.67\text{kN}$（拉力）

计算长度，屋架平面内取节间轴线长度 $l_{0x}=300\text{cm}$

屋架平面外根据支撑布置取 $l_{0y}=600\text{cm}$

计算需要净截面面积

$$A_n=\frac{N}{f}=\frac{680.67\times10^3}{215}=3166\text{mm}^2$$

选用 $2 \llcorner 160 \times 100 \times 10$（短肢相并），见图 9-14 所示，$A=50.60\text{cm}^2$，$i_x=2.85\text{cm}$，$i_y=7.78\text{cm}$。

按所选角钢进行截面验算，取 $A_n=A$。

$$\lambda=\frac{l_{0x}}{i_x}=\frac{300}{2.85}=105<[\lambda]=350 \quad \lambda=\frac{l_{0y}}{i_y}=\frac{600}{7.78}=77<[\lambda]=350$$

$$\sigma=\frac{N}{A}=\frac{680.67\times10^3}{5060}=135\text{N/mm}^2<f=215\text{N/mm}^2$$

所选截面满足要求。

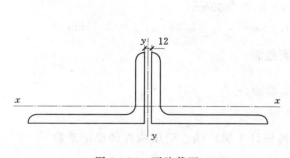

图 9-14　下弦截面

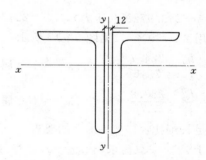

图 9-15　斜杆 1-11 截面

3. 斜杆截面计算

（1）斜杆 1-11。

$N=-396.97\text{kN}$（压力），$l_{0x}=l_{0y}=l=251.6\text{cm}$

因为 $l_{0x}=l_{0y}$，故采用不等肢角钢，长肢相并，使 $i_x=i_y$

选用 $2 \llcorner 140 \times 90 \times 10$，见图 9-15 所示，$A=44.6\text{cm}^2$，$i_x=2.56\text{cm}$，$i_y=6.84\text{cm}$

$$\lambda_x=\frac{l_{0x}}{i_x}=\frac{251.6}{2.56}=98<[\lambda]=150 \text{ 属于 b 类截面。}$$

$$\lambda_y=\frac{l_{0y}}{i_y}=\frac{251.6}{6.84}=37<[\lambda]=150 \text{ 属于 b 类截面。}$$

满足长细比：$[\lambda]=150$ 的要求。

由于 $\lambda_x > \lambda_y$ 只需求出 $\varphi_{\min} = \varphi_x$，查《钢结构设计手册》轴心受压构件的稳定系数表，$\varphi_x = 0.568$

$$\sigma = \frac{N}{\varphi_x A} = \frac{396.97 \times 10^3}{0.568 \times 4460} = 157 \text{N/mm}^2 < f = 215 \text{N/mm}^2$$

所选截面合适。

（2）斜杆 11—2。

$N = 311.50 \text{kN}$（拉力），$l_{0x} = 0.8l = 208.1 \text{cm}$，$l_{0y} = l = 260.1 \text{cm}$

计算需要净截面面积：

$$A_n = \frac{N}{f} = \frac{311.50 \times 10^3}{215} = 1449 \text{mm}^2$$

选用 $2 \llcorner 63 \times 8$，见图 9-16 所示，$A = 19.02 \text{cm}^2$，$i_x = 1.90 \text{cm}$，$i_y = 3.10 \text{cm}$

验算：

$$\lambda_x = \frac{l_{0x}}{i_x} = \frac{208.1}{1.90} = 110 < [\lambda] = 350 \qquad \lambda_y = \frac{l_{0y}}{i_y} = \frac{260.1}{3.10} = 84 < [\lambda] = 350$$

$$\sigma = \frac{N}{A} = \frac{311.50 \times 10^3}{1902} = 164 \text{N/mm}^2 < f = 215 \text{N/mm}^2$$

所选截面满足要求。

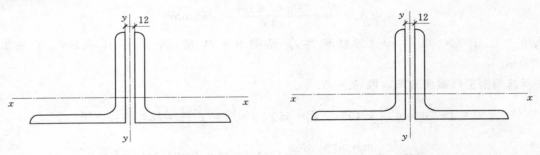

图 9-16　斜杆 11—2 截面　　　　　　　　　　图 9-17　斜杆 2—13 截面

（3）斜杆 2—13。

$N = -243.97 \text{kN}$（压力），$l_{0x} = 2247 \text{mm}$　$l_{0y} = l = 2809 \text{mm}$

选用 $2 \llcorner 80 \times 7$，见图 9-17 所示，$A = 21.72 \text{mm}^2$，$i_x = 2.46 \text{cm}$，$i_y = 3.75 \text{cm}$

$\lambda_x = \dfrac{l_{0x}}{i_x} = \dfrac{224.7}{2.46} = 91 < [\lambda] = 150$ 属于 b 类截面。

$\lambda_y = \dfrac{l_{0y}}{i_y} = \dfrac{280.9}{3.75} = 75 < [\lambda] = 150$ 属于 b 类截面。

满足长细比：$[\lambda] = 150$ 的要求。

由于 $\lambda_x > \lambda_y$ 只需求出 $\varphi_{\min} = \varphi_x$，查《钢结构设计手册》轴心受压构件的稳定系数表，$\varphi_x = 0.614$

$$\sigma = \frac{N}{\varphi_x A} = \frac{243.97 \times 10^3}{0.614 \times 2172} = 183 \text{N/mm}^2 < f = 215 \text{N/mm}^2$$

所选截面合适。

（4）斜杆 13—3。

$N = 165.93 \text{kN}$（拉力），$l_{0x} = 0.8l = 224.7 \text{cm}$，$l_{0y} = l = 280.9 \text{cm}$

计算需要净截面面积

$$A_n = \frac{N}{f} = \frac{165.93 \times 10^3}{215} = 772 \text{mm}^2$$

选用 $2 \llcorner 56 \times 5$，见图 9-18 所示，$A = 10.82 \text{cm}^2$，$i_x = 1.72 \text{cm}$，$i_y = 2.77 \text{cm}$

验算：

$$\lambda_x = \frac{l_{0x}}{i_x} = \frac{224.7}{1.72} = 131 < [\lambda] = 350 \qquad \lambda_y = \frac{l_{0y}}{i_y} = \frac{280.9}{2.77} = 101 < [\lambda] = 350$$

$$\sigma = \frac{N}{A} = \frac{165.93 \times 10^3}{1082} = 153 \text{N/mm}^2 < f = 215 \text{N/mm}^2$$

所选截面满足要求。

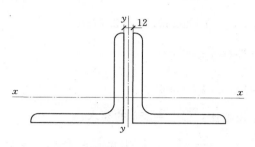

图 9-18 斜杆 13-3 截面

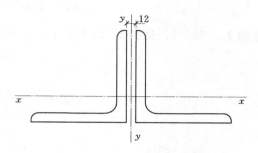

图 9-19 斜杆 3-15 截面

(5) 斜杆 3-15。

$N = -118.28 \text{kN}$（压力），$l_{0x} = 241.8 \text{cm}$ $l_{0y} = l = 302.3 \text{cm}$

选用 2∟80×7，见图 9-19 所示，$A = 21.72 \text{cm}^2$，$i_x = 2.46 \text{cm}$，$i_y = 3.75 \text{cm}$

$$\lambda_x = \frac{l_{0x}}{i_x} = \frac{241.8}{2.46} = 98 < [\lambda] = 150 \text{ 属于 b 类截面}$$

$$\lambda_y = \frac{l_{0y}}{i_y} = \frac{302.3}{3.75} = 81 < [\lambda] = 150 \text{ 属于 b 类截面}$$

满足长细比：$[\lambda] = 150$ 的要求。

由于 $\lambda_x > \lambda_y$ 只需求出 $\varphi_{\min} = \varphi_x$，查《钢结构设计手册》轴心受压构件的稳定系数表，$\varphi_x = 0.568$

$$\sigma = \frac{N}{\varphi_x A} = \frac{118.28 \times 10^3}{0.568 \times 2172} = 153 \text{N/mm}^2 < f = 215 \text{N/mm}^2$$

所选截面合适。

(6) 斜杆 15-4。

$N = 68.39 \text{kN}$（拉力），$l_{0x} = 0.8l = 2418 \text{mm}$，$l_{0y} = l = 3023 \text{cm}$

计算需要净截面面积

$$A_n = \frac{N}{f} = \frac{68.39 \times 10^3}{215} = 321 \text{mm}^2$$

选用 2∟56×5，见图 9-20 所示，$A = 10.82 \text{cm}^2$，$i_x = 1.72 \text{cm}$，$i_y = 2.77 \text{cm}$

验算：

$$\lambda_x = \frac{l_{0x}}{i_x} = \frac{241.8}{1.72} = 141 < [\lambda] = 350 \quad \lambda_y = \frac{l_{0y}}{i_y} = \frac{302.3}{2.77} = 109 < [\lambda] = 350$$

$$\sigma = \frac{N}{A} = \frac{68.39 \times 10^3}{1082} = 63 \text{N/mm}^2 < f = 215 \text{N/mm}^2$$

所选截面满足要求。

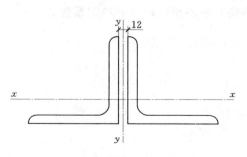

图 9-20 斜杆 15-4 截面

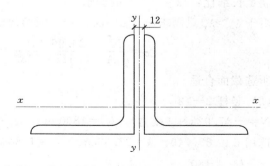

图 9-21 斜杆 4-17 截面

（7）斜杆 4—17。

$N=50.27$kN（拉力），$l_{0x}=259.5$cm　　$l_{0y}=l=324.3$cm

$$A_n=\frac{N}{f}=\frac{50.27\times10^3}{215}=234\text{mm}^2$$

选用 2∟56×5，见图 9-21 所示，$A=10.82$cm²，$i_x=1.724$cm，$i_y=2.77$cm

$$\lambda_x=\frac{l_{0x}}{i_x}=\frac{259.5}{1.72}=151<[\lambda]=350$$

$$\lambda_y=\frac{l_{0y}}{i_y}=\frac{324.3}{2.77}=117<[\lambda]=350$$

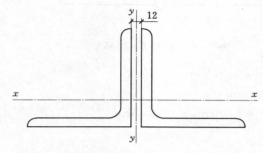

图 9-22　斜杆 17-5 截面

满足长细比：$[\lambda]=350$ 的要求。

$$\sigma=\frac{N}{A}=\frac{50.27\times10^3}{1082}=47\text{N/mm}^2<f=215\text{N/mm}^2$$

所选截面合适。

（8）斜杆 17—5。

$N=-81.11$kN（压力），$l_{0x}=259.5$cm　　$l_{0y}=l$

$=324.3$cm

选用 2∟63×6，见图 9-22 所示，$A=14.58$cm²，

$i_x=1.93$cm，$i_y=3.06$cm

验算：

$$\lambda_x=\frac{l_{0x}}{i_x}=\frac{259.5}{1.93}=135<[\lambda]=150$$

$$\lambda_y=\frac{l_{0y}}{i_y}=\frac{324.3}{3.06}=106<[\lambda]=150$$

由于 $\lambda_x>\lambda_y$ 只需求出 $\varphi_{\min}=\varphi_x$，查轴心受压构件的稳定系数表，$\varphi_x=0.365$

$$\sigma=\frac{N}{\varphi_x A}=\frac{81.11\times10^3}{0.365\times1458}=152\text{N/mm}^2<f=215\text{N/mm}^2$$

所选截面合适。

4. 竖杆截面计算

（1）边竖杆 1—10。

$N=-23.96$kN（压力），$l_{0x}=l_{0y}=l=201.25$cm

选用 2∟63×10，$A=23.32$cm²，$i_x=1.88$cm，$i_y=3.07$cm

$\lambda_x=\dfrac{l_{0x}}{i_x}=\dfrac{201.25}{1.88}=106<[\lambda]=150$ 属于 b 类截面。

$\lambda_y=\dfrac{l_{0y}}{i_y}=\dfrac{201.25}{3.07}=66<[\lambda]=150$ 属于 b 类截面。

满足长细比：$[\lambda]=150$ 的要求。

由于 $\lambda_x>\lambda_y$ 只需求出 $\varphi_{\min}=\varphi_x$，查《钢结构设计手册》轴心受压构件的稳定系数表，$\varphi_x=0.517$

$$\sigma=\frac{N}{\varphi_x A}=\frac{23.96\times10^3}{0.517\times2332}=20\text{N/mm}^2<f=215\text{N/mm}^2$$

所选截面合适。

（2）竖杆 2—12。

$N=-47.92$kN（压力），$l_{0x}=1800$mm　　$l_{0y}=2250$mm

选用 2∟63×10，$A=23.32$cm²，$i_x=1.88$cm，$i_y=3.07$cm

$\lambda_x=\dfrac{l_{0x}}{i_x}=\dfrac{180}{1.88}=96<[\lambda]=150$ 属于 b 类截面。

$$\lambda_y = \frac{l_{0y}}{i_y} = \frac{225}{3.07} = 73 < [\lambda] = 150 \text{ 属于 b 类截面}。$$

满足长细比:$[\lambda] = 150$ 的要求。

由于 $\lambda_x > \lambda_y$ 只需求出 $\varphi_{min} = \varphi_x$,查《钢结构设计手册》轴心受压构件的稳定系数表,$\varphi_x = 0.581$

$$\sigma = \frac{N}{\varphi_x A} = \frac{47.92 \times 10^3}{0.581 \times 2332} = 35 \text{N/mm}^2 < f = 215 \text{N/mm}^2$$

所选截面合适。

(3)竖杆 3—14。

$N = -47.92 \text{kN}$(压力),$l_{0x} = 2000 \text{mm}$ $l_{0y} = 2500 \text{mm}$

选用 $2 \llcorner 63 \times 10$,$A = 23.32 \text{cm}^2$,$i_x = 1.88 \text{cm}$,$i_y = 3.07 \text{cm}$

$$\lambda_x = \frac{l_{0x}}{i_x} = \frac{200}{1.88} = 106 < [\lambda] = 150 \text{ 属于 b 类截面}。$$

$$\lambda_y = \frac{l_{0y}}{i_y} = \frac{250}{3.07} = 81 < [\lambda] = 150 \text{ 属于 b 类截面}。$$

满足长细比:$[\lambda] = 150$ 的要求。

由于 $\lambda_x > \lambda_y$ 只需求出 $\varphi_{min} = \varphi_x$,查《钢结构设计手册》轴心受压构件的稳定系数表,$\varphi_x = 0.517$

$$\sigma = \frac{N}{\varphi_x A} = \frac{47.92 \times 10^3}{0.517 \times 2332} = 40 \text{N/mm}^2 < f = 215 \text{N/mm}^2$$

所选截面合适。

(4)竖杆 4—16。

$N = -47.92 \text{kN}$(压力),$l_{0x} = 2200 \text{mm}$ $l_{0y} = 2750 \text{mm}$

选用 $2 \llcorner 63 \times 10$,$A = 23.32 \text{cm}^2$,$i_x = 1.88 \text{cm}$,$i_y = 3.07 \text{cm}$

$$\lambda_x = \frac{l_{0x}}{i_x} = \frac{220}{1.88} = 117 < [\lambda] = 150 \text{ 属于 b 类截面}。$$

$$\lambda_y = \frac{l_{0y}}{i_y} = \frac{275}{3.07} = 90 < [\lambda] = 150 \text{ 属于 b 类截面}。$$

满足长细比:$[\lambda] = 150$ 的要求。

由于 $\lambda_x > \lambda_y$ 只需求出 $\varphi_{min} = \varphi_x$,查《钢结构设计手册》轴心受压构件的稳定系数表,$\varphi_x = 0.453$

$$\sigma = \frac{N}{\varphi_x A} = \frac{47.92 \times 10^3}{0.453 \times 2332} = 45 \text{N/mm}^2 < f = 215 \text{N/mm}^2$$

所选截面合适。

(5)竖杆 5—18。

$N = 47.03 \text{kN}$(拉力),如图 9-23 所示,$l_{0x} = 2400 \text{mm}$ $l_{0y} = 3000 \text{mm}$

$$A_n = \frac{N}{f} = \frac{47.03 \times 10^3}{215} = 219 \text{mm}^2$$

选用 $2 \llcorner 63 \times 10$,$A = 23.32 \text{cm}^2$,$i_x = 1.88 \text{cm}$,$i_y = 3.07 \text{cm}$

$$\lambda_x = \frac{l_{0x}}{i_x} = \frac{240}{1.88} = 128 < [\lambda] = 350$$

$$\lambda_y = \frac{l_{0y}}{i_y} = \frac{300}{3.07} = 98 < [\lambda] = 350$$

满足长细比:$[\lambda] = 350$ 的要求。

$$\sigma = \frac{N}{A} = \frac{47.03 \times 10^3}{2332} = 21 \text{N/mm}^2 < f = 215 \text{N/mm}^2$$

所选截面合适。

屋架杆件尺寸见表 9-6。

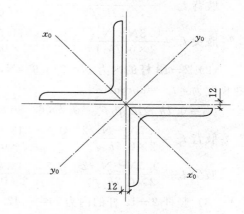

图 9-23 中竖杆截面图(单位:mm)

杆件		杆内力 (kN)	计算长度		截面形式及 角钢规格	截面积 (mm²)	回转半径		长细比	容许长 细比	系数	σ (N/mm²)
			l_{0x}	l_{0y}			i_x (mm)	i_y (mm)	λ_{max}		ϕ_{min}	
上弦		−688.25	1505	3010	┚└短肢相并 2L160×100×10	5060	28.5	77.8	53	150	0.842	162
下弦		680.67	3000	6000	┚└短肢相并 2L160×100×10	5060	28.5	77.8	105	350	—	135
斜腹杆	1—11	−396.97	2516	2516	┚└长肢相并 2L140×90×10	4460	25.6	68.4	98	150	0.568	−157
	11—2	311.50	2081	2601	┛└2L63×8	1902	19.0	31.0	110	350	—	164
	2—13	−243.97	2247	2809	┛└2L80×7	2172	24.6	37.5	91	150	0.614	−183
	13—3	165.93	2247	2809	┛└2L56×5	1082	17.2	27.7	131	350	—	153
	3—15	−118.28	2418	3023	┛└2L80×7	2172	24.6	37.5	98	150	0.568	−153
	15—4	68.39	2418	3023	┛└2L56×5	1082	17.2	27.7	141	350	—	63
	4—17	50.27	2595	3243	┛└2L56×5	1082	17.2	27.7	151	350	—	47
	17—5	−81.11	2595	3243	┛└2L63×6	1458	19.3	30.6	135	150	0.365	−152
竖杆	1—10	−23.96	2012.5	2012.5	十字形 2L63×10	2332	18.8	30.7	106	150	0.517	−20
	2—12	−47.92	1800	2250	十字形 2L63×10	2332	18.8	30.7	96	150	0.581	−35
	3—14	−47.92	2000	2500	十字形 2L63×10	2332	18.8	30.7	106	150	0.517	−40
	4—16	−47.92	2200	2750	十字形 2L63×10	2332	18.8	30.7	117	150	0.453	−45
	5—18	47.03	2400	3000	十字形 2L63×10	2332	18.8	30.7	128	350	—	−51

七、节点设计

重点设计"1"、"2"、"11"、"18""5"五个典型节点，其余节点设计类同。

1. 下弦 2 号节点

这类节点的设计步骤是：先根据腹杆的内力计算腹杆与节点连接焊缝的尺寸，即 h_f 和 l_w。然后根据 l_w 的大小比例绘出节点板的形状和大小，最后验算下弦杆与节点板的连接焊缝。

选用 E43 焊条，角焊缝的抗拉、抗压和抗剪强度设计值 $f_f^w = 160 \text{N/mm}^2$，实际所需的焊脚尺寸可由构造确定。

(1) 11—2 杆的内力 $N = 311.5 \text{kN}$，采用三面围焊，肢背和肢尖焊缝 $h_f = 6\text{mm}$，所需要的焊缝长度为：$l_{w3} = 63\text{mm}$

$$N_3 = 0.7 h_f \sum l_{w3} \beta_f f_f^w = 0.7 \times 6 \times 63 \times 2 \times 1.22 \times 160 = 103299.84\text{N}$$

肢背 $l_{w1} = \dfrac{0.7N - N_3/2}{2 \times 0.7 h_f f_f^w} = \dfrac{0.7 \times 311.5 \times 10^3 - 51649.92}{2 \times 0.7 \times 6 \times 160} + 12 = 147\text{mm}$，取 150mm

肢尖 $l_w = \dfrac{0.3N - N_3/2}{2 \times 0.7 h_f f_f^w} = \dfrac{0.3 \times 311.5 \times 10^3 - 51649.92}{2 \times 0.7 \times 6 \times 160} + 12 = 70\text{mm}$，取 80mm

(2) 2—13 杆的内力 $N = 243.97 \text{kN}$，采用三面围焊，肢背与肢尖的焊缝 $h_f = 6\text{mm}$，所需要的焊缝长度为：$l_{w3} = 80\text{mm}$

$$N_3 = 0.7 h_f \sum l_{w3} \beta_f f_f^w = 0.7 \times 6 \times 80 \times 2 \times 1.22 \times 160 = 131174.4\text{N}$$

肢背 $l_w = \dfrac{0.7N - N_3/2}{2 \times 0.7 h_f f_f^w} = \dfrac{0.7 \times 243.97 \times 10^3 - 65587.2}{2 \times 0.7 \times 6 \times 160} + 12 = 90\text{mm}$，取 100mm

肢尖 $l_w = \dfrac{0.3N - N_3/2}{2 \times 0.7 h_f f_f^w} = \dfrac{0.3 \times 243.97 \times 10^3 - 65587.2}{2 \times 0.7 \times 6 \times 160} + 12 = 18\text{mm}$，取 60mm

(3) 竖杆 2—12 杆的内力 $N = -47.92\text{kN}$，采用三面围焊，焊缝尺寸可按构造确定取 $h_f = 8\text{mm}$。所需要的焊缝长度为：$l_{w3} = 63\text{mm}$

$$N_3 = 0.7 h_f \sum l_{w3} \beta_f f_f^w = 0.7 \times 8 \times 63 \times 2 \times 1.22 \times 160 = 137733.12 \text{N}$$

因为 $2k_2 N = 2 \times 0.3 \times 47.92 \times 10^3 = 28752 \text{N} < N_3$，所以按两面侧焊缝计算。

肢背 $l_w = \dfrac{0.7N}{2 \times 0.7 h_f f_f^w} = \dfrac{0.7 \times 47.92 \times 10^3}{2 \times 0.7 \times 8 \times 160} + 16 = 35 \text{mm}$，取 40mm

肢尖 $l_w = \dfrac{0.3 \times 47.92 \times 10^3}{2 \times 0.7 \times 8 \times 160} + 16 = 24 \text{mm}$，取 40mm

（4）下弦杆焊缝验算。

下弦杆与节点板连接焊缝承受两相邻下弦内力之差。

$$\Delta N = 522.64 - 212.65 = 309.99 \text{kN}$$

肢背焊缝验算，$h_f = 8 \text{mm}$，

$$\tau_f = \dfrac{0.75 \times 309.995 \times 10^3}{2 \times 0.7 \times 8 \times 10 \times 160} = 13 \text{N/mm}^2 < 160 \text{N/mm}^2 \text{ 焊缝强度满足要求。}$$

根据节点放样，得节点板尺寸为 310×360，节点图如图 9-24 所示，下弦节点各杆肢尖、肢背尺寸见表 9-7。

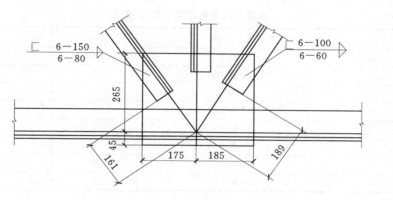

图 9-24　下弦 2 号节点图（单位：mm）

表 9-7　　　　　　　　　　　　下弦节点各杆肢尖、肢背尺寸　　　　　　　　　　　　单位：mm

杆件	h_f	肢　背	h_f	肢　尖
11—2	6	147 取 150	6	70 取 80
2—13	6	90 取 100	6	18 取 60
13—3	5	114 取 120	5	55 取 70
3—15	6	74 取 80	6	38 取 60
15—4	5	53 取 60	5	28 取 60
4—17	6	38 取 60	6	23 取 60
17—5	6	54 取 60	6	30 取 60

2. 上弦 11 号节点

11—2 杆节点板连接的焊缝计算与下弦节点 2 中 11—2 杆计算相同。

1—11 杆 $N = -396.97 \text{kN}$，采用三面围焊，设肢背和肢尖 $h_f = 8 \text{mm}$，

$$N_3 = 0.7 h_f \sum l_{w3} \beta_f f_f^w = 0.7 \times 8 \times 140 \times 2 \times 1.22 \times 160 = 306073.62 \text{N}$$

因为 $2k_2 N = 2 \times 0.35 \times 396.97 \times 10^3 = 277879 \text{N} < N_3$，所以按两面侧焊缝计算。

$$l_{w1} = \dfrac{0.65 \times 396.97 \times 10^3}{2 \times 0.7 \times 8 \times 160} + 16 = 144，\text{取 } l_{w1} = 150 \text{mm}$$

$$l_{w2} = \dfrac{0.35 \times 396.97 \times 10^3}{2 \times 0.7 \times 8 \times 160} + 16 = 78，\text{取 } l_{w2} = 80 \text{m}$$

考虑搁置檩条，节点板缩进上弦肢背7mm，用槽焊缝连接，槽焊缝按两条角焊缝计算 $h_f=t/2=10/2=5mm$，$P=47.92kN$。

节点板尺寸为 285×417 设肢尖焊缝 $h_f=5mm$，假定集中荷载 P 与上弦垂直，忽略屋架上弦坡度影响。

肢背焊缝验算：

$$\tau_f=\frac{\sqrt{(K_1\Delta N)^2+(P/2\times1.22)^2}}{2\times0.7h_fl_w}=\frac{\sqrt{(0.75\times393.5)^2+(47.92/2\times1.22)^2}}{2\times0.7\times5\times407}$$

$$=115N/mm^2<0.8f_f^w=0.8\times160=128N/mm^2$$

肢尖焊缝验算：

$$\tau_f=\frac{\sqrt{(K_2\Delta N)^2+(P/2\times1.22)^2}}{2\times0.7h_fl_w}=\frac{\sqrt{(0.25\times393.5)^2+(47.92/2\times1.22)^2}}{2\times0.7\times5\times407}$$

$$=40N/mm^2<0.8f_f^w=0.8\times160=128N/mm^2$$

节点图如图9-25所示，上弦节点各杆肢尖、肢背尺寸见表9-8。

表9-8　上弦节点各杆肢尖、肢背尺寸　　　　单位：mm

杆件	h_f	肢　背	h_f	肢　尖
1—11	8	144 取 150	8	78 取 80
11—2	6	174 取 180	6	82 取 90
2—13	6	139 取 150	6	66 取 70
13—3	5	114 取 120	5	55 取 70
3—15	6	74 取 80	6	38 取 60
15—4	5	53 取 60	5	28 取 60
4—17	6	38 取 60	6	23 取 60
17—5	6	54 取 60	6	30 取 60

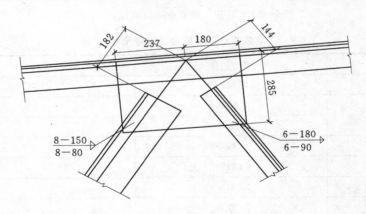

图9-25　上弦11号节点图（单位：mm）

3. 屋脊18号节点

（1）弦杆一般都采用同号角钢进行拼接，为使拼接角钢与弦杆之间能够密合，且便于施焊，需要将拼接角钢的尖角削除，并截去垂直肢的一部分宽度（一般为 $t+h_f+5mm$）。拼接角钢的部分削弱，可以借助节点板来补偿。接头一边的焊缝长度按弦杆内力计算。

设5—18杆与节点板的焊缝尺寸为：肢背 $h_f=8mm$，$l_{w1}=(0.65\times47.03\times10^3)/(2\times0.7\times8\times160)+16=33mm$，取 $l_{w1}=40mm$，肢尖 $h_f=8mm$：

$$l_{w2}=(0.35\times47.03\times103)/(2\times0.7\times8\times160)+16=25mm。$$

取 $l_{w2}=40mm$。

设焊缝高度 $h_f = 8$mm，则所需要焊缝计算长度为：

$$l_w = (654.53 \times 10^3)/(4 \times 0.7 \times 8 \times 160) + 16 = 199\text{mm}$$

取 $l_w = 210$mm。拼接角钢长度 600mm > $2 \times 210 = 420$mm。

（2）上弦与节点板间的焊槽，假定承受节点荷载，验算略。上弦肢尖与节点板的连接焊缝，应按上弦内力的 15% 计算，设肢尖焊缝 $h_f = 8$mm，节点板长度为 470mm，节点一侧弦杆焊缝的计算长度为：

$$l_w = 470/2 - 5 - 10 = 220\text{mm}$$

焊缝应力为：

$$\tau_f^N = (0.15 \times 654.53 \times 10^3)/(2 \times 0.7 \times 8 \times 220) = 40\text{N/mm}^2$$

$$\sigma_f^M = (0.15 \times 654.53 \times 10^3 \times 55 \times 6)/(2 \times 0.7 \times 8 \times 220^2) = 60\text{N/mm}^2$$

$$\sqrt{\left(\frac{\sigma}{\beta}\right)^2 + \tau^2} = \sqrt{40^2 + (60/1.22)^2} = 63.4\text{kN/mm}^2 < 160\text{kN/mm}^2$$

中竖杆与节点板的连接焊缝计算：$N = 47.03$kN 此杆内力较小，焊缝尺寸可按构造确定，取焊缝尺寸 $h_f = 8$mm，焊缝长度 $l_w > 50$mm，节点图如图9-26所示。

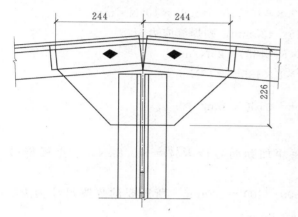

图 9-26　屋脊18号节点图（单位：mm）　　　　图 9-27　下弦跨中5号节点图

4. 下弦跨中5号节点设计

（1）下弦接头设于跨中节点处，连接角钢取与下弦杆相同截面 2∟160×100×10，焊缝高度 $h_f = 8$mm，焊缝长度为：

$$l_w = (680.67 \times 10^3)/(4 \times 0.7 \times 8 \times 160) + 16 = 206\text{mm}，\text{取 } l_w = 210\text{mm}$$

连接角钢长度 $l_w = 2 \times 210 + 10 = 430$mm，取 $l_w = 430$mm

下弦杆与节点板，斜杆与节点板之间的连接焊缝按构造设计。

（2）弦杆与节点板连接焊计算：按下弦杆内力的 15% 计算。$N = 680.67 \times 15\% = 102$kN

设肢背、肢尖焊肢尺寸为 8mm，弦杆一侧需焊缝长度为

肢背 $l_w = (0.75 \times 102 \times 10^3)/(2 \times 0.7 \times 8 \times 160) + 16 = 59$mm，取 80mm。

肢尖 $l_w = (0.25 \times 102 \times 10^3)/(2 \times 0.7 \times 8 \times 160) + 16 = 30$mm，取 40mm。

腹杆与节点板连接焊缝的计算方法与以上几个节点相同，节点图如图9-27所示。

5. 支座1号节点

为了便于施焊，下弦杆角钢水平肢的底面与支座底板的净距离取 160mm。在节点中心线上设置加劲肋。加劲肋取 460mm×80mm×12mm，节点取 460mm×380mm×14mm 的钢板。

（1）支座底板的计算。

支座反力 $R_A = R_B = 479.2$kN

按构造要求采用底板面积为 $a \times b = 280\text{mm} \times 360\text{mm}$ 如仅考虑加劲肋部分底板承受支座反力 R，

则承压面积为 $280×(2×80+12)=48160mm^2$

验算柱顶混凝土的抗压强度：$σ=R/A_u=479.2×10^3/48160=10N/mm^2<f_c=12.5N/mm^2$ 满足。

底板的厚度按屋架反力作用下的弯矩计算，节点板和加劲肋将底板分成四块，每块板为两相邻边支承，而另两相邻边自由的板，每块板单位宽度的最大弯矩为：

$$M=βσa_2^2$$

式中　$σ$——底板下的平均应力，$σ=10N/mm^2$；

　　　a_2——两支承边之间的对角线长度，$a_2=165.6mm$；

　　　$β$——系数，由 b_2/a_2 决定。$b_2=80×150/165.6=72.46$，$b_2/a_2=72.46/165.6=0.438$，查附表得 $β=0.045$。

故 $M=βσa_2^2=0.045×10×165.6^2=12340.5N·mm$。

底板厚度 $t=\sqrt{6×12340.5/215}=19mm$，取 $t=20mm$。

（2）加劲肋与节点的连接焊缝计算。

加劲肋高度取与支座节点板相同，厚度取与中节点板相同（即—380×14×460），一个加劲肋的连接焊缝所承受的内力为四分之一支座反力。

$R/4=479.2×10^3/4=119.8×10^3N$，$M=Ve=119.8×10^3×50=5.95×10^6N·mm$

设焊缝 $h_f=8mm$，焊缝计算长度 $l_w=460-10-15=435mm$，则焊缝应力为：

$$τ_f=(119.8×10^3)/(2×0.7×8×435)=25N/mm^2$$
$$σ_f=(6×5.95×10^6)/(2×0.7×8×435^2)=17N/mm^2$$
$$\sqrt{\left(\frac{σ}{β}\right)^2+τ^2}=29N/mm^2<160N/mm^2$$

（3）节点板、加劲肋与底板的连接焊缝。

设焊缝传递全部支座反力 $R=479.2kN$，其中每块加劲肋各传 $R/4=119.8kN$，节点板传递 $R/2=239.6kN$。

节点板与底板的连接焊缝计算长度 $\sum l_w=2×(300-10)=580mm$，所需要的焊脚尺寸为 $h≥(239.6×10^3)/(0.7×580×160×1.22)=3.0mm$，取 $h=6mm$。

每块加劲肋与底板的连接焊缝长度为 $\sum l_w=(100-20-10)×2=140mm$。所需要的焊缝尺寸为 $h≥(239.6×10^3)/(0.7×140×160×1.22)=12mm$，取 $h=14mm$，节点图如图 9-28 所示。

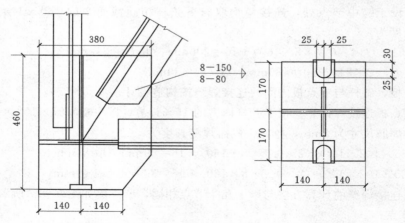

图 9-28　支座 1 号节点图（单位：mm）

其他节点设计方法与上述方法类似。

第十章 基 础 设 计

建筑物都是建造在土层或岩层上的，通常把直接承受建筑物荷载的土层或岩层称为地基。未经人工处理就能满足设计要求的地基称为天然地基；需要对地基进行加固处理才能满足设计要求的地基称为人工地基。

建筑物上部结构承受的各种荷载是通过基础传递给地基的，所谓基础是指承受建筑物各种荷载并传递给地基的下部结构。通常情况下，建筑物基础应埋入地面以下一定深度进入持力层，即基础的埋置深度。按照基础的埋置深度的不同，基础可分为浅基础和深基础。

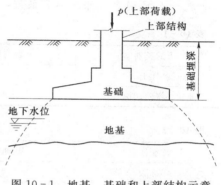

图 10-1 地基、基础和上部结构示意

在建筑物荷载作用下，地基、基础和上部结构三部分是彼此联系、相互影响和共同作用的，如图 10-1 所示。设计时应根据场地的工程地质条件，综合考虑地基、基础和上部结构三部分的共同作用和施工条件，并通过经济、技术比较，选取安全可靠、经济合理、技术可行的地基基础方案。

第一节 地 基 计 算

一、基础埋置深度

（1）基础的埋置深度，应按下列条件确定：

1）建筑物的用途，有无地下室、设备基础和地下设施，基础的形式和构造；作用在地基上的荷载大小和性质。

2）工程地质和水文地质条件。

3）相邻建筑物的基础埋深。

4）地基土冻胀和融陷的影响。

（2）在满足地基稳定和变形要求的前提下，基础宜浅埋，当上层地基的承载力大于下层土时，宜利用上层土作持力层。除岩石地基外，基础埋深不宜小于 0.5m。

（3）高层建筑筏形和箱形基础的埋置深度应满足地基承载力、变形和稳定性要求。在抗震设防区，除岩石地基外，天然地基上的箱形和筏形基础其埋置深度不宜小于建筑物高度的 1/15；桩箱或桩筏基础的埋置深度（不计桩长）不宜小于建筑物高度的 1/18~1/20。位于岩石地基上的高层建筑，其基础埋深应满足抗滑要求。

（4）基础宜埋置在地下水位以上，当必须埋在地下水位以下时，应采取地基土在施工时不受扰动的措施。当基础埋置在易风化的岩层上，施工时应在基坑开挖后立即铺筑垫层。

（5）当存在相邻建筑物时，新建建筑物的基础埋深不宜大于原有建筑基础。当埋深大于原有建筑基础时，两基础间应保持一定净距，其数值应根据原有建筑荷载大小，基础形式和土质情况确定。当上述要求不能满足时，应采取分段施工，设临时加固支撑，打板桩，地下连续墙等施工措施，或加固原有建筑物地基。

(6) 确定基础埋深应考虑地基的冻胀性。地基的冻胀性类别应根据冻土层的平均冻胀率 η 的大小，按《建筑地基基础设计规范》（GB 50007—2002）附录 G.0.1 查取。

(7) 季节性冻土地基的设计冻深 z_d 应按式（10-1）计算：

$$z_d = z_0 \cdot \psi_{zs} \cdot \psi_{zw} \cdot \psi_{ze} \qquad (10-1)$$

式中　z_d——设计冻深。若当地有多年实测资料时，也可：$z_d = h' - \Delta z$，h' 和 Δz 分别为实测冻土层厚度和地表冻胀量；

　　　z_0——标准冻深。采用在地表平坦、裸露、城市之外的空旷场地中不少于 10 年实测最大冻深的平均值。当无实测资料时，按 GB5007—2002 附录 F 采用；

　　　ψ_{zs}——土的类别对冻深的影响系数，如表 10-1 所示；

　　　ψ_{zw}——土的冻胀性对冻深的影响系数，如表 10-2 所示；

　　　ψ_{ze}——环境对冻深的影响系数，如表 10-3 所示。

表 10-1　　　　　　　　　　　　　　土的类别对冻深的影响系数

土的类别	影响系数 ψ_{zs}	土的类别	影响系数 ψ_{zs}
黏性土	1.00	中砂、粗砂、砾砂	1.30
细砂、粉砂、粉土	1.20	碎石土	1.40

表 10-2　　　　　　　　　　　　　　土的冻胀性对冻深的影响系数

冻胀性	影响系数 ψ_{zw}	冻胀性	影响系数 ψ_{zw}
不冻胀	1.00	强冻胀	0.85
弱冻胀	0.95	特强冻胀	0.80
冻胀	0.90		

表 10-3　　　　　　　　　　　　　　环境对冻深的影响系数

周围环境	影响系数 ψ_{ze}	周围环境	影响系数 ψ_{ze}
村、镇、旷野	1.00	城市市区	0.90
城市近郊	0.95		

注　环境影响系数一项，当城市市区人口为 20 万～50 万时，按城市近郊取值；当城市市区人口大于 50 万小于或等于 100 万时，按城市市区取值；当城市市区人口超过 100 万时，按城市市区取值，5km 以内的郊区应按城市近郊取值。

(8) 当建筑基础底面之下允许有一定厚度的冻土层，可用下式计算基础的最小埋深：

$$d_{\min} = z_d - h_{\max}$$

式中　$h_{\max}$——基础底面下允许残留冻土层的最大厚度，按《建筑地基基础设计规范》（GB 5007—2002）附录 G.0.2 查取。

当有充分依据时，基底下允许残留冻土层厚度也可根据当地经验确定。

(9) 在冻胀、强冻胀、特强冻胀地基上，应采用下列防冻害措施：

1) 对在地下水位以上的基础，基础侧面应回填非冻胀性的中砂或粗砂，其厚度不应小于 10cm。对在地下水位以下的基础，可采用桩基础，自锚式基础（冻土层下有扩大板或扩底短桩）或采取其他有效措施。

2) 宜选择地势高、地下水位低、地表排水良好的建筑场地。对低洼场地，宜在建筑四周向外一倍冻深距离范围内，使室外地坪至少高出自然地面 300～500mm。

3) 防止雨水、地表水、生产废水、生活污水浸入建筑地基，应设置排水设施。在山区应设截水沟或在建筑物下设置暗沟，以排走地表水和潜水流。

4) 在强冻胀性和特强冻胀性地基上，其基础结构应设置钢筋混凝土圈梁和基础梁，并控制上部建筑的长高比，增强房屋的整体刚度。

5）当独立基础联系梁下或桩基础承台下有冻土时，应在梁或承台下留有相当于该土层冻胀量的空隙，以防止因土的冻胀将梁或承台拱裂。

6）外门斗、室外台阶和散水坡等部位宜与主体结构断开，散水坡分段不宜超过1.5m，坡度不宜小于3％，其下宜填入非冻胀性材料。

7）对跨年度施工的建筑，入冬前应对地基采取相应的防护措施；按采暖设计的建筑物，当冬季不能正常采暖，也应对地基采取保温措施。

二、地基承载力计算

（1）地基土的破坏形式。

在建筑物荷载作用下，由地基土的破坏而致使上部结构的破坏型式有两种：一是地基土在建筑物荷载作用下产生过大的沉降量或沉降差，致使上部结构开裂、倾斜；二是地基土在建筑物荷载作用下产生剪切破坏，导致上部结构的毁坏。

地基承载力是指地基土单位面积上承受荷载的能力。

根据土质的差异，地基土的破坏型式一般分为整体剪切破坏、局部剪切破坏和冲剪破坏三种：

1）整体剪切破坏的特征是，地基从加载到破坏分三个阶段：

压密阶段：当荷载较小时，p—s 曲线近乎呈线性变化，地基土处于弹性平衡状态；

局部剪切破坏阶段：随着荷载的增加，p—s 曲线不再呈线性变化。此时，基础边缘处土体将发生剪切破坏，首先出现塑性区；

破坏阶段：随着荷载的进一步增加，p—s 曲线呈陡直线下降，此时，如荷载稍有增加，地基土的变形迅速增加，土中塑性区形成连续的滑动面，土从载荷板四周挤出并隆起，地基土失稳而破坏。

整体剪切破坏常出现在坚硬或密实的地基土中，如坚硬黏土、密实砂等。

2）局部剪切破坏的特征是，随着荷载的增加，基础将连续下沉，剪切破坏时，塑性区被限制在地基内部的某一区域，土中滑动面并不延伸到地面，此时，基础两侧地面微微隆起，p—s 曲线从一开始就呈现非线性关系，直至破坏均无明显的转折现象。

局部剪切破坏常出现在中等密实的砂土地基中。

3）冲剪破坏的特征是，随着外荷的增加，基础连续下沉，并随着土的压缩近乎垂直刺入土中，地基中无明显的连续滑动面，最终因基础侧面附近土的垂直剪切而破坏，出现这种破坏时，基础四周地面并不隆起。p—s 关系曲线与局部剪切破坏的曲线相类似，也不出现明显的转折点。

冲剪破坏常出现在松砂及软黏土地基中。

（2）承载力计算。

基础底面的压力，应符合下式要求：

1）当轴心荷载作用时：

$$p_k \leqslant f_a \tag{10-2}$$

式中　p_k——相应于荷载效应标准组合时，基础底面处的平均压力值；

　　　f_a——修正后地基承载力特征值。

2）当偏心荷载作用时，应符合下式要求：

$$p_{max} \leqslant 1.2 f_a \tag{10-3}$$

式中　p_{max}——相应于荷载效应标准组合时，基础底面边缘的最大压力值；

　　　f_a——修正后地基承载力特征值。

基础底面压力的计算：

1）当轴心荷载作用时：

$$p_k = \frac{F_k + G_k}{A} \tag{10-4}$$

$$p_{k\max} = \frac{F_k + G_k}{A} + \frac{M_k}{W} \tag{10-5}$$

2）当偏心荷载作用时：

$$p_{k\min} = \frac{F_k + G_k}{A} + \frac{M_k}{W} \tag{10-6}$$

式中　M_k——相应于荷载效应标准组合时，作用于基础底面的力矩值；

　　　W——基础底面的抵抗矩；

　　　$p_{\min}$——相应于荷载效应标准组合时，基础底面边缘的最小压力值。

当偏心距 $e > b/6$ 时，$p_{\max}$ 按式（10-7）计算：

$$p_{\max} = \frac{2(F_k + G_k)}{3la} \tag{10-7}$$

式中　l——垂直力矩作用方向的基础底面边长；

　　　a——合力作用点至基础底面最大压力边缘的距离。

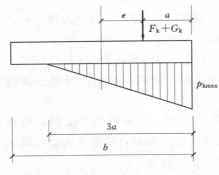

图 10-2　偏心荷载（$e > b/6$）下基底
压力计算示意图

（3）地基承载力特征值 f_{ak} 及影响其大小的因素。

地基承载力特征值 f_{ak} 指由载荷试验测定的地基土压力变形曲线线性变形阶段内规定的变形所对应压力值，其最大值为比例界限值。

影响地基承载力特征值的主要因素有以下几个方面：

1）地基土的成因与堆积年代：通常冲积与洪积土的承载力比坡积土的承载力大，风积土的承载力最小。同类土，堆积年代越久，地基承载力特征值越高。

2）地基土的物理力学性质：这是最主要的因素。例如，碎石土和砂土的粒径越大，孔隙比越小，即密度越大，则地基承载力特征值也越大。

3）地下水：地下水上升，地基土受地下水浮托作用，土的天然重度减小为浮容重 γ；同时土的含水率增高，则地基承载力降低。尤其对湿陷性黄土，地下水上升导致湿陷。膨胀土遇水膨胀，失水收缩，对地基承载力影响很大。

4）建筑物情况：上部结构体型简单，整体刚度大，对地基不均匀沉降适应性好，则地基承载力可取高值。基础宽度大，埋置深度深，地基承载力相应提高。

三、地基承载力特征值的确定

地基承载力特征值可由载荷试验或其他原位测试、公式计算并结合工程实践等方法确定。

（1）按载荷试验 p—s 曲线确定。

对于设计等级为甲级建筑物或地质条件复杂、土质很不均匀的情况，采用现场载荷试验法，可以取得较精确可靠的地基承载力数值。进行载荷试验，需要相应的试验费用和时间；采用现场载荷试验的成果不仅安全可靠，而且往往可以比其他方法提高地基承载力的数值，从而节省一笔投资，远超过试验费，因此值得做的。

地基承载力特征值应符合下列要求：

1）载荷试验 p—s 曲线上有比例界限时，取该比例界限所对应的荷载值。

2）当极限荷载小于对应比例界限的荷载值 2 倍时，取极限荷载值的一半。

3）当不能按上述要求确定时，当压板面积为 0.25～0.50mm^2，取 $s/b = 0.01～0.015$ 所对应的荷载，其值不应大于最大加载量的一半。

（2）根据土的抗剪强度指标计算（与前面讲的 p_{cr}、$p_{1/4}$（$p_{1/3}$）和 $f = p_u/K$ 等统称理论公式法）。

当偏心距 $e \leqslant 0.033b$，根据土的抗剪强度指标确定地基承载力特征值可按式（10-8）计算：

$$f_a = M_b \gamma b + M_d \gamma_m d + M_c c_k \tag{10-8}$$

式中　　f_a——由土的抗剪强度指标确定地基承载力特征值；

M_b、M_d、M_c——承载力系数，按表 10-4 确定；

　　　　b——基础底面宽度，大于 6m 按 6m 取值，对于砂土小于 3m 按 3m 取值；

　　　　c_k——基底下一倍边宽深度内土的黏聚力标准值。

　　上式计算地基承载力特征值外，也可用前面讲的 p_{cr}、$p_{1/4}$（$p_{1/3}$）及地基极限荷载除以安全系数 $f = p_u / K$ 来计算地基承载力特征值。

表 10-4　　　　　　　　　　　　　承载力系数 M_b、M_d、M_c

土的内摩擦角标准值 φ_k（°）	M_b	M_d	M_c
0	0	1.00	3.14
2	0.03	1.12	3.32
4	0.06	1.25	3.51
6	0.10	1.39	3.71
8	0.14	1.55	3.93
10	0.18	1.73	4.17
12	0.23	1.94	4.42
14	0.29	2.17	4.69
16	0.36	2.43	5.00
18	0.43	2.72	5.31
20	0.51	3.06	5.66
22	0.61	3.44	6.04
24	0.80	3.87	6.45
26	1.10	4.37	6.90
28	1.40	4.93	7.40
30	1.90	5.59	7.95
32	2.60	6.35	8.55
34	3.40	7.21	9.22
36	4.20	8.25	9.97
38	5.00	9.44	10.80
40	5.80	10.84	11.73

（3）当地经验参数法。

对于设计等级为丙级中的次要、轻型建筑物可根据临近建筑物的经验确定地基承载力特征值。

（4）地基承载力特征值的深宽修正。

当基础宽度大于 3m 或埋置深度大于 0.5m 时，从载荷试验或其他原位测试、规范表格值等方法确定的地基承载力特征值，尚应按式（10-9）修正：

$$f_a = f_{ak} + \eta_d \gamma_m (d - 0.5) + \eta_b \gamma (b - 3) \tag{10-9}$$

式中　　f_a——修正后的地基承载力特征值；

　　　　f_{ak}——地基承载力特征值；

　　η_b、η_d——基础宽度和埋深的地基承载力修正系数，按基底下土的类别按表 10-5 采用；

　　　　γ——基础底面以下土的重度，地下水位以下取浮容重；

　　　　b——基础底面宽度，m，当宽度小于 3m 按 3m 取值，大于 6m 按 6m 取值；

γ_m——基础底面以上土的加权平均容重，地下水位以下取浮容重；

d——基础埋置深度，m，一般自室外地面标高算起。在填方整平地区，可自填土地面标高算起，但填土在上部结构施工后完成时，应从天然地面标高算起。对于地下室，如采用箱形基础或筏基时，基础埋深自室外地面标高算起；当采用独立基础或条形基础时，应从室内地面标高算起。

表 10-5 承 载 力 修 正 系 数

土 的 类 别		η_b	η_d
淤泥和淤泥质土		0	1.0
人工填土 e 或 I_L 大于等于 0.85 的黏性土		0	1.0
红黏土	含水比 $\alpha_w > 0.8$	0	1.2
	含水比 $\alpha_w \leqslant 0.8$	0.15	1.4
大面积压实填土	压实系数大于 0.95，黏粒含量 $\rho_c \geqslant 10\%$ 的粉土	0	1.5
	最大干密度大于 2.1t/m³ 的级配砂石	0	2.0
粉土	黏粒含量 $\rho_c \geqslant 10\%$ 的粉土	0.3	1.5
	黏粒含量 $\rho_c < 10\%$ 的粉土	0.5	2.0
e 及 I_L 均小于 0.85 的黏性土粉砂、细砂（不包括很湿与饱和时的稍密状态） 中砂、粗砂、砾砂和碎石土		0.3 2.0 3.0	1.6 3.0 4.4

四、地基变形计算

（1）对于一般多层建筑，地基土质较均匀且较好时，按地基承载力设计基础，可同时满足地基变形要求，不需进行地基变形计算。但对于设计等级为甲、乙级建筑物和荷载较大，土层不均匀、地基承载力不高设计等级为丙级建筑物，为了保证工程的安全，除满足地基承载力要求外，还需地基变形计算，防止地基变形事故发生。

表 10-6 可不作地基变形计算设计等级为丙级的建筑物范围

地基主要受力层情况	地基承载力特征值 f_{ak}（kPa）		$60 \leqslant f_{ak}$ <80	$80 \leqslant f_{ak}$ <100	$100 \leqslant f_{ak}$ <130	$130 \leqslant f_{ak}$ <160	$160 \leqslant f_{ak}$ <200	$200 \leqslant f_{ak}$ <300
	各土层坡度（%）		≤5	≤5	≤10	≤10	≤10	≤10
建筑类型	砌体承重结构、框架结构（层数）		≤5	≤5	≤5	≤6	≤6	≤7
	单层排架结构（6m柱距） 单跨	吊车额定起重量（t）	5—10	10—15	15—20	20—30	30—50	50—100
		厂房跨度（m）	≤12	≤18	≤24	≤30	≤30	≤30
	多跨	吊车额定起重量（t）	3—5	5—10	10—15	15—20	20—30	30—75
		厂房跨度（m）	≤12	≤18	≤24	≤30	≤30	≤30
	烟囱	高度（m）	≤30	≤40	≤50	≤75		≤100
	水塔	高度（m）	≤15	≤20	≤30	≤30		≤30
		容积（m³）	≤50	50—100	100—200	200—300	300—500	500—1000

注 1. 地基主要受力层系指条形基础底面下深度为 $3b$（b 为基础底面宽度），独立基础下为 $1.5b$，且厚度均不小于 5m 的范围（二层以下一般的民用建筑除外）；

2. 地基主要受力层中如有承载力标准值小于 130kPa 的土层时，表中砌体承重结构的设计，应符合本规范第七章的有关要求；

3. 表中砌体承重结构和框架结构均指民用建筑，对于工业建筑可按厂房高度、荷载情况折合成与其相当的民用建筑层数；

4. 表中吊车额定起重量、烟囱高度和水塔容积的数值系指最大值。

表 10-6 所列范围内设计等级为丙级的建筑物可不作变形验算，如有下列情况之一时，仍应作变形验算：

1）地基承载力特征值小于 130kPa，且体型复杂的建筑；

2）在基础上及其附近有地面堆载或相邻基础荷载差异较大，可能引起地基产生过大的不均匀沉降时；

3）软弱地基上的建筑物存在偏心荷载时；

4）相邻建筑距离过近，可能发生倾斜时；

5）地基内有厚度较大或厚薄不均的填土，其自重固结未完成时。

（2）地基变形特征可分为沉降量、沉降差、倾斜、局部倾斜。由于建筑地基不均匀、荷载差异很大、体型复杂等因素引起的地基变形，对于砌体承重结构应由局部倾斜控制；对于框架结构和单层排架结构应由相邻柱基的沉降差控制；对于多层或高层建筑和高耸结构应由倾斜值控制；必要时尚应控制平均沉降量。在必要情况下，需要分别预估建筑物在施工期间和使用期间的地基变形值，以便预留建筑物有关部分之间的净空，考虑连接方法和施工顺序。一般多层建筑物在施工期间完成的沉降量，对于砂土可认为其最终沉降量已完成 80% 以上，对于其他低压缩性土可认为已完成最终沉降量的 50%～80%，对于中压缩性土可认为已完成 20%～50%，对于高压缩性土可认为已完成 5%～20%。

（3）建筑物的地基变形允许值，按表 10-7 规定采用。对表中未包括的建筑物，其地基变形允许值应根据上部结构对地基变形的适应能力和使用上的要求确定。

表 10-7　　　　　　　　　　建筑物的地基变形允许值

变　形　特　征	地 基 土 类 别	
	中、低压缩性土	高压缩性土
砌体承重结构基础的局部倾斜	$0.002l$	$0.003l$
工业与民用建筑相邻柱基的沉降差 （1）框架结构 （2）砌体墙填充的边排柱 （3）当基础不均匀沉降时不产生附加应力的结构	$0.002l$ $0.0007l$ $0.005l$	$0.003l$ $0.001l$ $0.005l$
单层排架结构（柱距为 6m）柱基的沉降量（mm）	（120）	200
桥式吊车轨面的倾斜（按不调整轨道考虑） 　　纵向 　　横向	0.004 0.003	
多层和高层建筑的整体倾斜 $H_g\leqslant 24$ $24<H_g\leqslant 60$ $60<H_g\leqslant 100$ $H_g>100$	0.004 0.003 0.0025 0.002	
体型简单的高层建筑基础的平均沉降量（mm）	200	
高耸结构基础的倾斜 $H_g\leqslant 20$ $20<H_g\leqslant 50$ $50<H_g\leqslant 100$ $100<H_g\leqslant 150$ $150<H_g\leqslant 200$ $200<H_g\leqslant 250$	0.008 0.006 0.005 0.004 0.003 0.002	
高耸结构基础的沉降量（mm） $H_g\leqslant 100$ $100<H_g\leqslant 200$ $200<H_g\leqslant 250$	400 300 200	

注　1. 本表数值为建筑物地基实际最终变形允许值；

2. 有括号者仅适用于中压缩性土；

3. l 为相邻柱基的中心距离（mm）；H_g 为自室外地面起算的建筑物高度（m）；

4. 倾斜指基础倾斜方向两端点的沉降差与其距离的比值；

5. 局部倾斜指砌体承重结构沿纵向 6～10m 内基础两点的沉降差与其距离的比值。

(4) 计算地基变形时，地基内的应力分布，可采用各向同性均质线性变形体理论。其最终变形量可按式（10-10）计算：

$$s = \psi_s s' = \psi_s \sum_{i=1}^{n} P_0 / E_{si} (z_i a_i - z_{i-1} a_{i-1}) \tag{10-10}$$

式中　　s——地基最终变形量，mm；

$\quad\quad s'$——按分层总和法计算出的地基变形量；

$\quad\quad \psi_s$——沉降计算经验系数，根据地区沉降观测资料及经验确定，无地区经验时可采用表10-8数值；

$\quad\quad n$——地基变形计算深度范围内所划分的土层数（图10-3）；

$\quad\quad p_0$——对应于荷载效应准永久组合时的基础底面处的附加压力，kPa；

$\quad\quad E_{si}$——基础底面下第 i 层土的压缩模量，应取土的自重压力至土的自重压力与附加压力之和的压力段计算，MPa；

z_i，z_{i-1}——基础底面至第 i 层土、第 $i-1$ 层土底面的距离，m；

a_i，a_{i-1}——基础底面计算点至第 i 层土、第 $i-1$ 层土底面范围内平均附加应力系数，可按《建筑地基基础设计规范》（GB 50007—2002）附录 K 采用。

图 10-3　基础沉降计算的分层示意

表 10-8　　　　　　　　　　　沉降计算经验系数 ψ_s

E_s（MPa） 基底附加压力	2.5	4.0	7.0	15.0	20.0
$P_0 \geqslant f_{ak}$	1.4	1.3	1.0	0.4	0.2
$P_0 \leqslant 0.75 f_{ak}$	1.1	1.0	0.7	0.4	0.2

注　E_s 为变形计算深度范围内压缩模量的当量值，应按下式计算：

$$E_s = \sum A_i / (\sum A_i / E_{si})$$

式中　A_i—第 i 层土附加应力系数沿土层厚度的积分值。

(5) 地基变形计算深度 z_n（图10-3），应符合式（10-11）要求：

$$\Delta s'_n \leqslant 0.025 \sum_{i=1}^{n} \Delta s'_i \tag{10-11}$$

式中　$\Delta s'_i$——在计算深度范围内，第 i 层土的计算变形值；

$\quad\quad \Delta s'_n$——在由计算深度向上取厚度为 Δz 的土层计算变形值，Δz 见图10-3并按表10-9确定。如确定的计算深度下部仍有较软土层时，应继续计算。

表 10-9　　　　　　　　　　　　　　　Δz

b（m）	$b \leqslant 2$	$2 < b \leqslant 4$	$4 < b \leqslant 8$	$8 < b$
Δz（m）	0.3	0.6	0.8	1.0

当无相邻荷载影响，基础宽度在 1～30m 范围内时，基础中点的地基变形计算深度也可按下列简化公式（10-12）计算：

$$z_n = b(2.5 - 0.4 \ln b) \tag{10-12}$$

式中　b——基础宽度，mm。

在计算深度范围内存在基岩时，z_n 可取至基岩表面；当存在较厚的坚硬黏性土层，其孔隙比小于 0.5，压缩模大于 50MPa，或存在较厚的密实砂卵石层，其压缩模量大于 80MPa 时，z_n 可取至该层土表面。

五、软弱下卧层强度验算

以上地基承载力计算，是以均匀地基为条件。若地基持力层下部存在软弱土层时，应按下式进行软弱下卧层强度验算。

$$p_z + p_{cz} \leqslant f_{za} \tag{10-13}$$

式中　f_{za}——软弱下卧层顶面处经深度修正后地基承载力设计值，kPa；

　　　　p_z——软弱下卧层顶面处的附加应力设计值，kPa；

　　　　p_{cz}——软弱下卧层顶面处土的自重压力标准值，kPa。

其中附加压力 p_z，当上层土的侧限压缩模量 E_{s1} 与下层土的压缩模量 E_{s2} 的比值大于 3，即 $E_{s1}/E_{s2} \geqslant 3$ 时，附加应力 p_z 可以简化为：

基础底面处附加压力 p_0，按 θ 角向下扩散，至深度 z 处（即软弱下卧层顶面处）为 p_z。基底处与深度 z 处，两个平面上的附加应力总和相等。

（1）条形基础：

$$p_0 b = p_z(b + 2z\tan\theta) \tag{10-14}$$

$$p_z = \frac{p_0 b}{b + 2z\tan\theta} \tag{10-15}$$

（2）矩形基础：

$$p_z = \frac{p_0 bl}{(l + 2z\tan\theta)(b + 2z\tan\theta)} \text{（附加应力沿两个方向扩散）} \tag{10-16}$$

地基压力扩散角 θ 按表 10-10 确定。

表 10-10　　　　　　　　　　　　地 基 压 力 扩 散 角 θ

E_{s1}/E_{s2}	z/b	
	0.25	0.50
3	6°	23°
5	10°	25°
10	20°	30°

注　1. E_{s1} 为上层土压缩模量；E_{s2} 为下层土压缩模量；

　　2. $z/b < 0.25$ 时取 $\theta = 0°$，必要时，宜由试验确定；$z/b > 0.50$ 时 θ 值不变。

六、地基稳定性计算

一般建筑物不需要进行地基稳定性计算，但遇下列建筑物，则应进行地基稳定性计算：

（1）经常受水平荷载作用的高层建筑和高耸结构。

（2）建造在斜坡或坡顶上的建筑物。

（3）挡土墙。

$$K_{\min} = \frac{M_R}{M_S} \geqslant 1.2 \tag{10-17}$$

式中　$K_{\min}$——最危险滑动面上稳定安全系数；

　　　　M_R——滑动面上诸力对滑动中心所产生的抗滑力矩；

　　　　M_S——滑动面上诸力对滑动中心所产生的滑力矩。

第二节 浅 基 础 设 计

天然地基上的浅基础，根据基础形状和大小可以分为：独立基础、条形基础（包括十字交叉条形基础）、筏板基础、箱形基础等。根据基础所用材料的性能可分为刚性基础和柔性扩展基础。

1. 无筋扩展基础

无筋扩展基础（刚性基础）所用材料的抗压强度较高，但抗拉强度和抗剪强度较低。其优点是施工技术简单，材料可就地取材，造价低廉。但基础稍有挠曲变形，基础内拉应力就会超过材料的抗拉强度而产生裂缝。因此，设计中必须控制基础内的拉应力和剪应力。结构设计时可以通过控制材料强度等级和台阶宽高比（台阶的宽度与其高度之比）来确定基础的截面尺寸，而无须进行内力分析和截面强度计算。如图 10 - 4 所示为无筋扩展基础构造示意图，要求基础每个台阶的宽高比（$b_2 : H_0$）都不得超过表 10 - 11 所列的台阶宽高比的允许值（可用图中角度 α 的正切 $\tan\alpha$ 表示）。

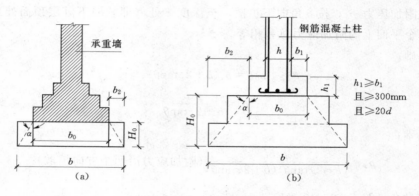

图 10 - 4 无筋扩展基础

表 10 - 11 无筋扩展基础台阶高宽比的限值

基础材料	质 量 要 求	台阶宽高比的允许值（$\tan\alpha$）		
		$\rho_k \leqslant 100$	$100 < \rho_k \leqslant 200$	$200 < \rho_k \leqslant 300$
混凝土基础	C15 混凝土	1 : 1.00	1 : 1.25	1 : 1.00
毛石混凝土基础	C15 混凝土	1 : 1.00	1 : 1.25	1 : 1.50
砖基础	砖不低于 MU10，砂浆不低于 M5	1 : 1.50	1 : 1.50	1 : 1.50
毛石基础	砂浆不低于 M5	1 : 1.25	1 : 1.50	—
灰土基础	体积比 3：7 或 2：8 的灰土， 其最小干密度： 粉土 1.55t/m³； 粉质黏土 1.58t/m³； 黏土 1.45t/m³	1 : 1.25	1 : 1.50	
三合土基础	石灰：砂：骨料体积比 为 1：2：4～1：3：6， 每层虚铺 220mm。夯至 150mm	1 : 1.50	1 : 2.00	

注 1. ρ_k—基础底面处平均压力，kPa。

2. 阶梯形毛石基础的每阶伸出宽度不宜大于 200mm。

3. 当基础由不同材料叠合组成时，应对接触部分作抗压验算。

4. 对混凝土基础，当基础底面平均压力超过 300kPa 时，尚应进行抗剪验算。

设计时一般先选择适当的基础埋深和基础底面尺寸，设基底宽度为 b，则按上述要求，基础高度应满足下列条件：

$$H_0 \geqslant \frac{b - b_0}{2\tan\alpha}$$

式中　b_0——基础顶面处的墙体宽度或柱脚宽度；

　　　α——基础的刚性角。

采用无筋扩展基础的钢筋混凝土柱，其柱脚高度 h_1 不得小于 b_1 [图 10-4（b）]，且不应小于 300mm 以及不小于 $20d$（d 为柱中的纵向受力钢筋的最大直径）。当柱纵向钢筋在柱脚内的竖向锚固长度不满足锚固要求时，可沿水平方向弯折，弯折后的水平锚固长度不应小于 $10d$，也不应大于 $20d$。

由于台阶宽高比的限制，无筋扩展基础的高度一般都较大，但不应大于基础埋深，否则，应加大基础埋深，或选择刚性角较大的基础类型（如混凝土基础）。如仍不满足，可采用钢筋混凝土基础。

为节约材料和施工方便，砖、毛石、灰土、混凝土等材料的基础常做成阶梯形。每一台阶除应满足台阶宽高比的要求外，还需符合有关的构造规定。

砖基础采用的砖强度等级应不低于 MU7.5，砂浆强度等级应不低于 M2.5，在地下水位以下或地基土比较潮湿时，应采用水泥砂浆砌筑。基础底面以下一般先做 100mm 厚的灰土垫层或混凝土垫层，混凝土强度等级为 C7.5 或 C10。

三合土基础一般按 1:2:4～1:3:6 体积比配制，经加入适量水拌和后，均匀铺入基槽，每层虚铺 200mm，再压实至 150mm，铺至一定高度后再在其上砌砖大放脚，三合土基础厚度不应小于 300mm。

灰土基础常用 3:7 或 2:8 的体积比比例配制，加入适量水拌匀，分层夯实。施工时每层需铺灰土 220～250mm，夯实至 150mm，称为"一步灰土"。设计成二步灰土或三步灰土时，厚度为 300mm 或 450mm。施工中应严格控制灰土比例和拌和均匀的问题，每层压实结束后，按规定取灰土样，测定其干密度。压实后的灰土最小干密度：粉土 $1.55t/m^3$、粉质黏土 $1.50t/m^3$、黏土 $1.40t/m^3$。

毛石基础采用的材料为未加工或仅稍作修正的未风化的硬质岩石，毛石形状不规则时其高度不应小于 150mm。毛石基础每阶高度一般不小于 200mm，通常取 400～600mm，并由两层毛石错缝砌成。毛石基础的每阶伸出宽度不宜大于 200mm。毛石基础底面以下一般铺设 100mm 厚的混凝土垫层，混凝土强度等级为 C10。

混凝土基础一般用 C10 以上的素混凝土做成，每阶高度不应小于 200mm。毛石混凝土基础中用于砌筑的毛石直径不宜大于 300mm，每阶高度不应小于 300mm。

2. 墙下条形基础

墙下钢筋混凝土条形基础的内力计算一般按平面应变问题处理，计算时沿墙长度方向取 1m 作为计算单元。墙下钢筋混凝土条形基础的截面设计包括确定基础底面宽度、基础高度和基础底板配筋。基底宽度根据地基承载力和对沉降及不均匀沉降的要求确定，基础高度由混凝土的抗剪切条件确定，基础底板的受力钢筋由基础验算截面的抗弯能力确定。确定基础底面尺寸和计算沉降时，应考虑设计地面以下基础及其上覆土重的作用；进行基础截面设计时，应采用不计基础与上覆土重时的地基净反力 p_j 计算。

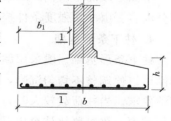

图 10-5　墙下条形基础

（1）对于墙下条形基础任意截面的弯矩（图 10-5），轴心荷载作用下可取计算截面弯矩设计值 M 为：

$$M = \frac{1}{2}p_j b_1^2 \tag{10-18}$$

偏心荷载作用下：

$$M = \frac{1}{6}(2p_{jmax} + p_j)b_1^2 \qquad (10-19)$$

基础每米长的受力钢筋截面面积可以近似按以下公式求出：

$$A_s = \frac{M}{0.9f_yh_0} \qquad (10-20)$$

（2）构造要求。

1）梯形截面基础的边缘高度，一般不小于 200mm；基础高度小于或等于 250mm 时，可做成等厚度板。

2）基础下的垫层厚度一般为 100mm，每边伸出基础 50～100mm，垫层混凝土强度等级应为 C10。

3）底板受力钢筋的最小直径不宜小于 10mm，间距不宜大于 200mm 和小于 100mm。当有垫层时，混凝土的保护层净厚度不应小于 40mm，无垫层时则不应小于 70mm。纵向分布筋直径不小于 8mm，间距不大于 300mm，每延米分布钢筋的面积应不小于受力钢筋面积的 1/10。

4）混凝土强度等级不应低于 C20。

5）当基础宽度大于或等于 2.5m 时，底板受力钢筋的长度可取基础宽度的 0.9 倍，并交错布置。

6）基础底板在 T 形及十字形交接处，底板横向受力钢筋仅沿一个主要受力方向通长布置，另一方向的横向受力钢筋可布置到主要受力方向底板宽度 1/4 处 [10-6（a）、（b）]。在拐角处底板横向受力钢筋应沿两个方向布置，如图 10-6（c）所示。

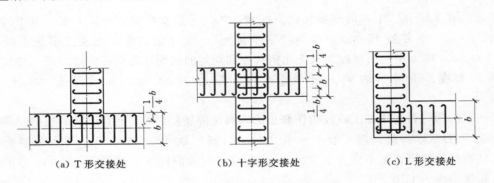

(a) T 形交接处   (b) 十字形交接处   (c) L 形交接处

图 10-6　墙下条形基础底板配筋构造

7）当地基软弱时，为了减少不均匀沉降的影响，基础截面可采用带肋的板，肋的纵向钢筋按经验确定。

3. 柱下独立基础

单独基础的结构计算主要包括冲切、局部受压计算（当基础混凝土强度小于柱时）和受弯计算几部分内容。由冲切强度条件控制柱边处基础高度和变阶处高度，由基础底板弯矩决定配筋量。

4. 柱下条形基础

柱下条形基础一般采用倒 T 形截面，由肋梁和翼板组成，如图 10-7 所示。为了具有较大的抗弯刚度以便调整不均匀沉降，肋梁高度不宜太小，一般为柱距的 1/8～1/4，并应满足受剪承载力计算的要求。当柱荷载较大时，可在柱两侧局部增高（加肋），如图 10-7（b）所示。一般肋梁沿纵向取等截面，梁每侧比柱至少宽出 50mm。当柱垂直于肋梁轴线方向的截面边长大于 400mm 时，可仅在柱位处将肋部加宽，如图 10-8 所示。翼板厚度不应小于 200mm。当翼板厚度为 200～250mm 时，宜用等厚度翼板；当翼板厚度大于 250mm 时，宜用变厚度翼板，其坡度小于或等于 1:3。

为了调整基底形心位置，使基底压力分布较为均匀，并使各柱校下弯矩与跨中弯矩趋于均衡以利

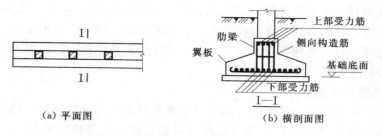

(a) 平面图　　　　　　　　(b) 横剖面图

图 10-7　柱下条形基础

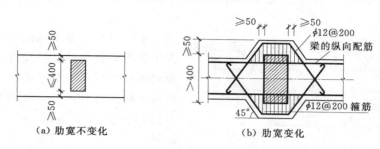

(a) 肋宽不变化　　　　　　(b) 肋宽变化

图 10-8　现浇柱与肋梁的平面连接和构造配筋

配筋，条形基础端部应沿纵向从两端边柱外伸，外伸长度宜为边跨跨距的 0.25 倍。当荷载不对称时，两端伸出长度可不相等，以使基底形心与荷载合力作用点重合。但也不宜伸出太多，以免基础梁在柱位处正弯矩太大。

基础肋梁的纵向受力钢筋、箍筋和弯起筋应按弯矩图和剪力图配置。柱位处的纵向受力钢筋布置在肋梁底面，而跨中则布置在顶面。底面纵向受力钢筋的搭接位置宜在跨中，顶面纵向受力钢筋则宜在柱位处，其搭接长度 d_1 应满足要求。当纵向受力钢筋直径 d 大于 22mm 时，不宜采用非焊接的搭接接头。考虑到条形基础可能出现整体弯曲，且其内力分析往往不很准确，故顶面的纵向受力钢筋宜全部通长配置，底面通长钢筋的面积不应少于底面受力钢筋总面积的 1/3。

当基础梁的腹板高度大于或等于 450mm 时，在梁的两侧面应沿高度配置纵向构造钢筋，每侧构造钢筋面积不应小于腹板截面面积的 0.1%，且其间距不宜大于 200mm。梁两侧的纵向构造钢筋，宜用拉筋连接，拉筋直径与箍筋相同，间距 500~700mm，一般为 2 倍的箍筋间距。箍筋应采用封闭式，其直径一般为 6~12mm，对梁高大于 800mm 的梁，其箍筋直径不宜小于 8mm，箍筋间距按有关规定确定。当梁宽小于或等于 350mm 时，采用双肢箍；梁宽在 350~800mm 时，采用四肢箍筋；梁宽大于 800mm 时，采用六肢箍筋。

翼板的横向受力钢筋由计算确定，但直径不应小于 10mm，间距 100~200mm。非肋部分的纵向分布钢筋可用直径 8~10mm，间距不大于 300mm。其余构造要求可参照钢筋混凝土扩展基础的有关规定。

柱下条形基础的混凝土强度等级不应低于 C20。

柱下条形基础的内力计算原则上应同时满足静力平衡和变形协调的共同作用条件。目前提出的计算方法主要有以下两种。

（1）简化计算方法。

采用基底压力呈直线分布假设，用倒梁法或静定分析法计算。简化计算方法仅满足静力平衡条件，是最常用的设计方法。简化方法适用于柱荷载比较均匀、柱距相差不大，基础对地基的相对刚度较大，可忽略柱间的不均匀沉降的影响的情况。

（2）地基上梁的计算方法。

将柱下条形基础看成是地基上的梁，采用合适的地基计算模型（最常用的是上节所述的线性弹性地基模型，这时便成为弹性地基上的梁），考虑地基与基础的共同作用，即满足地基与基础之间的静力平衡和变形协调条件，建立方程。可以用解析法、近似解析法和数值分析方法等直接或近似求解基础内力。这类方法适用于具有不同相对刚度的基础、荷载分布和地基条件。由于没有考虑上部结构刚度的影响，计算结果一般偏于安全。

5. 柱下十字交叉条形基础

柱下十字交叉条形基础是由纵横两个方向的柱下条形基础所组成的一种空间结构，各柱位于两个方向基础梁的交叉结点处（图 10-9）。其作用除可以进一步扩大基础底面积外，主要是利用其空间刚度调整地基的不均匀沉降。十字交叉条形基础宜用于软弱地基上柱距较小的框架结构，其构造要求与柱下条形基础类同。

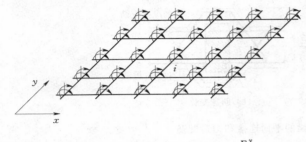

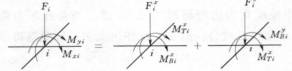

图 10-9 柱下十字交叉条形基础荷载分配示意图

十字交叉条形基础的内力分析目前常用的方法是简化计算法。把交叉结点处的柱荷载分配到纵横两个方向的基础梁上（图 10-9），柱荷载分配完成后，将交叉条形基础分离为若干单独的柱下条形基础，按单向条形基础方法计算。

确定交叉结点处柱荷载的分配值时，须满足如下两个条件。

（1）静力平衡条件。各结点分配在纵、横基础梁上的荷载之和，应等于作用在该结点上的总荷载。

（2）变形协调条件。纵、横基础梁在交叉结点处的位移应相等。此外，当考虑某一结点的荷载分配时，应顾及其他结点荷载的影响。

6. 筏板基础

筏板基础是底板连成整片形式的基础，可以分为梁板式和平板式两类。筏板基础的基底面积较十字交叉条形基础更大，能满足较软弱地基的承载力要求。由于基底面积的加大减少了地基附加压力，地基沉降和不均匀沉降也因而减少，但是由于筏板基础的宽度较大，从而压缩层厚度也较大，这在深厚软弱土地基上尤应注意。筏板基础还具有较大的整体刚度，在一定程度上能调整地基的不均匀沉降。筏板基础能提供宽敞的地下使用空间，当设置地下室时具有补偿功能。

筏型基础设计计算包括地基计算、内力分析、强度计算以及构造要求等方面。

在地基均匀的条件下，单幢建筑物的筏形或箱形基础的基底平面形心宜与结构竖向永久荷载中心重合。当不能重合时，在荷载效应准永久组合下，偏心距 e 宜符合下式要求：

$$e \leqslant 0.1W/A$$

式中　W——与偏心距方向一致的基础底板面边缘抵抗矩；

　　　　A——基础底面积。

筏板基础的设计方法也可分为：

（1）简化计算方法。假定基底压力呈直线分布，适用于筏板相对地基刚度较大的情况。当上部结构刚度很大时可用倒梁法或倒楼盖法，当上部结构为柔性结构时可用静定分析法。

（2）考虑地基与基础共同工作的方法。用地基上的梁板分析方法求解，一般用在地基比较复杂、上部结构刚度较差，或柱荷载及柱间距变化较大时。

7. 箱形基础

箱形基础是由顶、底板和纵、横墙板组成的盒式结构，具有极大的刚度，能有效地扩散上部结构传下的荷载，调整地基的不均匀沉降。箱形基础一般有较大的基础宽度和埋深，能提高地基承载力，增强地基的稳定性。箱形基础具有很大的地下空间，代替被挖除的土，因此具有补偿作用，对减少基础沉降和满足地基的承载力要求很有利。箱形基础设计中应考虑地下水的压力和浮力作用，在变形计算中应考虑深开挖后地基的回弹和再压缩过程。箱形基础施工中需解决基坑支护和施工降水等问题。

（1）箱形基础构造。

箱形基础的内、外墙应沿上部结构柱网和剪力墙纵横均匀布置，墙体水平截面总面积不宜小于箱形基础外墙外包尺寸的水平投影面积的 1/10。对基础平面长宽比大于 4 的箱形基础，其纵墙水平截面面积不得小于箱基外墙外包尺寸水平投影面积的 1/18。

箱形基础的高度应满足结构承载力、整体刚度和使用功能的要求，其值不宜小于箱形基础长度（不包括底板悬挑部分）的 1/20，并不宜小于 3m。

箱基的埋置深度应根据建筑物对地基承载力、基础倾覆及滑移稳定性、建筑物整体倾斜以及抗震设防烈度等的要求确定，一般可取等于箱基的高度，在抗震设防区不宜小于建筑物高度的 1/15。高层建筑同一结构单元内的箱形基础埋深宜一致，且不得局部采用箱形基础。

箱基顶、底板及墙身的厚度应根据受力情况、整体刚度及防水要求确定。一般底板厚度不应小于 300 mm、外墙厚度不应小于 250mm，内墙厚度不应小于 200mm。顶、底板厚度应满足受剪承载力验算的要求，底板尚应满足受冲切承载力的要求。

墙体内应设置双面钢筋，竖向和水平钢筋的直径不应小于 10 mm，间距不应大于 200mm。除上部为剪力墙外，内、外墙的墙顶处宜配置两根直径不小于 20 mm 的通长构造钢筋。

门洞宜设在柱间居中部位，洞边至上层柱中心的水平距离不宜小于 1.2m，洞口上过梁的高度不宜小于层高的 1/5，洞口面积不宜大于柱距与箱形基础全高乘积的 1/6。墙体洞口四周应设置加强钢筋。箱基的混凝土强度等级不应低于 C20，抗渗等级不应小于 0.6MPa。

（2）地基承载力验算。

箱基的地基承载力验算与其他建筑物基础相同，即在轴心荷载下满足 $p \leqslant f$ 以及在偏心荷载下满足 $p_{max} \leqslant 1.2f$。但箱基常用于对倾斜控制较为严格的高层建筑，对于高层建筑下的箱基，在偏心荷载下尚应满足 $p_{min} \geqslant 0$ 的要求。在计算基底压力时，箱基在地下水位以下部分的自重，应扣除水的浮力。

基底反力可按《高层建筑箱形与筏形基础技术规范》（JGJ 6—1999）推荐的地基反力系数表确定。即把箱基底面（包括底板悬挑部分）划分成若干区格，并按下式计算各区格的基底反力：

每区格基底反力＝上部结构竖向荷载加箱形基础自重和挑出部分台阶上的土重/基底面积

（3）沉降计算。

箱基一般有较大的埋深，深开挖引起的地基土回弹和随后的再压缩产生的沉降量往往在总沉降量中占重要地位，应引起足够重视。即除了建筑物荷载产生的基底附加压力 p_0 引起的沉降外，土的自重 p_c 也会产生一定的沉降。但后者是一个再压缩过程，计算时应该采用土的再压缩参数。为此，在做室内压缩试验时，应进行回弹再压缩试验，其压力的施加应模拟实际加、卸荷载的应力状态。

（4）内力计算。

箱形基础的内力计算根据受整体弯曲影响的大小分为两种。

1）当地基压缩层深度范围内的土层在竖向和水平方向较均匀、且上部结构是平立面布置较规则的剪力墙、框架、框架—剪力墙体系时，箱基的相对挠曲值很小。这时把上部结构看成绝对刚性，只按局部弯曲计算箱基顶、底板。即顶板以实际荷载（包括板自重）按普通楼盖计算；底板以直线分布的基底净反力（计入箱基自重后扣除底板自重所余的反力）按倒楼盖计算。顶、底板钢筋配置量除满足局部弯曲的计算要求外，纵横方向的支座钢筋尚应有 1/2～1/3 贯通全跨，且贯通钢筋的配筋率分别不应小于 0.15％ 和 0.10％；跨中钢筋应按实际配筋全部连通。

计算底板的局部弯矩时，考虑到底板周边与墙体连接产生的推力作用，以及实测结果表明基底反力有由纵、横墙所分出的板格中部向四周墙下转移的现象，底板局部弯曲产生的弯矩应乘以 0.8 的折减系数。

2）当不符合只按局部弯曲计算箱基的条件时，箱基受整体弯曲的影响较大，顶、底板的计算应同时考虑局部弯曲和整体弯曲的作用。

第三节 基础设计实例

一、柱下独立基础

1. 示意图

柱下独立基础示意图如图 10-10 所示。

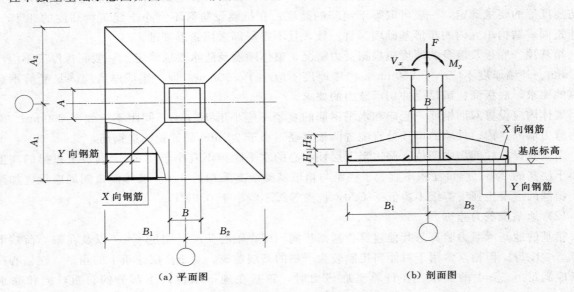

（a）平面图　　　　　　　　　（b）剖面图

图 10-10　柱下独立基础示意图

2. 基本参数

依据规范：

《建筑地基基础设计规范》（GB 50007—2002）；

《混凝土结构设计规范》（GB 50010—2010）；

《简明高层钢筋混凝土结构设计手册（第二版）》。

几何参数：

自动计算所得尺寸：

$B_1 = 1750\mathrm{mm}$，　　$A_1 = 1750\mathrm{mm}$

$H_1 = 200\mathrm{mm}$，　　$H_2 = 350\mathrm{mm}$

$B = 400\mathrm{mm}$，　　$A = 400\mathrm{mm}$

无偏心：

$B_2 = 1750\mathrm{mm}$，　　$A_2 = 1750\mathrm{mm}$

基础埋深 $d = 1.50\mathrm{m}$

钢筋合力重心到板底距离 $a_s = 80\mathrm{mm}$

荷载值：

（1）作用在基础顶部的标准值荷载。

$F_{gk} = 811.00\mathrm{kN}$，　　　　$F_{qk} = 249.00\mathrm{kN}$

$M_{gxk}=25.00\text{kN}\cdot\text{m},\qquad M_{qxk}=6.00\text{kN}\cdot\text{m}$

$M_{gyk}=96.00\text{kN}\cdot\text{m},\qquad M_{qyk}=21.00\text{kN}\cdot\text{m}$

$V_{gxk}=24.00\text{kN},\qquad V_{qxk}=5.00\text{kN}$

$V_{gyk}=92.00\text{kN},\qquad V_{qyk}=24.00\text{kN}$

（2）作用在基础底部的弯矩标准值。

$M_{xk}=M_{gxk}+M_{qxk}=25.00+6.00=31.00\text{kN}\cdot\text{m}$

$M_{yk}=M_{gyk}+M_{qyk}=96.00+21.00=117.00\text{kN}\cdot\text{m}$

$V_{xk}=V_{gxk}+V_{qxk}=24.00+5.00=29.00\text{kN}\cdot\text{m}$

$V_{yk}=V_{gyk}+V_{qyk}=92.00+24.00=116.00\text{kN}\cdot\text{m}$

绕 X 轴弯矩：$M_{0xk}=M_{xk}-V_{yk}\cdot(H_1+H_2)=31.00-116.00\times0.55=-32.80\text{kN}\cdot\text{m}$

绕 Y 轴弯矩：$M_{0yk}=M_{yk}+V_{xk}\cdot(H_1+H_2)=117.00+29.00\times0.55=132.95\text{kN}\cdot\text{m}$

（3）作用在基础顶部的基本组合荷载。

不变荷载分项系数 $r_g=1.20$ 活荷载分项系数 $r_q=1.40$

$F=r_g\cdot F_{gk}+r_q\cdot F_{qk}=1321.80\text{kN}$

$M_x=r_g\cdot M_{gxk}+r_q\cdot M_{qxk}=38.40\text{kN}\cdot\text{m}$

$M_y=r_g\cdot M_{gyk}+r_q\cdot M_{qyk}=144.60\text{kN}\cdot\text{m}$

$V_x=r_g\cdot V_{gxk}+r_q\cdot V_{qxk}=35.80\text{kN}$

$V_y=r_g\cdot V_{gyk}+r_q\cdot V_{qyk}=144.00\text{kN}$

（4）作用在基础底部的弯矩设计值。

绕 X 轴弯矩：$M_{0x}=M_x-V_y\cdot(H_1+H_2)=38.40-144.00\times0.55=-40.80\text{kN}\cdot\text{m}$

绕 Y 轴弯矩：$M_{0y}=M_y+V_x\cdot(H_1+H_2)=144.60+35.80\times0.55=164.29\text{kN}\cdot\text{m}$

材料信息：

混凝土：C30，钢筋：HRB400（20MnSiV、20MnSiNb、20MnTi）

基础几何特性：

底面积：$S=(A_1+A_2)(B_1+B_2)=3.50\times3.50=12.25\text{m}^2$

绕 X 轴抵抗矩：$W_x=(1/6)(B_1+B_2)(A_1+A_2)^2=(1/6)\times3.50\times3.50^2=7.15\text{m}^3$

绕 Y 轴抵抗矩：$W_y=(1/6)(A_1+A_2)(B_1+B_2)^2=(1/6)\times3.50\times3.50^2=7.15\text{m}^3$

3. 计算过程

（1）修正地基承载力。

修正后的地基承载力特征值 $f_a=118.00\text{kPa}$。

（2）轴心荷载作用下地基承载力验算。

计算公式：

按 GB 50007—2002 下列公式验算：

$$p_k=(F_k+G_k)/A \tag{10-21}$$

$$F_k=F_{gk}+F_{qk}=811.00+249.00=1060.00\text{kN}$$

$$G_k=20S\cdot d=20\times12.25\times1.50=367.50\text{kN}$$

$p_k=(F_k+G_k)/S=(1060.00+367.50)/12.25=116.53\text{kPa}\leqslant f_a$，满足要求。

（3）偏心荷载作用下地基承载力验算。

计算公式：

按 GB 50007—2002 下列公式验算：

当 $e\leqslant b/6$ 时

$$p_{k\max}=(F_k+G_k)/A+M_k/W \tag{10-22}$$

$$p_{k\min}=(F_k+G_k)/A-M_k/W \tag{10-23}$$

当 $e>b/6$ 时

$$p_{k\max}=2(F_k+G_k)/3l_a \tag{10-24}$$

X、Y 方向同时受弯。

偏心距 $\quad e_{xk}=M_{0yk}/(F_k+G_k)=132.95/(1060.00+367.50)=0.09m$

$$e=e_{xk}=0.09m\leqslant(B_1+B_2)/6=3.50/6=0.58m$$

$$p_{kmax,x}=(F_k+G_k)/S+M_{0yk}/W_y$$

$$=(1060.00+367.50)/12.25+132.95/7.15=135.14kPa$$

偏心距 $\quad e_{yk}=M_{0xk}/(F_k+G_k)=32.80/(1060.00+367.50)=0.02m$

$$e=e_{yk}=0.02m\leqslant(A_1+A_2)/6=3.50/6=0.58m$$

$$p_{kmax,y}=(F_k+G_k)/S+M_{0xk}/W_x$$

$$=(1060.00+367.50)/12.25+32.80/7.15=121.12kPa$$

$$p_{kmax}=p_{kmax,x}+p_{kmax,y}-(F_k+G_k)/S=135.14+121.12-116.53=139.73kPa$$

$\leqslant1.2\times f_a=1.2\times118.00=141.60kPa$，满足要求。

（4）基础抗冲切验算。

计算公式：

按 GB 50007—2002 下列公式验算：

$$F_l\leqslant0.7\cdot\beta_{hp}\cdot f_t\cdot a_m\cdot h_0 \qquad (10-25)$$

$$F_l=p_j\cdot A_l \qquad (10-26)$$

$$a_m=(a_t+a_b)/2 \qquad (10-27)$$

$p_{jmax,x}=F/S+M_{0y}/W_y=1321.80/12.25+164.29/7.15=130.89kPa$

$p_{jmin,x}=F/S-M_{0y}/W_y=1321.80/12.25-164.29/7.15=84.91kPa$

$p_{jmax,y}=F/S+M_{0x}/W_x=1321.80/12.25+40.80/7.15=113.61kPa$

$p_{jmin,y}=F/S-M_{0x}/W_x=1321.80/12.25-40.80/7.15=102.19kPa$

$\quad p_j=p_{jmax,x}+p_{jmax,y}-F/S=130.89+113.61-107.90=136.60kPa$

柱对基础的冲切验算。

$$H_0=H_1+H_2-a_s=0.20+0.35-0.08=0.47m$$

X 方向：

$$A_{lx}=\frac{1}{4}\cdot(A+2H_0+A_1+A_2)(B_1+B_2-B-2H_0)$$

$$=\frac{1}{4}\times(0.40+2\times0.47+3.50)(3.50-0.40-2\times0.47)$$

$$=2.61m^2$$

$F_{lx}=p_j\cdot A_{lx}=136.60\times2.61=357.02kN$

$a_b=\min\{A+2H_0,A_1+A_2\}=\min\{0.40+2\times0.47,3.50\}=1.34m$

$a_{mx}=(a_t+a_b)/2=(A+a_b)/2=(0.40+1.34)/2=0.87m$

$F_{lx}\leqslant0.7\times\beta_{hp}\cdot f_t\cdot a_{mx}\cdot H_0=0.7\times1.00\times1430.00\times0.870\times0.470$

$\quad=409.31kN$，满足要求。

Y 方向：

$$A_{ly}=\frac{1}{4}\cdot(B+2H_0+B_1+B_2)(A_1+A_2-A-2H_0)$$

$$=\frac{1}{4}\times(0.40+2\times0.47+3.50)(3.50-0.40-2\times0.47)$$

$$=2.61m^2$$

$F_{ly}=p_j\cdot A_{ly}=136.60\times2.61=357.02kN$

$a_b=\min\{B+2H_0,B_1+B_2\}=\min\{0.40+2\times0.47,3.50\}=1.34m$

$a_{my}=(a_t+a_b)/2=(B+a_b)/2=(0.40+1.34)/2=0.87m$

$$F_{ly} \leq 0.7 \times \beta_{hp} \cdot f_t \cdot a_{my} \cdot H_0 = 0.7 \times 1.00 \times 1430.00 \times 0.870 \times 0.470$$
$$= 409.31 \text{kN}, 满足要求。$$

（5）基础受压验算。

计算公式：

按 GB 50010—2010 下列公式验算

$$F_l \leq 1.35 \cdot \beta_c \cdot \beta_l \cdot f_c \cdot A_{ln} \tag{10-28}$$

局部荷载设计值：$F_l = 1321.80 \text{kN}$

混凝土局部受压面积：$A_{ln} = A_l = B \times A = 0.40 \times 0.40 = 0.16 \text{m}^2$

混凝土受压时计算底面积：$A_b = \min\{B+2A, B_1+B_2\} \times \min\{3A, A_1+A_2\} = 1.44 \text{m}^2$

混凝土受压时强度提高系数：$\beta_l = s_q \cdot (A_b/A_l) = s_q(1.44/0.16) = 3.00$

$$1.35 \times \beta_c \cdot \beta_l \cdot f_c \cdot A_{ln}$$
$$= 1.35 \times 1.00 \times 3.00 \times 14300.00 \times 0.16 = 9266.40 \text{kN} \geq F_l = 1321.80 \text{kN}, 满足要求。$$

（6）基础受弯计算。

计算公式：

按《简明高层钢筋混凝土结构设计手册（第二版）》中下列公式验算：

$$M_{\text{I}} = \frac{\beta}{48} \cdot (L-a)^2 (2B+b)(p_{j\max} + p_{jnx}) \tag{10-29}$$

$$M_{\text{II}} = \frac{\beta}{48} \cdot (B-b)^2 (2L+a)(p_{j\max} + p_{jny}) \tag{10-30}$$

柱根部受弯计算：

$$G = 1.35 G_k = 1.35 \times 367.50 = 496.13 \text{kN}$$

Ⅰ—Ⅰ截面处弯矩设计值：

$$p_{jnx} = p_{j\min,x} + (p_{j\max,x} - p_{j\min,x})(B_1+B_2+B)/2/(B_1+B_2)$$
$$= 84.91 + (130.89 - 84.91) \times (3.50+0.40)/2/3.50$$
$$= 110.53 \text{kPa}$$

$$M_{\text{I}} = \frac{\beta}{48} \cdot (B_1+B_2-B)^2 [2(A_1+A_2)+A](p_{j\max,x} + p_{jnx})$$
$$= \frac{1.0403}{48} \times (3.50-0.40)^2 \times (2 \times 3.50+0.40) \times (130.89+110.53)$$
$$= 372.11 \text{kN} \cdot \text{m}$$

Ⅱ—Ⅱ截面处弯矩设计值：

$$p_{jny} = p_{j\min,y} + (p_{j\max,y} - p_{j\min,y})(A_1+A_2+A)/2/(A_1+A_2)$$
$$= 102.19 + (113.61 - 102.19) \times (3.50+0.40)/2/3.50$$
$$= 108.55 \text{kPa}$$

$$M_{\text{II}} = \frac{\beta}{48} \cdot (A_1+A_2-A)^2 [2(B_1+B_2)+B](p_{j\max,y} + p_{jny})$$
$$= \frac{1.0000}{48} \times (3.50-0.40)^2 \times (2 \times 3.50+0.40) \times (113.61+108.55)$$
$$= 329.15 \text{kN} \cdot \text{m}$$

Ⅰ—Ⅰ截面受弯计算：

相对受压区高度：$\zeta = 0.034243$　配筋率：$\rho = 0.001360$

$\rho < \rho_{\min} = 0.001500$，$\rho = \rho_{\min} = 0.001500$

计算面积：$825.00 \text{mm}^2/\text{m}$

Ⅱ—Ⅱ截面受弯计算：

相对受压区高度：$\zeta = 0.030228$　配筋率：$\rho = 0.001201$

$\rho < \rho_{min} = 0.001500$，$\rho = \rho_{min} = 0.001500$

计算面积：825.00mm²/m

二、墙下条形基础

1. 示意图

墙下条形基础示意图如图 10-11 所示。

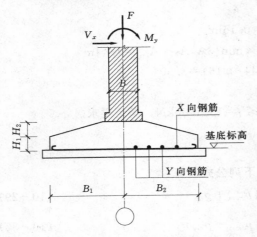

图 10-11 墙下条形基础示意图

2. 基本参数

依据规范

GB 50007—2002

GB 50010—2010

《简明高层钢筋混凝土结构设计手册（第二版）》

几何参数：

自动计算所得尺寸：

$B_1 = 1400\text{mm}$， $B = 400\text{mm}$

$H_1 = 200\text{mm}$， $H_2 = 250\text{mm}$

无偏心：

$B_2 = 1400\text{mm}$

基础埋深 $d = 1.50\text{m}$

钢筋合力重心到板底距离 $a_s = 40\text{mm}$

荷载值：

（1）作用在基础顶部的基本组合荷载（$l = 1\text{m}$ 范围内的荷载）。

$F = 507.40\text{kN}$

$M_y = 0.00\text{kN} \cdot \text{m}$

$V_x = 0.00\text{kN}$

折减系数 $K_s = 1.35$

（2）作用在基础底部的弯矩设计值。

绕 Y 轴弯矩：$M_{0y} = M_y + V_x \cdot (H_1 + H_2) = 0.00 + 0.00 \times 0.45 = 0.00\text{kN} \cdot \text{m}$

（3）作用在基础底部的弯矩标准值。

绕 Y 轴弯矩：$M_{0yk} = M_{0y} / K_s = 0.00 / 1.35 = 0.00\text{kN} \cdot \text{m}$

材料信息：

混凝土：C30   钢筋：HRB400（20MnSiV、20MnSiNb、20MnTi）

基础几何特性：

底面积：$S = (B_1 + B_2) \times l = 2.80 \times 1.0 = 2.80\text{m}^2$

绕 Y 轴抵抗矩：$W_y = (1/6) \cdot l \cdot (B_1 + B_2)^2 = (1/6) \times 1.0 \times 2.80^2 = 1.31\text{m}^3$

3. 计算过程

（1）修正地基承载力。

修正后的地基承载力特征值 $f_a = 169.00\text{kPa}$。

（2）轴心荷载作用下地基承载力验算。

计算公式：

按 GB 50007—2002 下列公式验算：

$$p_k = (F_k + G_k) / A \tag{10-31}$$

$F_k = F / K_s = 507.40 / 1.35 = 375.85\text{kN}$

$G_k = 20S \cdot d = 20 \times 2.80 \times 1.50 = 84.00\text{kN}$

$p_k = (F_k + G_k)/S = (375.85 + 84.00)/2.80 = 164.23 \text{kPa} \leqslant f_a$，满足要求。

（3）基础受弯计算。

计算公式：

按 GB 50007—2002 下列公式验算：

$$M_{\text{I}} = a_l^2 [(2l + a')(p_{\max} + p - 2G/A) + (p_{\max} - p) \cdot l]/12 \tag{10-32}$$

墙下受弯计算：

$$G = 1.35G_k = 1.35 \times 84.00 = 113.40 \text{kN}$$

$$p = (F + G)/S = (507.40 + 113.40)/2.80 = 221.71 \text{kPa}$$

Ⅰ—Ⅰ截面处弯矩设计值：

$$M_{\text{I}} = (B_1 + B_2 - B)^2 [2(A_1 + A_2) + A](p - G/S)/24$$
$$= (2.80 - 0.40)^2 (2 \times 1.00 + 1.00)(221.71 - 113.40/2.80)/24$$
$$= 130.47 \text{kN} \cdot \text{m}$$

Ⅰ—Ⅰ截面受弯计算：

相对受压区高度：$\zeta = 0.055837$　配筋率：$\rho = 0.002218$

计算面积：$909.36 \text{mm}^2/\text{m}$

第四节　基础设计中常见问题

一、地基和基础计算

（1）地基基础设计时，未考虑地面堆载的影响，造成地基承载力不能满足要求。

由于一些工业建筑地面堆载较大，在地基基础设计时应考虑地面堆载对地基承载力和变形的影响产生的附加压力，并应考虑由于地面堆载引起的地基不均匀沉降对上部结构的不利影响。

（2）在进行基础承载力计算时，将验算地基承载力的基底反力作为设计值，没有采用荷载效应基本组合。

验算地基承载力和基础承载力时，应分别采用不同的荷载效应组合。按 GB 50007—2002 第 3.0.4 条规定，在验算地基承载力时，荷载效应应按正常使用极限状态下荷载效应的标准组合；在计算基础承载力时，荷载效应应按承载能力极限状态下荷载效应的基本组合。

由可变荷载效应控制的基本组合设计值为：

$$S = \gamma_G S_{GK} + \gamma_{Q1} S_{Q1K} + \gamma_{Q2} \psi_{C2} S_{Q2K} + \cdots + \gamma_{Qn} \psi_{Cn} S_{QnK} \tag{10-33}$$

由永久荷载效应控制的基本组合设计值为：

$$S = \gamma_G S_{GK} + \sum \gamma_{Qi} \psi_{Ci} S_{QiK} \quad (i = 1 \sim n) \tag{10-34}$$

永久荷载分项系数 γ_G：当基本组合由可变荷载控制时，$\gamma_G = 1.2$；当基本组合由永久荷载控制时，$\gamma_G = 1.35$；可变荷载分项系数 γ_Q 取 1.4；可变荷载组合系数 ψ_C 一般取 0.7。

（3）当同一结构单元的基础荷载差异很大或置于不均匀土层上时，地基基础设计仅满足承载力要求，未进行地基变形计算。

应按 GB 50007—2002 第 5.3 节的规定分别进行地基沉降量、沉降差、倾斜和局部倾斜的验算，满足 GB 5007—2002 第 3.0.2 条地基变形计算的规定并符合表 5.3.4 的要求，且基础和上部结构设计时尚应考虑沉降差的影响。

（4）设计双柱或多柱联合基础时，未考虑荷载偏心的影响。

应尽量使荷载合力点与基础重心重合，或减小偏心。当偏心不可避免时，荷载组合应考虑偏心弯矩产生的影响，并按 GB 50007—2002 中公式（5.2.2-2）、（5.2.2-3）、（5.2.2-4）计算基础底面边缘的最大压力值，满足 GB 50007—2002 公式（5.2.1-1）、（5.2.1-2）的要求。

（5）在进行柱下基础计算时，未验算柱下基础顶面局部受压承载力。

当柱轴力较大，基础混凝土强度等级低于柱混凝土强度等级时，应按 GB 50007—2002 第 8.2.7 条第 4 款、第 8.3.2、8.4.13、8.5.19 条的要求，验算基础顶面的局部受压承载力。局部受压承载力可按 GB 50010—2010 第 7.8 节计算。当不能满足要求时，可以提高基础混凝土强度等级或采取设置钢筋网片等措施以满足局部受压承载力要求。

二、基础布置

（1）新建建筑与老建筑紧靠，但新建建筑基础底板标高在老建筑下一层（大约4m），设计中对此未作有效处理。

GB 50007—2002 第 5.1.5 条规定：新建建筑物的基础埋深不宜大于原有建筑基础，当埋深大于原有建筑基础时，两基础间应保持一定间距，其数值应根据原有建筑荷载大小、基础型式和土质情况确定。当上述要求不能满足时，应采取分段施工，设临时加固支撑、打板桩、地下连续墙等施工措施，或加固原有建筑物地基，且应考虑新基础对旧基础的不利影响。两基础之间的间距应满足 GB 50007—2002 第 7.3.3 条的规定。

（2）条形基础建在未经处理的液化土层上，未进行必要的论证或处理。

建造在液化土层上的建筑物，地震时发生地基失稳，建筑物倒塌或破坏的例子不少。液化的等级不同，震害的程度也不同。GB 50011—2010 第 4.3.2 条规定：存在饱和砂土和饱和粉土（不含黄土）的地基，除 6 度设防外，应进行液化判别；存在液化土层的地基，应根据建筑物的抗震设防类别、地基的液化等级，结合具体情况采取相应的措施。抗液化措施详见 GB 50011—2010 第 4.3.6～4.3.9 条规定。

（3）未按要求设置基础拉梁。

框架单独柱基有下列情况之一时，宜沿两个主轴方向设置基础拉梁：

1）抗震等级为一级的框架和Ⅳ类场地的二级框架。

2）各柱基础承受的重力荷载代表值差别较大。

3）基础埋置较深，或各基础埋置深度差别较大。

4）地基主要受力层范围内存在软弱黏性土层、液化土层和严重不均匀土层。

拉梁根据其位置及作用不同，应采取不同的计算方法。

①当多层框架结构无地下室，柱下独立基础埋置深度又较深时，为了减小底层柱的计算长度和底层位移，在±0.00 以下适当位置设置的基础拉梁，从基础顶面至拉梁顶面为一层，从拉梁顶面至首层顶面为二层，即将原结构增加一层进行分析。所以，框架梁（含拉梁）和柱的最终配筋宜取上述两次计算结果的较大值。

②当多层框架结构无地下室，柱下独立基础埋置深度较浅而设置拉梁，一般应设置在基础顶面，此时拉梁的配筋计算，可采用下列方法之一：一是取拉梁所拉结的柱子中轴力较大者的 1/10 作为拉梁的轴心拉（压）力，拉梁按轴心受拉（压）构件计算。此时柱基础按偏心受压考虑。基础土质较好时，采用此法较为经济；二是以拉梁平衡柱底弯矩，当抗震等级为一级、二级的框架结构，柱底组合弯矩设计值尚应分别乘以 1.5 和 1.25 增大系数；柱基础按轴心受压考虑。如拉梁承托隔墙或其他竖向荷载，则应将竖向荷载所产生的弯矩与上述两种方法之一计算的内力进行组合，按拉（压）弯构件或受弯构件计算拉梁纵向受力钢筋。

③拉梁的配筋构造。拉梁纵向受力钢筋除满足计算要求外，正弯矩钢筋应全部拉通，负弯矩钢筋50％拉通。

（4）高层主楼和低层裙房地下室不设沉降缝，未计算两者的差异沉降，也未采取必要措施。

高层主楼和低层裙房由于荷载差异很大，两者的不均匀沉降是肯定存在的，设计中应根据工程的具体情况、场地地下水、岩土的物理力学性质、预估（包括采用合适的计算方法或经验）不设沉降缝时两者的差异沉降和经济性，综合分析比较，确定采用什么方案和处理措施。

常用的方案有以下几种：

方案一，采用大底盘变厚度筏基，沉降后浇带设在距主楼边柱的第一跨或第二跨内。

方案二，高层采用整体筏基；低层裙房采用独立基础或加防水板或交叉地基梁。

方案三，对高层主楼下地基进行地基处理（采用复合地基），低层裙房下采用天然地基，从而控制两者的差异沉降在设计允许范围内。

方案四，对高层主楼和低层裙房均采用桩基，通过调整两者桩径、桩长等来控制两者的差异沉降在设计允许范围内。

方案五，在高层主楼和低层裙房之间设置沉降后浇带，待两部分沉降差符合设计要求，再浇筑后浇带。

上述处理措施可采用其中的一种，也可采用两种或多种。

（5）地下室平面长度超过 GB 50010—2010 第 9.1.1 条伸缩缝最大间距要求，既未设伸缩缝也未采取任何构造措施。

钢筋混凝土地下室是超静定结构，当温度变化或混凝土收缩而发生变形时，就会在结构中产生的温度应力和收缩应力，这种应力随结构长度的加大而加大，超过一定限度后，就会在混凝土结构中产生裂缝。为此，GB 50010—2010 第 9.1.1 条规定了混凝土结构伸缩缝的最大间距。

条件可能时，应按 GB 50010—2010 第 9.1.1 条规定设置伸缩缝。同时，规范第 9.1.3 条规定：如有充分依据和可靠措施，规范第 9.1.1 条规定的伸缩缝间距可适当增大。减少温度或收缩应力的措施有：

1）混凝土浇筑采用后浇带分段施工。后浇带通常每 30～40m 设一道，宽度 800～1000mm，一般钢筋贯通不切断，待 60d 后用高一级的混凝土浇筑，底板较厚时可分层（每 500mm）浇筑。

2）采用粉煤灰混凝土技术加强施工养护，减小混凝土收缩。

3）采用细直径密间距的配筋方式、适当提高配筋率，减少温度应力的影响。

4）采取专门的预加应力措施，如布置预应力钢筋或混凝土中掺加适当的微胀剂。

5）采取有效施工措施加强施工管理。

当因功能或防水等要求不允许设置伸缩缝时，可采取上述措施中的一个或几个来解决温度或收缩应力的影响。

同时应注意：不能认为只要采取了上述措施，就可任意加大伸缩缝间距，甚至不设缝，而应合理确定伸缩缝间距，并根据设计概念和计算慎重考虑各种不同因素对结构内力和裂缝的影响。

（6）高层建筑与相连的裙房之间设置沉降缝后未对地下部分作任何处理。

高层建筑与相连的裙房之间设置沉降缝后，建筑物自下而上就成了两个不同的结构单元，使高层建筑一侧或四周没有了埋置深度，这对地震作用下高层建筑的稳定性产生不利影响。

GB 50007—2002 第 8.4.15 条第 1 款规定：当高层建筑与相连的裙房之间设置沉降缝时，高层建筑的基础埋置深度应大于裙房基础的埋深至少 2m，沉降缝地面以下处应用粗砂填实，如图 10-12 所示，当不满足要求时必须采取有效措施。

（7）基础设置的沉降后浇带的平面位置紧靠梁端，无防水做法。

1）后浇带宜选择在结构受力影响较小的部位设置，一般在距离主楼边柱的第二跨或第一跨内，设在框架梁和楼板中部的 1/3 跨间或剪力墙洞口的跨中，如图 10-13 所示，约每 30～40m 设一道，后浇带宽 800～1000mm，后浇带应贯通建筑物的整个横截面。

2）地下部分的后浇带，应做好后浇带的防水构造，如图 10-14 所示。

3）沉降后浇带中的混凝土应在两侧结构单元沉降量满足设计要求后再进行浇筑。

4）两侧的混凝土表面应凿毛，并清水洗净，再浇灌比设计的强度等级高一级的混凝土振捣密实，并加强养护。

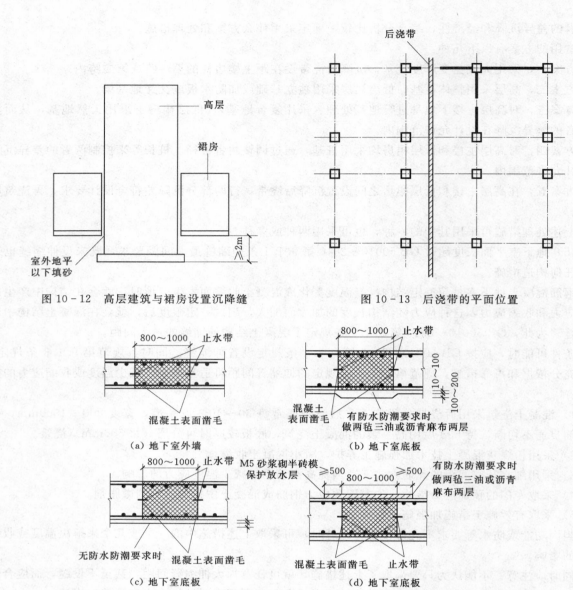

图 10-12　高层建筑与裙房设置沉降缝

图 10-13　后浇带的平面位置

（a）地下室外墙　　　　（b）地下室底板

（c）地下室底板　　　　（d）地下室底板

图 10-14　后浇带构造（单位：mm）

三、地下室设计

（1）设计参数取值错误。

1）地下室外墙应根据实际情况考虑其荷载作用影响，如图 10-15 所示，一般竖向荷载有上部结构和地下室楼盖传来的荷载及本身自重；水平方向有室外地面活荷载，土和地下水等侧向压力、邻近建筑物、构筑物的侧压力影响。通常容易漏计考虑消防车道及过街楼部位活荷载的作用影响。有人防部分应考虑人防的等效静荷载，其取值应符合《人民防控地下室设计规范》（GB 50038—2005）第4.3.14 条规定且应注意 5 级人防时，当上部建筑物外墙为钢筋混凝土承重墙时，上部建筑物自重取全部重量，其他结构形式时只取其自重之半。

2）地下室外墙截面设计时，由可变荷载控制的基本组合，永久荷载的分项系数 γ_G 取 1.2；由永久荷载控制的基本组合，永久荷载的分项系数 γ_G 取 1.35；可变荷载的分项系数 γ_Q 取 1.4。土压力引起的效应为永久荷载效应。地下室外墙承受的土压力宜取静止土压力，水位稳定的水压力按永久荷载考虑，分项系数可取 1.2；水位急剧变化的水压力按可变荷载考虑，分项系数宜取 1.3。有人防要求的地下室外墙的永久荷载分项系数，当其效应对结构不利时取 1.2，有利时取 1.0；抗爆等效静荷载分项系数取 1.0。

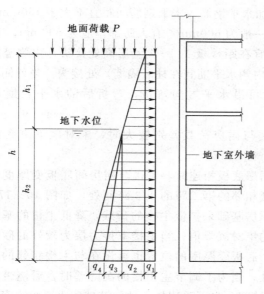

图 10-15　地下室设计

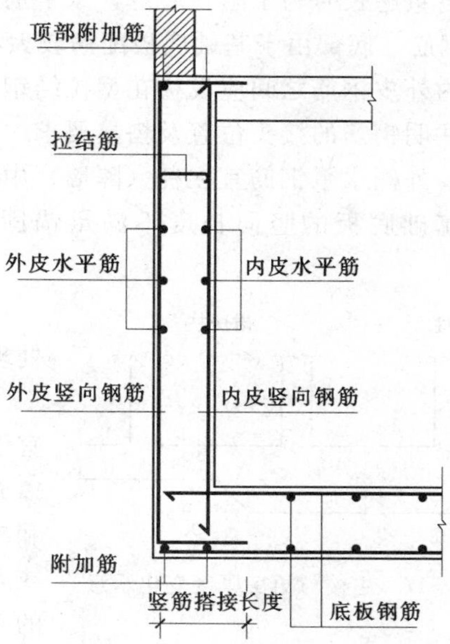

图 10-16　地下室外墙配筋

（2）地下室外墙计算假设与实际不符：

1）地下室外墙设计时未考虑到上部结构作用影响。

2）外墙扶壁柱截面尺寸很小，但外墙按双向板计算配筋。

3）地下室外墙距主体很近或仅 2～3 柱间，但计算地下室结构的侧向刚度与上部结构侧向刚度之比时未予考虑。

地下室外墙的设计应考虑到上部结构作用的影响；当地下室外墙为上部结构的落地剪力墙时，墙体的截面配筋应按压弯构件验算，不能只考虑室外荷载作用按纯受弯构件计算。如图 10-16 所示为地下室外墙配筋图。

一般情况，外墙顶端与地下室顶板铰接，下端和地下室底板固接，地下室外墙可根据工程实际情况按单向板或双向板计算弯矩，也可考虑塑性内力重分布计算弯矩，当需按双向板设计时，外墙所设扶壁柱必须有足够的强度和刚度，扶壁柱布置应符合双向板受力要求，且应验算扶壁柱的承载力，扶壁柱宜向内凸出，外凸出不利于防水处理。

一般情况，地下室外墙均应参与地下室的侧向刚度计算，仅当地下室顶板沿外墙开洞过大，地下室外墙距离上部主体结构很远（如超过 40m）才不考虑地下室外墙参与地下室的侧向刚度计算。按 GB 50011—2010 第 6.1.14 条规定，当地下室顶板作为上部结构的嵌固部位时，地下室结构的楼层侧向刚度不宜小于相邻上部楼层侧向刚度的 2 倍。

（3）地下室外墙配筋问题：

1）配筋计算与受力情况不符。

2）配筋不符合有关规范要求。

3）未注明钢筋接头位置。

①地下室外墙应根据地下室的层数和隔墙间距等具体条件，按单跨或多跨单向板或双向板分析其内力。地下室外墙在基础处按固接，顶部一般情况可按铰接，当顶板沿外墙边缘开大洞时，则按自由端考虑，当外墙为上部结构的落地墙时可按固接考虑。多层地下室时，因上下荷载差别大，可分段确定截面配筋。一般情况水平钢筋可按构造配置，最小配筋率为 0.25%。当只有一层地下室时，墙身

433

不能满足上部柱子荷载扩散刚性角时，在基底反力作用下墙身应按深受弯构件验算外墙的水平配筋，地下室尚应注意满足结构抗震等级规定。

地下室超长时为了阻止裂缝，水平筋宜适当加大，上部没有剪力墙时，顶部宜加附加 2 根不小于 20mm 钢筋，底部由于基础底板配筋较大不必另附加水平钢筋。水平钢筋间距宜不大于 150mm。

②内外皮钢筋之间应设梅花型拉结钢筋，间距一般为 600mm，有人防部位应为 500mm。

③注明钢筋的接头位置及搭接要求。外侧竖筋宜在距楼板 1/3～1/4 层高处接头，内侧竖筋可在楼板处；外侧水平钢筋宜在柱（隔墙）中部接头；内侧水平筋宜在柱（隔墙）处接头。当外侧竖向钢筋伸入基础底板的竖向长度不满足锚固长度时，可沿水平方向弯折，弯折后的水平长度不应小于 15d。

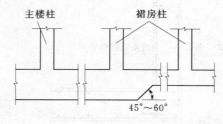

图 10-17 主楼与裙房厚度变化示意

（4）主楼与裙房荷载差别较大时，未对地下室底部进行处理。

主楼与裙房底板相连时，主楼与裙房间底板变厚度的位置宜设在与主楼相邻的第二跨的 1/3 跨间处，如图 10-17 所示，以充分利用裙房基础来扩散主楼的荷载，降低主楼的基底压力和减小主楼的绝对沉降值；当主楼下持力层为较好的砂卵石层或经过处理，底板变厚度的位置也可设在与主楼相邻的第一跨的 1/3 跨间处；当为了调节主裙楼的沉降差时，后浇带的位置可参照上述原则设置。若裙楼柱的竖向力很小，裙楼部分也可采用柱下独立基础防水底板方案。

（5）有地下水时地下室底板设计中的问题：

1）考虑土层或砂层对地下水的作用将地下水压力折减。

2）将底板的核爆动荷载与地下水压力进行组合。

3）多层地下室忽视考虑施工期间水压力对地下室结构的上浮作用影响。

改进措施：

①计算地下室底板或外墙水压力时，均不能考虑土层或砂层对地下水的作用而将水压力折减。

②除位于地下水位以下带桩基的地下室底板以外，作用在人防地下室底板上的核爆动荷载不必与地下水压力进行组合，计算时只取其中数值大者作为设计的控制荷载。

③多层地下室当地下水位较高时，图纸文件中应交待施工期间水压力对地下室结构的上浮作用影响，或注明停止降水时间。

第十一章　地基处理设计

在土木工程建设中，当天然地基不能满足建筑物对地基的要求时，需要对天然地基进行加固改良，形成人工地基，以满足建筑物对地基的要求，保证其安全与正常使用。这种地基加固改良成为地基处理。地基处理的目的是利用换填、夯实、挤密、排水、胶结、加筋和热学等方法对地基土进行加固，用以改良地基土的工程特性。

第一节　常见地基处理方法

现有的地基处理方法很多，新的地基处理方法还在不断地发展，常用的地基处理方法有以下几种。

1. 换填垫层法

换填垫层法是挖去地表浅层软弱土层或不均匀土层，回填坚硬、较粗粒径的材料，并夯压密实，形成垫层的地基处理方法。可以有效提高承载力、减少基础沉降、垫层用透水材料可加速地基排水固结。其适用范围为浅层软弱地基（淤泥、淤泥质土、膨胀土、冻胀土、湿陷性黄土、素填土、杂填土及暗沟、暗塘、古井、古墓或者拆除旧基础的坑穴等）、不均匀地基。

不同垫层方法适用范围如表 11 - 1 所示。

表 11 - 1　　　　　　　　　　　不同垫层方法适用范围

垫层种类		适 用 范 围
砂石垫层		多用于中小型建筑工程的浜、塘、沟等的局部处理，适用于一般饱和、非饱和的软弱土和水下黄土地基处理，不得用于湿陷性黄土地基、不宜用于大面积堆载、密集基础和动力基础的软土地基处理，砂垫层不宜用于地下水流速快、流量大的地层
土垫层	素土（粉质黏土）垫层	适用于中小型工程及大面积回填、湿陷性黄土或膨胀土地基处理
	灰土或二灰垫层	适用于中小型工程，尤其是湿陷性黄土
粉煤灰垫层		适用于厂房、机场、道路、港区陆域、堆场和小型建筑。作为建筑物的垫层的粉煤灰应符合有关放射性安全标准的要求［国标《工业废渣建筑材料放射性物质控制标准》（GB 9196—88）及《放射卫生防护基本标准》（GB 4792—84）的有关规定］
矿渣垫层（高炉重矿渣）		用于堆场、道路和地坪，也可用于小型建筑构筑物地基处理、铁路、道路地基处理，但对于受碱性或酸性废水影响的地基土不得用矿渣作垫层
其他工业废渣		对质地坚硬、性能稳定、无腐蚀和放射性危害的工业废渣通过试验可用于小型建筑、构筑物的填筑换填垫层
人工合成材料		用于各种中小型建筑物局部地基的处理及靠近岸、边坡边缘的建筑物（构筑物）的地基处理

注　1. 对于深厚软弱土层，不应采用局部换填处理地基；
　　2. 一般说来，对于受振动荷载的地基，不应用砂垫层进行换填处理，对于放射性超标的矿渣（如粉煤灰），不应用于建筑物的换填处理；
　　3. 对三级建筑物及不太重要的建筑，或对沉降要求不严的建筑，或结构设计初期，可按表 11 - 2、表 11 - 3 确定换填地基的承载力特征值和换填地基的垫层模量。

表 11－2 垫 层 承 载 力

施工方法	换 填 材 料	压实系数 λ_c	承载力特征值（kPa）
碾压或振密	碎石、卵石	0.94～0.97	200～300
	砂夹石（其中碎、卵石占全重的 30%～50%）		200～250
	土夹石（其中碎、卵石占全重的 30%～50%）		150～200
	中砂、粗砂、砾砂、圆砾、角砾		150～200
	粉质黏土		130～180
	石屑		120～150
	灰土	0.95	200～250
	粉煤灰	0.90～0.95	120～150
	矿渣		200～300
重锤夯实	土或灰土	0.93～0.95	150～200

注 压实系数满足规范要求，矿渣是指的原状矿渣垫层。压实系数小的取小值，大的取大值。如果分级矿渣或混合矿渣要降低。

表 11－3 垫 层 模 量

垫 层 材 料	模量（MPa）		备 注
	压缩模量 E_s	变形模量 E_0	
粉煤灰	8～20		压实矿渣的 E_s / E_0 值 按 1.5～3 取用
砂	20～30		
碎石、卵石	30～50		
矿渣		35～70	

2. 预压法

预压法是对地基进行堆载或真空预压，使地基土固结的地基处理方法。适用于处理淤泥质土、淤泥和冲填土等饱和黏性土地基。但由于其土方量大、施工周期长，在建筑工程中很少采用，在沿海地区道路工程中较多采用。

3. 强夯法和强夯置换法

强夯法是反复将夯锤提到高处使其自由落下，给地基以冲击和振动能量，将地基土夯实的地基处理方法，如图 11－1 所示。强夯置换法是将重锤提到高处使其自由落下形成夯坑，并不断夯击坑内回填的砂石、钢渣等硬粒料，使其形成密实的墩体的地基处理方法。其加固机理为：动力密实、动力固结、动力置换。强夯法适用于处理碎石土、砂土、低饱和度的粉土与黏性土、湿陷性黄土、素填土和杂填土等地基；强夯置换法适用于高饱和度的粉土与软塑～流塑的黏性土等地基对变形控制要求不严的工程。除厚层饱和粉土外，应穿透软弱层，到达较硬土层上，深度不宜超过 7m。由于施工时扰民

图 11－1 强夯法施工

的原因，只能应用于远离城区的新区开发和软土地区的大面积加固，多层建筑应慎用，高层建筑不应采用。

4. 振冲法

振冲法是在振冲器水平振动和高压水的共同作用下，使松砂土层振密，或在软弱土层中成孔，然后回填碎石等粗粒料形成桩柱，并和原地基土组成复合地基的地基处理方法。一般适用于处理松散砂卵石、砂土、粉土、粉质黏土、素填土和杂填土等地基；振冲置换法适用于不排水抗剪强度不小于 20kPa 的黏性土、粉土、淤泥质土、黄土和素填黏性土等地基；当用振冲置换法加固不排水抗剪强度

小于 20kPa 的淤泥质土、淤泥、饱和黏性土和饱和黄土地基时，应在施工前通过现场试验确定其适用性；振冲置换法加固各类砂土地基时，其振冲加密更好；不加填料振冲加密适用于处理黏粒含量不大于 10% 的中砂、粗砂和松散的砂卵石地基。

5. 砂石桩法

砂石桩法是采用振动、冲击或水冲等方式在地基中成孔后，再将碎石、砂或砂石挤压入已成的孔中，形成砂石所构成的密实桩体，并和原桩周土组成复合地基的地基处理方法。适用于挤密松散砂土、粉土、黏性土、素填土、杂填土等地基。对饱和黏土地基上对变形控制要求不严的工程也可采用砂石桩置换处理。砂石桩法也可用于处理可液化地基。

在饱和黏土地基上对变形控制要求严格的工程，不宜单独采用砂石桩处理，宜结合刚性桩长桩形成长—短桩复合地基。短桩提高浅层土的承载力、消除液化或湿陷，长桩控制沉降。

6. 水泥粉煤灰碎石桩法

水泥粉煤灰碎石桩（CFG 桩）法是由水泥、粉煤灰、碎石、石屑或砂等混合料加水拌和形成高黏结强度桩，并由桩、桩间土和褥垫层一起组成复合地基的地基处理方法。适用于处理黏性土、粉土、砂土和已自重固结的素填土等地基。对淤泥质土应按地区经验或通过现场试验确定其适用性。就基础而言，适用于条基、独立基础、箱基和筏基。它的关键技术在于褥垫层，砂石褥垫层提供了桩体上刺入的可能，可以通过褥垫层厚度的调节控制桩和土分担上部荷载的比例，达到共同受力的目的。

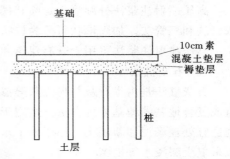

图 11-2　CFG 桩复合地基示意图

由于其处理后承载力高、地基变形小、施工简单、造价低、适用范围广，并且随着长螺旋钻孔、管内泵压混合料灌注成桩技术的采用，成桩质量大为提高，使得其被广泛采用，是目前多、高层建筑应用最为广泛的地基处理技术，在砂土、粉土、黏土、淤泥质土、杂填土等地基均有大量成功的实例。

图 11-3　CFG 桩复合地基施工设备

图 11-4　CFG 桩复合地基挖槽后

7. 夯实水泥土桩法

夯实水泥土桩法是将水泥和土按设计的比例拌和均匀，在孔内夯实至设计要求的密实度而形成的加固体，并与桩间土组成复合地基的地基处理方法。适用于处理地下水位以上的粉土、素填土、杂填土、黏性土等地基。处理深度不宜超过 10m。

8. 水泥土搅拌桩法

水泥土搅拌桩法是以水泥作为固化剂的主剂，通过特制的深层搅拌机械，将固化剂和地基土强制搅拌，使软土硬结成具有整体性、水稳定性和一定强度的桩体的地基处理方法。水泥土搅拌法分为深层搅拌法（使用水泥浆作为固化剂的水泥土搅拌法，简称湿法）和粉体喷搅法（使用干水泥粉作为固化剂的水泥土搅拌法，简称干法）。水泥土搅拌桩法适用于处理正常固结的淤泥与淤泥质土、粉土、饱和黄土、素填土、黏性土以及无流动地下水的饱和松散砂土等地基。当地基土的天然含水量小于30％（黄土含水量小于25％）、大于70％或地下水的pH值小于4时不宜采用干法。冬期施工时，应注意负温对处理效果的影响。

用于处理泥炭土、有机质土、塑性指数 I_p 大于25的黏土、地下水具有腐蚀性时以及无工程经验的地区，必须通过现场试验确定其适用性。

一般用于多层建筑、单层厂房的地基加固、重力式水泥土挡墙，也可用于大面积堆场地在加固和道路路基加固。此外，还广泛应用于深基坑止水和围护领域。

9. 高压喷射注浆法

高压喷射注浆法是用高压水泥浆通过钻杆由水平方向的喷嘴喷出，形成喷射流，以此切割土体并与土拌和形成水泥土加固体的地基处理方法。适用于处理淤泥、淤泥质土、流塑、软塑或可塑黏性土、粉土、砂土、黄土、素填土和碎石土等地基。当土中含有较多的大粒径块石、大量植物根茎或有较高的有机质时，以及地下水流速过大和已涌水的工程，应根据现场试验结果确定其适用性。

高压喷射注浆法分旋喷、定喷和摆喷三种类别。根据工程需要和土质条件，可分别采用单管法、双管法和三管法。加固形状可分为柱状、壁状、条状和块状。

高压喷射注浆法可用于既有建筑和新建建筑地基加固，深基坑、地铁等工程的土层加固或防水。

10. 石灰桩法

石灰桩法是由生石灰与粉煤灰等掺合料拌和均匀，在孔内分层夯实形成竖向增强体，并与桩间土组成复合地基的地基处理方法。适用于处理饱和黏性土、淤泥、淤泥质土、素填土、杂填土等地，特别适宜处理淤泥和新填土，用于地下水位以上的土层时，宜增加掺合料的含水量并减少生石灰用量，或采取土层浸水等措施。

11. 灰土挤密桩法和土挤密桩法

灰土挤密桩法是利用横向挤压成孔设备成孔，使桩间土得以挤密。用灰土填入桩孔内分层夯实形成灰土桩，并与桩间土组成复合地基的地基处理方法；土挤密桩法是利用横向挤压成孔设备成孔，使桩间土得以挤密。用素土填入桩孔内分层夯实形成土桩，并与桩间土组成复合地基的地基处理方法。

灰土挤密桩法和土挤密桩法适用于处理地下水位以上的湿陷性黄土、素填土和杂填土等地基，可处理地基的深度为5～15m。当以消除地基土的湿陷性为主要目的时，宜选用土挤密桩法。当以提高地基土的承载力或增强其水稳性为主要目的时，宜选用灰土挤密桩法。当地基土的含水量大于24％、饱和度大于65％时，不宜选用灰土挤密桩法或土挤密桩法。

12. 柱锤冲扩桩法

柱锤冲扩桩法是反复将柱状重锤提到高处使其自由落下冲击成孔，然后分层填料夯实形成扩大桩体，与桩间土组成复合地基的地基处理方法。适用于处理杂填土、粉土、黏性土、素填土和黄土等地基，对地下水位以下饱和松软土层，应通过现场试验确定其适用性。地基处理深度不宜超过6m，复合地基承载力特征值不宜超过160kPa。

13. 单液硅化法和碱液法

单液硅化法是采用硅酸钠溶液注入地基土层中，使土粒之间及其表面形成硅酸凝胶薄膜，增强了土粒之间的联结，赋予土耐水性、稳固性和不湿陷性，并提高土的抗压和抗剪强度的地基处理方法。碱液法是将加热后的碱液（氢氧化钠溶液），以无压自流的方式注入土中，使土粒表面溶合胶结形成难溶于水的，具有高强度的钙、铝硅酸盐络合物，从而达到消除黄土湿陷性，提高地基承载力的地基处理方法。

单液硅化法和碱液法适用于处理地下水位以上渗透系数为0.10～2.00m/d的湿陷性黄土等地基。在自重湿陷性黄土场地，当采用碱液法时，应通过试验确定其适用性。对于下列建（构）筑物，宜采用单液硅化法或碱液法：沉降不均匀的既有建（构）筑物和设备基础；地基受水浸湿引起湿陷，需要立即阻止湿陷继续发展的建（构）筑物或设备基础；拟建的设备基础和构筑物。对酸性土和已渗入沥青、油脂及石油化合物的地基土，不宜采用单液硅化法和碱液法。

第二节　地基处理设计方法

由于地基处理方法种类繁多，适用范围宽窄不一，下面将只涉及几种目前应用较为广泛的地基处理方法。

一、换填垫层法

1. 垫层厚度的确定

设计的主要内容是确定垫层厚度 z（根据需置换软弱土的深度或下卧层的承载力确定），其校核条件必须满足下卧层承载力要求，即：

$$P_z + P_{cz} \leqslant f_{az} \tag{11-1}$$

式中　P_z——相应于荷载效应标准组合时，垫层底面处的附加压力值，kPa；

P_{cz}——垫层底面处土的自重压力值，kPa；

f_{az}——垫层底面处经深度修正后的地基承载力特征值，kPa。

垫层底面处的附加压力值 p_z 可按压力扩散角进行简化计算：

条形基础：

$$p_z = \frac{b(p - p_c)}{b + 2z \cdot \tan\theta} \tag{11-2}$$

矩形基础：

$$p_z = \frac{b \cdot l(p - p_c)}{(b + 2z \cdot \tan\theta)(l + 2z \cdot \tan\theta)} \tag{11-3}$$

式中　b——矩形基础或条形基础底面的宽度，m；

l——矩形基础底面的长度，m；

p——基础底面压力的设计值，kPa；

p_c——基础底面处土的自重压力值，kPa；

z——基础底面下垫层的厚度，m；

θ——垫层的压力扩散角（°），可按表 11-4 采用。

具体计算时，一般可根据垫层的承载力确定出基础宽度，再根据下卧土层的承载力确定出垫层的厚度。可先假设一个垫层的厚度，然后按式 $P_z + P_{cz} \leqslant f_{az}$ 进行验算，直至满足要求为止。

表 11-4　　　　　　　　　　　　　　　　　压 力 扩 散 角 θ　　　　　　　　　　　　　　　　单位（°）

z/b　　换填材料	中砂、粗砂、砾砂、圆砾、角砾卵石、碎石	黏性土和粉土（$8 < I_p < 14$）	灰土
0.25	20	6	28
≥0.50	30	23	

注　当 $z/b < 0.25$ 时，除灰土仍取 $\theta = 28°$ 外，其余材料均取 $\theta = 0°$；

　　当 $0.25 < z/b < 0.5$ 时，θ 值可内插求得。

2. 垫层宽度的确定

垫层的底面宽度应以满足基础底面应力扩散和防止垫层向两侧挤出为原则进行设计。关于宽度计算，目前还缺乏可靠的方法。一般可按式（11-4）计算或根据当地经验确定。

$$b' \geqslant b + 2 \cdot z\tan\theta \tag{11-4}$$

式中　b'——垫层底面宽度，m；

θ——垫层的压力扩散角，（°），可按表 11-4 采用；当 $z/b<0.25$ 时，仍按 $z/b=0.25$ 取值。

垫层顶面每边宜比基础底面大 0.3m，或从垫层底面两侧向上按当地开挖基坑经验的要求放坡，整片垫层的宽度可根据施工的要求适当加宽。

3. 垫层承载力的确定

垫层的承载力宜通过现场试验确定，并应验算下卧层的承载力。当不通过现场试验确定时，可以根据当地工程经验取值。

4. 沉降计算

对于重要的建筑或垫层下存在软弱下卧层的建筑，还应进行地基变形计算。建筑物基础沉降等于垫层自身的变形量 s_1 与下卧土层的变形量 s_2 之和。

对超出原地面标高的垫层或换填材料的密度高于天然土层密度的垫层，宜早换填并考虑其附加的荷载对建造的建筑物及邻近建筑物的影响。

二、强夯法和强夯置换法

1. 强夯法有效加固深度

应根据现场试夯或当地经验确定。在缺少资料或经验时可按表 11-5 预估。

表 11-5   **强夯法有效加固深度**   单位：m

土的名称 单击夯击能（kN·m）	碎石土、砂土等粗颗粒土	粉土、黏性土、湿陷性黄土等细颗粒土
1000	5.0～6.0	4.0～8.0
2000	6.0～7.0	5.0～6.0
3000	7.0～8.0	6.0～7.0
4000	8.0～9.0	7.0～8.0
5000	9.0～9.5	8.0～8.5
6000	9.5～10.0	8.5～9.0
8000	10.0～10.5	9.0～9.5

注 强夯的有效加固深度应从最初起夯面算起。

处理湿陷性黄土地基，应根据试夯结果确定。在有效深度内，要求土的湿陷系数均小于 0.015。当缺乏资料时，可表 11-6 预估。

表 11-6   **强夯法处理湿陷性黄土有效加固深度**   单位：m

土的名称 单击夯击能（kN·m）	全新世（Q_4）黄土 晚更新世（Q_3）黄土	中更新世（Q_2）黄土
1000～2000	3～5	—
2000～3000	5～6	—
3000～4000	6～7	—
4000～5000	7～8	—
5000～6000	8～9	7～8
7000～8500	9～12	8～10

注 1. 同一栏内，单击夯击能小的取小值，大的取大值；
   2. 消除湿陷性黄土的有效深度，从起夯面算起。

2. 夯点的夯击次数

夯击次数应按现场试夯得到的夯击次数和夯沉量关系曲线确定，并应同时满足下列条件：

（1）最后两击的平均夯沉量不宜大于下列数值：当单击夯击能小于 4000kN·m 时为 50mm；当

单击夯击能为 4000～6000kN·m 时为 100mm；当单击夯击能大于 6000kN·m 时为 200mm。

（2）夯坑周围地面不应发生过大的隆起。

（3）不因夯坑过深而发生提锤困难。

3. 夯击遍数

夯击遍数应根据地基土的性质确定，可采用点夯 2～3 遍，对于渗透性较差的细颗粒土，必要时夯击遍数可适当增加。最后再以低能量满夯 2 遍，满夯可采用轻锤或低落距锤多次夯击，锤印搭接。

三、振冲法

1. 桩径

桩径的选择与地基土质情况、振冲器功率有关。

采用 30kW 振冲器时，桩径可取 0.7～0.9m；采用 75kW 振冲器时，桩径可取 0.9～1.2m。若进行试桩时，则其平均直径可按每根试验碎石桩所用填料量计算；对饱和黏土地基应选择较大的直径。

2. 桩长

当相对硬层埋深不大时，应按相对硬层埋深确定；当相对硬层埋深较大时，按建筑物地基变形允许值确定；在可液化地基中，桩长应按要求的抗震处理深度确定。桩长不宜小于 4m。

3. 桩间距

振冲桩的间距应根据上部结构荷载大小和场地土层情况，并结合所采用的振冲器功率大小综合考虑。30kW 振冲器布桩间距可采用 1.3～2.0m；55kW 振冲器布桩间距可采用 1.4～2.5m；75kW 振冲器布桩间距可采用 1.5～3.0m。荷载大或对黏性土宜采用较小的间距，荷载小或对砂土宜采用较大的间距。

4. 复合地基承载力特征值

振冲桩复合地基承载力特征值应通过现场复合地基载荷试验确定，初步设计时也可用单桩和处理后桩间土承载力特征值按式（11-5）估算：

$$f_{spk} = mf_{pk} + (1-m)f_{sk} \tag{11-5}$$

式中　f_{spk}——振冲桩复合地基承载力特征值，kPa；

　　　　f_{pk}——桩体承载力特征值，kPa，宜通过单桩荷载试验确定；

　　　　f_{sk}——处理后桩间土承载力特征值，kPa，宜按当地经验取值，如无经验时，可取天然地基承载力特征值；

　　　　m——桩土面积置换率，$m = d^2/d_e^2$；

　　　　d——桩身平均直径，m；

　　　　d_e——单桩分担的处理地基面积的等效圆直径，m。

等边三角形布桩时：

$$d_e = 1.05s \tag{11-6}$$

正方形布桩时：

$$d_e = 1.13s \tag{11-7}$$

矩形布桩时：

$$d_e = 1.13\sqrt{s_1 s_2} \tag{11-8}$$

式中　s、s_1、s_2——桩间距、纵向间距和横向间距。

对小型工程的黏性土地基如无现场载荷试验资料，初步设计时复合地基的承载力特征值也可按式（11-9）估算：

$$f_{spk} = [1 + m(n-1)]f_{sk} \tag{11-9}$$

式中　n——桩土应力比，如无实测资料时，可取 2～4，原土强度低取大值，原土强度高取小值。

5. 沉降计算

振冲处理地基的变形计算应符合现行国家标准《建筑地基基础设计规范》（GB 50007—2002）有关规定。复合土层的压缩模量可按式（11-10）计算：

$$E_{sp} = [1 + m(n-1)]E_s \qquad (11-10)$$

式中　E_{sp}——复合土层压缩模量，MPa；

　　　E_s——桩间土压缩模量，MPa，宜按当地经验取值，如无经验时，可取天然地基压缩模量。

公式中的桩土应力比，在无实测资料时，对黏性土可取 2~4，对粉土和砂土可取 1.5~3，原土强度低取大值，原土强度高取小值。

6. 不加填料时

不加填料振冲加密宜在初步设计阶段进行现场工艺试验，确定不加填料振密的可能性、孔距、振密电流值、振冲水压力、振后砂层的物理力学指标等。用 30kW 振冲器振密深度不宜超过 7m，75kW 振冲器不宜超过 15m。不加填料振冲加密孔距可为 2~3m，宜用等边三角形布孔。不加填料振冲加密地基承载力特征值应通过现场载荷试验确定，初步设计时也可根据加密后原位测试指标按现行国家标准 GB 50007—2002 有关规定确定。不加填料振冲加密地基变形计算应符合现行国家标准 GB 50007—2002 有关规定。加密深度内土层的压缩模量应通过原位测试确定。

四、砂石桩法

1. 桩径

砂石桩直径可采用 300~800mm，可根据地基土质情况和成桩设备等因素确定。对饱和黏性土地基宜选用较大的直径。

2. 桩长

砂石桩桩长可根据工程要求和工程地质条件通过计算确定：

（1）当松软土层厚度不大时，砂石桩桩长宜穿过松软土层。

（2）当松软土层厚度较大时，对按稳定性控制的工程，砂石桩桩长应不小于最危险滑动面以下 2m 的深度；对按变形控制的工程，砂石桩桩长应满足处理后地基变形量不超过建筑物的地基变形允许值并满足软弱下卧层承载力的要求。

（3）对可液化的地基，砂石桩桩长应按现行国家标准《建筑抗震设计规范》（GB 50011—2010）的有关规定采用。

（4）桩长不宜小于 4m。

3. 桩间距

砂石桩的间距应通过现场试验确定。对粉土和砂土地基，不宜大于砂石桩直径的 4.5 倍；对黏性土地基不宜大于砂石桩直径的 3 倍。初步设计时，砂石桩的间距也可按下列公式估算。

（1）松散粉土和砂土地基可根据挤密后要求达到的孔隙比 e_1 来确定。

等边三角形布置：

$$s = 0.95\xi d\sqrt{\frac{1+e_0}{e_0-e_1}} \qquad (11-11)$$

正方形布置：

$$s = 0.89\xi d\sqrt{\frac{1+e_0}{e_0-e_1}} \qquad (11-12)$$

$$e_1 = e_{max} - D_{r1}(e_{max}-e_{min}) \qquad (11-13)$$

式中　　s——砂石桩间距，m；

　　　　d——砂石桩直径，m；

　　　　ξ——修正系数，当考虑震动下沉密实作用时，可取 1.1~1.2；不考虑震动下沉密实作用时，可取 1.0；

e_0——地基处理前砂土的孔隙比，可按原状土样试验确定，也可根据动力或静力触探等对比试验确定；

e_1——挤密后要求达到的孔隙比；

e_{max}、e_{min}——砂土的最大、最小孔隙比，可按现行国家标准《土工试验方法标准》（GB/T 50123—1999）的有关规定确定；

D_{r1}——地基挤密后要求砂土达到的相对密实度，可取 0.7～0.85。

（2）黏性土地基。

等边三角形布置：

$$s=1.08\sqrt{A_e} \tag{11-14}$$

正方形布置：

$$s=\sqrt{A_e} \tag{11-15}$$

式中 A_e——单根砂石桩承担的处理面积，m^2，$A_e=\dfrac{A_p}{m}$；

A_p——砂石桩的截面面积，m^2；

m——桩土面积置换率，可按振冲法的相应公式求得。

4. 复合地基承载力特征值

砂石桩复合地基的承载力特征值，应通过现场复合地基载荷试验确定，初步设计时，也可通过下列方法估算：

（1）对于采用砂石桩处理的复合地基，可按上面振冲法的相应公式求得。

（2）对于采用砂桩处理的砂土地基，可根据挤密后砂土的密实状态，按现行国家标准 GB 50007—2002 的有关规定确定。

5. 沉降计算

砂石桩处理地基的变形计算，可按上面振冲法的相应公式求得；对于采用砂桩处理的砂土地基，按现行国家标准 GB 50007—2002 的有关规定确定。

五、水泥粉煤灰碎石桩法

1. 桩径

桩径一般根据施工机械进行选取，宜取 350～600mm。

2. 桩长

应根据复合地基的承载力、稳定和变形验算确定。同时应选择承载力相对较高的土层作为桩端持力层。

3. 桩间距

桩间距应根据设计要求的复合地基承载力、土性、施工工艺等确定，宜取 3～5 倍桩径。

4. 复合地基承载力特征值

应通过现场复合地基载荷试验确定，初步设计时，也可按式（11-16）估算：

$$f_{spk}=m\frac{R_a}{A_p}+\beta(1-m)f_{sk} \tag{11-16}$$

式中 f_{spk}——复合地基承载力特征值，kPa；

m——面积置换率；

R_a——单桩竖向承载力特征值，kN；

A_p——桩的截面积，m^2；

β——桩间土承载力折减系数，宜按地区经验取值，如无经验时可取 0.75～0.95，天然地基承载力较高时取大值；

f_{sk}——处理后桩间土承载力特征值，kPa，宜按当地经验取值，如无经验时可取天然地基承载力特征值。

单桩竖向承载力特征值 R_a 的取值，当采用单桩载荷试验时，应将单桩竖向极限承载力除以安全系数 2；当无单桩载荷试验资料时，可按式（11-17）估算：

$$R_a = u_p \sum_{i=1}^{n} q_{si} l_i + q_p A_p \tag{11-17}$$

式中 u_p——桩的周长，m；

n——桩长范围内所划分的土层数；

q_{si}、q_p——桩周第 i 层土的侧阻力、桩端端阻力特征值，kPa，可按现行国家标准 GB 50007—2002 有关规定确定；

l_i——第 i 层土的厚度，m。

同时，桩体试块抗压强度平均值应满足式（11-18）要求：

$$f_{cu} \geqslant 3 \frac{R_a}{A_p} \tag{11-18}$$

式中 f_{cu}——桩体混合料试块（边长 150mm 立方体）标准养护 28d 立方体抗压强度平均值，kPa。

5. 沉降计算

地基处理后的变形计算应按现行国家标准 GB 50007—2002 的有关规定执行。复合土层的分层与天然地基相同，各复合土层的压缩模量等于该层天然地基压缩模量的 ζ 倍，ζ 值可按式（11-19）确定：

$$\zeta = \frac{f_{spk}}{f_{ak}} \tag{11-19}$$

式中 f_{ak}——基础底面下天然地基承载力特征值，kPa。

变形计算经验系数 ψ_s 根据当地沉降观测资料及经验确定，也可采用表 11-7 数值。

表 11-7 变形计算经验系数 ψ_s

$\overline{E_s}$（MPa）	2.5	4.0	7.0	15.0	20.0
ψ_s	1.1	1.0	0.7	0.4	0.2

注 $\overline{E_s}$ 为变形计算深度范围内压缩模量的当量值，应按式（11-20）计算。

$$\overline{E_s} = \frac{\sum A_i}{\sum \dfrac{A_i}{E_{si}}} \tag{11-20}$$

式中 A_i——第 i 层土附加应力系数沿土层厚度的积分值；

E_{si}——基础底面下第 i 层土的压缩模量值，MPa，桩长范围内的复合土层按复合土层的压缩模量取值。

地基变形计算深度应大于复合土层的厚度，并符合现行国家标准 GB 50007—2002 中地基变形计算深度的有关规定。

六、夯实水泥土桩法

1. 桩径

桩孔直径宜为 300～600mm，可根据设计及所选用的成孔方法确定。

2. 桩长

夯实水泥土桩处理地基的深度，应根据土质情况、工程要求和成孔设备等因素确定。当采用洛阳铲成孔工艺时，深度不宜超过 6m。当相对硬层的埋藏深度不大时，应按相对硬层埋藏深度确定；当相对硬层埋藏深度较大时，应按建筑物地基的变形允许值确定。

3. 桩间距

桩距宜为 2～4 倍桩径，按照承载力及变形验算结果确定。

4. 复合地基承载力特征值

应通过现场复合地基载荷试验确定，初步设计时，也可按式（11-21）估算：

$$f_{spk} = m\frac{R_a}{A_p} + \beta(1-m)f_{sk} \tag{11-21}$$

式中　f_{spk}——复合地基承载力特征值，kPa；

　　　　m——面积置换率；

　　　　R_a——单桩竖向承载力特征值，kN；

　　　　A_p——桩的截面积，m^2；

　　　　β——桩间土承载力折减系数，可取 0.9～1.0；

　　　　f_{sk}——处理后桩间土承载力特征值，kPa，可取天然地基承载力特征值。

单桩竖向承载力特征值 R_a 的取值，当采用单桩载荷试验时，应将单桩竖向极限承载力除以安全系数 2；当无单桩载荷试验资料时，可按式（11-22）估算：

$$R_a = u_p\sum_{i=1}^{n}q_{si}l_i + q_pA_p \tag{11-22}$$

式中　u_p——桩的周长，m；

　　　　n——桩长范围内所划分的土层数；

　　q_{si}、q_p——桩周第 i 层土的侧阻力、桩端端阻力特征值，kPa，可按现行国家标准《建筑地基基础设计规范》（GB 50007—2002）有关规定确定；

　　　　l_i——第 i 层土的厚度，m。

同时，桩孔内夯填的混合料配合比应按工程要求、土料性质及采用的水泥品种，由配合比试验确定，并应满足式（11-23）要求：

$$f_{cu} \geqslant 3\frac{R_a}{A_p} \tag{11-23}$$

式中　f_{cu}——桩体混合料试块（边长 150mm 立方体）标准养护 28d 立方体抗压强度平均值，kPa。

5. 沉降计算

地基处理后的变形计算应按现行国家标准 GB 50007—2002 的有关规定执行。复合土层的分层与天然地基相同，各复合土层的压缩模量等于该层天然地基压缩模量的 ζ 倍，ζ 值可按式（11-24）确定：

$$\zeta = \frac{f_{spk}}{f_{ak}} \tag{11-24}$$

式中　f_{ak}——基础底面下天然地基承载力特征值，kPa。

变形计算经验系数 ψ_s 根据当地沉降观测资料及经验确定，也可采用表 11-7 数值。

地基变形计算深度应大于复合土层的厚度，并符合现行国家标准 GB 50007—2002 中地基变形计算深度的有关规定。

七、水泥土搅拌法

1. 桩径

水泥土搅拌桩的桩径按照所需置换率求得，不应小于 500mm。

2. 桩长

水泥土搅拌法的设计，主要是确定搅拌桩的置换率和长度。竖向承载搅拌桩的长度应根据上部结构对承载力和变形的要求确定，并宜穿透软弱土层到达承载力相对较高的土层；为提高抗滑稳定性而设置的搅拌桩，其桩长应超过危险滑弧以下 2m。湿法的加固深度不宜大于 20m；干法不宜大于 15m。

3. 桩间距

水泥土搅拌桩的桩间距按照所需置换率求得。

4. 复合地基承载力特征值

竖向承载水泥土搅拌桩复合地基的承载力特征值应通过现场单桩或多桩复合地基荷载试验确定。初步设计时也可按式（11-25）估算：

$$f_{spk} = m\frac{R_a}{A_p} + \beta(1-m)f_{sk} \tag{11-25}$$

式中　f_{spk}——复合地基承载力特征值，kPa；

$\quad\quad m$——面积置换率；

$\quad\quad R_a$——单桩竖向承载力特征值，kN；

$\quad\quad A_p$——桩的截面积，m^2；

$\quad\quad \beta$——桩间土承载力折减系数，当桩端土未经修正的承载力特征值大于桩周土的承载力特征值的平均值时，可取 0.1～0.4，差值大时取低值；当桩端土未经修正的承载力特征值小于或等于桩周土的承载力特征值的平均值时，可取 0.5～0.9，差值大时或设置褥垫层时均取高值；

$\quad\quad f_{sk}$——桩间土承载力特征值，kPa，可取天然地基承载力特征值。

单桩竖向承载力特征值应通过现场载荷试验确定。初步设计时也可按式（11-26）估算：

$$R_a = u_p\sum_{i=1}^{n}q_{si}l_i + aq_pA_p \tag{11-26}$$

并应同时使由桩身材料强度确定的单桩承载力大于（或等于）由桩周土和桩端土的抗力所提供的单桩承载力，满足式（11-27）要求：

$$R_a = \eta f_{cu}A_p \tag{11-27}$$

式中　f_{cu}——与搅拌桩桩身水泥土配比相同的室内加固土试块（边长为 70.7mm 的立方体，也可采用边长为 50mm 的立方体）在标准养护条件下 90d 龄期的立方体抗压强度平均值，kPa；

$\quad\quad \eta$——桩身强度折减系数，干法可取 0.2～0.3，湿法可取 0.25～0.33；

$\quad\quad u_p$——桩的周长，m；

$\quad\quad n$——桩长范围内所划分的土层数；

$\quad\quad q_{si}$——桩周第 i 层土的侧阻力特征值。对淤泥可取 4～7kPa，对淤泥质土可取 6～12kPa，对软塑状态的黏性土可取 10～15kPa，对可塑状态的黏性土可取 12～18kPa；

$\quad\quad l_i$——第 i 层土的厚度，m；

$\quad\quad q_p$——桩端地基土未经修正的承载力特征值，kPa，可按现行国家标准 GB 50007—2002 的有关规定确定；

$\quad\quad a$——桩端天然地基土的承载力折减系数，可取 0.4～0.6，承载力高时取低值。

5. 沉降计算

竖向承载搅拌桩复合地基的变形包括搅拌桩复合土层的平均压缩变形 s_1 与桩端下未加固土层的压缩变形 s_2：

（1）搅拌桩复合土层的压缩变形 s_1 可按式（11-28）计算：

$$s_1 = \frac{(p_z + p_{zl})l}{2E_{sp}} \tag{11-28}$$

$$E_{sp} = mE_p + (1-m)E_s \tag{11-29}$$

式中　p_z——搅拌桩复合土层顶面的附加压力值，kPa；

$\quad\quad p_{zl}$——搅拌桩复合土层底面的附加压力值，kPa；

$\quad\quad E_{sp}$——搅拌桩复合土层的压缩模量，kPa；

$\quad\quad E_p$——搅拌桩的压缩模量，可取（100～120）f_{cu}，kPa，对桩较短或桩身强度较低者可取低值，

反之可取高值;

E_s——桩间土的压缩模量,kPa。

(2) 桩端以下未加固土层的压缩变形 s_2 可按现行国家标准 GB 50007—2002 的有关规定进行计算。

八、高压喷射注浆法

1. 桩径、桩长、桩间距

高压喷射注浆形成的加固体强度和范围,应通过现场试验确定。当无现场试验资料时,亦可参照相似土质条件的工程经验。

2. 复合地基承载力特征值

竖向承载旋喷桩复合地基承载力特征值应通过现场复合地基载荷试验确定。初步设计时也可按式(11 – 30)估算:

$$f_{spk} = m\frac{R_a}{A_p} + \beta(1-m)f_{sk} \tag{11 – 30}$$

式中 f_{spk}——复合地基承载力特征值,kPa;

m——面积置换率;

R_a——单桩竖向承载力特征值,kN;

A_p——桩的截面积,m^2;

β——桩间土承载力折减系数,可根据试验或类似土质条件工程经验确定,当无试验资料或经验时,可取 $0\sim0.5$,承载力较低时取低值;

f_{sk}——处理后桩间土承载力特征值,kPa,宜按当地经验取值,如无经验时可取天然地基承载力特征值。

单桩竖向承载力特征值应通过现场单桩载荷试验确定。初步设计时也可按式(11 – 31)、式(11 – 32)估算,取其中较小值:

$$R_a = \eta f_{cu} A_p \tag{11 – 31}$$

$$R_a = u_p \sum_{i=1}^{n} q_{si} l_i + q_p A_p \tag{11 – 32}$$

式中 f_{cu}——与旋喷桩桩身水泥土配比相同的室内加固土试块(边长为 70.7mm 的立方体)在标准养护条件下 28d 龄期的立方体抗压强度平均值,kPa;

η——桩身强度折减系数,可取 0.33;

u_p——桩的周长,m;

n——桩长范围内所划分的土层数;

q_{si}——桩周第 i 层土的侧阻力特征值,kPa,可按现行国家标准 GB 50007—2002 的有关规定或地区经验确定;

l_i——桩周第 i 层土的厚度,m;

q_p——桩端地基土未经修正的承载力特征值,kPa,可按现行国家标准 GB 50007—2002 的有关规定或地区经验确定。

3. 沉降计算

桩长范围内复合土层以及下卧层地基变形值应按现行国家标准 GB 50007—2002 有关规定计算,其中,复合土层的压缩模量可根据地区经验确定。

九、石灰桩法

1. 桩径

石灰桩成孔直径应根据设计要求及所选用的成孔方法确定,常用 $300\sim400$mm。

2. 桩长

洛阳铲成孔桩长不宜超过 6m；机械成孔管外投料时，桩长不宜超过 8m；螺旋钻成孔及管内投料时可适当加长。石灰桩桩端宜选在承载力较高的土层中。在深厚的软弱地基中采用"悬浮桩"时，应减少上部结构重心与基础形心的偏心，必要时宜加强上部结构及基础的刚度。

3. 桩间距

桩中心距可取 2～3 倍成孔直径。

4. 复合地基承载力特征值

石灰桩复合地基承载力特征值不宜超过 160kPa，当土质较好并采取保证桩身强度的措施，经过试验后可以适当提高。石灰桩复合地基承载力特征值应通过单桩或多桩复合地基载荷试验确定。初步设计时，也可按式（11-33）估算：

$$f_{spk} = m f_{pk} + (1-m) f_{sk} \qquad (11-33)$$

式中　f_{spk}——石灰桩复合地基承载力特征值，kPa；

f_{pk}——石灰桩桩身抗压强度比例界限值，由单桩竖向载荷试验确定，初步设计时可取 350～500kPa，土质软弱时取低值，kPa；

f_{sk}——桩间土承载力特征值，取天然地基承载力特征值的 1.05～1.20 倍，土质软弱或置换率大时取高值，kPa；

m——桩土面积置换率，桩面积按 1.1～1.2 倍成孔直径计算，土质软弱时宜取高值。

5. 沉降计算

处理后地基变形应按现行的国家标准 GB 50007—2002 有关规定进行计算。变形经验系数 ψ_s 可按地区沉降观测资料及经验确定。石灰桩复合土层的压缩模量宜通过桩身及桩间土压缩试验确定，初步设计时可按式（11-34）估算：

$$E_{sp} = a[1 + m(n-1)]E_s \qquad (11-34)$$

式中　E_{sp}——复合土层压缩模量，MPa；

a——系数，可取 1.1～1.3，成孔对桩周土挤密效应好或置换率大时取高值；

n——桩土应力比，可取 3～4，长桩取大值；

E_s——天然土的压缩模量，MPa。

十、灰土挤密桩法和土挤密桩法

1. 桩径

桩孔直径宜为 300～450mm，并可根据所选用的成孔设备或成孔方法确定。根据国内常用设备，目前最小桩孔直径 250mm，最大 600mm，一般为 350～450mm，常用 400mm。

2. 桩长

灰土挤密桩和土挤密桩处理地基的深度，应根据建筑场地的土质情况、工程要求和成孔及夯实设备等综合因素确定。对湿陷性黄土地基，应符合现行国家标准《湿陷性黄土地区建筑规范》（GB 50025—2004）的有关规定。

3. 桩间距

桩孔宜按等边三角形布置，桩孔之间的中心距离，可为桩孔直径的 2.0～2.5 倍，也可按式（11-35）估算：

$$s = 0.95 d \sqrt{\frac{\bar{\eta}_c \rho_{d\max}}{\bar{\eta}_c \rho_{d\max} - \bar{\rho}_d}} \qquad (11-35)$$

式中　s——桩孔之间的中心距离，m；

d——桩孔直径，m；

$\rho_{d\max}$——桩间土的最大干密度，t/m³；

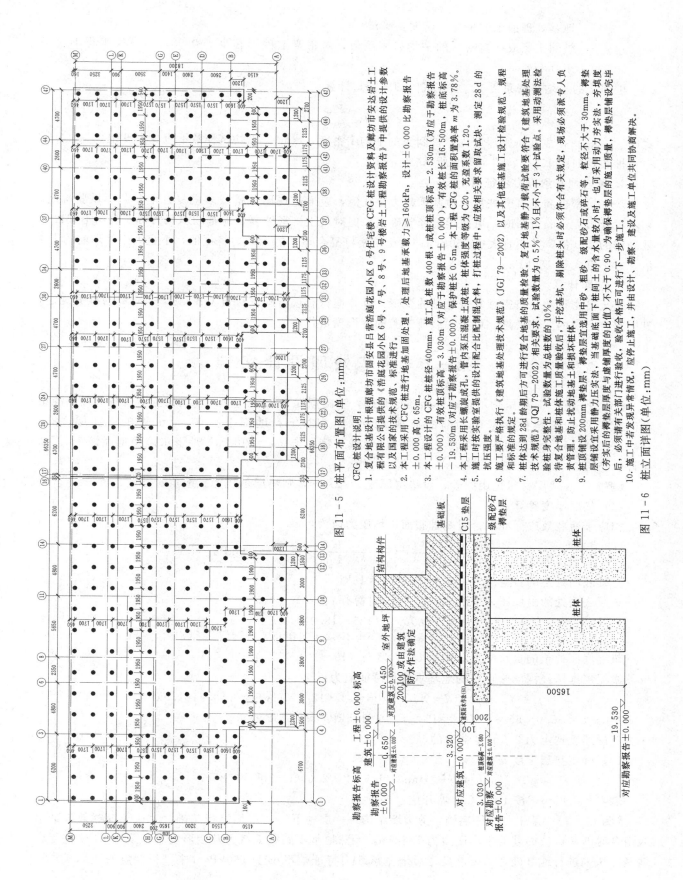

CFG桩平面布置图（单位：mm）

图 11 - 5

CFG桩设计说明：

1. 复合地基设计根据廊坊市固安县吕营庭花园小区6号住宅楼CFG桩建设计资料及廊坊市安达岩土工程有限公司提供的《浩庭花园小区6号、7号、8号、9号楼岩土工程勘察报告》中提供的设计参数以及国家的技术规范、标准进行。

2. 本工程采用CFG桩进行地基加固处理，处理后地基承载力≥160kPa，设计±0.000比勘察报告土0.000高0.65m。

3. 本工程设计的CFG桩桩径400mm，施工总桩数400根，成桩桩顶标高±0.000，对应干勘察报告高－19.530m（对应干勘察报告±0.000），有效桩长16.500m，桩底标高±0.000高－2.530m。本工程CFG桩的面积置换率m为3.78%。

4. 本工程采用长螺旋成孔，管内采用泵压混凝土成桩，保护桩长0.5m。本工程CFG桩配合比配制混凝土配合料，打桩过程中，应按相关要求留取试块，测定28d的抗压强度。

5. 施工时桩顶设计高±0.000，对应干勘察报告高－3.030m（对应干勘察报告±0.000）。

6. 施工要严格执行《建筑地基处理技术规范》（JGJ 79—2002）以及其他相关施工规范、规程和标准的规定。

7. 桩体达到28d龄期后方可进行复合地基的质量检验。复合地基静荷载试验应符合《建筑地基处理技术规范》（JGJ 79—2002）相关要求，试验数量为总桩数的0.5%～1%且不小于3个试验点。采用动测法检验桩身完整性，试验数量为总桩数的10%。

8. 待复合地基和桩体施工质量验收后，开挖基坑，剔除桩头必须符合有关规定，也可采用动力夯实法，夯填度（夯实后桩头与基础面下桩顶下桩顶标高之比值）不大于0.90。为确保桩基质量，验收合格后可进行下一步施工。

9. 桩顶铺设200mm褥垫层，褥垫层宜选用中砂、粗砂、级配砂石等，粒径不大于30mm，褥垫层铺设完后，施工中若发现异常常情况，应停止施工，并由设计、勘察、建设及施工单位共同商解决。

10. 桩立面详图（单位：mm）

图 11 - 6

449

$\overline{\rho}_d$——地基处理前土的平均干密度，t/m^3；

$\overline{\eta}_c$——桩间土经成孔挤密后的平均挤密系数，对重要工程不宜小于 0.93，对一般工程不应小于 0.9。

桩间土的平均挤密系数 $\overline{\eta}_c$，应按式（11-36）计算：

$$\overline{\eta}_c = \frac{\overline{\rho}_{d1}}{\rho_{max}} \qquad (11-36)$$

式中　$\overline{\rho}_{d1}$——在成孔挤密深度内，桩间土的平均干密度，t/m^3，平均试样数不应少于 6 组。

桩布置如图 11-5、图 11-6 所示。

4. 复合地基承载力特征值

灰土挤密桩和土挤密桩复合地基承载力特征值，应通过现场单桩或多桩复合地基载荷试验确定。初步设计当无试验资料时，可按当地经验确定，但对灰土挤密桩复合地基的承载力特征值，不宜大于处理前的 2.0 倍，并不宜大于 250kPa；对土挤密桩复合地基的承载力特征值，不宜大于处理前的 1.4 倍，并不宜大于 180kPa。

5. 沉降计算

灰土挤密桩和土挤密桩复合地基的变形计算，应符合现行国家标准 GB50007—2002 的有关规定，其中复合土层的压缩模量，可采用载荷试验的变形模量代替。

第三节　地基处理设计实例

【例 11-1】 某建筑物承重墙下为条形基础，基础宽度 1.5m，埋深 1m，相应于荷载效应标准组合时上部结构传至条形基础顶面的荷载 $F_k = 247.5kN/m$；地面下存在 5.0m 厚的淤泥层，$\gamma = 18.0kN/m^3$，$\gamma_{sat} = 19.0kN/m^3$ 淤泥层地基的承载力特征值 $f_{ak} = 70kPa$；地下水位距地面深 1m。试设计砂垫层。

【解】（1）垫层材料选用中砂，设垫层厚度 $z = 2.0m$，则垫层的压力扩散角 $\theta = 30°$。

（2）垫层厚度验算。

相应于荷载效应标准组合时基础底面平均压力值为：

$$p_k = \frac{F_k + G}{b} = \frac{247.5 + 1.5 \times 1 \times 20}{1.5} = 185kPa$$

基础底面处土的自重压力：$p_c = 18.0 \times 1 = 18kPa$

垫层底面处的附加压力值由式（11-2）计算得：

$$p_z = \frac{(p_k - p_c)b}{b + 2z\tan\theta} = \frac{(185 - 18.0) \times 1.5}{1.5 + 2 \times 2.0 \times \tan30°} = 65.8kPa$$

垫层底面处土的自重应力：$p_{cz} = 18.0 \times 1 +（19 - 10）\times 2.0 = 36.0kPa$

淤泥层地基经深度修正后的地基承载力特征值为：

$$f_a = f_{ak} + \eta_d\gamma_0(d - 0.5) = 70 + 1.1 \times 12.6 \times (2.5 - 0.5) = 101.5kPa$$

$p_{cz} + p_z = 36.0 + 65.8 = 101.8kPa \approx f_a = 101.5kPa$ 满足强度要求。

垫层厚度选定为 2.0m 是合适的。

（3）确定垫层宽度 b'。

$$b' = b + 2z\tan\theta = 1.5 + 2 \times 2.0 \times \tan30° = 3.81m$$

取 $b' = 3.85m$，按 1:1.5 边坡开挖。

【例 11-2】 某十一层住宅楼，剪力墙结构，一层地下室，采用筏板基础，对应于荷载效应准永久组合时的基础底面处的平均压力为 186kPa，天然地基不满足承载力及变形要求，采用 CFG 桩复合地基方法来进行地基处理。要求处理后地基承载力特征值不小于 160kPa（未进行深度修正），要求

表 11-8

计 算 表 格（一）

1. CFG 桩设计条件	桩顶设计标高＝－3.030	桩底设计标高－19.530
桩径(m)＝0.40	桩距 S_1(m)＝1.9500	α＝1.000
基础底面下土层承载力特征值 f_{ak}(kPa)＝100.00	排距 S_2(m)＝1.7000	β＝0.750
设计要求处理后地基承载力特征值 f_{skp}(kPa)≥160.00	$d_e=1.13\ \sqrt{S_1 * S_2}=2.0574$	$\gamma_s=2.000$
桩周长 U_p(m)＝1.2564	面积置换率 $m=d^2/de^2=0.0378$	$\gamma_p=2.000$
桩面积 A_p(m^2)＝0.1256	基础截面长 L＝70.670	建筑物平均沉降量＜80mm
设计 0.0 较勘察报告引测 0.0 高出(m)＝0.000	基础截面宽 B＝19.560	建筑物的整体倾斜＜3‰

2. 根据公式 $f_{sk}=mR_k/A_p+\alpha\beta(1-m)f_{ak}$ 得：估算单桩承载力 $R_k=[f_{skp}-\alpha\beta(1-m)f_{ak}]\times A_p/m$＝

3. 单桩竖向承载力特征值 $R_a=U_p\sum q_{si}L_i/\gamma_s+q_{pk}A_p/\gamma_p$，计算各钻探点单桩竖向承载力特征值 R_a 见表

本表格标高与勘察报告一致					1 号孔		5 号孔		6 号孔	
层号	土层名称	压缩模量 E_s (MPa)	q_{sik} (kPa)	q_{pk} (kPa)	土层底标高(m)	阻力土层厚度(m)	土层底标高(m)	阻力土层厚度(m)	土层底标高(m)	阻力土层厚度(m)
桩顶					－3.030					
2	粉土	7.000	40.000		－7.380	4.350	－7.520	4.490	－7.700	4.670
3	粉质黏土	8.000	45.000		－8.680	1.300	－8.820	1.300	－8.900	1.200
4	黏土	8.600	60.000		－10.880	2.200	－11.820	3.000	－11.300	2.400
5	粉质黏土	7.800	62.000	900.000	－17.780	6.900	－17.320	5.500	－17.200	5.900
5	粉质黏土	7.800	62.000	900.000	－17.780	0.000	－17.320	0.000	－17.200	0.000
6	粉质黏土	10.100	62.000	1000.000	－19.530	1.750	－19.530	2.210	－19.530	2.330
桩底					－19.530					

	1 号孔	5 号孔	6 号孔
设计有效桩长(m)	16.500	16.500	16.500
$U_p\sum q_{si}\times L_i$(kN)＝	1131.765	1125.885	1124.553
$q_{pk}\times A_p$(kN)＝	125.640	125.640	125.640
Q_{uk}(kN)$=U_p\sum q_{si}\times L_i+q_{pk}\times A_p$＝	1257.405	1251.525	1250.193
R_a(kN)$=U_p\sum f_{si}L_i/\gamma_s+f_pA_p/\gamma_p$＝	628.703	625.763	625.097
复合地基承载力 $f_{skp}=mR_k/A_p+\alpha\beta(1-m)f_{ak}$＝	261.311	260.426	260.226
由单桩承载力估算面积置换率 $m=[f_{skp}-\alpha\beta f_{ak}/R_k/A_p-\alpha\beta f_{ak}]$＝	0.0172	0.0173	0.0173
实际面积置换率 m＝0.0378	单桩承载力特征值 R_a(kN)＝625.000		设计复合地基承载力 f_{spk}(kPa)＝
4. 桩体强度计算，桩体试块抗压强度平均值 $f_{cu}\geq 3R_a/A_p$(kPa)＝14.924	考虑施工工艺及施工工期，采用 C20 混凝土		

CFG桩设计计算书(地基变形)

基础长70.670m,基础宽19.560m,基础L/B=70.67/19.56=3.613。对应于荷载效应准永久组合时的基础底面处的附加压力 $P_0=186-3.03\times18=132$ kPa。

$B/2=19.56/2=9.78$ m

以勘察报告中5号孔数据进行计算。

复合土层压缩模量调整系数 $\zeta=f_{spk}/f_{ak}=2.6$

计算表格（二）

表11-9

层号	土层名称	压缩模量E_s（MPa）	复合土层压缩模量E_{si}（MPa）	土层底标高(m)	基础底面至土层底面距离Z_i(m)	土层厚度ΔZ_i(m)	Z_i/b $b=B/2$	平均附加应力系数 $a_i=4a$	$Z_i a_i$	$\Delta Z_i a_i$	$\Delta Z_i a_i/E_{si}$	$\Delta s=P_0*$ $\Delta Z_i a_i/E_{si}$	平均附加应力系数 a
1	素填土		0.000										
2	粉土			−3.030									
桩顶													
2	粉土	7.000	18.200	−7.520	4.490	4.490	0.4591	0.9904	4.4469	4.4469	0.2443	32.2522	0.2476
3	粉质黏土	8.000	20.800	−8.820	5.790	1.300	0.5920	0.9824	5.6881	1.2412	0.0597	7.8768	0.2456
4	黏土	8.600	22.360	−11.820	8.790	3.000	0.8988	0.9532	8.3786	2.6905	0.1203	15.8831	0.2383
5	粉质黏土	7.800	20.280	−17.320	14.290	5.500	1.4611	0.8780	12.5466	4.1680	0.2055	27.1290	0.2195
6	粉质黏土	10.100	26.260	−19.530	16.500	2.210	1.6871	0.8464	13.9656	1.4190	0.0540	7.1328	0.2116
桩底													
6	粉质黏土	10.100	10.100	−20.620	17.590	1.090	1.7986	0.8312	14.6208	0.6552	0.0649	8.5630	0.2078
7	粉质黏土	8.500	8.500	−25.320	22.290	4.700	2.2791	0.7672	17.1009	2.4801	0.2918	38.5145	0.1918
8	粉细砂	20.000	20.000	−27.920	24.890	2.600	2.5450	0.7348	18.2892	1.1883	0.0594	7.8428	0.1837
9	粉质黏土	9.700	9.700	−35.220	32.190	7.300	3.2914	0.6536	21.0394	2.7502	0.2835	37.4254	0.1634
10	粉质黏土	9.3	9.3	−36.220	33.190	1.000	3.3937	0.6436	21.3611	0.3217	0.0346	4.5661	0.1609
合计		压缩模量的当量值$E_s=15.0642$								21.3611	1.4180	187.1857	

查表5.3.5得沉降计算经验系数 $\psi_s=0.3974$

根据建筑地基基础设计规范第5.3.5条,$s=\psi_s s'=\psi_s \Sigma P_0 \Delta Z_i a_i/E_{si}=74.3876<80$mm,满足设计要求!

$4.5661<0.025\times187.1857=4.6796$mm。

452

最大沉降不大于80mm，整体倾斜不大于0.003。

勘察报告中土层厚度及土的参数略，计算见表11-8、表11-9。

第四节　地基处理构造措施

由于地基处理方法种类繁多，适用范围宽窄不一，下面将只涉及几种目前应用较为广泛的地基处理方法。

一、换填垫层法

垫层可选用下列材料：

（1）砂石。

宜选用碎石、卵石、角砾、圆砾、砾砂、粗砂、中砂或石屑（粒径小于2mm的部分不应超过总重的45%），应级配良好，不含植物残体、垃圾等杂质。当使用粉细砂或石粉（粒径小于0.075mm的部分不超过总重的9%）时，应掺入不少于总重30%的碎石或卵石。砂石的最大粒径不宜大于50mm。对湿陷性黄土地基，不得选用砂石等透水材料。

（2）粉质黏土。

土料中有机质含量不得超过5%，亦不得含有冻土或膨胀土。当含有碎石时，其粒径不宜大于50mm。用于湿陷性黄土或膨胀土地基的粉质黏土垫层，土料中不得夹有砖、瓦和石块。

（3）灰土。

体积配合比宜为2：8或3：7。土料宜用粉质黏土，不宜使用块状黏土和砂质粉土，不得含有松软杂质，并应过筛，其颗粒不得大于15mm。石灰宜用新鲜的消石灰，其颗粒不得大于5mm。

（4）粉煤灰。

可用于道路、堆场和小型建筑、构筑物等的换填垫层。粉煤灰垫层上宜覆土0.3～0.5m。粉煤灰垫层中采用掺加剂时，应通过试验确定其性能及适用条件。作为建筑物垫层的粉煤灰应符合有关放射性安全标准的要求。粉煤灰垫层中的金属构件、管网宜采取适当防腐措施。大量填筑粉煤灰时应考虑对地下水和土壤的环境影响。

（5）矿渣。

垫层使用的矿渣是指高炉重矿渣，可分为分级矿渣、混合矿渣及原状矿渣。矿渣垫层主要用于堆场、道路和地坪，也可用于小型建筑、构筑物地基。选用矿渣的松散重度不小于11kN/m³，有机质及含泥总量不超过5%。设计、施工前必须对选用的矿渣进行试验，在确认其性能稳定并符合安全规定后方可使用。作为建筑物垫层的矿渣应符合对放射性安全标准的要求。易受酸、碱影响的基础或地下管网不得采用矿渣垫层。大量填筑矿渣时，应考虑对地下水和土壤的环境影响。

（6）其他工业废渣。

在有可靠试验结果或成功工程经验时，对质地坚硬、性能稳定、无腐蚀性和放射性危害的工业废渣等均可用于填筑换填垫层。被选用工业废渣的粒径、级配和施工工艺等应通过试验确定。

（7）土工合成材料。

由分层铺设的土工合成材料与地基土构成加筋垫层。所用土工合成材料的品种与性能及填料的土类应根据工程特性和地基土条件，按照现行国家标准《土工合成材料应用技术规范》（GB 50290—98）的要求，通过设计并进行现场试验后确定。

作为加筋的土工合成材料应采用抗拉强度较高、受力时伸长率不大于4%～5%、耐久性好、抗腐蚀的土工格栅、土工格室、土工垫或土工织物等土工合成材料；垫层填料宜用碎石、角砾、砾砂、粗砂、中砂或粉质黏土等材料。当工程要求垫层具有排水功能时，垫层材料应具有良好的透水性。

在软土地基上使用加筋垫层时，应保证建筑稳定并满足允许变形的要求。

二、强夯法和强夯置换法

(1) 两遍夯击之间应有一定的时间间隔，间隔时间取决于土中超静孔隙水压力的消散时间。当缺少实测资料时，可根据地基土的渗透性确定，对于渗透性较差的黏性土地基，间隔时间不应少于3～4周；对于渗透性好的地基可连续夯击。

(2) 夯击点位置可根据基底平面形状，采用等边三角形、等腰三角形或正方形布置。第一遍夯击点间距可取夯锤直径的2.5～3.5倍，第二遍夯击点位于第一遍夯击点之间。以后各遍夯击点间距可适当减小。对处理深度较深或单击夯击能较大的工程，第一遍夯击点间距宜适当增大。

(3) 强夯处理范围应大于建筑物基础范围，每边超出基础外缘的宽度宜为基底下设计处理深度的1/2～2/3，并不宜小于3m。

(4) 根据初步确定的强夯参数，提出强夯试验方案，进行现场试夯。应根据不同土质条件待试夯结束一至数周后，对试夯场地进行检测，并与夯前测试数据进行对比，检验强夯效果，确定工程采用的各项强夯参数。

三、振冲法

(1) 振冲桩处理范围应根据建筑物的重要性和场地条件确定，当用于多层建筑和高层建筑时，宜在基础外缘扩大1～2排桩。当要求消除地基液化时，在基础外缘扩大宽度不应小于基底下可液化土层厚度的1/2。

(2) 桩位布置，对大面积满堂处理，宜用等边三角形布置；对单独基础或条形基础，宜用正方形、矩形或等腰三角形布置。

(3) 在桩顶和基础之间宜铺设一层300～500mm厚的碎石垫层。

(4) 桩体材料可用含泥量不大于5%的碎石、卵石、矿渣或其他性能稳定的硬质材料，不宜使用风化易碎的石料。常用的填料粒径为：30kW振冲器20～80mm；55kW振冲器30～100mm；75kW振冲器40～150mm。

四、砂石桩法

(1) 砂石桩孔位宜采用等边三角形或正方形布置。

(2) 砂石桩处理范围应大于基底范围，处理宽度宜在基础外缘扩大1～3排桩。对可液化地基，在基础外缘扩大宽度不应小于可液化土层厚度的1/2，并不应小于5m。

(3) 砂石桩桩孔内的填料量应通过现场试验确定，估算时可按设计桩孔体积乘以充盈系数β确定，β可取1.2～1.4。如施工中地面有下沉或隆起现象，则填料数量应根据现场具体情况予以增减。

(4) 桩体材料可用碎石、卵石、角砾、圆砾、砾砂、粗砂、中砂或石屑等硬质材料，含泥量不得大于5%，最大粒径不宜大于50mm。

(5) 砂石桩顶部宜铺设一层厚度为300～500mm的砂石垫层。

五、水泥粉煤灰碎石桩法

(1) 水泥粉煤灰碎石桩可只在基础范围内布置。

(2) 桩顶和基础之间应设置褥垫层，褥垫层在复合地基中具有如下的作用：

1) 保证桩、土共同承担荷载，它是水泥粉煤灰碎石桩形成复合地基的重要条件。

2) 通过改变褥垫厚度，调整桩垂直荷载的分担，通常褥垫越薄桩承担的荷载占总荷载的百分比越高，反之亦然。

3) 减少基础底面的应力集中。

4) 调整桩、土水平荷载的分担，褥垫层越厚，土分担的水平荷载占总荷载的百分比越大，桩分担的水平荷载占总荷载的百分比越小。

工程实践表明，褥垫层合理厚度为100～300mm，考虑施工时的不均匀性，褥垫层厚度宜取150～300mm，当桩径大或桩距大时褥垫层厚度宜取高值。褥垫层材料宜用中砂、粗砂、级配砂石或碎石等，最大粒径不宜大于30mm。不宜采用卵石，由于卵石咬合力差，施工时扰动较大、褥垫厚度不容易保证均匀。

六、夯实水泥土桩法

（1）夯实水泥土桩可只在基础范围内布置。

（2）在桩顶面应铺设100～300mm厚的褥垫层，垫层材料可采用中砂、粗砂或碎石等，最大粒径不宜大于20mm。

七、水泥土搅拌法

（1）固化剂宜选用强度等级为32.5级及以上的普通硅酸盐水泥。水泥掺量除块状加固时可用被加固湿土质量的7%～12%外，其余宜为12%～20%。湿法的水泥浆水灰比可选用0.45～0.55。外掺剂可根据工程需要和土质条件选用具有早强、缓凝、减水以及节省水泥等作用的材料，但应避免污染环境。

（2）竖向承载搅拌桩复合地基应在基础和桩之间设置褥垫层。褥垫层厚度可取200～300mm。其材料可选用中砂、粗砂、级配砂石等，最大粒径不宜大于20mm。

（3）竖向承载搅拌桩复合地基中的桩长超过10m时，可采用变掺量设计。在全桩水泥总掺量不变的前提下，桩身上部1/3桩长范围内可适当增加水泥掺量及搅拌次数；桩身下部1/3桩长范围内可适当减少水泥掺量。

（4）竖向承载搅拌桩的平面布置可根据上部结构特点及对地基承载力和变形的要求，采用柱状、壁状、格栅状或块状等加固型式。桩只在基础平面范围内布置，独立基础下的桩数不宜少于3根。柱状加固可采用正方形、等边三角形等布桩型式。

八、高压喷射注浆法

（1）竖向承载旋喷桩复合地基宜在基础和桩顶之间设置褥垫层。褥垫层厚度可取200～300mm，其材料可选用中砂、粗砂、级配砂石等，最大粒径不宜大于30mm。

（2）竖向承载旋喷桩的平面布置可根据上部结构和基础特点确定。独立基础下的桩数一般不应少于4根。

（3）高压喷射注浆法用于深基坑、地铁等工程形成连续体时，相邻桩搭接不宜小于300mm，并应符合设计要求和国家现行的有关规范的规定。

九、石灰桩法

（1）石灰桩的主要固化剂为生石灰，掺合料宜优先选用粉煤灰、火山灰、炉渣等工业废料。生石灰与掺合料的配合比宜根据地质情况确定，生石灰与掺合料的体积比可选用1:1或1:2，对于淤泥、淤泥质土等软土可适当增加生石灰用量，桩顶附近生石灰用量不宜过大。当掺石膏和水泥时，掺加量为生石灰用量的3%～10%。

（2）当地基需要排水通道时，可在桩顶以上设200～300mm厚的砂石垫层。

（3）石灰桩宜留500mm以上的孔口高度，并用含水量适当的黏性土封口，封口材料必须夯实，封口标高应略高于原地面。石灰桩桩顶施工标高应高出设计桩顶标高100mm以上。

（4）石灰桩可按等边三角形或矩形布桩，石灰桩可仅布置在基础底面下，当基底土的承载力特征值小于70kPa时，宜在基础以外布置1～2排围护桩。

十、灰土挤密桩法和土挤密桩法

（1）灰土挤密桩和土挤密桩处理地基的面积，应大于基础或建筑物底层平面的面积，并应符合下列规定：

1）当采用局部处理时，超出基础底面的宽度：对非自重湿陷性黄土、素填土和杂填土等地基，每边不应小于基底宽度的 0.25 倍，并不应小于 0.50m；对自重湿陷性黄土地基，每边不应小于基底宽度的 0.75 倍，并不应小于 1.00m。

2）当采用整片处理时，超出建筑物外墙基础底面外缘的宽度，每边不宜小于处理土层厚度的 1/2，并不应小于 2m。

（2）桩孔内的填料，应根据工程要求或处理地基的目的确定，桩体的夯实质量宜用平均压实系数 $\bar{\lambda}_c$ 控制。当桩孔内用灰土或素土分层回填、分层夯实时，桩体内的平均压实系数 $\bar{\lambda}_c$ 值，均不应小于 0.96；消石灰与土的体积配合比，宜为 2：8 或 3：7。

第五节 地基处理设计中常见问题

当采用大面积压实土时和采用基地处理后的复合地基时，不应考虑承载力的宽度修正，可进行深度修正（当为复合地基时深度修正系数取 1）。地基处理只重视处理后的承载力要求，对变形不作要求。

（1）设计文件应包括计算书和图纸及设计说明。

1）计算书应包括计算依据：上部结构提供的荷载（基础地反力）分布图地基承载力特征值的要求、沉降变形要求、基础平面图，采用的规范、规程；岩土工程勘察成果文件报告，计算机采用的有效版本软件名称和主要功能，计算采用的公式和各系数的取值，复合地基承载力计算，桩身强度验算，单桩承载力计算，置换率计算等。为计算地基变形，应有计算点（勘察孔位）分层的不同压力的变形模量的确定。最终沉降量的计算：总的最大、平均沉降量、沉降差、倾斜值的计算过程和结果。对计算结果应加以分析判断，明确是否满足上部结构设计要求和规范、规程要求。

2）图纸：应有地基处理平面范围图、处理深度和桩端持力层图和竖向剖面图、检测点布置图、上部结构基础平面图、计算地基沉降差的布置点图。

3）说明：应说明采用的设计依据的合法性、可靠性，采用的计算软件的合法性和可靠性。对计算结果分析明确设计的合理性和可靠性。特别是对有湿陷性的地基，应说明采用的方案的合理性和可靠性，除满足承载力、变形要求外，还应明确是否消除了规范要求的湿陷性程度。各类地基处理方法均应满足 JGJ 79—2002 和 GB 50007—2002 规范的强制性标准条文要求。

4）应注明检测要求：水泥粉煤灰碎石桩地基、常螺旋钻孔泵压混凝土桩地基、石灰桩地基、夯实水泥土桩地基等各类桩基质量检测都应满足相应规范要求。承载力检验应采用单桩承载力、复合地基载荷试验，应满足 GB 50007—2002 第 7.2.7、7.2.8 条要求。

（2）注意相似处理方法的区别。

"夯实水泥土桩"和"喷粉搅拌水泥土桩"，这两种桩的处理效果是有区别的，适用的范围也有区别，施工方法也不同，计算方法、公式也不同，处理效果也不完全相同，应用这些方法时应注意区别。

（3）对于复合地基用于地基基础设计等级为甲级的建筑物时《高层建筑岩土工程勘察规程》（JGJ 72—2004）8.4.1 条规定："对勘察等级为甲级的高层建筑拟采用复合地基方案时，须进行专门研究，并经充分论证。"

复合地基主要适用于规程规定的勘察等级为乙级的高层建筑。设计等级为甲级的地基基础强制性要求进行地基变形设计和满足承载力计算的有关规定；GB 50007—2002 第 7.2.7 条规定复合地基设计应满足建筑物承载力和变形要求。JGJ 79—2002 第 3.0.5 条规定"按地基变形设计或作变形验算且需进行地基处理的建筑物或构筑物，应对处理后的地基进行变形验算"。这就要求地基处理设计应较准确合理地提供地基承载力特征值和变形计算的地基压缩模量等计算参数。对于高层、特别是超高层30层以上或高层与低层差超过规范规定的勘察为甲级的地基，地基变形计算尤为重要，特别要求专门研究论证，重点论证变形计算是否正确。实际上现在已设计的复合地基计算时不同程度存在着地基压缩模量的计算错误。上部结构设计提出的对压缩模量的要求也概念不清，只提压缩模量为多少，但不知是什么土层、哪个部位的压缩模量。提的要求应是分土层、分勘察孔位、能验算确定基础沉降差和倾斜值的多个压缩模量，使沉降变形计算更加合理，从受力的角度要求基础有满足要求的刚度和上部结构协调共同作用的刚度。还应考虑由于地基反力大，必然形成地基处理时桩土应力比和置换率比乙级地基更严格的特性。应加强基础底板的刚度和强度，调整应力传递时更加均匀。

在地震面波的作用下，引起地面的地震动，用加速度反映谱来表征地震动的频谱特征。不同的加速度时程、相同的阻尼比的反映谱曲线不同。阻尼比大，相同周期对应的谱值小；增加房屋建筑的阻尼比，可以减小结构的地震反映。超高层建筑高度高，上部刚度往往不均匀，加强地基的刚度和稳定、增大阻尼比可以减少地震反映。因此，要重点论证复合地基的刚度和稳定性。柔性复合地基不适合超高层建筑，一般都采用刚性素混凝土桩复合地基，但应控制桩土的应力比，增大阻尼比。减小复合地基在地震动作用下的破坏程度，要求素混凝土桩的强度更高，应比乙级地基时提高一个强度等级。

对基础设计应采用整体性好的筏基或箱基，并加强其强度和刚度，且应力分布力求均匀，必要时采用变刚度调平设计。

甲级地基处理建议满足以下要求：

1) 上部结构设计应准确提供上部结构传给地基的供地基强度计算和变形计算的基础底板荷载分布图。应要求地基处理设计提供处理后地基分土层的压缩模量、不同勘探点孔位置的压缩模量。或只提要求基础的变形值、沉降差、倾斜值。对地基处理设计提供的强度、变形计算结果加以确认和复算；提供地基处理设计需要的基础平面图、基础结构布置图；提出对地基变形的控制值要求，如沉降差、倾斜值、最大沉降量等，还应提出地基承载力特征值。

2) 基础设计应满足承载力和变形要求。保证建筑物的稳定和倾斜限值要求。地基承载力的计算应合理准确，保证基础埋深和侧限。

3) 论证会论证的重点问题：上部结构的选型和布置、基础的选型和布置、地基承载力的计算、基础埋深和稳定、基础的刚度、强度计算和构造，要求比乙级地基有更高的刚度和强度、稳定要求；对复合地基应论证方案的合理性；承载力计算采用的公式、输入数据、软件程序的合理性和准确性，对计算结果加以分析和判断。对变形计算论证计算布点、压缩模量的计算和控制变形值、倾斜值。对采用的材料的强度等级及桩身强度验算及桩端持力层、分土层的侧阻力、桩端阻力的取值和计算加以论证。对多层或高低层数相差较多的一体建筑物，应论证其沉降的协调变形分析。

4) 有条件时，甲级勘察等级的地基应尽量采用桩基，但不宜采用预制空心管桩。

第十二章 楼 梯 设 计

楼梯作为建筑中主要的垂直交通设施之一，起着通行和疏散的功能，它是一种斜向搁置的梁板结构。楼梯的平面布置、梯段宽度、踏步尺寸、栏杆形式等由建筑专业确定，在此基础上，楼梯的结构设计包括以下内容：

（1）根据建筑要求和施工条件，确定楼梯的结构型式和结构布置；

（2）根据建筑类别，按《荷载规范》确定楼梯的活荷载标准值。需要注意的是楼梯的活荷载往往比所在楼面的活荷载大。生产车间楼梯的活荷载可按实际情况确定，但不宜小于 3.5kN/m² （按水平投影面计算）。除以上竖向荷载外，设计楼梯栏杆时尚应按规定考虑栏杆顶部水平荷载 0.5kN/m （对于住宅、医院、幼儿园等）或 1.0kN/m （对于学校、车站、展览馆等）；

（3）进行楼梯各部件的内力计算和截面设计；

（4）绘制施工图，特别应注意处理好连接部位的配筋构造。

第一节 常见楼梯形式

楼梯按施工方法的不同分为：装配式楼梯和现浇式楼梯。按结构形式和受力特点楼梯形式分为：板式、梁式、悬挑（剪刀）式和螺旋式，前两种属于平面受力体系，后两种则为空间受力体系。

板式楼梯一般由斜板、踏步、平台梁及平台板组成，常见的形式如图 12-1 所示。

梁式楼梯一般由梯段板、斜梁、平台梁及平台板组成，常见的形式如图 12-2 所示。

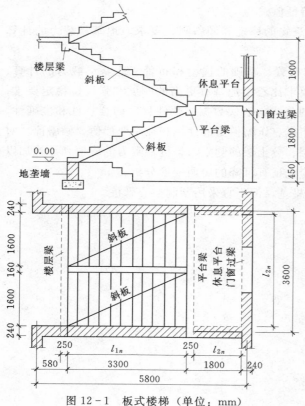

图 12-1 板式楼梯（单位：mm）

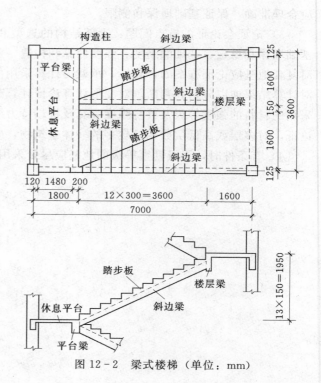

图 12-2 梁式楼梯（单位：mm）

梁式楼梯有三种类型，第一种在梯板的两侧都布置有斜梯梁，踏步板的两端均支承在斜梯梁上，当梯段的水平跨度不大时，宜采用这种双梁式楼梯。第二种是在楼梯梯板宽度的中央布置一根斜梯梁，这种中梁式楼梯适用于楼梯梯段宽度较小，荷载亦不很大时，多用于公共建筑的室外楼梯，常为直跑式。第三种是在楼梯跑的一侧设置斜梯梁，另一侧为砖墙，踏步板一端支承在斜梯梁上，另一端支承在砖墙上，这种布置方式要求楼梯间的侧墙要与楼梯配合施工，引起施工不便，并且对抗震不利，目前已较少采用。

悬挑式楼梯（图 12-3）由于没有中间平台梁及墙、柱等竖向受力构件，空间开敞、通透，有很好的建筑效果，往往在宾馆、商场、餐厅、图书馆等大型公共设施或是娱乐设施内采用。悬挑式楼梯是一种多次超静定空间结构，内力分析复杂、繁琐，以前采用空间构架法或是板相互作用法来进行简化计算，但随着计算手段和计算能力的发展，目前大部分结构计算程序都能够对悬挑式楼梯进行有限元分析，得到较为精确的计算结果。

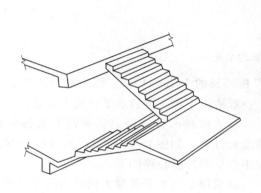

图 12-3　悬挑式楼梯

螺旋式楼梯（图 12-4）的平面投影通常是圆弧形，但也可以是椭圆形，按上楼方向，可分为左旋式和右旋式两种。旋转式楼梯犹如一小段弹簧，下端压在基础梁或者楼层梁上，上端则是悬挂在上层楼层梁上，其应力分布与受力特点与普通楼梯截然不同，采用简化手段得到的计算结果会有较大的误差，目前大部分结构计算程序都能够对螺旋式楼梯进行有限元分析，得到较为精确的计算结果。

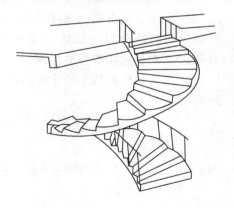

图 12-4　螺旋式楼梯

第二节　楼梯设计方法

相比较而言，板式楼梯和梁式楼梯是最常见的楼梯形式，这里主要介绍板式楼梯和梁式楼梯的计算及构造特点。

一、板式楼梯

板式楼梯由梯段板、休息平台和平台梁组成，如图 12-5 所示。梯段是斜放的齿形板，支承在平台梁上和楼层梁上，底层下端一般支承在地垄墙或基础梁上。板式楼梯的优点是下表面平整，施工支

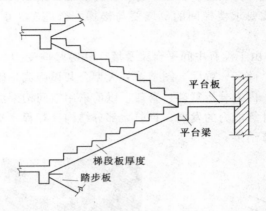

图 12-5　板式楼梯的组成

模较方便，外观比较轻巧。缺点是斜板较厚，约为梯段板斜长的 1/25～1/30，随着梯段水平跨度增大，板厚取较大值，其混凝土用量和钢材用量都较多，一般适用于梯段板的水平跨度不大时。

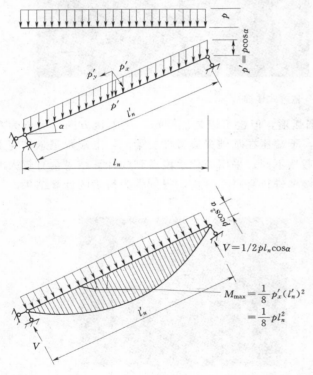

图 12-6　梯段板的内力

板式楼梯的计算特点：梯段斜板按斜放的简支板计算，如图 12-6 所示，斜板的计算跨度取平台梁间的斜长净距 l_n'。

设楼梯单位水平长度上的竖向均布荷载 $p = g + q$（与水平面垂直），则沿斜板单位斜长上的竖向均布荷载 $p' = p\cos\alpha$（与斜面垂直）（三角形斜边了），此处 α 为梯段板与水平线间的夹角（图 12-7），将 p' 分解为：

$$p_x' = p'\cos\alpha = p\cos\alpha \cdot \cos\alpha \quad (12-1)$$

$$p_y' = p'\sin\alpha = p\cos\alpha \cdot \sin\alpha \quad (12-2)$$

此处 p_x'、p_y' 分别为 p' 在垂直于斜板方向及沿斜板方向的分力，忽略 p_y' 对梯段板的影响，只考虑 p_x' 对梯段板的弯曲作用。

设 l_n 为梯段板的水平净跨长，l_n' 为其斜向净跨长，因

$$l_n = l_n'\cos\alpha \quad (12-3)$$

故斜板弯矩：

$$M_{\max} = \frac{1}{8}p_x'(l_n')^2 = \frac{1}{8}p\cos^2\alpha \times (l_n/\cos\alpha)^2 = \frac{1}{8}pl_n^2$$

$$(12-4)$$

斜板剪力：

$$V_{\max}\frac{1}{2}p_x'l_n' = \frac{1}{2}p\cos^2\alpha \times \frac{l_n}{\cos\alpha} = \frac{1}{8}pl_n \times \cos\alpha \quad (12-5)$$

因此，可以得到简支斜板（梁）计算的特点为：

（1）简支斜梁在竖向均布荷载 p（沿单位水平长度）作用下的最大弯矩，等于其水平投影长度的简支梁在 p' 作用下的最大弯矩。

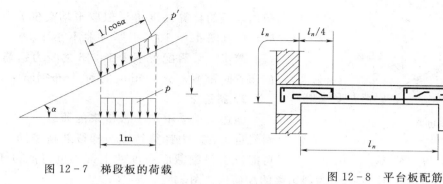

图 12-7 梯段板的荷载

图 12-8 平台板配筋

（2）最大剪力等于斜梁为水平投影长度的简支梁在 p 作用下的最大剪力值乘以 $\cos\alpha$。

（3）截面承载力计算时梁的截面高度应垂直于斜面量取。

虽然斜板按简支计算，但由于梯段与平台梁整浇，平台对斜板的变形有一定约束作用，故计算板的跨中弯矩时，也可以近似取 $M_{max}=ql_n^2/10$。为避免板在支座处产生裂缝，应在板上面配置一定量钢筋，一般取 $\phi8@200\text{mm}$，长度为 $l_n/4$。分布钢筋可采用 $\phi6$ 或 $\phi8$，每级踏步一根。

平台板一般都是单向板，可取 1m 宽板带进行计算，平台板一端与平台梁整体连接，另一端可能支承在砖墙上，也可能与过梁整浇，跨中弯矩可近似取为 $M=\dfrac{1}{8}pl^2$，或取 $M\cong\dfrac{1}{10}pl^2$。考虑到板支座的转动会受到一定约束，一般应将板下部受力钢筋在支座附近弯起一半，必要时可在支座处板上面配置一定量钢筋，伸出支承边缘长度为 $l_n/4$，如图 12-8 所示。

二、梁式楼梯

梁式楼梯由踏步板、斜梁和平台板、平台梁组成，如图 12-9 所示。梁式楼梯中，斜梁是楼梯梯跑的主要受力构件，因此梁式楼梯的跨度可以比板式楼梯的大些，通常当梯跑的水平跨度较大时，采用梁式楼梯。

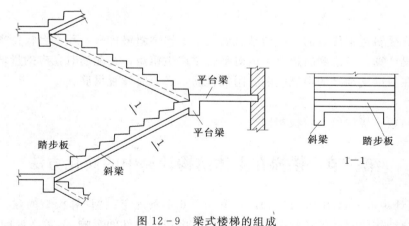

图 12-9 梁式楼梯的组成

梁式楼梯的荷载传递途径为：

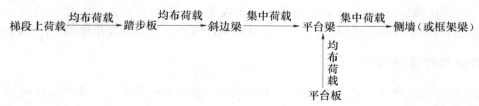

1. 踏步板

踏步板按两端简支在斜梁上的单向板考虑，计算时一般取一个踏步作为计算单元，踏步板为梯形

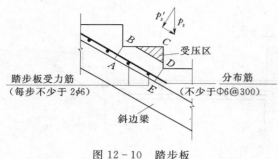

图 12-10 踏步板

截面，板的计算高度可近似取平均高度 $h=(h_1+h_2)/2$（图 12-10）板厚一般不小于 30～40mm，每一踏步一般需配置不少于 2φ6 的受力钢筋，沿斜向布置间距不大于 300mm 的 φ6 分布钢筋。

2. 斜边梁

斜边梁承受由踏步板传来的荷载、栏杆重量及斜梁自重，内力计算特点与梯段斜板相同。踏步板可能位于斜梁截面高度的上部，也可能位于下部，计算时可近似取为矩形截面。图 12-11 为斜边梁的配筋构造图。

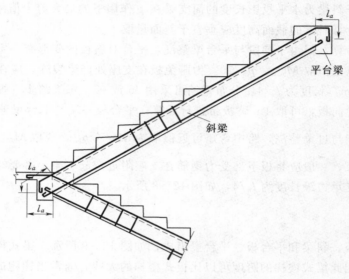

图 12-11 斜梁的配筋

3. 平台梁

平台梁主要承受斜边梁传来的集中荷载（由上、下楼梯斜梁传来）和平台板传来的均布荷载，平台梁一般按简支梁计算。考虑到斜边梁可能对平台梁产生扭矩，在配筋时，应酌量增加梁的抗扭纵筋和箍筋。此外，在斜梁支承处的两侧应配置附加箍筋，必要时设置吊筋。

4. 平台板

平台板设计与板式楼梯的平台板相同。

第三节　楼梯在主体结构计算中的简化方法

《建筑抗震设计规范》（GB50011—2010）第 3.6.6.1 条规定："计算模型的建立、必要的简化计算与处理，应符合结构的实际工作状况，计算中应考虑楼梯构件的影响。"条文说明中指出"2008 年局部修订，注意到地震中楼梯的梯板具有斜撑的受力状态，增加了楼梯构件的计算要求：针对具体结构的不同，考虑的结果，楼梯构件的可能影响很大或不大，然后区别对待，楼梯构件自身应计算抗震，但并不要求一律参与整体结构的计算。"但规范中没有指出应如何简化楼梯的计算模型。

一、不参与整体计算时

当楼梯不参与整体的计算时，设计时采用两种方式输入楼梯荷载。一种是楼梯间楼板厚度输入 0，恒荷载折算后取 7.0kN/m² 左右，活荷载视具体使用功能而定；第二种是在半层平台梁下立小柱，此处按集中力输入荷载，比较真实地模拟了实际受力。第一种方式的问题是：楼梯间周边框架梁由三边受集中力变成四边受均布力（一边框架梁为半层平台处不受力）；因总荷载大致相等，造成了三边框架梁上荷载偏小，计算挠度和裂缝偏小；当集中荷载对梁起控制作用时，梁的斜截面抗剪计算与均布荷载下的公式不同，箍筋配置值和范围均有区别。第二种方式应注意，平台小立柱截面一般小于300mm，强度设计值应乘以强度折减系数0.8，立柱及平台梁端部应配足够的负筋，以抵抗实际存在的弯矩。立柱下主框架梁也因为小立柱的存在，使其在沿梁长方向产生弯矩、在垂直方向产生扭矩，计算中没考虑，构造应加强配筋。

二、参与整体计算时

为了适应规范的要求，目前大部分结构计算软件均支持将楼梯参与整体计算的方法，以常用结构计算软件 PKPM 为例，其增加了楼梯的建模与计算功能，提出了自己的计算模型。

1. 建模

楼梯的输入在 PMCAD 中实现，操作步骤：点击楼梯菜单，分别选择矩形房间的 4 个角点，角点不能交叉选择。目前程序仅支持两跑的板式楼梯，每一跑用三段宽扁梁模拟，在休息平台处自动增加一根 300mm×600mm 层间梁与宽扁梁连接。在退出 PMCAD 程序时，程序将弹出的对话框上面有一个"楼梯自动转换为梁（数据在 LT 目录下）"选项。勾选该项，则程序在当前工程目录下生成以 lt 命名的文件夹，该文件夹中保存着将楼梯转换为三段宽扁梁后的模型，如果用户要考虑楼梯参与结构整体分析，则需将工程目录指向该 lt 目录重新进行计算；如果不勾选，则程序不生成 lt 文件夹，平面图中的楼梯只是一个显示，不参与结构整体分析。

在定义与布置楼梯时宜注意以下几点：

（1）目前楼梯仅能布置在矩形房间上。

（2）最好在进行完楼层组装后再进行楼梯布置，这样程序能自动计算出踏步高度与数量，便于建模。

（3）楼梯间宜将板厚设为 0，不宜开洞。因为楼梯实际的计算模型是生成在 lt 目录下的，里面有完整的模型数据，不影响当前工程的模型，以前通常的做法是将楼梯荷载换算成楼面荷载布置到楼梯间，将楼梯间处板厚设为 0 可延续先前的计算方法。

（4）楼梯计算模型将楼梯间处原 1 个房间划分为 3 个房间，且原房间信息丢失，需用户手工修改；目前程序不能在梁端设置支座信息，而楼梯构件是按三段梁来模拟的，为了解决底层楼梯嵌固问题，现在程序是通过在底层梁端增加一个支撑来解决的，而增加的这个支撑对结构及构件基本没有影响。

（5）退出 PMCAD 时要勾选"楼梯自动转换为梁（数据在 LT 目录下）"选项，这样程序才能在 lt 文件夹中生成模型数据；如果已经将目录指向了 lt 目录，则在退出 PMCAD 时不要勾选该选项。

（6）lt 目录下包含完整的模型数据，有需要的话，用户可自行修改模型信息。

2. 内力计算

由于楼梯的布置与数据生成是在 PMCAD 中完成，SATWE、TAT、PMSAP 等计算程序不需做任何改动就能接力楼梯模型进行计算。需要注意的是，软件是用宽扁梁来模拟楼梯构件，后面的计算程序不能区分该宽扁梁与其他梁的区别，用户宜注意计算程序在模型指标统计、内力调整、配筋设计等方面对楼梯构件的影响。

第四节　楼梯设计实例

一、实例一

某公共建筑现浇板式楼梯，楼梯结构平面布置如图 12 - 12 所示。层高 3.6m，踏步尺寸 150mm×

300mm。采用混凝土强度等级 C25，钢筋为 HPB235 和 HRB335。楼梯上均布活荷载标准值＝3.5kN/m²，试设计此楼梯。

1. 楼梯板计算

板倾斜度

$$\tan\alpha = 150/300 = 0.5, \quad \cos\alpha = 0.894$$

设板厚 $h = 120$mm；约为板斜长的 1/30。

取 1m 宽板带计算。

(1) 荷载计算。

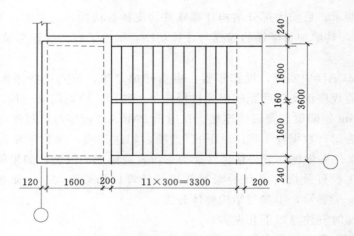

图 12-12 楼梯结构平面

荷载分项系数：$\gamma_G = 1.2$，$\gamma_Q = 1.4$。

基本组合的总荷载设计值

$$p = 6.6 \times 1.2 + 3.5 \times 1.4 = 12.82 \text{kN/m}$$

梯段板的荷载见表 12-1。

表 12-1		梯 段 板 的 荷 载	
荷 载 种 类		荷载标准值（kN/m）
恒载	水磨石面层	$(0.3 + 0.15) \times 0.65 \times \dfrac{1}{0.3} = 0.98$
	三角形踏步	$\dfrac{1}{2} \times 0.3 \times 0.15 \times 25 \times \dfrac{1}{0.3} = 1.88$
	斜板	$0.12 \times 25 \times \dfrac{1}{0.894} = 3.36$
	板底抹灰	$0.02 \times 17 \times \dfrac{1}{0.894} = 0.38$
	小计	6.6
活荷载		3.5

(2) 截面设计。

板水平计算跨度 $l_n = 3.3$m。

$$M = \frac{1}{10} p l_n^2 = \frac{1}{10} \times 12.82 \times 3.3^2 = 13.96 \text{kN} \cdot \text{m}$$

弯矩设计值：

$$h_0 = 120 - 20 = 100 \text{mm}$$

$$\alpha_s = \frac{M}{\alpha_1 f_c b h_0^2} = \frac{13.96 \times 10^6}{11.9 \times 1000 \times 100^2} = 0.117$$

$$\xi = 1 - \sqrt{1 - 2\alpha_s} = 1 - \sqrt{1 - 2 \times 0.117} = 0.124 < \xi_b = 0.614$$

$$A_s = \frac{\alpha_1 f_c b h_0 \xi}{f_y} = \frac{11.9 \times 1000 \times 100 \times 0.124}{210} = 703 \text{mm}^2$$

$$\rho_1 = \frac{A_s}{bh} = \frac{703}{1000 \times 120} = 0.59\% > \rho_{min} = 0.45 \frac{f_t}{f_y} = 0.45 \frac{1.27}{210} = 0.27\%$$

选配 $\phi 10@110\text{mm}$，$A_s = 714 \text{mm}^2$。

分布筋 $\phi 8$，每级踏步下一根，梯段板配筋如图 12-13 所示。

表 12-2   平 台 板 的 荷 载

荷 载 种 类		荷载标准值（kN/m）
恒载	水磨石面层	0.65
	70 厚混凝土板	$0.07 \times 25 = 1.75$
	板底抹灰	$0.02 \times 17 = 0.34$
	小计	2.74
活荷载		3.5

2. 平台板计算

设平台板厚 $h = 70\text{mm}$，取 1m 宽板带计算。

(1) 荷载计算。

总荷载设计值：

$$p = 1.2 \times 2.74 + 1.4 \times 3.5 = 8.19 \text{kN/m}$$

平台板荷载见表 12-2。

(2) 截面设计。

板的计算跨度：

$$l_0 = 1.8 - 0.2/2 + 0.12/2 = 1.76\text{m}$$

弯矩设计值：

$$M = \frac{1}{10} p l_0^2 = \frac{1}{10} \times 8.19 \times 1.76^2 = 2.54 \text{kN} \cdot \text{m}$$

$$h_0 = 70 - 20 = 50\text{mm}$$

$$\alpha_s = \frac{M}{\alpha_1 f_c b h_0^2} = \frac{2.54 \times 10^6}{11.9 \times 1000 \times 50^2} = 0.085$$

$$\xi = 1 - \sqrt{1 - 2\alpha_s} = 1 - \sqrt{1 - 2 \times 0.085} = 0.09 < \xi_b = 0.614$$

$$A_s = \frac{\alpha_1 f_c b h_0 \xi}{f_y} = \frac{11.9 \times 1000 \times 50 \times 0.09}{210} = 255 \text{mm}^2$$

$$\rho_1 = \frac{A_s}{bh} = \frac{255}{1000 \times 70} = 0.364\% > \rho_{min} = 0.45 \frac{f_1}{f_y} = 0.45 \frac{1.27}{210} = 0.27\%$$

选配 $\phi 6/8@140\text{mm}$，$A_s = 281 \text{mm}^2$

平台板配筋如图 12-13 所示。

3. 平台梁 B1 计算

设平台梁截面：$b = 200\text{mm}$，$h = 350\text{mm}$。

(1) 荷载计算。

总荷载设计值：

$$p = 14.95 \times 1.2 + 8.93 \times 1.4 = 30.44 \text{kN/m}$$

(2) 截面设计。

计算跨度：

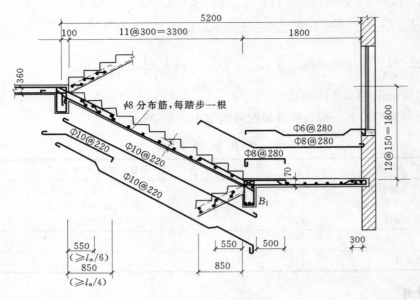

图 12-13　梯段板和平台板配筋（单位：mm）

$$l_0 = 1.05 l_n = 1.05(3.6 - 0.24) = 3.53\text{m}$$

弯矩设计值：

$$M = \frac{1}{8} p l_0^2 = \frac{1}{8} \times 30.44 \times 3.53^2 = 47.4\text{kN} \cdot \text{m}$$

剪力设计值：

$$V = \frac{1}{2} p l_n = \frac{1}{2} \times 30.44 \times 3.36 = 51.1\text{kN}$$

截面按倒 L 形计算

$$b_f' = b + 5 h_f' = 200 + 5 \times 70 = 550\text{mm}$$

$$h_0 = 350 - 35 = 315\text{mm}$$

经计算属第一类 T 形截面，采用 HRB335 钢筋：

$$\alpha_s = \frac{M}{\alpha_1 f_c b_f' h_0^2} = \frac{47.4 \times 10^6}{11.9 \times 550 \times 315^2} = 0.07$$

$$\xi = 1 - \sqrt{1 - 2\alpha_s} = 1 - \sqrt{1 - 2 \times 0.07} = 0.074 < \xi_b = 0.55$$

$$A_s = \frac{\alpha_1 f_c b_f' h_0 \xi}{f_y} = \frac{11.9 \times 550 \times 315 \times 0.074}{300} = 508\text{mm}^2$$

$$\rho_1 = \frac{A_s}{bh} = \frac{508}{200 \times 350} = 0.73\% > \rho_{\min} = 0.45 \frac{f_t}{f_y} = 0.2\%$$

选 $2\phi14 + 1\phi16$，$A_s = 509.1\text{mm}^2$。

斜截面受剪承载力计算：配置箍筋 $\phi6@200\text{mm}$，则：

$$V_u = 0.7 f_t b h_0 + 1.25 f_{yv} \frac{A_{sv}}{S} h_0 = 0.7 \times 1.27 \times 200 \times 315 + 1.25 \times 210 \times \frac{2 \times 28.3}{200} \times 315$$

$$= 79.41\text{kN} > V = 51.1\text{kN}$$

满足要求。

平台梁配筋如图 12-14 所示。

二、实例二

某数学楼楼梯活荷载标准值为 2.5kN/m²，踏步面层采用 30mm 厚水磨石，底面为 20mm 厚，混

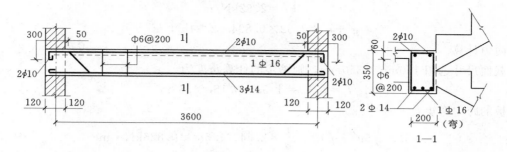

图 12-14 平台梁配筋（单位：mm）

合砂浆抹灰，混凝土采用 C25，梁中受力钢筋采用 HRB335，其余钢筋采用 HPB235，楼梯结构布置如图 12-15 所示。试设计此楼梯。

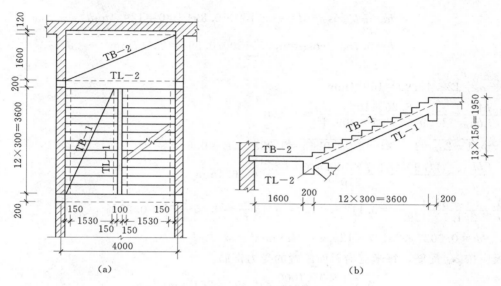

图 12-15 梁式楼梯结构布置图（单位：mm）

(a) 楼梯结构平面；(b) 楼梯结构剖面

1. 踏步板（TB—1）的计算

（1）荷载计算（踏步尺寸 $a_1 \times b_1 = 300\text{mm} \times 150\text{mm}$，底板厚 $d = 40\text{mm}$）。

恒荷载：

踏步板自重：

$$1.2 \times \frac{0.195 + 0.045}{2} \times 0.3 \times 25 = 1.08\text{kN/m}$$

踏步面层重：

$$1.2 \times (0.3 + 0.15) \times 0.65 = 0.35\text{kN/m}$$

（计算踏步板自重时，前述 ABCDE 五角形踏步截面面积可按上底为 $d/\cos\varphi = 40/0.894 = 45\text{mm}$，下底为 $b_1 + d/\cos\varphi = 150 + 40/0.894 = 195\text{mm}$，高为 $a_1 = 300\text{mm}$ 的梯形截面计算。）

踏步抹灰重：

$$1.2 \times \frac{0.3}{0.894} \times 0.02 \times 17 = 0.14\text{kN/m}$$

$$g = 1.08 + 0.35 + 0.14 = 1.57\text{kN/m}$$

使用活荷载：

$$q = 1.4 \times 2.5 \times 0.3 = 1.05\text{kN/m}$$

垂直于水平面的荷载及垂直于斜面的荷载分别为：

467

$$g+q=2.62 \text{kN/m}$$
$$g'+q'=2.62\times0.894=2.34\text{kN/m}$$

（2）内力计算。

斜梁截面尺寸选用 150mm×350mm，则踏步的计算跨度为
$$l_0=l_n+b=1.53+0.15=1.68\text{m}$$

踏步板的跨中弯矩
$$M=\frac{1}{8}(g'+q')l_0^2=\frac{1}{8}\times2.34\times1.68^2=0.826\text{kN}\cdot\text{m}$$

（3）截面承载力计算。

取一踏步（$a_1\times b_1+300\text{mm}\times150\text{mm}$）为计算单元，已知 $\cos\varphi=\cos26°56'=0.894$，等效矩形截面的高度 h 和宽度 b 为
$$h=\frac{2}{3}b_1\cos\varphi+d=\frac{2}{3}\times150\times0.894+40=129.4\text{mm}$$
$$b=0.75a_1/\cos\varphi=0.75\times300/0.894=251.7\text{mm}$$

则：
$$h_0=h-a_s=129.4-20=109.4\text{mm}$$
$$\alpha_s=\frac{M}{\alpha_1 f_c b h_0^2}=\frac{8.26\times10^5}{11.9\times251.7\times109.4^2}=0.0248$$
$$\xi=1-\sqrt{1-2\alpha_s}=1-\sqrt{1-2\times0.0248}=0.0252<\xi_b=0.614$$
$$A_s=\frac{\alpha_1 f_c b h_0 \xi}{f_y}=\frac{11.9\times251.7\times109.4\times0.0252}{210}=36.4\text{mm}^2$$
$$\rho_1=\frac{A_s}{bh}=\frac{36.4}{251.7\times129.4}=0.112\%<\rho_{\min}=0.45\frac{f_t}{f_y}=0.45\frac{1.27}{210}=0.27\%$$

则：$A_s=\rho_{\min}bh=0.0027\times251.7\times129.4=87.9\text{mm}^2$

踏步板应按 $\rho_{\min}$ 配筋，每米宽沿斜面配置的受力钢筋。
$$A_s=\frac{87.9\times1000}{300}\times0.894=261.9\text{mm}^2/\text{m}$$

为保证每个踏步至少有两根钢筋，故选用 $\phi8@150$（$A_s=335\text{mm}^2$）

2. 楼梯斜梁（TL—1）计算

（1）荷载。

踏步板传来：
$$\frac{1}{2}\times2.62\times(1.53+2\times0.15)\times\frac{1}{0.3}=7.99\text{kN/m}$$

斜梁自重：
$$1.2\times(0.35-0.04)\times0.15\times25\times\frac{1}{0.894}=1.56\text{kN/m}$$

斜梁抹灰：
$$1.2\times(0.35-0.04)\times0.02\times17\times2\times\frac{1}{0.894}=0.28\text{kN/m}$$

楼梯栏杆：$\qquad\qquad 1.2\times0.1=0.12\text{kN/m}$

总计：$\qquad\qquad g+q=9.95\text{kN/m}$

（2）内力计算。

取平台梁截面尺寸：
$$b\times h=200\text{mm}\times450\text{mm}$$

则斜梁计算跨度：

$$l_0 = l_n + b = 3.6 + 0.2 = 3.8 \text{m}$$

斜梁跨中弯矩和支座剪力为：

$$M = \frac{1}{8}(g+q)l_0^2 = \frac{1}{8} \times 9.95 \times 3.8^2 = 18.0 \text{kN} \cdot \text{m}$$

$$V = \frac{1}{2}(g+q)l_n = \frac{1}{2} \times 9.95 \times 3.6 = 17.9 \text{kN}$$

（3）截面承载能力计算。

取

$$h_0 = h - a = 350 - 35 = 315 \text{mm}$$

翼缘有效宽度：b_f'。

按梁跨考虑：

$$b_f' = l_0/6 = 633 \text{mm}$$

按梁肋净距考虑：

$$b_f' = \frac{s_0}{2} + b = \frac{1530}{2} + 150 = 915 \text{mm}$$

由于 $h_f'/h = 40/350 > 0.1$，b_f' 可不按翼缘厚度考虑，最后应取 $b_f' = 633 \text{mm}$。

判别 T 形截面类型：

$$\alpha_1 f_c b_f' h_f'(h_0 - 0.5 h_f') = 11.9 \times 633 \times 40 \times (315 - 0.5 \times 40) = 82 \text{kN} \cdot \text{m} > M = 18 \text{kN} \cdot \text{m}$$

故按等一类 T 形截面计算：

$$\alpha_s = \frac{M}{\alpha_1 f_c b_f' h_0^2} = \frac{18 \times 10^6}{11.9 \times 633 \times 315^2} = 0.025$$

$$\xi = 1 - \sqrt{1 - 2\alpha_s} = 1 - \sqrt{1 - 2 \times 0.025} = 0.0264 < \xi_b = 0.550$$

$$A_s = \frac{\alpha_1 f_c b_f' h_0 \xi}{f_y} = \frac{11.9 \times 633 \times 315 \times 0.0264}{300} = 187 \text{mm}^2$$

$$\rho_1 = \frac{A_s}{bh} = \frac{187}{150 \times 350} = 0.36\% > \rho_{\min} = 0.45 \frac{f_t}{f_y} = 0.2\%$$

故选用 2 Φ 12，$A_s = 226 \text{mm}^2$。

由于无腹筋梁的抗剪能力：

$$V_c = 0.7 f_t b h_0 = 0.7 \times 1.27 \times 150 \times 315 = 42005.25 \text{N} > V = 17900 \text{N}$$

可按构造要求配置箍筋，选用双肢箍 $\phi 6@300$。

3. 平台梁（TL—2）计算

（1）荷载。

斜梁传来的集中力：

$$G + Q = \frac{1}{2} \times 9.95 \times 3.8 = 18.9 \text{kN}$$

平台板传来的均布恒荷载：

$$1.2 \times (0.65 + 0.06 \times 25 + 0.02 \times 17) \times \left(\frac{1.6}{2} + 0.2\right) = 2.99 \text{kN/m}$$

平台板传来的均布活荷载：

$$1.4 \times \left(\frac{1.6}{2} + 0.2\right) \times 2.5 = 3.5 \text{kN/m}$$

平台梁自重： $\qquad 1.2 \times 0.2 \times (0.45 - 0.06) \times 25 = 2.34 \text{kN/m}$

平台梁抹灰： $\qquad 2 \times 1.2 \times 0.02 \times (0.45 - 0.06) \times 17 = 0.32 \text{kN/m}$

总计： $\qquad g + q = 9.15 \text{kN/m}$

（2）内力计算（计算简图见图 12-16）。

平台梁计算跨度：

$$l_0 = l_n + a = 3.76 + 0.24 = 4.00\text{m}$$
$$l_0 = 1.05l_n = 1.05 \times 3.76 = 3.95\text{m} < 4.00\text{m}$$

故取：
$$l_0 = 3.95\text{m}$$

跨中弯矩：

$$M = \frac{1}{8}(g+q)l_0^2 + 2(G+Q)\frac{l_0}{2} - (G+Q)\left[\left(a+\frac{b}{2}\right) + \frac{b}{2}\right]$$

$$= \frac{1}{8} \times 9.15 \times 3.95^2 + 2 \times 18.9 \times \frac{3.95}{2} - 18.9 \times \left[\left(1.68 + \frac{0.25}{2}\right) + \frac{0.25}{2}\right] = 56\text{kN} \cdot \text{m}$$

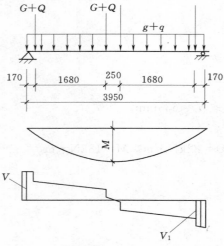

图 12-16 平台梁计算简图（单位：mm）

支座剪力：

$$V = \frac{1}{2}(g+q)l_n + 2(G+Q)$$

$$\frac{1}{2} \times 9.15 \times 3.76 + 2 \times 18.9 = 55.0\text{kN}$$

考虑计算的斜截面应取在斜梁内侧，故

$$V = \frac{1}{2} \times 9.15 \times 3.76 + 18.9 = 36.1\text{kN}$$

（3）正截面承载力计算。

翼缘有效宽度 b_f'。

按梁跨度考虑：
$$b_f' = l_0/6° = 3950/6 = 658\text{mm}$$

按梁肋净距考虑：
$$b_f' = \frac{s_0}{2} + b = \frac{1600}{2} + 200 = 1000\text{mm}$$

最后应取 $b_f' = 658\text{mm}$。

判别 T 形截面类型：

$$\alpha_1 f_c b_f' h_f'(h_0 - 0.5h_f') = 11.9 \times 658 \times 60 \times (415 - 0.5 \times 60) = 167\text{ kN} \cdot \text{m} > M = 56\text{kN} \cdot \text{m}$$

按第一类 T 形截面计算：

$$\alpha_s = \frac{M}{\alpha_1 f_c b_f' h_0^2} = \frac{56 \times 10^6}{11.9 \times 658 \times 415^2} = 0.045$$

$$\xi = 1 - \sqrt{1 - 2\alpha_s} = 1 - \sqrt{1 - 2 \times 0.045} = 0.046 < \xi_b = 0.550$$

$$A_s = \frac{\alpha_1 f_c b_f' h_0 \xi}{f_y} = \frac{11.9 \times 658 \times 415 \times 0.046}{300} = 498\text{mm}^2$$

$$\rho_1 = \frac{A_s}{bh} = \frac{498}{200 \times 450} = 0.55\% > \rho_{\min} = 0.45\frac{f_t}{f_y} = 0.2\%$$

选用 2 Φ 18（$A_s = 509\text{m}^2$）。

（4）斜截面承载力计算。

由于无腹筋梁的承载力

$$V_c = 0.7 f_t bh_0 = 0.7 \times 1.27 \times 200 \times 415 = 73787\text{N} > V = 36100\text{N}$$

可按构造要求配置箍筋，选用双肢箍 ϕ6@200。

（5）附加箍筋计算。

采用附加箍筋承受由斜梁传来的集中力，若附加箍筋仍采用双肢箍筋 ϕ6，则附加箍筋总数为：

$$m = \frac{G+Q}{nA_{sv1}f_{yv}} = \frac{18900}{2 \times 28.3 \times 210} = 1.59 \text{ 个}$$

斜梁侧需附加 2 个 ϕ6 的双肢箍筋。

踏步板（TB—1）、斜梁（TL—1）和平台梁（TL—2）的配筋图如图 12-17 所示。

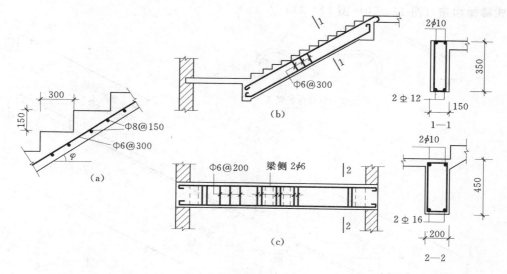

图 12-17　踏步板、斜梁和平台梁配筋图（单位：mm）

(a) TB—1；(b) TL—1；(c) TL—2

第五节　楼 梯 构 造 措 施

1. 楼梯的抗震要求

汶川大地震被损坏建筑的一个特点是楼梯构件的破坏，如图 12-18 所示，影响了逃生通道安全，造成人员伤亡。从抗震角度考虑，楼梯间周边框架柱由于楼梯间休息平台处于楼层中间位置，易形成"短柱"。为避免框架柱出现脆性破坏，对楼梯间四角的框架柱应通过箍筋全高加密等措施提高其延性性能。对支承梯柱的楼层梁，应设置一定数量的上部通长筋，以承担可能出现的反向弯矩作用，有必要时，梁箍筋应全长加密。

图 12-18　梯板地震作用下破坏

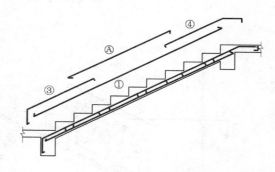

图 12-19　梯板配筋形式

在地震作用下，楼梯梯板起到类似"斜撑"的作用，不但承受弯矩作用，而且受到沿梯板方向轴向拉压的作用。所以梯板的配筋除在原有基础上配置下部通长钢筋和支座构造钢筋以外，梯板上部跨中也应增设与两侧支座处板顶钢筋按照受力搭接的钢筋（图 12-19 中的 A 号筋），以保证水平地震力的有效传递，避免出现梯段受拉破坏。

另外，对于与框架柱、梯柱相连的梯梁应按照框架梁的构造要求执行，如：纵筋锚固长度、箍筋加密区等要求。楼梯刚度对框架结构影响很大，楼梯及周边构件承担更多地震作用所产生的力，梯间角柱、梯柱、梯板跨中配筋应适当加强；楼梯布置在端部会导致楼层刚心偏心加大，对边柱和角柱不利，建筑边柱、角柱配筋应适当加强。

2. 板式楼梯构造（图 12-20～图 12-23）

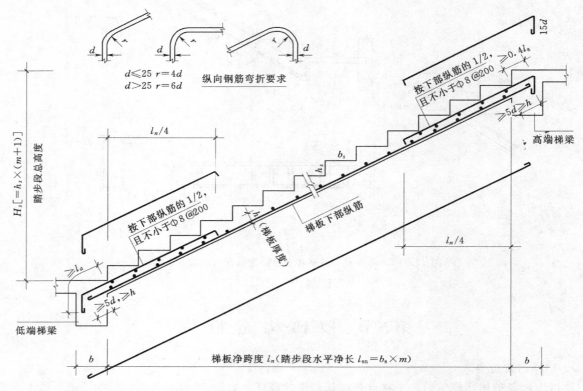

图 12-20 梯板构造（一）

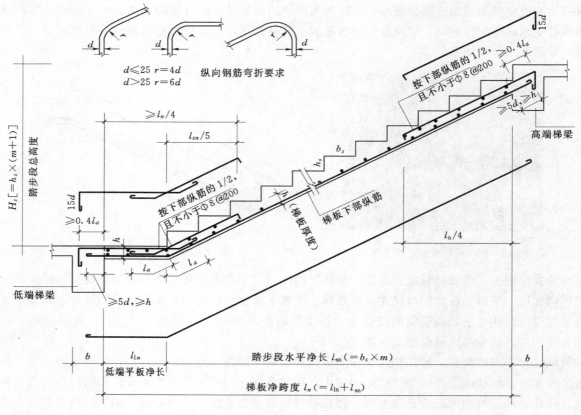

图 12-21 梯板构造（二）

472

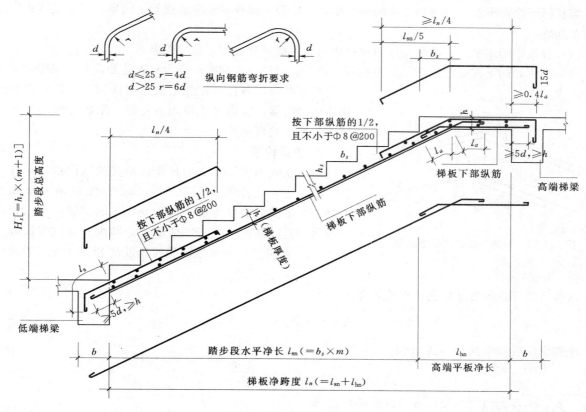

图 12-22　梯板构造（三）

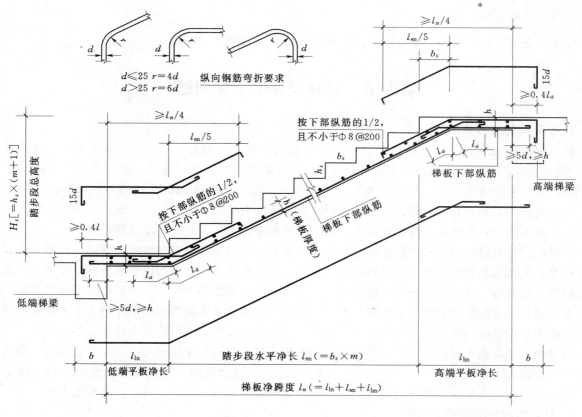

图 12-23　梯板构造（四）

当楼梯下净高不够，可将楼层梁向内移动，这样板式楼梯的梯段就成为折线形。对此设计中应注意两个问题：

（1）梯段中的水平段，其板厚应与梯段相同，不能处理成和平台板同厚。

（2）折角处的下部受拉纵筋不允许沿板底弯折，以免产生向外的合力将该处的混凝土崩脱，应将此处纵筋断开，各自延伸至上面再行锚固。若板的弯折位置靠近楼层梁，板内可能出现负弯矩，则板上面还应配置承担负弯矩的短钢筋。

3. 折梁构造

若遇折线形斜梁，梁内折角处的受拉纵向钢筋应分开配置，并各自延伸以满足锚固要求，同时还应在该处增设箍筋。该箍筋应足以承受未伸入受压区域的纵向受拉钢筋的合力，且在任何情况下不应小于全部纵向受拉钢筋合力的35％。由箍筋承受的纵向受拉钢筋的合力，可按下式计算（图12-24）。

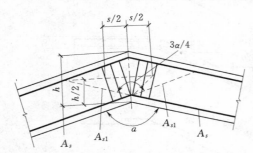
图12-24　折线形斜梁内折角处配筋

未伸入受压区域的纵向受拉钢筋的合力：

$$N_{s1} = 2 f_y A_{s1} \cos \frac{\alpha}{2} \tag{12-6}$$

全部纵向受拉钢筋合力的35％为：

$$N_{s2} = 0.7 f_y A_s \cos \frac{\alpha}{2} \tag{12-7}$$

式中　A_s——全部纵向受拉钢筋的截面面积；

　　　A_{s1}——未伸入受压区域的纵向受拉钢筋的截面面积；

　　　α——构件的内折角。

按上述条件求得的箍筋，应设置在长度为 $s = h \tan \frac{3}{8} \alpha$ 的范围内。

第六节　楼梯设计中常见问题

1. 板式楼梯板厚的取值

楼梯间梯板板厚的确定，是基于以往设计经验的总结，一般取（1/25～1/30）L（L为梯板板跨）。需要引起注意的是，当跨度相同时，梯板板厚一般会稍大于楼层板厚。其原因是二者的支承条件不同，常见板式楼梯梯段支承形式为两对边简支或固定，其余两边为自由的单向板。在实际工程中，由于设计不合理，存在当梯板板跨较大时，梯板厚度取值偏小的问题。当施工完毕后，行人在楼梯上行走或跳跃，梯板会存在较大的振动，说明楼梯刚度偏小，因此梯板厚度取值应慎重。

对遇到梯板及其相邻板跨跨度相差较大时，二者对应的板厚不宜相差较大。常见的案例为：梯板跨度较大，而相邻楼层板或休息平台跨度较小，若二者仅按照两个单独构件选取板厚，可能会出现板厚差值较大的问题。从弯矩平衡的角度考虑，在大、小跨度相邻支座处产生的负弯矩需要左右两侧楼板平衡。这不仅仅需要合理的钢筋配置，而且相邻楼层与休息平台板厚的差值不应太大，则相应板内沿梯板跨度方向的纵筋配置也会相差较小，这样较为合理。反之，若仅按照大跨取较厚楼板、小跨度取较薄楼板，二者板厚相差较大。当二者板厚相差较大时，特别对于在梯板起始和终止位置，梯梁位置内退一定距离的情况（图12-25（b）～（d）），在位于梯梁两侧的支座配筋，会由于位于休息平台一侧板厚较薄，支座配筋面积由该侧控制的不合理情况，设计中应注意避免此类情况发生。

2. 计算模型与实际受力不符

对梯梁进行计算分析和配筋设计时，应重视梯梁两端具体的支承条件。特别需要指出的是：当梯

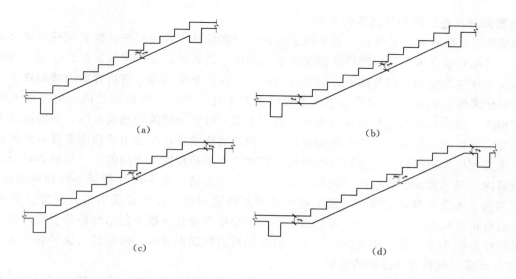

图 12-25　梯板类别

(a) A 型；(b) B 型；(c) C 型；(d) D 型

梁一侧或两侧支承于具有较大刚度的框架柱或剪力墙时，与楼层框架梁相同，支座处应考虑实际存在的负弯矩作用，根据计算结果，配置相应的支座钢筋。

　　一般常见的梯梁和梯板以单跨居多，若遇到多跨的情况，应注意楼梯计算模型与实际受力情况相符的问题。多跨梯段的计算模型可以认为是斜置的多跨连续梁，设置于休息平台标高位置的梯梁相当于多跨梯板的支座，故该区域存在支座负弯矩作用，梯板配筋时应考虑设置支座负筋。若未能根据实际受力情况进行计算分析和配筋设计，可能会造成楼梯设计的安全隐患。故在楼梯设计时，应注意每部楼梯梯梁和梯段的实际受力状态，不但计算模型要符合实际受力情况，而且最终的钢筋构造措施也应与之匹配。

3. 合理布置梯柱

　　梯柱顾名思义，是设置于楼梯间，用于支承梯梁的柱。广义上讲，梯柱包含两类：第一类为楼梯间周边的框架柱，其在使用功能上兼做梯柱；第二类是专门为支承梯梁而设置的，一般自每个楼层梁上设置，受力模式相当于"梁抬柱"。前者设置首先取决于结构体系的合理性，考虑到楼梯在地震作用下受力的复杂性，为尽可能减少传力途径，建议在建筑功能容许的前提下，尽可能将楼梯间边角设置框架柱或剪力墙。

　　梯柱的设置，常见情况是在位于梯段起始位置设置，用于给该位置梯梁提供支座。经过实际工程的对比，认为梯柱的设置原则为能不设置尽量不设置。具体而言，当梯板+休息平台的总跨度较小时，尽可能取消位于梯板一侧（或两侧）的梯柱和梯梁，理由如下：①简化楼梯构件的传力途径；②若遇到梯段净高余地较小时，可最大程度增加楼段净空高度；③取消不必要的梯梁和梯柱，就楼梯总体而言，在合理的跨度范围之内（一般指总跨度不大于 4m），对土建造价影响较少；④减少楼梯间传力途径，利于抗震。

　　当遇到层高较高的楼梯间时，应注意梯柱设置的起始标高。常用的方法是梯柱自楼层梁开始设置，到所支承的休息平台处终止。若楼层层高较高时，该楼层高度范围内，有可能需要设置 3～4 跑梯段往返方能到达上一楼层。相应带来的问题是支承位于较高位置休息平台的梯柱高度会较高。一般除框架柱兼做梯柱以外，自楼层梁上设置的梯柱受到楼梯间和相邻房间净宽的客观需求，其截面尺寸相对较小，若梯柱高度较高（一般指层高不小于 5m）或所支承梯梁跨度较大（一般指层高不小于 4m）时，客观上会造成梯柱刚度不足，楼梯间构件组成出现"头重脚轻"的问题。为弥补以上不足，建议楼梯间梯柱延伸至上一楼层梁内，使得梯柱上下两段均能形成较为可靠的连接，由此增强了楼梯间的整体性能。同时，应注意到由于梯柱起始位置的变化，对相应该位置的楼层梁受力性能产生影响，对其配筋设计应予以特别关注。

4. 梯板配筋构造形式与竖向构件关系

一般情况下，除在楼层位置设置必要的支承构件（如梯柱、梯梁）外，梯板配筋与楼层梁板无直接联系，二者相对独立。但是遇到特殊情况时也有例外，二者可能存在互为支承、互相制约的受力体系。例如基于建筑功能和结构整体剪力墙布置的需要，在位于楼梯间一侧位置剪力墙布置形式为一字形墙，标准层墙厚200mm。一字形剪力墙平面位置基本处于梯段跨度范围之内，剪力墙平面外仅一侧与楼层相连，而另一侧是与梯板完全脱开，造成事实上沿整个建筑物总高度内，该段墙体靠近楼梯间一侧无楼层梁板联系，显然，若有可能通过一定构造措施增强该段剪力墙侧向支撑，对其稳定性是有利的。考虑到楼梯间梯段可视为斜置的楼板，若将垂直于梯板跨度方向的上下层梯板内分布钢筋均伸入该段墙内，其二者的受力状况变化描述如下：①一字形剪力墙平面外楼层一侧提供侧向支撑外，在另一侧相当于增设了侧向支撑，增强了剪力墙平面外稳定性；②梯段受力形式由原来的两对边支承、两对边自由转化为三边支承、一边自由。梯板主导传力途径由原来的沿梯板跨度方向转化为沿垂直于梯板跨度方向为主、沿主跨度方向为辅。故对梯板的配筋设计应与实际传力途径相互对应。

5. 注意计算时荷载传递途径的差异

楼梯间荷载的实际传力途径和计算模型传力途径二者之间的差异性，会对楼梯间周边梁柱构件配筋有较大影响。实际的传力途径为：梯板→梯梁→梯柱/楼层梁→框架柱/剪力墙→基础。而现有结构计算软件，除非按照楼梯间实际空间形式输入计算模型，大多数情况下以楼层板传力方式模拟，与实际情况存在差异。故对其楼梯间周边构件进行设计时，应兼顾其实际与计算模型传力途径的差异性，避免造成安全隐患。

第十三章 施工现场服务概述

结构设计人员将结构施工图绘制完成并通过校对、审核、图纸审查后就会交付施工单位进行工程施工，从交付合格的施工图到实际工程建成投入使用是一个比较长的过程，在这个过程中，为了确保工程质量，结构设计人员将会按照国家相应的规定参加工程的各种验收，并在施工前进行设计交底与图纸会审。本章着重介绍设计交底与图纸会审、验槽、基础验收、主体验收、竣工验收、变更及洽商等内容，为参加工作不久，没有施工现场服务经验的人员提供一定参考。

第一节 设计交底与图纸会审

为了使参与工程建设各方了解工程设计的主导思想、主要建筑材料的要求、构件的设计要求、采用的新工艺新材料的要求以及工程关键部分的技术要求，为了保证工程质量设计单位必须依据国家设计技术管理的有关规定，对提交的施工图纸，进行系统的设计技术交底，为了减少图纸中的错、漏、破、缺，将图纸中的质量隐患与安全问题消灭在施工之前，是设计施工图纸更符合施工现场的具体情况，在进行施工图设计技术交底的同时，监理单位、设计单位、建设单位、施工单位及其他有关单位需对设计图纸在自审的基础上进行图纸会审。图纸会审的目的是为了使施工单位、建设单位有关人员进一步了解设计意图和设计要点而履行的一项制度，通过图纸会审可以澄清疑点，消除设计缺陷。图纸会审是解决图纸设计问题的重要手段，对减少工程变更，加快工程进度，减少工程错误，提高工程质量都起着重要的作用。

一、设计交底与图纸会审应遵循的原则

（1）设计单位应提交完整并通过图纸审查的施工图纸。各专业相互关联的图纸必须提供齐全、完整，这样才能看出各专业组织之间是否存在相互矛盾，最常见的相互矛盾有各专业的建筑及构件尺寸互相不符、各专业的管道及设备相互妨碍、暖通及给排水专业和电气专业预留管道对结构梁板墙造成极大地削弱。设计单位所提供的施工图纸必须通过施工图审查单位审查合格后方可用于施工，施工图审查单位在审查过程中会将违反工程设计强制性条文的部分加以纠正，同时对设计存在的不合理部位或是存在安全隐患的部位加以指出，这样就可以减少由于施工图纸中专业性较强的错误未被发现而直接用于施工致使建筑物存在安全隐患甚至造成事故。

（2）图纸会审参与单位会审前应先自审。在设计交底与图纸会审之前，建设单位、监理单位及施工单位和其他有关单位必须事先指定主管该项目有关技术人员看图自审，仔细审查本专业的图纸，进行必要的审核和计算工作，各专业图纸之间必须核对，及时发现专业图纸之间的冲突，在设计交底和图纸会审时提出对由设计单位解决。

（3）项目主要负责人必须出席。设计交底与图纸会审是整个项目开工前一项十分重要的技术活动，设计单位必须派负责该项目的主要设计人员出席，其他相关单位，也应由项目经理、技术负责人带领相关专业工程师到会参加。进行设计交底及图纸会审的施工图纸必须经设计单位确认。有重大项目分包的，应由总包单位提前请分包单位进行图纸自审，并要求分包单位参加技术交底和图纸会审；直接涉及设备制造厂家的工程项目及施工图纸，应由订货单位提前通知并邀请制造厂家代表到会。

（4）专业会审和综合会审相结合。专业会审解决专业自身的问题，综合会审解决专业与专业之间

存在的各种矛盾及施工配合问题。无论专业会审和综合会审，在会审之前，均应先由设计单位交底，交代设计意图、重点及关键部位，采用新技术、新结构、新工艺、新材料、新设备等的做法、要求、达到的质量标准，而后再由各单位提出问题。

二、设计交底图纸会审的重点

（1）施工图与设备、原材料的技术要求是否一致；施工图与设备、特殊材料的技术要求是否一致；主要材料来源有无保证，能否代换；新技术、新材料的应用是否落实；设计采用的新结构、新材料、新设备、新工艺和新技术是否经过鉴定与评审；在施工技术、机具和物资供应上有无困难。

（2）材料表中给出的数量和材质、尺寸与图纸表示是否相符。

（3）各专业之间、平立剖面之间、总图与分图之间有无矛盾；建筑图与结构图的平面尺寸及标高是否一致，表示方法是否清楚；预埋件、预留孔洞位置是否正确；构造详图是否清楚准确；构件安装的连接节点图是否齐全；各类管沟、管道、支架等各专业之间是否协调统一；是否有通风管道、给排水管道、消防管道、电缆桥架相互碰撞；各种管道是否对结构的梁板墙有过大削弱。

（4）各专业施工图之间是否存在错、漏、破、缺，总体尺寸与分部尺寸之间是否吻合。

（5）各专业之间、设备和系统施工图设计之间是否协调，例如设备外形尺寸和基础尺寸、建筑物预留孔洞及预埋件与安装要求、设备与系统连接部位、管线之间相互关系等。

（6）设备布置及构件尺寸能否满足其运输及吊装要求；预制构件、设备组件及现场加工要求是否符合现场施工能力。

（7）设计是否满足生产要求和检修需要；能否满足生产运行安全、经济的要求和检修、维护的合理需要。

（8）建筑与结构设计是否存在不能施工和不便施工的技术问题，或导致质量、安全及工程费用增加的问题，施工的主要技术方案与设计是否相适应，对现场条件有无特殊要求，图纸内容深度和范围以及表达形式能否满足施工要求。

图纸会审记录整理后经过汇总并形成会议纪要，经与会各方签字同意后，该纪要即被视为设计文件的组成部分，发送有关单位并存档，在施工过程中严格执行中。如有不同意见通过协商仍不能取得统一时，应报请建设单位解决，重大问题报请设计单位及上级主管部门共同研究解决。

第二节 验　槽

验槽是为了普遍探明基槽的土质和特殊土情况，据此判断异常地基的局部处理；原钻探是否需补充，原基础设计是否需修正，对自己所接受的资料和工程的外部环境进行确认。验槽工作，尤其是岩土专业的技术人员验槽细致与否，是关系到整个建筑安全的关键。每一位工程技术人员，对每一个基槽，都应做到慎之又慎。

验槽前应察看结构说明和地质勘察报告，对比结构设计所用的地基承载力、持力层与报告所提供的是否相同；询问、察看建筑位置是否与勘察范围相符。

一、浅基础的验槽

深、浅基坑的划分，在我国目前还没有统一的标准。就建筑物而言，浅基础是指埋深小于基础宽度的或小于一定深度的基础，国外建议把深度超过 6m（20ft）的基坑定为深基坑，国内有些地区建议把深度超过 5m 的基坑定为深基坑。本书采用此种方法，即基础埋深小基础宽度、深度小于 5m 的基坑为浅基坑。

一般情况下，除质控填土外，填土不宜作持力层使用，也不允许新近沉积土和一般粘性土共同作持力层使用。因此浅基础的验槽应着重注意以下几种情况：

（1）场地内是否有填土和新近沉积土。

（2）槽壁、槽底岩土的颜色与周围土质颜色不同或有深浅变化。

（3）局部含水量与其他部位有差异。

（4）场地内是否有条带状、圆形、弧形（槽壁）异常带。

（5）是否有因雨、雪、天寒等情况使基底岩土的性质发生了变化。

（6）场地内是否有被扰动的岩土。

（7）基坑内填土的识别：土内无杂物，但也无节理面、层理、孔隙等原状结构；局部土体颜色与槽内其他部位不同，有可能是在颜色较浅部位的填土颜色较深，也可能是深色部位填土的颜色较浅；包含物与其他部位不同，以黏性土为主的素填土主要表现在钙质结核的含量与其他部位的明显差异上；土内含有木炭屑、煤渣、砖瓦陶瓷碎片、碎石屑等人类活动遗迹（尤其是木炭屑应仔细辨认）；土内含有孔隙、白色菌丝体等原生产物，仿佛是原状土，但孔隙大而乱，排列无规则，土质松散；以粗粒土为主要场地，主要表现在矿物成分与其他部位有所差异，粒径差异明显，充填物的不同等；所含钙质结核是否光洁，是否为次生或再搬运所致。

（8）地基基础应尽量避免在雨季施工。无法避开时，应采取必要的措施防止地面水和雨水进入槽内，槽内水应及时排出，使基槽保持无水状态，水浸部分应全部清除。

（9）严禁局部超挖后用虚土回填。

二、深基础的验槽

就建筑物来说，深基础是指基础埋深大于其整体宽度且超过5m的基础（包括桩基、沉井、沉管、管柱架等形式）。本书深基础指当基坑深度超过5m（含5m）时所对应的基础。当用深基础时，一般情况下出现填土的可能性不大，此时应着重查明下列情况：

（1）基槽开挖后，地质情况与原提供地质报告是否相符。

（2）场地内是否有新近沉积土。

（3）是否有因雨、雪、天寒等情况使基底岩土的性质发生了变化。

（4）边坡是否稳定。

（5）场地内是否有被扰动的岩土。

（6）地基基础应尽量避免在雨季施工。无法避开时，应采取必要的措施防止地面水和雨水进入槽内，槽内水应及时排出，使基槽保持无水状态，水浸部分应全部清除。

（7）严禁局部超挖后用虚土回填。

三、复合地基及桩基的验槽

（1）对于复合地基，由于地基处理方法很多，有换填垫层法、预压法、强夯和强夯置换法、振冲法、砂石桩法、水泥粉煤灰碎石桩法、夯实水泥土桩法、水泥土搅拌桩法、高压喷射注浆法、石灰桩法、灰土挤密桩法和土挤密桩法、柱锤冲扩桩法、单液硅化法和碱液法等，根据土体条件及上部结构要求选取不同的处理方法。由于地基处理方法较多，其处理原理和施工方法都各不相同，因此复合地基验槽时需要控制的技术指标也都各不相同，一般来讲，验收应包括下列资料：岩土工程勘察报告、复合地基施工图、图纸会审纪要、设计变更单及材料代用通知单等；经审定的施工组织设计、施工方案及执行中的变更单；桩位测量放线图，包括工程桩位线复核签证单；原材料的质量合格和质量鉴定书；施工记录及隐蔽工程验收文件；复合地基质量检查报告；载荷试验报告；其他必须提供的文件和记录。

（2）对于桩基础，当桩顶设计标高与施工场地标高相近时，基桩的验收应待基桩施工完毕后进行；当桩顶设计标高低于施工场地标高时，应待开挖到设计标高后进行验收。

基桩验收应包括下列资料：岩土工程勘察报告、桩基施工图、图纸会审纪要、设计变更单及材料代用通知单等；经审定的施工组织设计、施工方案及执行中的变更单；桩位测量放线图，包括工程桩位线复核签证单；原材料的质量合格和质量鉴定书；半成品如预制桩、钢桩等产品的合格证；施工记录及隐蔽工程验收文件；成桩质量检查报告；单桩承载力检测报告；基坑挖至设计标高的基桩竣工平面图及桩顶标高图；其他必须提供的文件和记录。

承台工程验收时应包括下列资料：承台钢筋、混凝土的施工与检查记录；桩头与承台的锚筋、边桩离承台边缘距离、承台钢筋保护层记录；桩头与承台防水构造及施工质量；承台厚度、长度和宽度的量测记录及外观情况描述等。承台工程验收除符合本节规定外，尚应符合现行国家标准《混凝土结构工程施工质量验收规范》（GB 50204）的规定。

四、局部不良地基的处理方法

验槽时，基槽内常有填土出现，处理时，应根据填土的范围、厚度和周围岩土性质分别对待。当填土面积、厚度较大时，一般不建议用灰土进行局部处理，尤其是周围岩土的力学性质较差时，因灰土的力学性质与周围岩土的力学性质差异太大，极易引起建筑物的不均匀沉降而对建筑物造成损坏（具体情况，可根据与灰土垫层处于同一位置的岩土的压缩特性、建筑物的抗变形能力等通过计算沉降量确定。灰土的压缩模量可取 Es＝30MPa）。此时，宜用砂石、碎石垫层等柔性垫层或素填土进行处理；或在局部用灰土处理后，再全部作 300～500 厚的相同材料的垫层进行处理。

基槽内有小面积、且深度不大的填土时，可用灰土或素土进行处理。

当基槽内有水井时，一般情况下不可能把填土清到底并逐步放台处理。对与废弃的水井，可以对主要压缩层内采用换土处理后用过梁跨过；仍可使用或仍需使用的水井，且水位变化幅度在坚硬岩土层内时，可用加大基础面积、改变局部基础形式的方法，并用梁跨过。

对于扰动土，无论是被压密的还是已被剪切破坏的（俗称橡皮土），均应全部清除，用换填法进行处理。

对经过长时间压密的老路基应全部清除，老建（构）筑物的三七灰土基础、毛石基础及坚硬垫层，原则上应全部清除，若不能全部清除的，按土岩组合地基处理。

对可能受污染的场地，当土与污染物相互作用将产生有害影响时，应采取防止污染物侵入场地的措施，如隔离污染源、消除污染物等。对已污染的场地，当污染土强度降低，或对基础和建筑物相邻构件具有腐蚀性等其他有害影响时，应按污染等级分别进行处理。对污染土进行处理时，应考虑污染作用的发展趋势。污染土场地完成建设或整治后，应定期监测污染源的污染扩散、场地内的土和污染物的相互作用发展等情况。

第三节　基　础　工　程　验　收

基础工程为隐蔽工程，工程检测与质量见证试验的结果具有重要的影响。

一、基础工程验收应具备的条件

（1）完成基础工程设计的各项内容，同时完成以下工作：基础施工到设计±0.00处；基础无回填土覆盖；基础及设备基础已标出轴线、中心线及标高；钢筋混凝土柱或构造柱、剪力墙已标出轴线。

（2）施工单位在基础工程完工后对工程质量进行了检查，确认工程质量符合有关法律、法规和工程建设强制性标准，符合设计文件要求。

（3）监理单位对基础工程进行了质量评估，具有完整的监理资料。

（4）勘察、设计单位对勘察、设计文件及施工过程中由设计单位签署的设计变更通知书进行了检查。

二、基础工程验收的主要依据

（1）《建筑工程施工质量验收统一标准》（GB 50300—2001）、《建筑地基基础工程施工质量验收规范》（GB 50202—2002）等现行质量检验评定标准、施工验收规范。

（2）国家及各地市关于建设工程的强制性标准。

（3）经审查通过的施工图纸、设计变更以及设备技术说明书。

（4）引进技术或成套设备的建设项目，还应出具签订的合同和国外提供的设计文件等资料。

（5）其他有关建设工程的法律、法规、规章和规范性文件。

三、基础工程验收的内容

（1）审阅建设、施工、监理、设计、勘察单位的工程档案资料，是否符合设计和有关规范要求，特别注意与结构相关的各种记录和实体检测报告。

（2）检验工程实物质量，现场主要查看主要构件的尺寸是否符合设计要求，构件位置及偏差是否符合设计要求，构件表面是否有蜂窝麻面等缺陷。如果构件表面有修补的痕迹，需要询问修补的原因，考虑修补方法是否得当，对结构安全有无影响。

（3）如果结构实体检测不合格或是现场发现构件存在尺寸或位置偏差较大时，需要根据具体情况提出处理意见。

（4）听取各参验单位意见，形成经验收小组人员分别签字的验收意见。当在验收过程参与工程结构验收的建设、施工、监理、设计、勘察单位各方不能形成一致意见时，应当协商提出解决的方法，待意见一致后，重新组织工程验收。

第四节 主体工程验收

一、主体工程验收应具备的条件

（1）主体工程施工全部完毕，砌体砌筑完毕。

（2）材料、试块试验报告、验收资料等准备齐全。

（3）施工单位委托专业检测结构完成实体检测并出具相关检测报告。

（4）有沉降观测要求的建筑需要提供具有专业资质的单位提供的沉降观测报告。

二、基础工程验收的主要依据

（1）《建筑工程施工质量验收统一标准》（GB50300—2001）等现行质量检验评定标准、施工验收规范。

（2）国家及各地市关于建设工程的强制性标准。

（3）经审查通过的施工图纸、设计变更以及设备技术说明书。

（4）引进技术或成套设备的建设项目，还应出具签订的合同和国外提供的设计文件等资料。

（5）其他有关建设工程的法律、法规、规章和规范性文件。

三、主体验收的内容

（1）查看施工过程资料是否完备，是否满足设计和有关规范的要求。

（2）预埋件是否准确埋设，插筋是否预留，雨水管过水洞是否留设准确，卫生间等设备留是否按要求留设，对后封的洞板钢筋是否预留等。

（3）砌体工程的砂浆是否饱满，强度是否够（可以用手扳一下），砌体的放样如何，是否平直，墙面是否平整。砌体中的构造柱是否设槎，框架梁下砌体是否密实，圈梁是否按要求设置。墙面的砂浆找平层厚度是否过厚等。

（4）检验工程实物质量，现场主要查看主要构件的尺寸是否符合设计要求，构件位置及偏差是否符合设计要求，构件表面是否有蜂窝麻面等缺陷。如果构件表面有修补的痕迹，需要询问修补的原因，考虑修补方法是否得当，对结构安全有无影响。

（5）如果结构实体检测不合格或是现场发现构件存在尺寸或位置偏差较大时，需要根据具体情况提出处理意见。

（6）查看各层施工时的沉降记录如何，是否有过大的差异沉降。每层增加的沉降量，及各观测点间的沉降差如何。如有差异过大，首先加大观测密度。

（7）查看施工记录，各种材料合格证，试件的强度检验报告等。

（8）根据现场验收情况，结合设计图纸提出相关意见，形成主体结构工程质量验收记录。

第五节 竣 工 验 收

竣工验收是施工单位按照合同完成了项目的全部任务，经检验合格，由建设单位组织验收的过程，它是建设工程项目的最后一道工序，也是建设工程的一道基本法律。2001 年 12 月 27 日国家环境保护总局发布《建设项目竣工环境保护验收管理办法》规定了建设项目竣工环境保护验收范围、条件、程序等。凡新建、扩建、改建的基本建设项目（工程）和技术改造项目，按批准的设计文件所规定的内容建成，符合验收标准的，必须及时组织验收，办理固定资产移交手续。

一、竣工工程验收应具备的条件

（1）生产性项目和辅助性公用设施，已按设计要求建完，能满足生产使用。

（2）主要工艺设备配套设施经联动负荷试车合格，形成生产能力，能够生产出设计文件所规定的产品。

（3）必要的生活设施，已按设计要求建成。

（4）生产准备工作能适应投产的需要。

（5）环境保护设施、劳动安全卫生设施、消防设施已按设计要求与主体工程同时建成使用。

二、竣工验收程序

（1）根据建设项目（工程）的规模大小和复杂程度，整个建设项目（工程）的验收可分为初步验收和竣工验收两个阶段进行。规模较大、较复杂的建设项目（工程），应先进行初验，然后进行全部建设项目（工程）的竣工验收。规模较小、较简单的项目（工程），可以一次进行全部项目（工程）的竣工验收。

（2）建设项目（工程）在竣工验收之前，由建设单位组织施工、设计及使用等有关单位进行初验。初验前由施工单位按照国家规定，整理好文件、技术资料，向建设单位提出交工报告。建设单位接到报告后，应及时组织初验。

（3）建设项目（工程）全部完成，经过各单项工程的验收，符合设计要求，并具备竣工图表、竣工决算、工程总结等必要文件资料，由项目（工程）主管部门或建设单位向负责验收的单位提出竣工验收申请报告。

三、竣工验收内容

（1）审阅工程档案资料并实地察验建筑工程和设备安装情况，并对工程设计、施工和设备质量等方面作出全面的评价。不合格的工程不予验收；对遗留问题提出具体解决意见，限期落实完成。

（2）整理各种技术文件材料，绘制竣工图纸。建设项目（包括单项工程）竣工验收前，各有关单位应将所有技术文件材料进行系统整理，由建设单位分类立卷，在竣工验收时，交生产单位统一保管，同时将与所在地区有关的文件材料交当地档案管理部门。以适应生产、维修的需要。

第六节　关于变更及洽商

设计变更、洽商是建设单位、设计单位、监理单位和施工单位协商解决施工过程中随时发生问题的文件记载，其目的是弥补设计的不足及解决现场实际情况。凡施工过程中遇到做法的变动、材料代用、施工条件发生变动或为纠正施工图中的错误等情况，均应通过设计变更、洽商予以解决。设计变更、洽商记录是工程施工、验收和改建、扩建和维修的重要依据，是施工设计图纸的补充，与施工图纸具有同等法律效力。

设计变更由设计单位提出，对原设计图纸进行的局部修改。洽商分技术洽商与经济洽商两种，经济洽商是施工单位与建设单位在工程建设过程中纯粹的经济协商条款，是工程结算的依据。

一、设计变更、洽商的办理

设计变更、洽商的提出有：设计单位、建设单位和施工单位提出变更要求三种情况。

（1）设计单位提出的变更。

设计单位提出的变更是指由设计单位提出的、对原设计图纸所作的局部修改。设计单位下达的设计变更通知单，内容翔实，必要时应附图，并逐条注明应修改图纸的图号。设计变更通知单应由设计专业负责人以及建设（监理）和施工单位的相关负责人签认。

（2）建设单位提出变更要求。

建设单位提出的变更是指建设单位基于某种想法，要对工程项目进行局部变更。此时变更一般必须通过设计单位确认，并经各方签字生效。

（3）施工单位提出变更要求。

施工单位提出的变更是指施工单位针对原设计图纸中某些矛盾处的更正，或在满足设计的前提下，因现场施工条件改变或受施工能力限制而对原设计提出的变更要求。此时变更必须通过设计单位确定，并经各方签字生效。

技术洽商一般由施工单位栋号技术负责人经办，经项目技术负责人批准后上报监理、设计和建设单位。但对于重要技术洽商，如影响主要结构和使用功能内容的洽商，应上报公司总工程师审批后方可办理。办理技术洽商时，经办人应综合各专业、各部门情况，谨慎从事。当某专业的项目变更对其他专业有影响时，必须事先与相关专业技术负责人协商，各专业本着提高质量、降低成本、方便施工的原则，共同确定变更方案。对于施工总承包工程，分包单位的设计变更与洽商，必须通过总承包单位办理。技术洽商应与经济洽商分开办理。但在办理技术洽商时，必须考虑经济效益。对内容超出合同以外或涉及经济上的增减的技术洽商，应事先与工程、经营人员沟通，在经济问题得到落实后再签认。

二、变更的签发原则及注意事项

设计变更无论由哪方提出，均应由建设单位、设计单位、监理单位、施工单位协商，经确认后由设计单位发出相应图纸或说明，并办理签发手续，下发到有关部门付诸实施。但在审查是应注意以下几点：

（1）一般情况下，即使变更要求在技术经济上是合理的，也应该全面考虑，将变更后产生的效益与现场变更所引起施工单位的索赔等所产生的损失加以比较，权衡利弊后再做出决定。

（2）设计变更要考虑前瞻性。应在开工前组织图纸会审，以尽量减少设计变更的发生，确需在施工中发生变更的，也要在施工前变更，防止不必要的浪费和施工单位的索赔。

（3）设计变更必须说明变更原因，如工艺改变、设备选型不当、设计失误等。

（4）建设单位对设计图纸的合理修改意见应在施工前提出。

（5）杜绝内容不详，没有图纸或具体变更部位，而只增加材料用量的变更。

（6）杜绝未做好开工准备，设计深度不够，招标文件和承包合同不完善，造成边设计边施工，边施工边变更。

对于涉及到费用增减的设计变更，必须经各方负责人共同签字方为有效。

三、工程洽商的签发原则及注意事项

（1）洽商的内容不能超过范围。应在合同中约定的，不能以洽商形式出现。

（2）应在施工组织方案中审批的，不能做洽商处理。

（3）洽商内容必须与实际相符。建设单位应对所签署的工程洽商记录进行存档备案，以备发生争议时查证。应要求施工单位编号报审，避免重复签证。

四、设计变更和工程洽商管理的措施

（1）加强图纸会审，将工程变更的发生尽量控制在施工之前。在设计阶段，克服设计方案的不足或缺陷，所需代价最小，而取得的效果却最好。我们在设计出图前，组织工程科、预算部对图纸技术上的合理性、施工上的可行性、工程造价上的经济性进行审核，从各个不同角度对设计图纸进行全面的审核管理工作，以求提高设计质量，避免因设计考虑不周或失误给施工带来洽商，造成经济损失。

（2）建立合同交底制度。让每一个参与施工项目的工作人员了解合同，并做好合同交底记录，必要时将合同复印件分发给相关人员，使其对合同内容全面了解，做到心中有数，划清甲乙方的经济技术责任，便于在实际工作中运用。

（3）为了确保工程洽商的客观、准确。①强调办理工程洽商的及时性。一道工序施工完，时间久了细节容易忘记，如果后面的工序将其覆盖，客观的数据资料就难以甚至无法证实。因此，一般要求承包方自发生洽商之日起 20 日内将洽商办理完毕。②对洽商的描述要求客观、准确，要求隐蔽签证要以图纸为依据，标明被隐蔽部位的项目和工艺的质量完成情况，如果被隐蔽部位的工程量在图纸上不确定，还要求标明几何尺寸，并附上简图。施工图以外的现场签证，必须写明时间、地点、事由、几何尺寸或原始数据，不能笼统地签注工程量和工程造价。签证发生后应根据合同规定及时处理，审核应严格执行国家定额及有关规定，经办人员不得随意变通。同时要求建设单位、施工单位工程技术人员加强预见性，尽量减少洽商发生。

（4）设计变更、洽商记录应采用文件规定的表格。"工程名称"一栏中，工程名称必须与施工图图签一致。对于群体工程，除冠以群体工程名称以外，还应注明单位工程名称。"记录内容"一栏中，均应详细注明与变更内容相关的图纸页号、轴线位置和修改内容，必要时附图示之，以利后期查询和追溯。记录内容必须条理清晰，明确具体，用词准确肯定，不得有模糊词语，文字及图示表述清楚，深度满足施工和预算的需要。在签字栏中，签字必须齐全。若设计单位授权建设（监理）单位代为签字（如设计单位在异地时），则必须有设计单位的书面委托书。设计变更、洽商为多页时，必须张张签字。

若在后期设计变更、洽商中，有对前期某一设计变更、洽商或其中某条内容重新更正的情况，则必须注明"某年某月某日洽商中第几条内容作废"的字样，同时在前期设计变更、洽商记录相应位置处标出范围，写上"作废"的字样，并注上后期设计变更、洽商记录的日期、条款及编号。

（5）一般情况下，设计变更、洽商记录正本四份，四方各存一份。若群体工程中有几个单位工程同时使用同一份"设计变更、洽商记录"，总包单位资料员必须按单位工程个数如数复印归档，并在复印件上注明原件存放处、抄件人签字、日期，并加盖原件存放单位公章。凡是没有经过监理工程

师、建设单位现场代表认可而签发的变更一律无效。若经过监理工程师、建设单位现场代表口头同意的，事后应按有关规定补办手续。

总之，建设单位对设计变更和工程洽商的管理应贯穿于建设项目的全过程，这同时也是对工程质量、工程进度、工程造价管理的一个动态的过程。这就要求建设单位的工程技术人员不断提高整体素质，在工作中坚持"守法、诚信、公正、科学"的准则，在实践中不断积累经验，收集信息、资料，不断提高专业技能，这样才能减少以至避免建设资金的流失，最大限度地提高建设资金的投资效益。

第十四章　施工常遇质量问题及处理措施

在实际施工过程中，常会遇到由于材料缺陷、施工人员素质、管理不到位等问题引发的工程质量问题，设计人员应该会分析这些质量问题产生的原因，并掌握其解决方法。由于钢结构建筑往往构件在工厂内加工，精度能够得到保证，并且其加固处理及更改相对较为简单，这里我们着重介绍混凝土结构和砌体结构的常遇质量问题及处理措施。

第一节　施工常遇质量问题

一、混凝土结构

裂缝是混凝土结构中普遍存在的一种现象，它的出现不仅会降低建筑物的抗渗能力，影响建筑物的使用功能，而且会引起钢筋的锈蚀，混凝土的碳化，降低材料的耐久性，影响建筑物的承载能力，因此要对混凝土裂缝进行认真研究、区别对待，采用合理的方法进行处理，并在施工中采取各种有效的预防措施来预防裂缝的出现和发展，保证建筑物和构件安全、稳定地工作。

裂缝产生的形式和种类很多，要根本解决混凝土中裂缝问题，还是需要从混凝土裂缝的形成原因入手。正确判断和分析混凝土裂缝的成因是有效地控制和减少混凝土裂缝产生的最有效的途径。

1. 设计原因

作为承载受力的混凝土结构，在各种荷载作用下会在混凝土中产生应力和应变。在应力和应变超过混凝土的极限状态时，就会产生裂缝。裂缝的方向总是沿着主压应力（应变）方向或垂直于主拉应力（应变）方向发展、延伸的。在实际的裂缝问题中只占较小的比例，其余占大多数的裂缝由除荷载作用之外的因素引起的。引起开裂的可能的设计原因有：

（1）设计结构中的断面突变而产生的应力集中所产生的构件裂缝。

（2）设计中对构件施加预应力不当，造成构件的裂缝（偏心、应力过大等）。

（3）设计中构造钢筋配置过少或过粗等引起构件裂缝（如墙板、楼板）。

（4）设计中未充分考虑混凝土构件的收缩变形。

（5）设计中采用的混凝土等级过高，造成用灰量过大，对收缩不利。

2. 材料原因

（1）粗细集料含泥量过大，造成混凝土收缩增大。集料颗粒级配不良或采取不恰当的间断级配，容易造成混凝土收缩的增大，诱导裂缝的产生。

（2）骨料粒径越细、针片含量越大，混凝土单方用灰量、用水量增多，收缩量增大。

（3）混凝土外加剂、掺合料选择不当、或掺量不当，严重增加混凝土收缩。

（4）水泥品种原因，矿渣硅酸盐水泥收缩比普通硅酸盐水泥收缩大、粉煤灰及矾土水泥收缩值较小、快硬水泥收缩大。

（5）水泥等级及混凝土强度等级原因：水泥等级越高、细度越细、早强越高对混凝土开裂影响很大。混凝土设计强度等级越高，混凝土脆性越大、越易开裂。

3. 混凝土配合比设计原因

（1）设计中水泥等级或品种选用不当。

（2）配合比中水灰比（水胶比）过大。

（3）单方水泥用量越大、用水量越高，表现为水泥浆体积越大、坍落度越大，收缩越大。

（4）配合比设计中砂率、水灰比选择不当造成混凝土和易性偏差，导致混凝土离淅、泌水、保水性不良，增加收缩值。

（5）配合比设计中混凝土膨胀剂掺量选择不当。

4. 施工及现场养护原因

（1）现场浇捣混凝土时，振捣或插入不当，漏振、过振或振捣棒抽撤过快，均会影响混凝土的密实性和均匀性，诱导裂缝的产生。

（2）高空浇注混凝土，风速过大、烈日暴晒，混凝土收缩值大。

（3）对大体积混凝土工程，缺少两次抹面，易产生表面收缩裂缝。

（4）大体积混凝土浇注，对水化计算不准、现场混凝土降温及保温工作不到位，引起混凝土内部温度过高或内外温差过大，混凝土产生温度裂缝。

（5）现场养护措施不到位，混凝土早期脱水，引起收缩裂缝。

（6）现场模板拆除不当，引起拆模裂缝或拆模过早。

（7）现场预应力张拉不当（超张、偏心），引起混凝土张拉裂缝。

5. 使用原因（外界因素）

（1）构筑物基础不均匀沉降，产生沉降裂缝。

（2）使用荷载超负。

（3）野蛮装修，随意拆除承重墙或凿洞等，引起裂缝。

（4）周围环境影响，酸、碱、盐等对构筑物的侵蚀，引起裂缝。

（5）意外事件，火灾、轻度地震等引起构筑物的裂缝。

二、砌体结构

砌体结构房屋墙体在使用过程中常常出现裂缝，甚至尚未正式使用便发现墙体开裂。墙体出现裂缝不仅影响房屋外观，给使用者造成心理压力，还会导致房屋刚度、整体性的削弱，严重的还会危及房屋的使用安全。引起砌体房屋墙体开裂的因素有很多，其中荷载作用、温度变化及砌体收缩、地基不均匀沉降、地基土的冻胀和地震作用是主要的影响因素。

1. 荷载作用而产生的裂缝

由荷载作用而产生的裂缝是由于墙体截面承载力不足而引起的。一旦出现这种裂缝要及时采取措施对墙体进行加固，否则裂缝的发展可能会导致房屋的倒塌。

荷载作用引起的裂缝通常有两种：一种是水平裂缝。当墙体高厚比过大、墙体中心受拉（拉力与砖顶面垂直）或墙体受到较大的偏心受压力时，在墙体中都会产生水平裂缝，如图 14-1 所示；另一种是垂直裂缝。因墙体不同部位的压缩变形差异过大而在压缩变形小的部分会出现垂直裂缝，当墙体受到较小的偏心压力或墙体在局部压力作用下时会产生垂直裂缝，在水平灰缝中配有网状钢筋的配筋砌体在压力的作用下，会把钢筋网片之间的砌体压酥，出现大量密集、短小且平行于压力作用方向的垂直裂缝，如图 14-2 所示。

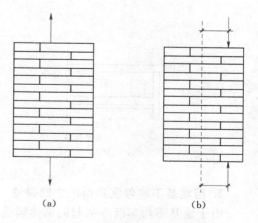

(a)　　　　　　　　(b)

图 14-1　荷载产生水平裂缝示意图

2. 因外界温度变化和砌体干缩变形而产生的裂缝

砌体结构的屋盖一般是采用钢筋混凝土材料，墙体是采用砖或砌块。由于混凝土的温度线膨胀系数约为砌体线膨胀系数的两倍，所以在屋顶温度升高后，

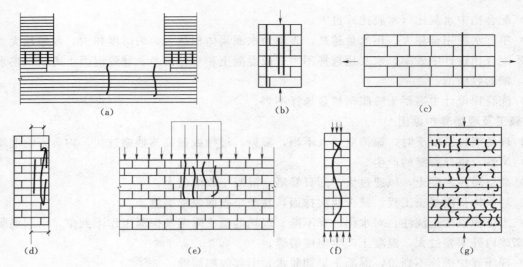

图 14-2　荷载产生垂直裂缝示意图

混凝土屋盖的变形要比砖墙的变形大一倍以上。两者的变形不协调就会引起因约束变形而产生的附加应力。当这种附加应力大于砌体的抗拉、弯、剪应力时就会在墙体中产生裂缝。这类裂缝的主要形式有顶层窗口处的八字形裂缝、檐口下或顶层圈梁下外墙的水平裂缝和包角裂缝等，如图 14-3 所示。

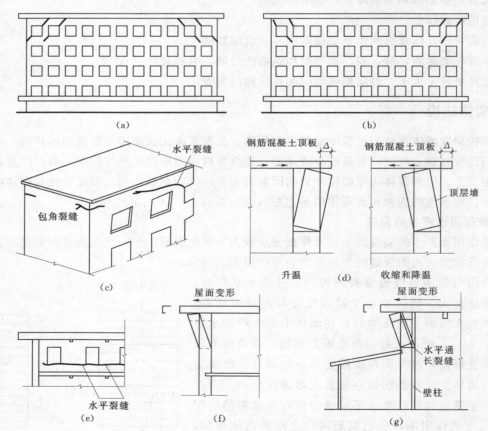

图 14-3　温度引起的墙体裂缝示意图

3. 因地基不均匀沉降而产生的裂缝

由于地基不均匀沉降引起的墙体裂缝往往出现在地基压缩性差异较大，或地基均匀、但荷载差异较大的情况。当地基土质不均匀或上部荷载不均匀时，就会引起地基的不均匀沉降，使墙体发生外加变形，而产生附加应力。当这些附加应力超过砌体的抗拉强度时，墙体就会出现裂缝。当房屋中部沉降较大、两边沉降过小时，容易在房屋底部窗洞处出现八字形裂缝；当中部沉降较小、两边沉降过大时，容易在房屋两端底部窗洞处出现倒八字形裂缝；当房屋高差较大时，荷载严重不均匀，则产生不均匀沉降，在墙上产生斜向裂缝，裂缝指向房屋较高处。如图 14 - 4 所示。

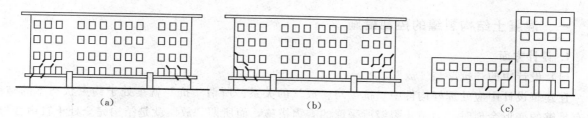

图 14 - 4　地基不均匀沉降产生墙体裂缝示意图

4. 因地基土的冻胀而产生的裂缝

当地基土上层温度降到 0℃ 以下时，冻胀土中的上部水开始冻结，下部水由于毛细管作用不断上升，在冻结层中形成水晶使其体积膨胀，向上隆起可达几毫米至几十毫米，且往往是不均匀的，建筑物的自重通常难以抗拒，因而建筑物的某一局部就被顶了起来，引起房屋墙体开裂。当房屋两端冻胀较多，中间较少时，在房屋两端门窗口角部产生形状为正八字形斜裂缝；当房屋两端冻胀较少，中间较多时，在房屋两端门窗口角部产生形状为倒八字形斜裂缝，如图 14 - 5 所示。

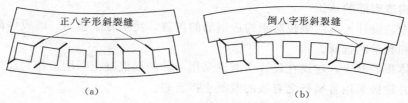

图 14 - 5　地基冻胀引起的墙体裂缝示意图

5. 因地震作用而产生的裂缝

与钢结构和钢筋混凝土结构相比，砌体结构的抗震性是较差的。事实表明：当地震烈度为Ⅵ度时，砌体结构就有破坏性，对设计不合理或施工质量差的房屋就会引起裂缝；当遇到Ⅶ～Ⅷ度地震时，砌体结构的墙体大多会产生不同程度的裂缝，标准低的一些砌体房屋还会发生倒塌事故。常见的裂缝形式有"X"形裂缝、水平裂缝和垂直裂缝等，如图 14 - 6 所示。

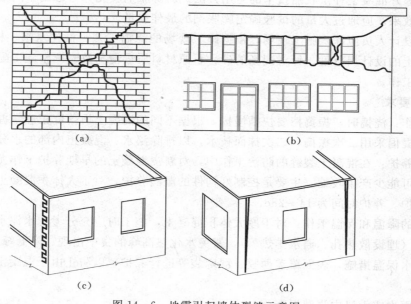

图 14 - 6　地震引起墙体裂缝示意图

第二节 处 理 措 施

一、混凝土结构裂缝的控制措施

1. 设计方面

(1) 设计中的"抗"与"放"。

在建筑设计中应处理好构件中'抗'与'放'的关系。所谓"抗"就是处于约束状态下的结构，没有足够的变形余地时，为防止裂缝所采取的有力措施，而所谓"放"就是结构完全处于自由变形无约束状态下，有足够变形余地时所采取的措施。设计人员应灵活地运用'抗一放'结合、或以'抗'为主、或以"放"为主的设计原则。来选择结构方案和使用的材料。

(2) 设计中应尽量避免结构断面突变带来的应力集中。如因结构或造型方面原因等而不得以时，应充分考虑采用加强措施。

(3) 积极采用补偿收缩混凝土技术。

在常见的混凝土裂缝中，有相当部分都是由于混凝土收缩而造成的。要解决由于收缩而产生的裂缝，可在混凝土中掺用膨胀剂来补偿混凝土的收缩，实践证明，效果是很好的。

(4) 重视对构造钢筋的认识。

在结构设计中，设计人员应重视对于构造钢筋的配置，特别是于楼面、墙板等薄壁构件更应注意构造钢筋的直径和数量的选择。

(5) 对于大体积混凝土，建议在设计中考虑采用 60d 龄期混凝土强度值作为设计值，以减少混凝土单方用灰量，并积极采用各类行之有效的混凝土掺合料。

2. 材料选择和混凝土配合比设计方面

(1) 根据结构的要求选择合适的混凝土强度等级及水泥品种、等级，尽量避免采用早强高的水泥。

(2) 选用级配优良的砂、石原材料，含泥量应符合规范要求。

(3) 积极采用掺合料和混凝土外加剂。掺合料和外加剂目标已作为混凝土的第五、六大组分，可以明显地起到降低水泥用量、降低水化热、改善混凝土的工作性能和降低混凝土成本的作用。

(4) 正确掌握好混凝土补偿收缩技术的运用方法。对膨胀剂应充分考虑到不同品种、不同掺量所起到的不同膨胀效果。应通过大量的试验确定膨胀剂的最佳掺量。

(5) 配合比设计人员应深入施工现场，依据施工现场的浇捣工艺、操作水平、构件截面等情况，合理选择好混凝土的设计坍落度，针对现场的砂、石原材料质量情况及时调整施工配合比，协助现场搞好构件的养护工作。

3. 现场施工要求

(1) 浇捣工作：浇捣时，振捣棒要快插慢拔，根据不同的混凝土坍落度正确掌握振捣时间，避免过振或漏振，应提倡采用二次振捣、二次抹面技术，以排除泌水、混凝土内部的水分和气泡。

(2) 混凝土养护：在混凝土裂缝的防治工作中，对新浇混凝土的早期养护工作尤为重要。以保证混凝土在早期尽可能少产生收缩。主要是控制好构件的湿润养护，对于大体积混凝土，有条件时宜采用蓄水或流水养护。养护时间为 14～28d。

(3) 混凝土的降温和保温工作：对于厚大体积混凝土，施工时应充分考虑水泥水化热问题。采取必要的降温措施（埋设散热孔、通水排热等），避免水化热高峰的集中出现、降低峰值。浇捣成型后，应采取必要的蓄水保温措施，表面覆盖薄膜、湿麻袋等进行养护，以防止由于混凝土内外温差过大而引起的温度裂缝。

(4) 避免在雨中或大风中浇灌混凝土。

（5）对于地下结构混凝土，尽早回填土，对减少裂缝有利。

（6）夏季应注意混凝土的浇捣温度，采用低温入模、低温养护，必要时经试验可采用冰块，以降低混凝土原材料的温度。

二、砌体结构抗裂措施

砌体结构出现裂缝是非常普遍的质量事故之一。细小裂缝影响建筑物外观和使用功能，严重的裂缝影响砌体的承载力，甚至引起倒塌。在很多情况下裂缝的发生与发展往往是大事故的先兆，对此必须认真分析，妥善处理。如前所述，引起砌体结构出现裂缝的因素非常复杂，往往难以进行定量计算，所以应针对具体情况加以分析，采取适当的措施予以解决。下面根据不同的影响因素，来谈谈所要采取的预防措施。

1. 防止由承载力不足而产生裂缝的措施

当出现由于砌体强度不足而导致的裂缝时，应注意观察裂缝宽度、长度随时间的发展情况，在观测的基础上认真分析原因，及时采取有效措施，以避免重大事故的发生。

2. 温度差和砌体干缩引起裂缝的防止措施

（1）为避免因房屋长度过大由于砌体干缩或温度变形引起墙体竖向裂缝，应在墙体中设置伸缩缝。伸缩缝应设在因温度和收缩变形可能引起应力集中、砌体产生裂缝可能性最大的地方。伸缩缝的间距可按表 14-1 采用。

表 14-1 　　　　　　　　　　　　　　砌体房屋伸缩缝的最大间距 　　　　　　　　　　　　　　　　单位：m

屋 盖 或 楼 盖 类 别		间 距
整体式或装配整体式钢筋混凝土结构	有保温层或隔热层的屋盖、楼盖	50
	无保温层或隔热层的屋盖	40
装配式无檩体系钢筋混凝土结构	有保温层或隔热层的屋盖、楼盖	60
	无保温层或隔热层的屋盖	50
装配式有檩体系钢筋混凝土结构	有保温层或隔热层的屋盖	75
	无保温层或隔热层的屋盖	60
瓦材屋盖、木屋盖或楼盖、轻钢屋盖		100

注　1. 对烧结普通砖、多孔砖、配筋砌块砌体房屋取表中数值；对石砌体、蒸压灰砂砖、蒸压粉煤灰砖和混凝土砌块房屋取表中数值乘以 0.8 的系数。当有实践经验并采取有效措施时，可不遵守本表规定。
　　2. 在钢筋混凝土屋面上挂瓦的屋盖应按钢筋混凝土屋盖采用。
　　3. 按本表设置的墙体伸缩缝，一般不能同时防止由于钢筋混凝土屋盖的温度变形和砌体干缩变形引起的墙体局部裂缝。
　　4. 层高大于 5m 的烧结普通砖、多孔砖、配筋砌块砌体结构单层房屋，其伸缩缝间距可按表中数值乘以 1.3。
　　5. 温差较大且变化频繁地区和严寒地区不采暖的房屋及构筑物墙体的伸缩缝的最大间距，应按表中数值予以适当减小。
　　6. 墙体的伸缩缝应与结构的其他变形缝相重合，在进行立面处理时，必须保证缝隙的伸缩作用。

（2）屋面应设置保温、隔热层。

（3）屋面保温（隔热）层或屋面刚性面层及砂浆找平层应设置分隔缝，分隔缝间距不宜大于 6m，并与女儿墙隔开，其缝宽不小于 30mm。

（4）采用装配式有檩体系钢筋混凝土屋盖和瓦材屋盖。

（5）在钢筋混凝土屋面板与墙体圈梁的接触面处设置水平滑动层，滑动层可采用两层油毡夹滑石粉或橡胶片等；对于长纵墙，可只在其两端的 2～3 个开间内设置，对于横墙可只在其两端个 $L/4$ 范围内设置（L 为横墙长度）。

（6）顶层屋面板下设置现浇钢筋混凝土圈梁，并沿内外墙拉通，房屋两端圈梁下的墙体内宜适当设置水平钢筋。

（7）顶层挑梁末端下墙体灰缝内设置 3 道焊接钢筋网片（纵向钢筋不宜少于 2φ4，横筋间距不宜大于 200mm）或 2φ6 钢筋，钢筋网片或钢筋应自挑梁末端伸入两边墙体不小于 1m，如图 14-7

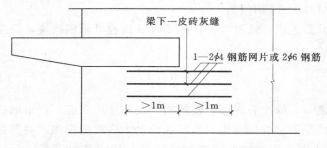

图 14-7 顶层挑梁下钢筋设置示意图

所示。

(8) 顶层墙体有门窗等洞口时，在过梁上的水平灰缝内设置 2~3 道焊接钢筋网片或 2φ6 钢筋，并应伸入过梁两端墙内不小于 600mm。房屋顶层端部墙体内适当增设构造柱。

(9) 顶层及女儿墙沙浆强度等级不低于 M5。

(10) 女儿墙应设置构造柱，构造柱间距不宜大于 4m，构造柱应伸至女儿墙顶并与现浇钢筋混凝土压顶整浇在一起。

3. 防止由地基不均匀沉降引起裂缝的措施

(1) 设置沉降缝。

在房屋体型复杂，特别是高度相差较大时或地基承载相差过大时，则宜用沉降缝将房屋划分为几个刚度较好的单元。沉降缝将房屋从上部结构到基础全部断开，分成若干个独立的沉降单元。为保证沉降缝两侧房屋内倾时不互相碰撞、挤压，沉降缝宽度可按《建筑地基基础设计规范》（GB 50007—2002）的规定取用。抗震地区沉降缝宽度还应满足抗震缝宽度的要求。高压缩性地基上的房屋可在下列部位设置沉降缝：地基压缩性有显著差异处；房屋的相邻部分高差较大或荷载、结构刚度、地基的处理方法、和基础类型有显著差异处；平面形状复杂的房屋转角处和过长房屋的适当部位；分期建筑的房屋交接处。

(2) 加强房屋整体刚度和强度。

合理布置承重墙体，尽可能将纵墙拉通，避免断开和转折；每隔一定距离（不大于房屋宽度的 1.5 倍）设置一道横墙，并与内、外纵墙连接起来，形成一个具有相当空间刚度的整体，以提高抵抗不均匀沉降的能力。

适当设置钢筋混凝土圈梁。圈梁具有增强纵横墙连接、提高墙柱稳定性、增强房屋的空间刚度和整体性、调整房屋不均匀沉降的显著作用。

(3) 采用合理的建筑体型和结构形式。

软土地基上房屋的体型避免立面高低起伏和平面凹凸曲折，否则，宜用沉降缝将其分割为若干个平面或立面形状简单的单元。软土地基上房屋的长高比控制在 2.5 以内。

4. 防止地基冻胀引起裂缝的措施

(1) 要将基础的埋深置于冰冻线以下。不要因为是中小型建筑或附属结构而把基础置于冰冻线以上。有时设计人员对室内隔墙基础因有采暖而未置于冰冻线以下，从而引起事故。

(2) 当建筑物的基础不能做到冰冻线以下时，应采取换成非冻胀土等措施消除土的冻胀。

(3) 用单独基础。采用基础梁承担墙体重量，基础梁两端支于单独基础上，其下面应留有一定孔隙，防止土的冻胀顶裂基础和砖墙。

5. 防止地震作用引起裂缝的措施

(1) 按"大震不倒，中震可修，小震不坏"的抗震设计原则对房屋进行抗震设计计算并符合《建筑抗震设计规范》（GB 50011—2010）。

(2) 按（GB 50011—2010）要求设置圈梁。遇到地基不良，空旷房屋等还应适当加强。

(3) 设置构造柱，增加房屋整体性。

6. 其他措施

(1) 对灰砂砖、粉煤灰砖、混凝土砌块等非烧结砖的砌体房屋因为其收缩性较大，抗剪能力差，因此在应力集中的部位如各层门窗过梁上方的水平缝内及窗台下第一和第二道水平灰缝内设置焊接钢筋网片。另外，这类墙体当长度大于 5m 时，也容易被拉开，所以也要适当配筋。

492

（2）对于墙体转角处和纵横墙交接处是应力集中部位，为避免墙体间相互变形不协调出现裂缝而应适当加强配筋。

（3）对防裂要求较高的墙体，可根据情况采取专门措施。

三、对开裂裂缝处理方法

对于已经出现的裂缝，一般按以下方法进行处理。

1. 填充密封法

这种方法用来修补中等宽度的混凝土裂缝，待裂缝表面凿成凹槽，然后填以填充材料进行修补。对于固定裂缝，通常用普通水泥砂浆、膨胀砂浆或树脂砂浆等刚性材料填充；对于活动裂缝则用弹性嵌缝材料填充，以使裂缝有伸缩的余地，避免产生新的裂缝。其具体作法如下。

（1）刚性材料填充法。采用此法，裂缝必须是稳定的，而且没有水从裂缝中冒出来的状况。本法是将裂缝用手工剔凿或用机械开槽。裂缝口最小宽度在6mm以上。槽口上的油、污物、碎屑、松动石子等必须清除干净。采用水泥砂浆填充材科，结合面应提前洒水润湿，填充后做好养护工作，确保砂浆与槽边混凝土的钻结质量。还可采用环氧胶泥、热焦油、掺有滑石粉的防腐油、聚酯酸乙烯乳液砂浆等，但槽口表面应予干燥，以免影响填充材料与混凝土的粘结。

（2）弹性材料填充法。本法适用于活动性裂缝，它是沿裂缝剔凿出一矩形大槽口，然后填以弹性材料密封，以适应裂缝张闭运动的需要。

为了适应裂缝张闭运动，槽口两侧应凿毛，以增加混凝土与密封材料的粘结力。槽底平整光滑，并设隔离层，使弹性密封材料不直接与混凝土粘结，避免密封材料被撕裂。隔离层可用聚乙烯片、蜡纸、油毡、金属片等制成。槽口截面一般为矩形，槽口宽度至少应为裂缝预计张开量的4～6倍以上，以免过分挤压。

弹性密封材料，首先应能经受反复温度变形，在某些环境下还要抗磨、耐冲击和抗化学侵蚀。在槽口的两侧先涂一次粘结剂，再按弹性密封材料使用说明进行填充。弹性密封材料一般有丙烯酸树脂、硅酸酯、聚硫化物、合成橡胶等，这些材料在施工时呈膏糊状，硬化后呈弹性橡胶状。

如果有水从裂缝中流入槽口，则可先用快硬水泥砂浆迅速堵塞，然后填充弹性密封材料［（见图14-8（a）］；如果裂缝中的水压较大，可先用集水管泄水，而后用快硬水泥砂浆堵塞，再填塞密封材料［图14-8（b）］。

（3）刚、弹性材料填充法。在裂缝处有内水压或外水压的情况，可按图14-9所示作法。如果施工时有水，可采用图14-8所示的方法把水堵住或引走。

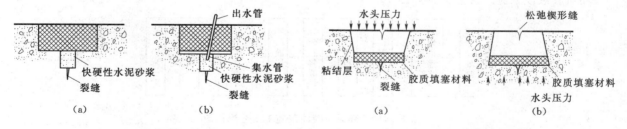

图14-8 弹性材料填充法   图14-9 有水压时裂缝的填充法

槽口深度等于砂浆塞料与胶质填塞材料厚度之和，胶质填塞材料厚度通常为0.6～4cm，与裂缝宽度、预期张开量的大小有关。槽口厚度不小于4cm，槽口宽度为5～8cm。封填槽口时必须清洁干燥，裂缝附近不坚实的混凝土应剔除。胶质封塞材料可以是沥青、油膏之类黏性流动物质，它应能经受变形而不易断裂。

在砂浆层上应在对应于裂缝的位置做楔形松弛缝，以适应裂缝的张合运动。

2. 压力灌浆法

此法也称为注入法，它不仅修补混凝土表面，而且能注入到混凝土内部，对裂缝进行粘合、封闭和补强。为了提高灌浆的饱满度，灌浆时一般都施加一定的压力。灌浆材料有水泥或石灰灌浆、化学物灌浆、沥青灌浆。目前常用的有纯水泥灌浆和环氧树脂灌浆。

（1）纯水泥浆灌浆。

它具有较好的可灌性，顺利地灌入贯通外露的孔隙、空洞及宽度大于 3mm 的裂缝中去，使用压力不大而扩散半径可达 1m 以上。对于宽度为 0.5～3mm 的裂缝采用压力为 4～5 个大气压时，水泥浆可顺利进入结构深度。但在 0.3～0.5mm 宽的裂缝中，采用压力 8～10 个大气压时扩散半径也仅为 5～8cm，当裂缝小于 0.3mm 时使用很大的压力也难以压入。

灌浆用的水泥一般采用不低于 525 标号硅酸盐水泥。水灰比应考虑硬化后的强度、密实度的要求，以及输送方便等综合考虑确定。一般情况下水灰比宜取 0.3～0.6，避免水灰分离现象产生。

为了控制凝固时间可使用促凝剂和缓凝剂、塑化剂。氯化钙、水玻璃、苏打、三氯化铁、三乙醇等均可起到一定速凝作用。

灌浆所用的压力可视可灌性能、结构裂缝、承压强度、升压设备条件等方面决定。钢筋混凝土结构的水泥灌浆一般使用压力为 4～6atm（400～600kPa）。

灌浆加压设备宜采用灌浆机、灌浆泵、或风泵加压。在工程量不大时可使用手摇泵，工程量很小时可采用类似自行车打气筒等工具改制成的注射器施工。

在灌浆过程中发生冒浆等意外情况时，宜在不中断灌浆的情况下采取堵漏、降压、改变浓度、加促凝剂等方法进行处理。灌浆被迫中断后，应争取在凝固前及早恢复灌浆，否则宜用水冲洗以后重灌。

灌浆结束标准是吸浆量很小时保持规定压力到一定时间，在没有明显的吸浆情况下保持压力 2～10min。

压力灌浆的质量检查方法是水压试验、钻孔检查或局部破坏检查。

（2）环氧树脂灌浆。

采用环氧树脂灌浆修补钢筋混凝土柱、梁等构件的裂缝在国内外应用较为普遍。环氧树脂与混凝土、金属、木材均有很高的粘结力，并具有化学稳定性好、收缩小、强度高等优点，是较好的补强灌浆材料。环氧树脂灌浆后，由于其内聚力大于混凝土的内聚力，因此，此法能有效地修补混凝土的裂缝，恢复构件的整体性。

环氧胶液注浆施工前，为了掌握灌浆的可灌性和压力注浆的施工工艺，以及试验机具的可靠程度，最好先作梁灌浆试验，达到要求后再应用于工程。

环氧胶液注浆施工工艺流程如图 14-10 所示。

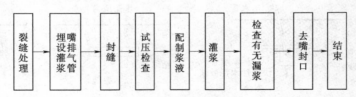

图 14-10　环氧胶液注浆施工工艺流程图

环氧树脂灌浆法施工过程应注意：

1）试气和灌浆压力应逐渐增大，否则容易冲破封闭层的薄弱点，也容易使浆液在缝隙中流动过快形成短路，空气不能排出，造成缺浆和气泡。

2）如果采用不透明的耐压胶皮管作输浆管时，应随时检查灌浆灌内浆液量，以免浆液用完而将空气压入缝隙内，形成气泡。

3）环氧树脂在低温条件下硬化极慢，故灌浆施工的环境温度宜在 10℃ 以上。

4）夏天气温高，应尽量在早晨或傍晚施灌，以免浆液硬化过快，黏度急剧增大，造成灌浆困难。

5）当需要施灌的裂缝较多时，宜用刚配制好的浆灌较细的裂缝，黏度增大后的浆液灌较宽的裂缝。

　　6）严格检查每道工序的施工质量。

　　7）灌浆用量可根据缝隙体积计算浆液，一般按每立方厘米缝隙用浆液 3g。

3. 结构加固法

当裂缝影响到混凝土结构的性能时，就要考虑采取加固法对混凝土结构进行处理。结构加固中常用的主要有以下几种方法：加大混凝土结构的截面面积，在构件的角部外包型钢、采用预应力法加固、粘贴钢板加固、增设支点加固以及喷射混凝土补强加固。

4. 混凝土置换法

混凝土置换法是处理严重损坏混凝土的一种有效方法，此方法是先将损坏的混凝土剔除，然后再置换入新的混凝土或其他材料。常用的置换材料有：普通混凝土或水泥砂浆、聚合物或改性聚合物混凝土或砂浆。

5. 电化学防护法

电化学防腐是利用施加电场在介质中的电化学作用，改变混凝土或钢筋混凝土所处的环境状态，钝化钢筋，以达到防腐的目的。阴极防护法、氯盐提取法、碱性复原法是化学防护法中常用而有效的三种方法。这种方法的优点是防护方法受环境因素的影响较小，适用钢筋、混凝土的长期防腐，既可用于已裂结构也可用于新建结构。

裂缝是混凝土结构中普遍存在的一种现象，它的出现不仅会降低建筑物的抗渗能力，影响建筑物的使用功能，而且会引起钢筋的锈蚀，混凝土的碳化，降低材料的耐久性，影响建筑物的承载能力，因此要对混凝土裂缝进行认真研究、区别对待，采用合理的方法进行处理，并在施工中采取各种有效的预防措施来预防裂缝的出现和发展，保证建筑物和构件安全、稳定地工作。

附录A 常用表格

　　　　　　　　　　　钢筋的计算截面面积及理论重量

公称直径 (mm)	不同根数钢筋的计算截面面积（mm²）									单根钢筋理论重量 (kg/m)
	1	2	3	4	5	6	7	8	9	
6	28.3	57	85	113	142	170	198	226	255	0.222
6.5	33.2	66	100	133	166	199	232	265	299	0.260
8	50.3	101	151	201	252	302	352	402	453	0.395
8.2	52.8	106	158	211	264	317	370	423	475	0.432
10	78.5	157	236	314	393	471	550	628	707	0.617
12	113.1	226	339	452	565	678	791	904	1017	0.888
14	153.9	308	461	615	769	923	1077	1231	1385	1.21
16	201.1	402	603	804	1005	1206	1407	1608	1809	1.58
18	254.5	509	763	1017	1272	1526	1780	2036	2290	2.00
20	314.2	628	941	1256	1570	1884	2200	2513	2827	2.47
22	380.1	760	1140	1520	1900	2281	2661	3041	3421	2.98
25	490.9	982	1473	1964	2454	2945	3436	3927	4418	3.85
28	615.8	1232	1847	2463	3079	3695	4310	4926	5542	4.83
32	804.2	1609	2413	3217	4021	4826	5630	6434	7238	6.31
36	1017.9	2036	2054	4072	5089	6107	7125	8143	9161	7.99
40	1256.6	2513	3770	5027	6283	7540	8796	10053	11310	9.87

注　表中直径 d=8.2mm 的计算截面面积及理论重量仅适用于有纵肋的热处理钢筋。

　　　　　　　　　　　每米板宽内的钢筋截面面积表

钢筋间距 (mm)	当钢筋直径（mm）为下列数值时的钢筋截面面积（mm²）												
	4	4.5	5	6	8	10	12	14	16	18	20	22	25
70	180	227	280	404	718	1122	1616	2199	2872	3635	4488	5430	7012
75	168	212	262	377	670	1047	1508	2053	2681	3393	4189	5068	6545
80	157	199	245	353	628	982	1414	1924	2513	3181	3927	4752	6136
90	140	177	218	314	559	873	1257	1710	2234	2827	3491	4224	5454
100	126	159	196	283	503	785	1131	1539	2011	2545	3142	3801	4909
110	114	145	178	257	457	714	1028	1399	1828	2313	2856	3456	4462
120	105	133	164	236	419	654	942	1283	1676	2121	2618	3168	4091
125	101	127	157	226	402	628	905	1232	1608	2036	2513	3041	3927
130	97	122	151	217	387	604	870	1184	1547	1957	2417	2924	3776
140	90	114	140	202	359	561	808	1100	1436	1818	2244	2715	3506
150	84	106	131	188	335	524	754	1026	1340	1696	2094	2534	3272
160	79	99	123	177	314	491	707	962	1257	1590	1963	2376	3068

钢筋间距 (mm)	当钢筋直径（mm）为下列数值时的钢筋截面面积（mm²）												
	4	4.5	5	6	8	10	12	14	16	18	20	22	25
170	74	94	115	166	296	462	665	906	1183	1497	1848	2236	2887
175	72	91	112	162	287	449	646	880	1149	1454	1795	2172	2805
180	70	88	109	157	279	436	628	855	1117	1414	1745	2112	2727
190	66	84	103	149	265	413	595	810	1058	1339	1653	2001	2584
200	63	80	98	141	251	392	565	770	1005	1272	1571	1901	2454
250	50	64	79	113	201	314	452	616	804	1018	1257	1521	1963
300	42	53	65	94	168	262	377	513	670	848	1047	1267	1636

附表 A-3　　　　梁内纵向钢筋单排最大根数（保护层厚度 25mm 时）

梁宽 b (mm)	钢筋直径（mm）									
	14	16	18	20	22	25	28	32	36	40
150	2/3	2/3	2	2	2	2	1/2	1	1	1
200	4	3/4	3/4	3	3	3	2/3	2	2	1/2
250	5	5	4/5	4/5	4	3/4	3	2/3	2	2
300	6/7	6	5/6	5/6	5	4/5	4	3/4	3	2/3
350	7/8	7	6/7	6/7		5/6	4/5	4	3/4	3
400	8/9	8/9	7/8	7/8	6/7	6/7	5/6	4/5	4/5	3/4
450	9/10	9/10	8/9	8/9	7/9	7/8	6/7	5/6	4/5	4/5
500	10/12	10/11	10/11	9/10	8/10	7/9	6/8	6/7	5/6	4/5
550	12/13	11/12	11/12	10/11	9/11	8/10	7/9	6/8	5/7	5/6
600	13/14	12/14	12/13	11/12	10/12	9/11	8/10	7/8	6/7	5/7
梁宽 b	14	16	18	20	22	25	28	32	36	40

注　表内分数值，其分子为梁上部纵筋单排最大根数，分母为梁下部钢筋单排最大根数。

附表 A-4　　　　梁内纵向钢筋单排最大根数（保护层厚度 30mm 时）

梁宽 b (mm)	钢筋直径（mm）									
	14	16	18	20	22	25	28	32	36	40
150	2	2	2	2	2	2	1/2	1	1	1
200	3/4	3	3	3	3	2/3	2/3	2	2	1/2
250	5	4/5	4/5	4	4	3/4	3	2/3	2	2
300	6	5/6	5/6	5	4/5	4/5	4	3/4	3	2/3
350	7/8	6/7	6/7	6/7	5/6	5/6	4/5	4	3/4	3
400	8/9	8	7/8	7/8	6/7	6/7	5/6	4/5	4/5	3/4
450	9/10	9/10	8/9	8/9	7/8	6/8	6/7	5/6	4/5	4/5
500	10/11	10/11	9/10	9/10	8/9	7/9	6/8	6/7	5/6	4/5
550	11/12	11/12	10/11	10/11	9/10	8/10	7/9	6/8	5/7	5/6
600	12/14	12/13	11/13	11/12	10/12	9/11	8/10	7/8	6/7	5/7
梁宽 b	14	16	18	20	22	25	28	32	36	40

注　表内分数值，其分子为梁上部纵筋单排最大根数，分母为梁下部钢筋单排最大根数。

附表 A-5 梁内纵向钢筋单排最大根数（保护层厚度35mm时）

梁宽b (mm)	钢筋直径（mm）									
	14	16	18	20	22	25	28	32	36	40
150	2	2	2	2	2	1/2	1	1	1	1
200	3	3	3	3	2/3	2/3	2	2	2	1/2
250	4/5	4/5	4	4	3/4	3/4	3	2/3	2	2
300	5/6	5/6	5	5	4/5	4/5	3/4	3/4	3	2/3
350	7/7	6/7	6/7	6	5/6	5/6	4/5	4	3/4	3
400	8/9	7/8	7/8	7	6/7	5/7	5/6	4/5	4/5	3/4
450	9/10	8/9	8/9	8/9	7/8	6/8	6/7	5/6	4/5	4/5
500	10/11	10/11	9/10	9/10	8/9	7/9	6/8	5/7	5/6	4/5
550	11/12	11/12	10/11	10/11	9/10	8/10	7/9	6/8	5/7	5/6
600	12/14	12/13	11/12	11/12	10/11	9/11	8/9	7/8	6/7	5/7
梁宽b	14	16	18	20	22	25	28	32	36	40

注 表内分数值，其分子为梁上部纵筋单排最大根数，分母为梁下部钢筋单排最大根数。

附表 A-6 柱内纵向钢筋单排最大根数（保护层厚度30mm时）

柱宽b (mm)	钢筋直径（mm）									
	14	16	18	20	22	25	28	32	36	40
250	3	3	3	3	3	3	3	2	2	2
300	4	4	4	4	4	3	3	3	3	3
350	5	5	5	4	4	4	4	4	3	3
400	6	5	5	5	5	5	5	4	4	4
450	6	6	6	6	6	5	5	5	4	4
500	7	7	7	7	6	6	6	5	5	5
550	8	8	7	7	7	7	6	6	6	5
600	9	8	8	8	8	7	7	7	6	6
650	10	9	9	9	8	8	8	7	7	6
700	10	10	10	9	9	9	8	8	7	7
750	11	11	10	10	10	9	9	8	8	8
800	12	11	11	11	10	10	10	9	9	8
850	13	12	12	12	11	11	10	10	9	9
900	13	13	13	12	12	11	11	10	10	9

附表 A-7 柱内纵向钢筋单排最大根数（保护层厚度35mm时）

柱宽b (mm)	钢筋直径（mm）									
	14	16	18	20	22	25	28	32	36	40
250	3	3	3	3	3	3	2	2	2	2
300	4	4	4	4	3	3	3	3	3	3
350	5	5	4	4	4	4	4	4	3	3
400	5	5	5	5	5	5	4	4	4	4
450	6	6	6	6	5	5	5	5	4	4
500	7	7	7	6	6	6	6	5	5	5
550	8	8	7	7	7	7	6	6	6	5
600	9	8	8	8	8	7	7	7	6	6
650	9	9	9	9	8	8	8	7	7	6
700	10	10	10	9	9	9	8	8	7	7

柱宽 b (mm)	钢筋直径（mm）									
	14	16	18	20	22	25	28	32	36	40
750	11	11	10	10	10	9	9	8	8	8
800	12	11	11	11	10	10	10	9	9	8
850	12	12	12	11	11	11	10	10	9	9
900	13	13	12	12	12	11	11	10	10	9

附表 A-8   柱内纵向钢筋单排最大根数（保护层厚度 40mm 时）

柱宽 b (mm)	钢筋直径（mm）									
	14	16	18	20	22	25	28	32	36	40
250	3	3	3	3	3	2	2	2	2	2
300	4	4	3	3	3	3	3	3	3	3
350	5	4	4	4	4	4	4	3	3	3
400	5	5	5	5	5	4	4	4	4	4
450	6	6	6	5	5	5	5	5	4	4
500	7	7	6	6	6	6	6	5	5	5
550	8	7	7	7	7	6	6	6	6	5
600	8	8	8	8	7	7	7	6	6	6
650	9	9	9	8	8	8	7	7	7	6
700	10	10	9	9	9	8	8	8	7	7
750	11	10	10	10	10	9	9	8	8	8
800	12	11	11	11	10	10	9	9	8	8
850	12	12	12	11	11	10	10	10	9	9
900	13	13	12	12	12	11	11	10	10	9
柱宽 b	14	16	18	20	22	25	28	32	36	40

附表 A-9   楼面活荷载补充

序号	楼面用途		均布活荷载标准值（kN/m²）	准永久值系数 Ψ_q	组合值系数 Ψ_C
1	阶梯教室		3	0.6	0.7
2	微机电子计算机房		3	0.5	0.7
3	大中型电子计算机房		≥5，或按实际	0.7	0.7
4	银行金库及票据仓库		10	0.9	0.9
5	制冷机房		8	0.9	0.7
6	水泵房		10	0.9	0.7
7	变配电房		10	0.9	0.7
8	发电机房		10	0.9	0.7
9	设浴缸、坐厕的卫生间		4	0.5	0.7
10	有分隔的蹲厕公共卫生间（包括填料、隔墙）		8	0.6	0.7
11	管道转换层		4	0.6	0.7
12	电梯井道下有人到达房间的顶板		≥5	0.5	0.7
13	通风机平台	≤5 号通风机	6	0.85	0.7
		8 号通风机	8		

环 境 类 别	钢 筋 混 凝 土 结 构		预 应 力 混 凝 土 结 构	
	裂缝控制等级	ω_{lim}（mm）	裂缝控制等级	ω_{lim}（mm）
一	三	0.3（0.4）	三	0.2
二	三	0.2	二	—
三	三	0.2	—	—

注　1. 表中的规定适用于采用热轧钢筋的钢筋混凝土构件和采用预应力钢丝、钢绞线及热处理钢筋的预应力混凝土构件；当采用其他类别的钢丝或钢筋时，其裂缝控制要求可按专门标准确定；
　　2. 对处于年平均相对湿度小于60％地区一类环境下的受弯构件，其最大裂缝宽度限值可采用括号内的数值；
　　3. 在一类环境下，对钢筋混凝土屋架、托梁及需作疲劳验算的吊车梁，其最大裂缝宽度限值应取为0.2mm；对钢筋混凝土屋面梁和托梁，其最大裂缝宽度限值应取为0.3mm；
　　4. 在一类环境下，对预应力混凝土面梁、托梁、屋架、托架、屋面板和楼板，应按二级裂缝控制等级进行验算；在一类和二类环境下，对需作疲劳验算的预应力混凝土吊车梁，应按一级裂缝控制等级进行验算；
　　5. 表中规定的预应力混凝土构件的裂缝控制等级和最大裂缝宽度限值仅适用于正截面的验算；预应力混凝土构件的斜截面裂缝控制验算应符合《混凝土结构设计规范》（GB 50010—2010）第8章的要求；
　　6. 对于烟筒、筒仓及处于液体压力下的结构构件，其裂缝控制要求应符合专门标准的有关规定；
　　7. 对于处于四、五类环境下的结构构件，其裂缝控制要求应符合专门标准的有关规定；
　　8. 表中的最大裂缝宽度限值用于验算荷载作用引起的最大裂缝宽度。

附表 A－11　　　　　　　　　混凝土结构的环境类别

环 境 类 别		条 件
一		室内正常环境
二	a	室内潮湿环境；非严寒和非寒冷地区的露天环境，与无侵蚀性的水或土壤直接接触的环境
	b	严寒和寒冷地区的露天环境、与无侵蚀性的水或土壤直接接触的环境
三		使用除冰盐的环境；严寒和寒冷地区冬季水位变动的环境；滨海室外环境
四		海水环境
五		受人为或自然的侵蚀性物质影响的环境

注　严寒和寒冷地区的划分应符合国家现行标准《民用建筑热工设计规程》JGJ 24—86的规定。

附表 A－12　　　　　　　　　纵向受力钢筋的混凝土保护层最小厚度　　　　　　　　　单位：mm

环 境 类 别		板、墙、壳			梁			柱		
		≤C20	C25～C45	≥C50	≤C20	C25～C45	≥C50	≤C20	C25～C45	≥C50
一		20	15	15	30	25	25	30	30	30	30
二	a	—	20	20	—	30	30	—	30	30
	b	—	25	20	—	35	30	—	35	30
三		—	30	25	—	40	35	—	40	35

注　1. 基础中纵向受力钢筋的混凝土保护层厚度不应小于40mm；当无垫层时不应小于70mm。
　　2. 板、墙、壳中分布钢筋的保护层厚度不应小于《混凝土结构设计规范》（GB 50010—2010）表9.2.1中相应数值减10mm，且不应小于10mm；梁、柱中箍筋和构造钢筋的保护层厚度不应小于15mm。
　　3. 当梁、柱中纵向受力钢筋的混凝土保护层厚度大于40mm时，应对保护层采取有效的防裂构造措施。通常在混凝土保护离构件表面10～15mm处增配Φ4@150钢筋网片。处于二、三类环境中的悬臂板，其上表面应采取有效的保护措施。
　　4. 对有防火要求的建筑物，其混凝土保护层厚度尚应符合国家现行有关标准的要求。处于四、五类环境中的建筑物，其混凝土保护层厚度尚应符合国家现行有关标准的要求。
　　5. 混凝土最低强度等级和保护层厚度问题：①±0.00以下（基础、底层柱）和屋面、露台梁板环境类别为二（a）类，应采用C25或以上混凝土。②基础混凝土保护层厚度为40mm，特别注意基础梁纵向钢筋净距是否满足规范要求。③应根据混凝土构件所处的环境类别和强度等级修改结构分析程序的保护层厚度。

附表 A-13 **钢筋混凝土结构构件中纵向受力钢筋的最小配筋百分率（%）**

受 力 类 型		最 小 配 筋 百 分 率
受压构件	全部纵向钢筋	0.6
	一侧纵向钢筋	0.2
受弯构件、偏心受拉、轴心受拉构件一侧的受拉钢筋		0.2 和 $45f_t/f_y$ 中的较大值

注 1. 受压构件全部纵向钢筋最小配筋率，当采用 HRB400 级、RRB400 级钢筋时，应按表中规定减小 0.1；当混凝土强度等级为 C60 及以上时，应按表中规定增大 0.1；

2. 偏心受拉构件中的受拉钢筋，应按受压构件一侧纵向钢筋考虑；

3. 受压构件的全部纵向钢筋和一侧纵向钢筋的配筋率以及轴心受拉构件和小偏心受拉构件一侧受拉钢筋的配筋率应按构件的全截面面积计算；受弯构件、大偏心受拉构件一侧受拉钢筋的配筋率应按全截面面积扣除受压翼缘面积 $(b_f'-b)h_f'$ 后的截面面积计算；

4. 当钢筋构件截面周边布置时，"一侧纵向钢筋"系指沿受力方向两个对边中的一边布置的纵向钢筋。

附表 A-14   **钢筋混凝土板最小配筋量**   单位：mm²

混凝土标号	钢筋种类	$0.45f_t/f_y$ 和 0.2 的较大值	板厚（mm）为下行数值时每米宽范围内最小配筋 mm²								
			90	100	110	120	130	140	150	160	170
C20 $f_t=1.10$	HPB235	0.236	212	236	260	283	307	330	354	378	401
	HRB335	0.200	180	200	220	240	260	280	300	320	340
C25 $f_t=1.27$	HPB235	0.272	245	272	299	326	354	381	408	435	462
	HRB335	0.200	180	200	220	240	260	280	300	320	340
C30 $f_t=1.43$	HPB235	0.306	275	306	337	367	398	428	459	490	520
	HRB335	0.215	194	215	237	258	280	301	323	344	366

注 对卧置于地基上的混凝土板，板中受拉钢筋的最小配筋率可适当降低，但不应小于 0.15%。

附表 A-15   **地基上混凝土板最小配筋量（1000mm 宽范围内）**   单位：mm²

板厚（mm）									
300	400	500	600	700	800	900	1000	1100	1200
450	600	750	900	1050	1200	1350	1500	1650	1800
Φ10-170	Φ10-130	Φ12-150	Φ14-170	Φ16-190	Φ16-160	Φ18-180	Φ18-170	Φ18-150	Φ18-140

注 第一排数字为板厚 mm；第二排数字为配筋量 mm²/1000mm。

附录 B 常 用 规 范

在结构设计过程中，经常需要查找相应规范规定或者参考图集中的做法，下面列出了常用的规范及图集，有兴趣的读者可以进行参考。

常用规范（不包含行业规范）如下所示：

1. 《建筑结构可靠度设计统一标准》（GB 50068—2001）
2. 《建筑结构荷载规范》（GB 50009—2001）（2006 年版）
3. 《建筑工程抗震设防分类标准》（GB 50223—2008）
4. 《建筑抗震设计规范》（GB 50011—2010）
5. 《建筑地基基础设计规范》（GB 50007—2002）
6. 《建筑桩基技术规范》（JGJ 94—2008）
7. 《建筑边坡工程技术规范》（GB 50330—2002）
8. 《建筑地基处理技术规范》（JGJ 79—2002、J 220—2002）
9. 《建筑地基基础工程施工质量验收规范》（GB 50202—2002）
10. 《混凝土结构设计规范》（GB 50010—2010）
11. 《混凝土结构工程施工质量验收规范》（GB 50204—2002）
12. 《混凝土异形柱结构技术规程》（JGJ 149—2006）
13. 《型钢混凝土组合结构技术规程》（JGJ 138—2001、J130—2001）
14. 《钢结构设计规范》（GB 50017—2003）
15. 《冷弯薄壁型钢结构技术规范》（GB 50018—2002）
16. 《钢结构工程施工质量验收规范》（GB 50205—2001）
17. 《建筑钢结构焊接技术规程》（JGJ 81—2002、J 218—2002）
18. 《高层民用建筑钢结构技术规程》（JGJ 99—98）
19. 《砌体结构设计规范》（GB 50003—2001）
20. 《多孔砖砌体结构技术规范》（JGJ 137—2001、J 129—2001）（2002 年版）
21. 《砌体工程施工质量验收规范》（GB 50203—2002）
22. 《木结构设计规范》（GB 50005—2003）
23. 《木结构工程施工质量验收规范》（GB 50206—2002）
24. 《烟囱设计规范》（GB 50051—2002）
25. 《高层建筑混凝土结构技术规程》（JGJ 3—2010、J 186—2010）
26. 《高层民用建筑设计防火规范》（GB 50045—95）（2005 年版）
27. 《门式刚架轻型房屋钢结构技术规程》（CECS 102—2002）

附录 C 常 用 图 集

1. 《钢结构施工图参数表示方法制图规则和构造详图》（08SG115—1）

2. 《混凝土结构施工图平面整体表示方法制图规则和构造详图（现浇混凝土框架、剪力墙、梁、板）》（11G101—1）

3. 《混凝土结构施工图平面整体表示方法制图规则和构造详图（现浇混凝土板式楼梯）》（11G101—2）

4. 《混凝土结构施工图平面整体表示方法制图规则和构造详图（独立基础、条形基础、筏形基础及桩基承台）》（11G101—3）

5. 《建筑物抗震构造详图（多层和高层钢筋混凝土房屋）》（11G329—1）

6. 《民用建筑工程设计常见问题分析及图示—结构专业》（SG109—1～4（2006 年合订本））

7. 《建筑物抗震构造详图（多层砌体房屋和底部框架砌体房屋）》（11G329—2）

8. 《钢结构设计制图深度和表示方法》（03G102）

9. 《民用建筑工程设计互提资料深度及图样—结构专业》（05SG105）

10. 《建筑物抗震构造详图（单层工业厂房）》（11G329—3）

11. 《建筑结构设计常用数据》（06G112）

12. 《建筑物抗震构造详图》（G329—3～6（2006 年合订本））

13. 《混凝土结构施工钢筋排布规则与构造详图（现浇混凝土楼面与屋面板）》（09G901—4）

14. 《混凝土结构施工钢筋排布规则与构造详图（筏形基础、箱形基础、地下室结构、独立基础、条形基础、桩基承台）》（09G901—3）

15. 《悬挂运输设备轨道》（G359—1～4（2005 年合订本））

16. 《多层砖房钢筋混凝土构造柱抗震节点详图》（03G363）

17. 《钢筋混凝土过梁》（G322—1～4（2004 年合订本））

18. 《吊车轨道联结及车挡（适用于混凝土结构）》（04G325）

19. 《钢筋混凝土结构预埋件》（04G362）

20. 《混凝土结构加固与修复（总则及构件加固）》（06SG311—1）

21. 《混凝土结构加固构造（地基基础及结构整体加固改造）》（08SG311—2）

22. 《多跨门式刚架轻型房屋钢结构（无吊车）》（07SG518—4）

23. 《钢吊车梁（H 型钢 工作级别 A1～A5）》（08SG520—3）

24. 《轻型屋面平行弦钢屋架（圆钢管、方钢管）》（08SG510—1）

25. 《轻型屋面钢天窗架》（05G516）

26. 《钢托架》（05G513）

27. 《门式钢架轻型房屋钢结构（有吊车）》（04SG518—3）

28. 《门式钢架轻型房屋钢结构（有悬挂吊车）》（04SG518—2）

29. 《梯形钢屋架》（05G511）

30. 《钢天窗架》（05G512）

31. 《轻型屋面梯形钢屋架》（05G515）

32. 《钢吊车梁》（SG520—1～2（2003 年合订本））

33. 《多、高层民用建筑钢结构节点构造详图》（01SG519）

34.《多、高层建筑钢结构节点连接（主梁的全栓拼接）》（04SG519－2）

35.《门式钢架轻型房屋钢结构（无吊车）》（02SG518－1）

36.《多、高层建筑钢结构节点连接（次梁与主梁的简支螺栓连接；主梁的栓焊拼接）》（03SG519－1）

37.《单层房层钢结构节点构造详图（工字形截面钢柱柱脚连接）》（06SG529－1）

38.《钢与混凝土组合楼（屋）盖结构构造》（05SG522）

39.《型钢混凝土组合结构构造》（04SG523）

40.《钢管混凝土结构构造（圆钢管、矩形钢管）》（06SG524）

41.《轻型屋面三角形钢屋架》（05G517）

42.《吊车轨道联结及车挡（用于钢吊车梁）》（05G525）

43.《钢檩条、钢墙梁》（SG521－1～4（2005年合订本））

44.《轻型屋面三角形钢屋架（圆钢管、方钢管）》（06SG517－1）

45.《轻型屋面梯形钢屋架（圆钢管、方钢管）》（06SG515－1）

46.《轻型屋面梯形钢屋架（剖分T型钢弦杆）》（06SG515－2）

47.《轻型屋面三角形钢屋架（剖分T型钢）》（06SG517－2）

48.《框架结构填充小型空心砌块结构构造》（03SG611）

49.《砖混结构加固与修复》（03SG611）

50.《条形基础》（05SG811）

51.《桩基承台》（06SG812）

52.《混凝土结构施工图钢筋排布规则与构造详图（现浇混凝土框架、剪力墙、框架—剪力墙）》（06G901－1）

53.《混凝土结构施工钢筋排布规则与构造详图（现浇混凝土框架、剪力墙、框架—剪力墙、框支剪力墙结构）》（09G901－2）

54.《混凝土结构施工钢筋排布规则与构造详图（现浇混凝土板式楼梯）》（09G901－5）

参 考 文 献

[1] 中华人民共和国住房和城乡建设部.GB 50009—2001 建筑结构荷载规范（2006 年版）.北京：中国建筑工业出版社，2002.

[2] 中华人民共和国住房和城乡建设部.GB 50010—2010 混凝土结构设计规范.北京：中国建筑工业出版社，2010.

[3] 中华人民共和国住房和城乡建设部.GB 50011—2010 建筑抗震设计规范.北京：中国建筑工业出版社，2010.

[4] 中华人民共和国住房和城乡建设部.GB 50017—2003 钢结构设计规范.北京：中国建筑工业出版社，2003.

[5] 中华人民共和国住房和城乡建设部.GB 50003—2001 砌体结构设计规范.北京：中国建筑工业出版社，2001.

[6] 中华人民共和国住房和城乡建设部.GB 50007—2002 建筑地基基础设计规范.北京：中国建筑工业出版社，2002.

[7] 中华人民共和国住房和城乡建设部.JGJ3—2010 高层建筑混凝土结构技术规程.北京：中国建筑工业出版社，2010.

[8] 中国工程建设标准化协会.CECS102—2002 门式刚架轻型房屋钢结构技术规程.北京：中国工程建设标准化协会，2003.

[9] 姜学诗.建筑结构施工图设计文件审查常见问题分析.北京：中国建筑工业出版社，2009.

[10] 陈基发.建筑结构荷载设计手册.第 2 版.北京：中国建筑工业出版社，2004.

[11] 龚思礼.建筑抗震设计手册.第 2 版.北京：中国建筑工业出版社，2002.

[12] 王文栋.混凝土结构构造手册.第 3 版.北京：中国建筑工业出版社，2003.

[13] 钢结构设计手册编辑委员会.钢结构设计手册（上、下册）.第 3 版.北京：中国建筑工业出版社，2004.

[14] 徐有邻.混凝土结构设计规范理解与应用.北京：中国建筑工业出版社，2002.

[15] 高小旺.建筑抗震设计规范理解与应用.北京：中国建筑工业出版社，2002.

[16] 徐培福.高层建筑混凝土结构技术规程理解与应用.北京：中国建筑工业出版社，2003.

[17] 崔佳.钢结构设计规范理解与应用.北京：中国建筑工业出版社，2004.

[18] 唐岱新.砌体结构设计规范理解与应用.北京：中国建筑工业出版社，2002.

[19] 腾延京.建筑地基基础设计规范理解与应用.北京：中国建筑工业出版社，2004.

[20] 高立人.高层建筑结构概念设计.北京：中国计划出版社，2004.

[21] 王亚勇.建筑抗震设计规范疑问解答.北京：中国建筑工业出版社，2006.

[22] 李明顺.混凝土结构设计规范算例.北京：中国建筑工业出版社，2003.

[23] 王亚勇.建筑抗震设计规范算例.北京：中国建筑工业出版社，2006.

[24] 李国胜.多高层钢筋混凝土结构设计中疑难问题的处理及算例.北京：中国建筑工业出版社，2004.

[25] 陆新征.建筑抗震弹塑性分析—原理、模型与在 ABAQUS，MSC. MARC 和 SAP2000 上的实践.北京：中国建筑工业出版社，2009.

[26] 住房和城乡建设部工程质量安全监管司.全国民用建筑工程设计技术措施（结构）.北京：中国计划出版社，2009.

[27] 徐建.建筑结构设计常见及疑难问题解析.北京：中国建筑工业出版社，2007.

[28] 刘尔烈.结构力学.天津：天津大学出版社，1996.

[29] 王丽玫.钢筋混凝土与砌体结构.北京：中国水利水电出版社，2008.

[30] 宋子康.材料力学.上海：同济大学出版社，1996.

[31] 中华人民共和国住房和城乡建设部.JGJ94—2008 建筑桩基技术规范.北京：中国建筑工业出版社，2008.

[32] 中华人民共和国住房和城乡建设部.JGJ79—2002 建筑地基处理技术规范.北京：中国建筑工业出版社，2002.

[33] 伍孝波.结构设计工程师施工现场工作指南.北京：中国电力出版社，2007.